滤波器组与信号多分辨

（附:C ++ 信号实习工具箱）

栗塔山　编著

国防科技大学出版社
湖南·长沙

内 容 提 要

本书内容包括信号频谱基本知识、滤波器组设计的基本方法以及使用滤波器组对信号作多分辨分析。本书附带作者编程的 C++ 信号实习工具箱，读者通过数值实验，可加强对概念和结论的直观认识。读者还可以在工具箱的基础上进一步扩展自己的需求。本书论证过程详细、易于阅读，可作为应用数学和工程技术类相关专业本科生、研究生的学习参考书。

图书在版编目（CIP）数据

滤波器组与信号多分辨/粟塔山编著．—长沙：国防科技大学出版社，2014.4
ISBN 978-7-5673-0244-0

Ⅰ.①滤…　Ⅱ.①粟…　Ⅲ.①滤波器组-信号处理　Ⅳ.①TN713

中国版本图书馆 CIP 数据核字（2014）第 043513 号

国防科技大学出版社出版发行
电话：（0731）84572640　邮政编码：410073
http://www.gfkdcbs.com
责任编辑：谷建湘
新华书店总店北京发行所经销
国防科技大学印刷厂印装
*
开本：787×1092　1/16　印张：22.75　字数：539 千
2014 年 4 月第 1 版第 1 次印刷
ISBN 978-7-5673-0244-0
定价：39.00 元

前　言

噪声混入真实信号如同盐溶入水，在时域中无法分开它们。傅里叶分析揭示了信号的另一面，信号的频域表示为我们认识信号打开了另一扇门。很多场合下，真实信号在频域中的能量集中在低频区，而噪声集中在高频区，两者可能有部分重叠，但大体上是分开的。在频域中擦除噪声，再把余部转换到时域，就能大体上还原出真实信号。从盐水蒸馏出水蒸气再冷却，就得到纯净水，二者异曲同工。分析、处理信号需要在时、频域中往返穿梭，清晰地理解信号频谱是有益且必须的。本书第一章、第二章试图对频谱及相关概念作一番梳理和归纳。

信号需要在时、频域中进行快速转换。第三章叙述了快速傅里叶变换（FFT）以及相关的循环卷积、快速线性卷积、Ⅳ和Ⅱ型离散余弦变换（DCT，FFT 的实数版），并从频率的角度给予了解释。

信号分析处理最基本的操作是滤波，它按照预定的目标将信号切割成若干分量。信号分解与重构需要多个滤波器协同合作，形成滤波器组，常用的有正交滤波器组和线性相位滤波器组。第四章和第五章，逐步表述了双通道和多通道完美重构滤波器组的基本设计思路，并采用多速率滤波技术。

细分滤波器组的行为，是“卷积 + 抽取”和“卷积 + 插零”的过程。把它放进信号空间中考察其意义，乍看似乎不很明朗。第六章揭示它就是把信号投影到子空间而后再相加的过程。双通道完美重构滤波器组把信号空间分解为两个子空间的直和，使得我们能用熟知的线性代数的观点审视滤波器组。

如果将滤波器组级联起来，滤波器组的输出再送入滤波器组，如此无限递推进行，从而将信号分解为无限多块碎片，这也相当于将信号空间分解为一系列子空间的直和，每块碎片是原信号在子空间中的投影。这样的构架称为信号多分辨分析（MRA）。在 MRA 中，有五个相关联的概念：嵌套子空间序列，尺度函数，小波子空间序列，小波函数，滤波器。构建 MRA 有三条途径，其一，从嵌套子空间和尺度函数出发，衍生出小波子空间、小波函数、滤波器；其二，从小波函数出发，衍生出其它；本书采用第三条途径，从滤波器组出发，低通滤波器衍生尺度函数和嵌套子空间序列，高通滤波器衍生小波函数和小波子空间序列。正交滤波器组生成正交 MRA，双正交滤波器组生成双正交 MRA。总之，以滤波器为核心，一个序列决定一切。然而，并非任意完美重构滤波器组都能生成 MRA。第七章考察一个低通滤波器何时能生成尺度函数，并探讨滤波器系数如何决定尺度函数的相关性质。第八章和第九章是 MRA 的主体，包括构建条件和构建过程、信号分解、重构快速算法、小波包等。局部余弦基是信号空间的一种特殊分割，其离散版也有快速分解、重构算法。

本书附带作者制作的 C++ 信号实习工具箱，读者可以用它轻松便利地进行数值实验。例如搭建一个完美重构滤波器组，观察滤波过程每一个环节信号频谱的变化，这样的直观感受特别有益于对概念、结论的理解和认知。读者还可以在工具箱的基础上扩展自己的需求。

信号分析处理的理论发展迅速。作为在此领域里的基础读本，我希望本书对读者有所裨益。

作　者
2013 年 10 月

目　录

第一章　初识频谱 ……………………………………………………………… (1)

1.1　周期序列的频谱 ……………………………………………………… (3)

1.1.1　C^N 的标准正交基 ………………………………………………… (3)

1.1.2　离散傅里叶变换 …………………………………………………… (4)

1.1.3　频谱及性质 ………………………………………………………… (5)

1.2.1　周期函数的频谱 …………………………………………………… (8)

1.2.1　$L^2[-\pi,\pi]$ 与 l^2 空间 ……………………………………………… (8)

1.2.2　傅里叶级数 ………………………………………………………… (9)

1.2.3　频谱及性质 ………………………………………………………… (10)

1.3　能量有限序列的频谱 ……………………………………………… (11)

1.3.1　频谱及性质 ………………………………………………………… (11)

1.3.2　卷积与滤波 ………………………………………………………… (13)

1.4　能量有限函数的频谱 ……………………………………………… (16)

1.4.1　$L^1(R)$ 和 $L^2(R)$ 上的傅里叶变换 ……………………………… (17)

1.4.2　频谱及性质 ………………………………………………………… (19)

1.4.3　卷积与滤波 ………………………………………………………… (22)

1.4.4　Poission 求和公式 ………………………………………………… (24)

1.5　采样定理 ……………………………………………………………… (26)

1.5.1　频率混叠 …………………………………………………………… (27)

1.5.2　采样恢复 …………………………………………………………… (28)

1.5.3　投影及误差 ………………………………………………………… (30)

第二章　再识频谱 ……………………………………………………………… (33)

2.1　紧支撑信号频谱插值 ……………………………………………… (33)

2.1.1　紧支撑序列的频谱插值 …………………………………………… (33)

2.1.2　紧支撑函数的频谱插值 …………………………………………… (34)

2.2　特殊函数的频谱 ……………………………………………………… (35)

2.2.1　δ 函数及频谱 ……………………………………………………… (35)

2.2.2　δ 函数的导数及频谱 ……………………………………………… (38)

2.2.3 符号函数、阶跃函数的频谱 ……………………………… (39)
2.3 Hilbert 变换 ……………………………… (40)
2.3.1 Hilbert 变换的来历 ……………………………… (41)
2.3.2 Hilbert 变换的性质 ……………………………… (42)
2.3.3 窄带信号、瞬时频率 ……………………………… (45)
2.3.4 实序列的 Hilbert 变换 ……………………………… (45)
2.4 时频联立 ……………………………… (47)
2.4.1 傅里叶变换的盲点 ……………………………… (48)
2.4.2 Gabor 变换 ……………………………… (49)
2.4.3 时频窗与测不准原理 ……………………………… (51)
2.4.4 更好的时频窗 ……………………………… (56)

第三章 快速傅里叶变换 ……………………………… (60)

3.1 FFT 算法 ……………………………… (60)
3.1.1 按频率抽取的 FFT ……………………………… (60)
3.1.2 循环卷积 ……………………………… (63)
3.1.3 快速线性卷积 ……………………………… (65)
3.1.4 频谱近似数值计算 ……………………………… (68)
3.2 Ⅳ型离散余弦变换 ……………………………… (71)
3.2.1 变换公式的推导 ……………………………… (71)
3.2.2 频率解释 ……………………………… (73)
3.2.3 快速算法 ……………………………… (73)
3.3 Ⅱ型离散余弦变换 ……………………………… (75)
3.3.1 变换公式的推导 ……………………………… (76)
3.3.2 频率解释 ……………………………… (78)
3.3.3 正变换快速算法 ……………………………… (79)
3.3.4 逆变换快速算法 ……………………………… (80)
3.3.5 DCT_Ⅱ信号去噪示例 ……………………………… (82)

第四章 序列滤波与抽插 ……………………………… (87)

4.1 线性时不变(LTI)系统 ……………………………… (87)
4.1.1 移位、翻转和离散脉冲 ……………………………… (88)
4.1.2 等价于滤波 ……………………………… (89)
4.1.3 因果性、稳定性、可逆性 ……………………………… (90)
4.2 抽取和插零 ……………………………… (93)
4.2.1 二倍抽取和插零 ……………………………… (93)
4.2.2 半带信号 ……………………………… (96)
4.2.3 M 倍抽插 ……………………………… (100)

4.2.4 M－带信号 …………………………………………………… (102)
4.2.5 分数采样率 …………………………………………………… (105)
4.3 Noble 恒等式 …………………………………………………… (106)
4.3.1 滤波与抽取的交换 …………………………………………… (106)
4.3.2 滤波与插零的交换 …………………………………………… (107)
4.4 线性相位 ……………………………………………………… (108)
4.4.1 为什么需要线性相位 ………………………………………… (108)
4.4.2 线性相位的充要条件 ………………………………………… (110)

第五章 滤波器组 …………………………………………………… (114)

5.1 完美重构 ……………………………………………………… (114)
5.1.1 双通道完美重构 ……………………………………………… (115)
5.1.2 双速率滤波 …………………………………………………… (118)
5.1.3 双通道矩阵表示 ……………………………………………… (120)
5.1.4 M 通道完美重构与多速率滤波 …………………………… (123)
5.2 双通道正交滤波器组 …………………………………………… (130)
5.2.1 正交条件 ……………………………………………………… (131)
5.2.2 谱因子分解 …………………………………………………… (136)
5.2.3 Daubechies 正交滤波器 …………………………………… (139)
5.2.4 低通正交滤波器参数化设计 ………………………………… (144)
5.3 双通道线性相位滤波器组 ……………………………………… (151)
5.3.1 设计概要 ……………………………………………………… (152)
5.3.2 构造方法 ……………………………………………………… (153)
5.4 M 通道滤波器组 ……………………………………………… (156)
5.4.1 DFT 滤波器组 ……………………………………………… (156)
5.4.2 余弦调制正交滤波器组 ……………………………………… (159)
5.4.3 原型滤波器的优化设计及子带分解示例 …………………… (166)

第六章 卷积－抽取算子 …………………………………………… (172)

6.1 l^2 空间上的卷积－抽取 ……………………………………… (172)
6.1.1 卷积－抽取算子的时域表示 ………………………………… (172)
6.1.2 卷积－抽取算子的频域表示 ………………………………… (173)
6.2 双正交滤波算子组 ……………………………………………… (174)
6.2.1 R^n 子空间分解的类比 ……………………………………… (174)
6.2.2 双正交滤波算子组的完美重构 ……………………………… (176)
6.2.3 双正交滤波算子组的设计 …………………………………… (180)
6.2.4 正交滤波算子组 ……………………………………………… (182)

6.3 $L^2(R)$空间上的卷积 - 抽取 …………………………………………… (186)
6.3.1 卷积 - 抽取算子及频域表示 ………………………………… (186)
6.3.2 有限长滤波器作用于函数 …………………………………… (188)

第七章 低通滤波器尺度函数 …………………………………………… (190)

7.1 尺度函数的存在性 …………………………………………………… (190)
7.1.1 一般滤波器存在尺度函数的条件 ……………………………… (192)
7.1.2 正交滤波器存在尺度函数的条件 ……………………………… (200)
7.2 尺度函数的性质 …………………………………………………… (207)
7.2.1 Lipschitz 正则性 ……………………………………………… (207)
7.2.2 尺度函数的正则性与多项式生成 ……………………………… (209)
7.2.3 系数矩阵的特征值 …………………………………………… (215)
7.3 紧支尺度函数的数值计算 ………………………………………… (217)
7.3.1 计算整点和半整点函数值 …………………………………… (218)
7.3.2 计算任意二进分点的函数值 ………………………………… (221)

第八章 信号多分辨分析(I) ………………………………………………… (225)

8.1 MRA 定义及性质 …………………………………………………… (226)
8.1.1 正交和一般的 MRA ………………………………………… (227)
8.1.2 一般 MRA 的正交化 ………………………………………… (231)
8.2 正交 MRA 的产生 ………………………………………………… (232)
8.2.1 正交滤波器产生正交 MRA ………………………………… (232)
8.2.2 生成示例和投影误差 ………………………………………… (235)
8.3 正交 MRA 生成 $L^2(R)$标准正交基 …………………………………… (238)
8.3.1 正交子空间序列 ……………………………………………… (238)
8.3.2 子空间的正交小波基 ………………………………………… (240)
8.4 信号在正交 MRA 中分解、重构 …………………………………… (245)
8.4.1 Mallat 分解、重构算法 ……………………………………… (246)
8.4.2 初始启动数据 ………………………………………………… (249)
8.5 连续时域的小波变换 ……………………………………………… (250)
8.5.1 半离散小波(二进小波) ……………………………………… (251)
8.5.2 框架 …………………………………………………………… (254)
8.5.3 半正交小波,正交小波 ……………………………………… (262)
附:为什么需要二进小波 ……………………………………………… (270)
8.6 二维正交 MRA 及小波滤波器构造 ………………………………… (271)
8.6.1 二维正交 MRA 定义 ………………………………………… (271)
8.6.2 二维正交小波滤波器递推构造算法 ………………………… (277)

第九章　信号多分辨分析(Ⅱ) …………………………………………………… (287)
9.1　有限长正交滤波器的小波特性 ……………………………………………… (287)
9.1.1　小波的支集与消失矩 …………………………………………… (287)
9.1.2　信号的小波系数估计 …………………………………………… (289)
9.2　Meyer 频域紧支撑正交小波 ……………………………………………… (291)
9.2.1　频域紧支尺度函数的刻画 ……………………………………… (291)
9.2.2　频域紧支尺度函数的构造 ……………………………………… (294)
9.2.3　频域紧支撑滤波器和小波 ……………………………………… (296)
9.3　双正交 MRA ……………………………………………………………… (297)
9.3.1　对偶 MRA ……………………………………………………… (297)
9.3.2　信号分解与重构 ………………………………………………… (302)
9.4　小波包 ……………………………………………………………………… (305)
9.4.1　正交小波包 ……………………………………………………… (305)
9.4.2　双正交小波包 …………………………………………………… (311)
9.5　局部余弦基 ………………………………………………………………… (316)
9.5.1　截断函数 ………………………………………………………… (317)
9.5.2　折叠算子 ………………………………………………………… (319)
9.5.3　局部余弦块 ……………………………………………………… (322)
9.5.4　光滑正交投影 …………………………………………………… (324)
9.5.5　标准正交基 ……………………………………………………… (331)
9.5.6　离散版及快速算法 ……………………………………………… (333)
附录:C++信号实习工具箱使用说明 ……………………………………………… (339)
参考书目 …………………………………………………………………………… (354)

第一章　初识频谱

一个信号可以理解为随时间变化的量(实值或者复值)。时间可以连续取值,例如$f(t)$,本书称为信号函数;时间也可以离散取值,例如$f(k\Delta) \triangleq x(k)$,本书称为信号序列。信号值可能呈现周期性,例如

$$x(k+N) = x(k), \forall k \in \mathbf{Z}$$
$$f(t+T) = f(t), \forall t \in R$$

按照时间的离散、连续和信号值的周期、非周期,信号的表达形式可以分成四类:周期信号序列、周期信号函数、非周期信号序列、非周期信号函数。对于非周期信号,要求它的能量是有限的。非周期信号函数的能量是指函数模的平方在实轴R上的积分:

$$\int_R |f(t)|^2 \mathrm{d}t$$

非周期信号序列的能量是指元素模的平方在整数集合$\mathbf{Z}$上求和:

$$\sum_{k\in\mathbf{Z}} |x(k)|^2$$

这四种信号表达形式如图1-1所示。

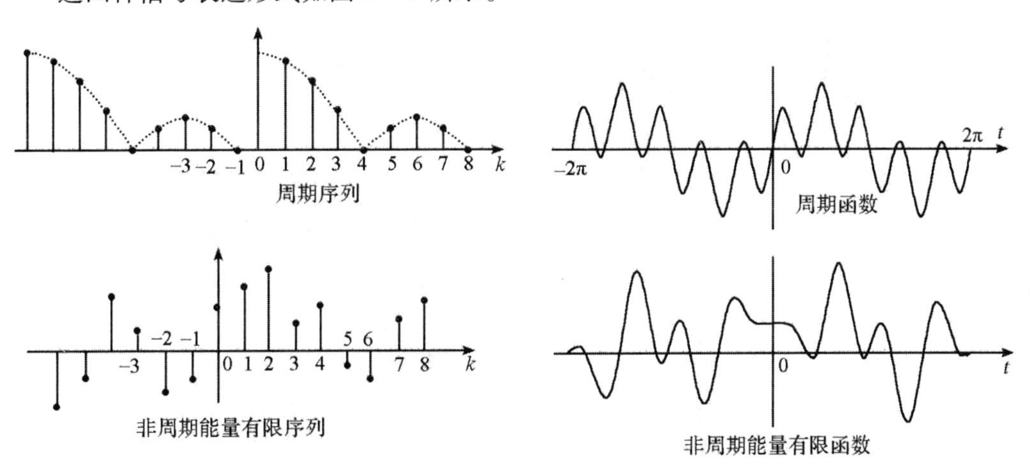

图1-1

本章的目的是对信号的上述四种表达形式,分别给出各自的频率、频域和频谱概念。

我们对频率最自然的认识来自实值三角周期函数(如图1-2(a)所示):

$$f(t) = A\cos(\omega t + \theta)$$

它的周期是$2\pi/\omega$(这里假设$\omega > 0$)。ω越大,周期越短,表明函数振动越快;反之,ω越

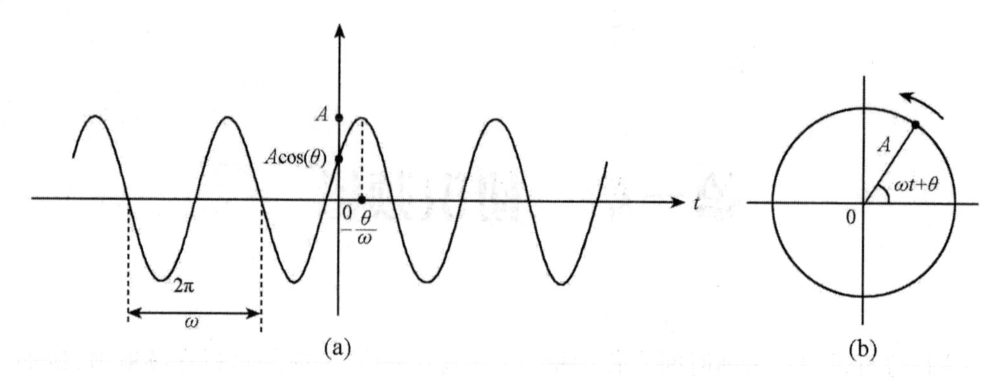

图 1－2

小,则函数振动越慢,称 ω 为 $f(t)$ 的频率。A 是 $f(t)$ 的最大值,称为振幅。θ 的改变导致 $f(t)$ 在水平方向的平移,称为初位相。图 1－2(b)所示的是复值三角周期信号

$$f(t)=A\mathrm{e}^{\mathrm{i}(\omega t+\theta)}$$

把它看成在复平面上随时间作圆周运动的动点,圆周半径是 A,动点的角速度是 ω,零时刻的幅角是 θ,称为初位相。

图 1－2 中的 $f(t)$ 是连续时间且只含一个频率的三角周期信号,对一般的周期信号或者非周期能量有限信号 $f(t)$(或者 $x(k)$),傅里叶变换把它分解为三角周期信号的叠加,其中的每个三角周期分量有一个频率,这些频率构成实数轴上的一个集合,称为信号的频域。对频域中的每个频率 ω,傅里叶变换还给出相应的振幅 $A(\omega)$ 和初位相 $\theta(\omega)$。从 $f(t)$ 中分解出来的所有三元素(频率,振幅,初位相)构成 $f(t)$ 的频谱,$f(t)$ 的频谱 $=\{(A(\omega),\theta(\omega))\mid\omega\in f(t)$ 的频域$\}$,如图 1－3 所示。

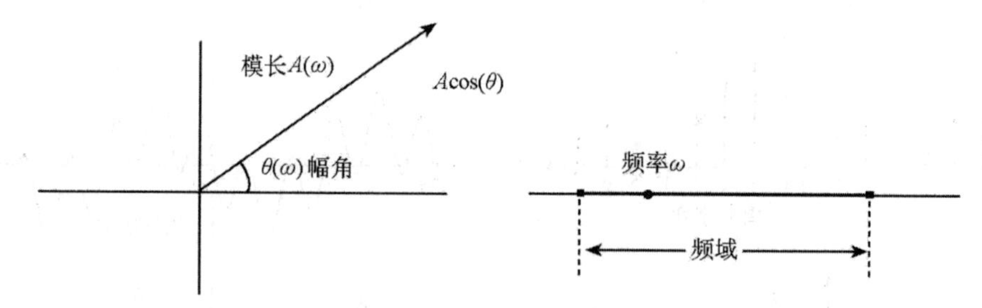

图 1－3

在频域中相应于$(A(\omega),\theta(\omega))$的三角周期分量信号是

$$A(\omega)\mathrm{e}^{\mathrm{i}(\omega t+\theta(\omega))}$$

在频域中叠加这些分量就得到原信号 $f(t)$。当 $f(t)$ 是实信号,叠加后的虚部为零。在频域中观察、分析信号,是强有力的信号分析方法。傅里叶变换在时域和频域之间架设了桥梁。

本章要表明,N 周期序列可以分解为 N 个不同频率的三角周期序列的叠加,所以 N 周期序列的频域含有 N 个点;一般周期函数可以分解为无穷可列个不同频率的三角周期函数的叠加,所以一般周期函数的频域有无穷可列个点;非周期能量有限序列可以分解为无穷(不可列)个不同频率的三角周期函数采样序列的叠加,它的频域是一个有限区间;

非周期能量有限函数可以分解为无穷(不可列)个不同频率的三角周期函数的叠加,它的频域是整个实数轴。

本章用到傅里叶变换的一些基础知识,对于某些经典的结论,这里只是罗列出相关的知识点,除非能简短地得到验证。

1.1 周期序列的频谱

设 $x=\{x(k)\}_{k\in\mathbf{Z}}$ 为 N 周期序列(复或实序列):

$$x(k+N)=x(k),\quad (\forall k\in\mathbf{Z})$$

我们将表明,x 可以表示成 N 个三角周期序列之和。

因为一个周期段足以表征该周期序列,为此,取 x 的一个周期段

$$x(0),x(1),\cdots,x(N-1)$$

将它放入 n 维复空间 C^N 来考察,C^N 代表 N 维复向量全体,与 N 维实数空间 R^N 一样,它也是 N 维线性空间。C^N 中的内积定义为

$$\forall x,y\in C^N,\quad \langle x,\ y\rangle=\sum_{k=0}^{N-1}x(k)\bar{y}(k)$$

注意这个内积不是对称的,而是共轭对称的。

1.1.1 C^N 的标准正交基

虽然单位矩阵 I_N 的 N 个列仍然是 C^N 的标准正交基,但对于信号分析来说,我们需要一个更有用的基。记

$$w_N=\mathrm{e}^{\mathrm{i}2\pi/N}$$

它的各次幂 $w_N^0,w_N^1,\cdots,w_N^{N-1}$ 构成代数方程 $z^N=1$ 的 N 个单位根,如图 1 - 4 所示。

作 N 个向量

$$u_k=\frac{1}{\sqrt{N}}\begin{pmatrix}w_N^0\\ w_N^k\\ \vdots\\ w_N^{k(N-1)}\end{pmatrix}=\frac{1}{\sqrt{N}}\begin{pmatrix}1\\ \mathrm{e}^{\mathrm{i}\frac{2\pi}{N}k}\\ \vdots\\ \mathrm{e}^{\mathrm{i}\frac{2\pi}{N}k(N-1)}\end{pmatrix},k=0,\cdots,N-1$$

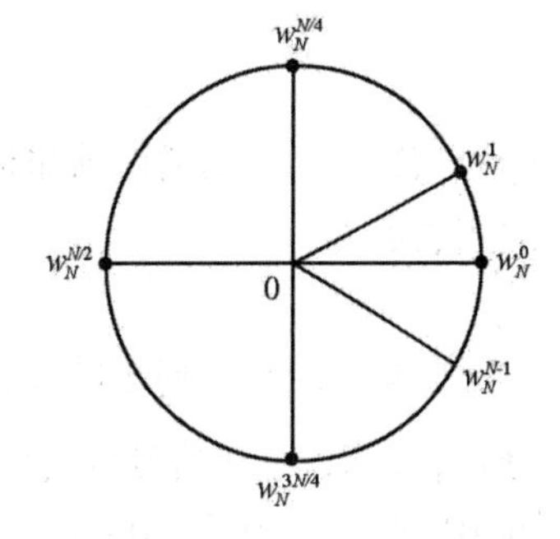

图 1 - 4

对于 $0\leqslant k\leqslant n\leqslant N-1$,$u_k$ 与 u_n 的内积

$$\langle u_k,\ u_n\rangle=\frac{1}{N}\sum_{r=0}^{N-1}w_N^{(k-n)r}=\begin{cases}\dfrac{1}{N}\dfrac{1-w_N^{(k-n)N}}{1-w_N^{(k-n)}}=0, & k\neq n\\ 1, & k=n\end{cases}$$

所以 $\{u_k\}_{k=0}^{N-1}$ 构成 C^N 的标准正交基。记

$$U=(u_0,u_1,\cdots,u_{N-1})=\frac{1}{\sqrt{N}}\begin{pmatrix}1 & 1 & \cdots & 1\\ 1 & w_N^1 & \cdots & w_N^{N-1}\\ \vdots & \vdots & \cdots & \vdots\\ 1 & w_N^{N-1} & \cdots & w_N^{(N-1)^2}\end{pmatrix}_N \tag{1.1.1}$$

如果让 U 的行列标号都从 0 开始,那么 U 的第 k 行第 n 列元素是

$$w_N^{kn}=\frac{1}{\sqrt{N}}\mathrm{e}^{\mathrm{i}\frac{2\pi}{N}kn},\ k,\ n=0,\ \cdots,\ N-1$$

显然 U 是一个酉矩阵,即

$$U^*U=UU^*=I$$

这里 U^* 表示 U 的共轭转置。

1.1.2 离散傅里叶变换

对于 C^N 的任意向量

$$x=(x(0),x(1),\cdots,x(N-1))^{\mathrm{T}}$$

在标准正交基 $\{u_k\}_{k=0}^{N-1}$ 下有分解

$$x=\sum_{n=0}^{N-1}\langle x,u_n\rangle u_n$$

N 个坐标值($n=0,\cdots,N-1$)

$$\langle x,\ u_n\rangle=\frac{1}{\sqrt{N}}\sum_{k=0}^{N-1}x(k)\mathrm{e}^{-\mathrm{i}\frac{2\pi}{N}kn}\triangleq\hat{x}(n)\triangleq X(n) \tag{1.1.2}$$

称为 x 的离散傅里叶变换(DFT)。利用这些坐标 $\hat{x}(n)$ 可以重构向量 x:

$$x=\sum_{n=0}^{N-1}\hat{x}(n)u_n$$

分量形式为

$$x(k)=\frac{1}{\sqrt{N}}\sum_{n=0}^{N-1}\hat{x}(n)\mathrm{e}^{\mathrm{i}\frac{2\pi}{N}kn},\quad k=0,\cdots,N-1 \tag{1.1.3}$$

称为 $\{\hat{x}(n)\}_{n=0}^{N-1}$ 的离散傅里叶逆变换(IDFT)。正变换(1.1.2)与逆变换(1.1.3)用矩阵形式表示为

$$\hat{x}=U^*x,\quad x=U\hat{x}$$

向量 x 的离散傅里叶变换对(DFT 和 IDFT)本质上就是 x 在标准正交基 $\{u_k\}_{k=0}^{N-1}$ 下的分解和重构。它在信号分析中起着极为重要的作用。习惯上,把 DFT 中的因子 $1/\sqrt{N}$ 调整到 IDFT 上,采用下面的形式

$$\begin{aligned}\hat{x}(n)&=\sum_{k=0}^{N-1}x(k)\mathrm{e}^{-\mathrm{i}\frac{2\pi}{N}kn},\quad n=0,\cdots,N-1\\ x(k)&=\frac{1}{N}\sum_{n=0}^{N-1}\hat{x}(n)\mathrm{e}^{\mathrm{i}\frac{2\pi}{N}kn},\quad k=0,\cdots,N-1\end{aligned} \tag{1.1.4}$$

以后所指的 DFT 均为此形式。这时的矩阵表示相应地修改为

$$\hat{x} = \sqrt{N} U^* x, \quad x = \frac{1}{\sqrt{N}} U \hat{x}$$

离散傅里叶变换的计算量很大,DFT 或者 IDFT 都需要 N^2 次复数乘法,不能适应信号的实时处理。直到 1965 年 J. W. Cooley 等发明了快速傅里叶变换(FFT),DFT 在信号分析中才大显身手。将在第三章叙述 FFT 算法。

特别考察一下当 $x = \{x(k)\}_{k \in \mathbf{Z}}$ 为实数时 $\hat{x}$ 的特点。可以看到 $\hat{x}(N-n)$ 与 $\hat{x}(n)$ 共轭:

$$\hat{x}(N-n) = \sum_{k=0}^{N-1} x(k) \mathrm{e}^{-\mathrm{i}\frac{2\pi}{N}k(N-n)} = \sum_{k=0}^{N-1} x(k) \mathrm{e}^{\mathrm{i}\frac{2\pi}{N}kn} = \overline{\hat{x}(n)}$$

当 N 为偶数时,$\hat{x}$ 中有两项为实数:

$$\hat{x}(0) = \sum_{k=0}^{N-1} x(k), \quad \hat{x}(N/2) = \sum_{k=0}^{N-1} (-1)^k x(k)$$

余下的项共轭配对,如图 1-5(a) 所示。当 N 为奇数时,只有 $\hat{x}(0)$ 为实数,余下的项共轭配对,如图 1-5(b) 所示。

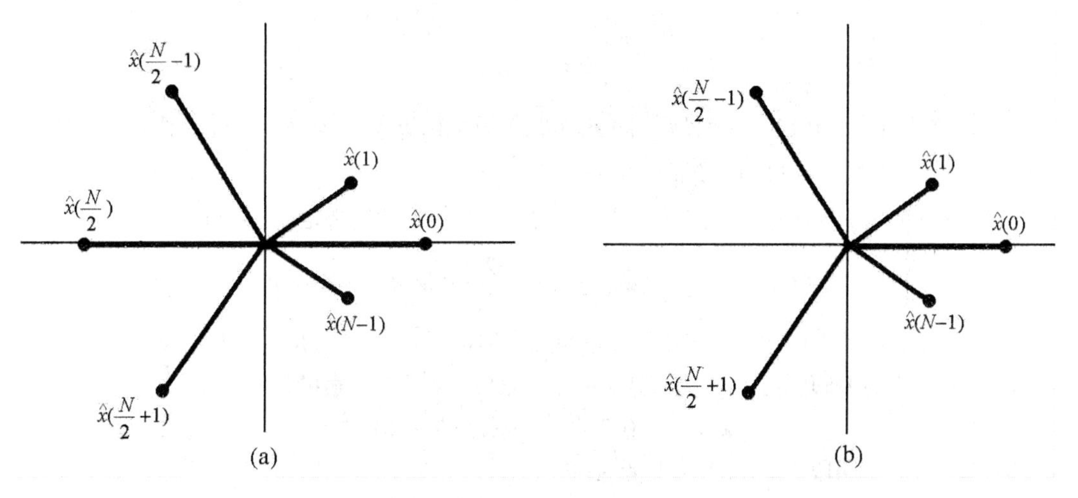

图 1-5

1.1.3　频谱及性质

在式(1.1.4) 的第二式中,记

$$\frac{\hat{x}(n)}{N} \mathrm{e}^{\mathrm{i}\frac{2\pi}{N}nk} = \frac{|\hat{x}(n)| \mathrm{e}^{\mathrm{i}\theta_n}}{N} \mathrm{e}^{\mathrm{i}\frac{2\pi}{N}nk} = \frac{|\hat{x}(n)|}{N} \mathrm{e}^{\mathrm{i}(\frac{2\pi}{N}nk + \theta_n)} \triangleq a^{(n)}(k) \tag{1.1.5}$$

其中 θ_n 是 $\hat{x}(n)$ 的幅角。用 Re(·), lm(·) 表示一个复数的实部和虚部,那么

$$\theta_n = \arctan(\mathrm{lm}[\hat{x}(n)] / \mathrm{Re}[\hat{x}(n)])$$

注意到 $a^{(n)}(k+N) = a^{(n)}(k)$,即 $\{a^{(n)}(k)\}_{k \in \mathbf{Z}}$ 也是 N 周期序列(变量是 k),于是我们得到 N 个三角周期序列(每个序列都是 N 周期)

$$a^{(n)}, n = 0, 1, \cdots, N-1$$

如此,式(1.1.4) 第二式 k 的变化范围可以扩展到全体整数

$$x(k) = \sum_{n=0}^{N-1} a^{(n)}(k), \ k \in \mathbf{Z}$$

换言之,N 周期序列 x 可以表示成 N 个三角周期序列 $a^{(0)},a^{(1)},\cdots,a^{(N-1)}$ 之和:

$$x = \sum_{n=0}^{N-1} a^{(n)}$$

对于三角周期序列 $a^{(n)}$,它的振幅是 $|\hat{x}(n)|/N$,频率是 $\omega_n = 2n\pi/N$,初位相是 θ_n. 称 $\{\hat{x}(n)/N\}_{n=0}^{N-1}$ 为 x 的频谱(见图 1 - 6)。x 的频谱与 x 相互唯一决定。

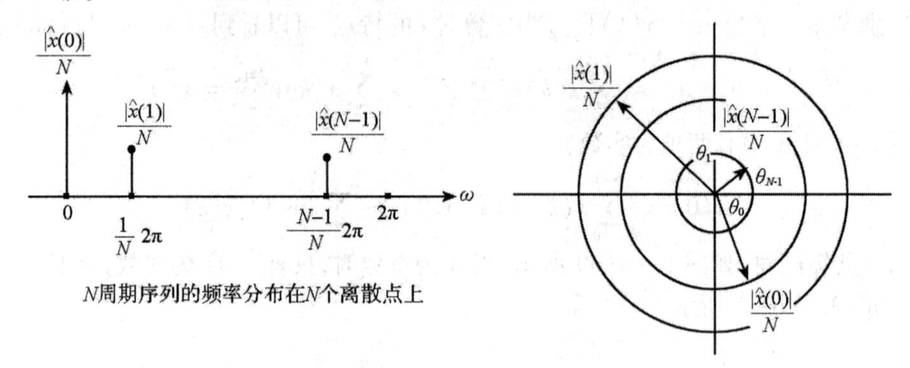

图 1 - 6

图 1 - 6 中的 $|\hat{x}(1)|/N$ 对应的向量从当前初始位置 θ_1 开始旋转,每次转动 $2\pi/N$ 弧度(这就是 $a^{(1)}$ 的频率!),形成周期序列 $a^{(1)}$.

当 $\{x(k)\}_{k\in\mathbf{Z}}$ 为实序列,取式(1.1.5) 的实部(虚部之和必定为零),得到

$$x(k) = \frac{1}{N}\sum_{n=0}^{N-1} |\hat{x}(n)| \cos\left(\frac{2\pi}{N}nk + \theta_n\right), (k \in \mathbf{Z})$$

现在我们讨论 DFT 的两个性质,其一是循环移位性质,其二是循环矩阵对角化问题。

前面讨论的 DFT 是针对一个周期序列以 $x(0)$ 为起首元素的周期段

$$x = (x(0),x(1),\cdots,x(N-1))^{\mathrm{T}}$$

如果任取一个周期段,以 $x(p)$ 为起首元素

$$x_p = (x(p),\cdots,x(p+N-1))^{\mathrm{T}}$$

那么 x_p 的 DFT 为

$$\hat{x}_p(n) = \sum_{k=0}^{N-1} x(p+k)\mathrm{e}^{-\mathrm{i}\frac{2\pi}{N}kn} = \langle x_p, \sqrt{N}u_n \rangle, \quad n = 0,\cdots,N-1$$

它与 x 的 DFT 有何关系?

注意到 N 周期性,可以设 $0 \leqslant p \leqslant N-1$,从而

$$x_p = (x(p),\cdots,x(N-1),x(0),\cdots,x(p-1))^{\mathrm{T}}$$

实际上,x_p 是 x 的分量向上循环移位 p 次得到的:

$$\begin{pmatrix} x(0) \\ x(1) \\ \vdots \\ x(N-2) \\ x(N-1) \end{pmatrix}, \begin{pmatrix} x(1) \\ x(2) \\ \vdots \\ x(N-1) \\ x(0) \end{pmatrix}, \begin{pmatrix} x(2) \\ x(3) \\ \vdots \\ x(0) \\ x(1) \end{pmatrix}, \cdots, \begin{pmatrix} x(p) \\ x(p+1) \\ \vdots \\ x(p-2) \\ x(p-1) \end{pmatrix} = x_p$$

由于循环移位在 DFT 中有重要意义，我们下面来仔细讨论它。

定义向下循环移位算子 S：$\forall x=(x(0),x(1),\cdots,x(N-1))^{\mathrm{T}}\in C^N$

$$Sx=(x(N-1),x(0),x(1),\cdots,x(N-2))^{\mathrm{T}}$$

S 的逆算子 S^{-1} 对应向上循环移位

$$S^{-1}x=(x(1),x(2),\cdots,x(N-1),x(0))^{\mathrm{T}}$$

显然，$x_p=S^{-p}x$.

循环移位算子有两个简单的性质：

(1) $\forall x,y\in C^N$，$\langle Sx,y\rangle=\langle x,S^{-1}y\rangle$，$\langle S^{-1}x,y\rangle=\langle x,Sy\rangle$

(2) 对式(1.1.1)的矩阵 U 的第 k 列 $u_k=\dfrac{1}{\sqrt{N}}(w_N^0,w_N^k,\cdots,w_N^{(N-1)k})^{\mathrm{T}}$，$k=0,1,\cdots,N-1$，有

$$Su_k=w_N^{-k}u_k,S^{-1}u_k=w_N^ku_k$$

性质(1)容易由图 1－7 看出来，内圈逆时针方向转一格与外圈对应元素乘积之和，等价于外圈顺时针方向转一格与内圈对应元素乘积之和。性质(2)直接验证可得，只要注意 $w_N^N=1$.

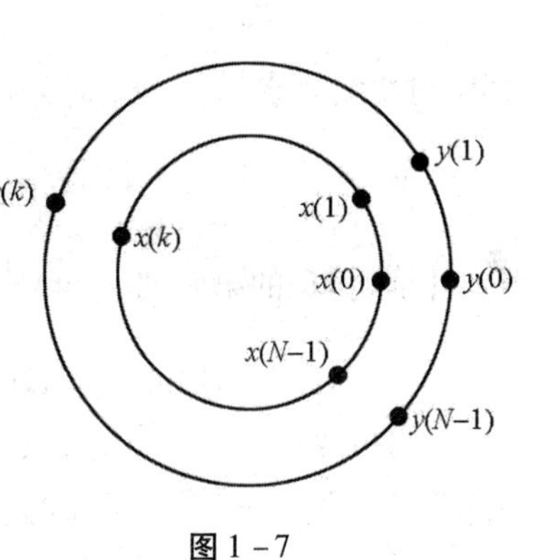

图 1－7

定理 1.1.1　设 $x\in C^N$，x_p 表示 x 的 p 次循环下移，则

$$\hat{x}_p(n)=w_N^{pn}\hat{x}(n),\quad n=0,\cdots,N-1$$

【证明】因为 $x_p=S^{-p}x$，故 $\hat{x}_p$ 的第 n 个元素为

$$\begin{aligned}\hat{x}_p(n)&=\langle x_p,\sqrt{N}u_n\rangle=\langle S^{-p}x,\sqrt{N}u_n\rangle\\&=\langle x,\sqrt{N}S^pu_n\rangle=\langle x,\sqrt{N}w_N^{-pn}u_n\rangle\\&=w_N^{pn}\langle x,\sqrt{N}u_n\rangle=w_N^{pn}\hat{x}(n)\end{aligned}$$

【证毕】

这个定理说明，向量循环移位后的 DFT 只改变元素的相位，不改变模长

$$|\hat{x}_p(n)|=|\hat{x}(n)|,\quad n=0,\cdots,N-1$$

利用移位算子 S，还可以得到式(1.1.1)中酉矩阵 U 的一个重要性质，它能将任意 N 阶循环矩阵对角化，这个性质对离散信号的卷积滤波很有用。所谓循环矩阵，是由 C^N 的一个向量循环移位形成的矩阵。例如，设 4 维向量

$$x=(x(0),x(1),x(2),x(3))^{\mathrm{T}}$$

x 产生的循环矩阵为

$$A=\begin{pmatrix}x(0)&x(3)&x(2)&x(1)\\x(1)&x(0)&x(3)&x(2)\\x(2)&x(1)&x(0)&x(3)\\x(3)&x(2)&x(1)&x(0)\end{pmatrix}$$

一般的 N 维向量 $x=(x(0),x(1)\cdots,x(N-1))^{\mathrm{T}}$ 对应的循环矩阵为

$$A=\begin{pmatrix} x(0) & x(N-1) & \cdots & x(2) & x(1) \\ x(1) & x(0) & \ddots & \vdots & x(2) \\ \vdots & \ddots & \ddots & \ddots & \vdots \\ x(N-2) & \vdots & \ddots & x(0) & x(N-1) \\ x(N-1) & x(N-2) & \cdots & x(1) & x(0) \end{pmatrix}$$

由 x 产生的循环矩阵可以表示为

$$A=(x,Sx,\cdots,S^{N-1}x)$$

定理 1.1.2 $\forall x=(x(0),\cdots,x(N-1))^{\mathrm{T}}\in C^N$，设 x 对应的循环矩阵为 A，那么

$$U^*AU=\begin{pmatrix} \hat{x}(0) & & & \\ & \hat{x}(1) & & \\ & & \ddots & \\ & & & \hat{x}(N-1) \end{pmatrix}$$

其中对角线元素 $\{\hat{x}(n)\}_{n=0}^{N-1}$ 是 x 的傅里叶变换(按式(1.1.4)的形式)

$$\hat{x}(n)=\sum_{k=0}^{N-1}x(k)\mathrm{e}^{-\mathrm{i}\frac{2\pi}{N}kn},\quad n=0,\cdots,N-1$$

【证明】U 的第 k 列 $u_k=\frac{1}{\sqrt{N}}(w_N^0,w_N^k,\cdots,w_N^{(N-1)k})^{\mathrm{T}}$，$U^*AU$ 的第 k 行第 n 列元素是

$$\begin{aligned} \bar{u}_k^{\mathrm{T}}Au_n &= (\bar{u}_k^{\mathrm{T}}x,\bar{u}_k^{\mathrm{T}}Sx,\cdots,\bar{u}_k^{\mathrm{T}}S^{N-1}x)u_n \\ &= (\langle x,u_k\rangle,\langle Sx,u_k\rangle,\cdots,\langle S^{N-1}x,u_k\rangle)u_n \\ &= (\langle x,u_k\rangle,\langle x,S^{-1}u_k\rangle,\cdots,\langle x,S^{-(N-1)}u_k\rangle)u_n \\ &= (\langle x,u_k\rangle,\langle x,w_N^ku_k\rangle,\cdots,\langle x,w_N^{(N-1)k}u_k\rangle)u_n \\ &= (\langle x,u_k\rangle,w_N^{-k}\langle x,u_k\rangle,\cdots,w_N^{-(N-1)k}\langle x,u_k\rangle)u_n \\ &= \langle x,u_k\rangle(w_N^0,w_N^{-k},\cdots,w_N^{-(N-1)k})u_n \\ &= \hat{x}(k)\bar{u}_k^{\mathrm{T}}u_n \\ &= \begin{cases}\hat{x}(n), & k=n \\ 0, & k\neq n\end{cases} \end{aligned}$$

【证毕】

1.2.1 周期函数的频谱

不失一般性，设 $f(t)$ 是 2π 周期函数(可以是复值)，对于 l 周期函数 $f(t)$，可以通过变换，例如令 $t=lt/2\pi$ 得到 $f(lt/2\pi)\triangleq g(t)$，它是 2π 周期函数。

实际上，傅里叶分析涉及的周期函数分为两类，一类是在周期段上平方可积函数空间 $L^2[-\pi,\pi]$，另一类是在周期段上绝对可积函数空间 $L^1[-\pi,\pi]$，两类函数的傅里叶级数的收敛意义不同。这里只涉及平方可积函数类 $L^2[-\pi,\pi]$.

1.2.1 $L^2[-\pi,\pi]$ 与 l^2 空间

以 2π 为周期且在周期段上平方可积的函数全体记作

$$L^2[-\pi,\pi] = \left\{f \,|f(t+2\pi) = f(t), \int_{-\pi}^{\pi} |f(t)|^2 \mathrm{d}t < +\infty \right\}$$

它是线性空间。对任意的$f,g \in L^2[-\pi,\pi]$,定义内积

$$\langle f, g\rangle = \frac{1}{2\pi}\int_{-\pi}^{\pi} f(t)\,\overline{g(t)}\mathrm{d}t$$

则$L^2[-\pi,\pi]$是 Hilbert 空间,相应的范数是

$$\|f\|_{L^2} = \left\{\frac{1}{2\pi}\int_{-\pi}^{\pi} |f(t)|^2 \mathrm{d}t\right\}^{1/2}$$

显然,$\mathrm{e}^{-ikt} \in L^2[-\pi,\pi]$,$(\forall k \in \mathbf{Z})$(指数带负号是为了某种便利),注意到

$$\langle \mathrm{e}^{-ikt},\mathrm{e}^{-int}\rangle = \frac{1}{2\pi}\int_{-\pi}^{\pi} \mathrm{e}^{\mathrm{i}(n-k)t}\mathrm{d}t = \begin{cases}1, & k = n\\ 0, & k \neq n\end{cases}$$

这说明$\{\mathrm{e}^{-ikt}\}_{k\in\mathbf{Z}}$是$L^2[-\pi,\pi]$的标准正交系,还可以证明,它是$L^2[-\pi,\pi]$的标准正交基。

与$L^2[-\pi,\pi]$密切相关的是l^2空间,它是双无限的平方可和序列全体

$$l^2 = \left\{(\cdots,c(-1),c(0),c(1),\cdots)\,\middle|\, \sum_{k\in\mathbf{Z}} |c(k)|^2 < +\infty\right\}$$

它是线性空间。对任意的$a,b \in l^2$,定义内积

$$\langle a,b\rangle = \sum_{k\in\mathbf{Z}} a(k)\,\overline{b(k)}$$

则l^2是 Hilbert 空间,相应的范数是

$$\|c\|_{l^2} = \left\{\sum_{k\in\mathbf{Z}} |c(k)|^2\right\}^{1/2}$$

后面将说明,$L^2[-\pi,\pi]$与l^2线性同构。以后在不引起混乱的情况下,我们也用$\|\cdot\|$表示$\|\cdot\|_{L^2}$或$\|\cdot\|_{l^2}$.

1.2.2　傅里叶级数

$\forall f \in L^2[-\pi,\pi]$,$f$在标准正交基$\{\mathrm{e}^{-ikt}\}_{k\in\mathbf{Z}}$上的分解是

$$f(t) = \sum_{k\in\mathbf{Z}} \langle f,\mathrm{e}^{-ikt}\rangle \mathrm{e}^{-ikt}$$

或者写成

$$\begin{cases} f(t) = \sum\limits_{k\in\mathbf{Z}} c_f(k)\mathrm{e}^{-ikt}\\ c_f(k) = \dfrac{1}{2\pi}\displaystyle\int_{-\pi}^{\pi} f(t)\mathrm{e}^{ikt}\mathrm{d}t, \quad k \in \mathbf{Z}\end{cases} \tag{1.2.1}$$

称$\{c_f(k)\}_{k\in\mathbf{Z}}$为$f(t)$的傅里叶系数。也可以把式(1.2.1)写成正指数形式(把k替换为$-k$):

$$\begin{cases} f(t) = \sum\limits_{k\in\mathbf{Z}} c_f(k)\mathrm{e}^{ikt}\\ c_f(k) = \dfrac{1}{2\pi}\displaystyle\int_{-\pi}^{\pi} f(t)\mathrm{e}^{-ikt}\mathrm{d}t, \quad k \in \mathbf{Z}\end{cases}$$

应该注意,式(1.2.1)级数收敛的含义是依范数收敛,即

$$\lim_{n\to+\infty}\left\|f-\sum_{k=-n}^{n}c_f(k)\mathrm{e}^{-\mathrm{i}kt}\right\|_{L^2}=0$$

它可以保证几乎处处收敛。关于逐点收敛的条件有:如果$f(t)$在$[-\pi,\pi]$上分段单调,且不连续点只有有限个,则

$$\sum_{k\in\mathbf{Z}}c_f(k)\mathrm{e}^{-\mathrm{i}kt}=\frac{1}{2}[f(t+0)+f(t-0)]$$

如果$f(t)$在$[-\pi,\pi]$上连续且分段光滑,则f的傅里叶级数绝对一致收敛于f,且存在常数C使得

$$\max_{t\in[-\pi,\pi]}\left|f(t)-\sum_{k=-n}^{n}c_f(k)\mathrm{e}^{-\mathrm{i}kt}\right|\leqslant\frac{C}{\sqrt{n}}$$

但要注意,f在$[-\pi,\pi]$上连续并不能保证其傅里叶级数处处收敛。

1.2.3 频谱及性质

设$f\in L^2[-\pi,\pi]$,记$c_f(k)=|c_f(k)|\mathrm{e}^{\mathrm{i}\theta(k)}$,其中$\theta(k)$表示$c_f(k)$的幅角,

$$\theta(k)=\arctan\left[\frac{\mathrm{Im}c_f(k)}{\mathrm{Re}c_f(k)}\right]$$

那么式(1.2.1)的第一式表明

$$f(t)=\sum_{k\in\mathbf{Z}}|c_f(k)|\mathrm{e}^{-\mathrm{i}(kt-\theta(k))}\tag{1.2.2}$$

这说明2π周期函数f是一系列三角周期函数的叠加,第k个三角周期函数的频率是k,振幅是$|c_f(k)|$,初位相是$-\theta(k)$。称$\{c_f(k)\}_{k\in\mathbf{Z}}$为$f(t)$的频谱(见图1-8),$f$的频谱与$f$相互唯一决定。

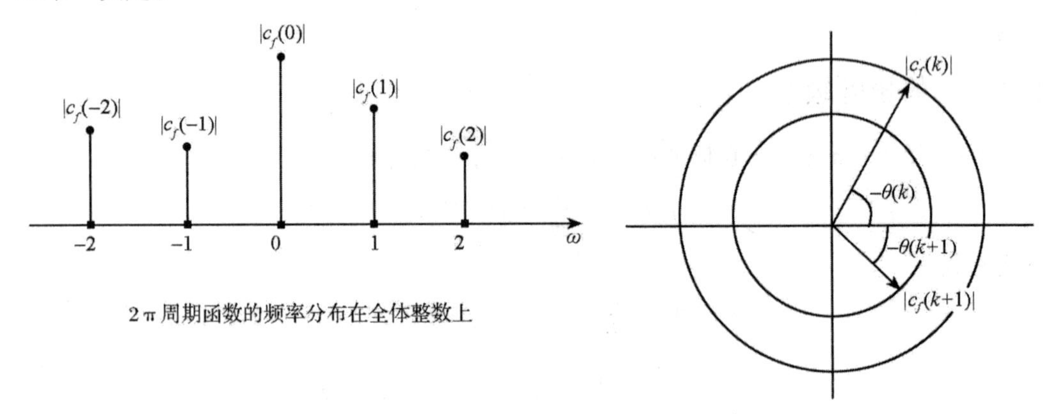

图1-8

当$f(t)$为实函数,取式(1.2.2)右边的实部(虚部求和必定为零),得到

$$f(t)=\sum_{k\in\mathbf{Z}}|c_f(k)|\cos(kt-\theta(k))$$

下面要表述周期函数频谱的两个性质,其一是Parseval等式,其二是$L^2[-\pi,\pi]$与l^2的同构。

注意到

$$\langle f,\ g\rangle = \langle \sum_{k\in\mathbf{Z}} c_f(k)\mathrm{e}^{-\mathrm{i}kt}, \sum_{n\in\mathbf{Z}} c_g(n)\mathrm{e}^{-\mathrm{i}nt}\rangle = \sum_{k,n\in\mathbf{Z}} c_f(k)\,\overline{c_g(n)}\langle \mathrm{e}^{-\mathrm{i}kt}, \mathrm{e}^{-\mathrm{i}nt}\rangle$$

根据$\{\mathrm{e}^{-\mathrm{i}kt}\}_{k\in\mathbf{Z}}$的标准正交性,显然有

定理 1.2.1　设$f,g\in L^2[-\pi,\pi]$,那么

$$\langle f,\ g\rangle = \sum_{k\in\mathbf{Z}} c_f(k)\,\overline{c_g(k)}$$

称为 Parseval 等式,特别地有

$$\|f\|^2 = \sum_{k\in\mathbf{Z}} |c_f(k)|^2$$

这也说明$\{c_f(k)\}_{k\in\mathbf{Z}}$是平方可和序列,即$\{c_f(k)\}_{k\in\mathbf{Z}}\in l^2$,且$\|f\| = \|\{c_f(k)\}_{k\in\mathbf{Z}}\|$.

定理 1.2.2　把$f\to\{c_f(k)\}_{k\in\mathbf{Z}}$看成$L^2[-\pi,\pi]$到$l^2$的一个映射,它是可逆映射。

【证明】　首先说明它是单映射。因为如果$c_f(k) = c_g(k)$,即

$$\int_{-\pi}^{\pi}[f(t)-g(t)]\mathrm{e}^{\mathrm{i}kt}\mathrm{d}t = 0,\quad \forall k\in\mathbf{Z}$$

这只能是$f=g$。再说明它也是满映射,任取$\{c(k)\}_{k\in\mathbf{Z}}\in l^2$,我们要找到$f\in L^2[-\pi,\pi]$使得$f\to\{c(k)\}_{k\in\mathbf{Z}}$。为此作

$$f_n(t) = \sum_{|k|\leqslant n} c(k)\mathrm{e}^{-\mathrm{i}kt} \in L^2[-\pi,\pi]$$

注意到

$$\|f_{n+p} - f_n\|^2 = \Big\|\sum_{n<|k|\leqslant n+p} c(k)\mathrm{e}^{-\mathrm{i}kt}\Big\|^2 = \sum_{n<|k|\leqslant n+p} |c(k)|^2$$

而$\{c(k)\}_{k\in\mathbf{Z}}$平方可和,故$\{f_n\}_{n\in\mathbf{Z}}$是$L^2[-\pi,\pi]$的 Cauchy 列,从而存在$f\in L^2[-\pi,\pi]$使

$$f(t) = \sum_{k\in\mathbf{Z}} c(k)\mathrm{e}^{-\mathrm{i}kt}$$

【证毕】

空间$L^2[-\pi,\pi]$与空间l^2的一一对应关系,使得对$L^2[-\pi,\pi]$的研究等同于对l^2的研究。

1.3　能量有限序列的频谱

本节与1.2节是“对偶”的。在节(1.2),我们把$L^2[-\pi,\pi]$的元素$f(t)$看作时域中的信号函数,它在l^2中的对应元素$\{c_f(k)\}_k$(傅里叶系数)是其频谱;在本节,我们把l^2的元素看作时域中的信号序列,而把它在$L^2[-\pi,\pi]$中的对应元素看成频谱。

1.3.1　频谱及性质

设$\{x(k)\}_{k\in\mathbf{Z}}\in l^2$,由定理1.2.2,$l^2$的元素与$L^2[-\pi,\pi]$的元素一一对应,序列$\{x(k)\}_{k\in\mathbf{Z}}$对应到$2\pi$周期函数

$$\sum_{k\in\mathbf{Z}} x(k)\mathrm{e}^{-\mathrm{i}k\omega} \triangleq X(\omega) \triangleq F\{x(k)\}_{k\in\mathbf{Z}}(\omega) \tag{1.3.1}$$

序列$\{x(k)\}_{k\in\mathbf{Z}}$完全可以由$X(\omega)$重构出来(将上式两边与$\mathrm{e}^{-\mathrm{i}k\omega}$作内积):

$$x(k)=\frac{1}{2\pi}\int_{-\pi}^{\pi}X(\omega)\mathrm{e}^{\mathrm{i}k\omega}\mathrm{d}\omega, \quad k\in\mathbf{Z} \tag{1.3.2}$$

现在固定 $\omega_0\in[-\pi,\pi]$,序列

$$\{X(\omega_0)\mathrm{e}^{\mathrm{i}\omega_0 k}\}_{k\in\mathbf{Z}}$$

是三角周期函数 $X(\omega_0)\mathrm{e}^{\mathrm{i}\omega_0 t}$ 在整数点的采样序列(注:不一定是周期序列,除非 ω_0 为有理数),函数的振幅是 $|X(\omega_0)|$,频率是 ω_0. 当 ω 在 $[-\pi,\pi]$ 中变动时,产生无限多个(不可列)采样序列

$$\{X(\omega)\mathrm{e}^{\mathrm{i}\omega k}\}_{k\in\mathbf{Z}}, \quad \omega\in[-\pi,\pi]$$

而式(1.3.2)表明,这无限多的采样序列叠加(对 ω 积分)成 $\{x(k)\}_{k\in\mathbf{Z}}$.

$X(\omega)$ 称为 $\{x(k)\}_{k\in\mathbf{Z}}$ 的离散傅里叶变换或者频谱(如图 1-9 所示)。

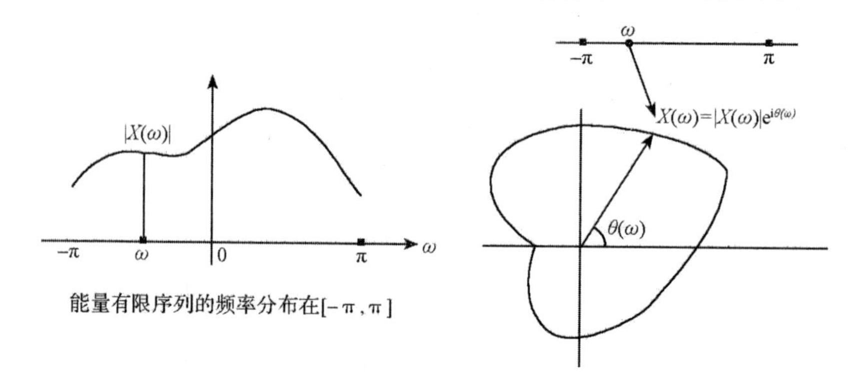

图 1-9

与周期序列和周期函数的情形不同,$\{x(k)\}_{k\in\mathbf{Z}}$ 的频率分布在 $[-\pi,\pi]$ 上是不可列的。

当 $\{x(k)\}_{k\in\mathbf{Z}}$ 为实序列,$X(\omega)$ 关于原点共轭对称,即

$$X(-\omega)=\sum_{k\in\mathbf{Z}}x(k)\mathrm{e}^{\mathrm{i}k\omega}=\overline{\sum_{k\in\mathbf{Z}}x(k)\mathrm{e}^{-\mathrm{i}k\omega}}=\overline{X(\omega)}$$

再记

$$X(\omega)=|X(\omega)|\mathrm{e}^{\mathrm{i}\theta(\omega)}$$

式(1.3.2)右边的虚部必定为零,从而

$$x(k)=\frac{1}{2\pi}\int_{-\pi}^{\pi}|X(\omega)|\cos(k\omega+\theta(\omega))\mathrm{d}\omega, \quad k\in\mathbf{Z}$$

注意,$\{x(k)\}_{k\in\mathbf{Z}}$ 平方可和只是保证了式(1.3.1)在 $L^2[-\pi,\pi]$ 的范数意义下收敛(也可以保证几乎处处收敛),但不能保证逐点收敛,更不保证 $X(\omega)$ 的连续性。如果 $\{x(k)\}_{k\in\mathbf{Z}}$ 绝对可和,则下式有意义,

$$\sum_{k\in\mathbf{Z}}|x(k)\mathrm{e}^{-\mathrm{i}k\omega}|=\sum_{k\in\mathbf{Z}}|x(k)|$$

右边收敛说明左边一致收敛,此时 $X(\omega)$ 连续。

信号序列 $\{x(k)\}_{k\in\mathbf{Z}}$ 的速降性关联到频谱 $X(\omega)$ 的光滑度,有如下结果:

定理 1.3.1 (1) 如果 $X(\omega)$ 有 r 阶连续导数,则

$$\lim_{k\to\infty} k^r |x(k)| = 0$$

（2）如果存在 $\alpha > 0$ 使得

$$\sum_{k\in\mathbf{Z}} |x(k)||k|^\alpha < +\infty$$

那么 $\forall \omega, \omega_0 \in R$,

$$|X(\omega) - X(\omega_0)| \leq C|\omega - \omega_0|^\alpha$$

其中 C 是某个常数。

【证明】(1) 的证明。对于 $r = 0$(即 $X(\omega)$ 连续),用到经典的 Riemann-Lebesgue 引理:

如果 $X(\omega)$ 绝对可积,则$\int_{-\pi}^{\pi} X(\omega)\mathrm{e}^{\mathrm{i}\lambda\omega}\mathrm{d}\omega \to 0 \quad (\lambda \to \infty)$

所以$\lim_{k\to\infty} |x(k)| = 0$. 对于 $r > 0$,因为 $X^{(r)}(\omega)$ 对应于序列$\{(\mathrm{i}k)^r x(k)\}_{k\in\mathbf{Z}}$,再一次用到 Riemann-Lebesgue 引理即知

$$\lim_{k\to\infty} k^r |x(k)| = 0$$

（2）的证明。

$$|X(\omega) - X(\omega_0)| \leq \sum_{k\in\mathbf{Z}} |x(k)| \cdot |\mathrm{e}^{-\mathrm{i}k\omega} - \mathrm{e}^{-\mathrm{i}k\omega_0}|$$

利用不等式($0 < \alpha < 1$)

$$|\sin\omega| \leq |\omega|^\alpha, \quad \forall \omega \in R$$

则有

$$|\mathrm{e}^{-\mathrm{i}k\omega} - \mathrm{e}^{-\mathrm{i}k\omega_0}| = |\mathrm{e}^{-\mathrm{i}k\frac{\omega+\omega_0}{2}}(\mathrm{e}^{-\mathrm{i}k\frac{\omega-\omega_0}{2}} - \mathrm{e}^{\mathrm{i}k\frac{\omega-\omega_0}{2}})| = 2\left|\sin(k\frac{\omega-\omega_0}{2})\right| \leq 2^{1-\alpha}|k|^\alpha|\omega - \omega_0|^\alpha$$

所以

$$|X(\omega) - X(\omega_0)| \leq 2^{1-\alpha}\sum_{k\in\mathbf{Z}} |x(k)| \cdot |k|^\alpha |\omega - \omega_0|^\alpha = C|\omega - \omega_0|^\alpha$$

其中 $C = 2^{1-\alpha}\sum_{k\in\mathbf{Z}} |x(k)||k|^\alpha$。　　　　【证毕】

此定理的结论(1) 表明,$X(\omega)$ 越光滑则$|x(k)|$下降越快;结论(2) 表明,$|x(k)|$下降越快则 $X(\omega)$ 越光滑。

1.3.2　卷积与滤波

设 $x, y \in l^2$,将两个序列 x, y 的卷积记作 $x * y$,它产生一个序列,第 k 个元素为

$$(x * y)(k) = \sum_{n\in\mathbf{Z}} x(n)y(k-n) = \sum_{n\in\mathbf{Z}} x(k-n)y(n), \quad k \in \mathbf{Z}$$

无穷和的收敛性是显然的,但不能保证 $x * y \in l^2$,除非其中一个属于 l^1,即绝对可和。经典的结论有:

（1）如果 $x \in l^2, y \in l^1$,则 $x * y \in l^2$,且$\|x * y\|_{l^2} \leq \|x\|_{l^2} \cdot \|y\|_{l^1}$

（2）如果 $x, y \in l^1$,则 $x * y \in l^1$,且$|\ \|x * y\|_{l^1} \leq \|x\|_{l^1} \cdot \|g\|_{l^1}$

（3）如果 $x, y \in l^2$,则$(x * y)(k)$ 有界,$|(x * y)(k)| \leq \|x\|_{l^2} \cdot \|y\|_{l^2}$

卷积满足对称性、分配律、结合律：

$$x*y=y*x,\ x*(y+z)=x*y+x*z,\ (x*y)*z=x*(y*z)$$

下面只验证结合律，$(x*y)*z$ 的第 k 个元素：

$$\begin{aligned}[(x*y)*z](k) &= \sum_{n\in\mathbf{Z}}(x*y)(n)\cdot z(k-n)\\ &= \sum_{n\in\mathbf{Z}}\Big\{\sum_{r\in\mathbf{Z}}x(r)\cdot y(n-r)\Big\}\cdot z(k-n)\\ &= \sum_{r\in\mathbf{Z}}x(r)\Big\{\sum_{n\in\mathbf{Z}}y(n-r)\cdot z(k-n)\Big\}\\ &= \sum_{r\in\mathbf{Z}}x(r)\Big\{\sum_{n\in\mathbf{Z}}y(n)\cdot z(k-n-r)\Big\}\\ &= \sum_{r\in\mathbf{Z}}x(r)\cdot(y*z)(k-r)=[x*(y*z)](k)\end{aligned}$$

定理 1.3.2　两个信号序列卷积的频谱等于两个信号频谱的乘积，即

$$\mathscr{F}\{x*y\}(\omega)=X(\omega)\cdot Y(\omega)$$

【证明】这里给出形式上的验证。

$$\begin{aligned}\mathscr{F}\{x*y\}(\omega) &= \sum_{k}(x*y)(k)\mathrm{e}^{-\mathrm{i}k\omega}\\ &= \sum_{k\in\mathbf{Z}}\sum_{n\in\mathbf{Z}}x(n)y(k-n)\mathrm{e}^{-\mathrm{i}k\omega}\\ &= \sum_{n\in\mathbf{Z}}x(n)\sum_{k\in\mathbf{Z}}y(k-n)\mathrm{e}^{-\mathrm{i}k\omega}\\ &= \sum_{n\in\mathbf{Z}}x(n)\sum_{k\in\mathbf{Z}}y(k)\mathrm{e}^{-\mathrm{i}(k+n)\omega}\\ &= \sum_{n\in\mathbf{Z}}x(n)\mathrm{e}^{-\mathrm{i}n\omega}\sum_{k\in\mathbf{Z}}y(k)\mathrm{e}^{-\mathrm{i}k\omega}\\ &= X(\omega)\cdot Y(\omega)\end{aligned}$$

【证毕】

空间 $L^2[-\pi,\pi]$ 函数的卷积定义为：$\forall f,g\in L^2[-\pi,\pi]$，

$$(f*g)(t)=\frac{1}{2\pi}\int_{-\pi}^{\pi}f(\tau)g(t-\tau)\mathrm{d}\tau$$

容易验证，上述卷积也满足对称性、分配律、结合律。

定理 1.3.3　两个信号序列乘积的频谱等于序列频谱的卷积，即

$$\mathscr{F}\{x(k)y(k)\}(\omega)=X(\omega)*Y(\omega)$$

【证明】这里给出形式上的验证。

$$\begin{aligned}\mathscr{F}\{x(k)y(k)\}(\omega) &= \sum_{k\in\mathbf{Z}}x(k)y(k)\mathrm{e}^{-\mathrm{i}k\omega}\\ &= \sum_{k\in\mathbf{Z}}\Big\{\frac{1}{2\pi}\int_{-\pi}^{\pi}X(\eta)\mathrm{e}^{\mathrm{i}k\eta}\mathrm{d}\eta\Big\}y(k)\mathrm{e}^{-\mathrm{i}k\omega}\\ &= \frac{1}{2\pi}\int_{-\pi}^{\pi}X(\eta)\Big\{\sum_{k\in\mathbf{Z}}y(k)\mathrm{e}^{-\mathrm{i}k(\omega-\eta)}\Big\}\mathrm{d}\eta\\ &= \frac{1}{2\pi}\int_{-\pi}^{\pi}X(\eta)Y(\omega-\eta)\mathrm{d}\eta\\ &= X(\omega)*Y(\omega)\end{aligned}$$

【证毕】

所谓对信号作滤波，就是去掉信号中的某些频率成分。能量有限序列 $x=\{x(k)\}_{k\in\mathbf{Z}}$

的频域是$[-\pi,\pi]$,假设我们想去掉x的$|\omega|>\pi/2$的频率成分,完整地保留$|\omega|\leqslant\pi/2$以内的频率成分,对x作什么操作能达到这个目的呢?定理1.3.2为我们提供了思路:作2π周期函数$H(\omega)$,它在$[-\pi,\pi]$中的值如下:

$$H(\omega)=\begin{cases}1, & |\omega|\leqslant\pi/2\\ 0, & |\omega|>\pi/2\end{cases}$$

用$H(\omega)$乘x的频谱$X(\omega)$,得到(见图1-10所示)

$$Y(\omega)=H(\omega)X(\omega) \tag{1.3.3}$$

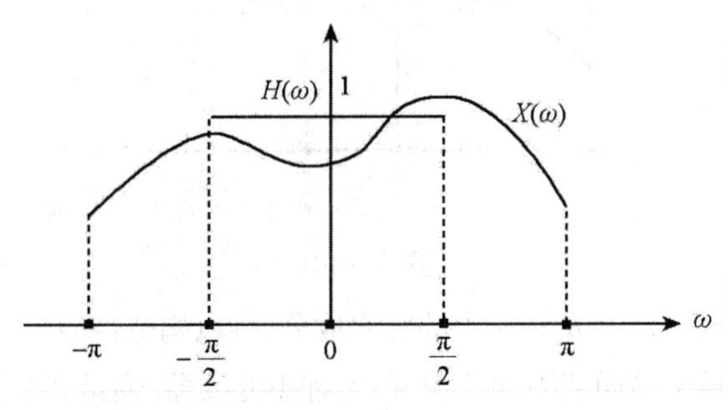

图1-10

此时,$Y(\omega)$对应的时域序列y已经没有$|\omega|>\pi/2$的频率成分了。假设$H(\omega)$对应的时域序列为$h=\{h(k)\}_{k\in\mathbf{Z}}$,由定理1.3.2知

$$y(k)=\sum_n h(n)x(k-n) \tag{1.3.4}$$

可见,卷积就是滤波!此时,我们称$H(\omega)$(在频域中)或者h(在时域中)为一个滤波器。式(1.3.3)为滤波提供了直观解释,式(1.3.4)为滤波提供了计算方式。

为了按式(1.3.4)计算y,我们需要求出h序列:

$$2\pi h(n)=\int_{-\pi}^{\pi}H(\omega)\mathrm{e}^{\mathrm{i}n\omega}\mathrm{d}\omega=\int_{-\pi/2}^{\pi/2}\mathrm{e}^{\mathrm{i}n\omega}\mathrm{d}\omega=\int_{-\pi/2}^{\pi/2}\cos n\omega\mathrm{d}\omega$$

$$=\begin{cases}\pi, & n=0\\ \dfrac{2}{n}\sin\dfrac{n\pi}{2}, & n\neq 0\end{cases}=\begin{cases}\pi, & n=0\\ 0, & n=2r,r\neq 0\\ \dfrac{2(-1)^r}{(2r+1)}, & n=2r+1\end{cases}$$

所以

$$h(n)=\begin{cases}\dfrac{1}{2}, & n=0\\ 0, & n=2r,r\neq 0\\ \dfrac{(-1)^r}{\pi(2r+1)}, & n=2r+1\end{cases}$$

于是滤波后的序列为

$$y(k)=\sum_n h(n)x(k-n)=\frac{1}{2}x(k)+\sum_{r\in\mathbf{Z}}h(2r+1)x(k-2r-1)$$

$$=\frac{1}{2}x(k)+\frac{1}{\pi}\sum_{r\in\mathbf{Z}}\frac{(-1)^r}{2r+1}x(k-2r-1)$$

因为$H(\omega)$保留信号的低频成分,称它为低通滤波器。类似地,如果要滤除信号在$[-\pi/2,\pi/2]$以内的频率成分,完整地保留$\pi/2<|\omega|<\pi$中的频率成分,我们可以作高通滤波器(见图1－11所示)

$$G(\omega)=\begin{cases}1, & \pi/2<|\omega|<\pi\\ 0, & |\omega|\leqslant\pi/2\end{cases}$$

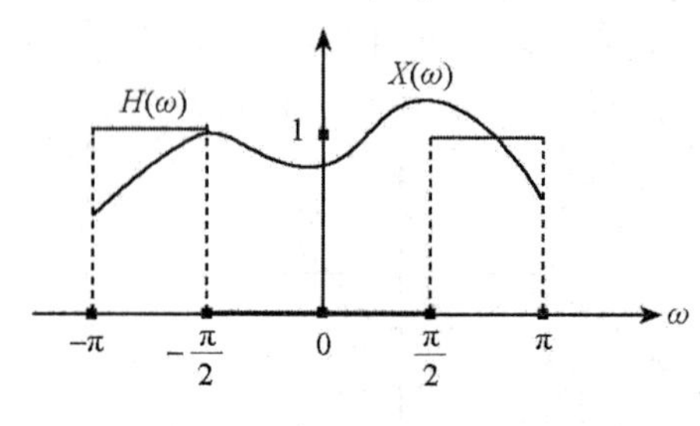

图1－11

若要保留$0<a\leqslant|\omega|\leqslant b<\pi$中的频率成分,可以构造带通滤波器。这些滤波器为我们理解滤波的含义提供了简明清晰的认识,称为理想滤波器。但是,因为$H(\omega)$或$G(\omega)$不连续,对应的时域序列$\{h(k)\}$或者$\{g(k)\}$必定是无限长的,在实际中不可能精确实现。

1.4 能量有限函数的频谱

能量有限函数空间是R上平方可积函数(可以是复值)全体

$$L^2(R)=\left\{f|\int_R|f(t)|^2\mathrm{d}t<+\infty\right\}$$

在$L^2(R)$中定义内积

$$\langle f,g\rangle=\int_R f(t)\bar{g}(t)\mathrm{d}t$$

则$L^2(R)$是Hilbert空间,相应的范数

$$\|f\|_2=\left(\int_R|f(t)|^2\mathrm{d}t\right)^{1/2}$$

另一个常用的函数空间是$L^1(R)$,称为绝对可积空间,

$$L^1(R)=\left\{f|\int_R|f(t)|\mathrm{d}t<+\infty\right\}$$

在其上定义范数

$$\|f\|_1=\int_R|f(t)|\mathrm{d}t$$

$L^1(R)$是完备线性赋范空间,但不是内积空间。$L^2(R)$与$L^1(R)$有交集,但不相同,如图1－12所示。

事实上,$L^2(R)\cap L^1(R)$在$L^2(R)$中稠密,对于$L^2(R)\backslash L^1(R)$中的函数,可以用$L^2(R)\cap L^1(R)$中的函数无限逼近($\|\cdot\|_2$范数意义下)。

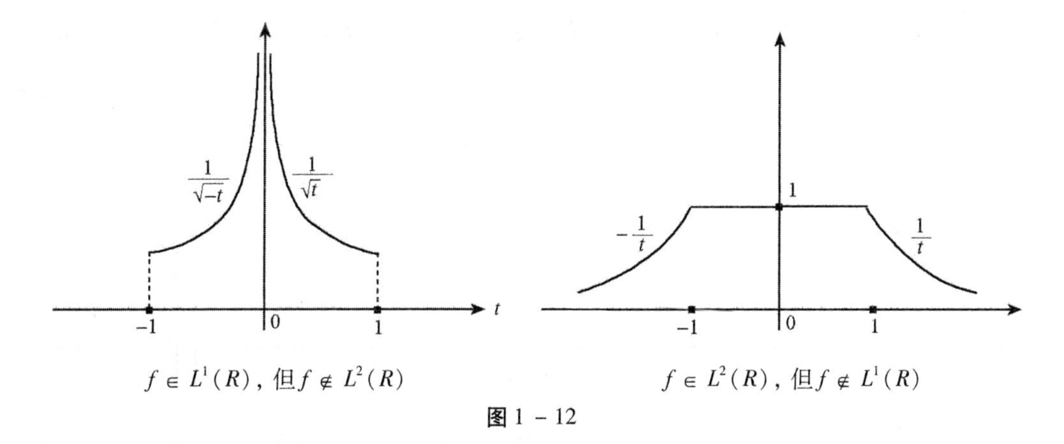

$f \in L^1(R)$，但$f \notin L^2(R)$　　　　$f \in L^2(R)$，但$f \notin L^1(R)$

图1－12

1.4.1　$L^1(R)$ 和 $L^2(R)$ 上的傅里叶变换

经典的傅里叶变换定义在绝对可积函数空间 $L^1(R)$ 上。为了使它的定义不至于太突然，这里形式上给出一个来由。R上的非周期函数可以理解为周期无穷大。利用l周期函数的展开式，令 $l \to +\infty$ 取极限，就可以形式上导出傅里叶变换。

设$f(t)$ 是l周期函数，那么$g(t) = f(lt/(2\pi))$ 是2π 周期函数，再按照节1.2可得

$$\begin{cases} g(t) = \sum_{k \in \mathbf{Z}} c_g(k) e^{-ikt} \\ c_g(k) = \frac{1}{2\pi} \int_{-\pi}^{\pi} g(t) e^{ikt} dt, \quad k \in \mathbf{Z} \end{cases}$$

对上面两式再作变换 $t = lt/(2\pi)$ 得到

$$\begin{cases} f(t) = \sum_{k \in \mathbf{Z}} c_f(k) e^{i\frac{2\pi}{l}kt} \\ c_f(k) = \frac{1}{l} \int_{-l/2}^{l/2} f(t) e^{-i\frac{2\pi}{l}kt} dt \end{cases}$$

从而

$$f(t) = \sum_{k \in \mathbf{Z}} \left\{ \frac{1}{l} \int_{-l/2}^{l/2} f(t) e^{-i\frac{2\pi}{l}kt} dt \right\} e^{i\frac{2\pi}{l}kt}$$

记$\omega_k = 2k\pi/l, \Delta\omega_k = \omega_{k+1} - \omega_k = 2\pi/l$，则$1/l = \Delta\omega_k/(2\pi)$，于是

$$f(t) = \frac{1}{2\pi} \sum_{k \in \mathbf{Z}} \left\{ \Delta\omega_k \int_{-l/2}^{l/2} f(t) e^{-i\omega_k t} dt \right\} e^{i\omega_k t}$$

再记

$$F(\omega) = \int_{-l/2}^{l/2} f(t) e^{-i\omega t} dt \tag{1.4.1}$$

则

$$f(t) = \frac{1}{2\pi} \sum_{k \in \mathbf{Z}} F(\omega_k) e^{i\omega_k t} \Delta\omega_k \tag{1.4.2}$$

可以看出，式(1.4.2) 的右端是积分

$$\frac{1}{2\pi} \int_{-\infty}^{+\infty} F(\omega) e^{it\omega} d\omega$$

关于分点$\{\omega_k\}$的积分和式。令$l\to+\infty$从而$\Delta\omega_k\to 0$,分点无限加细,式(1.4.2)变成

$$f(t)=\frac{1}{2\pi}\int_{-\infty}^{+\infty}F(\omega)e^{it\omega}d\omega \tag{1.4.3}$$

而式(1.4.1)变成

$$F(\omega)=\int_{-\infty}^{+\infty}f(t)e^{-i\omega t}dt \tag{1.4.4}$$

称式(1.4.4)中的$F(\omega)$为$f(t)$的傅里叶变换,称式(1.4.3)为$f(t)$的傅里叶还原(傅里叶逆变换)。实际上,$f\in L^1(R)$能保证式(1.4.4)有意义且$F(\omega)$在R上一致连续,而且还有

$$\lim_{|\omega|\to+\infty}F(\omega)=0$$

如果$F(\omega)$也在$L^1(R)$中,则式(1.4.3)几乎处处成立;如果f还是连续的,则式(1.4.3)处处成立。

然而,$L^1(R)$空间的傅里叶变换有其不足,$L^1(R)$函数的傅里叶变换不一定在$L^1(R)$中,变换不可逆,例如

$$f(t)=1_{[-1,1]}\in L^1(R)$$

$$F(\omega)=\int_{-1}^{1}e^{-i\omega t}dt=\frac{2\sin\omega}{\omega}\notin L^1(R)$$

而$\sin\omega/\omega\in L^2(R)$是能量有限函数。对于信号分析,需要$L^2(R)$上的傅里叶变换。

对于$f\in L^2(R)$,分两种情况讨论:

(1)如果$f\in L^2(R)\cap L^1(R)$,直接按式(1.4.4)和式(1.4.3)定义傅里叶变换对。而且可以证明,此时$\hat{f}(\omega)\in L^2(R)$.

(2)如果$f\in L^2(R)\backslash L^1(R)$,作$f$的截断函数

$$f_N(t)=\begin{cases}f(t), & |t|\leqslant N\\ 0, & |t|>N\end{cases}$$

此时有$f_N\in L^2(R)\cap L^1(R)$,于是$\hat{f}_N\in L^2(R)$,可以证明$\hat{f}_N$是$L^2(R)$中的Cauchy列。由$L^2(R)$的完备性,存在$\hat{f}_\infty\in L^2(R)$,使得

$$\lim_{N\to+\infty}\|\hat{f}_N-\hat{f}_\infty\|_2=0$$

于是定义f的傅里叶变换为$\hat{f}_\infty$。简单地说,对于$f\in L^2(R)$的傅里叶变换,按下面的方式定义

$$F(\omega)=\int_{-\infty}^{+\infty}f(t)e^{-i\omega t}dt=\lim_{r\to+\infty}\int_{-r}^{r}f(t)e^{-i\omega t}dt \tag{1.4.5}$$

其中的极限是在$L^2(R)$的范数意义下,它不但有意义,保证$F(\omega)\in L^2(R)$,而且

$$f(t)=\frac{1}{2\pi}\int_{-\infty}^{+\infty}F(\omega)e^{it\omega}d\omega=\lim_{r\to+\infty}\frac{1}{2\pi}\int_{-r}^{r}F(\omega)e^{it\omega}d\omega \tag{1.4.6}$$

有时候也用下面的符号表示f的傅里叶变换

$$F(\omega)=\hat{f}(\omega)=\mathscr{F}(f)(\omega)$$

把$\mathscr{F}$看成$L^2(R)$上的算子,它是线性有界可逆保内积的算子,这就是Plancherel定

理。

定理 1.4.1(Plancherel)　公式(1.4.5)(1.4.6) 定义了 $L^2(R)$ 上的可逆变换

$$f(t)\underset{\mathscr{F}^{-1}}{\overset{\mathscr{F}}{\rightleftharpoons}}\hat{f}(\omega)$$

且满足

$$\langle f,\ g\rangle = \frac{1}{2\pi}\langle \hat{f},\hat{g}\rangle,\quad \|f\|^2 = \frac{1}{2\pi}\|\hat{f}\|^2$$

第二个等式称为 Parseval 等式。

1.4.2　频谱及性质

记 $F(\omega) = |F(\omega)|e^{i\theta(\omega)}$,则

$$f(t) = \frac{1}{2\pi}\int_{-\infty}^{+\infty}|F(\omega)|e^{i(t\omega+\theta(\omega))}d\omega \tag{1.4.7}$$

对每个固定的 $\omega\in R$, $|F(\omega)|e^{i(t\omega+\theta(\omega))}$ 是变量 t 的三角周期函数,频率是 ω,振幅是 $|F(\omega)|$,初位相是 $\theta(\omega)$. 而式(1.4.7) 说明 $f(t)$ 是所有这些三角周期函数的叠加(不计因子 $1/(2\pi)$)。图 1 - 13 给出了 $|F(\omega)|$和 $F(\omega)$ 的示意。

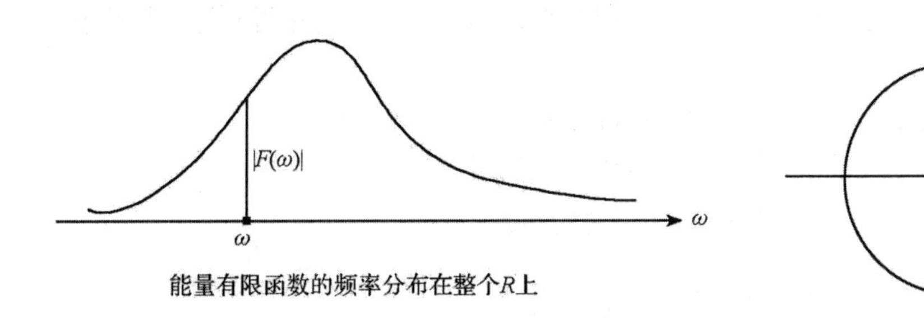

图 1 - 13

当 $f(t)$ 是实函数,则 $\hat{f}(\omega)$ 关于原点共轭对称,

$$\overline{\hat{f}(\omega)} = \hat{f}(-\omega)$$

而 $f(t)$ 是实余弦函数的叠加(见图 1 - 14),

$$f(t) = \frac{1}{2\pi}\int_{-\infty}^{+\infty}|F(\omega)|\cos(t\omega+\theta(\omega))d\omega$$

当 $f(t)$ 是实值偶函数,频谱

$$\hat{f}(\omega) = \int_R f(t)\cos\omega t dt$$

也是实值偶函数。

下面表述频谱的三个性质,第一个是信号在时域中的常用操作反映在频域中的变化;第二个是信号的微分、积分对应的频谱;第三个是 $f(t)$、$\hat{f}(\omega)$ 的光滑性与速降性的关联。

在时域中对信号的几个常用操作是翻转、平移、伸缩、调制:

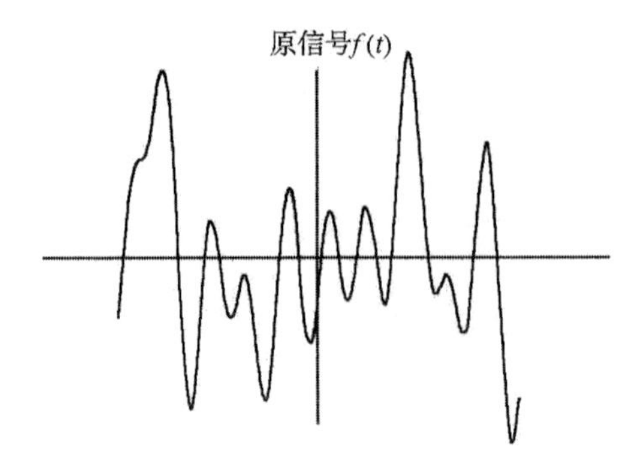

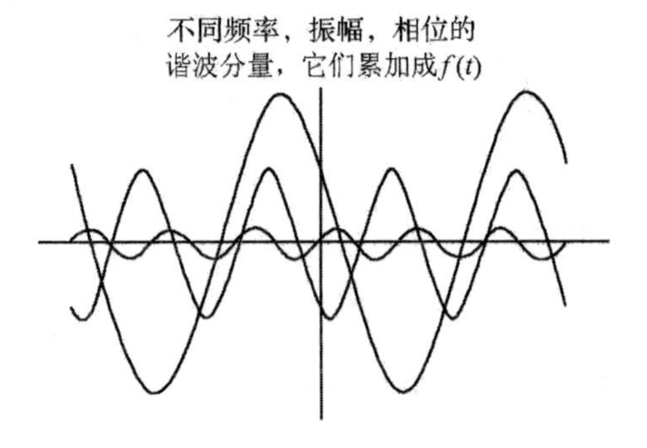

图 1 - 14

$$f(t) \to f(-t) \triangleq f^{-}(t)$$
$$f(t) \to f(t-a) \triangleq (\tau_a f)(t)$$
$$f(t) \to \sqrt{s} f(st) \triangleq (\sigma_s f)(t), \quad s > 0$$
$$f(t) \to \mathrm{e}^{\mathrm{i}\omega_0 t} f(t) \triangleq (\mu_{\omega_0} f)(t)$$

f^{-}使得f关于原点对称翻转；$\tau_a f$使得f沿水平方向移动a个单位（$a > 0$向右，$a < 0$向左）；$\sigma_s f$使得f沿水平方向伸缩（$s < 1$拉伸，$s > 1$压缩），乘以因子$\sqrt{s}$是为了保持范数$\|\sigma_s f\| = \|f\|$；调制$\mu_{\omega_0} f$改变f的相位。由傅里叶变换的定义可以直接得到这些操作在频域中的对应。

定理 1.4.2　信号翻转、平移、伸缩、调制后对应的频谱如下：

$$\mathscr{F}(f^{-}) = 2\pi \mathscr{F}^{-1}(f)(\omega)$$
$$\mathscr{F}(\tau_a f) = \mathrm{e}^{-\mathrm{i}a\omega} \hat{f}(\omega)$$
$$\mathscr{F}(\sigma_s f) = \frac{1}{\sqrt{s}} \hat{f}\left(\frac{\omega}{s}\right)$$
$$\mathscr{F}(\mu_{\omega_0} f) = \hat{f}(\omega - \omega_0)$$

可见，f翻转后的频谱等于f的逆傅里叶变换（不计因子2π）；$f(t)$在时域中平移相当于$\hat{f}(\omega)$在频域中调制；$f(t)$在时域中拉伸相当于$\hat{f}(\omega)$在频域中压缩，在时域中压缩相当于$\hat{f}(\omega)$在频域中拉伸；$f(t)$在时域中调制相当于$\hat{f}(\omega)$在频域中平移。一个综合性的公式是

$$\mathscr{F}\left[\mathrm{e}^{\mathrm{i}\omega_0 t} f(st-a)\right] = \frac{1}{|s|} \mathrm{e}^{\mathrm{i}a\omega/s} \hat{f}\left(\frac{\omega}{s} - \omega_0\right), \quad s \neq 0$$

定理 1.4.3　信号f的微分、积分对应的频谱为

$$\mathscr{F}\left(\frac{\mathrm{d}f}{\mathrm{d}t}\right)(\omega) = \mathrm{i}\omega \hat{f}(\omega)$$
$$\mathscr{F}\left(\int_{-\infty}^{t} f(\tau)\mathrm{d}\tau\right)(\omega) = \frac{1}{\mathrm{i}\omega} \hat{f}(\omega)$$

【证明】微分频谱公式

$$\mathscr{F}\left(\frac{\mathrm{d}f}{\mathrm{d}t}\right)(\omega) = \int_R \frac{\mathrm{d}f}{\mathrm{d}t} \mathrm{e}^{-\mathrm{i}\omega t} \mathrm{d}t = \int_R \mathrm{e}^{-\mathrm{i}\omega t} \mathrm{d}f$$

$$= f(t)e^{-i\omega t}\Big|_{-\infty}^{+\infty} - \int_R f(t)(-i\omega)e^{-i\omega t}dt = i\omega\hat{f}(\omega)$$

关于积分频谱公式,记

$$g(t) = \int_{-\infty}^{t} f(\tau)d\tau$$

则有 $g'(t) = f(t)$,利用微分频谱公式得

$$\hat{f}(\omega) = \mathscr{F}(g')(\omega) = i\omega\mathscr{F}(g)(\omega)$$

也即

$$\mathscr{F}(g)(\omega) = \frac{1}{i\omega}\hat{f}(\omega)$$ 【证毕】

一阶微分公式可以推广到高阶

$$\mathscr{F}(\frac{d^n f}{dt^n})(\omega) = (i\omega)^n\hat{f}(\omega)$$

$f(t)$ 的光滑性可以通过 $\hat{f}(\omega)$ 的速降性反映出来。假设 $f(t)$ 满足

$$\int_R|\hat{f}(\omega)|(1+|\omega|)d\omega < +\infty$$

我们来考察

$$f(t) = \frac{1}{2\pi}\int_R \hat{f}(\omega)e^{it\omega}d\omega$$

右边是一个含参积分,参数为 t,

$$[\hat{f}(\omega)e^{it\omega}]'_t = i\omega\hat{f}(\omega)e^{it\omega}$$

是 ω 的连续函数(因为 $\hat{f}(\omega)$ 连续),又因为 $\forall t\in R$,

$$\int_R|i\omega\hat{f}(\omega)e^{it\omega}|d\omega = \int_R|\omega\hat{f}(\omega)|d\omega \leqslant \int_R|\hat{f}(\omega)|(1+|\omega|)d\omega < +\infty$$

故

$$\int_R[\hat{f}(\omega)e^{it\omega}]'_t d\omega$$

关于参数 t 在 R 上一致收敛,所以 $f(t)$ 在 R 上可微,且是连续可微。

上面的结论可以推广到高阶情形。

定理 1.4.4　如果 $f(t)$ 满足

$$\int_R|\hat{f}(\omega)|(1+|\omega|^n)d\omega < +\infty$$

则 $f(t)$ 是 n 阶连续可微函数。

这个定理表明,$|\hat{f}(\omega)|$下降越快($|\omega|\to+\infty$),则 $f(t)$ 越光滑。特别是如果 $|\hat{f}(\omega)|$在 R 上紧支撑,则 $f(t)$ 无穷次可微。再注意到

$$f(-t) = \frac{1}{2\pi}\int_R \hat{f}(\omega)e^{-it\omega}d\omega$$

这说明 $f(-t)$ 可以看成 $\hat{f}(\omega)$ 的傅里叶变换,即把 $\hat{f}(\omega)$ 当成信号,把 $f(-t)$ 当成频谱,

所以 $f(-t)$ 的速降性（同 $f(t)$ 的速降性）也能决定 $\hat{f}(\omega)$ 的光滑性。如果

$$\int_R |f(t)|(1+|t|^n)\mathrm{d}t < +\infty$$

那么 $\hat{f}(\omega)$ 是 n 次连续可微函数；特别是如果 $f(t)$ 在 R 上紧支撑，则 $\hat{f}(\omega)$ 无穷次可微。

1.4.3 卷积与滤波

在节 1.3 讨论了序列的卷积和 $L^2[-\pi,\pi]$ 函数的卷积，$L^2(R)$ 函数的卷积也有类似的定义。设 $f,g \in L^2(R)$，定义 f,g 的卷积为

$$(f*g)(t) = \int_R f(\tau)g(t-\tau)\mathrm{d}\tau = \int_R f(t-\tau)g(\tau)\mathrm{d}\tau$$

上式积分的存在是显然的，但不能保证 $f*g \in L^2(R)$，除非其中一个属于 $L^1(R)$，经典的结论如下：

（1）如果 $f \in L^2(R)$，$g \in L^1(R)$，则 $f*g \in L^2(R)$，且

$$\|f*g\|_{L^2(R)} \leqslant \|f\|_{L^2(R)} \cdot \|g\|_{L^1(R)};$$

（2）如果 $f, g \in L^1(R)$，则 $f*g \in L^1(R)$，且

$$\|f*g\|_{L^1(R)} \leqslant \|f\|_{L^1(R)} \cdot \|g\|_{L^1(R)};$$

（3）如果 $f, g \in L^2(R)$，则 $(f*g)(t)$ 在 R 上有界，

$$|(f*g)(t)| \leqslant \|f\|_{L^2(R)} \cdot \|g\|_{L^2(R)}$$

容易验证，函数的卷积也满足对称性、分配率、结合律：

$$f*g = g*f,\quad f*(g+h) = f*g+f*h,\quad (f*g)*h = f*(g*h)$$

下面只验证结合律。

$$\begin{aligned}
[(f*g)*h](t) &= \int_R (f*g)(\tau)\cdot h(t-\tau)\mathrm{d}\tau \\
&= \int_R \left\{\int_R f(\sigma)g(\tau-\sigma)\mathrm{d}\sigma\right\}\cdot h(t-\tau)\mathrm{d}\tau \\
&= \int_R f(\sigma)\mathrm{d}\sigma\left\{\int_R g(\tau-\sigma)h(t-\tau)\mathrm{d}\tau\right\} \\
&= \int_R f(\sigma)\mathrm{d}\sigma\left\{\int_R g(\tau)h(t-\tau-\sigma)\mathrm{d}\tau\right\} \\
&= \int_R f(\sigma)\cdot(g*h)(t-\sigma)\mathrm{d}\sigma = [f*(g*h)](t)
\end{aligned}$$

定理 1.4.5　两个信号卷积的频谱等于两个信号频谱的乘积，即

$$\mathscr{F}(f*g)(\omega) = \hat{f}(\omega)\cdot\hat{g}(\omega)$$

【证明】这里给出形式上的验证。

$$\begin{aligned}
\mathscr{F}(f*g)(\omega) &= \int_R (f*g)(t)\mathrm{e}^{-\mathrm{i}\omega t}\mathrm{d}t \\
&= \int_R\int_R f(\tau)g(t-\tau)\mathrm{d}\tau\cdot\mathrm{e}^{-\mathrm{i}\omega t}\mathrm{d}t \\
&= \int_R f(\tau)\mathrm{d}\tau\int_R g(t-\tau)\mathrm{e}^{-\mathrm{i}\omega t}\mathrm{d}t
\end{aligned}$$

$$= \int_R f(\tau)\mathrm{e}^{-\mathrm{i}\omega\tau}\mathrm{d}\tau \cdot \int_R g(t)\mathrm{e}^{-\mathrm{i}\omega t}\mathrm{d}t$$

$$= \hat{f}(\omega) \cdot \hat{g}(\omega)$$

【证毕】

另一个对称的结果是$f \cdot g$ 的频谱，此时不需要f或g属于$L^1(R)$.

定理 1.4.6　两个信号乘积的频谱等于两个信号频谱的卷积（不计常数因子），即

$$\mathscr{F}(f \cdot g)(\omega) = \frac{1}{2\pi}(\hat{f} * \hat{g})(\omega)$$

【证明】这里给出形式上的验证。

$$\begin{aligned}
\mathscr{F}(f \cdot g)(\omega) &= \int_R f(t)g(t)\mathrm{e}^{-\mathrm{i}\omega t}\mathrm{d}t \\
&= \frac{1}{2\pi}\int_R \int_R \hat{f}(u)\mathrm{e}^{\mathrm{i}tu}\mathrm{d}u \cdot g(t)\mathrm{e}^{-\mathrm{i}\omega t}\mathrm{d}t \\
&= \frac{1}{2\pi}\int_R \hat{f}(u)\mathrm{d}u \int_R g(t)\mathrm{e}^{-\mathrm{i}(\omega-u)t}\mathrm{d}t \\
&= \frac{1}{2\pi}\int_R \hat{f}(u)\hat{g}(\omega-u)\mathrm{d}u \\
&= \frac{1}{2\pi}(\hat{f} * \hat{g})(\omega)
\end{aligned}$$

【证毕】

对$L^2(R)$ 的函数f做滤波就是去掉f的某些频率成分。f的频域一般是全体实数R，假设我们要去掉$|\omega| > \pi$ 的频率成分，完整地保留$|\omega| \leqslant \pi$ 以内的频率成分，对f做什么操作能达到这个目的呢?定理 1.4.5 为我们提供了思路:作函数，

$$H(\omega) = \begin{cases} 1, & |\omega| \leqslant \pi \\ 0, & |\omega| > \pi \end{cases}$$

用$H(\omega)$ 乘f的频谱$\hat{f}(\omega)$，得到（如图 1 － 15 所示）

$$\hat{g}(\omega) = H(\omega)\hat{f}(\omega) \tag{1.4.8}$$

此时，$\hat{g}(\omega)$ 对应的时间信号$g(t)$ 已经没有$|\omega| > \pi$ 的频率成分了。假设$H(\omega)$ 对应的时间信号为$h(t)$，由定理 1.4.5 知

$$g(t) = \int_R h(\tau)f(t-\tau)\mathrm{d}\tau \tag{1.4.9}$$

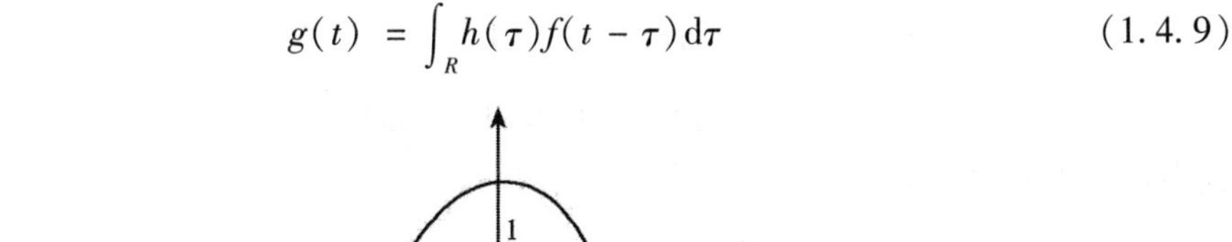
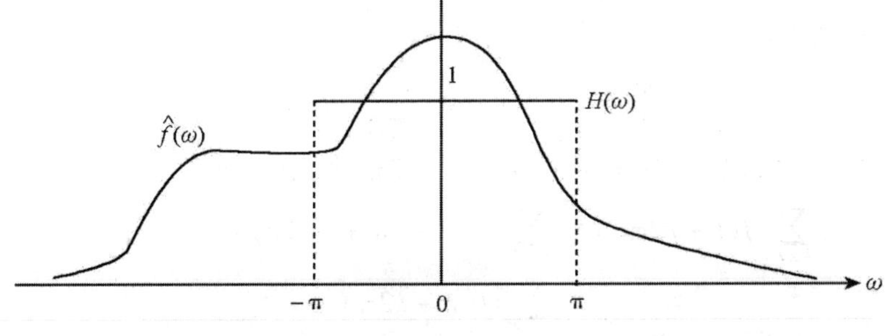

图 1 － 15

可见,卷积就是滤波!此时,我们称$H(\omega)$(在频域中)或者h(在时域中)为一个滤波器。式(1.4.8)为滤波提供了直观解释,式(1.4.9)为滤波提供了计算方式。为了按式(1.4.9)计算g,我们需要求出h函数:

$$h(t) = \frac{1}{2\pi}\int_R H(\omega)\mathrm{e}^{\mathrm{i}t\omega}\mathrm{d}\omega = \frac{1}{2\pi}\int_{-\pi}^{\pi}\mathrm{e}^{\mathrm{i}t\omega}\mathrm{d}\omega = \frac{1}{2\pi}\int_{-\pi}^{\pi}\cos t\omega\mathrm{d}\omega = \frac{\sin\pi t}{\pi t}$$

于是滤波后的信号是

$$g(t) = \int_R \frac{\sin\pi\tau}{\pi\tau}f(t-\tau)\mathrm{d}\tau$$

因为$H(\omega)$保留信号的低频成分,所以称它为低通滤波器。如果要滤除信号在$[-\pi,\pi]$以内的频率成分,完整地保留$|\omega|>\pi$中的频率成分,可以做出高通滤波器。类似地,还有带通滤波器,它保留$0<a<|\omega|<b<\pi$中的频率成分。

1.4.4 Poission 求和公式

一个非周期的信号函数$f(t)$在一定的条件下可被“周期化”,产生一个周期信号,例如

$$\sum_{k\in\mathbf{Z}} f(t+k2\pi) \triangleq \Phi_f(t)$$

首先,$\Phi_f(t)$必须有意义,即无穷级数必须收敛。在此前提下$\Phi_f(t)$是2π周期函数。我们通过几个$\Phi_f(t)$值,大致了解一下$\Phi_f(t)$的构成:

$$\Phi_f(0) = \cdots + f(-2\pi) + f(0) + f(2\pi) + \cdots$$

$$\Phi_f(1) = \cdots + f(1-2\pi) + f(1) + f(1+2\pi) + \cdots$$

直观地说,$\Phi_f(t)$是这样形成的:把实轴R切割成长度为2π的区间段:

$$R = \bigcup_{k\in\mathbf{Z}} [2k\pi, 2(k+1)\pi)$$

把每个区间上$f(t)$的值叠加到$[0,2\pi)$上形成$[0,2\pi)$上的一个函数,再把它2π周期延拓到R就得到$\Phi_f(t)$. 在节 1.5 中,采样序列的频谱就是原信号频谱的周期化。另一方面,还应该考虑在一定条件下,展开周期函数$\Phi_f(t)$为傅里叶级数。Poission 求和公式回答了这两方面的问题。

定理 1.4.7　设$f(t)$连续,并满足$\forall t\in R$,下面不等式成立:

$$|f(t)| \leqslant C(1+|t|)^{-1-\delta} \tag{1.4.10}$$

$$|\hat{f}(\omega)| \leqslant C(1+|\omega|)^{-1-\delta} \tag{1.4.11}$$

其中$\delta>0$. 那么$\forall t\in R$,有

$$\sum_{k\in\mathbf{Z}} f(t+k2\pi) = \frac{1}{2\pi}\sum_{k\in\mathbf{Z}}\hat{f}(k)\mathrm{e}^{\mathrm{i}kt} \tag{1.4.12}$$

【证明】$\forall t\in R$,记$t=n2\pi+\tau$, $0\leqslant\tau<2\pi$,那么(根据条件(1.4.10))

$$\begin{aligned}\sum_{k\in\mathbf{Z}}|f(t+k2\pi)| &= \sum_{k\in\mathbf{Z}}|f(\tau+(n+k)2\pi)| \\ &= \sum_{k\in\mathbf{Z}}|f(\tau+k2\pi)| \\ &\leqslant \sum_{k\in\mathbf{Z}}C(1+|\tau+k2\pi|)^{-1-\delta}\end{aligned}$$

$$\leqslant \sum_{k\in\mathbf{Z}} C(1+|k|2\pi-\tau)^{-1-\delta}$$
$$=2\pi C\cdot\sum_{k\in\mathbf{Z}}(|k|+a)^{-1-\delta},\quad (a=(1-\tau)/2\pi)$$

所以无穷级数

$$\sum_{k\in\mathbf{Z}} f(t+k2\pi)\triangleq\Phi_f(t) \tag{1.4.13}$$

在 R 上绝对一致收敛,从而 $\Phi_f(t)$ 是连续的 2π 周期函数。一般来说,连续周期函数 $\Phi_f(t)$ 的傅里叶级数未必处处收敛,但在条件(1.4.11)下能够处处收敛于 $\Phi_f(t)$,即

$$\Phi_f(t)=\sum_{k\in\mathbf{Z}} c_{\Phi_f}(k)\mathrm{e}^{\mathrm{i}kt}$$
$$c_{\Phi_f}(k)=\frac{1}{2\pi}\int_0^{2\pi}\Phi_f(t)\mathrm{e}^{-\mathrm{i}kt}\mathrm{d}t$$

这里 $\Phi_f(t)$ 的展式采用了正指数形式。将式(1.4.13)代入 $c_{\Phi_f}(k)$ 的计算式并注意式(1.4.13)的绝对一致收敛性,积分与求和可交换次序:

$$c_{\Phi_f}(k)=\frac{1}{2\pi}\int_0^{2\pi}\Big[\sum_{m\in\mathbf{Z}} f(t+m2\pi)\Big]\mathrm{e}^{-\mathrm{i}kt}\mathrm{d}t$$
$$=\sum_{m\in\mathbf{Z}}\frac{1}{2\pi}\int_0^{2\pi} f(t+m2\pi)\mathrm{e}^{-\mathrm{i}kt}\mathrm{d}t$$
$$=\sum_{m\in\mathbf{Z}}\frac{1}{2\pi}\int_{m2\pi}^{(m+1)2\pi} f(t)\mathrm{e}^{-\mathrm{i}kt}\mathrm{d}t$$
$$=\frac{1}{2\pi}\int_R f(t)\mathrm{e}^{-\mathrm{i}kt}\mathrm{d}t=\frac{1}{2\pi}\hat{f}(k)$$

即

$$\sum_{k\in\mathbf{Z}} f(t+k2\pi)=\frac{1}{2\pi}\sum_{k\in\mathbf{Z}}\hat{f}(k)\mathrm{e}^{\mathrm{i}kt}$$

【证毕】

可见 f 经过 2π 周期化得到 $\Phi_f(t)$,它的频谱恰好是 $\hat{f}(\omega)$ 在整数集 Z 上的值(不计因子 $1/2\pi$)。定理 1.4.7 的条件(1.4.10)和(1.4.11)只是一个易于判别的"具体"条件,更本质的条件是:如果 $\sum_{k\in\mathbf{Z}} f(t+k2\pi)$ 处处收敛于某个连续函数,$\sum_{k\in\mathbf{Z}}\hat{f}(k)\mathrm{e}^{\mathrm{i}kt}$ 处处收敛,那么 Poission 求和公式(1.4.13)成立。另外,结论还可以推广到一般的 T 周期化($T>0$)。

推论 1.4.1　设 $f(t)$ 满足定理 1.4.7 的条件,$T>0$,那么

$$\sum_{k\in\mathbf{Z}} f(t+kT)=\frac{1}{T}\sum_{k\in\mathbf{Z}}\hat{f}\left(\frac{2\pi}{T}k\right)\mathrm{e}^{\mathrm{i}\frac{2\pi}{T}kt}$$

【证明】引入记号 $f_a(t)=f(at)$,并注意 $\hat{f}_a(\omega)=\frac{1}{|a|}\hat{f}\left(\frac{\omega}{a}\right)$,则

$$\sum_{k\in\mathbf{Z}} f(t+kT)=\sum_{k\in\mathbf{Z}} f_{T/2\pi}\left(\frac{2\pi}{T}t+k2\pi\right)$$
$$=\frac{1}{2\pi}\sum_{k\in\mathbf{Z}}\hat{f}_{T/2\pi}(k)\mathrm{e}^{\mathrm{i}\frac{2\pi}{T}kt}$$

$$= \frac{1}{T}\sum_{k\in\mathbf{Z}} \hat{f}\left(\frac{2\pi}{T}k\right) e^{i\frac{2\pi}{T}kt}$$ 【证毕】

在推论 1.4.1 中取 $T = 1$，进而取 $T = 1, t = 0$ 得到

$$\begin{aligned}\sum_{k\in\mathbf{Z}} f(t+k) &= \sum_{k\in\mathbf{Z}} \hat{f}(2\pi k) e^{i2\pi kt} \\ \sum_{k\in\mathbf{Z}} f(k) &= \sum_{k\in\mathbf{Z}} \hat{f}(2\pi k)\end{aligned} \tag{1.4.14}$$

再考察函数

$$f_\lambda(t) = e^{-\pi\lambda t^2}, \quad (\lambda > 0)$$

可以算出

$$\hat{f}_\lambda(\omega) = \sqrt{\frac{1}{\lambda}} e^{-\frac{\omega^2}{4\pi\lambda}}$$

显然 $f_\lambda(t)$ 满足定理 1.4.7 的条件，利用式(1.4.14) 中第二式可得

$$\sum_{k\in\mathbf{Z}} e^{-\pi k^2\lambda} = \sqrt{\frac{1}{\lambda}} \sum_{k\in\mathbf{Z}} e^{-\frac{\pi k^2}{\lambda}}, \quad (\forall\lambda > 0)$$

称为 Jacobi 恒等式。把 Possion 求和公式用到 $\hat{f}(\omega)$ 上，并注意到

$$\begin{aligned}\mathscr{F}(\hat{f}(\omega))(t) &= \int_R \hat{f}(\omega) e^{-it\omega} d\omega \\ &= 2\pi \cdot \frac{1}{2\pi}\int_R \hat{f}(\omega) e^{i(-t)\omega} d\omega = 2\pi f(-t)\end{aligned}$$

可得如下对称的 Possion 求和公式。

推论 1.4.2　设 $f(t)$ 满足定理 1.4.7 的条件，$\Omega > 0$，那么

$$\sum_{k\in\mathbf{Z}} \hat{f}(\omega + k\Omega) = \frac{2\pi}{\Omega}\sum_{k\in\mathbf{Z}} f\left(\frac{2\pi}{\Omega}k\right) e^{-i\frac{2\pi}{\Omega}k\omega}$$

1.5　采样定理

自然界中的信号都是连续时间的 $f(t)$，但我们只能按某个时间间隔 T 记录信号，得到

$$x(k) = f(kT), \quad k\in\mathbf{Z}$$

称 $x(k)$ 为来自 $f(t)$ 的采样序列。当然希望采样序列 $\{x(k)\}_{k\in\mathbf{Z}}$ 能够包含 $f(t)$ 的所有信息，即由采样序列能够完整地恢复原信号。对一般的 $f(t)$，这显然是不可能的，因为在 $f(kT)$ 和 $f((k+1)T)$ 两个值之间，可以有任意的连接方式。本节要表明，如果 $f(t)$ 是带限信号，即存在 $\Omega > 0$，使得

$$\hat{f}(\omega) = 0, \quad |\omega| > \Omega$$

那么，只要采样间隔 T 适当小(或者采样频率 $1/T$ 适当大)，就可以由采样序列 $\{x(k)\}_{k\in\mathbf{Z}}$ 完整地恢复原信号 $f(t)$，这个结论称为香农采样定理。可以粗略地这样理解：因为 $\hat{f}(\omega)$ 是紧支撑的，根据定理 1.4.4，原信号 $f(t)$ 无穷次可微，这就对 $f(kT)$ 与 $f(kT+T)$ 之间的连接方式产生了很大的限制。再从频率的角度来看，频率 ω 意味着振荡的强度，带限条件使得从 $f(kT)$ 到 $f((k+1)T)$ 不能过分地振荡。

证明采样定理是简单的,但这样看不清实质。本节从频谱滤波的角度出发,逐步导出采样定理,其中涉及一个重要的概念 —— 频率混叠。

1.5.1　频率混叠

先考察采样序列$\{x(k)\}_{k\in\mathbf{Z}}$的频谱与源信号$f(t)$频谱的关系。源信号的频谱为

$$\hat{f}(\omega) = \int_{-\infty}^{+\infty} f(t)\mathrm{e}^{-\mathrm{i}\omega t}\mathrm{d}t$$

采样序列的频谱是

$$X(\omega) = \sum_{k\in\mathbf{Z}} x(k)\mathrm{e}^{-\mathrm{i}k\omega} = \sum_{k\in\mathbf{Z}} f(kT)\mathrm{e}^{-\mathrm{i}k\omega}$$

既然$X(\omega)$由$f(kT)$决定,而$f(kT)$来自$f(t)$——它由$\hat{f}(\omega)$决定,所以由$\hat{f}(\omega)$可以得到$X(\omega)$. 下面用$\hat{f}(\omega)$来表达$X(\omega)$.

一方面,我们有

$$\begin{aligned}
f(kT) &= \frac{1}{2\pi}\int_{-\infty}^{+\infty}\hat{f}(\omega)\mathrm{e}^{\mathrm{i}kT\omega}\mathrm{d}\omega \\
&= \frac{1}{2\pi}\sum_{n\in\mathbf{Z}}\int_{(2n-1)\pi/T}^{(2n+1)\pi/T}\hat{f}(\omega)\mathrm{e}^{\mathrm{i}kT\omega}\mathrm{d}\omega \\
&\xlongequal{\omega\ =\ (\omega+2n\pi)/T} \frac{1}{2\pi}\sum_{n\in\mathbf{Z}}\frac{1}{T}\int_{-\pi}^{\pi}\hat{f}\left(\frac{\omega}{T}+\frac{2n\pi}{T}\right)\mathrm{e}^{\mathrm{i}k\omega}\mathrm{d}\omega \\
&= \frac{1}{2\pi}\int_{-\pi}^{\pi}\left\{\frac{1}{T}\sum_{n\in\mathbf{Z}}\hat{f}\left(\frac{\omega}{T}+\frac{2n\pi}{T}\right)\right\}\mathrm{e}^{\mathrm{i}k\omega}\mathrm{d}\omega
\end{aligned} \tag{1.5.1}$$

另一方面,有

$$f(kT) = x(k) = \frac{1}{2\pi}\int_{-\pi}^{\pi}X(\omega)\mathrm{e}^{\mathrm{i}k\omega}\mathrm{d}\omega \tag{1.5.2}$$

比较式(1.5.1)和式(1.5.2)可知(因为$\forall k\in\mathbf{Z}$成立)

$$X(\omega) = \frac{1}{T}\sum_{n\in\mathbf{Z}}\hat{f}\left(\frac{\omega}{T}+\frac{2n\pi}{T}\right)$$

这就是采样频谱与源信号频谱的关系。

为表述方便,记$h = \pi/T$,再记

$$\begin{aligned}
X_T(\omega) &= T\cdot X(T\omega) = \sum_{n\in\mathbf{Z}}\hat{f}\left(\omega+\frac{2n\pi}{T}\right) \\
&= \sum_{n\in\mathbf{Z}}\hat{f}(\omega+2hn)
\end{aligned} \tag{1.5.3}$$

$X_T(\omega)$是$2h$周期函数,我们考察它在一个周期段$[-h,h]$上的值是如何由$\hat{f}(\omega)$产生的:

$$X_T(\omega) = \cdots + \hat{f}(\omega-4h) + \hat{f}(\omega-2h) + \hat{f}(\omega) + \hat{f}(\omega+2h) + \hat{f}(\omega+4h) + \cdots$$

当$\omega\in[-h,h]$,则

$$\cdots\omega-4h\in[-5h,-3h];\omega-2h\in[-3h,-h];$$
$$\omega+2h\in[h,3h];\omega+4h\in[3h,5h];\cdots$$

式(1.5.3)以及图1-16表明,以$[-h,h]$为中心区间,把$\hat{f}(\omega)$在右边各区间$[h,3h]$,$[3h,$

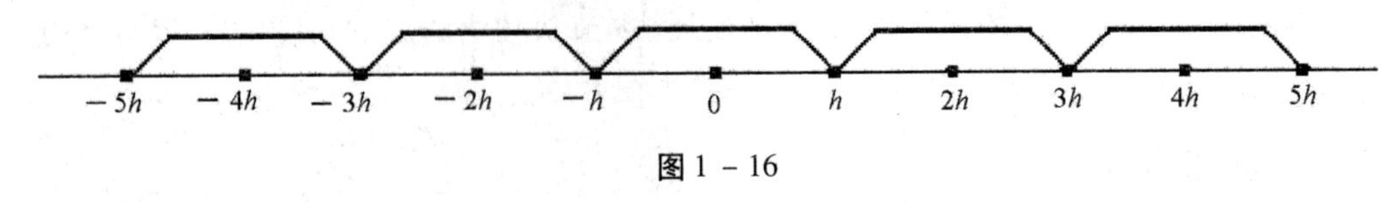

图 1 - 16

$5h]$,… 上的值,以及左边各区间$[-3h,-h]$,$[-5h,-3h]$,… 上的值,都叠加到中心区间$[-h,h]$ 上,就得到 $X_T(\omega)$ 在$[-h,h]$ 上的值。再作 $2h$ 周期延拓,就得到整个 $X_T(\omega)$.

上述的叠加过程称为频率混叠。正因为有这样的混叠,一般情况下,我们不可能由 $X_T(\omega)$ 还原$\hat{f}(\omega)$,因为下面的过程不能实现(第三步因为混叠过不去):

$$\{f(kT)\}_{k\in\mathbf{Z}} = \{x(k)\}_{k\in\mathbf{Z}} \to X(\omega) \to X_T(\omega)\cdots\cdots > \hat{f}(\omega) \to f(t)$$

即无法由采样序列$\{f(kT)\}$ 恢复源信号 $f(t)$.

1.5.2 采样恢复

现在设 $f(t)$ 是带限信号,$\hat{f}(\omega) = 0,\ |\omega| > \Omega$。我们将会看到,只要采样间隔 T 满足

$$T \leqslant \pi/\Omega$$

或者采样频率 $1/T > \Omega/\pi$,就不会出现频率混叠,从而可以由采样序列恢复源信号。称 Ω/π 为奈奎斯特频率。

首先注意到

$$X_T(\omega) = \hat{f}(\omega) + \sum_{n\neq 0}\hat{f}(\omega + 2hn)$$

因为 $T \leqslant \pi/\Omega$,即 $h = \pi/T \geqslant \Omega$. 当 $\omega \in (-h,h)$, $\forall n \neq 0$,都有

$$\omega + 2hn \notin (-h,h) \supseteq (-\Omega,\Omega)$$

从而$\hat{f}(\omega + 2hn) = 0$,于是(见图 1 - 17 所示)

$$X_T(\omega) = \hat{f}(\omega), \quad |\omega| \leqslant h$$

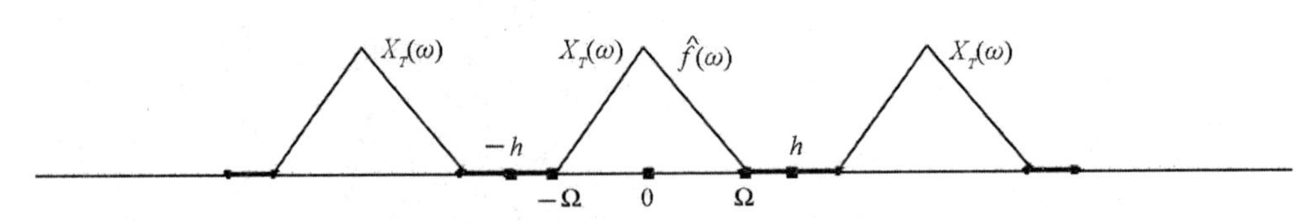

$\hat{f}(\omega)$ 支撑在$[-\Omega,\Omega]$ 上,$X_T(\omega)$ 是 $2h$ 周期函数,它们在$[-h\ h]$ 上完全一致

图 1 - 17

下面来看如何由采样序列恢复源信号。做理想滤波器

$$H_T(\omega) = \begin{cases}1, & \omega \in [-h,h]\\ 0, & \omega \notin [-h,h]\end{cases}$$

则

$$H_T(\omega)\cdot X_T(\omega) = \hat{f}(\omega), \quad \forall\omega\in R$$

即周期函数 $X_T(\omega)$ 经过滤波以后等于$\hat{f}(\omega)$. 于是

$$f(t) = \mathscr{F}^{-1}\{\hat{f}(\omega)\} = \mathscr{F}^{-1}\{H_T(\omega)\cdot X_T(\omega)\}$$

$$= \frac{1}{2\pi}\int_R H_T(\omega)\cdot X_T(\omega)\mathrm{e}^{\mathrm{i}t\omega}\mathrm{d}\omega$$

$$= \frac{1}{2\pi}\int_{-h}^{h} X_T(\omega)\mathrm{e}^{\mathrm{i}t\omega}\mathrm{d}\omega = \frac{T}{2\pi}\int_{-h}^{h} X(T\omega)\mathrm{e}^{\mathrm{i}t\omega}\mathrm{d}\omega$$

$$= \frac{T}{2\pi}\int_{-h}^{h}\{\sum_{k\in\mathbf{Z}} f(kT)\mathrm{e}^{-\mathrm{i}kT\omega}\}\mathrm{e}^{\mathrm{i}\omega t}\mathrm{d}\omega$$

$$= \sum_{k\in\mathbf{Z}} f(kT)\frac{T}{2\pi}\int_{-h}^{h}\mathrm{e}^{\mathrm{i}(t-kT)\omega}\mathrm{d}\omega$$

$$= \sum_{k\in\mathbf{Z}} f(kT)\frac{\sin\pi(t/T-k)}{\pi(t/T-k)}$$

即 $f(t)$ 由采样值 $f(kT)$ 完全恢复。

如果采样间隔 $T>\pi/\Omega$,则 $\Omega>h$. 注意到 $\hat{f}(\omega)$ 在 $[-h,h]$ 之外有非零的值(见图 1-18),所以 $\hat{f}(\omega)$ 在 $[h,3h]$ 和 $[-3h,-h]$ 等区间上的非零值叠加到 $[-h,h]$ 上产生混叠,使得

$$X_T(\omega)\neq\hat{f}(\omega),\quad \omega\in[-h,h]$$

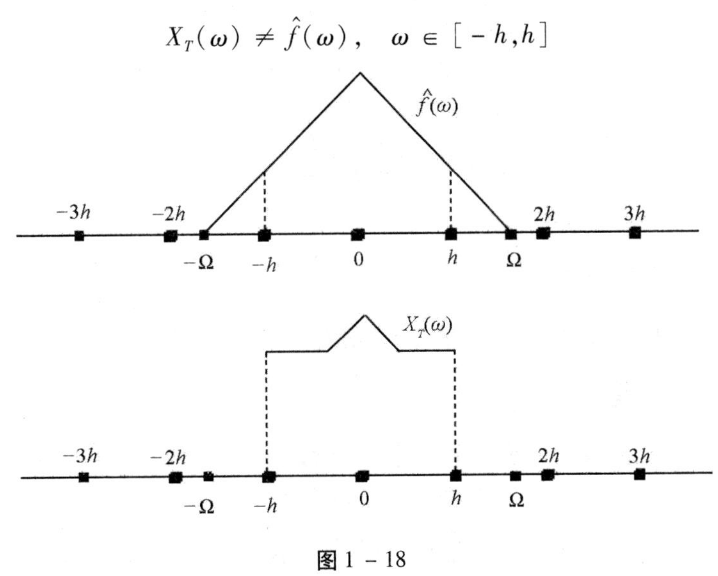

图 1-18

此时无法恢复原来的信号。

通过上面的分析,我们已经完全明了带限信号的采样序列在何种情况下能恢复源信号以及如何恢复。下面给出该结论的总结。

定理 1.5.1　设 $f(t)$ 是带限信号,有

$$\hat{f}(\omega)=0,\quad |\omega|>\Omega$$

如果采样间隔 $T\leqslant\pi/\Omega$,那么由采样序列 $\{f(kT)\}_{k\in\mathbf{Z}}$ 能完全恢复信号:

$$f(t)=\sum_{k\in\mathbf{Z}} f(kT)\frac{\sin\pi(t/T-k)}{\pi(t/T-k)}\tag{1.5.4}$$

【证明】因为 $T\leqslant\pi/\Omega$,所以 $h=\pi/T>\Omega$, $\hat{f}(\omega)[-h,h]$ 之外为零。将 $\hat{f}(\omega)$ 在 $[-h,h]$ 上的值作 $2h$ 周期延拓,得到 $2h$ 周期函数。在区间 $[-h,h]$ 上,$\hat{f}(\omega)$ 可以展开为

傅里叶级数

$$\hat{f}(\omega) = \begin{cases} \sum_{k\in\mathbf{Z}} c(k)\mathrm{e}^{-\mathrm{i}\frac{\pi}{h}k\omega}, & \omega \in [-h,h] \\ 0, & |\omega| > h \end{cases}$$

其中

$$\begin{aligned} c(k) &= \frac{1}{2h}\int_{-h}^{h} \hat{f}(\omega)\mathrm{e}^{\mathrm{i}\frac{\pi}{h}k\omega}\mathrm{d}\omega \\ &= \frac{1}{2h}\int_{-\infty}^{+\infty} \hat{f}(\omega)\mathrm{e}^{\mathrm{i}\frac{\pi}{h}k\omega}\mathrm{d}\omega = \frac{\pi}{h}f(k\frac{\pi}{h}) \end{aligned}$$

由此可见,$\hat{f}(\omega)$ 由 f 在离散点集 $\{k\frac{\pi}{h} \mid k \in \mathbf{Z}\}$ 上的值完全确定,从而 f 也必然如此。

$$\begin{aligned} f(t) &= \frac{1}{2\pi}\int_{-\infty}^{+\infty} \hat{f}(\omega)\mathrm{e}^{\mathrm{i}t\omega}\mathrm{d}\omega \\ &= \frac{1}{2\pi}\int_{-h}^{h} \Big(\sum_{k\in\mathbf{Z}} \frac{\pi}{h}f(k\frac{\pi}{h})\mathrm{e}^{-\mathrm{i}\frac{\pi}{h}k\omega}\Big)\mathrm{e}^{\mathrm{i}t\omega}\mathrm{d}\omega \\ &= \frac{1}{2h}\sum_{k\in\mathbf{Z}} f(k\frac{\pi}{h})\int_{-h}^{h} \mathrm{e}^{\mathrm{i}(t-\frac{\pi}{h}k)\omega}\mathrm{d}\omega \\ &= \sum_{k\in\mathbf{Z}} f(k\frac{\pi}{h})\frac{\sin(ht-k\pi)}{ht-k\pi} \\ &= \sum_{k\in\mathbf{Z}} f(kT)\frac{\sin\pi(t/T-k)}{\pi(t/T-k)} \end{aligned}$$

【证毕】

例 1.5.1 $L^2(R)$ 中的信号

$$f(t) = \frac{1-\cos t}{\pi t^2}, \quad \hat{f}(\omega) = \begin{cases} 1-|\omega|, & |\omega| \leqslant 1 \\ 0, & |\omega| > 1 \end{cases}$$

$f(t)$ 是带限信号,$\Omega = 1$,取 $T = \pi/\Omega = \pi$,则 $f(t)$ 由离散点值 $\{f(k\pi)\}_{k\in\mathbf{Z}}$ 完全确定。

1.5.3 投影及误差

采样值完全恢复信号取决于两个条件,信号是 Ω - 带限的,采样周期 $T \leqslant \pi/\Omega$. 理论上说,取临界值 $T = \pi/\Omega$ 恰到好处。即如果 f 是 Ω - 带限的,则

$$f(t) = \sum_{k\in\mathbf{Z}} f(k\pi/\Omega)\frac{\sin(\Omega t-k\pi)}{\Omega t-k\pi} \tag{1.5.5}$$

当采样周期 $T < \pi/\Omega$ 时,采样有"冗余",此时能恢复频带更宽一点的信号。记 $\Omega' = \pi/T > \Omega$,考虑 Ω' - 带限信号,因为现在 $T = \pi/\Omega'$ 正好为临界值,它能恢复 Ω' - 带限信号,换句话说,当 f 是 Ω' - 带限信号,式(1.5.4) 仍然成立。

实际上,式(1.5.5) 表达的是 Ω - 带限信号 f 在正交基上的分解,如下述定理。

定理 1.5.2 记

$$U_\Omega = \{f \in L^2(R) \,|\, \hat{f}(\omega) = 0, \ |\omega| > \Omega\}$$

为 $L^2(R)$ 中的 Ω - 带限信号全体,那么

(1) U_Ω 有标准正交基

$$\left\{u_k(t) = \sqrt{\frac{\Omega}{\pi}}\frac{\sin(\Omega t-k\pi)}{\Omega t-k\pi}\right\}_{k\in\mathbf{Z}}$$

(2) $\forall f \in L^2(R)$,记 f 在 U_Ω 中的投影为 f_U,那么

$$\hat{f}_U(\omega) = \hat{f}(\omega) \cdot 1_{[-\Omega,\Omega]}$$

且有

$$\langle f, u_k \rangle = \sqrt{\frac{\pi}{\Omega}} f(\frac{k\pi}{\Omega}) - \sqrt{\frac{\pi}{\Omega}} \frac{1}{2\pi} \int_{|\omega|>\Omega} \hat{f}(\omega) e^{i\frac{k\pi}{\Omega}\omega} d\omega$$

或者

$$\langle f, u_k \rangle = \sqrt{\frac{\pi}{\Omega}} f_U(\frac{k\pi}{\Omega})$$

【证明】(1) 式(1.5.5) 说明 U_Ω 中函数能表为$\{u_k\}_{k\in\mathbf{Z}}$的线性组合,再验证$\{u_k\}_{k\in\mathbf{Z}}$的标准正交性。注意到

$$\mathscr{F}^{-1}[1_{[-1,1]}(\omega)](t) = \frac{1}{2\pi}\int_{-1}^{1} e^{it\omega} d\omega = \frac{1}{2\pi}\int_{-1}^{1} \cos t\omega d\omega = \frac{1}{\pi}\frac{\sin t}{t}$$

或者

$$\mathscr{F}[\frac{\sin t}{t}](\omega) = \pi\omega \cdot 1_{[-1,1]}(\omega)$$

按照定理 1.4.2 可以算得

$$\begin{aligned}\hat{u}_k(\omega) &= \mathscr{F}\left[\sqrt{\frac{\Omega}{\pi}} \frac{\sin(\Omega t - k\pi)}{\Omega t - k\pi}\right](\omega) \\ &= \sqrt{\frac{\pi}{\Omega}} \cdot 1_{[-1,1]}(\frac{\omega}{\Omega}) \cdot e^{-i\frac{k\pi}{\Omega}\omega} \\ &= \sqrt{\frac{\pi}{\Omega}} \cdot 1_{[-\Omega,\Omega]}(\omega) \cdot e^{-i\frac{k\pi}{\Omega}\omega}\end{aligned}$$

所以(根据 Plancherel 定理 1.4.1)

$$\begin{aligned}\langle u_n, u_m \rangle &= \frac{1}{2\pi}\langle \hat{u}_n, \hat{u}_m \rangle = \frac{1}{2\pi}\int_R \hat{u}_n(\omega)\overline{\hat{u}_m(\omega)} d\omega \\ &= \frac{1}{2\Omega}\int_{-\Omega}^{\Omega} e^{i(m-n)\frac{\pi}{\Omega}\omega} d\omega = \delta(n-m)\end{aligned}$$

(2) 因为

$$g(t)\mathscr{F}^{-1}[\hat{f}(\omega)1_{[-\Omega,\Omega]}(\omega)](t) \in U_\Omega$$

且有

$$\langle f - g, u_k \rangle = \frac{1}{2\pi}\langle \hat{f} - \hat{g}, \hat{u}_k \rangle = \frac{1}{2\pi}\langle \hat{f} - \hat{f}1_{[-\Omega,\Omega]}, \hat{u}_k \rangle = 0, \quad (\forall k \in \mathbf{Z})$$

所以 g 就是 f 在 U_Ω 中的投影 f_U,即

$$\hat{f}_U = \hat{g} = \hat{f}(\omega)1_{[-\Omega,\Omega]}$$

另外还有

$$\begin{aligned}\langle f, u_k \rangle &= \frac{1}{2\pi}\langle \hat{f}, \hat{u}_k \rangle = \frac{1}{2\pi}\int_R \hat{f}(\omega)\sqrt{\frac{\pi}{\Omega}} \cdot 1_{[-\Omega,\Omega]}(\omega) \cdot e^{i\frac{k\pi}{\Omega}\omega} d\omega \\ &= \sqrt{\frac{\pi}{\Omega}}\frac{1}{2\pi}\left[\int_R \hat{f}(\omega) e^{i\frac{k\pi}{\Omega}\omega} d\omega - \int_{|\omega|>\Omega} \hat{f}(\omega) e^{i\frac{k\pi}{\Omega}\omega} d\omega\right] \\ &= \sqrt{\frac{\pi}{\Omega}} f(\frac{k\pi}{\Omega}) - \sqrt{\frac{\pi}{\Omega}}\frac{1}{2\pi}\int_{|\omega|>\Omega} \hat{f}(\omega) e^{i\frac{k\pi}{\Omega}\omega} d\omega\end{aligned}$$

或者在上式第二个等号后面,写成

$$\langle f, u_k \rangle = \sqrt{\frac{\pi}{\Omega}}\frac{1}{2\pi}\int_R \hat{f}_U(\omega) \cdot e^{i\frac{k\pi}{\Omega}\omega} d\omega = \sqrt{\frac{\pi}{\Omega}} f_U(\frac{k\pi}{\Omega})$$

【证毕】

对于一般的$f \in L^2(R)$,我们并不知道f是否带限。如果用周期T采样,构造

$$f_T(t) = \sum_{k\in\mathbf{Z}} f(kT)\frac{\sin\pi(t/T-k)}{\pi(t/T-k)}$$

通常不会等于$f(t)$. 那么,$f_T(t)$与$f(t)$相差多少呢?我们用$\|f_T-f\|^2_{L^2(R)}$衡量这个差距。

定理 1.5.3　设$f \in L^2(R)$,那么

$$\|f_T-f\|^2_{L^2(R)} = \sum_{k\in\mathbf{Z}}\left|\frac{1}{2\pi}\int_{|\omega|>\pi}\hat{f}\left(\frac{\omega}{T}\right)e^{ik\omega}d\omega\right|^2 + \frac{1}{2\pi T}\int_{|\omega|>\pi}\left|\hat{f}\left(\frac{\omega}{T}\right)\right|^2 d\omega$$

当f是π/T－带限时,$f_T=f$.

【证明】　取$\Omega=\pi/T$,考察Ω－带限子空间U_Ω. 注意到

$$\begin{aligned} f_T(t) &= \sum_{k\in\mathbf{Z}} f(kT)\frac{\sin\pi(t/T-k)}{\pi(t/T-k)} \\ &= \sum_{k\in\mathbf{Z}} f(k\pi/\Omega)\frac{\sin(\Omega t-k\pi)}{(\Omega t-k\pi)} \\ &= \sum_{k\in\mathbf{Z}}\sqrt{\frac{\pi}{\Omega}}f(k\pi/\Omega)\cdot u_k(t) \in U_\Omega \end{aligned}$$

再记f_U是f在U_Ω中的投影,那么$f_T-f_U \perp f-f_U$,于是

$$\|f_T-f\|^2_{L^2(R)} = \|(f_T-f_U)+(f_U-f)\|^2 = \|f_T-f_U\|^2+\|f_U-f\|^2$$

其中

$$\begin{aligned} \|f_T-f_U\|^2 &= \left\|\sum_{k\in\mathbf{Z}}\sqrt{\frac{\pi}{\Omega}}f(k\pi/\Omega)u_k - \sum_{k\in\mathbf{Z}}\langle f, u_k\rangle u_k\right\|^2 \\ &= \sum_{k\in\mathbf{Z}}\left|\sqrt{\frac{\pi}{\Omega}}f(k\pi/\Omega) - \langle f, u_k\rangle\right|^2 \\ &= \frac{\pi}{\Omega}\sum_{k\in\mathbf{Z}}\left|\frac{1}{2\pi}\int_{|\omega|>\Omega}\hat{f}(\omega)e^{i\frac{k\pi}{\Omega}\omega}d\omega\right|^2 \\ &= \sum_{k\in\mathbf{Z}}\left|\frac{1}{2\pi}\int_{|\omega|>\pi}\hat{f}\left(\frac{\omega}{T}\right)e^{ik\omega}d\omega\right|^2 \end{aligned}$$

$$\begin{aligned} \|f_U-f\|^2 &= \frac{1}{2\pi}\|\hat{f}_U-\hat{f}\|^2 = \frac{1}{2\pi}\int_R|\hat{f}_U(\omega)-\hat{f}(\omega)|^2 d\omega \\ &= \frac{1}{2\pi}\int_{|\omega|>\Omega}|\hat{f}(\omega)|^2 d\omega = \frac{1}{2\pi T}\int_{|\omega|>\pi}\left|\hat{f}\left(\frac{\omega}{T}\right)\right|^2 d\omega \end{aligned}$$

所以

$$\|f_T-f\|^2_{L^2(R)} = \sum_{k\in\mathbf{Z}}\left|\frac{1}{2\pi}\int_{|\omega|>\pi}\hat{f}\left(\frac{\omega}{T}\right)e^{ik\omega}d\omega\right|^2 + \frac{1}{2\pi T}\int_{|\omega|>\pi}\left|\hat{f}\left(\frac{\omega}{T}\right)\right|^2 d\omega$$

【证毕】

第二章　再识频谱

本章进一步介绍与频谱相关的概念和结论。节 2.1 介绍了相当于频域的抽样定理；节 2.2 介绍了三个特殊函数的频谱；节 2.3 和节 2.4 可以当作时频分析的初步知识。

2.1　紧支撑信号频谱插值

在节 1.5 中讨论了时域抽样定理,关键条件是信号在频域是紧支撑的。如果信号在时域是紧支撑的,则有相应的频域抽样定理,即连续频谱可以由离散的频率点确定下来。所谓紧支撑信号,是指信号在某个有限范围之外全部为零。一个紧支撑序列形如

$$\cdots 0,0,0,x(0),x(1),\cdots,x(N-1),0,0,0,\cdots \tag{2.1.1}$$

一个紧支撑函数 f,说它支撑在 $[a,b]$ 上,记作 $\operatorname{supp} f=[a,b]$,是指 f 在 $[a,b]$ 外全部为零。注意"有限长信号"与紧支撑信号的区别,"有限长信号"是定义在有限范围上,在该范围之外无定义。"有限长信号"可以延拓为周期信号或者紧支撑信号。

2.1.1　紧支撑序列的频谱插值

紧支撑序列的频谱是节 1.3 的特殊情形。假设序列 x 为形如式(2.1.1)的紧支撑序列,那么它的频谱是有限求和:

$$X(\omega)=\sum_{k=0}^{N-1}x(k)\mathrm{e}^{-\mathrm{i}k\omega}$$

我们将说明,$X(\omega)$ 可以由 N 个离散频谱值完全决定。事实上,取 $[0,2\pi]$ 上的 N 个等距点

$$\omega_n=n\frac{2\pi}{N},\quad n=0,\cdots,N-1$$

$X(\omega)$ 在这 N 个点上的值

$$X(\omega_n)=\sum_{k=0}^{N-1}x(k)\mathrm{e}^{-\mathrm{i}kn\frac{2\pi}{N}},\quad n=0,\cdots,N-1$$

恰好是 $\{x(k)\}_{k=0}^{N-1}$ 的离散傅里叶变换,所以

$$x(k)=\frac{1}{N}\sum_{n=0}^{N-1}X(\omega_n)\mathrm{e}^{\mathrm{i}\frac{2\pi}{N}kn},\quad k=0,\cdots,N-1$$

这就是说,$\{X(\omega_n)\}_{n=0}^{N-1}$ 完全决定了 $\{x(k)\}_{k=0}^{N-1}$,从而也完全决定了 $X(\omega)$:

$$\begin{aligned} X(\omega) &= \sum_{k=0}^{N-1} x(k)\mathrm{e}^{-\mathrm{i}k\omega} \\ &= \sum_{k=0}^{N-1}\left\{\frac{1}{N}\sum_{n=0}^{N-1} X(\omega_n)\mathrm{e}^{\mathrm{i}kn\frac{2\pi}{N}}\right\}\mathrm{e}^{-\mathrm{i}k\omega} \\ &= \sum_{n=0}^{N-1} X(\omega_n)\frac{1}{N}\sum_{k=0}^{N-1}\mathrm{e}^{-\mathrm{i}k(\omega-\omega_n)} \end{aligned}$$

为了简化记号,引入

$$\begin{aligned} P(\omega) &\triangleq \frac{1}{N}\sum_{k=0}^{N-1}\mathrm{e}^{-\mathrm{i}k\omega} = \frac{1}{N}\frac{1-\mathrm{e}^{-\mathrm{i}N\omega}}{1-\mathrm{e}^{-\mathrm{i}\omega}} = \frac{1}{N}\frac{\mathrm{e}^{-\mathrm{i}N\omega/2}}{\mathrm{e}^{-\mathrm{i}\omega/2}}\frac{\mathrm{e}^{\mathrm{i}N\omega/2}-\mathrm{e}^{-\mathrm{i}N\omega/2}}{\mathrm{e}^{\mathrm{i}\omega/2}-\mathrm{e}^{-\mathrm{i}\omega/2}} \\ &= \mathrm{e}^{-\mathrm{i}(N-1)\omega/2}\frac{\sin(N\omega/2)}{N\sin(\omega/2)} \end{aligned}$$

于是

$$X(\omega) = \sum_{n=0}^{N-1} X(\omega_n)P(\omega-\omega_n) \tag{2.1.2}$$

注意到

$$P(\omega) = \begin{cases} 1, & \omega = 0 \\ 0, & \omega = n\dfrac{2\pi}{N}, \quad n \neq 0 \end{cases}$$

即 $P(\omega)$ 是一个插值函数。故称式(2.1.2)为频率插值公式。

注意,支撑长度为 N 的序列的频率仍然布满区间$[0,2\pi]$,只不过它的频谱由 N 个离散值$\{X(\omega_n)\}_{n=0}^{N-1}$ 完全决定。

2.1.2 紧支撑函数的频谱插值

紧支撑函数的频谱是节 1.4 的特殊情形。设 $f(t)$ 是紧支撑函数,不妨设$\operatorname{supp} f = [0,T]$,我们将说明$f$的频谱$\hat{f}(\omega)$ 可以由$\{\hat{f}(k\frac{2\pi}{T})\}_{k\in\mathbf{Z}}$ 完全决定。

首先注意到

$$\hat{f}(\omega) = \int_0^T f(t)\mathrm{e}^{-\mathrm{i}\omega t}\mathrm{d}t, \quad \omega \in R \tag{2.1.3}$$

现在,将f在$[0,T]$上的值作 T 周期延拓,得到一个周期函数。把该周期函数展开成傅里叶级数,再限制在$[0,T]$上(此时,周期函数 $=f$),于是(采用正指数形式)

$$\begin{aligned} f(t) &= \sum_{k\in\mathbf{Z}} c_f(k)\mathrm{e}^{\mathrm{i}\frac{2\pi}{T}kt}, \quad t \in [0,T] \\ c_f(k) &= \frac{1}{T}\int_0^T f(t)\mathrm{e}^{-\mathrm{i}\frac{2\pi}{T}kt}\mathrm{d}t \end{aligned} \tag{2.1.4}$$

比较式(2.1.4)中 $c_f(k)$ 与式(2.1.3),即知

$$c_f(k) = \frac{1}{T}\hat{f}\left(\frac{2\pi}{T}k\right), \quad k \in \mathbf{Z} \tag{2.1.5}$$

将式(2.1.5)代入式(2.1.4)第一式,得到

$$f(t) = \frac{1}{T}\sum_{k\in\mathbf{Z}} \hat{f}(\frac{2\pi}{T}k)\mathrm{e}^{\mathrm{i}\frac{2\pi}{T}kt}, \quad t\in[0,T] \tag{2.1.6}$$

再将式(2.1.6)代入式(2.1.3)得到

$$\begin{aligned}\hat{f}(\omega) &= \int_0^T\left\{\frac{1}{T}\sum_{k\in\mathbf{Z}}\hat{f}(\frac{2\pi}{T}k)\mathrm{e}^{\mathrm{i}\frac{2\pi}{T}kt}\right\}\mathrm{e}^{-\mathrm{i}\omega t}\mathrm{d}t \\ &= \frac{1}{T}\sum_{k\in\mathbf{Z}}\hat{f}(\frac{2\pi}{T}k)\int_0^T\mathrm{e}^{-\mathrm{i}(\omega-\frac{2\pi}{T}k)t}\mathrm{d}t \\ &= \sum_{k\in\mathbf{Z}}\hat{f}(\frac{2\pi}{T}k)\frac{\mathrm{e}^{-\mathrm{i}T(\omega-k2\pi/T)}-1}{-\mathrm{i}T(\omega-k2\pi/T)}\end{aligned} \tag{2.1.7}$$

这说明$\hat{f}(\omega)$完全由$\{\hat{f}(k2\pi/T)\}_{k\in\mathbf{Z}}$决定。

也可以将式(2.1.7)写成插值形式,记

$$P(\omega) = \frac{\mathrm{e}^{-\mathrm{i}T\omega}-1}{-\mathrm{i}T\omega} = \frac{\mathrm{e}^{-\mathrm{i}T\omega/2}(\mathrm{e}^{-\mathrm{i}T\omega/2}-\mathrm{e}^{\mathrm{i}T\omega/2})}{-\mathrm{i}T\omega} = \mathrm{e}^{-\mathrm{i}T\omega/2}\frac{\sin(T\omega/2)}{T\omega/2}$$

则

$$\hat{f}(\omega) = \sum_{k\in\mathbf{Z}}\hat{f}(\frac{2\pi}{T}k)P(\omega-k\frac{2\pi}{T}) \tag{2.1.8}$$

因为

$$P(\omega) = \begin{cases}1, & \omega=0\\ 0, & \omega=k2\pi/T, \quad k\neq 0\end{cases}$$

所以$P(\omega)$是插值函数。故称式(2.1.8)为频率插值公式。

注意,紧支撑函数的频率仍然布满实数集R,只不过它的频谱由无穷可列个离散值$\left\{\hat{f}(\frac{2\pi}{T}k)\right\}_{k\in Z}$完全决定。

2.2　特殊函数的频谱

本节表述三个特殊函数:δ函数、符号函数、阶跃函数及其它们的频谱。之所以特殊,因为它们都不属于$L^2(R)$,甚至不是通常意义上的函数。它们的傅里叶变换不同于前面的定义。然而,其合理性是勿容质疑的。

2.2.1　δ函数及频谱

δ函数也称为冲激函数,它模拟物理过程中单位能量在瞬间激发的脉冲;或者描述一种数学想象:将分布在数轴上的单位质量全部聚集到原点,那么在原点的密度必然为无穷大。这在形式上可表达为

$$\delta(t) = \begin{cases}+\infty, & t=0\\ 0, & t\neq 0\end{cases}, \quad \int_R\delta(t)\mathrm{d}t = 1$$

δ函数的数学理论属于分布函数论,其确切的意义是试验函数空间上的一个线性连续泛函,对试验函数空间的任意元素φ,有

$$\delta(\varphi) = \int_R \varphi(t)\delta(t)\,\mathrm{d}t$$

试验函数空间是 R 上紧支撑且无穷次可微函数的全体。通过在其上定义某种收敛性，它们构成一个线性拓扑空间，记作 $\mathscr{D}$. 空间 $\mathscr{D}$ 上的所有线性连续泛函又构成另一个线性拓扑空间记作 $\mathscr{D}'$，称为 $\mathscr{D}$ 的共轭空间，而 $\delta \in \mathscr{D}'$.

δ 函数在信号分析中起着重要的作用，即使不明了它的数学理论，也可以把它当成一个数学运算符来使用。本节只是用直观的方式介绍 δ 函数的一些通常用法。

使用 δ 函数的一个关键概念是：如果 $f(t)$ 连续，则

$$\int_R f(t)\delta(t)\,\mathrm{d}t = f(0) \tag{2.2.1}$$

下面对式(2.2.1)给出直观的形式上的解释。首先把 δ 函数理解为普通函数 $\delta_\varepsilon(t)$ 函数的极限(见图 2－1)：

$$\delta_\varepsilon(t) = \begin{cases} \dfrac{1}{2\varepsilon}, & |t| < \varepsilon \\ 0, & |t| \geqslant \varepsilon \end{cases}$$

$$\delta(t) = \lim_{\varepsilon \to 0^+} \delta_\varepsilon(t)$$

于是

$$\begin{aligned} \int_R f(t)\delta(t)\,\mathrm{d}t &= \lim_{\varepsilon \to 0^+} \int_R f(t)\delta_\varepsilon(t)\,\mathrm{d}t \\ &= \lim_{\varepsilon \to 0^+} \frac{1}{2\varepsilon} \int_{-\varepsilon}^{\varepsilon} f(t)\,\mathrm{d}t \\ &= \lim_{\varepsilon \to 0^+} \frac{1}{2}[f(\varepsilon) + f(-\varepsilon)] = f(0) \end{aligned}$$

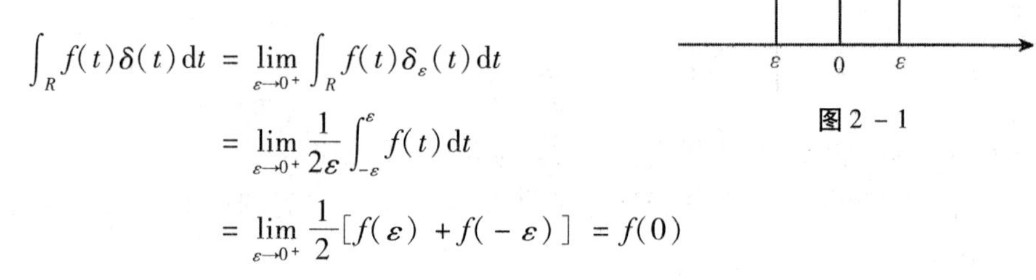

图 2－1

将 δ 函数的冲激点时移到位置 t，得到更一般的形式

$$\int_R f(\tau)\delta(\tau - t)\,\mathrm{d}\tau = f(t) \tag{2.2.2}$$

注意到 δ 函数的对称性 $\delta(t) = \delta(-t)$，故式(2.2.2)的左边也可以看成 f 与 δ 的卷积。

能够模拟 δ 函数的普通函数有很多，例如(见图 2－2)：

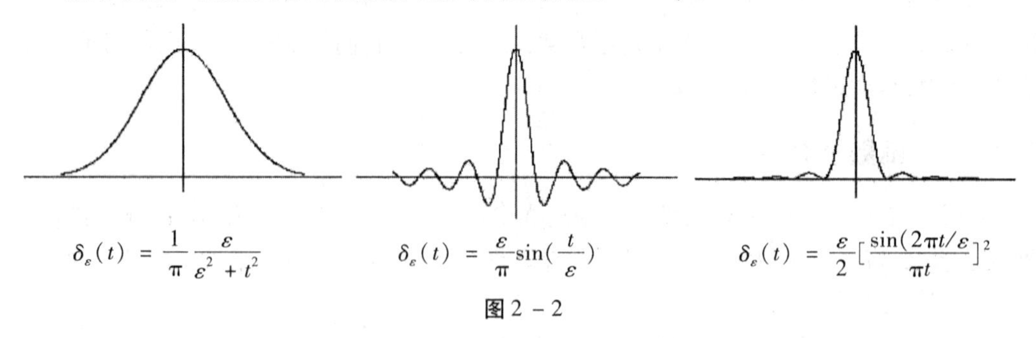

图 2－2

$$\delta_\varepsilon(t) = \frac{1}{\pi}\frac{\varepsilon}{\varepsilon^2 + t^2}, \quad \delta_\varepsilon(t) = \frac{\varepsilon}{\pi}\sin\left(\frac{t}{\varepsilon}\right), \quad \delta_\varepsilon(t) = \frac{\varepsilon}{2}\left[\frac{\sin(2\pi t/\varepsilon)}{\pi t}\right]^2 \tag{2.2.3}$$

它们都满足

$$\int_R \delta_\varepsilon(t)\mathrm{d}t = 1, \quad \lim_{\varepsilon\to 0^+}\int_R f(\tau)\delta_\varepsilon(t-\tau)\mathrm{d}\tau = f(t)$$

以后涉及 δ 函数的使用,无需再用通常的函数、极限、可微、可积等观念去思考它的“合法”性,我们只需把它当成算符,认可并熟练地使用它。

由式(2.2.1)和式(2.2.2)立即得到 δ 函数的傅里叶变换

$$\mathscr{F}(\delta(t))(\omega) = \int_R \delta(t)\mathrm{e}^{-\mathrm{i}\omega t}\mathrm{d}t \equiv 1$$

$$\mathscr{F}(\delta(t-t_0))(\omega) = \int_R \delta(t-t_0)\mathrm{e}^{-\mathrm{i}\omega t}\mathrm{d}t = \mathrm{e}^{-\mathrm{i}\omega t_0} \tag{2.2.4}$$

它说明 δ 函数的频率分布在整个 R 上,所有频率对应的振幅恒等于1(对比能量有限函数频谱的振幅,它随着频率增高而趋于0)。利用式(1.6.4)可导出一些常用的公式:

$$\begin{aligned}&\int_R \mathrm{e}^{\mathrm{i}t\omega}\mathrm{d}\omega = 2\pi\mathscr{F}^{-1}(1) = 2\pi\delta(t)\\&\mathscr{F}(\cos\omega_0 t) = \pi[\delta(\omega+\omega_0)+\delta(\omega-\omega_0)]\\&\mathscr{F}(\sin\omega_0 t) = \mathrm{i}\pi[\delta(\omega+\omega_0)-\delta(\omega-\omega_0)]\end{aligned} \tag{2.2.5}$$

其中第二、三式利用了

$$\cos\omega_0 t = \frac{1}{2}(\mathrm{e}^{\mathrm{i}\omega_0 t}+\mathrm{e}^{-\mathrm{i}\omega_0 t})$$

$$\sin\omega_0 t = \frac{1}{2\mathrm{i}}(\mathrm{e}^{\mathrm{i}\omega_0 t}-\mathrm{e}^{-\mathrm{i}\omega_0 t})$$

注意,不能认为 $2\pi\delta(t)$ 与 $\delta(t)$ 是一回事,算符 δ 作用到函数上,它带有不同的系数,结果当然是不一样的。

δ 算符的平移组合构成一个算符

$$c(t) = \sum_{k\in\mathbf{Z}}\delta(t-kT)$$

它在除 $t = kT$ 之外为零,形如一把梳子,称为 Dirac 梳。对于 $c(t)$ 的频谱

$$\hat{c}(\omega) = \sum_{k\in\mathbf{Z}}\mathrm{e}^{-\mathrm{i}kT\omega}$$

我们将证明 $\hat{c}(\omega)$ 也是 Dirac 梳,下面的公式称为泊松公式:

$$\sum_{k\in\mathbf{Z}}\mathrm{e}^{-\mathrm{i}kT\omega} = \frac{2\pi}{T}\sum_{k\in\mathbf{Z}}\delta(\omega-k\frac{2\pi}{T}) \tag{2.2.6}$$

这个公式的确切含义是把等式两边都看成试验函数空间上的线性连续泛函,它们是同一个泛函,即对试验函数空间的任意元素 $\varphi(\omega)$,

$$\int_R \varphi(\omega)\cdot\sum_{k\in\mathbf{Z}}\mathrm{e}^{-\mathrm{i}kT\omega}\mathrm{d}\omega = \int_R \varphi(\omega)\cdot\frac{2\pi}{T}\sum_{k\in\mathbf{Z}}\delta(\omega-k\frac{2\pi}{T})\mathrm{d}\omega$$

利用节1.4.4中的推论1.4.2,很容易验证上式。因为

$$\int_R \varphi(\omega)\cdot\sum_{k\in\mathbf{Z}}\mathrm{e}^{-\mathrm{i}kT\omega}\mathrm{d}\omega = \sum_{k\in\mathbf{Z}}\int_R \varphi(\omega)\mathrm{e}^{-\mathrm{i}kT\omega}\mathrm{d}\omega = \sum_{k\in\mathbf{Z}}\hat{\varphi}(kT)$$

$$\int_R \varphi(\omega)\cdot\frac{2\pi}{T}\sum_{k\in\mathbf{Z}}\delta(\omega-k\frac{2\pi}{T})\mathrm{d}\omega = \frac{2\pi}{T}\sum_{k\in\mathbf{Z}}\varphi(k\frac{2\pi}{T})$$

在节1.4.4中定理1.4.7的推论2中,令 $\omega = 0, \Omega = T$ 即得

$$\sum_{k\in\mathbf{Z}}\hat{\varphi}(kT) = \frac{2\pi}{T}\sum_{k\in\mathbf{Z}}\varphi(k\frac{2\pi}{T})$$

φ 是试验函数,满足定理 1.4.7 所需条件。

2.2.2 δ 函数的导数及频谱

再考虑$\delta(t)$ 函数的导数$\delta'(t)$. 从分布函数论来说,$\mathscr{D}$是试验函数空间,$\mathscr{D}'$ 是$\mathscr{D}$的共轭空间,$\delta\in\mathscr{D}'$. 现在$\mathscr{D}'$ 又可以有其共轭空间,记作$\mathscr{D}''$(或称为$\mathscr{D}$的二次共轭空间),那么$\delta'\in\mathscr{D}''$,或者说,δ' 是$\mathscr{D}'$ 上的线性连续泛函。

对δ' 能不能作出类似于δ 那样直观的解释呢?这里不妨尝试一下。把δ 函数看成式(2.2.3) 中的第一个函数的"极限":

$$\delta_\varepsilon(t) = \frac{1}{\pi}\frac{\varepsilon}{\varepsilon^2+t^2},\quad \lim_{\varepsilon\to0^+}\delta_\varepsilon(t) = \delta(t)$$

写出$\delta_\varepsilon(t)$ 的导函数

$$\delta'_\varepsilon(t) = -\frac{2\varepsilon}{\pi}\frac{t}{(\varepsilon^2+t^2)^2}$$

图 2 - 3 绘出了三个不同的ε 值对应的函数图像($\varepsilon_1>\varepsilon_2>\varepsilon_3>0$)。

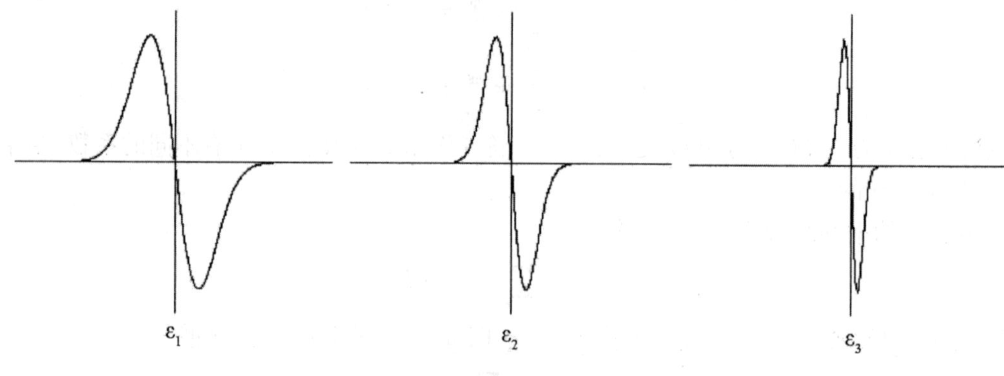

图 2 - 3

如果把$\delta'(t)$ 看成$\delta'_\varepsilon(t)$ 的"极限"($\varepsilon\to0^+$),那么$\delta'(t)$ 有类似于$\delta(t)$ 的特征:在非零位置取零值,在零点取值无穷大。但是$\delta'(t)$ 与$\delta(t)$ 的不同之处是,在0^- 处"取值"$+\infty$,而在0^+ 处"取值"$-\infty$,$\delta'(t)$ 关于零点是奇对称的。

上述只是$\delta'(t)$ 的直观感觉,作为算符,定义$\delta'(t)$ 的关键问题是

$$\int_R f(t)\delta'(t)\,\mathrm{d}t = ?$$

按照分部积分规则(形式上地使用这个规则),有

$$\int_R f(t)\delta'(t)\,\mathrm{d}t = \int_R f(t)\,\mathrm{d}\delta(t) = f(t)\delta(t)\Big|_{-\infty}^{+\infty} - \int_R f'(t)\delta(t)\,\mathrm{d}t = -f'(0)$$

就以此作为$\delta'(t)$ 的定义:如果算符$\delta'(t)$ 使得对连续可微函数$f(t)$,满足

$$\int_R f(t)\delta'(t)\,\mathrm{d}t = -f'(0)$$

则称$\delta'(t)$ 为$\delta(t)$ 的导数。类似地定义$\delta(t)$ 的二阶导数

$$\int_R f(t)\delta''(t)\,\mathrm{d}t = \int_R f(t)\,\mathrm{d}\delta'(t) = f(t)\delta'(t)\Big|_{-\infty}^{+\infty} - \int_R f'(t)\,\mathrm{d}\delta(t)$$

$$= -f'(t)\delta(t)\Big|_{-\infty}^{+\infty} + \int_R f''(t)\delta(t)\,\mathrm{d}t = f''(0)$$

这里 $f(t)$ 是二阶连续可微。一般地，如果算符 $\delta^{(k)}(t)$ 使得对 k 阶连续可微函数 $f(t)$，满足

$$\int_R f(t)\delta^{(k)}(t)\,\mathrm{d}t = (-1)^k f^{(k)}(0) \tag{2.2.7}$$

则称 $\delta^{(k)}(t)$ 为 $\delta(t)$ 的 k 阶导函数。时移到 t 处，可以得到

$$\int_R f(\tau)\delta^{(k)}(\tau - t)\,\mathrm{d}\tau = (-1)^k f^{(k)}(t) \tag{2.2.8}$$

$\delta^{(k)}(t-t_0)$ 的频谱为

$$\int_R \delta^{(k)}(t-t_0)\mathrm{e}^{-\mathrm{i}\omega t}\mathrm{d}t = (-1)^k[\mathrm{e}^{-\mathrm{i}\omega(t+t_0)}]^{(k)}\Big|_{t=0} = (\mathrm{i}\omega)^k\mathrm{e}^{-\mathrm{i}\omega t_0} \tag{2.2.9}$$

考察 $\delta^{(k)}(t)$ 的奇偶性。按照式(2.2.7)，有

$$\int_R f(t)\delta^{(k)}(-t)\,\mathrm{d}t = \int_R f(-t)\delta^{(k)}(t)\,\mathrm{d}t = (-1)^k[f(-t)]^{(k)}\Big|_{t=0} = f^{(k)}(0)$$

与式(2.2.7)比较可知

$$\delta^{(k)}(-t) = (-1)^k\delta^{(k)}(t) \tag{2.2.10}$$

所以，k 为偶数时，$\delta^{(k)}(t)$ 是偶函数；k 为奇数时，$\delta^{(k)}(t)$ 是奇函数。

再考虑一个普通函数 $\beta(t)$ 与 $\delta^{(k)}(t-t_0)$ 作乘积应等于什么?设 $\beta(t)$ 在 t_0 处 k 次连续可微，对任意 k 次连续可微函数 $f(t)$，按照式(2.2.8)有

$$\begin{aligned}\int_R f(t)\beta(t)\delta^{(k)}(t-t_0)\,\mathrm{d}t &= (-1)^k[f(t)\beta(t)]^{(k)}\Big|_{t=t_0} \\ &= (-1)^k\sum_{r=0}^{k}\mathrm{C}_k^r\beta^{(r)}(t_0)f^{(k-r)}(t_0) \\ &= \sum_{r=0}^{k}[(-1)^r\mathrm{C}_k^r\beta^{(r)}(t_0)]\cdot[(-1)^{k-r}f^{(k-r)}(t_0)]\end{aligned} \tag{2.2.11}$$

作函数

$$\theta_k(t) = \sum_{r=0}^{k}(-1)^r\mathrm{C}_k^r\beta^{(r)}(t_0)\cdot\delta^{(k-r)}(t-t_0)$$

那么

$$\begin{aligned}\int_R f(t)\theta_k(t)\,\mathrm{d}t = \theta_k(t) &= \sum_{r=0}^{k}[(-1)^r\mathrm{C}_k^r\beta^{(r)}(t_0)]\cdot\int_R f(t)\delta^{(k-r)}(t-t_0)\,\mathrm{d}t \\ &= \sum_{r=0}^{k}[(-1)^r\mathrm{C}_k^r\beta^{(r)}(t_0)]\cdot[(-1)^{k-r}f^{(k-r)}(t_0)]\end{aligned} \tag{2.2.12}$$

比较式(2.2.11)和式(2.2.12)可知 $\beta(t)\delta^{(k)}(t-t_0) = \theta_k(t)$，即

$$\beta(t)\delta^{(k)}(t-t_0) = \sum_{r=0}^{k}(-1)^r\mathrm{C}_k^r\beta^{(r)}(t_0)\cdot\delta^{(k-r)}(t-t_0) \tag{2.2.13}$$

2.2.3 符号函数、阶跃函数的频谱

在信号分析中,有些处理方法要通过符号函数和阶跃函数来表示,通常用 $\mathrm{sgn}(t)$ 表示符号函数,$u(t)$ 表示阶跃函数(见图 2－4)。

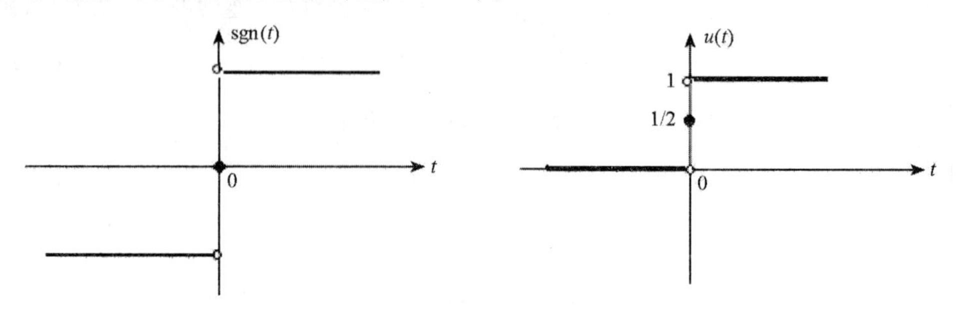

图 2－4

$$\mathrm{sgn}(t)=\begin{cases}1, & t>0\\ 0, & t=0\\ -1, & t<0\end{cases}\qquad u(t)=\begin{cases}1, & t>0\\ 1/2, & t=0\\ 0, & t<0\end{cases}$$

这两个函数都不是 $L^2(R)$ 函数,它们的傅里叶变换是通过特殊的方式产生的。

考虑函数 $2/(\mathrm{i}\omega)$ 的傅里叶逆变换,这里是通过取主值的方式来定义:

$$\begin{aligned}\mathscr{F}^{-1}\left(\frac{2}{\mathrm{i}\omega}\right)(t) &= \lim_{r\to+\infty}\frac{1}{2\pi}\int_{r^{-1}\leqslant|\omega|\leqslant r}\frac{2}{\mathrm{i}\omega}\mathrm{e}^{\mathrm{i}t\omega}\mathrm{d}\omega = \lim_{r\to+\infty}\frac{1}{\pi}\int_{-r}^{r}\frac{\sin t\omega}{\omega}\mathrm{d}\omega\\ &= \lim_{r\to+\infty}\frac{2}{\pi}\int_{0}^{r}\frac{\sin t\omega}{\omega}\mathrm{d}\omega = \frac{2}{\pi}\int_{0}^{+\infty}\frac{\sin t\omega}{\omega}\mathrm{d}\omega\end{aligned}$$

最后的积分是标准的广义含参积分,查积分表可得

$$\mathscr{F}^{-1}\left(\frac{2}{\mathrm{i}\omega}\right)(t)=\begin{cases}1, & t>0\\ 0, & t=0\\ -1, & t<0\end{cases}$$

所以 $\mathrm{sgn}(t)$ 的傅里叶变换为

$$\mathscr{F}(\mathrm{sgn}(t))(\omega)=\frac{2}{\mathrm{i}\omega} \tag{2.2.14}$$

注意到阶跃函数 $u(t)$ 与符号函数 $\mathrm{sgn}(t)$ 的关系

$$u(t)=(1+\mathrm{sgn}(t))/2$$

立即得到

$$\mathscr{F}(u(t))(\omega)=\frac{1}{2}\delta(\omega)+\frac{1}{\mathrm{i}\omega} \tag{2.2.15}$$

2.3 Hilbert 变换

现实中的信号都是实信号,通信理论中需要研究实信号的包络、瞬时相位、瞬时频率等概念(见节 2.3.3),这些概念涉及所谓解析信号。我们将说明,对任意的实信号 $f(t)\in$

$L^2(R)$，可以构造复信号 $q(t) \in L^2(R)$，使得

(1) $f(t) = \mathrm{Re}q(t)$

(2) $\hat{q}(\omega) = 0, \quad (\omega < 0)$

即 q 的实部恰好就是 f，而且 q 没有"负频率"。称 q 为(f 对应的) 解析信号。

非零实信号 f 不可能是解析信号，因为它的频谱在原点两边是共轭对称的。给实信号 f 添加一个什么样的虚部能成为解析信号呢?这就涉及信号的 Hilbert 变换。先介绍 Hilbert 变换的定义，然后再看看它的来历。

Hilbert 变换属于经典的傅里叶分析。设 $f \in L^2(R)$，那么下面的极限对于 $t \in R$ 几乎处处存在

$$\lim_{\delta \to 0} \frac{1}{\pi} \int_{|\tau|>\delta} \frac{f(t-\tau)}{\tau} d\tau$$

这个极限称为 f 的 Hilbert 变换，记作

$$\mathscr{H}f(t) = \tilde{f}(t) = \lim_{\delta \to 0} \frac{1}{\pi} \int_{|\tau|>\delta} \frac{f(t-\tau)}{\tau} dt = (v.p) \frac{1}{\pi} \int_R \frac{f(t-\tau)}{\tau} d\tau$$

$v.p$ 表示取广义积分的柯西主值。而且还有 $\tilde{f} \in L^2(R)$。显然，Hilbert 变换也可以写作

$$\mathscr{H}f = \tilde{f} = \frac{1}{\pi t} * f \tag{2.3.1}$$

2.3.1 Hilbert 变换的来历

从傅里叶分析的角度来说，Hilbert 变换源于共轭函数。在信号分析中，它来自实信号的复表示问题。下面将看到，当我们把一个实信号表达成一个复信号的实部，自然出现了 Hilbert 变换。

首先注意到，对实信号 f，因为 $\hat{f}(-\omega) = \overline{\hat{f}(\omega)}$，所以

$$\begin{aligned} f(t) &= \frac{1}{2\pi} \int_{-\infty}^{+\infty} \hat{f}(\omega) e^{it\omega} d\omega = \frac{1}{2\pi} \int_{-\infty}^{0} \hat{f}(\omega) e^{it\omega} d\omega + \frac{1}{2\pi} \int_{0}^{+\infty} \hat{f}(\omega) e^{it\omega} d\omega \\ &= \frac{1}{2\pi} \int_{0}^{+\infty} \hat{f}(-\omega) e^{-it\omega} d\omega + \frac{1}{2\pi} \int_{0}^{+\infty} \hat{f}(\omega) e^{it\omega} d\omega \\ &= \overline{\frac{1}{2\pi} \int_{0}^{+\infty} \hat{f}(\omega) e^{it\omega} d\omega} + \frac{1}{2\pi} \int_{0}^{+\infty} \hat{f}(\omega) e^{it\omega} d\omega \\ &= \mathrm{Re}\left\{ \frac{1}{2\pi} \int_{0}^{+\infty} 2\hat{f}(\omega) e^{it\omega} d\omega \right\} \end{aligned}$$

如果记

$$q(t) = \frac{1}{2\pi} \int_{0}^{+\infty} 2\hat{f}(\omega) e^{it\omega} d\omega \tag{2.3.2}$$

则

$$f(t) = \mathrm{Re}\{q(t)\}$$

这样实信号 f 表示成了复信号 q 的实部。那么 q 是解析信号吗?记

$$H(\omega) = \begin{cases} 2, & \omega > 0 \\ 1, & \omega = 0 \\ 0, & \omega < 0 \end{cases}$$

则式(2.3.2)相当于

$$q(t) = \frac{1}{2\pi}\int_R H(\omega)\hat{f}(\omega)e^{it\omega}d\omega$$

由此可见,$H(\omega)\hat{f}(\omega)$ 恰好是 $q(t)$ 的傅里叶变换,即

$$\hat{q}(\omega) = H(\omega)\hat{f}(\omega)$$

因为当 $\omega < 0$ 时 $\hat{q}(\omega) = 0$,即 q 没有负频率,所以它是解析信号。

为了看清 q 的虚部究竟是什么,我们进一步将 q 的实部与虚部分离开。记 $H(\omega)$ 的傅里叶逆变换为 $h(t)$,即

$$h(t) = \mathscr{F}^{-1}\{H(\omega)\}(t)$$

那么(根据定理 1.4.4)

$$q(t) = h(t) * f(t)$$

下面具体计算 $h(t)$,注意到 $H(\omega) = \mathrm{sgn}(\omega) + 1$,所以

$$h(t) = \mathscr{F}^{-1}\{H(\omega)\}(t) = \mathscr{F}^{-1}\{\mathrm{sgn}(\omega) + 1\}(t) = \mathscr{F}^{-1}\{\mathrm{sgn}(\omega)\}(t) + \delta(t)$$

再根据定理 1.4.2 以及式(2.2.14),

$$\begin{aligned}\mathscr{F}^{-1}\{\mathrm{sgn}(\omega)\}(t) &= \frac{1}{2\pi}\mathscr{F}\{\mathrm{sgn}(-\omega)\}(t)\\ &= -\frac{1}{2\pi}\mathscr{F}\{\mathrm{sgn}(\omega)\}(t) = -\frac{1}{2\pi}\frac{2}{\mathrm{i}t} = \mathrm{i}\frac{1}{\pi t}\end{aligned} \tag{2.3.3}$$

所以

$$h(t) = \mathrm{i}\frac{1}{\pi t} + \delta(t)$$

从而(注意到式(2.3.1))

$$q(t) = h(t) * f(t) = \delta(t) * f(t) + \mathrm{i}\frac{1}{\pi t} * f(t) = f(t) + \mathrm{i}\tilde{f}(t)$$

这说明对实信号 f,只要添加 f 的 Hilbert 变换 $\tilde{f}$ 作为虚部,则 $q = f + \mathrm{i}\tilde{f}$ 成为解析函数。

2.3.2 Hilbert 变换的性质

按 Hilbert 变换的定义(2.3.1),$\mathscr{H}$ 是 $L^2(R)$ 上的线性算子。这里再列出算子 $\mathscr{H}$ 的几个性质。

定理 2.3.1 设 $f \in L^2(R)$,则 $\mathscr{H}f$ 的频谱

$$\mathscr{F}\{\mathscr{H}f\}(\omega) = -\mathrm{isgn}(\omega)\cdot\hat{f}(\omega)$$

【证明】由式(2.3.1)知

$$\mathscr{F}(\mathscr{H}f) = \mathscr{F}\left(\frac{1}{\pi t} * f\right) = \mathscr{F}\left(\frac{1}{\pi t}\right)\cdot\mathscr{F}(f)$$

再由式(2.3.3)知

$$\mathscr{F}\left(\frac{1}{\pi t}\right) = -\mathrm{isgn}(\omega)$$

所以

$$\mathscr{F}(\mathscr{H}f) = -\mathrm{isgn}(\omega)\cdot\hat{f}(\omega)$$ 【证毕】

这个定理有明显的几何意义,先将它写成

$$\mathscr{F}\{\mathscr{H}f\}(\omega) = \begin{cases} -\mathrm{i}\hat{f}(\omega), & \omega > 0 \\ \mathrm{i}\hat{f}(\omega), & \omega < 0 \end{cases}$$

其中 $-\mathrm{i}\hat{f}(\omega)$ 相当于将$\hat{f}(\omega)$ 顺时钟方向旋转90°,$\mathrm{i}\hat{f}(\omega)$ 相当于将$\hat{f}(\omega)$ 逆时钟方向旋转90°(如图2－5所示)。

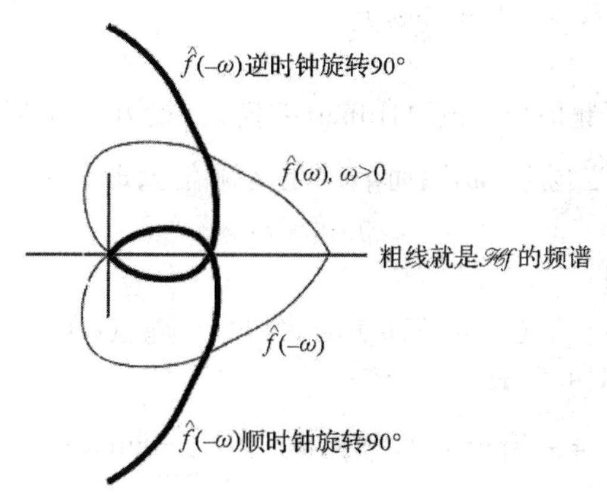

图2－5

定理2.3.2　设$f, g \in L^2(R)$,则

(1)　$\langle f, g\rangle = \langle \mathscr{H}f, \mathscr{H}g\rangle$

(2)　$\mathscr{H}^2 f = -f$

(3)　$\langle \mathscr{H}f, g\rangle = -\langle f, \mathscr{H}g\rangle$

【证明】关于(1),根据定理1.4.1和定理2.3.1,有

$$\langle \mathscr{H}f, \mathscr{H}g\rangle = \frac{1}{2\pi}\langle \mathscr{F}\mathscr{H}f, \mathscr{F}\mathscr{H}g\rangle = \frac{1}{2\pi}\langle -\mathrm{isgn}(\omega)\cdot\hat{f}(\omega), -\mathrm{isgn}(\omega)\cdot\hat{g}(\omega)\rangle$$

$$= \frac{1}{2\pi}\int_R |\mathrm{sgn}(\omega)|^2\hat{f}(\omega)\overline{\hat{g}(\omega)}\mathrm{d}\omega = \frac{1}{2\pi}\langle\hat{f},\hat{g}\rangle = \langle f, g\rangle$$

关于(2),根据定理2.3.1,有

$$\mathscr{F}(\mathscr{H}^2 f) = \mathscr{F}[\mathscr{H}(\mathscr{H}f)] = -\mathrm{isgn}(\omega)\cdot\mathscr{F}(\mathscr{H}f) = -(\mathrm{sgn}(\omega))^2\mathscr{F}(f) = -\mathscr{F}(f)$$

所以$\mathscr{H}^2 f = -f$。关于(3),根据本定理(1)(2)立即得到(3):

$$\langle \mathscr{H}f, g\rangle = \langle \mathscr{H}^2 f, \mathscr{H}g\rangle = \langle -f, \mathscr{H}g\rangle = -\langle f, \mathscr{H}g\rangle$$

【证毕】

结论(1)说明$\mathscr{H}$是$L^2(R)$上保内积算子,从而$\|\mathscr{H}f\| = \|f\|$,这也说明$\mathscr{H}$是$L^2(R)$上线性有界算子;结论(2)和(3)说明$\mathscr{H}^{-1} = \mathscr{H}^* = -\mathscr{H}$,即$\mathscr{H}$是酉算子,且是反Hermit算子。

例2.3.1　给出如下几个函数的Hilbert变换:

$$\mathscr{H}(a) = 0,\ \mathscr{H}(\cos\omega_0 t) = \sin\omega_0 t,\ \mathscr{H}(\sin\omega_0 t) = -\cos\omega_0 t$$

【证明】根据定义,常数的Hilbert变换显然为零。下面不妨设$\omega_0 > 0$

$$\begin{aligned}\mathscr{F}\mathscr{H}(\cos\omega_0 t) &= -\mathrm{isgn}(\omega)\cdot\mathscr{F}(\cos\omega_0 t)\\ &= -i\mathrm{sgn}(\omega)\cdot\pi[\delta(\omega+\omega_0)+\delta(\omega-\omega_0)]\\ &= -\mathrm{i}\pi[-\delta(\omega+\omega_0)+\delta(\omega-\omega_0)]\\ &= \mathrm{i}\pi[\delta(\omega+\omega_0)-\delta(\omega-\omega_0)]\\ \mathscr{H}(\cos\omega_0 t) &= \mathscr{F}^{-1}\{\mathrm{i}\pi[\delta(\omega+\omega_0)-\delta(\omega-\omega_0)]\}\\ &= \mathrm{i}\pi[\frac{1}{2\pi}\mathrm{e}^{-\mathrm{i}\omega_0 t}-\frac{1}{2\pi}\mathrm{e}^{\mathrm{i}\omega_0 t}]\\ &= \sin\omega_0 t\end{aligned}$$

第三式同理可得。　　　　　　　　　　　　　　　　　　　　　　【证毕】

定理 2.3.3（高低频信号乘积的 Hilbert 变换）　设 $f(t)=b(t)g(t)$，其中 $b(t)$ 是低频信号，即 $\hat{b}(\omega)=0$（当 $|\omega|>\omega_0$）；而 $g(t)$ 是高频信号，即 $\hat{g}(\omega)=0$（当 $|\omega|<\omega_0$），那么

$$\mathscr{H}f=b(t)\mathscr{H}g$$

【证明】只要证明

$$(\mathscr{F}\mathscr{H}f)(\omega)=\mathscr{F}[b(t)\mathscr{H}g](\omega)$$

由定理 2.3.1 和定理 1.4.5，有

$$\begin{aligned}(\mathscr{F}\mathscr{H}f)(\omega) &= -i\mathrm{sgn}(\omega)(\mathscr{F}f)(\omega) = -\frac{i}{2\pi}\mathrm{sgn}(\omega)\cdot(\hat{b}(\omega)*\hat{g}(\omega))\\ &= -\frac{i}{2\pi}\mathrm{sgn}(\omega)\cdot\int_R\hat{b}(\eta)*\hat{g}(\omega-\eta)\mathrm{d}\eta\\ \mathscr{F}[b(t)\mathscr{H}g](\omega) &= \frac{1}{2\pi}\int_R\hat{b}(\eta)\cdot\mathscr{F}[\mathscr{H}g](\omega-\eta)\mathrm{d}\eta\\ &= \frac{i}{2\pi}\int_R\hat{b}(\eta)\cdot\mathrm{sgn}(\omega-\eta)\hat{g}(\omega-\eta)\mathrm{d}\eta\end{aligned}$$

故只要证明

$$\mathrm{sgn}(\omega)\cdot\int_R\hat{b}(\eta)\cdot\hat{g}(\omega-\eta)\mathrm{d}\eta=\int_R\hat{b}(\eta)\cdot\mathrm{sgn}(\omega-\eta)\hat{g}(\omega-\eta)\mathrm{d}\eta \tag{2.3.4}$$

根据高低频谱条件知，欲使被积函数 $\hat{b}(\eta)\cdot\hat{g}(\omega-\eta)$ 不为零，必须

$$(1)\begin{cases}-\omega_0\leqslant\eta\leqslant\omega_0\\ \eta>\omega+\omega_0\end{cases}\quad\text{或者}\quad(2)\begin{cases}-\omega_0\leqslant\eta\leqslant\omega_0\\ \eta<\omega-\omega_0\end{cases}$$

当 $\omega>0$ 时，情形(1)不可能成立，对于情形(2)，有

$$\begin{aligned}(2.3.4)\text{ 左式} &= \int_{-\omega_0}^{\min\{\omega_0,\omega-\omega_0\}}\hat{b}(\eta)\cdot\hat{g}(\omega-\eta)\mathrm{d}\eta\\ (2.3.4)\text{ 右式} &= \int_{-\omega_0}^{\min\{\omega_0,\omega-\omega_0\}}\hat{b}(\eta)\cdot\mathrm{sgn}(\omega-\eta)\cdot\hat{g}(\omega-\eta)\mathrm{d}\eta\\ &= \int_{-\omega_0}^{\min\{\omega_0,\omega-\omega_0\}}\hat{b}(\eta)\cdot\hat{g}(\omega-\eta)\mathrm{d}\eta\end{aligned}$$

其中 $\mathrm{sgn}(\omega-\eta)=1$ 是因为 $\eta\leqslant\omega-\omega_0\Rightarrow\omega-\eta\geqslant\omega_0>0$. 此时式(2.3.4)成立。

当 $\omega<0$，情形(2)不可能成立，对于情形(1)，有

$$(2.3.4)\text{ 左式}=-\int_{\max\{-\omega_0,\omega+\omega_0\}}^{\omega_0}\hat{b}(\eta)\cdot\hat{g}(\omega-\eta)\mathrm{d}\eta$$

$$(2.3.4)\text{ 右式} = \hat{v}(\eta)\cdot \operatorname{sgn}(\omega-\eta)\cdot \hat{g}(\omega-\eta)\mathrm{d}\eta$$
$$= -v\hat{b}(\eta)\cdot \hat{g}(\omega-\eta)\mathrm{d}\eta$$

其中 $\operatorname{sgn}(\omega-\eta) = -1$ 是因为 $\eta \geqslant \omega+\omega_0 \Rightarrow \omega-\eta < -\omega_0 < 0$. 此时式(2.3.4)也成立。【证毕】

2.3.3　窄带信号、瞬时频率

信号的瞬时频率是有争议的概念，一般的提法是，由实信号 f 得到对应的解析信号：

$$q(t) = f + \mathrm{i}\mathscr{H}f \triangleq A(t)\mathrm{e}^{\mathrm{i}\varphi(t)}$$

这里 $A(t)$ 称为 f 的包络，$\varphi(t)$ 称为 f 的瞬时相位

$$A(t) = \sqrt{|f(t)|^2 + |\tilde{f}(t)|^2}$$

$$\varphi(t) = \arctan\frac{\tilde{f}(t)}{f(t)}$$

实信号 f 的瞬时频率定义为相位的导数

$$\mu(t) = \varphi'(t) \tag{2.3.5}$$

但是，在通信理论中，实信号一般都表示成

$$f(t) = a(t)\cos(\omega_0 t + \theta(t)) \tag{2.3.6}$$

也称 $\omega_0 t+\theta(t)$ 为信号 f 的相位，瞬时频率定义为相位的导数：

$$\mu(t) = \frac{\mathrm{d}}{\mathrm{d}t}[\omega_0 t + \theta(t)] = \omega_0 + \theta'(t) \tag{2.3.7}$$

一般情况下，定义(2.3.7)与定义(2.3.5)是不同的。只有当 f 为"窄带信号"时，两者才是一致的。所谓窄带信号就是，在式(2.3.6)中，$a(t)\cos\theta(t)$ 和 $a(t)\sin\theta(t)$ 的频谱当 $|\omega|\geqslant\omega_0$ 时为零。下面来说明对于窄带信号，定义(2.3.5)与定义(2.3.7)是一致的。

$$\begin{aligned} f(t) &= a(t)\cos(\omega_0 t+\theta(t)) \\ &= [a(t)\cos\theta(t)]\cos\omega_0 t - [a(t)\sin\theta(t)]\sin\omega_0 t \end{aligned}$$

根据窄带信号的特点、定理2.3.3以及前面的例子，容易求得 f 的 Hilbert 变换为

$$\mathscr{H}f = [a(t)\cos\theta(t)]\sin\omega_0 t + [a(t)\sin\theta(t)]\cos\omega_0 t = a(t)\sin(\omega_0 t+\theta(t))$$

于是 f 对应的解析信号为

$$\begin{aligned} q(t) &= f + \mathrm{i}\mathscr{H}f = a(t)\cos(\omega_0 t+\theta(t)) + \mathrm{i}a(t)\sin(\omega_0 t+\theta(t)) \\ &= a(t)\mathrm{e}^{\mathrm{i}(\omega_0 t+\theta(t))} \triangleq a(t)\mathrm{e}^{\mathrm{i}\varphi(t)} \end{aligned}$$

按照式(2.3.5)的定义，瞬时频率为

$$\mu(t) = \varphi'(t) = \omega_0 + \theta'(t)$$

这与定义(2.3.7)是一致的。

2.3.4　实序列的 Hilbert 变换

设 $\{x(k)\}_{k\in\mathbf{Z}}$ 为实序列。类似于连续情形，我们可以平行地讨论它的 Hilbert 变换。由节1.3，有

$$x(k)=\frac{1}{2\pi}\int_{-\pi}^{\pi}X(\omega)\mathrm{e}^{\mathrm{i}k\omega}\mathrm{d}\omega$$

其中,$X(\omega)$ 为$\{x(k)\}_{k\in\mathbf{Z}}$ 的离散傅里叶变换:

$$X(\omega)=\sum_{k\in\mathbf{Z}}x(k)\mathrm{e}^{-\mathrm{i}k\omega}$$

它是 2π 周期函数。因为$\{x(k)\}_{k\in\mathbf{Z}}$ 为实数,$X(-\omega)=\overline{X(\omega)}$,所以

$$\begin{aligned}x(k)&=\frac{1}{2\pi}\int_{-\pi}^{0}X(\omega)\mathrm{e}^{\mathrm{i}k\omega}\mathrm{d}\omega+\frac{1}{2\pi}\int_{0}^{\pi}X(\omega)\mathrm{e}^{\mathrm{i}k\omega}\mathrm{d}\omega\\&=\frac{1}{2\pi}\int_{0}^{\pi}X(-\omega)\mathrm{e}^{-\mathrm{i}k\omega}\mathrm{d}\omega+\frac{1}{2\pi}\int_{0}^{\pi}X(\omega)\mathrm{e}^{\mathrm{i}k\omega}\mathrm{d}\omega\\&=\overline{\frac{1}{2\pi}\int_{0}^{\pi}X(\omega)\mathrm{e}^{\mathrm{i}k\omega}\mathrm{d}\omega}+\frac{1}{2\pi}\int_{0}^{\pi}X(\omega)\mathrm{e}^{\mathrm{i}k\omega}\mathrm{d}\omega\\&=\mathrm{Re}\left\{\frac{1}{2\pi}\int_{0}^{\pi}2X(\omega)\mathrm{e}^{\mathrm{i}k\omega}\mathrm{d}\omega\right\}\end{aligned}$$

记

$$q(k)=\frac{1}{2\pi}\int_{0}^{\pi}2X(\omega)\mathrm{e}^{\mathrm{i}k\omega}\mathrm{d}\omega$$

则

$$x(k)=\mathrm{Re}\{q(k)\}$$

实序列$\{x(k)\}_{k\in\mathbf{Z}}$ 表示成了复序列$\{q(k)\}_{k\in\mathbf{Z}}$ 的实部。再记

$$H(\omega)=\begin{cases}2, & 0\leqslant\omega<\pi\\0, & -\pi\leqslant\omega<0\end{cases}$$

则

$$q(k)=\frac{1}{2\pi}\int_{-\pi}^{\pi}H(\omega)X(\omega)\mathrm{e}^{\mathrm{i}k\omega}\mathrm{d}\omega$$

可见 $H(\omega)X(\omega)$ 是$\{q(k)\}_{k\in\mathbf{Z}}$ 的离散傅里叶变换,即

$$Q(\omega)=\mathscr{F}\{q(k)\}(\omega)=H(\omega)X(\omega)$$

因为当 $\omega<0$ 时 $Q(\omega)=0$,即$\{q(k)\}_{k\in\mathbf{Z}}$ 没有负频率,为解析信号。为了看清$\{q(k)\}_{k\in\mathbf{Z}}$ 的虚部究竟是什么,我们进一步将$\{q(k)\}_{k\in\mathbf{Z}}$ 的实部与虚部分离开。$H(\omega)$ 对应的时间序列为

$$h(k)=\frac{1}{2\pi}\int_{-\pi}^{\pi}H(\omega)\mathrm{e}^{\mathrm{i}k\omega}\mathrm{d}\omega=\frac{1}{\pi}\int_{0}^{\pi}\mathrm{e}^{\mathrm{i}k\omega}\mathrm{d}\omega=\begin{cases}1, & k=0\\\dfrac{1-(-1)^{k}}{k\pi}\mathrm{i}, & k\neq0\end{cases}$$

根据定理 1.3.2,有

$$\begin{aligned}q(k)&=\sum_{n\in\mathbf{Z}}h(n)x(k-n)=x(k)+\mathrm{i}\sum_{n\neq0}\frac{1-(-1)^{n}}{n\pi}x(k-n)\\&=x(k)+\mathrm{i}\frac{2}{\pi}\sum_{n\neq0}\frac{1}{2n+1}x(k-2n-1)\end{aligned}$$

记

$$\tilde{x}(k)=\frac{2}{\pi}\sum_{n\neq0}\frac{1}{2n+1}x(k-2n-1),\quad k\in\mathbf{Z}$$

称之为$\{x(k)\}_{k\in\mathbf{Z}}$的 Hilbert 变换。解析信号序列为$q(k)=x(k)+\mathrm{i}\,\tilde{x}(k)$。将它写成指数形式

$$q(k)=|q(k)|\mathrm{e}^{\mathrm{i}\varphi(k)}$$

其中

$$|q(k)|=\sqrt{x^2(k)+\tilde{x}^2(k)}$$

称为$\{x(k)\}_{k\in\mathbf{Z}}$的包络，

$$\varphi(k)=\arctan\frac{\tilde{x}(k)}{x(k)}$$

称为瞬时相位，

$$\mu(k)=\theta(k)-\theta(k-1)$$

称为瞬时频率。

2.4　时频联立

假设$f(t)$代表一首交响乐，其中有低沉浑厚的大提琴声（频率较低）和高亢嘹亮的长笛声（频率较高）。假设在某个时段中，我们主要听到的是大提琴声，也隐约听到了长笛声，我们意识到在这个时段中，低频信号（大提琴声对应的频率段）占主要成分（振幅较大），高频信号（长笛声对应的频率段）占次要成分（振幅较小）；又假设在另一个时段中，我们主要听到的是长笛声，也隐约听到了大提琴声，则结论相反。用时域轴t和频域轴ω构成一个时频面，在图 2－6 表明了这段话的意思。

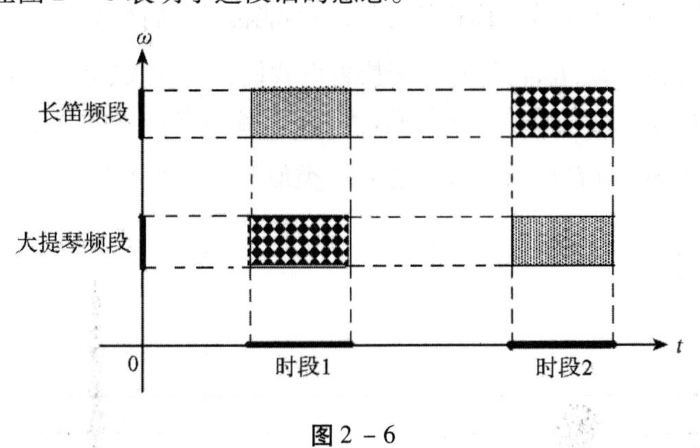

图 2－6

图中小颗粒阴影块对应小的振幅，大颗粒阴影块对应大的振幅。在时段 1，大提琴声占主要成分，长笛声占次要成分；在时段 2 反之。事实上，图 2－6 也告诉我们问题的另一面：对固定的某个频段，它在不同的时段中有不同的分量，大提琴频段在时段 1 中分量大，在时段 2 中分量小；长笛频段反之。

信号的某些更深入的特征隐藏在时间和频率的联合分布中。所谓时频分析，就是要回答在某个时段含有某个频段的分量。本节针对$f(t)\in L^2(R)$的情形考虑这一问题。

2.4.1 傅里叶变换的盲点

关于时频分量问题，傅里叶分析能告诉我们什么呢?傅里叶变换对

$$f(t)=\frac{1}{2\pi}\int_R\hat{f}(\omega)e^{i\omega t}d\omega,\quad \hat{f}(\omega)=\int_R f(t)e^{-i\omega t}dt=|\hat{f}(\omega)|e^{i\theta(\omega)}$$

分别在时域和频域完整地描述了信号。但是，ω 频率对应的振幅 $|\hat{f}(\omega)|$ 和初位相 $\theta(\omega)$ 是通过累积信号 $f(t)$ 在整个时域中的信息才得到的；同理，t 时刻的信号值 $f(t)$ 是通过累积频谱 $\hat{f}(\omega)$ 在整个频域中的信息才得到的。考虑时段的极限状态，即让时段退化为一个时刻点 t，频段退化为一个频率点 ω。对固定的频率点 ω_0，傅里叶正变换告诉我们，整个时域上的 $f(t)$ 对 ω_0 频谱的贡献是 $\hat{f}(\omega_0)$，但正变换没告诉我们 $\hat{f}(\omega_0)$ 在各个时刻 t 的分量是多少，或者说具体某时刻的 $f(t)$ 对 $\hat{f}(\omega_0)$ 的贡献是多少(见图 2 - 7)。

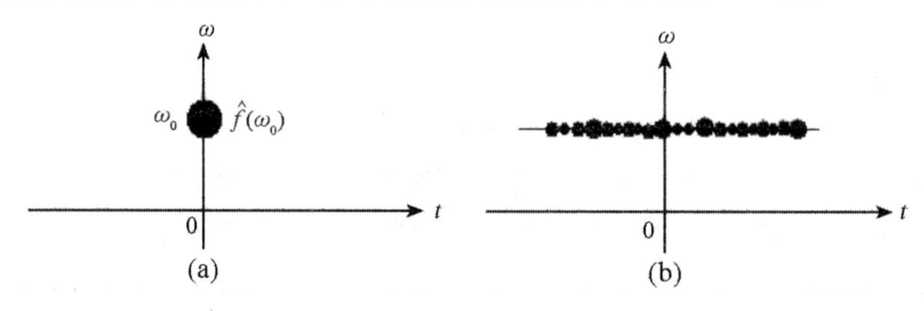

图 2 - 7

在图 2 - 7(a) 中，我们把 $\hat{f}(\omega_0)$ 想象为一撮面粉，在图 2 - 7(b) 中，这撮面粉被撒播到整个时域中。傅里叶正变换告诉了我们面粉的总量，但不能告诉我们在水平线上各处撒多少。

同理，对固定的时刻点 t_0，傅里叶逆变换告诉我们，整个频域上的 $\hat{f}(\omega)$ 对 t_0 时刻信号值的总贡献是 $f(t_0)$，但逆变换没告诉我们，$f(t_0)$ 在各频率 ω 上的分量是多少，或者说具体某个频率 ω 的 $\hat{f}(\omega)$ 对 $f(t_0)$ 的贡献是多少。类似的解释如图 2 - 8.

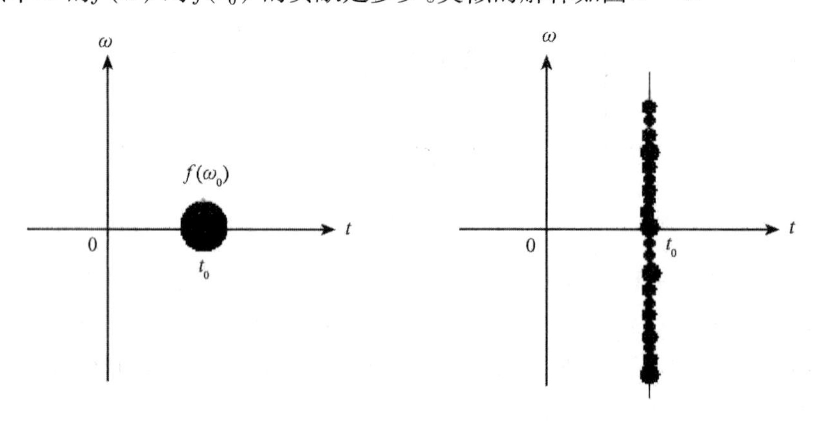

图 2 - 8

关于局部时频的概念，再作个比喻：若干人($i=1,\cdots,m$) 合作投资若干个商业项目($j=1,\cdots,n$)，傅里叶分析能告诉我们项目 j 得到了多少投资，也能告诉我们投资者 i 共投

资了多少，但不能告诉我们投资者 i 对各项目分别投资了多少，也不能告诉我们项目 j 的投资中第 i 人的投资是多少。所谓时频局部化，就是要知道投资者 i 在项目 j 的投资 a_{ij}. 遗憾的是，傅里叶分析对时频局部化无能为力。

2.4.2　Gabor 变换

时频局部化的理想目标是得到信号值 $f(t)$ 在频域中的分布以及频谱值 $\hat{f}(\omega)$ 在时域中的分布。但是，由于时频分辨率的限制（见后），对任意指定的时刻 t，得到 $f(t)$ 在频域上的分布，或者对任意指定的频率 ω，得到 $\hat{f}(\omega)$ 在时域上的分布，这是不可能的。现实的提法是，把时间轴和频率轴分割成一系列区间，考察某个时段上的信号在各频段上分布；或者反之，考察某个频段上的频谱在各时段上的分布（如图 2 - 9 所示）。

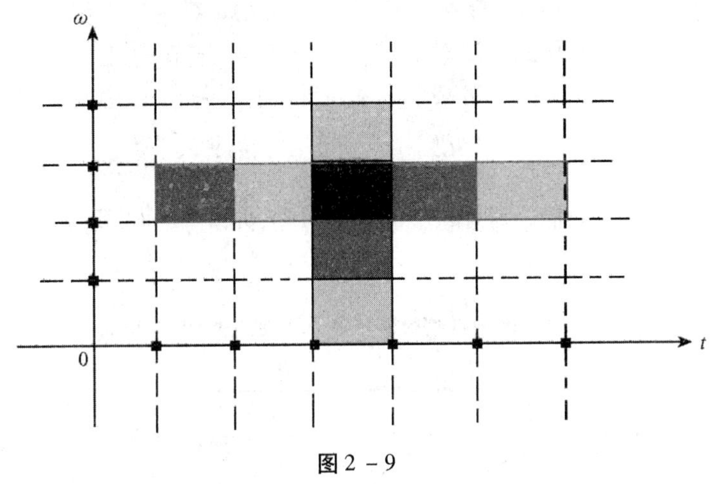

图 2 - 9

为此，一个自然的想法是提取信号在某时段上的局部信息（或即屏蔽该时段外的信息），再作傅里叶变换。提取局部信息可以通过用适当的函数去乘信号，典型的如高斯函数（其图形见图 2 - 10）：

$$g_a(t-b) = \frac{1}{2\sqrt{\pi a}} e^{-\frac{(t-b)^2}{4a}}$$

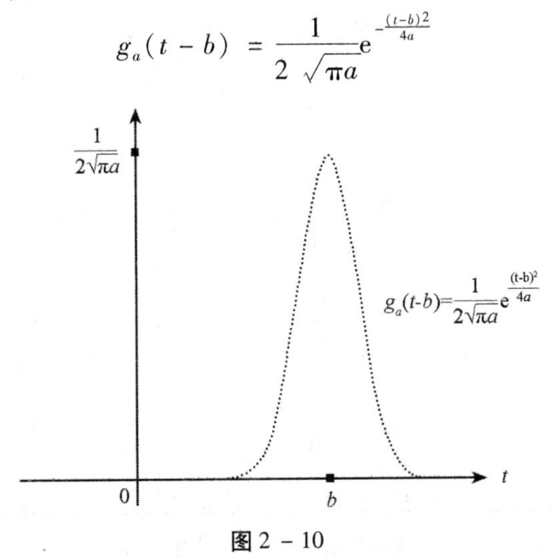

图 2 - 10

它带有两个参数 $a>0,b\in R$. 参数 b 确定山峰的中心位置,称为位置参数;参数 a 确定山峰的陡峭程度,称为尺度参数,a 越小,山峰越高,越陡峭。另外,$g_a(t-b)$ 非负且满足

$$\int_R g_a(t-b)\mathrm{d}t=1,\quad \forall b\in R,a>0$$

它是一个密度函数。

对 $f(t)$ 作变换

$$(G_b^a f)(\omega)=\int_R f(t)g_a(t-b)\mathrm{e}^{-\mathrm{i}\omega t}\mathrm{d}t \tag{2.4.1}$$

称之为 $f(t)$ 的 Gabor 变换。可以从两个角度来看 Gabor 变换,其一,将 $f(t)$ 与 $g_a(t-b)$ 合在一起,$f(t)g_a(t-b)$ 主要包含了 $f(t)$ 在以 b 为中心的某个时段中的局部信息,而 Gabor 变换就是对这段局部信息再作傅里叶变换。(这里"时段长度"是含糊的概念,以后需要定量化)。其二,将 $\mathrm{e}^{-\mathrm{i}\omega t}$ 与 $g_a(t-b)$ 合在一起,称 $g_a(t-b)\mathrm{e}^{-\mathrm{i}\omega t}$ 为窗口函数,它是谐波的局部化,Gabor 变换就是用局部化的谐波对信号 $f(t)$ 作变换。本节我们主要沿用第二种角度。

固定式(2.4.1)中的参数 a,对某个频率 ω,将式(2.4.1)两边对参数 b 积分,得到

$$\int_R (G_b^a f)(\omega)\mathrm{d}b=\hat{f}(\omega) \tag{2.4.2}$$

此式说明 $\hat{f}(\omega)$ 被分解(撒播)到时域中的各个时刻,如图 2-11 所示。

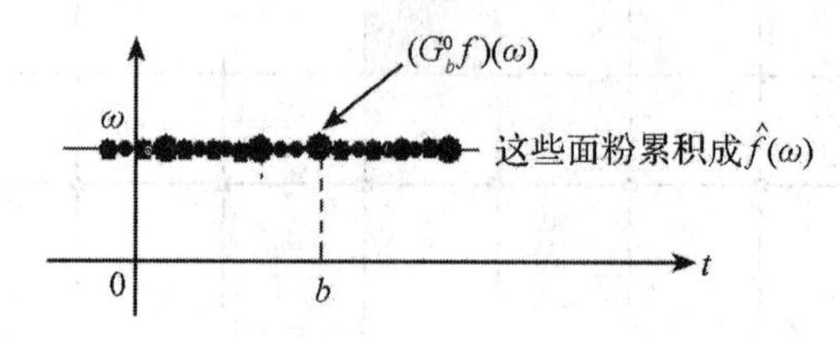

图 2-11

对称地,可以考虑以 ω 为中心的某个局部频段中包含时域信息 $f(b)$ 的分量,可以验证

$$\int_R \frac{1}{2\pi}(G_\omega^{\frac{1}{4a}}\hat{f})(-b)\mathrm{d}\omega=f(b) \tag{2.4.3}$$

此式可以理解为 $f(b)$ 在频域中的分解(如图 2-12 所示)。

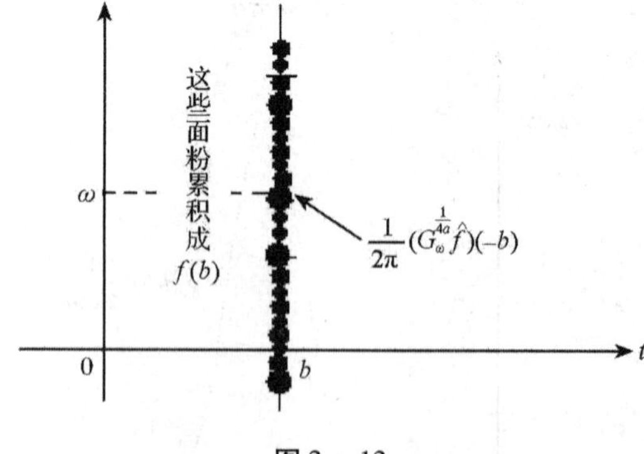

图 2-12

应该说明的是,分解式(2.4.2)(2.4.3)并不是前述的理想分解,因为高斯函数提取的局部信息是"含糊"的,并非时刻 t 的精确信息,只能说它主要含有 t 中心时段的信息。还

注意到,式(2.4.2) 和式(2.4.3) 两个分解式与参数 a 的取值无关。参数 a 决定高斯函数的局部化程度,小的 a 对应更"精确" 的分解。好比说一个班五十名学生,可以分成五个组,每组十人,或者分成十个组,每组五人,两种分法都累积成一个班,但后面的分解局部化程度更高。

现在从窗口函数的角度来看 Gabor 变换。记

$$G_{b,\omega}^a(t) = g_a(t-b)\mathrm{e}^{\mathrm{i}\omega t}$$

这里 $a>0$ 是某个固定尺度,b 是某个固定时刻,ω 是某个固定频率。$G_{b,\omega}^a(t)$ 是时域变量 t 的函数。Gabor 变换(2.4.1) 可用内积形式写成

$$(G_b^a f)(\omega) = \langle f, G_{b,\omega}^a \rangle \tag{2.4.4}$$

我们把函数 $G_{b,\omega}^a(t)$ 想像为时域中的一个窗口,它的中心在 b 位置,它关注的中心频率是 ω. 式(2.4.2) 意味着透过这个窗口我们能观察到 f 在 b 中心时段中包含 ω 中心频段的频谱分量是$\langle f, G_{b,\omega}^a \rangle$,即局部信息可以通过将信号与窗口函数作内积得到。

下面在频域中考察式(2.4.4)。不难算出 $G_{b,\omega}^a(t)$ 的傅里叶变换:

$$\hat{G}_{b,\omega}^a(\eta) = \int_R G_{b,\omega}^a(t)\mathrm{e}^{-\mathrm{i}\eta t}\mathrm{d}t = \mathrm{e}^{-a(\eta-\omega)^2}\cdot \mathrm{e}^{-\mathrm{i}(\eta-\omega)b}$$

由 Parseval 公式,有

$$\begin{aligned}\langle f, G_{b,\omega}^a \rangle &= \frac{1}{2\pi}\langle \hat{f}, \hat{G}_{b,\omega}^a \rangle = \frac{1}{2\pi}\int_R \hat{f}(\eta) e^{-a(\eta-\omega)^2}\cdot \mathrm{e}^{\mathrm{i}(\eta-\omega)b}\mathrm{d}\eta \\ &= \int_R \hat{f}(\eta)\cdot\left\{\frac{1}{2\sqrt{\pi a}}g_{\frac{1}{4a}}(\eta-\omega)\mathrm{e}^{\mathrm{i}b(\eta-\omega)}\right\}\mathrm{d}\eta\end{aligned}$$

记

$$H_{b,\omega}^a(\eta) = \frac{1}{2\sqrt{\pi a}}g_{\frac{1}{4a}}(\eta-\omega)\mathrm{e}^{-\mathrm{i}b(\eta-\omega)}$$

这里 ω 是某个固定频率,b 是某个固定时刻,$H_{b,\omega}^a(\eta)$ 是频域变量 η 的函数。则

$$\langle f, G_{b,\omega}^a \rangle = \langle \hat{f}, H_{b,\omega}^a \rangle \tag{2.4.5}$$

我们把函数 $H_{b,\omega}^a(\eta)$ 想像为频域中的一个窗口,它的中心在频域 ω 位置,它关注的中心时刻是 b. $\langle \hat{f}, H_{b,\omega}^a \rangle$ 是 $\hat{f}$ 在 ω 中心频段包含 b 中心时段信号的分量。式(2.4.5) 说明,在 b 中心时段观察 ω 中心频段的频谱分量等于在 ω 中心频段观察 b 中心时段信号的分量。

2.4.3　时频窗与测不准原理

至今为止,"b 中心时段" 和"ω 中心频段" 一直是含糊的说法,它们究竟是指多长的区间?事实上,给出绝对准确的区间长度是不可能的,因为高斯函数提取局部信息时不是硬性的。但是,我们仍然需要给出一种度量方式,它在某种意义下能够反映区间的长度。注意到$(|w(t)|/\|w\|)^2$ 非负且在 R 上积分为 1,它可以看成一个概率密度函数。很自然地我们考虑用它的数学期望和标准差来定义其窗口中心和窗口半径。

定义 2.4.1　如果 $w(t)\in L^2(R)$,且有 $tw(t)\in L^2(R)$,$\eta\hat{w}(\eta)\in L^2(R)$,则称 $w(t)$ 为一个窗口函数。称

$$t^{*} = \int_{R} t\left(\frac{|w(t)|}{\|w\|}\right)^{2} \mathrm{d}t$$

为窗口中心，称

$$\Delta_{w} = \sqrt{\int_{R} (t - t^{*})^{2}\left(\frac{|w(t)|}{\|w\|}\right)^{2} \mathrm{d}t}$$

为窗口半径。对应的窗口区间是$[t^{*} - \Delta_{w}, t^{*} + \Delta_{w}]$，窗口宽度为$2\Delta_{w}$.

在此定义中，$(|w(t)|/\|w\|)^{2}$是能量密度函数，窗口中心t^{*}是密度函数的数学期望，它体现密度函数的聚集中心。窗口半径Δ_{w}是密度函数的标准差，它体现密度函数的聚集程度。高斯函数$g_{a}(t-b)$是窗口函数，可以算出它的窗口中心是b，窗口半径是$\sqrt{a}$. 易知，如果$w(t)$的中心为t^{*}，半径为Δ_{w}，则$w(\lambda t+\mu)$的中心为$(t^{*}-\mu)/\lambda$，半径为$\Delta_{w}/|\lambda|$.

由窗口函数的定义，$\hat{w}(\eta)$也是窗口函数，称为相应于$w(t)$的频域窗，它的窗口中心和窗口半径为

$$\omega^{*} = \int_{R} \eta\left(\frac{|\hat{w}(\eta)|}{\|\hat{w}\|}\right)^{2} \mathrm{d}\eta, \quad \Delta_{\hat{w}} = \sqrt{\int_{R} (\eta - \omega^{*})^{2}\left(\frac{|\hat{w}(\eta)|}{\|\hat{w}\|}\right)^{2} \mathrm{d}\eta}$$

将窗口函数$w(t)$在时域中平移再带上频率调制就得到

$$W_{b,\omega}(t) = w(t-b)\mathrm{e}^{\mathrm{i}\omega t}$$

显然$W_{b,\omega}(t)$也是窗口函数，窗口中心是$t^{*}+b$，半径与$w(t)$的半径相同，都为Δ_{w}，窗口区间是

$$[t^{*}+b-\Delta_{w}, t^{*}+b+\Delta_{w}]$$

定义 2.4.2　设$f \in L^{2}(R)$，称变换

$$(W_{b}f)(\omega) = \int_{R} f(t)\overline{w(t-b)}\mathrm{e}^{-\mathrm{i}\omega t}\mathrm{d}t = \langle f, W_{b,\omega}\rangle \tag{2.4.6}$$

为f的窗口傅里叶变换（短时傅里叶变换）。

再在频域中考察式(2.4.6)。类似于式(2.4.5)的推导，可得

$$\langle f, W_{b,\omega}\rangle = \langle \hat{f}, V_{b,\omega}\rangle$$

其中

$$V_{b,\omega}(\eta) = \frac{1}{2\pi}\hat{w}(\eta-\omega)\mathrm{e}^{-\mathrm{i}b(\eta-\omega)}$$

它是频域中的窗口函数，窗口中心是$\omega^{*}+\omega$，半径与$\hat{w}(t)$的半径相同都为$\Delta_{\hat{w}}$，对应的窗口区间是

$$[\omega^{*}+\omega-\Delta_{\hat{w}}, \omega^{*}+\omega+\Delta_{\hat{w}}]$$

综上所述，给定一个窗口函数$w(t)$（相应地确定了$t^{*}, \Delta_{w}, \omega^{*}, \Delta_{\hat{w}}$），再给定一个时刻$b$和一个频率$\omega$，就形成了时频面上一个矩形区域，称为时频窗（如图2－13所示）。

这个时频窗口的意义如下：记

$$T = [t^{*}+b-\Delta_{w}, t^{*}+b+\Delta_{w}], \quad \Omega = [\omega^{*}+\omega-\Delta_{\hat{w}}, \omega^{*}+\omega+\Delta_{\hat{w}}]$$

那么，时段T中的信号在频段Ω中的局部分量是$\langle f, W_{b,\omega}\rangle$；频段$\Omega$中的频谱在时段$T$中的局部分量是$\langle \hat{f}, V_{b,\omega}\rangle$，且两者相等，$\langle f, W_{b,\omega}\rangle = \langle \hat{f}, V_{b,\omega}\rangle$.

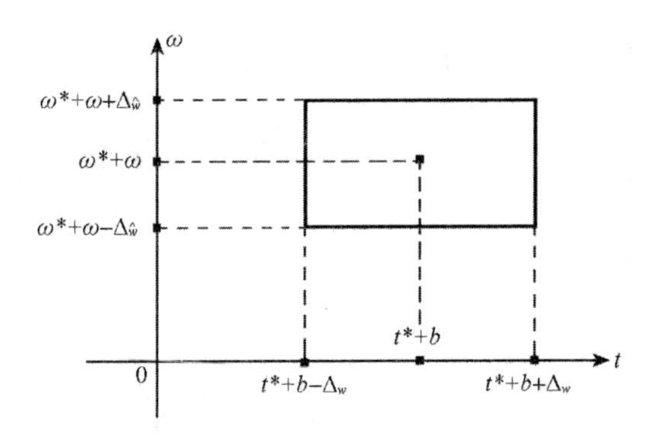

图 2 - 13

如果时频窗的长宽都非常小,窗口近似于一个点,那么信号值$f(t^*+b)$在$\omega^*+\omega$处的分布(撒播)是$\langle f, W_{b,\omega}\rangle$;频谱值$\hat{f}(\omega^*+\omega)$在$t^*+b$处的分布(撒播)是$\langle f, W_{b,\omega}\rangle$,且两者相等。称

$$|\langle f, W_{b,\omega}\rangle|^2 = |\langle \hat{f}, V_{b,\omega}\rangle|^2$$

为f在时频窗中的能量密度,称时频窗的几何面积$4\Delta_w\Delta_{\hat{w}}$(它完全由$w$决定)为窗口函数$w(t)$的时频分辨率。

我们当然希望选择窗口函数$w(t)$,使它的时频分辨率尽可能高,即时窗的半径Δ_w,$\Delta_{\hat{w}}$都尽可能小,但是,Heisenberg 测不准原理告诉我们,这是不可能的。

定理 2.4.1(测不准原理)　设w是窗口函数,w的半径为Δ_w,$\hat{w}$的半径为$\Delta_{\hat{w}}$,那么

$$\Delta_w\Delta_{\hat{w}} \geqslant 1/2$$

【证明】为了简化证明,我们先作变换,将窗口的时域中心和频域中心都调整为零。为此作

$$w_1(t) = w(t+t^*)e^{-i\omega^* t}$$

其中t^*是w的时域中心,ω^*是频域中心。w_1的傅里叶变换为

$$\hat{w}_1(\omega) = e^{i(\omega+\omega^*)t^*}\hat{w}(\omega+\omega^*)$$

那么w_1的时域中心为

$$\begin{aligned}\int_R t\left(\frac{|w_1(t)|}{\|w_1\|}\right)^2 dt &= \int_R t\left(\frac{|w(t+t^*)|}{\|w\|}\right)^2 dt\\ &= \int_R (t-t^*)\left(\frac{|w(t)|}{\|w\|}\right)^2 dt\\ &= \int_R t\left(\frac{|w(t)|}{\|w\|}\right)^2 dt - t^* = 0\end{aligned}$$

w_1的频域中心为

$$\begin{aligned}\int_R \eta\left(\frac{|\hat{w}_1(\eta)|}{\|\hat{w}_1\|}\right)^2 d\eta &= \int_R \eta\left(\frac{|\hat{w}(\eta+\omega^*)|}{\|\hat{w}\|}\right)^2 d\eta\\ &= \int_R (\eta-\omega^*)\left(\frac{|\hat{w}(\eta)|}{\|\hat{w}\|}\right)^2 d\eta = 0\end{aligned}$$

显然w到w_1是一对一的变换,所以,下面的证明就假设w的时域中心和频域中心皆为零。

$$
\begin{aligned}
(\Delta_w\Delta_{\hat{w}})^2 &= \frac{1}{\|w\|^2}\int_R t^2|w(t)|^2\mathrm{d}t\cdot\frac{1}{\|\hat{w}\|^2}\int_R\omega^2|\hat{w}(\omega)|^2\mathrm{d}\omega\\
&= \frac{1}{2\pi\|w\|^4}\int_R t^2|w(t)|^2\mathrm{d}t\cdot\int_R|\mathscr{F}(w')(\omega)|^2\mathrm{d}\omega\\
&= \frac{1}{\|w\|^4}\int_R t^2|w(t)|^2\mathrm{d}t\cdot\int_R|w'(t)|^2\mathrm{d}t\\
&\geqslant \frac{1}{\|w\|^4}\left|\int_R tw(t)\cdot\overline{w'(t)}\mathrm{d}t\right|^2\\
&\geqslant \frac{1}{\|w\|^4}\left|\int_R t\mathrm{Re}\{w(t)\cdot\overline{w'(t)}\}\mathrm{d}t\right|^2\\
&= \frac{1}{\|w\|^4}\left|\frac{1}{2}\int_R t\frac{\mathrm{d}}{\mathrm{d}t}|w(t)|^2\mathrm{d}t\right|^2\\
&= \frac{1}{4\|w\|^4}\left|t|w(t)|^2\Big|_{-\infty}^{+\infty}-\int_R|w(t)|^2\mathrm{d}t\right|^2\\
&= \frac{1}{4\|w\|^4}\cdot\|w\|^4 = \frac{1}{4}
\end{aligned}
$$

所以 $\Delta_w\Delta_{\hat{w}}\geqslant 1/2$. 上式第一个不等号利用了 Schwarz 不等式。【证毕】

Heisenberg 测不准原理说明,如果希望时域半径 Δ_w 相对小,则频域半径 $\Delta_{\hat{w}}$ 就必须相对大,换言之,如果希望在时域中“精确”,则只能以频域的“模糊”为代价,反之亦然。从定理的证明还可以看出,等号成立的充分必要条件是 w 为实函数且(Schwarz 不等式取等号)有

$$w'(t) = -2atw(t)$$

由此得到

$$w(t) = c\mathrm{e}^{-at^2},\quad (a>0)$$

即 $w(t)$ 为高斯函数。从这个角度说,高斯函数是最好的窗口函数。

直观上感觉,型如

$$w(t) = \begin{cases}1, & t\in[0,1]\\ 0, & t\notin[0,1]\end{cases}$$

的函数是一个不错的窗口函数,它在时域中提取局部信息是硬性的和绝对的。但是

$$\eta\hat{w}(\eta) = i[\mathrm{e}^{-i\omega}-1]\notin L^2(R)$$

不满足窗口函数的条件,或者说它不能同时在时域和频域中局部化。

窗口傅里叶变换把时域中的一元函数 $f(t)$ 映射成时频面上 b,ω 的二元函数

$$(W_bf)(\omega) = \int_R f(t)\overline{w(t-b)}\mathrm{e}^{-i\omega t}\mathrm{d}t = \langle f,W_{b,\omega}\rangle$$

只要对窗口函数 $w(t)$ 稍作规范,由这个二元函数也可以重构原信号 $f(t)$.

定理 2.4.2 设 $w(t)\in L^2(R)$是满足 $w(t)=w(-t)$的窗口函数,那么 $\forall f\in L^2(R)$,

$$f(t) = \frac{1}{2\pi\|w\|_2^2}\int_R\int_R\langle f,W_{b,\omega}\rangle W_{b,\omega}(t)\mathrm{d}\omega\mathrm{d}b$$

【证明】 因为

$$\langle f,W_{b,\omega}\rangle = \int_R f(t)\overline{w(t-b)}\mathrm{e}^{-i\omega t}\mathrm{d}t$$

将上式左边看成 ω 的函数,右边看成对 $f(t)\overline{w(t-b)}$ 的傅里叶的变换,对右边取逆变换

得

$$f(t)\overline{w(t-b)}=\frac{1}{2\pi}\int_R\langle f,W_{b,\omega}\rangle e^{i\omega t}d\omega$$

两边乘以 $w(t-b)$，有

$$f(t)|w(t-b)|^2=\frac{1}{2\pi}\int_R\langle f,W_{b,\omega}\rangle w(t-b)e^{i\omega t}d\omega$$
$$=\frac{1}{2\pi}\int_R\langle f,W_{b,\omega}\rangle W_{b,\omega}(t)d\omega$$

两边再对 b 积分得到

$$f(t)\|w\|_2^2=\frac{1}{2\pi}\int_R\int_R\langle f,W_{b,\omega}\rangle W_{b,\omega}(t)d\omega db$$

【证毕】

定理 2.4.3　设 $w(t)\in L^2(R)$ 是满足 $w(t)=w(-t)$ 的窗口函数，那么窗口傅里叶变换前后的能量关系如下：

$$\|w\|^2\cdot\|f\|^2=\frac{1}{2\pi}\int_R\int_R|\langle f,W_{b,\omega}\rangle|^2d\omega db$$

这也是将 $|\langle f,W_{b,\omega}\rangle|^2$ 称为能量密度的原因。

【证明】

$$\langle f,W_{b,\omega}\rangle=\int_R f(t)\overline{w(t-b)}e^{-i\omega t}dt=e^{-i\omega b}\int_R f(t)\overline{w(t-b)}e^{i\omega(b-t)}dt$$
$$=e^{-i\omega b}\int_R f(t)\overline{w(b-t)}e^{i\omega(b-t)}dt=e^{-i\omega b}(f*\theta_\omega)(b)$$

这里 $\theta_\omega(\tau)=\overline{w(\tau)}e^{i\omega\tau}$，符号 * 表示卷积。将上式两边作傅里叶变换（关于变量 b），得

$$\mathscr{F}\{\langle f,W_{b,\omega}\rangle\}(\eta)=\int_R\langle f,W_{b,\omega}\rangle e^{-i\eta b}=\int_R(f*\theta_\omega)(b)e^{-i(\omega+\eta)b}db$$
$$=\mathscr{F}\{(f*\theta_\omega)\}(\omega+\eta)=\hat{f}(\omega+\eta)\cdot\hat{\theta}_\omega(\omega+\eta)$$
$$=\hat{f}(\omega+\eta)\cdot\int_R\overline{w(\tau)}e^{i\omega\tau}\cdot e^{i(\omega+\eta)\tau}d\tau=\hat{f}(\omega+\eta)\cdot\hat{\bar{w}}(\eta)$$

由 Plancherel 定理，将能量的时域表达换成频域表达：

$$\frac{1}{2\pi}\int_R\int_R|\langle f,W_{b,\omega}\rangle|^2d\omega db$$
$$=\frac{1}{2\pi}\int_R d\omega\int_R|\langle f,W_{b,\omega}\rangle|^2db$$
$$=\frac{1}{2\pi}\int_R d\omega\cdot\frac{1}{2\pi}\int_R|\mathscr{F}\{\langle f,W_{b,\omega}\rangle(\eta)\}|^2d\eta$$
$$=\frac{1}{2\pi}\int_R d\omega\cdot\frac{1}{2\pi\pi}\int_R|\hat{f}(\omega+\eta)|^2|\hat{\bar{w}}(\eta)|^2d\eta$$
$$=\frac{1}{2\pi}\int_R|\hat{\bar{w}}(\eta)|^2d\eta\cdot\frac{1}{2\pi}\int_R|\hat{f}(\omega+\eta)|^2d\omega=\|w\|^2\cdot\|f\|^2$$

【证毕】

窗口傅里叶变换有这样的特点：一旦选定了窗口函数 $w(t)$，它的时频窗半径就确定了。当我们左右滑动窗口（调节 b 值在不同的时段观察）和上下滑动窗口（调节 ω 值观察

不同的频段)，窗口半径是不变的。

2.4.4 更好的时频窗

信号中的高频成分周期较短，在时域中的表现变化迅速，为了比较准确地观察到某时段的高频成分，要求时窗的宽度相应地窄；低频成分周期长，在时域中的表现是变化缓慢，为了比较完整地观察一个周期内的信息，要求时窗的宽度相应地宽。而窗口傅里叶变换的窗口宽度被窗口函数 $w(t)$ 完全确定，不能随所观察的频率高低而变化。我们希望有一个能随着频率高低自动调节宽窄的时频窗，小波变换适应这个要求。

定义 2.4.3 设 $\psi \in L^2(R)$，满足如下"容许性条件"：

$$\int_R \frac{|\hat{\psi}(\omega)|^2}{|\omega|} d\omega < +\infty \tag{2.4.7}$$

则称 $\psi(t)$ 是一个小波函数(母小波，基小波)。容许性条件为小波变换的重构所必须(见定理 2.4.4)。

如果要用小波函数作局部时频分析，还必须假设 $\psi(t)$ 是窗口函数。此时，$\hat{\psi}(\omega)$ 是连续的，容许性条件指出必然有 $\hat{\psi}(0) = 0$，即

$$\int_R \psi(t)\,dt = 0$$

这是小波变换区别于窗口傅里叶变换的特点。以后如无特别声明，总假设小波 $\psi(t)$ 同时也是窗口函数。

下面来考察母小波的伸缩平移，记

$$\psi_{a,b}(t) = |a|^{-\frac{1}{2}}\psi\left(\frac{t-b}{a}\right), \quad a,b \in R, a \neq 0$$

它将 $\psi(t)$ 平移 b 个单位，再利用参数 a 对 $\psi(t)$ 作伸缩。$\psi_{a,b}(t)$ 前面带有系数 $|a|^{-\frac{1}{2}}$ 是为了保证 $\|\psi_{a,b}\| = \|\psi\|$. 典型的母小波函数有

$$\psi(t) = (1 - t^2)e^{-\frac{t^2}{2}}$$

称之为墨西哥草帽函数，它的平移伸缩 $\psi_{a,b}(t)$ 的图形如图 2 - 14 所示。

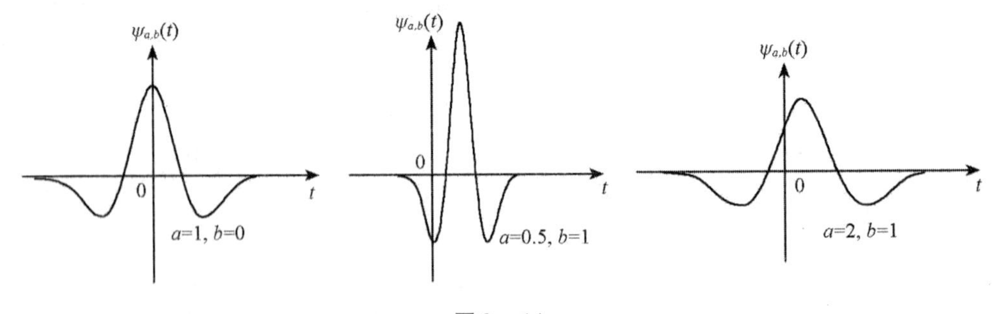

图 2 - 14

定义 2.4.4 $\forall f \in L^2(R)$，称

$$(W_\psi f)(a,b) = \int_R f(t)\,\overline{\psi_{a,b}(t)}\,dt = \langle f, \psi_{a,b} \rangle$$

为 $L^2(R)$ 上的小波变换。

因为 $\psi_{a,b}(t)$ 是一个窗口函数，所以小波变换是窗口变换，它也对应时频面上的一个时频窗口，这个时频窗口同样具有时频局部化的意义。关键是考察小波时频窗的特性。

先算出 $\psi_{a,b}(t)$ 的傅里叶变换

$$\hat{\psi}_{a,b}(\omega) = |a|^{1/2} e^{-ib\omega} \hat{\psi}(a\omega)$$

若记

$$\Phi_{a,b}(\omega) = \frac{1}{2\pi} \hat{\psi}_{a,b}(\omega) = \frac{\sqrt{|a|}}{2\pi} e^{-ib\omega} \hat{\psi}(a\omega) \tag{2.4.8}$$

由 Parseval 公式，可得

$$\langle f, \psi_{a,b} \rangle = \langle \hat{f}, \Phi_{a,b} \rangle \tag{2.4.9}$$

现在按照定义 2.4.1，设 $\psi(t)$ 的窗口中心和窗口半径为 t^* 和 Δ_ψ，$\hat{\psi}(\omega)$ 的窗口中心和窗口半径为 ω^* 和 $\Delta_{\hat{\psi}}$，那么可以算出 $\psi_{a,b}(t)$ 的窗口中心和窗口半径为

$$t^*_{\psi_{a,b}} = b + at^*, \quad \Delta^*_{\psi_{a,b}} = |a| \Delta_\psi$$

$\Phi_{a,b}(\omega)$ 的窗口中心和窗口半径为

$$\omega^*_{\Phi_{a,b}} = \frac{\omega^*}{a}, \quad \Delta_{\Phi_{a,b}} = \frac{\Delta_{\hat{\psi}}}{a}$$

如此形成时频窗（如图 2 – 15 所示）。

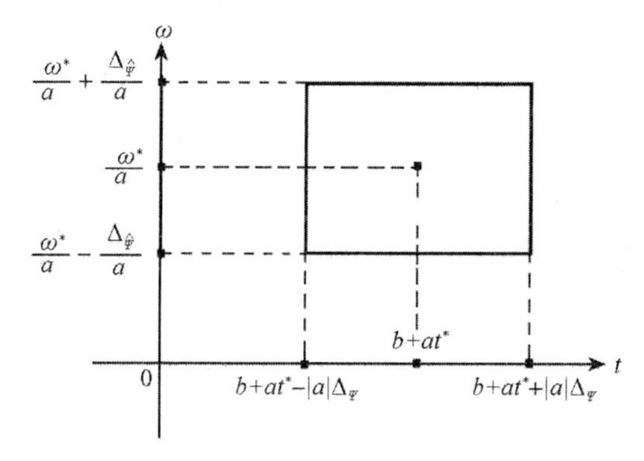

图 2 – 15

$\langle f, \psi_{a,b} \rangle$ 给出了 f 在时段

$$[b + at^* - |a|\Delta_\psi, \quad b + at^* + |a|\Delta_\psi]$$

关于频段

$$\left[\frac{\omega^*}{a} - \frac{\Delta_{\hat{\psi}}}{a}, \quad \frac{\omega^*}{a} + \frac{\Delta_{\hat{\psi}}}{a}\right]$$

的局部信息。而 $\langle \hat{f}, \Phi_{a,b} \rangle$ 给出了 $\hat{f}$ 在上述频段关于上述时段的局部信息，式(2.4.9) 说明这两个信息是一样的。

现在来考察，当选定了小波函数 ψ 后（即 t^*，Δ_ψ；ω^*，$\Delta_{\hat{\psi}}$ 已定），如何选择参数 a，b 来观察我们感兴趣的局部时频信息。假设我们希望了解在 t_0 中心时段关于 ω_0 中心频段的局

部信息。我们只要选择

$$a = \omega^* / \omega_0, \quad b = t_0 - at^*$$

则图2－15所示的时频窗口的中心即是我们感兴趣的(t_0, ω_0)，而时窗半径为$|a|\Delta_\psi$. 当我们要观察高频信息，即让$|\omega_0|$增大，此时$|a|$减小，所以时窗半径$|a|\Delta_\psi$减小；当我们要观察低频信息，即让$|\omega_0|$减小，此时$|a|$增大，所以时窗半径$|a|\Delta_\psi$增大。这正是我们所期望的——用较短的时窗观察高频局部信息，用较长的时窗观察低频局部信息。小波变换有自动调节的功能，这是窗口傅里叶变换不具备的特点。但要注意，对于给定的小波函数，不论a怎样变化，窗口的面积恒为$\Delta_\psi \Delta_{\hat{\psi}}$. 如果时窗变窄，必然频窗变宽，整个窗口向上移动（如图2－16所示）。时域的精确总是以频域的模糊为代价。

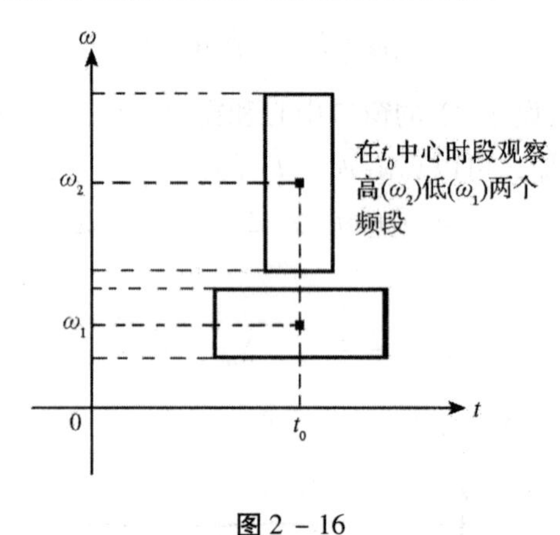

图2－16

小波变换与窗口傅里叶变换一样也是信息无损变换。在讨论小波变换的重构之前，先给出小波变换的Parseval公式。

定理2.4.4　设$\psi \in L^2(R)$是小波函数，$\forall f, g \in L^2(R)$，下式成立：

$$\int_R \int_R \langle f, \psi_{a,b} \rangle \overline{\langle g, \psi_{a,b} \rangle} \frac{\mathrm{d}a\mathrm{d}b}{a^2} = C_\psi \langle f, g \rangle$$

其中

$$C_\psi = \int_R \frac{|\hat{\psi}(\omega)|^2}{|\omega|} \mathrm{d}\omega$$

小波函数ψ的容许条件式(2.4.7)使得C_ψ有意义。

【证明】　由式(2.4.8)和式(2.4.9)知

$$\langle f, \psi_{a,b} \rangle = \frac{\sqrt{|a|}}{2\pi} \int_R \hat{f}(\omega) \mathrm{e}^{\mathrm{i}b\omega} \overline{\hat{\psi}(a\omega)} \mathrm{d}\omega$$

$$\langle g, \psi_{a,b} \rangle = \frac{\sqrt{|a|}}{2\pi\pi} \int_R \hat{g}(\eta) \mathrm{e}^{\mathrm{i}b\eta} \overline{\hat{\psi}(a\eta)} \mathrm{d}\eta$$

所以

$$\int_R \int_R \langle f, \psi_{a,b} \rangle \overline{\langle g, \psi_{a,b} \rangle} \frac{\mathrm{d}a\mathrm{d}b}{a^2}$$

$$= \frac{1}{(2\pi)^2} \int_R \int_R \frac{\mathrm{d}a\mathrm{d}b}{a^2} \cdot \int_R \int_R |a| \hat{f}(\omega) \overline{\hat{g}}(\eta) \overline{\hat{\psi}}(a\omega) \hat{\psi}(a\eta) \mathrm{e}^{\mathrm{i}b(\omega-\eta)} \mathrm{d}\omega \mathrm{d}\eta$$

$$= \frac{1}{2\pi}\int_R \frac{\mathrm{d}a}{|a|}\int_R\int_R \hat{f}(\omega)\,\bar{\hat{g}}(\eta)\,\bar{\hat{\psi}}(a\omega)\,\hat{\psi}(a\eta)\,\mathrm{d}\omega\mathrm{d}\eta\cdot\frac{1}{2\pi}\int_R \mathrm{e}^{\mathrm{i}b(\omega-\eta)}\mathrm{d}b$$

$$= \frac{1}{2\pi}\int_R \frac{\mathrm{d}a}{|a|}\int_R\int_R \hat{f}(\omega)\,\bar{\hat{g}}(\eta)\,\bar{\hat{\psi}}(a\omega)\,\hat{\psi}(a\eta)\delta(\eta-\omega)\,\mathrm{d}\omega\mathrm{d}\eta$$

$$= \frac{1}{2\pi}\int_R \frac{\mathrm{d}a}{|a|}\int_R \hat{f}(\omega)\,\bar{\hat{g}}(\omega)\,|\,\hat{\psi}(a\omega)\,|^2\mathrm{d}\omega$$

$$= \frac{1}{2\pi}\int_R \hat{f}(\omega)\,\bar{\hat{g}}(\omega)\,\mathrm{d}\omega\int_R \frac{|\hat{\psi}(\sigma)|^2}{|\sigma|}\mathrm{d}\sigma$$

$$= C_\psi\frac{1}{2\pi}\langle\hat{f},\hat{g}\rangle = C_\psi\langle f,\,g\rangle$$

【证毕】

利用小波变换的 Parseval 公式,可以得到小波重构公式.

定理 2.4.5　设 ψ 是小波函数,那么 $\forall f\in L^2(R)$,几乎处处成立

$$f(t) = \frac{1}{C_\psi}\int_R\int_R\langle f,\psi_{a,b}\rangle\psi_{a,b}(t)\,\frac{\mathrm{d}a\mathrm{d}b}{a^2}$$

【证明】　根据定理 2.4.4, $\forall g\in L^2(R)$,有

$$C_\psi\langle f,\,g\rangle = \int_R\int_R\langle f,\psi_{a,b}\rangle\,\overline{\langle g,\psi_{a,b}\rangle}\,\frac{\mathrm{d}a\mathrm{d}b}{a^2}$$

$$= \int_R\int_R\langle f,\psi_{a,b}\rangle\int_R \bar{g}(t)\psi_{a,b}(t)\,dt\,\frac{\mathrm{d}a\mathrm{d}b}{a^2}$$

$$= \int_R\left\{\int_R\int_R\langle f,\psi_{a,b}\rangle\psi_{a,b}(t)\,\frac{\mathrm{d}a\mathrm{d}b}{a^2}\right\}\bar{g}(t)\,\mathrm{d}t$$

$$= \left\langle\int_R\int_R\langle f,\psi_{a,b}\rangle\psi_{a,b}(t)\,\frac{\mathrm{d}a\mathrm{d}b}{a^2},g\right\rangle$$

因为 $g\in L^2(R)$ 的任意性,必有

$$C_\psi f(t) = \int_R\int_R\langle f,\psi_{a,b}\rangle\psi_{a,b}(t)\,\frac{\mathrm{d}a\mathrm{d}b}{a^2}$$

几乎处处成立。　【证毕】

最后再说明一点,在信号分析中我们只考虑正频率。在小波变换中可以限制 $a>0$ 来回应这个事实。此时,小波函数的容许性条件要修改为

$$\int_0^{+\infty}\frac{|\hat{\psi}(\omega)|^2}{\omega}\mathrm{d}\omega = \int_0^{+\infty}\frac{|\hat{\psi}(-\omega)|^2}{\omega}\mathrm{d}\omega = \frac{C_\psi}{2} < +\infty$$

而相应的小波重构公式为

$$f(t) = \frac{2}{C_\psi}\int_0^{+\infty}\left\{\int_R\langle f,\psi_{a,b}\rangle\psi_{a,b}(t)\,\mathrm{d}b\right\}\frac{\mathrm{d}a}{a^2}$$

第三章　快速傅里叶变换

离散傅里叶变换在线性滤波、谱分析等数字信号处理中起到重要的作用,关键在于它有快速算法。在节 3.1 中除了介绍快速傅里叶变换(FFT),还介绍了循环卷积,因为离散信号的滤波就是两个序列的线性卷积,而线性卷积的快速算法涉及循环卷积。利用FFT可以得到循环卷积的快速算法,从而得到线性卷积的快速算法。

离散余弦变换是离散傅里叶变换(DFT)的实数版,它是语音和图像处理中的标准算法。DFT 是 N 维复(实)向量在复标准正交基上作分解,即使向量本身为实向量,分解出来的系数仍然是复数。如果我们希望把实的周期序列展开为实的三角序列,这相当于在实 n 维空间寻找三角正交基。对实向量作某种奇偶性延拓,再利用 DFT 展开,就可以达到我们的目的。节 3.2 和节 3.3 分别介绍了 Ⅳ 型离散余弦变换(DCT_Ⅳ)和 Ⅱ 型离散余弦变换(DCT_Ⅱ),它们沿用了两种不同的延拓方式。DCT_Ⅱ 与 DCT_Ⅳ 两者的关系是:实际工作中常用的是 DCT_Ⅱ,但是 DCT_Ⅱ 的快速算法依赖于 DCT_Ⅳ. 最后,给出了利用 DCT_Ⅱ 从信号中剔除噪声的一个示例,目的是比较直观地展示信号频谱与滤波。勿论所示方法的实用价值,它只是初步展现了在频域中处理信号的一个基本思想点。

3.1　FFT 算法

$\{x(n)\}_{n=0}^{N-1}$ 的离散傅里叶变换(其中 $w_N = e^{i2\pi/N}$)

$$X(k) = \sum_{n=0}^{N-1} x(n) w_N^{-kn}, \quad k = 0, \cdots, N-1$$

需要 N^2 次复数乘法。下面探讨 DFT 的高效计算,称为快速傅里叶变换(FFT)。注意 w_N 的三个性质

$$w_N^2 = w_{N/2}, \quad w_N^{kN/2} = (-1)^k, \quad w_N^{k+N/2} = -w_N^k$$

最一般的 FFT 算法要求 N 不是质数,可以分解为 $N = r_1 r_2 \cdots r_p$。特殊情形是 $N = 2^p$,此时最能发挥 FFT 的高效性能。下面的推导就是基于这个假设。当序列的长度不是 2 的幂次,可以在后面补零,凑成 2 的幂次。

3.1.1　按频率抽取的 FFT

FFT 算法有两种方式,一种是按时间抽取,另一种是按频率抽取,两种方法无优劣之分,这里只介绍按频率抽取的方法。FFT 算法把 N 点 DFT 逐级分解,最后转化成 N 个 2 点 DFT 来计算,两个数 a, b 的 DFT 就是 $a + b$ 和 $a - b$,不需要乘法。下面是第一级分解:

$$\begin{aligned}X(k) &= \sum_{n=0}^{N/2-1} x(n) w_N^{-kn} + \sum_{n=N/2}^{N-1} x(n) w_N^{-kn} \\ &= \sum_{n=0}^{N/2-1} x(n) w_N^{-kn} + \sum_{n=0}^{N/2-1} x(n+N/2) w_N^{-k(n+N/2)} \\ &= \sum_{n=0}^{N/2-1} [x(n) + (-1)^k x(n+N/2)] w_N^{-kn}, \quad k = 0,\cdots,N-1\end{aligned}$$

于是

$$\begin{cases} X(2k) = \sum_{n=0}^{N/2-1} [x(n) + x(n+N/2)] w_{N/2}^{-kn} \\ X(2k+1) = \sum_{n=0}^{N/2-1} \{[x(n) - x(n+N/2)] w_N^{-n}\} w_{N/2}^{-kn} \end{cases} \quad k = 0,\cdots,N/2-1$$

这一步分解将偶指标频谱和奇指标频谱抽取出来分开计算，所以称为按频率抽取。记

$$\begin{cases} e(n) = x(n) + x(n+N/2) \\ o(n) = [x(n) - x(n+N/2)] w_N^{-n} \end{cases} \quad k = 0,\cdots,N/2-1 \tag{3.1.1}$$

称之为$\{x(n)\}_{n=0}^{N-1}$的蝶形变换，则

$$\begin{cases} X(2k) = \sum_{n=0}^{N/2-1} e(n) w_{N/2}^{-kn} \\ X(2k+1) = \sum_{n=0}^{N/2-1} o(n) w_{N/2}^{-kn} \end{cases} \quad k = 0,\cdots,N/2-1$$

现在完成了第一级分解，$\{x(n)\}_{n=0}^{N-1}$的 DFT 转化成$\{e(n)\}_{n=0}^{N/2-1}$和$\{o(n)\}_{n=0}^{N/2-1}$的 DFT. 比较一下原方法和一级分解后的计算量(通常只比较乘法次数)，直接计算 N 点 DFT 计算需要 N^2 次复数乘法，现在需要的乘法次数为

$$\frac{N}{2} + 2 \times (\frac{N}{2}\text{点 DFT}) = \frac{N}{2} + \frac{N^2}{2}$$

其中 $N/2$ 次乘法源于式(3.1.1)中 $o(n)$ 的计算。当 $N = 64$，原来要 $N^2 = 4096$ 次乘法，而一级分解后只要 $N/2 + N^2/2 = 2080$ 次乘法。图 3－1 是 $N = 8$ 时的一级分解计算流程。

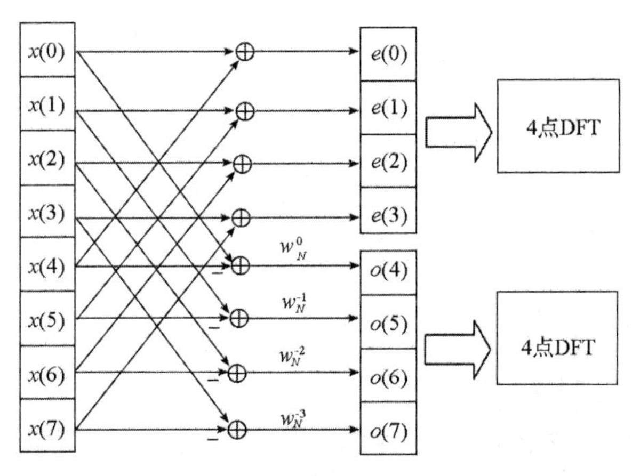

图 3－1

$X(2k)$ 和 $X(2k+1)$ 的计算可以进一步分解，完全类似于一级分解的办法，记

$$\begin{cases} ee(n) = e(n) + e(n+N/4) \\ eo(n) = [e(n) - e(n+N/4)]w_{N/2}^{-n} \\ oe(n) = o(n) + o(n+N/4) \\ oo(n) = [o(n) - o(n+N/4)]w_{N/2}^{-n} \end{cases} \quad n = 0,\cdots,\frac{N}{4}-1 \tag{3.1.2}$$

称式(3.1.2) 为 $\{e(n)\}_{n=0}^{N/2-1}$ 和 $\{o(n)\}_{n=0}^{N/2-1}$ 的蝶形变换，则有

$$\begin{cases} X(4k) = \sum_{n=0}^{N/4-1} ee(n)w_{N/4}^{-kn} \\ X(4k+1) = \sum_{n=0}^{N/4-1} oe(n)w_{N/4}^{-kn} \\ X(4k+2) = \sum_{n=0}^{N/4-1} eo(n)w_{N/4}^{-kn} \\ X(4k+3) = \sum_{n=0}^{N/4-1} oo(n)w_{N/4}^{-kn} \end{cases} \quad k = 0,\cdots,\frac{N}{4}-1$$

这就是第二级分解，N 长的 DFT 转化成 4 个 $N/4$ 长的 DFT. 它的乘法次数为

$$2\times(\frac{N}{2}) + 4\times(\frac{N}{4}\text{点 DFT}) = N + \frac{N^2}{4}$$

其中 $2\times(N/2)$ 次乘法是源于式(3.1.1) 中 $o(n)$ 的 $N/2$ 次乘法和式(3.1.2) 中 $eo(n)$ 的 $N/4$ 次乘法以及 $oo(n)$ 的 $N/4$ 次乘法。当 $N=64$ 时为 1088 次乘法运算(一级分解为 2080 次乘法运算)。图 3－2 是 $N=8$ 时的二级分解流程。

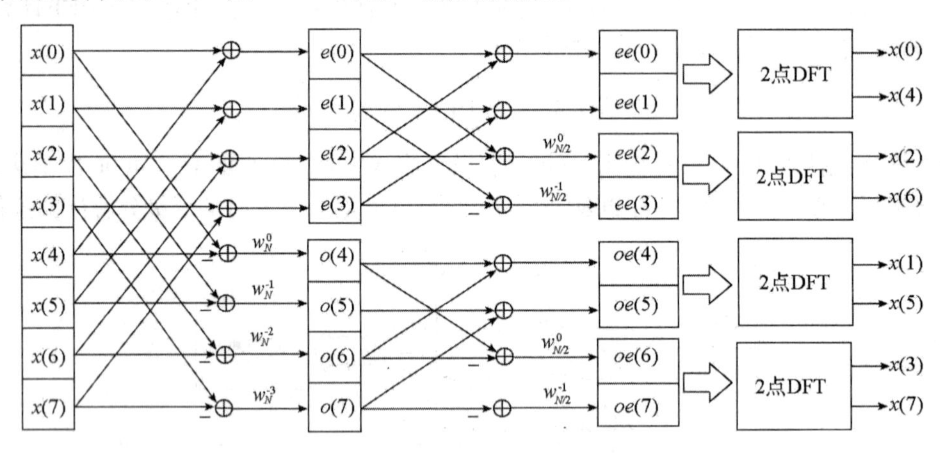

图 3－2

依此类推，对于 $N=2^3$ 需分解 2 次，对于 $N=2^p$ 需分解 $p-1$ 次，$p-1$ 次分解后的乘法次数为(两点 DFT 不需要乘法)

$$(p-1)\times(\frac{N}{2}) + 2^{p-1}\times(2\text{ 点 DFT}) = \frac{N}{2}(\log_2 N - 1)$$

当 $N=64$ 时，需 160 次乘法运算(原方法需 4096 次乘法运算)。

在 FFT 的第 r 级分解中，先将 $r-1$ 级分解后得到的序列等分成 2^r 段，再对每段执行类

似于式(3.1.1)的蝶形变换,这就完成了 r 级分解。直到完成 $p-1$ 级分解计算,最后再执行 N 次两点 DFT. 注意,此时得到的结果并不是按自然次序,暂且记作 $Y(0),Y(1),\cdots,Y(N-1)$,也就是说,$Y(k)$ 并不是 $X(k)$,还需要调整次序。调整的方法是,对于 $0\leqslant k\leqslant N-1$,设 k 的二进制表示为

$$(k)_2=\delta_{p-1}\delta_{p-2}\cdots\delta_1\delta_0$$

将 $(k)_2$ 的各位反序,得到

$$(k^-)_2=\delta_0\delta_1\cdots\delta_{p-2}\delta_{p-1}$$

那么 $X(k^-)=Y(k)$. 例如,在图 3-2 中,考察最后结果的第 4 个数,它是 $Y(3)$,

$$(3)_2=011\xrightarrow{\text{反序}}110=(6)_2$$

所以 $X(6)=Y(3)$.

下面完整描述 $\{x(n)\}_{n=0}^{N-1}(N=2^p)$ 的 FFT 计算过程:

step1　逐级分解,对 $r=1,\cdots,p-1$,执行

step1.1　将序列 $\{x(n)\}_{n=0}^{N-1}$ 等分成 2^r 段,第 s 段为

$$x(sN/2^r),x(sN/2^r+1),\cdots,x((s+1)N/2^r-1),(s=0,\cdots,2^r-1)$$

step1.2　每段 $(s=0,\cdots,2^r-1)$ 作蝶形变换

$$\begin{cases}a=x(sN/2^r+k)+x((s+1/2)N/2^r+k)\\ b=[x(sN/2^r+k)-x((s+1/2)N/2^r+k)]w_{N/2^{r-1}}^{-k}\\ x(sN/2^r+k)\Leftarrow a\\ x((s+1/2)N/2^r+k)\Leftarrow b\end{cases}\quad (k=0,\cdots,N/2^{r+1}-1)$$

step2　执行 N 次两点 DFT

$$\begin{cases}Y(2k)=x(2k)+x(2k+1)\\ Y(2k+1)=x(2k)-x(2k+1)\end{cases}\quad k=0,\cdots,N/2-1$$

step3　调整 $\{Y(k)\}$ 位置得到 $\{X(k)\}$。对 $k=0,\cdots,N-1$,作

$$(k)_2\xrightarrow{\text{反序}}(k^-)_2$$

$$X(k^-)=Y(k)$$

可以看出,在逐级分解过程,除了引入两个临时变量 a,b,全部计算都在序列的原位上进行。

关于 FFT 逆变换,只要在 FFT 中将 $w_{N/2^{r-1}}^{-k}$ 改为取 $w_{N/2^{r-1}}^{k}$,最后的结果再除以 N,就可得到。

3.1.2　循环卷积

在节 1.3 中定义了 l^2 中两个序列的卷积,称为线性卷积,它是信号滤波的核心计算。这里介绍另一种卷积,称为循环卷积,目的是为线性卷积提供快速算法做准备。

设 x,y 为两个同长度 N 的序列,

$$x=(x(0),x(1),\cdots,x(N-1))$$

$$y=(y(0),y(1),\cdots,y(N-1))$$

x,y 的循环卷积,记作 $x\odot y$. $x\odot y$ 的计算可以用图 3-3 形象地表示。将 x,y 的元素反向排

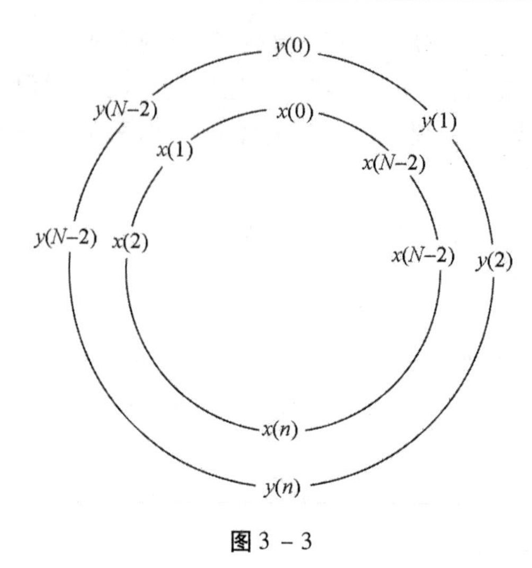

图 3 - 3

列在两个圆周上,对应元素相乘再相加得到$(x\odot y)(0)$;将外圆逆时钟转动一格,再与内圆对应元素相乘相加,得到$(x\odot y)(1)$;如此类推,… 外圆逆时钟转动 $N-1$ 格,对应元素相乘相加,得到$(x\odot y)(N-1)$. 用式子表达为

$$(x\odot y)(k) = \sum_{n=0}^{N-1} x(n)y((k-n)\bmod N), \quad k = 0,\cdots,N-1$$

其中,$(k-n)\bmod N$ 表示对 $k-n$ 求 N 的模,其值落在$\{0,\cdots,N-1\}$中,例如

$$(-1)\bmod N = N-1, \quad N\bmod N = 0, \quad (N+1)\bmod N = 1$$

显然,$x\odot y$ 的计算需要 N^2 次乘法,利用 FFT,可以得到它的快速计算。事实上,$x\odot y$ 可以用矩阵乘向量的形式表示出来。先以 $N=4$ 的情况为例看它的规律:

$$(x\odot y)(0) = x(0)y(0) + x(1)y(3) + x(2)y(2) + x(3)y(1)$$
$$(x\odot y)(1) = x(0)y(1) + x(1)y(0) + x(2)y(3) + x(3)y(2)$$
$$(x\odot y)(2) = x(0)y(2) + x(1)y(1) + x(2)y(0) + x(3)y(3)$$
$$(x\odot y)(3) = x(0)y(3) + x(1)y(2) + x(2)y(1) + x(3)y(0)$$

写成矩阵形式为

$$x\odot y = \begin{pmatrix} y(0) & y(3) & y(2) & y(1) \\ y(1) & y(0) & y(3) & y(2) \\ y(2) & y(1) & y(0) & y(3) \\ y(3) & y(2) & y(1) & y(0) \end{pmatrix}\begin{pmatrix} x(0) \\ x(1) \\ x(2) \\ x(3) \end{pmatrix}$$

由此可见,4 阶矩阵恰好是由向量 y 生成的循环矩阵。一般地有

$$x\odot y = Yx = \begin{pmatrix} y(0) & y(N-1) & \cdots & y(2) & y(1) \\ y(1) & y(0) & \cdots & y(3) & y(2) \\ \vdots & \vdots & \ddots & \vdots & \vdots \\ y(N-2) & y(N-3) & \cdots & y(0) & y(N-1) \\ y(N-1) & y(N-2) & \cdots & y(1) & y(0) \end{pmatrix}\begin{pmatrix} x(0) \\ x(1) \\ \vdots \\ x(N-2) \\ x(N-1) \end{pmatrix}$$

其中 Y 是由 y 产生的 N 阶循环矩阵。根据节 1. 1 的定理 1. 1. 2,矩阵 Y 可以表示成

$$Y=U\begin{pmatrix}\hat{y}(0) & & & 0\\ & \hat{y}(1) & & \\ & & \ddots & \\ 0 & & & \hat{y}(N-1)\end{pmatrix}U^*$$

于是

$$x\odot y=(\frac{1}{\sqrt{N}}U)\begin{pmatrix}\hat{y}(0) & & & 0\\ & \hat{y}(1) & & \\ & & \ddots & \\ 0 & & & \hat{y}(N-1)\end{pmatrix}(\sqrt{N}U^*)x$$

其中,$(\sqrt{N}U^*)x$ 是 x 的离散傅里叶变换,而$(\frac{1}{\sqrt{N}}U)(\cdot)$表示离散傅里叶逆变换。这导出 $x\odot y$ 的快速算法。

循环卷积快速算法

step1　利用 FFT 计算 x,y 的离散傅里叶变换

$$\hat{x}=(\hat{x}(0),\hat{x}(1),\cdots,\hat{x}(N-1))$$
$$\hat{y}=(\hat{y}(0),\hat{y}(1),\cdots,\hat{y}(N-1))$$

step2　作乘法

$$z(k)=\hat{x}(k)\hat{y}(k),k=0,\cdots,N-1$$

step3　利用 FFT 计算 z 的离散傅里叶变换逆变换,得到 $x\odot y$。

直接计算 $x\odot y$ 需要 N^2 次乘法,本方法使用了 3 次离散傅里叶变换和 N 次乘法,故乘法的次数是

$$\frac{3}{2}N(\log_2 N-1)+N=\frac{N}{2}(3\log_2 N-1)$$

例如当 $N=64$,直接计算需要 4096 次乘法,本方法只需要 544 次乘法。

3.1.3　快速线性卷积

实际工作中的序列都是有限长的,这里考虑两个有限长序列线性卷积的快速计算。设序列 x 的长度是 K,序列 y 的长度是 L,把 x,y 放到 l^2 中形式如下:

$$\cdots,0\cdots,0,x(0),x(1),\cdots,x(K-1),0,\cdots,0,\cdots$$
$$\cdots,0\cdots,0,y(0),y(1),\cdots\cdots\cdots,y(L-1),0,\cdots,0,\cdots$$

线性卷积 $x*y$ 通过图 3-4 的方式产生(对应元素相乘再相加)。

$$\begin{array}{lcl} x(K-1),\cdots,x(1),x(0) & & x(K-1),\cdots,x(1),x(0)\\ \cdots,0,y(0),y(1),\cdots,y(L-1),0,\cdots & \longrightarrow & 0,y(0),y(1),\cdots,y(L-1),0,\cdots\\ \Downarrow & & \Downarrow\\ (x*y)(0) & & (x*y)(K+L-2)\end{array}$$

图 3-4

所以 $x*y$ 支撑在$[0,K+L-2]$上,共有 $K+L-1$ 项。下面考察 $x*y$ 第 k 项的计算:

$$(x*y)(k) = \sum_{n\in\mathbf{Z}} x(n)y(k-n)$$

注意到求和中非零项的 n 必须满足

$$\begin{cases}0\leqslant n\leqslant K-1\\0\leqslant k-n\leqslant L-1\end{cases}$$

这导致

$$\max\{0,k-L+1\}\leqslant n\leqslant \min\{K-1,k\}$$

所以

$$(x*y)(k) = \sum_{n=\max\{0,k-L+1\}}^{\min\{K-1,k\}} x(n)y(k-n),\quad k=0,\cdots,K+L-2 \tag{3.1.3}$$

下面,我们把计算线性卷积$(x*y)(k)$, $k=0,\cdots,K+L-2$ 转化为循环卷积来计算。为此取 $N=K+L-1$,分别在 x,y 的后面补零凑成长度为 N,得到 $\tilde{x}$, $\tilde{y}$,即

$$\tilde{x}:x(0),x(1),\cdots,x(K-1),0,\cdots,0$$

$$\tilde{y}:y(0),y(1),\cdots,y(L-1),0,\cdots,0$$

即

$$\begin{aligned}\tilde{x}(n)&=\begin{cases}x(n), & 0\leqslant n\leqslant K-1\\0, & K\leqslant n\leqslant N-1\end{cases}\\\tilde{y}(n)&=\begin{cases}y(n), & 0\leqslant n\leqslant L-1\\0, & L\leqslant n\leqslant N-1\end{cases}\end{aligned} \tag{3.1.4}$$

我们将验证

$$(x*y)(k)=(\tilde{x}\odot\tilde{y})(k),\quad k=0,1,\cdots,N-1=K+L-2 \tag{3.1.5}$$

这样,通过快速计算循环卷积 $\tilde{x}\odot\tilde{y}$,就得到了线性卷积 $x*y$.

$\forall 0\leqslant k\leqslant N-1=K+L-2$,按循环卷积的定义:

$$(\tilde{x}\odot\tilde{y})(k) = \sum_{n=0}^{N-1}\tilde{x}(n)\,\tilde{y}((k-n)\bmod N) = \sum_{n=0}^{K-1}x(n)\,\tilde{y}((k-n)\bmod N)$$

第二个等式成立是因为有式(3.1.4)的第一式。再将求和分成两段:

$$(\tilde{x}\odot\tilde{y})(k) = \sum_{n=0}^{\min\{K-1,k\}}x(n)\,\tilde{y}((k-n)\bmod N) + \sum_{n=k+1}^{K-1}x(n)\,\tilde{y}((k-n)\bmod N)$$

注意到

$$(k-n)\bmod N = \begin{cases}k-n, & 0\leqslant n\leqslant\min\{K-1,k\}\\N+k-n, & k+1\leqslant n\leqslant N-1\end{cases}$$

所以

$$\begin{aligned}(\tilde{x}\odot\tilde{y})(k) &= \sum_{n=0}^{\min\{K-1,k\}}x(n)\,\tilde{y}(k-n) + \sum_{n=k+1}^{K-1}x(n)\,\tilde{y}(N+k-n)\\&= \sum_{n=\max\{0,k-L+1\}}^{\min\{K-1,k\}}x(n)y(k-n) + \sum_{n=k+1}^{K-1}x(n)\,\tilde{y}(N+k-n)\end{aligned}$$

第二个等式成立是因为有式(3.1.4)的第二式。再看上面式中的 $\tilde{y}(N+k-n)$,因为 $n\leqslant K-1$,所以 $N+k-n\geqslant L+k\geqslant L$,所以

$$\tilde{y}(N+k-n)=0, \quad n=k+1,\cdots,K-1$$

从而

$$(\tilde{x}\odot\tilde{y})(k)=\sum_{n=\max\{0,k-L+1\}}^{\min\{K-1,k\}} x(n)y(k-n), \quad k=0,\cdots,N-1 \tag{3.1.6}$$

对比式(3.1.6)与式(3.1.3)即知式(3.1.5)成立。

比较一下按式(3.1.3)直接计算 $x*y$ 与循环卷积 $\tilde{x}\odot\tilde{y}$ 两者的乘法次数。不妨设 $K\leqslant L$,那么式(3.1.3)的乘法次数为

$$\begin{aligned}\mu &= \sum_{k=0}^{K+L-2}[\min\{K-1,k\}-\max\{0,k-L+1\}+1]\\ &= \left[\sum_{k=0}^{K-1}+\sum_{k=K}^{L-1}+\sum_{k=L}^{K+L-2}\right][\min\{K-1,k\}-\max\{0,k-L+1\}+1]\end{aligned}$$

最后的结果为 $\mu=KL$. 循环卷积 $\tilde{x}\odot\tilde{y}$ 的乘法次数为

$$\lambda=\frac{N}{2}(3\log_2 N-1)=\frac{K+L-1}{2}[3\log_2(K+L-1)-1]$$

下面是几组 K,L 值对应的 μ,λ 值:

K,L	μ(直接计算)	λ(循环卷积)
$K=4,\quad L=1024$	4096	14927
$K=8,\quad L=1024$	8192	14993
$K=16,\quad L=1024$	16384	15127
$K=32,\quad L=1024$	32768	15394
$K=64,\quad L=1024$	65536	15931
$K=128,\quad L=1024$	131072	17010
$K=256,\quad L=1024$	262144	19190
$K=512,\quad L=1024$	524288	23632
$K=1024,\quad L=1024$	1048576	32781

由此可见,当 K,L 越靠近,循环卷积越有优势;但是,如果 K,L 相差很大,则直接计算比循环卷积快。

在实际工作中,x 代表长度为 K 的滤波器序列,y 代表长度为 L 的输入信号序列,通常会出现 $K<<L$ 的情形。为利用循环卷积的优势,将 y 截成若干段,每段长度为 K(最后一段不超过 K),进行分段卷积,最后将每段的卷积组合起来。下面以 $K=4,L=10$ 的情形示例这个方法计算 $z=x*y$(长度为13)。先将 y 分成三段

$$\begin{aligned}&y^{(0)}:y(0),y(1),y(2),y(3),0,0,0,0,0,0\\&y^{(1)}:0,0,0,0,y(4),y(5),y(6),y(7),0,0\\&y^{(2)}:0,0,0,0,0,0,0,0,y(8),y(9)\end{aligned}$$

于是

$$y=y^{(0)}+y^{(1)}+y^{(2)}$$

从而

$$z=x*y=x*(y^{(0)}+y^{(1)}+y^{(2)})$$

$$= x * y^{(0)} + x * y^{(1)} + x * y^{(2)}$$
$$= z^{(0)} + z^{(1)} + z^{(2)}$$

利用快速循环卷积分别计算 $z^{(0)}, z^{(1)}, z^{(2)}$，支撑长度分别为 7,7,5：

$z^{(0)}: z^{(0)}(0), z^{(0)}(1), z^{(0)}(2), z^{(0)}(3), z^{(0)}(4), z^{(0)}(5), z^{(0)}(6), 0,0,0,0,0,0$

$z^{(1)}: 0,0,0,0, z^{(1)}(0), z^{(1)}(1), z^{(1)}(2), z^{(1)}(3), z^{(1)}(4), z^{(1)}(5), z^{(1)}(6), 0,0$

$z^{(2)}: 0,0,0,0,0,0,0,0, z^{(2)}(0), z^{(2)}(1), z^{(2)}(2), z^{(2)}(3), z^{(2)}(4)$

三者相加的结果为

$$\begin{aligned}
(x*y)(0) &= z^{(0)}(0)\\
(x*y)(1) &= z^{(0)}(1)\\
(x*y)(2) &= z^{(0)}(2)\\
(x*y)(3) &= z^{(0)}(3)\\
(x*y)(4) &= z^{(0)}(4) + z^{(1)}(0)\\
(x*y)(5) &= z^{(0)}(5) + z^{(1)}(1)\\
(x*y)(6) &= z^{(0)}(6) + z^{(1)}(2)\\
(x*y)(7) &= z^{(1)}(3)\\
(x*y)(8) &= z^{(1)}(4) + z^{(2)}(0)\\
(x*y)(9) &= z^{(1)}(5) + z^{(2)}(1)\\
(x*y)(10) &= z^{(1)}(6) + z^{(2)}(2)\\
(x*y)(11) &= z^{(2)}(3)\\
(x*y)(12) &= z^{(2)}(4)
\end{aligned}$$

这个方法也称为重叠相加法。

3.1.4 频谱近似数值计算

设 $f(t) \in L^1(R)$ 为实值函数，如果数值计算 f 的频谱

$$\hat{f}(\omega) = \int_R f(t)\mathrm{e}^{-\mathrm{i}\omega t}\mathrm{d}t, \quad (\omega \in R)$$

只能用有限逼近无限和离散近似连续的方法。因为 $|f(t)| \to 0, (|t| \to +\infty)$，可选择适当的 $A > 0$，并近似假设

$$f(t) = 0, \quad (|t| \geqslant A) \tag{3.1.7}$$

又因为 $|\hat{f}(\omega)| \to 0, (|\omega| \to +\infty)$，可选择适当的 $B > 0$，并近似假设

$$\hat{f}(\omega) = 0, \quad (|\omega| \geqslant B) \tag{3.1.8}$$

再注意到 $\hat{f}(-\omega) = \overline{\hat{f}(\omega)}$，我们只需计算 $f(\omega)$ 在 $[0,B]$ 上离散点的值。经过上述的近似简化，原则上说可以用定积分计算 $f(\omega)$ 在 $[0,B]$ 上若干节点值：

$$\hat{f}(\omega_n) = \int_{-A}^{A} f(t)\cos\omega_n t\mathrm{d}t - \mathrm{i}\int_{-A}^{A} f(t)\sin\omega_n t\mathrm{d}t, \quad (\omega_n \in [0,B])$$

但是计算定积分是很费事的，尤其是节点 ω_n 很多时。在本小节，我们利用 Possion 求和公式与快速傅里叶变换，给出一个可供参考的数值算法。

根据推论1.4.2，$\forall\Omega>0$，

$$\sum_{k\in\mathbf{Z}}\hat{f}(\omega+k\Omega)=\frac{2\pi}{\Omega}\sum_{k\in\mathbf{Z}}f\left(\frac{2\pi}{\Omega}k\right)e^{-i\frac{2\pi}{\Omega}k\omega},\quad(\forall\omega\in R)$$

现在取$\Omega=2B$，则当$\omega\in[0,B]$时，$\forall k\neq0$，$|\omega+k\Omega|\geqslant B$，根据近似化假设式(3.1.8)，$\hat{f}(\omega+k\Omega)=0,\ \forall k\neq0$，从而

$$\sum_{k\in\mathbf{Z}}\hat{f}(\omega+k\Omega)=\hat{f}(\omega)$$

即

$$\hat{f}(\omega)=\frac{2\pi}{\Omega}\sum_{k\in\mathbf{Z}}f\left(\frac{2\pi}{\Omega}k\right)e^{-i\frac{2\pi}{\Omega}k\omega},\quad(\forall\omega\in[0,B])$$

选定某个正整数N（为2的幂次），考虑节点（节点的疏密由N决定）

$$\omega_n=n\frac{\Omega}{N}\in[0,B],n=0,\cdots,N/2-1$$

则有

$$\hat{f}(\omega_n)=\frac{2\pi}{\Omega}\sum_{k\in\mathbf{Z}}f\left(\frac{2\pi}{\Omega}k\right)e^{-i\frac{2\pi}{N}kn},\quad n=0,\cdots,N/2-1$$

又$k\in\mathbf{Z}$可以表示成

$$k=p+qN,\quad p=0,\cdots,N-1,\ q\in\mathbf{Z}$$

于是

$$\begin{aligned}\hat{f}(\omega_n)&=\frac{2\pi}{\Omega}\sum_{p=0}^{N-1}\sum_{q\in\mathbf{Z}}f\left[\frac{2\pi}{\Omega}(p+qN)\right]e^{-i\frac{2\pi}{N}(p+qN)n}\\&=\frac{2\pi}{\Omega}\sum_{p=0}^{N-1}\left\{\sum_{q\in\mathbf{Z}}f\left[\frac{2\pi}{\Omega}(p+qN)\right]\right\}e^{-i\frac{2\pi}{N}pn}\\&\triangleq\frac{2\pi}{\Omega}\sum_{p=0}^{N-1}u(p)e^{-i\frac{2\pi}{N}pn},\quad(n=0,\cdots,N/2-1)\end{aligned}$$

由此可见，若不计因子$2\pi/\Omega$，$\{\hat{f}(\omega_n)\}_{n=0}^{N/2-1}$恰好是$\{u(p)\}_{p=0}^{N-1}$的$N$点离散傅里叶变换的前半段数据，即

$$\hat{f}(\omega_n)=\frac{2\pi}{\Omega}\hat{u}(n),\quad n=0,\cdots,N/2-1$$

后半段数据$\hat{u}(N/2),\cdots,\hat{u}(N-1)$与前半段数据共轭对称，故可以不考虑。再来考虑$u(p)$的计算，根据近似化假设式(3.1.7)，对某个$p$，当$q$使得

$$\left|\frac{2\pi}{\Omega}(p+qN)\right|<A\Leftrightarrow-\frac{p}{N}-\frac{A\Omega}{N2\pi}<q<-\frac{p}{N}+\frac{A\Omega}{N2\pi}$$

时，该点对应的f值才可能非零，而$0\leqslant p/N<1$，故q的变化范围可取

$$|q|\leqslant\left[\frac{A\Omega}{N2\pi}\right]+1\triangleq l$$

这里$[\cdot]$表示取整。所以

$$u(p)=\sum_{q\in\mathbf{Z}}f\left[\frac{2\pi}{\Omega}(p+qN)\right]=\sum_{q=-l}^{l}f\left[\frac{2\pi}{\Omega}(p+qN)\right]$$

现在将计算步骤总结如下（注意$\Omega=2B$）：

Step1　选择适当的$A>0,B>0$,能大致估计出

$$f(t)\approx 0,\quad (|t|\geqslant A)$$

$$\hat{f}(\omega)\approx 0,\quad (|\omega|\geqslant B)$$

Step2　取正整数N(为2的幂次),取$l=[\frac{AB}{N\pi}]+1$,对于$p=0,\cdots,N-1$,计算

$$u(p)=\sum_{q=-l}^{l}f[\frac{\pi}{B}(p+qN)]$$

Step3　对$\{u(p)\}_{p=0}^{N-1}$作FFT变换:

$$\hat{u}(n)=\sum_{p=0}^{N-1}u(p)\mathrm{e}^{-\mathrm{i}\frac{2\pi}{N}pn},\quad (n=0,\cdots,N-1)$$

得到

$$\hat{f}(\omega_n)=\hat{f}(n\frac{2B}{N})=\frac{\pi}{B}\hat{u}(n),\quad (n=0,\cdots,N/2-1)$$

在这个近似算法中,根据$f(t)$的表达式不难估计出适当的A,但B的估计困难一些。原则上说,B取得越大,近似效果越好。下面的例子测试一下近似算法的精度,从结果来看,计算精度是满意的。

例3.1.1　设$f(t)=1/(1+t^2)$,则$\hat{f}(\omega)=\pi\mathrm{e}^{-|\omega|}$。因为$f(t)$是偶函数,所以$\hat{f}(\omega)$为实值函数。取$A=1000,B=25,N=2^7=128$,计算

$$\omega_n=n\frac{2B}{N},\quad n=0,\cdots,N/2-1=63$$

各点处的$\hat{f}(\omega_n)$值(近似值),并比较精确值$\pi\mathrm{e}^{-|\omega_n|}$.

【解】计算结果为

$\omega_n=n\frac{2B}{N}=n\frac{50}{128}$	$\hat{f}(\omega_n)$按表达式计算值	$\hat{f}(\omega_n)$近似计算值
$\omega_0=0$	3.14159	3.13963
$\omega_1=0.390625$	2.12571	2.12571
$\omega_2=0.78125$	1.43833	1.43833
$\omega_3=1.17188$	0.97322	0.97322
$\omega_4=1.5625$	0.658514	0.658514
$\omega_5=1.95313$	0.445573	0.445573
$\omega_6=2.34375$	0.301489	0.301489
$\omega_7=2.73438$	0.203998	0.203998
$\omega_8=3.125$	0.138032	0.138032
$\omega_9=3.51563$	$9.33971e-002$	$9.33971e-002$
$\omega_{10}=3.90625$	$6.31956e-002$	$6.31956e-002$
⋮	⋮	⋮
$\omega_{61}=23.8281$	$1.4084e-010$	$2.0366e-009$
$\omega_{62}=24.2188$	$9.52973e-011$	$1.99756e-009$
$\omega_{63}=24.6094$	$6.44813e-011$	$1.97632e-009$

3.2　Ⅳ型离散余弦变换

设有 N 周期系列 $\{x(k)\}_{k\in\mathbf{Z}}$，取周期段 $x(0),x(1),\cdots,x(N-1)$，先将该段做奇－偶对称延拓成为 $4N$ 长（如图 3－5 所示）：

$$-x(0),\cdots,-x(N-1),x(N-1),\cdots,x(0),x(0),\cdots,x(N-1),-x(N-1),\cdots,-x(0) \tag{3.2.1}$$

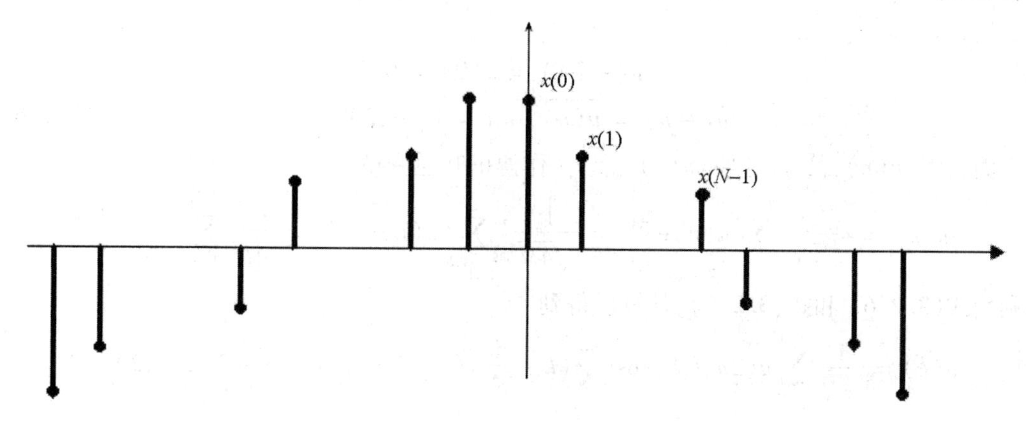

图 3－5

再将 $4N$ 长的数据段作周期延拓，得到 $4N$ 周期序列，它关于 $-1/2$ 偶对称，关于 $N-1/2$ 奇对称。式(3.2.1)的 $4N$ 个元素是 $4N$ 周期序列的一个周期段，将它记作

$$u(-2N),\cdots,u(-1),u(0),u(1),\cdots,u(N-1),u(N),\cdots,u(2N-1) \tag{3.2.2}$$

它与原 x 周期段的关系如下：

$$u(k)=\begin{cases}-x(2N+k), & -2N\leqslant k\leqslant -N-1\\ x(-k-1), & -N\leqslant k\leqslant -1\\ x(k), & 0\leqslant k\leqslant N-1\\ -x(2N-1-k), & N\leqslant k\leqslant 2N-1\end{cases} \tag{3.2.3}$$

下面对式(3.2.2)作离散傅里叶变换，得到 $\{\hat{u}(n)\}_{n=-2N}^{2N-1}$，再用逆变换表示出式(3.2.2)，最后限制 $0\leqslant k\leqslant N-1$，就得到 $\{x(k)\}_{k=0}^{N-1}$ 的Ⅳ型 DCT 变换公式。

3.2.1　变换公式的推导

$\{u(k)\}_{k=-2N}^{2N-1}$ 的离散傅里叶变换为（$-2N\leqslant n\leqslant 2N-1$）

$$\hat{u}(n)=\frac{1}{\sqrt{4N}}\sum_{k=-2N}^{2N-1}u(k)\mathrm{e}^{-\mathrm{i}\frac{2\pi}{4N}nk}=\frac{1}{\sqrt{4N}}\left[\sum_{k=-2N}^{-N-1}+\sum_{k=-N}^{-1}+\sum_{k=0}^{N-1}+\sum_{k=N}^{2N-1}\right]u(k)\mathrm{e}^{-\mathrm{i}\frac{2\pi}{4N}nk}$$

将式(3.2.3)的关系代入，计算后得到

$$\hat{u}(n)=\begin{cases}\dfrac{2}{\sqrt{N}}\mathrm{e}^{\mathrm{i}\frac{n\pi}{4N}}\displaystyle\sum_{k=0}^{N-1}x(k)\cos\left[\frac{2\pi}{4N}n\left(k+\frac{1}{2}\right)\right], & n=\mathrm{odd}\\ 0, & n=\mathrm{even}\end{cases}\qquad n=-2N,\cdots,2N-1$$

若记

$$a(n)=\begin{cases}\dfrac{2}{\sqrt{N}}\sum\limits_{k=0}^{N-1}x(k)\cos[\dfrac{2\pi}{4N}n(k+\dfrac{1}{2})], & n=\text{odd}\\ 0, & n=\text{even}\end{cases}\quad n=-2N,\cdots,2N-1 \tag{3.2.4}$$

则

$$\hat{u}(n)=a(n)e^{i\frac{n\pi}{4N}},\quad n=-2N,\cdots,2N-1 \tag{3.2.5}$$

显然有

$$\begin{aligned}\hat{u}(-2N)&=\hat{u}(0)=0\\ \hat{u}(-n)&=\overline{\hat{u}(n)},\quad n=1,\cdots,2N-1\end{aligned} \tag{3.2.6}$$

下面利用 $\{\hat{u}(n)\}_{n=-2N}^{2N-1}$ 还原 $\{u(k)\}_{k=-2N}^{2N-1}$（作傅里叶逆变换）。

$$u(k)=\frac{1}{\sqrt{4N}}\sum_{n=-2N}^{2N-1}\hat{u}(n)e^{i\frac{2\pi}{4N}kn}=\frac{1}{\sqrt{4N}}\sum_{n=-2N+1}^{-1}\hat{u}(n)e^{i\frac{2\pi}{4N}kn}+\frac{1}{\sqrt{4N}}\sum_{n=1}^{2N-1}\hat{u}(n)e^{i\frac{2\pi}{4N}kn}$$

利用式(3.2.6)和式(3.2.5)，计算后得到

$$u(k)=\frac{1}{\sqrt{N}}\sum_{n=0}^{N-1}a(2n+1)\cos[\frac{\pi}{N}(k+\frac{1}{2})(n+\frac{1}{2})],\quad k=-2N,\cdots,2N-1$$

限制 $0\leqslant k\leqslant N-1$，得到

$$x(k)=\frac{1}{\sqrt{N}}\sum_{n=0}^{N-1}a(2n+1)\cos[\frac{\pi}{N}(k+\frac{1}{2})(n+\frac{1}{2})],\quad k=0,\cdots,N-1 \tag{3.2.7}$$

现在记

$$\hat{x}^{(\mathrm{IV})}(n)=\frac{1}{\sqrt{2}}a(2n+1),\quad n=0,\cdots,N-1$$

表示 $\{x(n)\}_{n=0}^{N-1}$ 的 DCT_Ⅳ，由式(3.2.4)得到

$$\hat{x}^{(\mathrm{IV})}(n)=\sqrt{\frac{2}{N}}\sum_{k=0}^{N-1}x(k)\cos[\frac{\pi}{N}(n+\frac{1}{2})(k+\frac{1}{2})],\quad n=0,\cdots,N-1 \tag{3.2.8}$$

再由式(3.2.7)得到

$$x(k)=\sqrt{\frac{2}{N}}\sum_{n=0}^{N-1}\hat{x}^{(\mathrm{IV})}(n)\cos[\frac{\pi}{N}(k+\frac{1}{2})(n+\frac{1}{2})],\quad k=0,\cdots,N-1 \tag{3.2.9}$$

式(3.2.8)是 DCT_Ⅳ，式(3.2.9)是相应的逆变换，两者的计算完全一样。也可以用矩阵表示这一对变换，记 N 阶矩阵（行列下标从 0 开始）

$$C_N^{\mathrm{IV}}=\left(\sqrt{\frac{2}{N}}\cos[\frac{\pi}{N}(k+\frac{1}{2})(n+\frac{1}{2})]\right)_{k,\,n=0,\cdots,N-1}$$

那么，正变换式(3.2.8)等价于

$$\hat{x}^{(\mathrm{IV})}=C_N^{\mathrm{IV}}x \tag{3.2.10}$$

逆变换式(3.2.9)等价于

$$x=C_N^{\mathrm{IV}}\hat{x}^{(\mathrm{IV})} \tag{3.2.11}$$

将式(3.2.11)代入式(3.2.10)即知 $(C_N^{\mathrm{IV}})^2=I$，又注意到 C_N^{IV} 的对称性，故

$$C_N^{\mathrm{IV}}(C_N^{\mathrm{IV}})^{\mathrm{T}} = I$$

这说明 C_N^{IV} 是对称的标准正交矩阵,其逆就是自身,C_N^{IV} 的 N 个列是 R^N 的标准正交基。

3.2.2　频率解释

固定 $n(0 \leqslant n \leqslant N-1)$,考察无限序列(变量是 k)

$$\begin{aligned}\lambda^{(n)}(k) &= \sqrt{\frac{2}{N}}\hat{x}^{(\mathrm{IV})}(n)\cos\left[\frac{\pi}{N}\left(k+\frac{1}{2}\right)\left(n+\frac{1}{2}\right)\right]\\ &= A_n\cos(\omega_n k+\varphi_n),\quad k\in\mathbf{Z}\end{aligned}$$

其中

$$A_n = \sqrt{\frac{2}{N}}\hat{x}^{(\mathrm{IV})}(n),\quad \omega_n = \frac{\pi}{2N}(2n+1),\quad \varphi_n = \frac{\pi}{2N}\left(n+\frac{1}{2}\right)$$

那么 $\{\lambda^{(n)}(k)\}_{k\in\mathbf{Z}}$ 是 $4N$ 周期序列,有

$$\begin{aligned}\lambda^{(n)}(k+4N) &= A_n\cos[\omega_n(k+4N)+\varphi_n]\\ &= A_n\cos[\omega_n k+\varphi_n+(2n+1)2\pi]\\ &= A_n\cos(\omega_n k+\varphi_n) = \lambda^{(n)}(k)\end{aligned}$$

取 $\{\lambda^{(n)}(k)\}_{k\in\mathbf{Z}}$ 周期段

$$\lambda^{(n)}(0),\lambda^{(n)}(1),\cdots,\lambda^{(n)}(N-1),\lambda^{(n)}(N),\cdots,\lambda^{(n)}(4N-1)$$

的前 1/4 段

$$\lambda^{(n)}(0),\lambda^{(n)}(1),\cdots,\lambda^{(n)}(N-1)$$

再延拓为 N 周期序列 $\{\mu^{(n)}(k)\}_{k\in\mathbf{Z}}$. 那么式(3.2.9)表明,原 N 周期序列 $\{x(k)\}_{k\in\mathbf{Z}}$ 是 N 个 N 周期序列 $\{\mu^{(n)}(k)\}_{k\in\mathbf{Z}}$, $(n=0,\cdots,N-1)$ 之和:

$$x = \sum_{n=0}^{N-1}\mu^{(n)}$$

周期序列 $\mu^{(n)}$ 的振幅是 $|A_n|$,频率是 ω_n,初位相是 φ_n. 所以 $\{x(k)\}_{k\in\mathbf{Z}}$ 的频率集合是

$$\omega_n = \frac{\pi}{2N}(2n+1),\quad n=0,\cdots,N-1$$

3.2.3　快速算法

直接按式(3.2.8)计算 $\{x(k)\}_{k=0}^{N-1}$ 的 DCT_Ⅳ 是费事的,这至少需要 N^2 次实数乘法。我们可以把它转化成 $N/2$ 长度的 FFT 计算。为利用 FFT,这里仍假设 N 为 2 的幂次。推导快速算法的过程是细致和冗长的。

首先,将 $\{x(k)\}_{k=0}^{N-1}$ 的偶数项和奇数项的倒序列分别记作

$$\begin{cases}\sigma(k) = x(2k)\\ \rho(k) = x(N-1-2k)\end{cases},\quad k=0,\cdots,N/2$$

那么,由式(3.2.8),对 $n=0,\cdots,N-1$,有

$$\sqrt{\frac{N}{2}}\hat{x}^{(\mathrm{IV})}(n) = \sum_{k=0}^{N-1}x(k)\cos\left[\frac{\pi}{N}\left(n+\frac{1}{2}\right)\left(k+\frac{1}{2}\right)\right]$$

$$
\begin{aligned}
&= \sum_{k=0}^{N/2-1} x(2k)\cos\left[\frac{\pi}{N}\left(n+\frac{1}{2}\right)\left(2k+\frac{1}{2}\right)\right] \\
&\quad + \sum_{k=0}^{N/2-1} x(2k+1)\cos\left[\frac{\pi}{N}\left(n+\frac{1}{2}\right)\left(2k+1+\frac{1}{2}\right)\right] \\
&= \sum_{k=0}^{N/2-1} \sigma(k)\cos\left[\frac{\pi}{N}\left(n+\frac{1}{2}\right)\left(2k+\frac{1}{2}\right)\right] \\
&\quad + \sum_{k=0}^{N/2-1} \rho(k)\cos\left[\frac{\pi}{N}\left(n+\frac{1}{2}\right)\left(N-1-2k+\frac{1}{2}\right)\right] \\
&= \sum_{k=0}^{N/2-1} \sigma(k)\cos\left[\frac{2\pi}{N}\left(n+\frac{1}{2}\right)\left(k+\frac{1}{4}\right)\right] \\
&\quad + (-1)^n \sum_{k=0}^{N/2-1} \rho(k)\sin\left[\frac{2\pi}{N}\left(n+\frac{1}{2}\right)\left(k+\frac{1}{4}\right)\left(n+\frac{1}{2}\right)\right]
\end{aligned}
$$

先考虑偶指标项

$$
\begin{aligned}
\sqrt{\frac{N}{2}}\,\hat{x}^{(\mathrm{IV})}(2n) &= \sum_{k=0}^{N/2-1} \sigma(k)\cos\left[\frac{2\pi}{N}\left(2n+\frac{1}{2}\right)\left(k+\frac{1}{4}\right)\right] \\
&\quad + \sum_{k=0}^{N/2-1} \rho(k)\sin\left[\frac{2\pi}{N}\left(2n+\frac{1}{2}\right)\left(k+\frac{1}{4}\right)\right]
\end{aligned}
$$

再记

$$
\theta_k = \frac{2\pi}{N}\left(2n+\frac{1}{2}\right)\left(k+\frac{1}{4}\right)
$$

那么

$$
\begin{aligned}
\sqrt{\frac{N}{2}}\,\hat{x}^{(\mathrm{IV})}(2n) &= \sum_{k=0}^{N/2-1} \sigma(k)\cos\theta_k + \sum_{k=0}^{N/2-1} \rho(k)\sin\theta_k \\
&= \sum_{k=0}^{N/2-1} \sigma(k)\,\frac{\mathrm{e}^{\mathrm{i}\theta_k}+\mathrm{e}^{-\mathrm{i}\theta_k}}{2} - \mathrm{i}\sum_{k=0}^{N/2-1} \rho(k)\,\frac{\mathrm{e}^{\mathrm{i}\theta_k}-\mathrm{e}^{-\mathrm{i}\theta_k}}{2} \\
&= \frac{1}{2}\sum_{k=0}^{N/2-1} (\sigma(k)-\mathrm{i}\rho(k))\mathrm{e}^{\mathrm{i}\theta_k} + \frac{1}{2}\sum_{k=0}^{N/2-1} (\sigma(k)+\mathrm{i}\rho(k))\mathrm{e}^{-\mathrm{i}\theta_k} \\
&= \mathrm{Re}\left\{\sum_{k=0}^{N/2-1} (\sigma(k)+\mathrm{i}\rho(k))\mathrm{e}^{-\mathrm{i}\theta_k}\right\} \\
&= \mathrm{Re}\left\{\mathrm{e}^{-\mathrm{i}\frac{n\pi}{N}} \cdot \sum_{k=0}^{N/2-1} \left[(\sigma(k)+\mathrm{i}\rho(k))\mathrm{e}^{-\mathrm{i}\frac{(k+1/4)\pi}{N}}\right]\mathrm{e}^{-\mathrm{i}\frac{2\pi}{N/2}nk}\right\}
\end{aligned}
$$

或即

$$
\hat{x}^{(\mathrm{IV})}(2n) = \mathrm{Re}\left\{\mathrm{e}^{-\mathrm{i}\frac{n\pi}{N}} \cdot \frac{1}{\sqrt{N/2}}\sum_{k=0}^{N/2-1} \left[(\sigma(k)+\mathrm{i}\rho(k))\mathrm{e}^{-\mathrm{i}\frac{(k+1/4)\pi}{N}}\right]\mathrm{e}^{-\mathrm{i}\frac{2\pi}{N/2}nk}\right\}
$$

上式大括号中的和式恰好是 $N/2$ 长的傅里叶变换。于是,我们先计算

$$
\sigma_k + \mathrm{i}\rho_k \triangleq \lambda(k), \quad k = 0,\cdots,N/2-1
$$

的离散傅里叶变换,得到

$$
\hat{\lambda}(n), \quad n = 0,\cdots,N/2-1
$$

那么

$$\hat{x}^{(\mathrm{IV})}(2n)=\mathrm{Re}\{\mathrm{e}^{-\mathrm{i}\frac{n\pi}{N}}\hat{\lambda}(n)\},\quad n=0,\cdots,N/2-1$$

关于奇指标项 $\hat{x}(N-1-2n)$ 的计算(注意是倒序)类似可得

$$\hat{x}^{(\mathrm{IV})}(N-1-2n)=-\mathrm{lm}\{\mathrm{e}^{-\mathrm{i}\frac{n\pi\pi}{N}}\hat{\lambda}(n)\},\quad n=0,\cdots,N/2-1$$

现在把 $\{x(k)\}_{k=0}^{N-1}$ 的 DCT_Ⅳ 正变换快速算法总结如下:

DCT_Ⅳ 正变换快速算法

step1　抽取奇偶项,并且奇项倒序

$$\begin{cases}\sigma(k)=x(2k)\\ \rho(k)=x(N-1-2k)\end{cases},\quad k=0,\cdots,N/2$$

step2　利用 FFT 计算

$$\lambda_k=\sigma_k+\mathrm{i}\rho_k,\quad k=0,\cdots,N/2-1$$

的傅里叶变换,得到

$$\hat{\lambda}(n),n=0,\cdots,N/2-1$$

step3　得到结果(注意奇指标项是倒序)

$$\begin{cases}\hat{x}^{(\mathrm{IV})}(2n)=\mathrm{Re}\{\mathrm{e}^{-\mathrm{i}\frac{n\pi\pi}{N}}\hat{\lambda}(n)\}\\ \hat{x}^{(\mathrm{IV})}(N-1-2n)=-\mathrm{lm}\{\mathrm{e}^{-\mathrm{i}\frac{n\pi}{N}}\hat{\lambda}(n)\}\end{cases},\quad n=0,\cdots,N/2-1$$

关于逆变换,由前可知与正变换完全相同,只要将 $\{\hat{x}^{(\mathrm{IV})}(n)\}_{n=0}^{N-1}$ 作为输入而已。

现在估计这个算法的乘法次数。step2 包含 N 次实数乘法和 FFT 的 $\frac{N}{4}(\log_2\frac{N}{2}-1)$ 次复数乘法,一次复数乘法计 4 次实数乘法,故 step2 共有 $N\log_2 N-N$ 次实数乘法,再加上 step3 的 $4N$ 次实数乘法,故算法总共有 $N\log_2 N+3N$ 次实数乘法。

3.3　Ⅱ 型离散余弦变换

设有 N 周期序列 $\{x(k)\}$,取周期段 $x(0),x(1),\cdots,x(N-1)$,将其偶对称延拓(如图 3-6 所示):

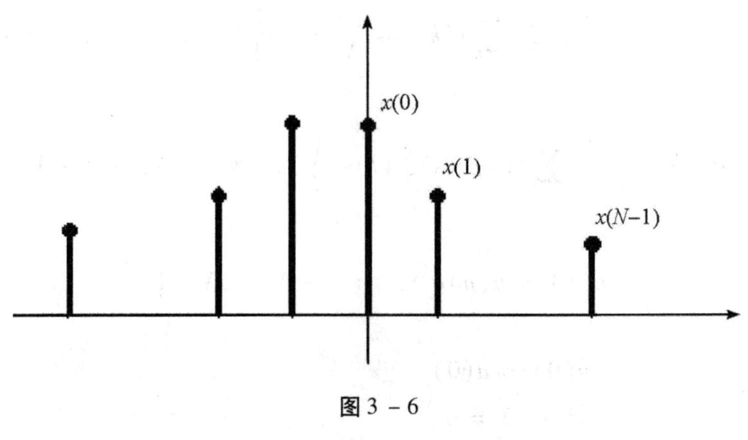

图 3-6

$$x(N-1),\cdots,x(1),x(0),x(0),x(1),\cdots,x(N-1)\tag{3.3.1}$$

然后再周期延拓，得到2N周期序列。对比一下 Ⅳ 型和 Ⅱ 型的延拓方式，Ⅳ 型的延拓在$N-1$项与N项之间有间断跳跃（反号）；但 Ⅱ 型在这两个位置的过渡是"平滑"的。"间断"会产生大的高频分量，这也是在实际工作中使用 Ⅱ 型的原因之一。

将式(3.3.1)重新记作

$$u(-N),\cdots,u(-1),u(0),u(1),\cdots,u(N-1)$$

即

$$u(k)=\begin{cases}x(k), & 0\leqslant k\leqslant N-1\\ x(-k-1), & -N\leqslant k\leqslant -1\end{cases}$$

我们先求出$\{u(k)\}_{k=-N}^{N-1}$的离散傅里叶变换$\{\hat{u}(n)\}_{n=-N}^{N-1}$，再反变换将$\{u(k)\}_{k=-N}^{N-1}$表示出来，然后把下标$k$限制在$0,1,\cdots,N-1$上，就得到了$x(0),x(1),\cdots,x(N-1)$的 Ⅱ 型 DCT 展式。

3.3.1 变换公式的推导

推导过程是细致和冗长的。最后总结为式(3.3.4)和式(3.3.5)。

$\{u(k)\}_{k=-N}^{N-1}$的傅里叶变换为

$$\hat{u}(n)=\frac{1}{\sqrt{2N}}\sum_{k=-N}^{N-1}u(k)\mathrm{e}^{-\mathrm{i}\frac{2\pi}{2N}kn}=\frac{1}{\sqrt{2N}}\sum_{k=-N}^{-1}u(k)\mathrm{e}^{-\mathrm{i}\frac{2\pi}{2N}kn}+\frac{1}{\sqrt{2N}}\sum_{k=0}^{N-1}u(k)\mathrm{e}^{-\mathrm{i}\frac{2\pi}{2N}kn}$$

其中

$$\begin{aligned}\sum_{k=-N}^{-1}u(k)\mathrm{e}^{-\mathrm{i}\frac{2\pi}{2N}kn}&=\sum_{k=-N}^{-1}x(-k-1)\mathrm{e}^{-\mathrm{i}\frac{\pi}{N}kn}=\sum_{k=0}^{N-1}x(k)\mathrm{e}^{\mathrm{i}\frac{\pi}{N}(k+1)n}\\&=\mathrm{e}^{\mathrm{i}\frac{n\pi}{2N}}\sum_{k=0}^{N-1}x(k)\mathrm{e}^{\mathrm{i}\frac{\pi}{N}(k+1/2)n}\sum_{k=0}^{N-1}=\mathrm{e}^{\mathrm{i}\frac{n\pi}{2N}}\sum_{k=0}^{N-1}x(k)\mathrm{e}^{-\mathrm{i}\frac{\pi}{N}(k+1/2)n}\end{aligned}$$

所以

$$\begin{aligned}\hat{u}(n)&=\mathrm{e}^{\mathrm{i}\frac{n\pi}{2N}}\frac{1}{\sqrt{2N}}\sum_{k=0}^{N-1}x(k)\left[\mathrm{e}^{\mathrm{i}\frac{\pi}{N}(k+1/2)n}+\mathrm{e}^{-\mathrm{i}\frac{\pi}{N}(k+1/2)n}\right]\\&=\mathrm{e}^{\mathrm{i}\frac{n\pi}{2N}}\sqrt{\frac{2}{N}}\sum_{k=0}^{N-1}x(k)\cos\frac{n\pi}{N}\left(k+\frac{1}{2}\right),\quad n=-N,\cdots,N-1\end{aligned}$$

若记

$$a(n)=\sqrt{\frac{2}{N}}\sum_{k=0}^{N-1}x(k)\cos\frac{n\pi}{N}\left(k+\frac{1}{2}\right),\quad n=-N,\cdots,N-1\tag{3.3.2}$$

则

$$\hat{u}(n)=a(n)\mathrm{e}^{\mathrm{i}\frac{n\pi}{2N}},\quad n=-N,\cdots,N-1$$

它具有性质

$$\begin{aligned}&\hat{u}(0)=a(0)\\&\hat{u}(-N)=0\\&\hat{u}(-n)=\overline{\hat{u}(n)},\quad n=1,\cdots,N-1\end{aligned}$$

再利用$\{\hat{u}(n)\}_{n=-N}^{N}$还原$\{u(k)\}_{k=-N}^{N}$：

$$
\begin{aligned}
u(k) &= \frac{1}{\sqrt{2N}}\sum_{n=-N}^{N-1}\hat{u}(n)\mathrm{e}^{\mathrm{i}\frac{2k\pi}{2N}n} \\
&= \frac{1}{\sqrt{2N}}\sum_{n=-N+1}^{-1}\hat{u}(n)\mathrm{e}^{\mathrm{i}\frac{k\pi}{N}n} + \frac{a(0)}{\sqrt{2N}} + \frac{1}{\sqrt{2N}}\sum_{n=1}^{N-1}\hat{u}(n)\mathrm{e}^{\mathrm{i}\frac{k\pi}{N}n} \\
&= \frac{1}{\sqrt{2N}}\sum_{n=1}^{N-1}\hat{u}(-n)\mathrm{e}^{-\mathrm{i}\frac{k\pi}{N}n} + \frac{a(0)}{\sqrt{2N}} + \frac{1}{\sqrt{2N}}\sum_{n=1}^{N-1}\hat{u}(n)\mathrm{e}^{\mathrm{i}\frac{k\pi}{N}n} \\
&= \frac{a(0)}{\sqrt{2N}} + \sqrt{\frac{2}{N}}\sum_{n=1}^{N-1}\mathrm{Re}\{\hat{u}(n)\mathrm{e}^{\mathrm{i}\frac{k\pi}{N}n}\} \\
&= \sqrt{\frac{1}{N}}\frac{a(0)}{\sqrt{2}} + \sqrt{\frac{2}{N}}\sum_{n=1}^{N-1}a(n)\cos\left[\frac{n\pi}{N}\left(k+\frac{1}{2}\right)\right]
\end{aligned}
$$

若记

$$
\hat{x}^{(\mathrm{II})}(n) = \begin{cases} a(0)/\sqrt{2}, & n=0 \\ a(n), & n=1,\cdots,N-1 \end{cases} \tag{3.3.3}
$$

则

$$
u(k) = \sqrt{\frac{1}{N}}\hat{x}^{(\mathrm{II})}(0) + \sqrt{\frac{2}{N}}\sum_{n=1}^{N-1}\hat{x}^{(\mathrm{II})}(n)\cos\left[\frac{n\pi}{N}\left(k+\frac{1}{2}\right)\right],\quad k=-N,\cdots,N-1
$$

限制k在$0\leqslant k\leqslant N-1$，得到

$$
x(k) = \sqrt{\frac{1}{N}}\hat{x}^{(\mathrm{II})}(0) + \sqrt{\frac{2}{N}}\sum_{n=1}^{N-1}\hat{x}^{(\mathrm{II})}(n)\cos\left[\frac{n\pi}{N}\left(k+\frac{1}{2}\right)\right],\quad k=0,\cdots,N-1 \tag{3.3.4}
$$

这是Ⅱ型DCT逆变换公式。结合式(3.3.2)和式(3.3.3)得到Ⅱ型DCT正变换公式：

$$
\begin{cases}
a(n) = \sqrt{\dfrac{2}{N}}\displaystyle\sum_{k=0}^{N-1}x(k)\cos\frac{n\pi}{N}\left(k+\frac{1}{2}\right), & n=0,\cdots,N-1 \\
\hat{x}^{(\mathrm{II})}(n) = \begin{cases} \dfrac{1}{\sqrt{2}}a(0), & n=0 \\ a(n), & n=1,\cdots,N-1 \end{cases}
\end{cases} \tag{3.3.5}
$$

可以用矩阵形式表达Ⅱ型DCT，记N阶矩阵（行、列指标都从0开始，k为列指标）

$$
D^{(\mathrm{II})} = \left(b_n\sqrt{\frac{2}{N}}\cos\left[\frac{n\pi}{N}\left(k+\frac{1}{2}\right)\right]\right)_{n,\,k=0,\cdots N-1}
$$

其中

$$
b_n = \begin{cases} 1/\sqrt{2}, & n=0 \\ 1, & n=1,\cdots,N-1 \end{cases}
$$

那么正变换式(3.3.5)等价于

$$\hat{x}^{(\mathrm{II})} = D^{(\mathrm{II})}x$$

逆变换式(3.3.4)等价于

$$x = (D^{(\mathrm{II})})^{\mathrm{T}}\hat{x}^{(\mathrm{II})}$$

由此可见,$D^{(\mathrm{II})}(D^{(\mathrm{II})})^{\mathrm{T}} = I$,即$D^{(\mathrm{II})}$是标准正交矩阵,或者说$D^{(\mathrm{II})}$的$N$个列构成$R^N$的三角标准正交基。

3.3.2 频率解释

固定$n(0 \leqslant n \leqslant N-1)$,考察无限序列(变量是$k$)

$$\lambda^{(n)}(k) = \sqrt{\frac{2}{N}}\hat{x}^{(\mathrm{II})}(n)\cos\left[\frac{n\pi}{N}\left(k+\frac{1}{2}\right)\right] = A_n\cos(\omega_n k + \varphi_n), \quad k \in \mathbf{Z}$$

其中

$$A_n = \sqrt{\frac{2}{N}}\hat{x}^{(\mathrm{II})}(n), \quad \omega_n = \frac{n\pi}{N}, \quad \varphi_n = \frac{1}{2}\frac{n\pi}{N}$$

$\{\lambda^{(n)}(k)\}_{k\in\mathbf{Z}}$是$2N$周期序列,有

$$\begin{aligned}\lambda^{(n)}(k+2N) &= A_n\cos[\omega_n(k+2N)+\varphi_n] \\ &= A_n\cos[\omega_n k+\varphi_n+2n\pi] \\ &= A_n\cos(\omega_n k+\varphi_n) = \lambda^{(n)}(k)\end{aligned}$$

取$\{\lambda^{(n)}(k)\}_{k\in\mathbf{Z}}$周期段

$$\lambda^{(n)}(0),\lambda^{(n)}(1),\cdots,\lambda^{(n)}(N-1),\lambda^{(n)}(N),\cdots,\lambda^{(n)}(2N-1)$$

的前1/2段

$$\lambda^{(n)}(0),\lambda^{(n)}(1),\cdots,\lambda^{(n)}(N-1)$$

再延拓为N周期序列$\{\mu^{(n)}(k)\}_{k\in\mathbf{Z}}$. 那么式(3.3.4)表明,原$N$周期序列$\{x(k)\}_{k\in\mathbf{Z}}$是$N$个$N$周期序列$\{\mu^{(n)}(k)\}_{k\in\mathbf{Z}}$, $(n = 0,\cdots,N-1)$之和:

$$x = \sum_{n=0}^{N-1}\mu^{(n)}$$

周期序列$\mu^{(n)}$的振幅是$|A_n|$,频率是ω_n,初位相是φ_n. 所以$\{x(k)\}_{k\in\mathbf{Z}}$的频率集合是

$$\omega_n = \frac{\pi}{N}n, \quad n = 0,\cdots,N-1$$

N周期序列的三种变换DFT、Ⅳ型DCT、Ⅱ型DCT,频率集合分别为

$$\omega_n^{(F)} = \frac{\pi}{N}(2n), \quad \omega_n^{(\mathrm{IV})} = \frac{\pi}{N}\left(n+\frac{1}{2}\right), \quad \omega_n^{(\mathrm{II})} = \frac{\pi}{N}n, \quad n = 0,\cdots,N-1$$

其中Ⅱ型DCT的频率最小,因为Ⅱ型DCT的延拓方式最“平滑”。

3.3.3　正变换快速算法

虽然从矩阵形式看，正变换与逆变换只是转置的差别，但其快速算法是互逆的过程，需要分开叙述。仍假设 N 为 2 的幂次。

按照正变换式(3.3.5)，需计算

$$\hat{x}^{(\mathrm{II})}(n)=\sqrt{\frac{2}{N}}\sum_{k=0}^{N-1}x(k)\cos\left[\frac{n\pi}{N}\left(k+\frac{1}{2}\right)\right],\quad n=0,\cdots,N-1$$

最后将 $x^{(\mathrm{II})}(0)$ 除以$\sqrt{2}$. 下面的表述就把上式称为 Ⅱ 型正变换。

考虑如何快速计算上式，办法是重新组合上式求和，就可以利用 Ⅳ 型快速算法。整个计算是一个递推过程。

$$\hat{x}^{(\mathrm{II})}(n)=\sqrt{\frac{2}{N}}\sum_{k=0}^{N/2-1}x(k)\cos\left[\frac{n\pi}{N}\left(k+\frac{1}{2}\right)\right]+\sqrt{\frac{2}{N}}\sum_{k=N/2}^{N-1}x(k)\cos\left[\frac{n\pi}{N}\left(k+\frac{1}{2}\right)\right]$$

计算第二个和式

$$\begin{aligned}\sqrt{\frac{2}{N}}\sum_{k=N/2}^{N-1}x(k)\cos\left[\frac{n\pi}{N}\left(k+\frac{1}{2}\right)\right]&=\sqrt{\frac{2}{N}}\sum_{k=0}^{N/2-1}x(N-1-k)\cos\left[\frac{n\pi}{N}\left(N-k-\frac{1}{2}\right)\right]\\&=(-1)^{n}\sqrt{\frac{2}{N}}\sum_{k=0}^{N/2-1}x(N-1-k)\cos\left[\frac{n\pi}{N}\left(k+\frac{1}{2}\right)\right]\end{aligned}$$

所以

$$\hat{x}^{(\mathrm{II})}(n)=\sqrt{\frac{2}{N}}\sum_{k=0}^{N/2-1}\left[x(k)+(-1)^{n}x(N-1-k)\right]\cos\frac{n\pi}{N}\left(k+\frac{1}{2}\right)\tag{3.3.6}$$

当式(3.3.6) 中 n 为偶指标时，

$$\begin{aligned}\hat{x}^{(\mathrm{II})}(2n)&=\sqrt{\frac{2}{N/2}}\sum_{k=0}^{N/2-1}\frac{x(k)+x(N-1-k)}{\sqrt{2}}\cos\frac{n\pi}{N/2}\left(k+\frac{1}{2}\right)\\&=\mathrm{DCT\_II}\left\{\frac{x(k)+x(N-1-k)}{\sqrt{2}}\right\}_{k=0}^{N/2},\quad n=0,\cdots,\frac{N}{2}-1\end{aligned}\tag{3.3.7}$$

其中 DCT_Ⅱ{·} 表示对括号中的序列作 Ⅱ 型离散余弦正变换。当式(3.3.6) 中 n 为奇指标时，

$$\begin{aligned}\hat{x}^{(\mathrm{II})}(2n+1)&=\sqrt{\frac{2}{N/2}}\sum_{k=0}^{N/2-1}\frac{x(k)-x(N-1-k)}{\sqrt{2}}\cos\left[\frac{\pi}{N/2}\left(n+\frac{1}{2}\right)\left(k+\frac{1}{2}\right)\right]\\&=\mathrm{DCT\_IV}\left\{\frac{x(k)-x(N-1-k)}{\sqrt{2}}\right\}_{k=0}^{N/2-1},\quad n=0,\cdots,\frac{N}{2}-1\end{aligned}\tag{3.3.8}$$

DCT_Ⅳ{·} 表示对括号中的序列作 Ⅳ 型离散余弦变换。式(3.3.7)(3.3.8) 告诉我们，一个序列的 DCT_Ⅱ 正变换可以这样进行，奇指标项是将序列对折相减除以$\sqrt{2}$，然后作 DCT_Ⅳ 快速变换；偶指标项是将序列对折相加除以$\sqrt{2}$，然后作 DCT_Ⅱ 正变换。而为了计算后者，可以再一次利用这个规则 … 整个计算是一个递推过程。图3－7 以 $N=8$ 为例，描述$\{x(k)\}_{k=0}^{7}$ 的快速变换计算步骤。

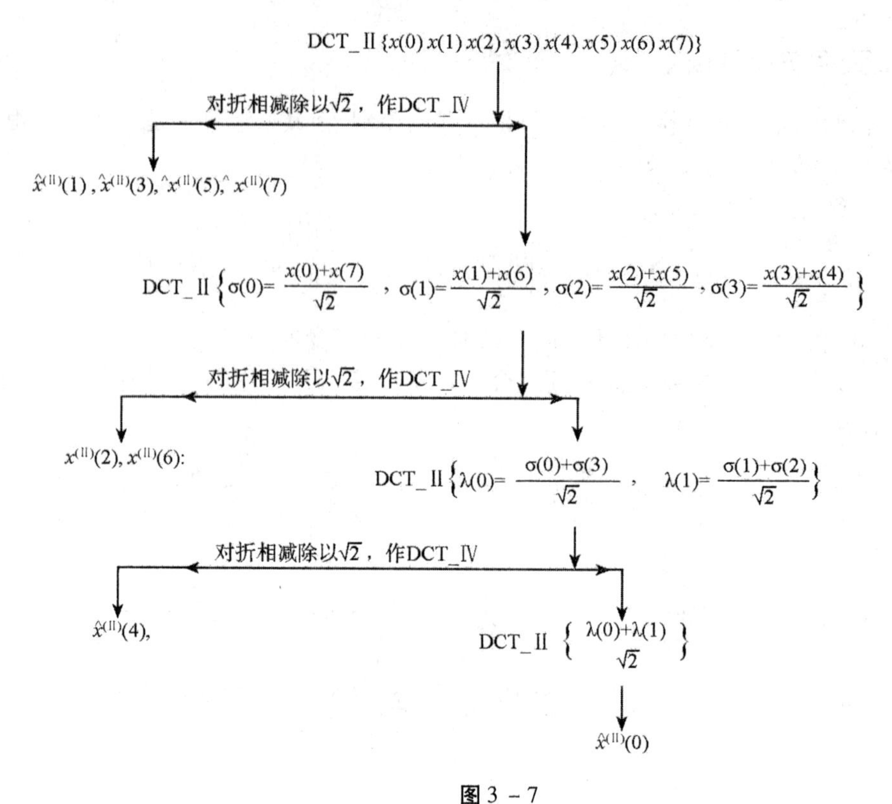

图3 －7

3.3.4 逆变换快速算法

按照式(3.3.4),先将 $\hat{x}^{(\mathrm{II})}(0)$ 除以$\sqrt{2}$,那么

$$x(k)=\sqrt{\frac{2}{N}}\sum_{n=0}^{N-1}\hat{x}^{(\mathrm{II})}(n)\cos\left[\frac{n\pi}{N}\left(k+\frac{1}{2}\right)\right],\quad k=0,\cdots,N-1$$

下面的表述将上式称为 Ⅱ 型逆变换。

DCT_Ⅱ 逆变换快速算法是正变换快速算法的逆递推过程。根据正变换的两个公式

$$\begin{cases}\hat{x}^{(\mathrm{II})}(2n)=\mathrm{DCT\_II}\left\{\dfrac{x(k)+x(N-1-k)}{\sqrt{2}}\right\}_{k=0}^{N/2}\\ \hat{x}^{(\mathrm{II})}(2n+1)=\mathrm{DCT\_IV}\left\{\dfrac{x(k)-x(N-1-k)}{\sqrt{2}}\right\}_{k=0}^{N/2-1}\end{cases},\quad n=0,\cdots,\frac{N}{2}-1$$

可知,对$\{\hat{x}^{(\mathrm{II})}(2n+1)\}_{n=0}^{N/2-1}$ 作 DCT_Ⅳ 快速逆变换(与正变换相同),就得到

$$\frac{x(k)-x(N-1-k)}{\sqrt{2}}\triangleq\rho_k,\quad k=0,\cdots,N/2-1$$

对$\{\hat{x}^{(\mathrm{II})}(2n)\}_{n=0}^{N/2-1}$ 作 DCT_Ⅱ 逆变换(不考虑第一个分量乘因子的问题),就得到

$$\frac{x(k)+x(N-1-k)}{\sqrt{2}}\triangleq\sigma_k\quad k=0,\cdots,N/2-1$$

于是

$$\begin{cases} x(k) = (\sigma_k + \rho_k)/\sqrt{2} \\ x(N-1-k) = (\sigma_k - \rho_k)/\sqrt{2} \end{cases}, \quad k = 0,\cdots,N/2-1$$

所以,$\{x(n)\}_{n=0}^{N-1}$ 的 DCT_Ⅱ 逆变换问题转化成$\{x(2n)\}_{n=0}^{N/2-1}$ 的 DCT_Ⅱ 逆变换问题。而为了完成$\{x(2n)\}_{n=0}^{N/2-1}$ 的 DCT_Ⅱ 逆变换,再一次使用这个思路,递推下去…,最终要做的是单个元素的变换,即单点 $\hat{x}^{(\mathrm{II})}(0)$ 的 DCT_Ⅱ 逆变换(就是$\sqrt{2}\hat{x}^{(\mathrm{II})}(0)$)和单点 $\hat{x}^{(\mathrm{II})}(N/2)$ 的 DCT_Ⅳ 逆变换(就是它本身)。

以 $N=8$ 为例,描述$\{\hat{x}^{(\mathrm{II})}(n)\}_{n=0}^{7}$ 的快速逆变换计算步骤。问题被分解为各级子问题(见图 3－8)。

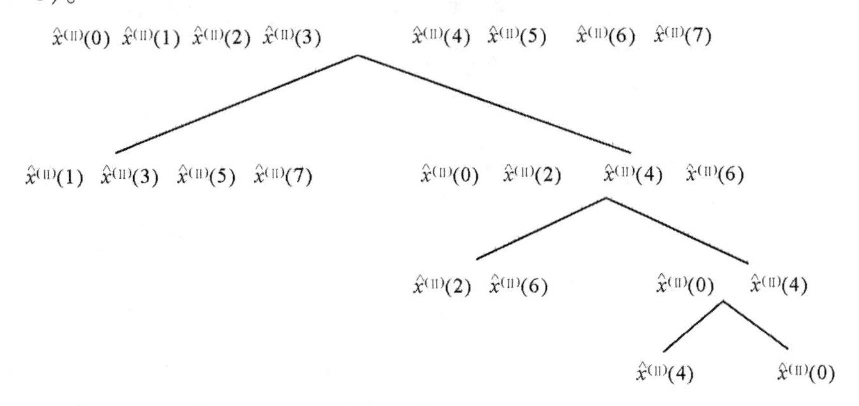

图 3－8

计算过程是从底部向上递推,用 $\mathrm{DCT\_II}^{-1}\{\cdot\}$ 表示 DCT_Ⅱ 逆变换。

Step0　$\mathrm{DCT\_II}^{-1}(\hat{x}^{(\mathrm{II})}(0)) = \sigma_0^{(0)}$

Step1

$$\mathrm{DCT\_IV}(\hat{x}^{(\mathrm{II})}(4)) = \rho_0^{(0)}$$
$$\sigma_0^{(1)} = (\sigma_0^{(0)} + \rho_0^{(0)})/\sqrt{2}$$
$$\sigma_1^{(1)} = (\sigma_0^{(0)} - \rho_0^{(0)})/\sqrt{2}$$

至此完成了

$$\mathrm{DCT\_II}^{-1}(\hat{x}^{(\mathrm{II})}(0),\hat{x}^{(\mathrm{II})}(4)) = (\sigma_0^{(1)},\sigma_1^{(1)})$$

Step2

$$\mathrm{DCT\_IV}(\hat{x}^{(\mathrm{II})}(2),\hat{x}^{(\mathrm{II})}(6)) = (\rho_0^{(1)},\rho_1^{(1)})$$
$$\sigma_0^{(2)} = (\sigma_0^{(1)} + \rho_0^{(1)})/\sqrt{2}$$
$$\sigma_1^{(2)} = (\sigma_1^{(1)} + \rho_1^{(1)})/\sqrt{2}$$
$$\sigma_2^{(2)} = (\sigma_1^{(1)} - \rho_1^{(1)})/\sqrt{2}$$
$$\sigma_3^{(2)} = (\sigma_0^{(1)} - \rho_0^{(1)})/\sqrt{2}$$

至此完成了

$$\mathrm{DCT\_II}^{-1}(\hat{x}^{(\mathrm{II})}(0),\hat{x}^{(\mathrm{II})}(2),\hat{x}^{(\mathrm{II})}(4),\hat{x}^{(\mathrm{II})}(6)) = (\sigma_0^{(2)},\sigma_1^{(2)},\sigma_2^{(2)},\sigma_3^{(2)})$$

Step3

$$\text{DCT\_IV}(\hat{x}^{(\text{II})}(1),\hat{x}^{(\text{II})}(3),\hat{x}^{(\text{II})}(5),\hat{x}^{(\text{II})}(7)) = (\rho_0^{(2)},\rho_1^{(2)},\rho_2^{(2)},\rho_3^{(2)})$$

$$\sigma_0^{(3)} = (\sigma_0^{(2)} + \rho_0^{(2)})/\sqrt{2}, \qquad \sigma_4^{(3)} = (\sigma_3^{(2)} - \rho_3^{(2)})/\sqrt{2}$$

$$\sigma_1^{(3)} = (\sigma_1^{(2)} + \rho_1^{(2)})/\sqrt{2}, \qquad \sigma_5^{(3)} = (\sigma_2^{(2)} - \rho_2^{(2)})/\sqrt{2}$$

$$\sigma_2^{(3)} = (\sigma_2^{(2)} + \rho_2^{(2)})/\sqrt{2}, \qquad \sigma_6^{(3)} = (\sigma_1^{(2)} - \rho_1^{(2)})/\sqrt{2}$$

$$\sigma_3^{(3)} = (\sigma_3^{(2)} + \rho_3^{(2)})/\sqrt{2}, \qquad \sigma_7^{(3)} = (\sigma_0^{(2)} - \rho_0^{(2)})/\sqrt{2}$$

至此完成了

$$\begin{aligned}&\text{DCT\_II}^{-1}(\hat{x}^{(\text{II})}(0),\hat{x}^{(\text{II})}(1),\hat{x}^{(\text{II})}(2),\hat{x}^{(\text{II})}(3),\hat{x}^{(\text{II})}(4),\hat{x}^{(\text{II})}(5),\hat{x}^{(\text{II})}(6),\hat{x}^{(\text{II})}(7))\\&= (\sigma_0^{(3)},\sigma_1^{(3)},\sigma_2^{(3)},\sigma_3^{(3)},\sigma_4^{(3)},\sigma_5^{(3)},\sigma_6^{(3)},\sigma_7^{(3)})\\&= (x(0),x(1),x(2),x(3),x(4),x(5),x(6),x(7))\end{aligned}$$

3.3.5 DCT_Ⅱ 信号去噪示例

用仪器量测接受到的信号通常是含有噪声的。假设真实的信号值为 $x(k)$，噪声为 $e(k)$，那么我们量测得到的信号值是

$$y(k) = x(k) + e(k)$$

如果我们知道每一个 $e(k)$ 值，从 $y(k)$ 中减去 $e(k)$ 就得到原信号值。问题是噪声是随机的，我们并不知道 $e(k)$ 的具体值。在时域中看来，噪声混入信号就像盐融入水，我们没法用汤匙把盐与水分开。但是在频域中，有可能将他们大致区分开来。

粗略地说，信号序列的频域分为低频（$|\omega| \leqslant \pi/2$）和高频（$\pi/2 < |\omega| \leqslant \pi$）两部分（不一定以 $\pi/2$ 为界点）。以音乐为例，低频部分使我们感受到音乐的基音和旋律，而高频使音质清晰明亮。去掉高频部分，声音显得浑浊；但去掉低频部分，则不知所云。对于图像信号，例如一张人脸，它的低频决定人脸的轮廓和面部的大致起伏，而高频描绘面部的细节。去掉高频部分，面部显得粗糙、模糊；但去掉低频部分，则完全不知为何人。一般来说，信号序列 $x(k)$ 的低频是信号的主体。原始连续时间信号 $x(t)$ 越光滑，则 $x(t)$（或者抽样值 $x(k)$）的低频能量就越大，而高频分量越小。噪声序列 $e(k)$ 通常杂乱无章、振动比较激烈，它的能量在高频部分聚集得较多一些。在不太恶劣的环境下，噪声 $e(k)$ 的能量一般远小于真实信号 $x(k)$ 的能量。

基于上述比较合理的假设，现在来看量测值 $y(k)$ 的频谱。$y(k)$ 的低频部分既包含了 $x(k)$ 的低频能量，也包含了噪声 $e(k)$ 的低频能量，但是 $x(k)$ 的低频能量应该是主体。在 $y(k)$ 的高频部分，同样包含了 $x(k)$ 的高频能量和 $e(k)$ 的高频能量。如果我们去掉 $y(k)$ 的高频能量，会有三个效应：(1) 一定程度地减弱了噪声 $e(k)$ 对 $x(k)$ 的干扰；(2) $x(k)$ 也受到一定的损失；(3) 低频部分可能仍然受到 $e(k)$ 的干扰。整体来说，还是达到了一定的去噪效果。当 $x(k)$ 的能量主要集聚在低频，而 $e(k)$ 的能量主要集聚在高频，即 $x(k)$ 和 $e(k)$ 的频谱重叠越少，则去噪效果就越好。用下面这个例子，逐步阐释上面的意思。

第一步，生成原信号序列。取光滑函数

$$f(t) = 3\sin(9\pi t) - 4\sin(3\pi t)$$

在[0,1]区间上等间隔的 $128 = 2^7$ 个点值作为信号序列

$$x(k) = f(k\Delta), \quad (k = 0,\cdots,127; \quad \Delta = 1/127)$$

把它视作两端无限延伸为零的能量有限序列,换言之,信号序列取自于信号函数

$$f(t) = \begin{cases} 3\sin(9\pi t) - 4\sin(3\pi t), & 0 \leqslant t \leqslant 1 \\ 0, & \text{其它} \end{cases}$$

绘出 $(k\Delta, x(k))$,$k = 0,\cdots,127$ 连成的曲线,以及 $\{x(k)\}_{k=0}^{127}$ 对应的频谱

$$X(\omega) = \sum_{k=0}^{127} x(k)\mathrm{e}^{-\mathrm{i}k\omega}$$

的幅值 $|X(\omega)|$,如图 3 - 9 所示,它们分别在时域和频域描述了信号序列 $x(k)$。

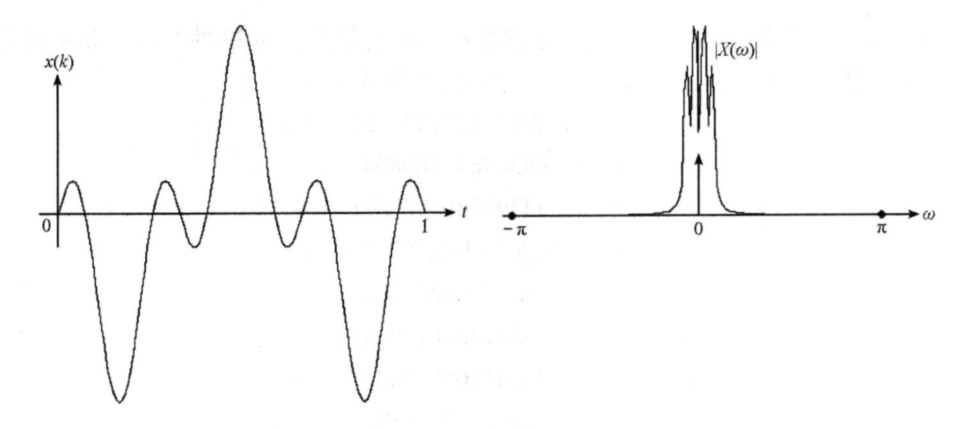

图 3 - 9

可见 $\{x(k)\}_{k=0}^{127}$ 的能量几乎全部集中在低频部分,因为除了 $t = 0$ 和 $t = 1$ 处它是光滑的。

第二步,构造一个噪声序列。先产生 107 个期望为 0、均方差为 2 的高斯随机数(保存下来)

$$e(k), (k = 0,\cdots,106)$$

为什么 $e(k)$ 的个数不是 128 而是 107 呢?后面会给出一个解释。绘出 $(k\Delta, e(k))$,$k = 0,\cdots,106$ 连成的曲线(这里 $\Delta = 1/106$),以及 $\{e(k)\}_{k=0}^{106}$ 对应的频谱

$$E(\omega) = \sum_{k=0}^{106} e(k)\mathrm{e}^{-\mathrm{i}k\omega}$$

的幅值 $|E(\omega)|$,如图 3 - 10 所示。它们分别在时域和频域描述了噪声序列 $e(k)$.

从图3 - 10 可以看出,噪声 $\{e(k)\}_{k=0}^{106}$ 的频谱在低频和高频分量大致相当。为了把"去噪效果" 演示得好看一些,我们希望修正噪声 $\{e(k)\}_{k=0}^{106}$,降低它在低频部分的能量。

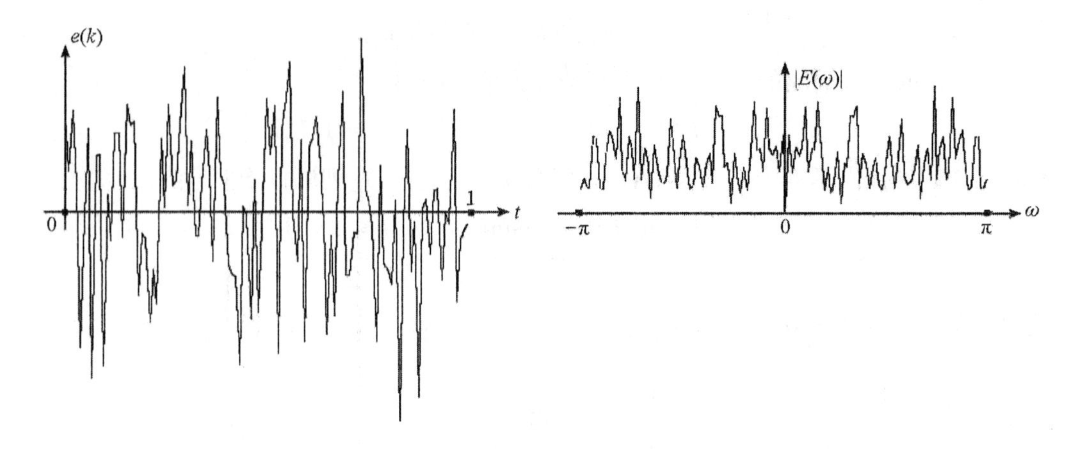

图 3 - 10

第三步，修正噪声。借用一个高通滤波器 $H(\omega)$，这是长度为 22 的 Daubechies 高通正交小波滤波器，$H(\omega)$ 的系数如下，它的频谱幅值如图 3 - 11 所示。

$$h(0) = -4.49427427723575E-006$$
$$h(1) = -3.46349841869804E-005$$
$$h(2) = -5.44390746993683E-005$$
$$h(3) = 2.49152523552772E-004$$
$$h(4) = 8.93023250666187E-004$$
$$h(5) = -3.08592858814908E-004$$
$$h(6) = -4.92841765605827E-003$$
$$h(7) = -3.34085887301595E-003$$
$$h(8) = 1.53648209062015E-002$$
$$h(9) = 2.08409043601702E-002$$
$$h(10) = -3.13350902189995E-002$$
$$h(11) = -6.643878569510871E-002$$
$$h(12) = 4.6479955116807E-002$$
$$h(13) = 0.149812012466167$$
$$h(14) = -6.604358819641761E-002$$
$$h(15) = -0.274230846818073$$
$$h(16) = 0.162275245027339$$
$$h(17) = 0.411964368948224$$
$$h(18) = -0.685686774916461$$
$$h(19) = 0.449899764356164$$
$$h(20) = -0.144067021150654$$
$$h(21) = 1.86942977614742E-002$$

用 $H(\omega)$ 对 $E(\omega)$ 滤波，即 $\{h(k)\}_{k=0}^{21}$ 与 $\{e(k)\}_{k=0}^{106}$ 作线性卷积，得到修正后的噪声序列 $r(k)$：

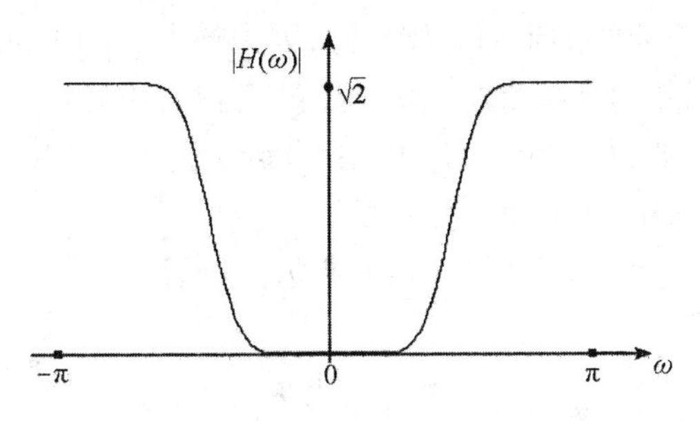

图 3 - 11

$$r = h * e$$

r 序列的长度是 $107 + 22 - 1 = 128$. 绘出

$$(k\Delta,\ r(k)),\quad (k = 0,\cdots 127,\ \Delta = 1/128)$$

连成的曲线,以及 $\{r(k)\}_{k=0}^{127}$ 对应的频谱

$$R(\omega) = \sum_{k=0}^{127} r(k)\mathrm{e}^{-\mathrm{i}k\omega}$$

的幅值 $|R(\omega)|$,如图 3 - 12 所示,它们分别在时域和频域描述了噪声序列 $r(k)$.

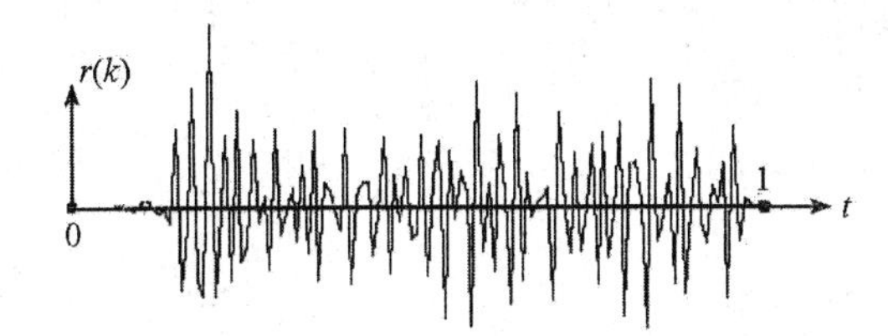

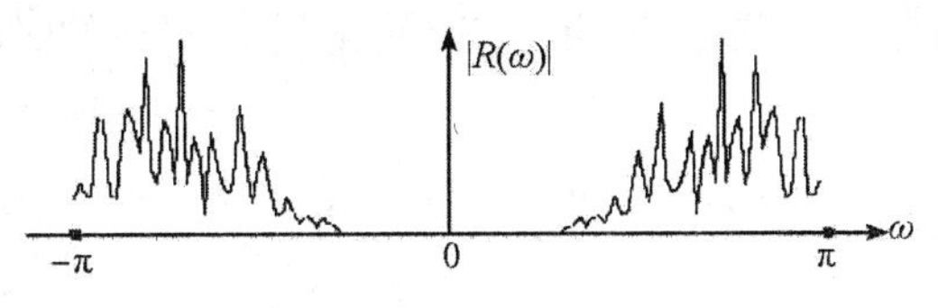

图 3 - 12

可以看到 $R(\omega)$ 在低频部分几乎减弱为零。

第四步,把噪声 $\{r(k)\}_{k=0}^{127}$ 混入信号 $\{x(k)\}_{k=0}^{127}$,得到

$$y(k) = x(k) + r(k),\quad k = 0,\cdots,127$$

$\{y(k)\}_{k=0}^{127}$ 和 $\{x(k)\}_{k=0}^{127}$ 的图形如图 3 - 13 所示。

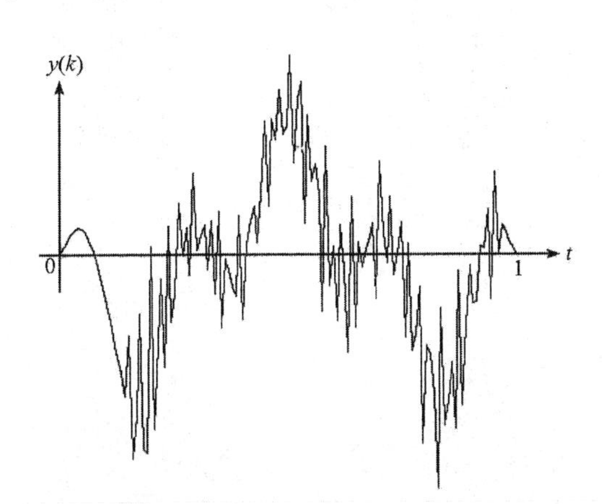

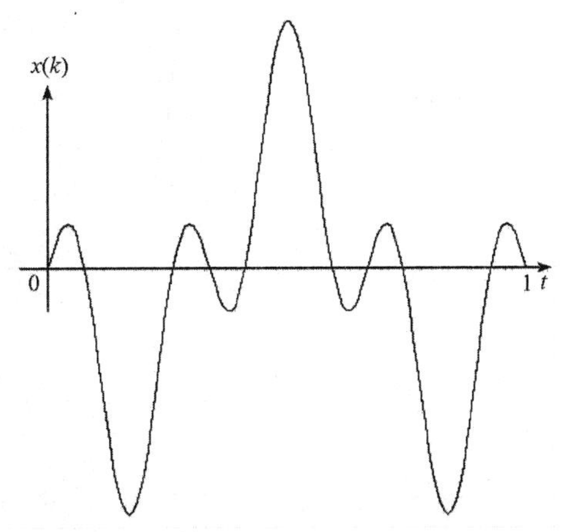

图 3 - 13

在图3－13中，两条曲线的走向大体相同，因为噪声 $r(k)$ 的低频几乎为零，低频决定曲线的走向。但 $r(k)$ 强烈的高频给曲线添加了幅度较大的毛刺。

第五步，利用DCT_Ⅱ从 $\{y(k)\}_{k=0}^{127}$ 中去除噪声。把 $\{y(k)\}_{k=0}^{127}$ 当成周期为128的周期序列的一个周期段，对它作DCT_Ⅱ变换，得到

$$\hat{y}^{(\mathrm{II})}(n), n=0,\cdots,127$$

频域中有128个频率点

$$\omega_n^{(\mathrm{II})}=\frac{\pi}{128}n, n=0,\cdots,N-1$$

每个频点 $\omega_n^{(\mathrm{II})}$ 对应的振幅是 $|\hat{y}^{(\mathrm{II})}(n)|$. 注意，因为周期性，两端是高频点，中间是低频点。

如果把部分高频点对应的振幅置为零，从而去除 $\{y(k)\}_{k=0}^{127}$ 的高频能量，

$$\begin{cases}\hat{y}^{(\mathrm{II})}(n)\Leftarrow 0\\ \hat{y}^{(\mathrm{II})}(N-1-n)\Leftarrow 0\end{cases}\quad n=0,\cdots,s$$

其中 $0<s<127$ 为某个选定的正整数。这里令 $s=20$，得到

$$(0\cdots 0\quad \hat{y}^{(\mathrm{II})}(21)\quad\cdots\quad \hat{y}^{(\mathrm{II})}(N-21)\quad 0\quad\cdots\quad 0)^{\mathrm{T}}\triangleq \hat{y}_0$$

再对 $\hat{y}_0$ 作DCT_Ⅱ逆变换，得到 $\hat{y}_0$ 对应的时域信号

$$y_0=\mathrm{DCT\_II}^{-1}(\hat{y}_0)$$

它应该在一定程度上恢复成原信号 x. 实际效果如图3－14所示，左边是 $\{y_0(k)\}_{k=0}^{127}$ 对应的曲线，右边是原信号 $\{x(k)\}_{k=0}^{127}$ 的曲线。

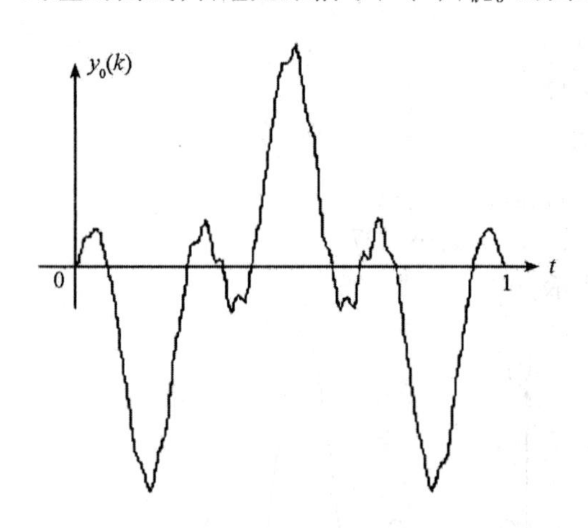

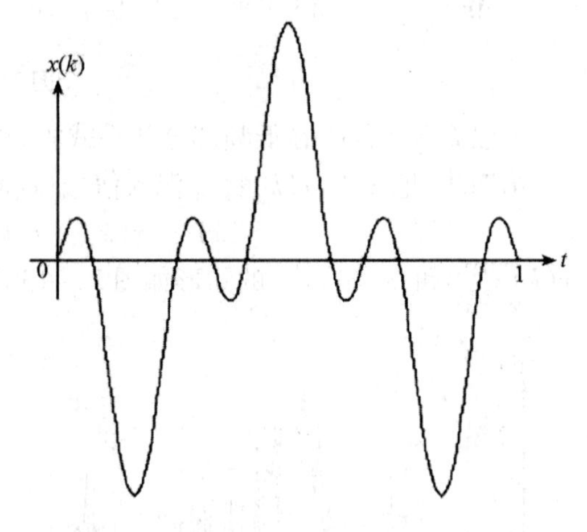

图3－14

第四章　序列滤波与抽插

数字信号处理的核心问题之一是滤波。前面节 1.3 简单地介绍了序列滤波的概念，在时域中它是两个序列的卷积，在频域中它是两个频率响应函数的乘积。伴随滤波的还有对序列的一些常用操作，如移位、翻转、抽插，其中抽插是最重要的操作。本章要进一步考察序列滤波的性质。节 4.1 表明，滤波等价于线性时不变系统；节 4.2 介绍了序列的抽插、M - 带信号、序列采样还原定理。节 4.3 介绍了抽插与滤波如何交换次序，这是多速率滤波的理论基础。节 4.4 介绍了线性相位滤波器，给出了线性相位滤波器的通式。

一个离散时间信号序列记作

$$x = (\cdots, x(-2), x(-1), x(0), x(1), x(2), \cdots)$$

括号中的指标可以理解为时间，负指标代表过去，0 代表现在，正指标代表将来，这是信号的时域表示。通常假设 x 为能量有限序列，即 x 是平方可和的。有时为了说明问题的简便，也考虑不符合该条件的信号，例如典型的纯频率信号 $x(n) = e^{in\omega_0}$.

因为信号与其频谱互相唯一决定，可以在频域中表示信号 x：

$$X(\omega) = \sum_{k \in \mathbf{Z}} x(k) e^{-ik\omega}$$

它是 2π 周期函数。信号序列的第三种表示称为 z 域表示：

$$X(z) = \sum_{k \in \mathbf{Z}} x(k) z^{-k}$$

表面上看，它把频域表示中的 $e^{i\omega}$ 简记为 z，其实它是频域表示的一种扩充。在频域表示中，$e^{-ik\omega}$ 处在复平面的单位圆上，而现在 z 可以在复平面上任意位置。考察信号序列的某些性质时，限制复变量 z 在单位圆上是不够的。

4.1　线性时不变(LTI) 系统

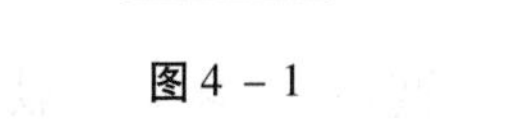

对信号序列 x 作处理，就是把 x 作为输入送入一个处理系统，而系统的输出序列 y 就是处理后的结果（如图 4 - 1 所示）。系统可以分为线性、非线性两类。每一类又可以分为时变和时不变。系统的线性是指，多个信号叠加的输出等于各信号输出的叠加；时不变是指系统的特征参数不随时间改变，换言之，一个信号的输出与该信号何时进入系统无关（除了时间的延迟的情况）。一类重要的处理系统称为线性时不变系统（LTI），许多实际系统如信号传输、去噪、压缩等，要么是线性时不变系统，要么可以用线性时不变系统近似。为了探讨线性时不变系统的特性，先介绍信号序列的两个基本操作。

x → 系统 L → $y=Lx$

图 4 - 1

4.1.1 移位、翻转和离散脉冲

除滤波之外，对序列 x 的基本操作是移位、翻转和抽插。本节先讨论移位和翻转。

定义时域中的移位算子 S，它将 x 向右移动一位(如图 4 - 2 所示)：

$$(Sx)(k) = x(k-1), \quad k \in \mathbf{Z}$$

$$x = (\cdots, x(-2), x(-1), x(0), x(1), x(2), \cdots)$$

$$\updownarrow$$

$$Sx = (\cdots, x(-3), x(-2), x(-1), x(0), x(1), \cdots)$$

图 4 - 2

Sx 称为 x 的一步延迟。S 的逆算子 S^{-1} 对应左移：

$$(S^{-1}x)(k) = x(k+1)$$

称之为 x 的一步超前。实际上，无需特意区别 S 与 S^{-1}，因为 S^{-1} 可以理解为延迟(-1)步。同理，$S^n x$ 表示对 x 作 n 次移位：

$$(S^n x)(k) = x(k-n)$$

当 $n>0$ 时右移 n 位(延迟 n 步)，当 $n<0$ 时左移 n 位(超前 n 步)。容易验证，时域中的移位操作在频域中表现为

$$x \to S^n x, \; X(\omega) \to \mathrm{e}^{-\mathrm{i}n\omega} X(\omega)$$

可见移位只改变频谱的相位，不改变频谱的振幅。时域中的移位操作在 z 域中表现为

$$x \to S^n x, \; X(z) \to z^{-n} X(z)$$

对序列 x 的翻转操作，是以 $x(0)$ 为对称中心交换两边的元素，记作 x^-（见图 4 - 3）。

$$x = (\cdots, \; x(-2), \; x(-1), \; x(0), \; x(1), \; x(2), \cdots)$$

$$x^- = (\cdots, \; x(2), \; x(1), \; x(0), \; x(-1), \; x(-2), \cdots)$$

图 4 - 3

$$x^-(k) = x(-k), \quad k \in \mathbf{Z}$$

容易验证，时域中的翻转在频域中表现为取共轭(注意 x 为实序列)：

$$x \to x^-, \quad X(\omega) \to \overline{X(\omega)}$$

时域中的翻转在 z 频域中表现为

$$x \to x^-, \quad X(z) \to X(z^{-1})$$

利用移位和翻转操作，可以把两个序列 x, h 的卷积表示为内积的形式：

$$\begin{aligned}(x*h)(k) &= \sum_n x(n)h(k-n) = \sum_n x(n)h^-(n-k) \\ &= \sum_n x(n)(S^k h^-)(n) = \langle x, S^k h^- \rangle\end{aligned}$$

先翻转 h，再移 k 位，使得 $h(0)$ 对准 $x(k)$，对应元素相乘再相加(如图 4 - 4 所示)。

$$\cdots, \quad h(1), \quad h(0), \quad h(-1), \quad \cdots$$

$$\updownarrow \quad \updownarrow \quad \updownarrow$$

$$\cdots, x(-1), \; x(0), \; \cdots, \; x(k-1), \; x(k), \; x(k+1), \; \cdots$$

图 4 - 4

连续时间有 δ 脉冲函数(见节 2.2),离散时间有类似的离散脉冲(如图 4 - 5(a) 所示):

$$\delta(k)=\begin{cases}1, & k=0\\0, & k\neq 0\end{cases}$$

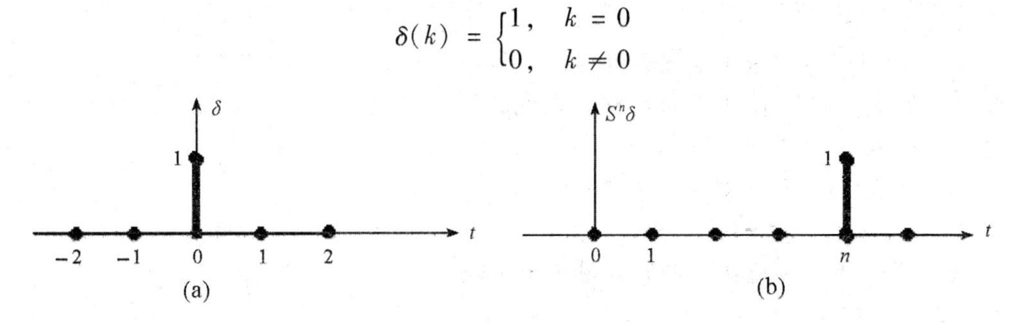

图 4 - 5

离散脉冲的移位(见图 4 - 5(b)):

$$(S^n\delta)(k)=\delta(k-n)=\begin{cases}1, & k=n\\0, & k\neq n\end{cases}$$

显然,对任意序列 x,

$$x=\sum_{n\in\mathbf{Z}}x(n)S^n\delta \tag{4.1.1}$$

4.1.2　等价于滤波

系统 L 的线性是指,两个信号的线性组合对应的输出,等于两个信号输出的线性组合:

$$L(ax^{(1)}+bx^{(2)})=aLx^{(1)}+bLx^{(2)}$$

时不变系统的特征参数保持恒定,这意味着信号输入的早晚不影响信号整体的输出,只不过在时间上有延迟,如果 $\{x(k)\}$ 的输出为 $\{y(k)\}$,则 $\{x(k-n)\}$ 的输出为 $\{y(k-n)\}$,或者说,输入信号先延迟再变换等于先变换再延迟(见图 4 - 6),也就是说,系统算子 L 与移位算子 S 是可交换的:

图 4 - 6

$$LSx=SLx$$

对于线性时不变系统 L,只要知道离散脉冲 δ 的输出(称为系统的脉冲响应)

$$L\delta\triangleq h=(\cdots,h(-1),h(0),h(1),\cdots)$$

就可得到任意输入 x 的输出 Lx。事实上,由式(4.1.1) 和 L 的线性时不变性质,

$$\begin{aligned}Lx&=L\Big[\sum_{n\in\mathbf{Z}}x(n)S^n\delta\Big]=\sum_{n\in\mathbf{Z}}x(n)L(S^n\delta)\\&=\sum_{n\in\mathbf{Z}}x(n)S^nL\delta=\sum_{n\in\mathbf{Z}}x(n)S^nh\end{aligned}$$

Lx 的第 k 个元素

$$\begin{aligned}y(k)&=(Lx)(k)=\sum_{n\in\mathbf{Z}}x(n)(S^nh)(k)\\&=\sum_{n\in\mathbf{Z}}x(n)h(k-n)=(h*x)(k)\end{aligned}$$

可见,对任意输入 x,系统的输出 y 就是系统的脉冲响应 h 与 x 的卷积,或者说系统输出就是用滤波器 h 对输入 x 作滤波。h 完全由系统本身决定(与输入 x 无关),称 h 为 LTI 系统对应的滤波器。

另外,还可以在频域中描述线性时不变系统。设系统脉冲响应 h 的频谱为 $H(\omega)$,称为系统的频率响应。又设输入信号序列 x 的频谱为 $X(\omega)$,由定理 1.3.2,输出序列 $y=h*x$ 对应的频谱是

$$Y(\omega)=H(\omega)X(\omega)$$

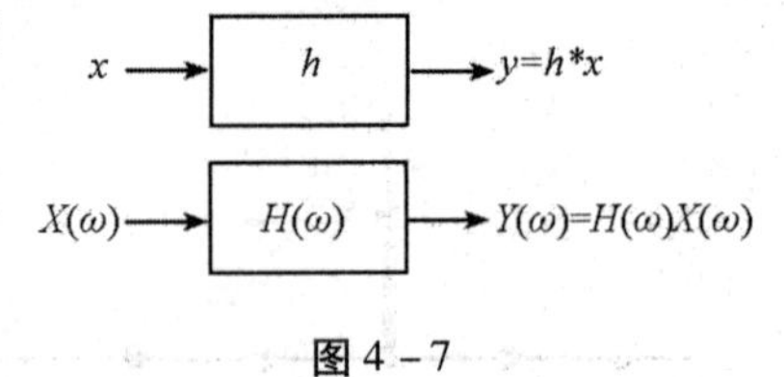

图 4 -7

图 4 -7 给出了系统在时域和频域中输入输出的对应关系。

显然,如果给定 h,对信号 x 的卷积运算 $h*x$(滤波)也是线性时不变的,即线性时不变系统等价于滤波。

4.1.3 因果性、稳定性、可逆性

信号处理有两种情形,实时处理和非实时处理。实时处理是指从接受信号开始,每得到一个新数据便作即时处理,其特点是,当前时刻以后的数据是不可用的;非实时处理是指接受完所有的数据存储下来再处理,这种方式可以使用全部数据。在 LTI 系统中,k 时刻(当前时刻)对应的输出为

$$\begin{aligned}y(k)=&\cdots h(-2)x(k+2)+h(-1)x(k+1)+h(0)x(k)\\&+h(1)x(k-1)+h(2)x(k-2)\cdots\end{aligned}$$

对于实时处理系统,因为当前时刻以后的数据 $x(k+1),x(k+2),\cdots$ 不可用,故系统的脉冲响应 h 必须满足

$$h(n)=0,\quad \forall n<0$$

这样的系统称为因果系统。因果系统的输出可简化成(见图 4 -8)

$$y(k)=\sum_{n=0}^{+\infty}h(n)x(k-n)$$

$$\begin{array}{ccccc}\cdots, & h(2), & h(1), & h(0) & \\ & \updownarrow & \updownarrow & \updownarrow & \\ \cdots, & x(k-2), & x(k-1), & x(k), & x(k+1),\cdots\end{array}$$

对应乘积之和得到 $y(k)$

图 4 -8

系统的稳定性是指,如果输入 x 为有界序列,则输出 y 也是有界序列,称为 BIBO 稳定性。在输入 x 能量有限的假定下,如果脉冲响应 h 是能量有限的,输出 y 肯定是有界的:

$$\begin{aligned}|y(k)|&\leqslant\sum_{n\in\mathbf{Z}}|h(n)|\cdot|x(k-n)|\\&\leqslant\sum_{n\in\mathbf{Z}}|h(n)|^2\cdot\sum_{n\in\mathbf{Z}}|x(k-n)|^2\\&=\|h\|^2\cdot\|x\|^2\end{aligned}$$

但是,BIBO 稳定性中的输入 x 仅仅是有界,上面的估计无效。BIBO 稳定性对脉冲响应 h 有更高的要求。我们将说明,系统 BIBO 稳定的充分必要条件是 h 绝对可和(即 $h \in l^1$):

$$\sum_{n=-\infty}^{+\infty} |h(n)| = \|h\|_1 < +\infty$$

先看充分性,设输入 x 有界,

$$|x(k)| \leqslant M_x, \quad \forall k \in \mathbf{Z}$$

那么

$$\begin{aligned} |y(k)| &\leqslant \sum_{n=-\infty}^{+\infty} |h(n)| \cdot |x(k-n)| \\ &\leqslant M_x \cdot \sum_{n=-\infty}^{+\infty} |h(n)| = M_x \cdot \|h\|_1 \end{aligned}$$

即输出 y 是有界的。再看必要性,如果 h 不是绝对可和,即

$$\sum_{n=-\infty}^{+\infty} |h(n)| = +\infty$$

现在取输入 x 如下:

$$x(-n) = \begin{cases} \dfrac{\bar{h}(n)}{|h(n)|}, & h(n) \neq 0 \\ 0, & h(n) = 0 \end{cases}$$

x 是有界序列。对应输出中的 $y(0)$ 项

$$y(0) = \sum_{n \in \mathbf{Z}} h(n) x(-n) = \sum_{n \in \mathbf{Z}} h(n) \frac{\bar{h}(n)}{|h(n)|} = \sum_{n \in \mathbf{Z}} |h(n)| = +\infty$$

即输出 y 是无界的。

系统的可逆性是指从输出能够还原输入的性能。对于 LTI 系统,设系统的频率响应为 $H(\omega)$,如果能够构造一个系统,它的频率响应记作 $H^{-1}(\omega)$,使得(如图 4－9 所示)。

$$X(\omega) = H^{-1}(\omega) Y(\omega)$$

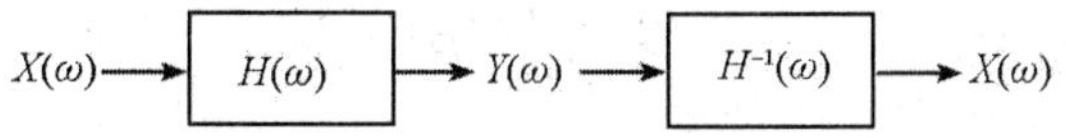

$$X(\omega) \longrightarrow \boxed{H(\omega)} \longrightarrow Y(\omega) \longrightarrow \boxed{H^{-1}(\omega)} \longrightarrow X(\omega)$$

图 4－9

则系统 $H(\omega)$ 是可逆的。

系统何时可逆? 为便于表述,用 $H(z)$ 代表系统频率响应($|z|=1$)。我们有结论:$H(z)$ 可逆的充要条件是 $H(z) \neq 0$($|z|=1$),或者等价地(频域描述)$H(\omega)$ 可逆的充要条件是 $H(\omega) \neq 0$($\forall \omega$)。

理由是简单的,先看充分性。对 $|z|=1$,因为 $H(z) \neq 0$,可作罗朗展开

$$\frac{1}{H(z)} = \sum_{n=-\infty}^{+\infty} \tilde{h}(n) z^n \triangleq \tilde{H}(z)$$

将 $\tilde{H}(z)$ 作为逆系统的频率响应。对任意输入 $X(z)$,原系统的输出为 $Y(z) = H(z)X(z)$,再将 $Y(z)$ 送入逆系统,输出为

$$\tilde{H}(z)Y(z)=\tilde{H}(z)[H(z)X(z)]=X(z)$$

还原成功。再看必要性,假设有某个 $z_0=e^{-i\omega_0}$使得

$$H(\omega_0)=\sum_{n=-\infty}^{+\infty}h(n)e^{-in\omega_0}=0$$

取信号 $x(n)=e^{in\omega_0}$,x 的输出为

$$y(k)=(h*x)(k)=\sum_{n=-\infty}^{+\infty}h(n)x(k-n)$$

$$=e^{ik\omega_0}\sum_{n=-\infty}^{+\infty}h(n)e^{-in\omega_0}=0,(\forall k\in\mathbf{Z})$$

显然,任何线性系统都不可能将零信号还原成 x,所以系统 H 不可逆。

例 4.1.1　考察 LTI 系统,假设对应的脉冲响应是

$$h=(\cdots,0\cdots,0,1,-\beta,0,\cdots)$$

$$H(z)=1-\beta z^{-1}$$

讨论它的可逆性,并求逆系统。

【解】

(1) 当 $|\beta|=1$,$H(z)$ 在单位圆上有零点,系统不可逆。

(2) 当 $|\beta|\neq 1$,$H(z)$ 在单位圆上无零点,系统可逆。

$$H^{-1}(z)=\frac{1}{H(z)}=\frac{1}{1-\beta z^{-1}}$$

(i) 如果 $H(z)$ 的零点 $z=\beta$ 在单位圆内,即 $|\beta|<1$,则

$$|\beta z^{-1}|=|\beta|\cdot|z^{-1}|=|\beta|<1$$

所以

$$H^{-1}(z)=1+\beta z^{-1}+\beta^2z^{-2}+\cdots$$

逆系统的脉冲响应是 $\tilde{h}=(\cdots,0\cdots,0,1,\beta,\beta^2,\cdots)$, $H^{-1}(z)$ 是因果系统。

(ii) 如果 $H(z)$ 的零点 $z=\beta$ 在单位圆外,即 $|\beta|>1$,则

$$|z/\beta|=1/|\beta|<1$$

所以

$$H^{-1}(z)=\frac{1}{1-\beta z^{-1}}=-\frac{z}{\beta}\frac{1}{1-z/\beta}=-\frac{z}{\beta}(1+\frac{1}{\beta}z+\frac{1}{\beta^2}z^2+\cdots)$$

$$=-\frac{1}{\beta}z-\frac{1}{\beta^2}z^2-\frac{1}{\beta^3}z^3-\cdots$$

逆系统的脉冲响应是

$$\tilde{h}=(\cdots,-\frac{1}{\beta^3},-\frac{1}{\beta^2},-\frac{1}{\beta},0\cdots,0,\cdots)$$

$H^{-1}(z)$ 不是因果系统。

对于有限长因果滤波器

$$H(z)=\sum_{n=0}^{N}h(n)z^{-n}$$

我们不加证明地给出如下结果:

(1) 如果 $H(z)$ 在单位圆上有零点，那么系统是不可逆的。

(2) 如果 $H(z)$ 在单位圆上无零点，那么系统可逆。分两种情况：

(i) 如果零点全部在单位圆内部，那么逆系统是因果的；

(ii) 如果单位圆外部有零点，那么逆系统是非因果的。

4.2　抽取和插零

在节 4.1，介绍了信号序列的两个基本操作：移位和翻转，时域中的移位对应频域中相位的平移，时域中的翻转对应频域中相位关于实轴的翻转。本节介绍抽取（downsampling）和插零（upsampling）。这是配合滤波器最重要的两个操作。它们改变信号序列的频率。抽取使信号的频率加倍，插零使信号的频率减半。读者要特别注意，时域中的抽、插在频域和 z 域中的对应表示，这些公式在信号分析中起着关键作用。先介绍二倍抽插，简称为抽插，然后要推广到 M 倍抽插。

4.2.1　二倍抽取和插零

从信号序列 x 中抽取偶指标项，构成一个新的信号序列 y，记作 $y = (\downarrow 2)x$，称为对 x 的二倍抽取，如图 4－10 所示。

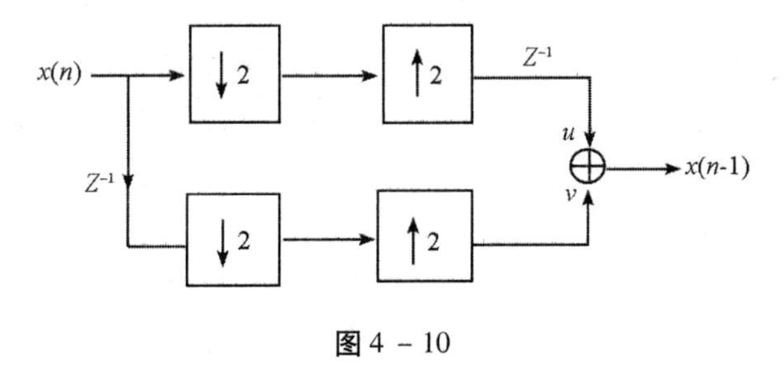

图 4－10

显然

$$y(n) = (\downarrow 2)x(n) = x(2n)$$

例如，将序列 $x(n) = e^{i\omega_0 n}$ 看作对信号 $x(t) = e^{i\omega_0 t}$ 在 $t = n$ 时刻的采样，那么

$$y(n) = (\downarrow 2)x(n) = e^{i2\omega_0 n}$$

是二倍频率信号 $e^{i2\omega_0 t}$ 在 $t = n$ 时刻的采样，这就是抽取使频率加倍的含义。

将 $(\downarrow 2)$ 视为一个算子，它显然是线性的。另外，容易验证它与移位具有如下关系：

$$S^k(\downarrow 2)x = (\downarrow 2)S^{2k}x, \quad z^{-k}(\downarrow 2)X(z) = (\downarrow 2)z^{-2k}X(z)$$

现在来看二倍抽取在频域和 z 域的相应变化。

定理 4.2.1　二倍抽取在时域、频域、z 域有如下的对应关系：

$$\begin{aligned} &y = (\downarrow 2)x \\ &Y(\omega) = \frac{1}{2}\left[X\left(\frac{\omega}{2}\right) + X\left(\frac{\omega}{2} + \pi\right)\right] \qquad (4.2.1) \\ &Y(z) = \frac{1}{2}\left[X(z^{\frac{1}{2}}) + X(-z^{\frac{1}{2}})\right] \end{aligned}$$

【证明】

$$Y(\omega) = \sum_{n=-\infty}^{+\infty} y(n)\mathrm{e}^{-\mathrm{i}\omega n} = \sum_{n=-\infty}^{+\infty} x(2n)\mathrm{e}^{-\mathrm{i}\omega n}$$
$$= \sum_{k=-\infty}^{+\infty} \frac{x(k) + (-1)^k x(k)}{2}\mathrm{e}^{-\mathrm{i}\omega\frac{k}{2}}$$
$$= \frac{1}{2}\left[\sum_{k=-\infty}^{+\infty} x(k)\mathrm{e}^{-\mathrm{i}\frac{\omega}{2}k} + \sum_{k=-\infty}^{+\infty} x(k)\mathrm{e}^{-\mathrm{i}(\frac{\omega}{2}+\pi)k}\right]$$
$$= \frac{1}{2}\left[X(\frac{\omega}{2}) + X(\frac{\omega}{2}+\pi)\right]$$

$$Y(z) = \sum_{n=-\infty}^{+\infty} y(n)z^{-n} = \sum_{n=-\infty}^{+\infty} x(2n)z^{-n}$$
$$= \sum_{k=-\infty}^{+\infty} \frac{x(k) + (-1)^k x(k)}{2}z^{-\frac{k}{2}}$$
$$= \frac{1}{2}\left[\sum_{k=-\infty}^{+\infty} x(k)(z^{\frac{1}{2}})^{-k} + \sum_{k=-\infty}^{+\infty} x(k)(-z^{\frac{1}{2}})^{-k}\right]$$
$$= \frac{1}{2}\left[X(z^{\frac{1}{2}}) + X(-z^{\frac{1}{2}})\right]$$

【证毕】

在频域中,$X(\omega/2)$ 表示将 $X(\omega)$ 横向拉伸一倍成 4π 周期函数,$X(\omega/2+\pi)$ 表示将 $X(\omega)$ 横向拉伸一倍后再向左移动 2π 单位,而 $Y(\omega)$ 是两者的平均值。

在信号序列 x 的每两项之间插入一个零,构成一个新的信号序列 y,记作 $y = (\uparrow 2)x$,称为对 x 的二倍插零,如图 4 - 11 所示。

$$x = (\cdots, x(-2), x(-1), x(0), x(1), x(2), \cdots)$$
$$y = (\uparrow 2)x = (\cdots, x(-2), 0, x(-1), 0, x(0), 0, x(1), 0, x(2), \cdots)$$

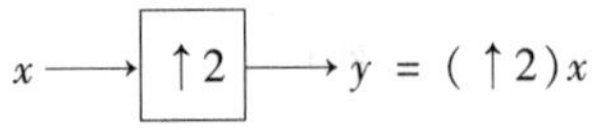

$$x \longrightarrow \boxed{\uparrow 2} \longrightarrow y = (\uparrow 2)x$$

图 4 - 11

插零后的序列 y 需要分段表达

$$y(n) = \begin{cases} x(k), & n = 2k \\ 0, & n = 2k+1 \end{cases}$$

将 $(\uparrow 2)$ 视为一个算子,它显然是线性的。另外,它与移位具有如下关系:

$$(\uparrow 2)S^k x = S^{2k}(\uparrow 2)x, \quad (\uparrow 2)z^{-k}X(z) = z^{-2k}(\uparrow 2)X(z)$$

定理 4.2.2　二倍插零在时域、频域、z 域有如下的对应关系:

$$\begin{aligned} y &= (\uparrow 2)x \\ Y(\omega) &= X(2\omega) \\ Y(z) &= X(z^2) \end{aligned} \tag{4.2.2}$$

【证明】

$$Y(\omega) = \sum_{n=-\infty}^{+\infty} y(n)\mathrm{e}^{-\mathrm{i}\omega n} = \sum_{k=-\infty}^{+\infty} x(k)\mathrm{e}^{-\mathrm{i}2\omega k} = X(2\omega)$$

$$Y(z) = \sum_{n=-\infty}^{+\infty} y(n)z^{-n} = \sum_{k=-\infty}^{+\infty} x(k)z^{-2k} = X(z^2)$$ 【证毕】

从图中可见，插零后的频谱是原来频谱沿横向压缩。

现在结合这两个动作，对信号序列先“抽”后“插”，即 $y = (\uparrow 2)(\downarrow 2)x$，如图 4 - 12 所示。

$$x = \cdots, x(-5), x(-4), x(-3), x(-2), x(-1), x(0), x(1), x(2), x(3), x(4), x(5), \cdots)$$

$$y = (\uparrow 2)(\downarrow 2)x = (\cdots, 0, x(-4), 0, x(-2), 0, x(0), 0, x(2), 0, x(4), 0, \cdots)$$

$x \longrightarrow$ [$(\uparrow 2)$] $\longrightarrow$ [$(\uparrow 2)$] $\longrightarrow y = (\uparrow 2)(\downarrow 2)x$

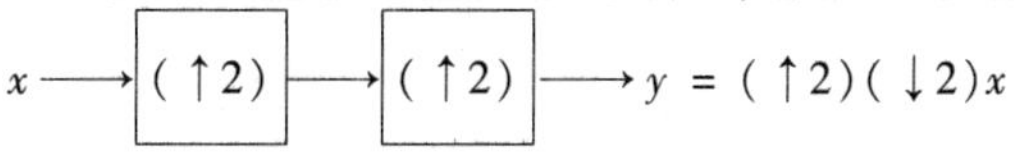

图 4 - 12

从图中可见，对信号序列先抽后插相当于将序列的奇指标项置为零。结合式(4.2.1)和式(4.2.2)，可得先抽后插在频域和 z 域的相应变化。

定理 4.2.3　先抽后插在时域、频域、z 域有如下的对应关系：

$$y = (\uparrow 2)(\downarrow 2)x$$

$$Y(\omega) = \frac{1}{2}[X(\omega) + X(\omega + \pi)] \qquad (4.2.3)$$

$$Y(z) = \frac{1}{2}[X(z) + X(-z)]$$

注意“先抽后插”与“先插后抽”不同，后者为还原运算，$(\downarrow 2)(\uparrow 2)x = x$.

例 4.2.1　下面是一个所谓“懒惰”的双通道滤波器组(如图 4 - 13)，它不做任何滤波，只是通过延迟、抽插，最后将数据还原(有一步延迟)。其中 z^{-1} 代表一步延迟(右移一位)。

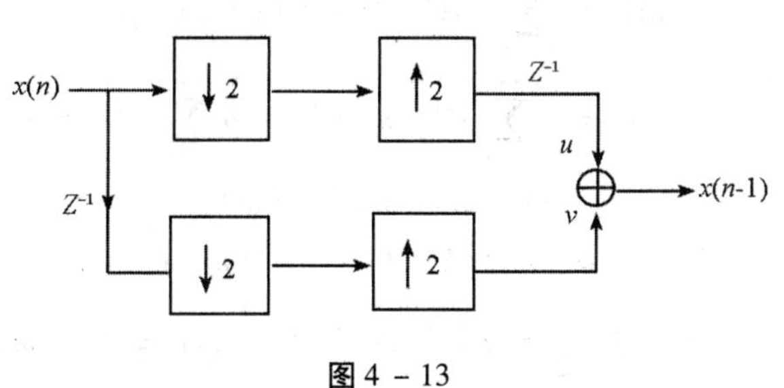

图 4 - 13

在上通道，抽插将奇次项置为零，再延迟一步，得到(有下划线的位置表示 0 时刻的项)

$$u = (\cdots, 0, x(-4), 0, x(-2), \underline{0}, x(0), 0, x(2), 0, x(4), 0, \cdots)$$

在下通道，先延迟一步再抽插，得到

$$v = (\cdots, x(-5), 0, x(-3), 0, \underline{x(-1)}, 0, x(1), 0, x(3), 0, x(5), \cdots)$$

然后两者相加得到

$$u + v = (\cdots, x(-5), x(-4), x(-3), x(-2), \underline{x(-1)}, x(0), x(1), x(2), x(3), x(4), x(5), \cdots)$$

它是输入 x 的一步延迟。

最后,我们把抽插在频域和 z 域的几个公式归纳如下:

	$\downarrow 2$	$\uparrow 2$	$(\uparrow 2)(\downarrow 2)$
频域	$\frac{1}{2}[X(\frac{\omega}{2})+X(\frac{\omega}{2}+\pi)]$	$X(2\omega)$	$\frac{1}{2}[X(\omega)+X(\omega+\pi)]$
z 域	$\frac{1}{2}[X(z^{\frac{1}{2}})+X(-z^{\frac{1}{2}})]$	$X(z^2)$	$\frac{1}{2}[X(z)+X(-z)]$

4.2.2 半带信号

对于 R 上连续时间信号 $f(t)$,根据抽样定理(见节 1.5),如果频谱 $\hat{f}(\omega)$ 是带限的,只要抽样间隔适当小,就可以由抽样序列完全恢复原信号。对于信号序列,也有类似的抽样定理。

称序列 x 为半带信号,如果频谱 $X(\omega)$ 满足

$$X(\omega)=0,\quad \omega\in[-\pi,-\frac{1}{2}\pi]\cup[\frac{1}{2}\pi,\pi]$$

我们将从时域和频域两方面穿插来说明,对于半带信号 x,可以由二倍抽取 $(\downarrow 2)x$ 完全恢复。为此,先讨论半带信号的一些基本性质。

性质 1 能量有限序列空间 l^2 中的半带信号构成子空间。若考虑 l^1 空间,则子空间是闭的。

【证明】设 $x^{(1)}, x^{(2)}\in l^2$ 是半带信号,a,b 为标量,下面说明 $x=ax^{(1)}+bx^{(2)}$ 为半带信号。

$$\begin{aligned}X(\omega)&=\sum_{n=-\infty}^{+\infty}[ax^{(1)}(n)+bx^{(2)}(n)]e^{-in\omega}\\&=a\sum_{n=-\infty}^{+\infty}x^{(1)}(n)e^{-in\omega}+b\sum_{n=-\infty}^{+\infty}x^{(2)}(n)e^{-in\omega}\\&=aX^{(1)}(\omega)+bX^{(2)}(\omega)\end{aligned}$$

$$|X(\omega)|\leqslant|a|\cdot|X^{(1)}(\omega)|+|b|\cdot|X^{(2)}(\omega)|$$

当 $\omega\in[-\pi,-\frac{1}{2}\pi]\cup[\frac{1}{2}\pi,\pi]$ 时,因为 $X^{(1)}(\omega)=X^{(2)}(\omega)=0$,所以 $X(\omega)=0$. 这就说明 x 也是半带信号。

当在 l^1 空间考虑问题,设 $x^{(n)}\in l^1$ 是半带信号,$x^{(n)}\to x$,下证 x 也是半带信号。$\forall\omega\in[-\pi,\pi]$,有

$$\begin{aligned}|X^{(n)}(\omega)-X(\omega)|&=\left|\sum_{k=-\infty}^{+\infty}x^{(n)}(k)e^{-ik\omega}-\sum_{k=-\infty}^{+\infty}x(k)e^{-ik\omega}\right|\\&=\left|\sum_{k=-\infty}^{+\infty}[x^{(n)}(k)-x(k)]e^{-ik\omega}\right|\\&\leqslant\sum_{k=-\infty}^{+\infty}|x^{(n)}(k)-x(k)|=\|x^{(n)}-x\|_1\end{aligned}$$

所以 $X^{(n)}(\omega)$ 在 $[-\pi,\pi]$ 上点点收敛到 $X(\omega)$，故 x 也是半带信号。【证毕】

性质2　如果 x 是半带信号，且 $(\downarrow 2)x=\delta$，则必有

$$x(n)=\operatorname{sinc}\frac{n}{2}$$

其中 $\operatorname{sinc}(x)=\dfrac{\sin(\pi x)}{\pi x}$. 写出 $x(n)$ 的若干项为

$$x=(\cdots,\frac{2}{5\pi},0,-\frac{2}{3\pi},0,\frac{2}{\pi},\underline{1},\frac{2}{\pi},0,-\frac{2}{3\pi},0,\frac{2}{5\pi},\cdots)$$

【证明】$(\downarrow 2)x$ 的频谱为

$$\frac{1}{2}[X(\frac{\omega}{2})+X(\frac{\omega}{2}+\pi)]$$

由条件，$(\downarrow 2)x$ 是脉冲，所以

$$\frac{1}{2}[X(\frac{\omega}{2})+X(\frac{\omega}{2}+\pi)]\equiv 1,\quad \omega\in[-\pi,\pi]$$

注意到当 $\omega\in[-\pi,\pi]$ 时，$\frac{\omega}{2}+\pi\in[\frac{\pi}{2},\frac{3}{2}\pi]$，而 x 为半带信号，故

$$X(\frac{\omega}{2}+\pi)\equiv 0,\quad \omega\in[-\pi,\pi]$$

所以

$$X(\frac{\omega}{2})\equiv 2,\quad \omega\in[-\pi,\pi]$$

从而

$$X(\omega)=\begin{cases}2, & \omega\in[-\frac{\pi}{2},\frac{\pi}{2}]\\ 0, & \omega\in[-\pi,-\frac{\pi}{2}]\cup[\frac{\pi}{2},\pi]\end{cases}$$

频谱唯一决定信号，故

$$\begin{aligned}x(n)&=\frac{1}{2\pi}\int_{-\pi}^{\pi}X(\omega)e^{in\omega}d\omega\\&=\frac{1}{\pi}\int_{-\pi/2}^{\pi/2}e^{in\omega}d\omega=\frac{2}{n\pi}\sin\frac{n\pi}{2}=\operatorname{sinc}\frac{n}{2}\end{aligned}$$

【证毕】

这个性质说明，如果 x 是半带信号，且在零时刻为1，其余偶次项为零，那么 x 的奇次项被唯一决定。

性质3　如果 x 是半带信号，且 $(\downarrow 2)x=0$，则必有 $x=0$.

【证明】由条件

$$\frac{1}{2}[X(\frac{\omega}{2})+X(\frac{\omega}{2}+\pi)]\equiv 0,\quad \omega\in[-\pi,\pi]$$

注意到当 $\omega\in[-\pi,\pi]$ 时，$\frac{\omega}{2}+\pi\in[\frac{\pi}{2},\frac{3}{2}\pi]$，而 x 为半带信号，故

$$X(\frac{\omega}{2}+\pi)\equiv 0,\quad \omega\in[-\pi,\pi]$$

所以

$$X(\frac{\omega}{2}) \equiv 0, \quad \omega \in [-\pi, \pi]$$

所以

$$X(\omega) \equiv 0, \quad \omega \in [-\frac{\pi}{2}, \frac{\pi}{2}]$$

所以 $X(\omega) \equiv 0, \quad \omega \in [-\pi, \pi]$,即 $x = 0$. 【证毕】

定理 4.2.4　设 x 为半带信号,则

$$x(n) = \sum_{k=-\infty}^{+\infty} x(2k) \frac{\sin(n-2k)\frac{\pi}{2}}{(n-2k)\frac{\pi}{2}}, \quad n \in \mathbf{Z}$$

即 x 完全由偶次项决定,或即 x 可以由 $(\downarrow 2)x$ 还原出来。

【证明】用 S 表示右移算子,并记 $x_{\text{sinc}}(n) = \text{sinc}\,\frac{n}{2}$. 注意,性质 2 的证明中已经表明 $x_{\text{sinc}}(n)$ 是半带信号。又显然 $(\downarrow 2)x_{\text{sinc}} = \delta$.

半带信号 x 的抽取 $(\downarrow 2)x$ 可表示为

$$\begin{aligned}(\downarrow 2)x &= \sum_{k=-\infty}^{+\infty} x(2k) S^k \delta = \sum_{k=-\infty}^{+\infty} x(2k) S^k [(\downarrow 2)x_{\text{sinc}}] \\ &= \sum_{k=-\infty}^{+\infty} x(2k) [(\downarrow 2) S^{2k} x_{\text{sinc}}] \\ &= (\downarrow 2) \sum_{k=-\infty}^{+\infty} x(2k) S^{2k} x_{\text{sinc}}\end{aligned}$$

所以

$$(\downarrow 2)[x - \sum_{k=-\infty}^{+\infty} x(2k) S^{2k} x_{\text{sinc}}] = 0$$

因为 x 和 x_{sinc} 是半带信号,由性质 1,方括号中仍是半带信号,再由性质 3,必有

$$x = \sum_{k=-\infty}^{+\infty} x(2k) S^{2k} x_{\text{sinc}}$$

即

$$\begin{aligned}x(n) &= \sum_{k=-\infty}^{+\infty} x(2k)(S^{2k} x_{\text{sinc}})(n) = \sum_{k=-\infty}^{+\infty} x(2k) x_{\text{sinc}}(n-2k) \\ &= \sum_{k=-\infty}^{+\infty} x(2k)\,\text{sinc}\,\frac{n-2k}{2} = \sum_{k=-\infty}^{+\infty} x(2k) \frac{\sin(n-2k)\frac{\pi}{2}}{(n-2k)\frac{\pi}{2}}\end{aligned}$$

【证毕】

下面在频域中示例为什么半带信号 x 能够由 $y = (\downarrow 2)x$ 完全恢复,如何由 $X(\omega)$ 得到 $Y(\omega)$,再由 $Y(\omega)$ 还原出 $X(\omega)$. 如图 4－14,抽取后得到 4π 周期函数 $Y(\omega)$,对 $Y(\omega)$ 横向压缩纵向加倍得到 2π 周期函数 $2Y(2\omega)$,虽然 $2Y(2\omega)$ 在周期段 $[-\pi, \pi]$ 上不等于 $X(\omega)$,但在 $[-\frac{\pi}{2}, \frac{\pi}{2}]$ 上与 $X(\omega)$ 完全相同。然后用低通滤波器 $H(\omega)$ 乘以 $2Y(2\omega)$,这就

完全恢复了 $X(\omega)$.

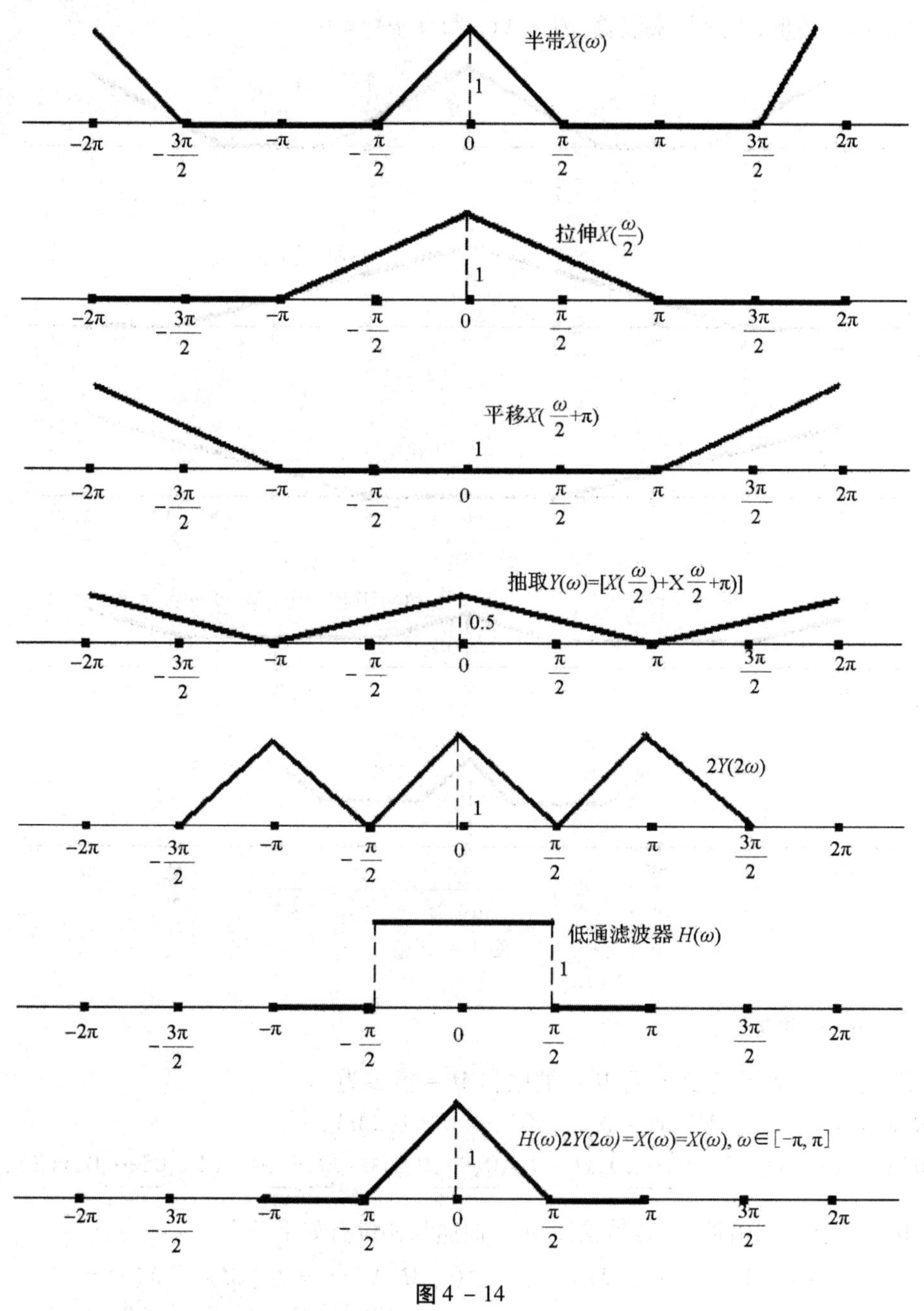

图 4 － 14

下面再示例如果不是半带信号,为什么不能由抽取 $y=(\downarrow 2)x$ 恢复 x. 如图 4 － 15,抽取后得到 4π 周期函数 $Y(\omega)$,对 $Y(\omega)$ 横向压缩纵向加倍得到 2π 周期函数 $2Y(2\omega)$,这一步是必须的,因为必须回归到 2π 周期,且保证在 $[-\frac{\pi}{4},\frac{\pi}{4}]$ 与 $X(\omega)$ 相同,但是在 $[-\frac{\pi}{2},-\frac{\pi}{4}]\cup[\frac{\pi}{4},\frac{\pi}{2}]$ 上,$2Y(2\omega)$ 不等于 $X(\omega)$,换言之,无法由 $Y(\omega)$ 还原出 $X(\omega)$. 究其原

因，关键在于 $X(\omega/2)$ 与 $X(\omega/2+\pi)$ 在 $[-\pi,\pi]$ 上产生了频率混叠——两者都不为零。而在半带信号情形，无此频率混叠，因为 $X(\omega/2+\pi)=0$.

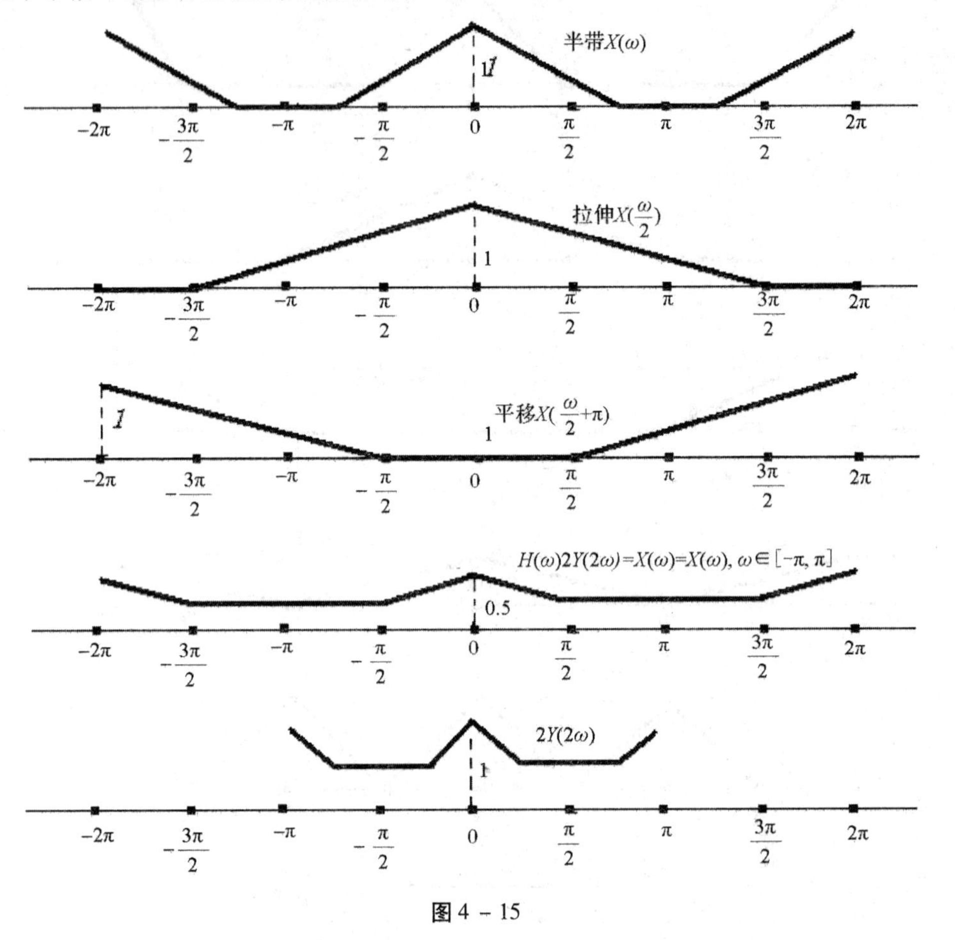

图 4－15

4.2.3 *M* 倍抽插

对于信号序列 x，定义 x 的 M－抽取和 M－插零为

$$(\downarrow M)x=(\cdots,x(-2M),x(-M),x(0),x(M),x(2M),\cdots)$$

$$(\uparrow M)x=(\cdots,x(-2),\underbrace{0,\cdots,0}_{M-1\text{个}},x(-1),\underbrace{0,\cdots,0}_{M-1\text{个}},x(0),\underbrace{0,\cdots,0}_{M-1\text{个}},x(1),\underbrace{0,\cdots,0}_{M-1\text{个}},x(2),\cdots)$$

显然 $M=2$ 就是二倍抽插。容易验证 M－抽插与移位有如下关系：

$$S^k(\downarrow M)x=(\downarrow M)S^{kM}x,\quad z^{-k}(\downarrow M)X(z)=(\downarrow M)z^{-kM}X(z)$$

$$(\uparrow M)S^kx=S^{kM}(\uparrow M)x,\quad (\uparrow M)z^{-k}X(z)=z^{-kM}(\uparrow M)X(z)$$

还可以引申出 M－先抽后插：

$$(\uparrow M)(\downarrow M)x$$

$$=(\cdots,x(-2M),\underbrace{0,\cdots,0}_{M-1\text{个}},x(-M),\underbrace{0,\cdots,0}_{M-1\text{个}},x(0),\underbrace{0,\cdots,0}_{M-1\text{个}},x(M)\ \underbrace{0,\cdots,0}_{M-1\text{个}},x(2M),\cdots)$$

下面几个定理给出了 M－抽插在频域和 z 域中的对应变化。

定理 4.2.5　M - 抽取在时域、频域、z 域有如下的对应关系：

$$y = (\downarrow M)x$$

$$Y(\omega) = \frac{1}{M}\sum_{p=0}^{M-1} X(\frac{\omega + 2p\pi}{M})$$

$$Y(z) = \frac{1}{M}\sum_{p=0}^{M-1} X(z^{\frac{1}{M}} e^{i\frac{2p\pi}{M}})$$

【证明】因为 $y(n) = x(Mn)$，所以

$$Y(\omega) = \sum_{n=-\infty}^{+\infty} x(Mn) e^{-in\omega}$$

另一方面

$$X(\frac{\omega + 2p\pi}{M}) = \sum_{n=-\infty}^{+\infty} x(n) e^{-in\frac{\omega+2p\pi}{M}} = \sum_{n=-\infty}^{+\infty} x(n) e^{-in\frac{\omega}{M}} (e^{-i\frac{2n\pi}{M}})^p$$

所以

$$\sum_{p=0}^{M-1} X(\frac{\omega + 2p\pi}{M}) = \sum_{n=-\infty}^{+\infty} x(n) e^{-in\frac{\omega}{M}} \sum_{p=0}^{M-1} (e^{-i\frac{2n\pi}{M}})^p$$

在内层和式中，当 n 不是 M 的整数倍，$e^{-i\frac{2n\pi}{M}} \neq 1$，此时

$$\sum_{p=0}^{M-1} (e^{-i\frac{2n\pi}{M}})^p = \frac{1 - (e^{-i\frac{2n\pi}{M}})^M}{1 - e^{-i\frac{2n\pi}{M}}} = 0$$

当 n 是 M 的整数倍，有

$$\sum_{p=0}^{M-1} (e^{-i\frac{2n\pi}{M}})^p \equiv M$$

所以

$$\sum_{p=0}^{M-1} X(\frac{\omega + 2p\pi}{M}) = M\sum_{n=-\infty}^{+\infty} x(nM) e^{-in\omega} = M \cdot Y(\omega)$$

同理可得 z 域中的公式，首先注意到

$$\begin{aligned}\sum_{p=0}^{M-1} X(z^{\frac{1}{M}} e^{i\frac{2p\pi}{M}}) &= \sum_{p=0}^{M-1}\sum_{n=-\infty}^{+\infty} x(n)(z^{\frac{1}{M}} e^{i\frac{2p\pi}{M}})^{-n} \\ &= \sum_{n=-\infty}^{+\infty} x(n) z^{-\frac{n}{M}} \sum_{p=0}^{M-1} (e^{-i\frac{2n\pi}{M}})^p\end{aligned}$$

$$\sum_{p=0}^{M-1} (e^{-i\frac{2n\pi}{M}})^p = \begin{cases} 0, & n\text{ 不是 } M \text{ 的整数倍} \\ M, & \text{否则} \end{cases}$$

所以

$$\begin{aligned}\sum_{p=0}^{M-1} X(z^{\frac{1}{M}} e^{i\frac{2p\pi}{M}}) &= M\sum_{n=-\infty}^{+\infty} x(nM) z^{-n} \\ &= M\sum_{n=-\infty}^{+\infty} y(n) z^{-n} = M \cdot Y(z)\end{aligned}$$

【证毕】

定理 4.2.6　M - 插零在时域、频域、z 域有如下的对应关系：

$$y = (\uparrow M)x$$
$$Y(\omega) = X(M\omega)$$
$$Y(z) = X(z^M)$$

【证明】注意到

$$y(n) = \begin{cases} x(k), & n = kM \\ 0, & 否则 \end{cases}$$

所以

$$Y(\omega) = \sum_{n=-\infty}^{+\infty} y(n)\mathrm{e}^{-\mathrm{i}n\omega} = \sum_{k=-\infty}^{+\infty} x(k)\mathrm{e}^{-\mathrm{i}kM\omega} = X(M\omega)$$

$$Y(z) = \sum_{n=-\infty}^{+\infty} y(n)z^{-n} = \sum_{k=-\infty}^{+\infty} x(k)z^{-kM} = X(z^M)$$ 【证毕】

结合定理4.2.5和定理4.2.6可得 M – 抽插公式。

定理4.2.7　M – 先抽后插在时域、频域、z 域有如下的对应关系：

$$y = (\uparrow M)(\downarrow M)x$$
$$Y(\omega) = \frac{1}{M}\sum_{p=0}^{M-1} X(\omega + \frac{p}{M}2\pi)$$
$$Y(z) = \frac{1}{M}\sum_{p=0}^{M-1} X(z \cdot \mathrm{e}^{\mathrm{i}\frac{2p\pi}{M}})$$

4.2.4　M – 带信号

称序列 x 为 M – 带信号，如果频谱 $X(\omega)$ 满足

$$X(\omega) = 0,\quad \omega \in [-\pi, -\frac{1}{M}\pi] \cup [\frac{1}{M}\pi, \pi]$$

当 $M = 2$ 就是半带信号。

定理4.2.8　如果 x 是 M – 带信号，则可由 $y = (\downarrow M)x$ 完全恢复 x：

$$x(n) = \sum_{r=-\infty}^{+\infty} x(Mr)\operatorname{sinc}\frac{n - Mr}{M}$$

【证明】由定理4.2.5，

$$Y(\omega) = \frac{1}{M}\sum_{p=0}^{M-1} X(\frac{\omega + 2p\pi}{M})$$

或者

$$M \cdot Y(M\omega) = X(\omega) + \sum_{p=1}^{M-1} X(\omega + \frac{2p\pi}{M})$$

当 $|\omega| \leqslant \pi/M$ 时，对于每个 $p = 1, \cdots, M-1$，都有

$$\omega + \frac{2p\pi}{M} \in [\frac{\pi}{M}, 2\pi - \frac{\pi}{M}]$$

由条件 $X(\omega)$ 在 $[\frac{\pi}{M}, 2\pi - \frac{\pi}{M}]$ 上为零（注意 $X(\omega)$ 的 2π 周期性），所以

$$M \cdot Y(M\omega) = X(\omega),\ |\omega| \leqslant \pi/M$$

作滤波器

$$H(\omega)=\begin{cases}1, & |\omega|\leqslant \pi/M\\ 0, & \omega\in(-\pi,-\frac{\pi}{M})\cup(\frac{\pi}{M},\pi)\end{cases}$$

则

$$M\cdot H(\omega)Y(M\omega)=X(\omega),\quad \omega\in[-\pi,\pi] \tag{4.2.4}$$

即由 $Y(\omega)$ 可以恢复 $X(\omega)$. 具体的恢复方法是,算出 $H(\omega)$ 的时域表达为

$$h(n)=\frac{1}{2\pi}\int_{-\pi}^{\pi}H(\omega)\mathrm{e}^{\mathrm{i}n\omega}\mathrm{d}\omega=\frac{1}{2\pi}\int_{-\pi/M}^{\pi/M}\mathrm{e}^{\mathrm{i}n\omega}\mathrm{d}\omega=\frac{\sin(n\pi/M)}{n\pi}$$

又注意到 $Y(M\omega)$ 是$(\uparrow M)(\downarrow M)x$ 的频谱,其时域表达为

$$v=(\cdots,x(-2M),\underbrace{0,\cdots,0}_{M-1个},x(-M),\underbrace{0,\cdots,0}_{M-1个},x(0),\underbrace{0,\cdots,0}_{M-1个},x(M)\underbrace{0,\cdots,0}_{M-1个},x(2M),\cdots)$$

故式(4.2.4)的时域表达为

$$\begin{aligned}x(n)&=M\cdot(v*h)(n)=M\cdot\sum_{k=-\infty}^{+\infty}v(k)h(n-k)\\&=M\cdot\sum_{r=-\infty}^{+\infty}x(Mr)h(n-Mr)\\&=\sum_{r=-\infty}^{+\infty}x(Mr)\frac{\sin[(n-Mr)\pi/M]}{(n-Mr)\pi/M}\\&=\sum_{r=-\infty}^{+\infty}x(Mr)\operatorname{sinc}\frac{n-Mr}{M}\end{aligned}$$

当 $M=2$ 就是半带信号的恢复公式。【证毕】

再介绍广义的 $M-$带信号,以后讨论的多速率滤波需要这样的推广。如果信号序列 x 的频谱满足:对某个 s,$(0\leqslant s\leqslant M-1)$,

$$X(\omega)=0,\quad 当|\omega|\leqslant s\frac{\pi}{M}或者|\omega|\geqslant(s+1)\frac{\pi}{M}$$

则称 x 为广义 $M-$带信号,如图 4-16 所示。

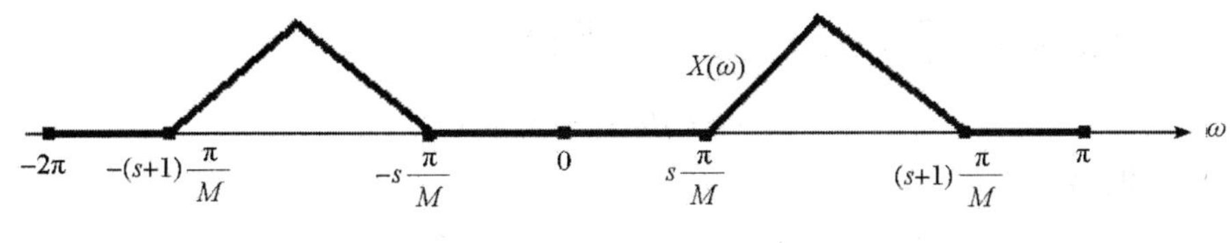

图 4-16

当 $s=0$ 就是通常的 $M-$带信号。当 $s=M-1$ 和 $M=2$ 就是高频半带信号。

定理 4.2.9　如果 x 是广义 $M-$带信号,则可由 $y=(\downarrow M)x$ 完全恢复 x:

$$x(n)=\sum_{r=-\infty}^{+\infty}x(Mr)\left[(s+1)\cdot\operatorname{sinc}\frac{(s+1)(n-Mr)}{M}-s\cdot\operatorname{sinc}\frac{s(n-Mr)}{M}\right]$$

【证明】由定理 4.2.7,

$$M\cdot Y(M\omega)=X(\omega)+\sum_{p=1}^{M-1}X(\omega+\frac{2p\pi}{M})$$

下证，当 $s\frac{\pi}{M}\leqslant|\omega|\leqslant(s+1)\frac{\pi}{M}$ 时，

$$X(\omega+\frac{2p\pi}{M})=0,\quad p=1,\cdots,M-1$$

这里只讨论 $s\frac{\pi}{M}\leqslant\omega\leqslant(s+1)\frac{\pi}{M}$ 的情况（另一个对称区间同理），此时

$$\omega+\frac{2p\pi}{M}\in[(s+2p)\frac{\pi}{M},\quad(s+1+2p)\frac{\pi}{M}],\quad p=1,\cdots,M-1$$

注意到 $X(\omega)$ 在 $[0,3\pi]$ 上的情形（如图 4 - 17 所示）。

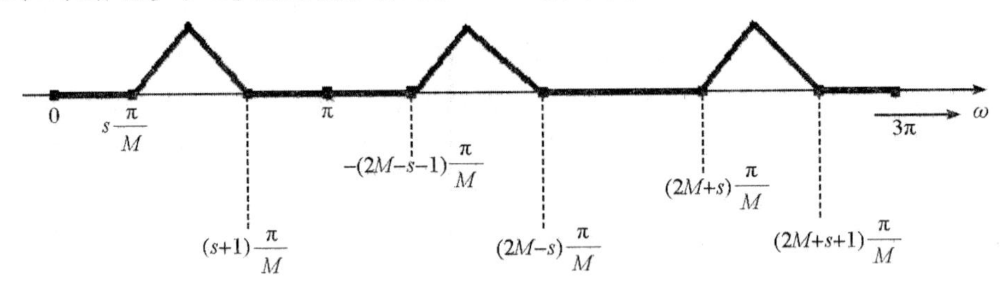

图 4 - 17

对于 $p=1,\cdots,M-1$，分为两类情况讨论。

(1) 当 $1\leqslant p\leqslant M-s-1$，此时

$$[(s+2p)\frac{\pi}{M},(s+1+2p)\frac{\pi}{M}]\subseteq[(s+1)\frac{\pi}{M},(2M-s-1)\frac{\pi}{M}]$$

所以 $X(\omega+\frac{2p\pi}{M})=0$.

(2) 当 $M-s-1<p\leqslant M-1$，此时

$$[(s+2p)\frac{\pi}{M},(s+1+2p)\frac{\pi}{M}]\subseteq[(2M-s)\frac{\pi}{M},(2M+s)\frac{\pi}{M}]$$

所以 $X(\omega+\frac{2p\pi}{M})=0$.

综上所述得知，当 $s\frac{\pi}{M}\leqslant|\omega|\leqslant(s+1)\frac{\pi}{M}$ 时，

$$M\cdot Y(M\omega)=X(\omega)$$

故只要作滤波器

$$H(\omega)=\begin{cases}1, & s\frac{\pi}{M}\leqslant|\omega|\leqslant(s+1)\frac{\pi}{M}\quad\omega\in[-\pi,\pi]\\0, & \text{否则}\end{cases}$$

则有

$$H(\omega)\cdot M\cdot Y(M\omega)=X(\omega),\quad\omega\in[-\pi,\pi]$$

于是可以由 $Y(\omega)$ 得到 $X(\omega)$，即由 $y=(\downarrow M)x$ 恢复 x. 具体的恢复方法是，算出 $H(\omega)$ 的时域表达为

$$h(n)=\frac{1}{2\pi}\int_{-\pi}^{\pi}H(\omega)\mathrm{e}^{in\omega}\mathrm{d}\omega=\frac{1}{2\pi}\int_{\frac{s\pi}{M}\leqslant|\omega|\leqslant\frac{(s+1)\pi}{M}}\mathrm{e}^{in\omega}\mathrm{d}\omega$$

$$= \frac{1}{n\pi}\left(\sin\frac{s+1}{M}n\pi - \sin\frac{s}{M}n\pi\right)$$

再类似于定理4.2.8的方法可得

$$x(n) = \sum_{r=-\infty}^{+\infty} x(Mr)\left[(s+1)\cdot \operatorname{sinc}\frac{(s+1)(n-Mr)}{M} - s\cdot \operatorname{sinc}\frac{s(n-Mr)}{M}\right]$$

当 $s=0$ 就是定理4.2.8中的还原公式。

4.2.5　分数采样率

先 L – 抽取 $(\downarrow L)x$，而后 M – 插零 $(\uparrow M)(\downarrow L)x$，称 L/M 为采样率。这两个操作能交换秩序吗？即 $(\uparrow M)(\downarrow L)x$ 是否等于 $(\downarrow L)(\uparrow M)x$？显然，相同速率的抽取与插零是不能交换的，事实上，

$$(\downarrow M)(\uparrow M)x = x \neq (\uparrow M)(\downarrow M)x$$

但是，不同速率的抽插或许可以交换，例如，$(\uparrow 2)(\downarrow 3)x = (\downarrow 3)(\uparrow 2)x$.

$$(\downarrow 3)x = (\cdots, x(-6), x(-3), x(0), x(3), x(6), \cdots)$$

$$(\uparrow 2)(\downarrow 3)x = (\cdots, x(-6), 0, x(-3), 0, x(0), 0, x(3), 0, x(6), \cdots)$$

$$(\uparrow 2)x = (\cdots x(-6), 0, x(-5), 0, x(-4), 0, x(-3), 0, x(-2), 0, x(-1), 0, x(0), 0, x(1), 0, x(2), 0, x(3), 0, x(4), 0, x(5), 0, x(6), \cdots)$$

$$(\downarrow 3)(\uparrow 2)x = (\cdots, x(-6), 0, x(-3), 0, x(0), 0, x(3), 0, x(6), \cdots)$$

但并非只要抽插速率不同就能交换，例如，$(\uparrow 2)(\downarrow 4)x \neq (\downarrow 4)(\uparrow 2)x$.

$$(\downarrow 4)x = (\cdots, x(-8), x(-4), x(0), x(4), x(8), \cdots)$$

$$(\uparrow 2)(\downarrow 4)x = (\cdots, x(-8), 0, x(-4), 0, x(0), 0, x(4), 0, x(8), \cdots)$$

$$(\uparrow 2)x = (\cdots x(-6), 0, x(-5), 0, x(-4), 0, x(-3), 0, x(-2), 0, x(-1), 0, x(0), 0, x(1), 0, x(2), 0, x(3), 0, x(4), 0, x(5), 0, x(6), \cdots)$$

$$(\downarrow 4)(\uparrow 2)x = (\cdots, x(-4), x(-2), x(0), x(2), x(4), \cdots)$$

一般地，何时 $(\uparrow L)$ 与 $(\downarrow M)$ 可交换？结论是 L/M 是不可约的分数，称为分数采样率。

定理4.2.10　如果 $L \neq M$ 且互质，那么

$$(\uparrow L)(\downarrow M)x = (\downarrow M)(\uparrow L)x$$

【证明】记 $u = (\downarrow M)x$，则 $u(n) = x(nM)$，于是

$$[(\uparrow L)(\downarrow M)x](n) = [(\uparrow L)u](n) = \begin{cases} u(\frac{n}{L}), & \frac{n}{L}\text{为整数} \\ 0, & \text{否则} \end{cases}$$

$$= \begin{cases} x(\frac{n}{L}M), & \frac{n}{L}\text{为整数} \\ 0, & \text{否则} \end{cases}$$

再记 $v = (\uparrow L)x$，则

$$v(n) = \begin{cases} x(\frac{n}{L}), & \frac{n}{L}\text{为整数} \\ 0, & \text{否则} \end{cases}$$

于是

$$[(\downarrow M)(\uparrow L)x](n) = v(nM) = \begin{cases} x(\frac{n}{L}M), & \frac{n}{L}M \text{ 为整数} \\ 0, & \text{否则} \end{cases}$$

因为 $L \neq M$ 且互质，所以$\frac{n}{L}M$ 为整数 $\Leftrightarrow \frac{n}{L}$ 为整数。故

$$(\uparrow L)(\downarrow M)x = (\downarrow M)(\uparrow L)x$$ 【证毕】

4.3 Noble 恒等式

信号序列的滤波通常伴随对信号序列的抽取。典型的处理方式是，先用高、低通两个滤波器使信号成为两个半带信号（假设用理想滤波器），一个序列产生了两个序列，数据加倍了。再对两个序列执行二倍抽取，减少数据量。半带信号的抽取不丢失信息，以后可以还原信号。本节讨论如何高效地完成这两个操作，为多速率滤波作准备。

4.3.1 滤波与抽取的交换

设滤波器为 h，如图 4－18 所示，对信号 x 先滤波然后抽取。很明显，直接这样做是低效的，因为我们计算了 $h * x$ 的每一个分量，而抽取又扔掉了很多分量。实际上，我们只需计算

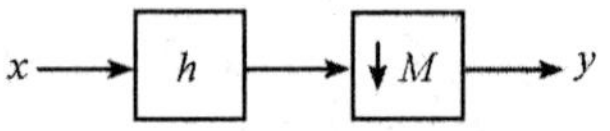

$x \rightarrow$ [h] $\rightarrow$ [$\downarrow M$] $\rightarrow y$

图 4－18

$$y(n) = [h * x](nM) = \sum_{k=-\infty}^{+\infty} h(k)x(nM-k)$$

这样节省了很大的工作量。进一步考虑，如果 h 有如下特点：

$$\cdots, h(-M), 0, \cdots 0, h(0), 0, \cdots 0, h(M), \cdots \tag{4.3.1}$$

那么计算$[h * x](nM)$ 时有大量的零参与了运算，这也是不经济的。实际上，我们只需计算

$$y(n) = \sum_{p=-\infty}^{+\infty} h(pM)x((n-p)M)$$

如果记

$$g(p) = h(Mp)$$

则

$$y(n) = \sum_{p=-\infty}^{+\infty} g(p) \cdot [(\downarrow M)x](n-p)$$

换言之，图 4－18 所示的处理过程等价于图 4－19 所示的处理过程，即“先滤波再抽取” 等价于“先抽取再滤波”，当然，滤波器由 h 换成了 g . 显然后一种方案效率高得多。

$x \rightarrow$ [$\downarrow M$] $\rightarrow$ [g] $\rightarrow y$

图 4－19

现在在 z 域中表达上面这一段分析。如果滤波器 h 满足式(4.3.1)，此时

$$H(z) = \sum_{n=-\infty}^{+\infty} h(nM) z^{-nM} = \sum_{n=-\infty}^{+\infty} g(n)(z^M)^{-n} = G(z^M)$$

其中

$$G(z) = \sum_{n=-\infty}^{+\infty} g(n) z^{-n}$$

那么先 H 滤波再 $(\downarrow M)$ 抽取等价于先 $(\downarrow M)$ 抽取再 G 滤波。这就是 Noble 第一恒等式。

定理 4.3.1　如果 $H(z)$ 能表示成 $H(z) = G(z^M)$，那么

$$(\downarrow M)H(z) = G(z)(\downarrow M)$$

【证明】只要证明 $\forall X(z)$，

$$(\downarrow M)H(z)X(z) = G(z)(\downarrow M)X(z)$$

根据定理 4.2.5，

$$\begin{aligned}(\downarrow M)\{H(z)X(z)\} &= \frac{1}{M}\sum_{p=0}^{M-1} H(z^{1/M}\mathrm{e}^{\mathrm{i}2p\pi/M})X(z^{1/M}\mathrm{e}^{\mathrm{i}2p\pi/M}) \\ &= \frac{1}{M}\sum_{p=0}^{M-1} G(z)X(z^{1/M}\mathrm{e}^{\mathrm{i}2p\pi/M}) \\ &= G(z)\frac{1}{M}\sum_{p=0}^{M-1} X(z^{1/M}\mathrm{e}^{\mathrm{i}2p\pi/M}) \\ &= G(z)(\downarrow M)X(z)\end{aligned}$$

【证毕】

4.3.2　滤波与插零的交换

再考察滤波与插零的交换问题。设滤波器为 $F(z)$，如图 4－20 所示。因为滤波前插入了大量的零，直接按图 4－20 所示处理计算是不经济的。同样地，我们假设 $F(z)$ 能表示成

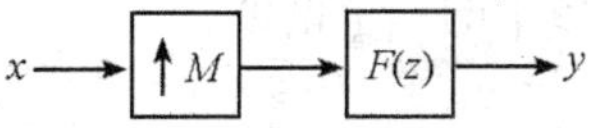

$$F(z) = G(z^M)$$

$x \longrightarrow \boxed{\uparrow M} \longrightarrow \boxed{F(z)} \longrightarrow y$

图 4－20

也即 $f(kM) = g(k)$. 如何高效地计算图 4－20 所示的过程呢?设 $u = (\uparrow M)x$，即

$$u(n) = \begin{cases} x(r), & n = Mr \\ 0, & \text{否则} \end{cases}$$

所以

$$y(n) = \sum_{k=-\infty}^{+\infty} f(k)u(n-k) = \sum_{p=-\infty}^{+\infty} f(pM)u(n-pM)$$

当 n 不是 M 的倍数时，$n-pM$ 也不是 M 的倍数，此时，$\forall p, u(n-pM) = 0$，从而 $y(n) = 0$. 当 $n = sM$，则

$$y(sM) = \sum_{p=-\infty}^{+\infty} f(pM)u((s-p)M) = \sum_{p=-\infty}^{+\infty} g(p)x(s-p) = (g*x)(s)$$

从而

$$y(n) = \begin{cases} (g*x)(s), & n = sM \\ 0, & \text{否则} \end{cases} = [(\uparrow M)(g*x)](n)$$

换言之,图 4 - 20 所示的过程等价于图 4 - 21 所示的过程,这就是 Noble 第二恒等式。

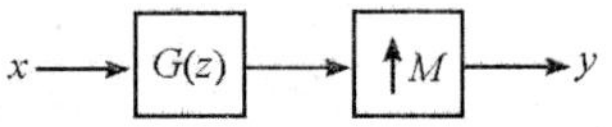

$x \rightarrow$ G(z) $\rightarrow$ $\uparrow M$ $\rightarrow y$

图 4 - 21

定理 4.3.2　如果 $H(z)$ 能表示成 $H(z) = G(z^M)$,那么

$$H(z)(\uparrow M) = (\uparrow M)G(z)$$

【证明】

$$H(z)(\uparrow M)X(z) = G(z^M)X(z^M) = (\uparrow M)\{G(z)X(z)\}$$ 【证毕】

总之,当滤波器具有特殊性质时,Noble 的两个恒等式使得我们能交换滤波与抽插的次序,完全剔除那些无效的工作量。对一般的 $H(z)$,以后会把它分解成具有此种性质的滤波器组,每个通道可以并行计算。这就是"多相位"(或称为"多速率")滤波的思想。

4.4　线性相位

在信号处理的某些场合(如图像处理),要求滤波器具有线性相位。本节先描述了线性相位的概念,而后讨论了滤波器具备线性相位的充要条件,并给出了线性相位滤波器的一般设计方法。

4.4.1　为什么需要线性相位

为了理解线性相位滤波器的概念,这里从连续时间信号来解说它。考虑信号 $x(t)$ 的频谱

$$X(\omega) = e^{-i\varphi_x(\omega)}|X(\omega)|$$

由傅里叶理论,$x(t)$ 由不同频率不同振幅的三角谐波叠加而成。对指定的 ω 频率,对应时域中的一个谐波,

$$x_\omega(t) = |X(\omega)|e^{-i[\omega t+\varphi_x(\omega)]} \tag{4.4.1}$$

它可以看成以时间 t 为参数的动点,在复平面上画出半径为 $|X(\omega)|$ 的圆,$\varphi_x(\omega)$ 称为初位相,它是 $t = 0$ 时刻在复平面上的初始幅角。动点作均速圆周运动,角速度为 ω.

如果信号 $X(\omega)$ 经过滤波器 $H(\omega) = |H(\omega)|e^{-i\varphi_h(\omega)}$,则输出为

$$Y(\omega) = |X(\omega)|\cdot|H(\omega)|e^{-i[\varphi_x(\omega)+\varphi_h(\omega)]}$$

因为我们现在只关心相位,为简便计,暂时不妨设 $|H(\omega)| \equiv 1$,从而

$$Y(\omega) = |X(\omega)|e^{-i[\varphi_x(\omega)+\varphi_h(\omega)]}$$

原信号中 ω 频率对应的谐波 $x_\omega(t)$ 被滤波器修改为

$$y_\omega(t) = |X(\omega)|e^{-i[\omega t+\varphi_x(\omega)+\varphi_h(\omega)]} \tag{4.4.2}$$

两个动点(4.4.1)和(4.4.2)以同样的角速度、同样的半径旋转,但在同一时刻位置不同,$x_\omega(t)$ 的幅角比 $y_\omega(t)$ 的幅角滞后 $\varphi_h(\omega)$,图 4 - 22 画出两个动点在 $t = 0$ 时刻的位置。

因为 $x_\omega(t)$ 比 $y_\omega(t)$ 滞后,所以,$x_\omega(t)$ 在 $t + \Delta t$ 时刻才能达到 $y_\omega(t)$ 在 t 时刻所处的位置。显然有

$$\omega \cdot \Delta t = \varphi_h(\omega)$$

或者

$$\Delta t = \varphi_h(\omega)/\omega$$

时间差 Δt 可以理解为谐波 $x_\omega(t)$ 穿过滤波器所用的时间。对某些信号处理问题，如图像压缩、信号检测，希望各个频率的谐波能够同步穿过滤波器，即穿越时间 Δt 与频率 ω 无关，这要求滤波器的相位 $\varphi_h(\omega)$ 是 ω 的线性函数：

$$\varphi_h(\omega) = \alpha\omega$$

于是具有如下形式的滤波器

$$H(\omega) = \mathrm{e}^{-\mathrm{i}\alpha\omega}|H(\omega)|$$

称为线性相位滤波器。

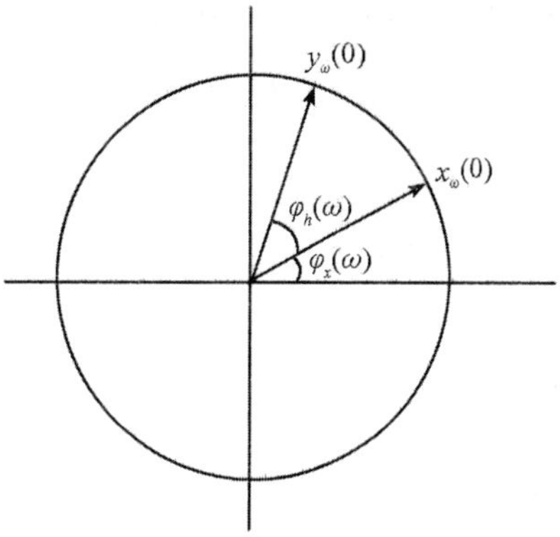

图 4 - 22

离散信号序列滤波，有完全相同的线性相位概念。下面针对实系数有限长因果滤波器的情形，先粗略地考察一下线性相位的条件。设

$$H(\omega) = \sum_{n=0}^{N} h(n)\mathrm{e}^{-\mathrm{i}n\omega}$$

为了使得 $H(\omega)$ 具有线性相位，必需存在 α 使得

$$\sum_{n=0}^{N} h(n)\mathrm{e}^{-\mathrm{i}n\omega} = |H(\omega)|\mathrm{e}^{-\mathrm{i}\alpha\omega}$$

只要让两边的实部和虚部相等

$$\sum_{n=0}^{N} h(n)\cos n\omega = |H(\omega)|\cos\alpha\omega$$

$$\sum_{n=0}^{N} h(n)\sin n\omega = |H(\omega)|\sin\alpha\omega$$

两式相除，只要

$$\sin\alpha\omega \cdot \sum_{n=0}^{N} h(n)\cos n\omega = \cos\alpha\omega \cdot \sum_{n=0}^{N} h(n)\sin n\omega$$

或者

$$\sum_{n=0}^{N} h(n)\sin[(n-\alpha)\omega] = 0 \tag{4.4.3}$$

如果取 $\alpha = N/2$，并且让

$$h(n) = h(N-n),\quad n = 0,\cdots,N$$

即滤波器系数关于 $[0,N]$ 的中点位置 $N/2$ 对称。如图 4 - 23 所示，N 分别为奇、偶数两种情

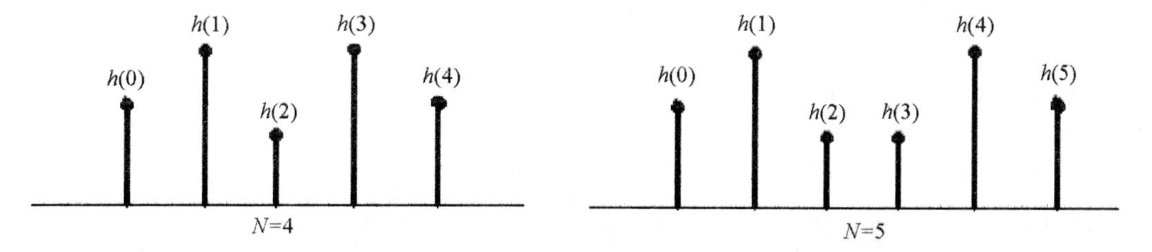

图 4 - 23

形，那么式(4.4.3)就能成立。验证如下，当 N 为偶数时，

$$\begin{aligned}\sum_{n=0}^{N} h(n)\sin[(n-\alpha)\omega] &= \sum_{n=0}^{N/2-1} h(n)\sin[(n-\frac{N}{2})\omega] \\ &\quad + \sum_{n=N/2+1}^{N} h(n)\sin[(n-\frac{N}{2})\omega] \\ &= \sum_{n=N/2+1}^{N} h(N-n)\sin[(\frac{N}{2}-n)\omega] \\ &\quad + \sum_{n=N/2+1}^{N} h(n)\sin[(n-\frac{N}{2})\omega] \\ &= 0\end{aligned}$$

当 N 为奇数时，

$$\begin{aligned}\sum_{n=0}^{N} h(n)\sin[(n-\alpha)\omega] &= \sum_{n=0}^{(N-1)/2} h(n)\sin[(n-\frac{N}{2})\omega] \\ &\quad + \sum_{n=(N+1)/2}^{N} h(n)\sin[(n-\frac{N}{2})\omega] \\ &= \sum_{n=(N+1)/2}^{N} h(N-n)\sin[(\frac{N}{2}-n)\omega] \\ &\quad + \sum_{n=(N+1)/2}^{N} h(n)\sin[(n-\frac{N}{2})\omega] \\ &= 0\end{aligned}$$

此时，$H(\omega)$ 具有形式

$$H(\omega) = |H(\omega)|e^{-i\frac{N}{2}\omega}$$

其中 $N/2$ 称为“半整数”。全体“半整数”集合记作 $\mathbf{Z}/2$.

定义 4.4.1　对于实系数有限长因果滤波器

$$H(\omega) = \sum_{n=0}^{N} h(n)e^{-in\omega}$$

如果存在半整数 $\alpha \in \mathbf{Z}/2$ 使得

$$H(\omega) = |H(\omega)|e^{-i\alpha\omega}$$

则称滤波器 $H(\omega)$ 具有线性相位。

4.4.2　线性相位的充要条件

为了得到线性相位滤波器的充分必要条件(在节5.3用到它)，先给出线性相位滤波器定义的另一个等价说法。

引理 4.4.1　滤波器

$$H(\omega) = \sum_{n=0}^{N} h(n)e^{-in\omega}$$

具有线性相位 $\Leftrightarrow$ 存在半整数 $\alpha \in \mathbf{Z}/2$ 和在 R 上实值非负的偶函数 $F(\omega)$，使得

$$H(\omega) = e^{-i\alpha\omega}F(\omega)$$

【证明】先证充分性。因为 $F(\omega) \geqslant 0$，那么

$$F(\omega) = |F(\omega)| = |F(\omega)\cdot e^{-i\alpha\omega}| = |H(\omega)|$$

于是 $H(\omega) = e^{-i\alpha\omega}|H(\omega)|$,具有线性相位。

再证必要性。因为 $H(\omega)$ 具有线性相位,所以可表成 $H(\omega) = e^{-i\alpha\omega}|H(\omega)|$,取 $F(\omega) = |H(\omega)|$,则有(注意 $h(n)$ 为实数)

$$F(-\omega) = |H(-\omega)| = |\overline{H(\omega)}| = |H(\omega)| = F(\omega)$$

所以 $F(\omega)$ 是实值非负的偶函数。【证毕】

下面的定理分别给出了奇数长和偶数长滤波器具有线性相位的充分必要条件。证明过程指出,线性相位滤波器的必要条件是系数对称。

定理 4.4.1　对于实系数因果滤波器

$$H(\omega) = \sum_{n=0}^{N} h(n)e^{-in\omega}$$

(1) 若 $N = 2K$ 为偶数(奇数长滤波器),那么 $H(\omega)$ 具有线性相位 $\Leftrightarrow H(\omega)$ 形如

$$H(\omega) = e^{-iK\omega}\sum_{n=0}^{K} a_n \cos n\omega$$

且右边的和式在 R 上非负。

(2) 若 $N = 2K+1$ 为奇数(偶数长滤波器),那么 $H(\omega)$ 具有线性相位 $\Leftrightarrow H(\omega)$ 形如

$$H(\omega) = e^{-i(K+\frac{1}{2})\omega}\sum_{n=0}^{K} a_n \cos(n+\frac{1}{2})\omega$$

且右边的和式在 R 上非负。

【证明】(1) 和(2) 的充分性由前述引理即得,下证(1) 和(2) 的必要性。由前述引理(不论 N 为奇或偶),存在半整数 α 和实值非负的偶函数 $F(\omega)$,使得

$$H(\omega) = e^{-i\alpha\omega}F(\omega) \tag{4.4.4}$$

$F(\omega)$ 为偶函数意味着

$$H(-\omega) = e^{i\alpha\omega}F(-\omega) = e^{i\alpha\omega}F(\omega) = e^{i2\alpha\omega}H(\omega)$$

或即

$$\sum_{n=0}^{N} h(n)e^{in\omega} = \sum_{n=0}^{N} h(n)e^{i(2\alpha-n)\omega} = \sum_{n=2\alpha-N}^{2\alpha} h(2\alpha-n)e^{in\omega}$$

两边的最高幂次应该相等,所以 $2\alpha = N$(当 N 为奇数,此时 α 是某奇数的一半),进一步得到

$$h(n) = h(2\alpha - n),\quad n = 0,\cdots,2\alpha$$

或即

$$h(n) = h(N-n), n = 0,\cdots,N$$

注意到式(4.4.4),我们有

$$H(\omega) = e^{-i\frac{N}{2}\omega}F(\omega) \tag{4.4.5}$$

下面的证明要分 N 的奇偶性。

(1) 当 $N = 2K$ 为偶数,由式(4.4.5),

$$F(\omega) = e^{iK\omega}H(\omega) = \sum_{n=0}^{2K} h(n)e^{-i(n-K)\omega}$$

$$
\begin{aligned}
&= \sum_{n=0}^{K-1} h(n) e^{-i(n-K)\omega} + h(K) + \sum_{n=K+1}^{2K} h(n) e^{-i(n-K)\omega} \\
&= \sum_{n=0}^{K-1} h(n) e^{-i(n-K)\omega} + h(K) + \sum_{n=0}^{K-1} h(N-n) e^{-i(K-n)\omega} \\
&= h(K) + \sum_{n=0}^{K-1} h(n) [e^{-i(n-K)\omega} + e^{-i(K-n)\omega}] \\
&= h(K) + \sum_{n=0}^{K-1} h(n) 2\cos(K-n)\omega \\
&= h(K) + \sum_{n=1}^{K} h(K-n) 2\cos n\omega \\
&\triangleq \sum_{n=0}^{K} a_n \cos n\omega
\end{aligned}
$$

所以

$$
H(\omega) = e^{-iK\omega} F(\omega) = e^{-iK\omega} \sum_{n=0}^{K} a_n \cos n\omega
$$

其中和式部分(即 $F(\omega)$)在 R 上非负。

(2) 当 $N = 2K+1$ 为奇数,由式(4.4.5),

$$
\begin{aligned}
F(\omega) &= e^{i(K+\frac{1}{2})\omega} H(\omega) = \sum_{n=0}^{2K+1} h(n) e^{-i(n-K-\frac{1}{2})\omega} \\
&= \sum_{n=0}^{K} h(n) e^{-i(n-N/2)\omega} + \sum_{n=K+1}^{2K+1} h(n) e^{-i(n-N/2)\omega} \\
&= \sum_{n=0}^{K} h(n) e^{-i(n-N/2)\omega} + \sum_{n=0}^{K} h(N-n) e^{-i(N/2-n)\omega} \\
&= \sum_{n=0}^{K} h(n) [e^{-i(n-N/2)\omega} + e^{-i(N/2-n)\omega}] \\
&= \sum_{n=0}^{K} h(n) 2\cos(K + \frac{1}{2} - n)\omega \\
&= \sum_{n=0}^{K} h(K-n) 2\cos(n + \frac{1}{2})\omega \\
&\triangleq \sum_{n=0}^{K} a_n \cos(n + \frac{1}{2})\omega
\end{aligned}
$$

所以

$$
H(\omega) = e^{-i(K+\frac{1}{2})\omega} F(\omega) = e^{-i(K+\frac{1}{2})\omega} \sum_{n=0}^{K} a_n \cos(n + \frac{1}{2})\omega
$$

其中和式部分(即 $F(\omega)$)在 R 上非负。 【证毕】

定理的证明过程给出了构造线性相位滤波器的一般原则,分奇数长和偶数长两种情形。在节 5.3,将给出一种具体的构造方法。

(1) 构造奇数长线性相位滤波器

Step1 取定任意正整数 K,选择实数

$$
a_n, n = 0, \cdots, K
$$

使得

$$F(\omega) = \sum_{n=0}^{K} a_n \cos n\omega \geqslant 0, \quad (\forall \omega \in R)$$

例如,取 $a_0 = 1$,并使得 $|a_1| + |a_2| + \cdots + |a_K| \leqslant 1$ 即可保证上式成立。

Step2　如下决定滤波器系数

$$\begin{array}{ccccccc} h(0), & \cdots, & h(K-1), & h(K), & h(K+1), & \cdots, & h(2K) \\ \frac{1}{2}a_K, & \cdots, & \frac{1}{2}a_1, & a_0, & \frac{1}{2}a_1, & \cdots, & \frac{1}{2}a_K \end{array}$$

即

$$h(n) = \begin{cases} \frac{1}{2}a_{K-n}, & n = 0,\cdots. K-1 \\ a_0, & n = K \\ \frac{1}{2}a_{n-K}, & n = K+1,\cdots,2K \end{cases}$$

此时滤波器的长度是 $2K + 1$.

(2) 构造偶数长线性相位滤波器

Step1　取定任意正整数 K,选择实数

$$a_n, n = 0,\cdots,K$$

使得

$$F(\omega) = \sum_{n=0}^{K} a_n \cos(n + \frac{1}{2})\omega \geqslant 0, \quad (\forall \omega \in R)$$

Step2　如下决定滤波器系数

$$\begin{array}{cccccc} h(0), & \cdots, & h(K), & h(K+1), & \cdots, & h(2K+1) \\ a_K, & \cdots, & a_0, & a_0, & \cdots, & a_K \end{array}$$

即

$$h(n) = \begin{cases} a_{K-n}, & n = 0,\cdots,K \\ a_{n-K-1}, & n = K+1,\cdots,2K+1 \end{cases}$$

此时滤波器的长度是 $2K + 2$.

线性相位的概念还可以推广到广义线性相位。如果存在 α, β 使得

$$H(\omega) = |H(\omega)| \mathrm{e}^{-\mathrm{i}(\alpha\omega+\beta)}$$

则称 $H(\omega)$ 具有广义线性相位。在定理4.4.1中,可以把“右边的和式部分在 R 上非负”改为“右边的和式部分在 R 上非正”,此时对应广义线性相位滤波器为

$$H(\omega) = -|H(\omega)| \mathrm{e}^{-\mathrm{i}\alpha\omega} = |H(\omega)| \mathrm{e}^{-\mathrm{i}(\alpha\omega+\pi)}$$

第五章　滤波器组

信号处理单靠一个滤波器是不够的,需要多个滤波器协同合作构成滤波器组。其中的一个基本问题是,将信号序列按频带分解,而后编码、传输,最后解码还原。最通常的情形是,把信号序列分成高频部分和低频部分,称为双通道滤波;也可能分成 M 个频带,称为多通道滤波。本章要讨论的问题是,如何设计滤波器组将信号序列按频带分解,再合成还原,实现完美重构(可以有若干步延迟)。节 5.1 讨论了完美重构的条件,其中节 5.1.1 至节 5.1.3,考察双通道情形,节 5.1.4 推广至多通道。节 5.2 讨论了一种特别的双通道完美重构 —— 正交滤波器组。节 5.3 讨论了另一种特别的双通道完美重构 —— 四个滤波器都具有线性相位。节 5.4 讨论了 M 通道滤波器组的设计。

5.1　完美重构

虽然理想滤波器能干净利落地截取所要的频带,但它对应的滤波器序列无限长,是不可实现的。实际上的高、低通滤波器通常如图 5 - 1 所示。低通滤波器的输出"主要地"含有低频分量,也"部分地"含有高频分量。高通滤波器反之。

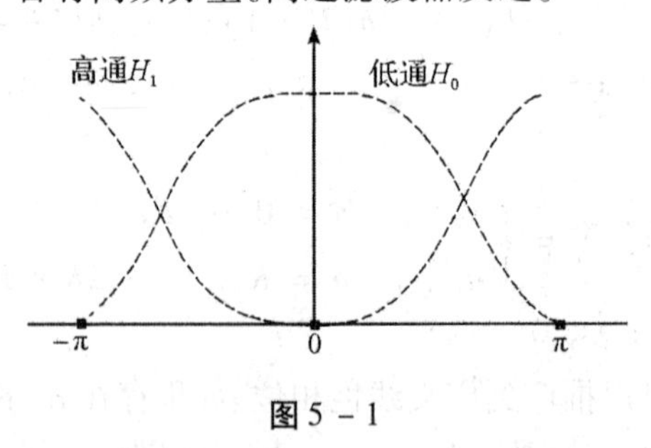

图 5 - 1

一个信号序列经过高、低通滤波,生成了两个序列,数据加倍了,这是我们不愿接受的。所以,对高、低通滤波的输出,再执行($\downarrow 2$)抽取,去掉一半数据,这会导致丢失信息吗?只要正确地设计滤波器组就能避免。如图 5 - 2,左半部称为分析滤波器组,右半部称为合成滤波器组。在分析组,x 分别经过高、低通滤波器 H_0,H_1,得到 y_0,y_1,再经过抽取($\downarrow 2$)得到 v_0,v_1. 编码、传输、解码后进入合成组(假设编码、传输、解码数据无损)。在合成组,输入数据 v_0,v_1 先经过($\uparrow 2$)插零恢复数据的频率得到 u_0,u_1,再经过 F_0 和 F_1 滤波器得到 w_0,w_1,最后将两个序列 w_0,w_1 相加,还原成 x(可以有 l 步延迟)。为什么需要 F_0 和 F_1 滤波器?原因有两个,其一,在如图5 - 1 所示的处理过程中,从高、低通滤波器出来的信号有频率混叠;其二,滤波后的抽取也会产生混叠。F_0 和 F_1 的作用就是要消除混叠,还原信号。

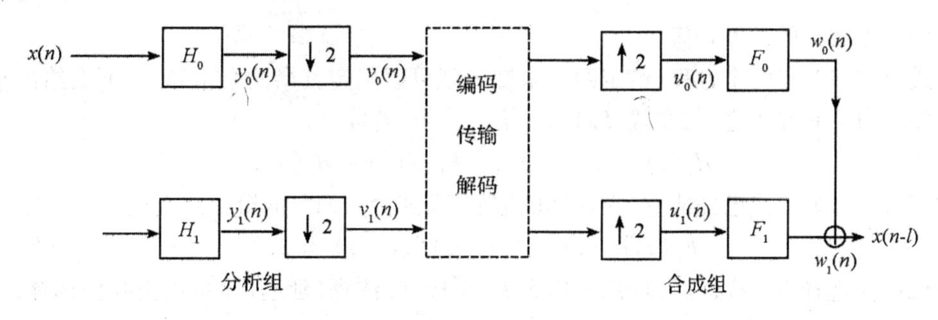

图 5 - 2

5.1.1　双通道完美重构

现在的问题是,四个滤波器 H_0,H_1(分析组)和 F_0,F_1(合成组)要满足什么关系才能完美重构信号?下面从 z 域来分析。在图 5 - 2 所示的上通道,x 经过 H_0,($\downarrow 2$),($\uparrow 2$),F_0 这四道工序得到 w_0,在 z 域中表现为

$$Y_0(z) = H_0(z)X(z)$$

$$V_0(z) = \frac{1}{2}[H_0(z^{1/2})X(z^{1/2}) + H_0(-z^{1/2})X(-z^{1/2})]$$

$$U_0(z) = V_0(z^2) = \frac{1}{2}[H_0(z)X(z) + H_0(-z)X(-z)]$$

$$W_0(z) = F_0(z)U_0(z) = \frac{1}{2}[F_0(z)H_0(z)X(z) + F_0(z)H_0(-z)X(-z)]$$

同理,在图 5 - 2 所示的下通道,有

$$W_1(z) = \frac{1}{2}[F_1(z)H_1(z)X(z) + F_1(z)H_1(-z)X(-z)]$$

要实现完美重构,必须(其中 z^{-l} 表示容许延迟 l 步)

$$W_0(z) + W_1(z) = z^{-l}X(z)$$

或者

$$[F_0(z)H_0(z) + F_1(z)H_1(z)]\cdot X(z) + [F_0(z)H_0(-z) + F_1(z)H_1(-z)]\cdot X(-z) = 2z^{-l}X(z)$$

从而必须

$$\begin{cases} F_0(z)H_0(z) + F_1(z)H_1(z) = 2z^{-l} \\ F_0(z)H_0(-z) + F_1(z)H_1(-z) = 0 \end{cases} \tag{5.1.1}$$

或者

$$[F_0(z) \quad F_1(z)]\begin{pmatrix} H_0(z) & H_0(-z) \\ H_1(z) & H_1(-z) \end{pmatrix} = [2z^{-l} \quad 0]$$

很明显,式(5.1.1)的第一式保证了不失真(仅有延迟),第二式让 $X(-z)$ 项消失,保证了无混叠。称矩阵

$$\begin{pmatrix} H_0(z) & H_0(-z) \\ H_1(z) & H_1(-z) \end{pmatrix}$$

为分析组滤波器的调制矩阵。

式(5.1.1)有两个方程,给定两个未知式就可以确定其余两个未知式。下面给出求解方程(5.1.1)的方式之一:在式(5.1.1)第二式中,若取

$$H_1(z) = F_0(-z), \quad F_1(z) = -H_0(-z)$$

则式(5.1.1)第二式已经成立。在这样的取法下,式(5.1.1)的第一式变成

$$F_0(z)H_0(z) - F_0(-z)H_0(-z) = 2z^{-l} \tag{5.1.2}$$

再考虑如何选择 $H_0(z)$, $F_0(z)$ 使得式(5.1.2)成立。注意,延迟 l 步可以由我们选择,这里选定 l 为奇数!那么式(5.1.2)等价于

$$z^l F_0(z)H_0(z) + (-z)^l F_0(-z)H_0(-z) = 2 \tag{5.1.3}$$

记

$$P(z) = z^l F_0(z)H_0(z)$$

则式(5.1.3)等价于

$$P(z) + P(-z) = 2 \tag{5.1.4}$$

显然,这样的 $P(z)$ 必须满足:常数项为1;$P(z)$ 不能有偶次项,奇次项系数可以任选。得到这样的 $P(z)$ 后,分解 $z^{-l}P(z)$ 成为 $F_0(z)H_0(z)$. 于是我们得到选择 H_0, H_1, F_0, F_1 的一种方法:

Step1　选择 $P(z)$ 满足 $P(z) + P(-z) = 2$

Step2　选奇数 l,作　$P_0(z) = z^{-l}P(z)$

Step3　分解　$P_0(z) = F_0(z)H_0(z)$

Step4　取　$H_1(z) = F_0(-z), F_1(z) = -H_0(-z)$

在 step1, $P(z)$ 的选法有很多;在 step3, $P_0(z)$ 的分解不唯一。所以,构造完美重构滤波器组有很大的余地,一个基本的要求应该是 H_0 有低通特征:

$$H_0(\omega)\big|_{\omega=\pi} = 0 \Leftrightarrow H_0(z)\big|_{z=-1} = 0$$

H_1 有高通特征:

$$H_1(\omega)\big|_{\omega=0} = 0 \Leftrightarrow H_0(z)\big|_{z=1} = 0$$

例 5.1.1　取 $P(z) = 1 + z^3$,并取 $l = 1$,则 $P_0(z) = z^{-1}(1 + z^3)$,分解

$$P_0(z) = z^{-1}(1+z)(1-z+z^2) = (1+z)(z^{-1} - 1 + z)$$

取

$$H_0(z) = z + 1, \quad F_0(z) = z - 1 + z^{-1}$$

再确定

$$H_1(z) = F_0(-z) = -z - 1 - z^{-1}$$

$$F_1(z) = -H_0(-z) = z - 1$$

相应的四个脉冲响应(下划线位置代表零时刻)为

$$h^{(0)} = (\cdots, 0, 1, \underline{1}, 0, \cdots)$$

$$f^{(0)} = (\cdots, 0, 1, \underline{-1}, 1, 0, \cdots)$$

$$h^{(1)} = (\cdots,0, -1,\underline{-1}, -1,0,\cdots)$$
$$f^{(1)} = (\cdots,0,1,\underline{-1},0,\cdots)$$

现在输入信号 x,按照图 5 - 2 把各步骤演示。在上通道:

$$y_0(n) = (h^{(0)} * x)(n) = x(n) + x(n+1)$$
$$v_0(n) = [(\downarrow 2)y_0](n) = y_0(2n) = x(2n) + x(2n+1)$$
$$u_0(n) = [(\uparrow 2)v_0](n) = \begin{cases} v_0(n/2), & n = \text{偶数} \\ 0, & n = \text{奇数} \end{cases}$$
$$= \begin{cases} x(n) + x(n+1), & n = \text{偶数} \\ 0, & n = \text{奇数} \end{cases}$$
$$w_0(n) = [f^{(0)} * u_0](n) = u_0(n-1) - u_0(n) + u_0(n+1)$$
$$= \begin{cases} -x(n) - x(n+1), & n = \text{偶数} \\ x(n-1) + x(n) + x(n+1) + x(n+2), & n = \text{奇数} \end{cases}$$

在下通道:

$$y_1(n) = (h^{(1)} * x)(n) = -x(n-1) - x(n) - x(n+1)$$
$$v_1(n) = [(\downarrow 2)y_1](n) = y_1(2n) = -x(2n-1) - x(2n) - x(2n+1)$$
$$u_1(n) = [(\uparrow 2)v_1](n) = \begin{cases} v_1(n/2), & n = \text{偶数} \\ 0, & n = \text{奇数} \end{cases}$$
$$= \begin{cases} -x(n-1) - x(n) - x(n+1), & n = \text{偶数} \\ 0, & n = \text{奇数} \end{cases}$$
$$w_1(n) = [f^{(1)} * u_1](n) = -u_1(n) + u_1(n+1)$$
$$= \begin{cases} x(n-1) + x(n) + x(n+1), & n = \text{偶数} \\ -x(n) - x(n+1) - x(n+2), & n = \text{奇数} \end{cases}$$

上、下通道相加:

$$w_0(n) + w_1(n) = \begin{cases} x(n-1), & n = \text{偶数} \\ x(n-1), & n = \text{奇数} \end{cases} = x(n-1)$$

可见,输出是输入的一步延迟($l = 1$),实现了完美重构。

可以算出 $|H_0(\omega)| = 2\cos\dfrac{\omega}{2}$, $|H_1(\omega)| = |1 + 2\cos\omega|$,如图 5 - 3 所示。

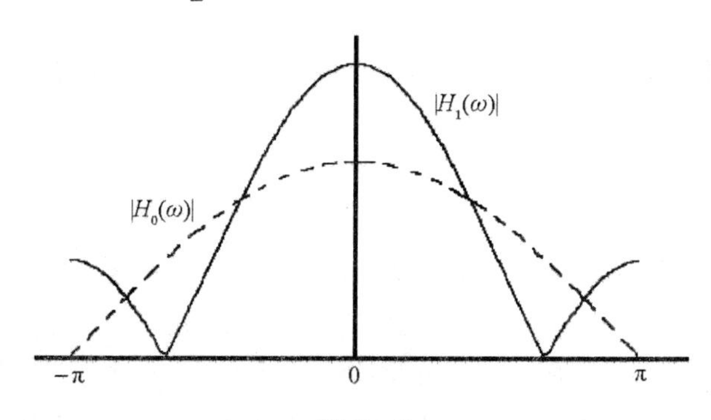

图 5 - 3

因为 $H_1(z)$ 没有高通特征,这不是一对匹配的高 - 低通滤波器。

5.1.2 双速率滤波

在图 5 - 2 中,分析组的上、下通道都是先滤波后抽取,滤波的结果被扔掉一半,显然是不经济的;合成组的上、下通道都是先插零后滤波,很多零参与了乘法运算,也是不经济的。下面利用节 4.3 的 Noble 定理,得出更高效的数据处理方式。

先介绍一般滤波器 $C(z) = \sum_{k\in\mathbf{Z}} c(k)z^{-k}$ 的双相表示。将偶次项与奇次项分开求和:

$$C(z) = \sum_{k\in\mathbf{Z}} c(2k)z^{-2k} + \sum_{k\in\mathbf{Z}} c(2k+1)z^{-(2k+1)} = \sum_{k\in\mathbf{Z}} c(2k)(z^2)^{-k} + z^{-1}\sum_{k\in\mathbf{Z}} c(2k+1)(z^2)^{-k}$$

记

$$C_0(z) = \sum_{k\in\mathbf{Z}} c(2k)z^{-k}, \quad C_1(z) = \sum_{k\in\mathbf{Z}} c(2k+1)z^{-k}$$

分别称之为 C 的偶相位滤波器和奇相位滤波器。于是

$$C(z) = C_0(z^2) + z^{-1}C_1(z^2)$$

称为 $C(z)$ 的双相表示。

- **分析组双速滤波**

这里先用 $C(z)$ 统一代表 $H_0(z)$,$H_1(z)$. 对于信号 $X(z)$,

$$C(z)X(z) = C_0(z^2)X(z) + C_1(z^2)[z^{-1}X(z)]$$

根据 Noble 第一恒等式(定理 4.3.1),

$$(\downarrow 2)C(z)X(z) = (\downarrow 2)C_0(z^2)X(z) + (\downarrow 2)C_1(z^2)[z^{-1}X(z)] = C_0(z)(\downarrow 2)X(z) + C_1(z)(\downarrow 2)[z^{-1}X(z)]$$

两种等价方式如图 5 - 4 所示,其中 z^{-1} 表示 1 步延迟

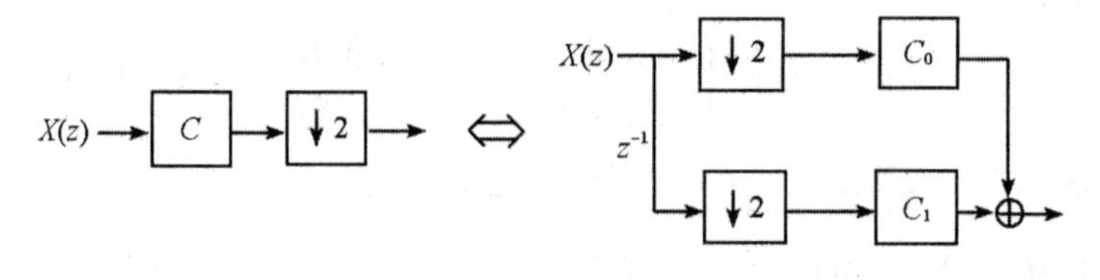

图 5 - 4

图 5 - 4 中的右图部分的上通道抽取了 x 的偶次项,再经过偶相位滤波器 C_0;下通道先延迟一步再抽取,相当于抽取了 x 的奇次项(以原来的 $x(-1)$ 作为零时刻项),然后经过奇相位滤波 C_1,最后两者相加。这样的做法,不但避免了"计算再扔掉",而且上下通道可以并行计算。

现将图 5 - 4 的方法用于分析组的高、低通滤波器。首先写出低、高通滤波器的双相形式:

$$\begin{aligned} H_0(z) &= H_{00}(z^2) + z^{-1}H_{01}(z^2) \\ H_1(z) &= H_{10}(z^2) + z^{-1}H_{11}(z^2) \end{aligned} \tag{5.1.5}$$

其中 H_{00} 是低通偶相位,H_{01} 是低通奇相位,H_{10} 是高通偶相位,H_{11} 是高通奇相位。对 H_0,H_1 仿照图 5 - 4 的做法,得到分析组的等价形式(见图 5 - 5)。

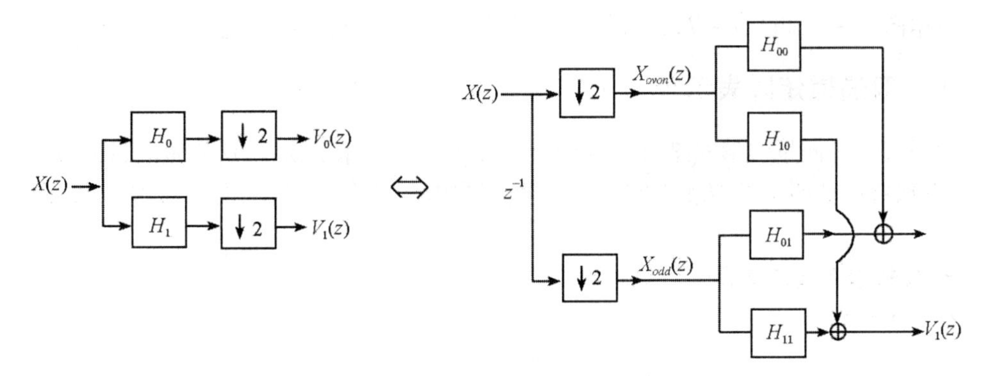

图5－5

- **合成组双速滤波**

这里先用 $C(z)$ 统一代表 $F_0(z)$，$F_1(z)$. 将滤波器 $C(z)$ 写成双相表示：

$$C(z) = C_1(z^2) + z^{-1}C_0(z^2)$$

注意，与分析组的符号用法不同，这里偶相位用下标1，奇相位用下标0. 对信号 $V(z)$，根据 Noble 第二恒等式（定理4.3.2），

$$\begin{aligned}C(z)(\uparrow 2)V(z) &= C_1(z^2)(\uparrow 2)V(z) + z^{-1}C_0(z^2)(\uparrow 2)V(z)\\ &= (\uparrow 2)C_1(z)V(z) + z^{-1}(\uparrow 2)C_0(z)V(z)\end{aligned}$$

于是有如下等价操作（见图5－6）。

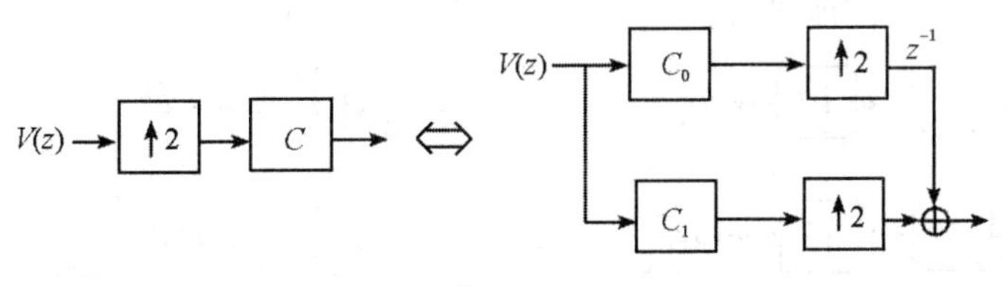

图5－6

现将图5－6的方法应用于合成组的两个滤波器。首先写出 F_0，F_1 滤波器的双相形式：

$$\begin{aligned}F_0(z) &= F_{01}(z^2) + z^{-1}F_{00}(z^2)\\ F_1(z) &= F_{11}(z^2) + z^{-1}F_{10}(z^2)\end{aligned} \tag{5.1.6}$$

注意，与分析组的符号用法不同，这里偶相位用下标1，奇相位用下标0. 对 F_0，F_1 仿照图5－6的做法，得到合成组的等价形式（见图5－7）。

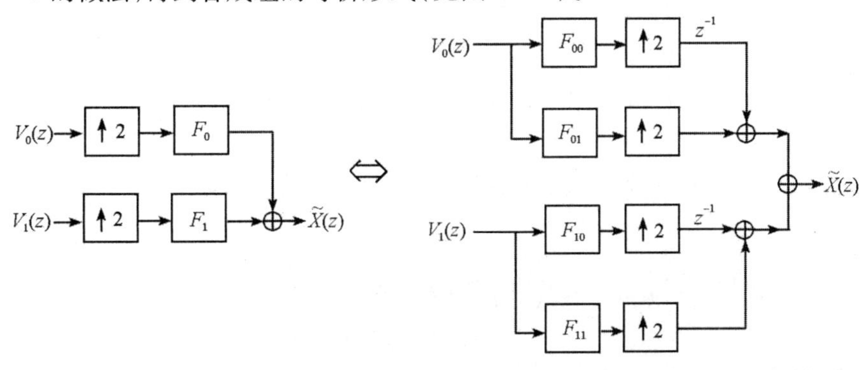

图5－7

根据图 5 - 5 和图 5 - 7,读者不难画出图 5 - 2 的等价双速率滤波器组。

5.1.3 双通道矩阵表示

我们用矩阵向量的形式来表达分析组与合成组的双速率滤波,这样做的目的有两个:其一,得到更简洁明了的双速率完美重构滤波器组结构;其二,便于推广到 M 通道滤波器组。

- **分析组的矩阵表示**

在图 5 - 5 中,记

$$H_p(z)=\begin{pmatrix}H_{00}(z) & H_{01}(z)\\ H_{10}(z) & H_{11}(z)\end{pmatrix} \tag{5.1.7}$$

称之为分析组的多相矩阵,第一行是 H_0 的偶相位和奇相位,第二行是 H_1 的偶相位和奇相位。$V_0(z)$,$V_1(z)$与 $X_{\text{even}}(z)$,$X_{\text{odd}}(z)$有如下关系:

$$V_0(z)=H_{00}(z)X_{\text{even}}(z)+H_{01}(z)X_{\text{odd}}(z)$$

$$V_1(z)=H_{10}(z)X_{\text{even}}(z)+H_{11}(z)X_{\text{odd}}(z)$$

写成矩阵形式为

$$\begin{pmatrix}V_0(z)\\ V_1(z)\end{pmatrix}=H_p(z)\begin{pmatrix}X_{\text{even}}(z)\\ X_{\text{odd}}(z)\end{pmatrix} \tag{5.1.8}$$

于是,分析组可以更简洁地等价表达,如图 5 - 8 所示。

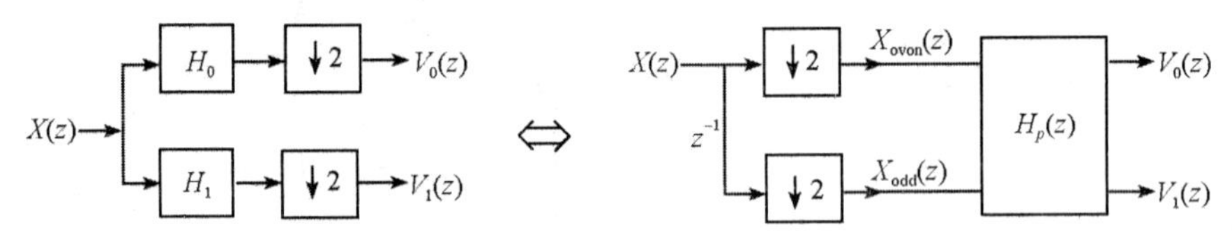

图 5 - 8

现在,从图 5 - 8 的左图写出 $V_0(z)$,$V_1(z)$ 与 $X(z)$ 的关系:

$$V_0(z)=(\downarrow 2)H_0(z)X(z)=\frac{1}{2}[H_0(z^{1/2})X(z^{1/2})+H_0(-z^{1/2})X(-z^{1/2})]$$

$$V_1(z)=(\downarrow 2)H_1(z)X(z)=\frac{1}{2}[H_1(z^{1/2})X(z^{1/2})+H_1(-z^{1/2})X(-z^{1/2})]$$

或者

$$V_0(z^2)=\frac{1}{2}[H_0(z)X(z)+H_0(-z)X(-z)]$$

$$V_1(z^2)=\frac{1}{2}[H_1(z)X(z)+H_1(-z)X(-z)]$$

记

$$H_m(z)=\begin{pmatrix}H_0(z) & H_0(-z)\\ H_1(z) & H_1(-z)\end{pmatrix} \tag{5.1.9}$$

称之为分析组的调制矩阵。则有

$$\begin{pmatrix} V_0(z^2) \\ V_1(z^2) \end{pmatrix} = \frac{1}{2} H_m(z) \begin{pmatrix} X(z) \\ X(-z) \end{pmatrix} \tag{5.1.10}$$

下面来找出式(5.1.7)的多相矩阵$H_p(z)$与式(5.1.9)的调制矩阵$H_m(z)$的关系。注意到式(5.1.8),需要写出$X_{\text{even}}(z)$,$X_{\text{odd}}(z)$与$X(z)$的关系:

$$X_{\text{even}}(z) = (\downarrow 2)X(z) = \frac{1}{2}[X(z^{1/2}) + X(-z^{1/2})]$$

$$X_{\text{odd}}(z) = (\downarrow 2)[z^{-1}X(z)] = \frac{1}{2}[z^{-1/2}X(z^{1/2}) - z^{-1/2}X(-z^{1/2})]$$

或者

$$X_{\text{even}}(z^2) = \frac{1}{2}[X(z) + X(-z)]$$

$$X_{\text{odd}}(z^2) = \frac{1}{2}z^{-1}[X(z) - X(-z)]$$

写成矩阵形式

$$\begin{pmatrix} X_{\text{even}}(z^2) \\ X_{\text{odd}}(z^2) \end{pmatrix} = \frac{1}{2} \begin{pmatrix} 1 & 0 \\ 0 & z^{-1} \end{pmatrix} \begin{pmatrix} 1 & 1 \\ 1 & -1 \end{pmatrix} \begin{pmatrix} X(z) \\ X(-z) \end{pmatrix}$$

再由式(5.1.8),

$$\begin{pmatrix} V_0(z^2) \\ V_1(z^2) \end{pmatrix} = \frac{1}{2} H_p(z^2) \begin{pmatrix} 1 & 0 \\ 0 & z^{-1} \end{pmatrix} \begin{pmatrix} 1 & 1 \\ 1 & -1 \end{pmatrix} \begin{pmatrix} X(z) \\ X(-z) \end{pmatrix} \tag{5.1.11}$$

对比式(5.1.10)和式(5.1.11)得到

$$H_m(z) = H_p(z^2) \begin{pmatrix} 1 & 0 \\ 0 & z^{-1} \end{pmatrix} \begin{pmatrix} 1 & 1 \\ 1 & -1 \end{pmatrix} \tag{5.1.12}$$

这就是分析组的多相矩阵与调制矩阵的关系。

- **合成组的矩阵表示**

从图5-7右图中,写出$\tilde{X}(z)$与$V_0(z)$,$V_1(z)$的关系:

$$\begin{aligned} \tilde{X}(z) &= z^{-1}(\uparrow 2)F_{00}(z)V_0(z) + (\uparrow 2)F_{01}(z)V_0(z) \\ &\quad + z^{-1}(\uparrow 2)F_{10}(z)V_1(z) + (\uparrow 2)F_{11}(z)V_1(z) \\ &= (\uparrow 2)[F_{01}(z)V_0(z) + F_{11}(z)V_1(z)] \\ &\quad + z^{-1}(\uparrow 2)[F_{00}(z)V_0(z) + F_{10}(z)V_1(z)] \end{aligned}$$

记

$$F_p(z) = \begin{pmatrix} F_{00}(z) & F_{10}(z) \\ F_{01}(z) & F_{11}(z) \end{pmatrix} \tag{5.1.13}$$

称之为合成组的多相矩阵,第一列是F_0的奇相位和偶相位,第二列是F_1的奇相位和偶相位。

注意区别两个多相矩阵的表示法:

$$H_p(z) = \begin{pmatrix} \text{低-偶} & \text{低-奇} \\ \text{高-偶} & \text{高-奇} \end{pmatrix}, \quad F_p(z) = \begin{pmatrix} \text{低-奇} & \text{高-奇} \\ \text{低-偶} & \text{高-偶} \end{pmatrix}$$

于是

$$\widetilde{X}(z)=(z^{-1},1)(\uparrow 2)F_p(z)\begin{pmatrix}V_0(z)\\V_1(z)\end{pmatrix}$$

从而,合成组可以更简洁地等价表达,如图 5－9 所示。

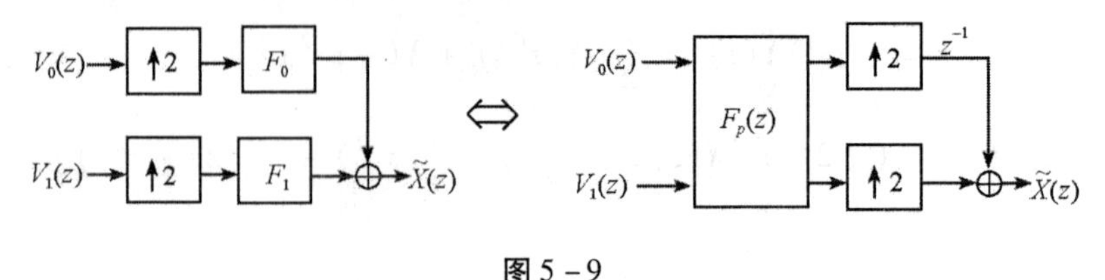

图 5－9

• **分析－合成联合矩阵表示**

综合图 5－8 和图 5－9,我们立即得到双通道滤波器组的等价形式,如图 5－10 所

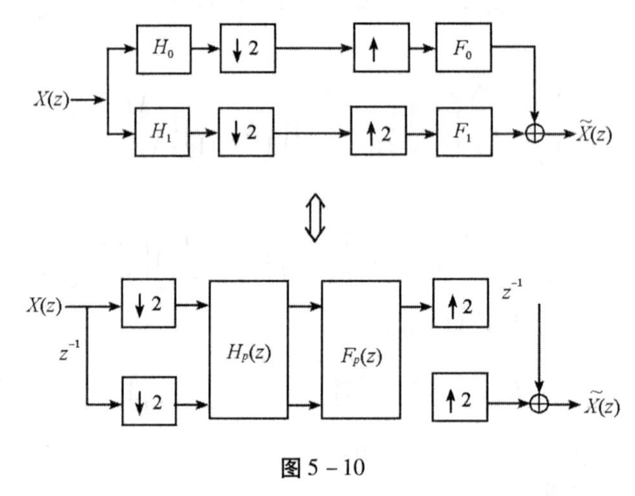

图 5－10

示。其中,分析组多相矩阵 H_p 的定义按照式(5.1.7)和式(5.1.5),合成组多相矩阵 F_p 的定义按照式(5.1.13)和式(5.1.6)。有了多相形式,我们就可以得到双通道滤波器组完美重构条件的另一种表达方式,称为多相形式的完美重构条件。前一种表达是式(5.1.1),称为调制形式的完美重构条件。

定理 5.1.1　在图 5－10 的多相形式中,如果存在奇数 l,使得

$$F_p(z)\cdot H_p(z)=z^{-(l-1)/2}I$$

其中 I 代表 2 阶单位矩阵,那么

$$\widetilde{X}(z)=z^{-l}X(z)$$

实现完美重构(延迟 l 步)。

【证明】按照图 5－10 所示的多相形式,输入 $X(z)$ 与输出 $\widetilde{X}(z)$ 有如下关系

$$\widetilde{X}(z)=(z^{-1},1)(\uparrow 2)F_p(z)H_p(z)\begin{pmatrix}(\downarrow 2)X(z)\\(\downarrow 2)z^{-1}X(z)\end{pmatrix}$$

由定理的条件得到

$$\widetilde{X}(z)=(z^{-1},1)\begin{pmatrix}(\uparrow 2)z^{-(l-1)/2}(\downarrow 2)X(z)\\(\uparrow 2)z^{-(l-1)/2}(\downarrow 2)z^{-1}X(z)\end{pmatrix}$$

利用节4.2的公式　$z^{-k}(\downarrow 2)X(z)=(\downarrow 2)z^{-2k}X(z)$，可得

$$\widetilde{X}(z)=(z^{-1},1)\begin{pmatrix}(\uparrow 2)(\downarrow 2)z^{-(l-1)}X(z)\\(\uparrow 2)(\downarrow 2)z^{-l}X(z)\end{pmatrix}$$

$$=(z^{-1},1)\begin{pmatrix}\frac{1}{2}[z^{-(l-1)}X(z)+z^{-(l-1)}X(-z)]\\ \frac{1}{2}[z^{-l}X(z)-z^{-l}X(-z)]\end{pmatrix}=z^{-l}X(z)$$

【证毕】

5.1.4　*M* 通道完美重构与多速率滤波

M 通道滤波器组是双通道（见图5－2）的自然推广。将频域区间[0,2π] *M* 等分，每个子区间长度为 $2\pi/M$，每个滤波器提取在相应子区间中的频率分量。以 $M=4$ 为例，图5－11(a) 画出了四个滤波器 H_0,H_1,H_2,H_3，因为不可能设计理想的滤波器恰好支撑在相应的区间上，所以相邻滤波器之间在频域上会有部分重叠搭接。四个滤波器（实线）覆盖了[－π/4,7π/4]。[7π/4,2π] 之间的频率分量并没有被遗漏，因为 $X(\omega)$ 是 2π 周期，它等同于[－π/4,0] 上的频率分量，被 H_0 提取。滤波器的组织结构也是双通道的自然推广，如图5－11(b) 所示。

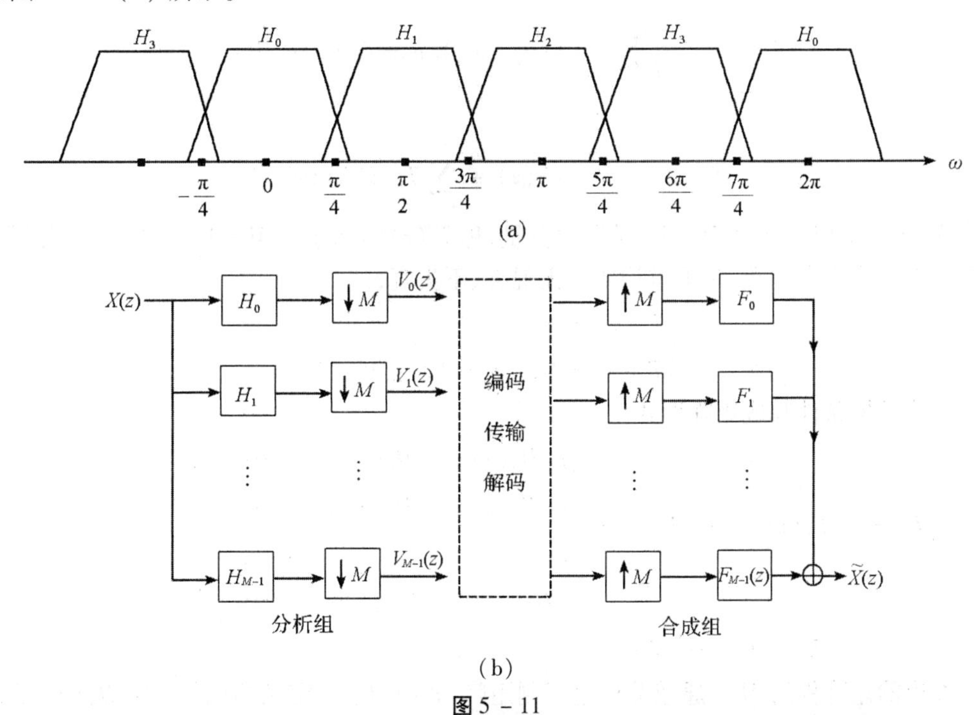

图5－11

数据 $X(z)$ 经过分析滤波器 $H_0,H_1,\cdots,H_{M-1}$ 膨胀了 *M* 倍，经过 $(\downarrow M)$ 抽取减少到与原来同样的量。经过编码、传输、解码后，用 $(\uparrow M)$ 插零恢复原数据的频率，再经过 $F_0,F_1,\cdots,F_{M-1}$ 消除频率混叠，实现完美重构（可以延迟若干步）。

与双通道情形一样,我们可以得到两种形式的完美重构条件。其一,根据图 5 - 11 写出 $\tilde{X}(z)$ 与 $X(z)$ 的关系,再令 $\tilde{X}(z) = z^l X(z)$ 保证不失真、无混叠,即可得到类似于式 (5.1.1) 的条件,称为调制形式的完美重构条件。其二,把图 5 - 11 转换成多相形式,用多相矩阵表达输入输出的关系,由此得到多相形式的完美重构条件。

- **调制形式的完美重构条件**

在图 5 - 11 分析滤波器组的第 k 通道,$X(z)$ 经过滤波器 H_k 和抽取($\downarrow M$),根据定理 4.2.5,得到(其中 $w_M = e^{i2\pi/M}$)

$$V_k(z) = \frac{1}{M}\sum_{p=0}^{M-1} H_k(z^{1/M}w_M^p)X(z^{1/M}w_M^p)$$

再经过插零($\uparrow M$) 和滤波器 F_k,第 k 通道的输出为

$$\frac{1}{M}F_k(z)\sum_{p=0}^{M-1} H_k(zw_M^p)X(zw_M^p)$$

于是,滤波器组的输出为

$$\begin{aligned}\tilde{X}(z) &= \frac{1}{M}\sum_{k=0}^{M-1} F_k(z)\sum_{p=0}^{M-1} H_k(zw_M^p)X(zw_M^p) \\ &= \frac{1}{M}\sum_{p=0}^{M-1}\left\{\sum_{k=0}^{M-1} F_k(z)H_k(zw_M^p)\right\}X(zw_M^p)\end{aligned}$$

记

$$T_p(z) = \frac{1}{M}\sum_{k=0}^{M-1} F_k(z)H_k(zw_M^p),\ p = 0,1,\cdots,M-1$$

则

$$\tilde{X}(z) = T_0(z)X(z) + \sum_{p=1}^{M-1} T_p(z)X(zw_M^p)$$

因为 $X(zw_M^p)$, $(1 \leqslant p \leqslant M-1)$ 是混叠分量,称 $T_p(z)(1 \leqslant p \leqslant M-1)$ 为混叠传递函数,而称 $T_0(z)$ 为失真函数。完美重构要求无混叠、不失真,即

$$\begin{cases} T_0(z) = z^{-l} \\ T_p(z) = 0, \quad p = 1,\cdots,M-1 \end{cases}$$

上述重构条件写成矩阵形式

$$(F_0(z)\quad F_1(z)\quad \cdots\quad F_{M-1}(z))\begin{pmatrix} H_0(z) & H_0(zw_M) & \cdots & H_0(zw_M^{M-1}) \\ H_1(z) & H_1(zw_M) & \cdots & H_1(zw_M^{M-1}) \\ \vdots & \vdots & \ddots & \vdots \\ H_{M-1}(z) & H_{M-1}(zw_M) & \cdots & H_{M-1}(zw_M^{M-1}) \end{pmatrix}$$

$$= (Mz^{-l}\quad 0\quad \cdots\quad 0)$$

左边的矩阵称为 M - 通道分析组调制矩阵,式(5.1.9) 定义的调制矩阵 $H_m(z)$ 是 $M = 2$ 的情形。如果 $H_m(z)$ 可逆($\forall\ |z| = 1$),那么由分析滤波器组可决定合成滤波器组:

$$(F_0(z)\quad F_1(z)\quad \cdots\quad F_{M-1}(z)) = (Mz^{-l}\quad 0\quad \cdots\quad 0)H_m^{-1}(z)$$

然而这样的想法基本上是不可实现的,因为

$$H_m^{-1}(z) = \frac{\mathrm{adj}[H_m(z)]}{\det[H_m(z)]}$$

这里adj[·]表示伴随矩阵,det[·]表示行列式。$H_m^{-1}(z)$ 的元素是分式,即使 $H_k(z)$ 是有限长的,但 $F_k(z)$ 一般都会是无限长的,除非 $\det H_m(z)$ 是形如 cz^{-r} 的单项式。即使如此,$F_k(z)$ 的长度也远大于 $H_k(z)$.

- **多相形式的完美重构条件**

我们要将图5－11换成 M 速率滤波的形式。为此,先考察一个滤波器

$$C(z) = \sum_{k\in\mathbf{Z}} c(k)z^{-k}$$

的多相表示,然后将其思想应用到每个滤波器上。将整数集合 $\mathbf{Z}$ 剖分成 M 个子集:

$$Z_s = \{s + pM \mid p \in \mathbf{Z}\}, \quad s = 0,\cdots,M-1$$

例如

$$Z_0 = \{\cdots, \ -2M, \ -M, \ 0, \ M, \ 2M,\cdots\}$$

$$Z_1 = \{\cdots, -2M+1, \ -M+1, \ 1, \ M+1, \ 2M+1,\cdots\}$$

于是

$$\begin{aligned} C(z) &= \sum_{k\in\mathbf{Z}} c(k)z^{-k} = \sum_{s=0}^{M-1}\sum_{k\in\mathbf{Z}_s} c(k)z^{-k} \\ &= \sum_{s=0}^{M-1}\sum_{p\in\mathbf{Z}} c(s+pM)z^{-(s+pM)} \\ &= \sum_{s=0}^{M-1} z^{-s}\sum_{p\in\mathbf{Z}} c(s+pM)(z^M)^{-p} \end{aligned}$$

记

$$C_s(z) = \sum_{p\in\mathbf{Z}} c(s+pM)z^{-p}, \quad s = 0,\cdots,M-1$$

称之为 $C(z)$ 的第 s 相滤波器。那么

$$C(z) = \sum_{s=0}^{M-1} z^{-s}C_s(z^M)$$

称之为 $C(z)$ 的多相表示。

先考察分析组的 M 速率滤波。对图5－11分析组的第 i 个通道,写出 $H_i(z)$ 的多相形式($i, j = 0,\cdots. M-1$),下标 i 是滤波器的序号,下标 j 代表相位。

$$\begin{cases} H_i(z) = \displaystyle\sum_{k\in\mathbf{Z}} h^{(i)}(k)z^{-k} = \sum_{j=0}^{M-1} z^{-j}H_{ij}(z^M) \\ H_{ij}(z) = \displaystyle\sum_{p\in\mathbf{Z}} h^{(i)}(j+pM)z^{-p} \end{cases} \tag{5.1.14}$$

于是

$$H_i(z)X(z) = \sum_{j=0}^{M-1} H_{ij}(z^M)[z^{-j}X(z)], \quad (i = 0,\cdots,M-1)$$

从而第 i 通道的输出(定理4.3.1,Noble第一恒等式)

$$\begin{aligned} V_i(z) &= (\downarrow M)H_i(z)X(z) \\ &= \sum_{j=0}^{M-1}(\downarrow M)H_{ij}(z^M)[z^{-j}X(z)] \quad (i=0,\cdots,M-1) \\ &= \sum_{j=0}^{M-1}H_{ij}(z)(\downarrow M)[z^{-j}X(z)] \end{aligned}$$

再记

$$H_p(z)=\begin{pmatrix} H_{0,0}(z) & H_{0,1}(z) & \cdots & H_{0,M-1}(z) \\ H_{1,0}(z) & H_{1,1}(z) & \cdots & H_{1,M-1}(z) \\ \vdots & \vdots & \ddots & \vdots \\ H_{M-1,0}(z) & H_{M-1,1}(z) & \cdots & H_{M-1,M-1}(z) \end{pmatrix} \tag{5.1.15}$$

称为分析组的多相矩阵，它的第 i 行是 H_i 的 M 个相位。则

$$\begin{pmatrix} V_0(z) \\ V_1(z) \\ \vdots \\ V_{M-1}(z) \end{pmatrix} = H_p(z)\begin{pmatrix} (\downarrow M)X(z) \\ (\downarrow M)z^{-1}X(z) \\ \vdots \\ (\downarrow M)z^{-(M-1)}X(z) \end{pmatrix} \tag{5.1.16}$$

于是图 5－11 分析组有等价的多相滤波方式，如图 5－12 所示。

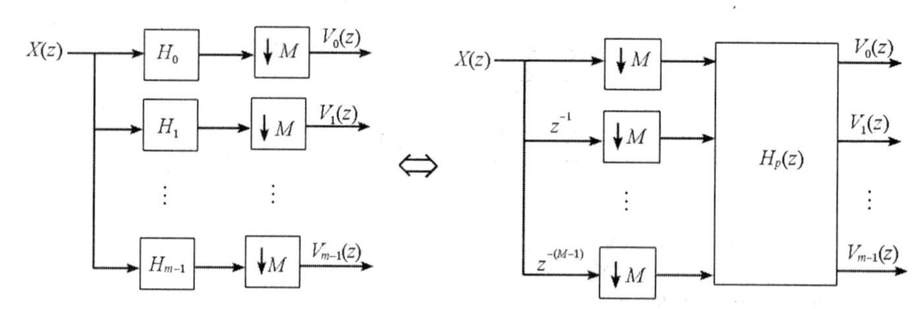

图 5－12

现在我们从图 5－12 的左图写出 $V_i(z)$ 与 $X(z)$ 的关系，为简便记

$$w_M = e^{i\frac{2\pi}{M}}$$

则（由定理 4.2.2）

$$V_i(z) = (\downarrow M)H_i(z)X(z) = \frac{1}{M}\sum_{p=0}^{M-1}H_i(z^{\frac{1}{M}}w_M^p)X(z^{\frac{1}{M}}w_M^p)$$

或者

$$V_i(z^M) = \frac{1}{M}\sum_{p=0}^{M-1}H_i(zw_M^p)X(zw_M^p), \quad (i=0,\cdots,M-1)$$

再记

$$H_m(z)=\begin{pmatrix} H_0(z) & H_0(zw_M) & \cdots & H_0(zw_M^{M-1}) \\ H_1(z) & H_1(zw_M) & \cdots & H_1(zw_M^{M-1}) \\ \vdots & \vdots & \ddots & \vdots \\ H_{M-1}(z) & H_{M-1}(zw_M) & \cdots & H_{M-1}(zw_M^{M-1}) \end{pmatrix} \tag{5.1.17}$$

称之为调制矩阵,那么

$$\begin{pmatrix} V_0(z^M) \\ V_1(z^M) \\ \vdots \\ V_{M-1}(z^M) \end{pmatrix} = \frac{1}{M} H_m(z) \begin{pmatrix} X(z) \\ X(zw_M) \\ \vdots \\ X(zw_M^{M-1}) \end{pmatrix} \tag{5.1.18}$$

为了得到调制矩阵 $H_m(z)$ 与多相矩阵 $H_p(z)$ 的关系,在式(5.1.16)中,对 $j=0,\cdots.M-1$,有

$$\begin{aligned}(\downarrow M)[z^{-j}X(z)] &= \frac{z^{-j/M}}{M}\sum_{p=0}^{M-1} w_M^{-jp} X(z^{1/M}w_M^p) \\ &= \frac{z^{-j/M}}{M}(1 \quad w_M^{-p} \quad \cdots \quad w_M^{-j(M-1)})[X(z^{1/M}) \quad X(z^{1/M}w_M) \quad \cdots \quad X(z^{1/M}w_M^{M-1})]^{\mathrm{T}}\end{aligned}$$

又记

$$W_M = \begin{pmatrix} 1 & 1 & \cdots & 1 \\ 1 & w_M^1 & \cdots & w_M^{(M-1)} \\ \vdots & \vdots & \ddots & \vdots \\ 1 & w_M^{(M-1)} & \cdots & w_M^{(M-1)^2} \end{pmatrix}$$

则

$$\begin{pmatrix} (\downarrow M)X(z) \\ (\downarrow M)z^{-1}X(z) \\ \vdots \\ (\downarrow M)z^{-(M-1)}X(z) \end{pmatrix} = \frac{1}{M}\begin{pmatrix} 1 & & & \\ & z^{-1/M} & & \\ & & \ddots & \\ & & & z^{-(M-1)/M} \end{pmatrix} W_M^* \begin{pmatrix} X(z^{1/M}) \\ X(z^{1/M}w_M) \\ \vdots \\ X(z^{1/M}w_M^{M-1}) \end{pmatrix}$$

于是式(5.1.16)也可以写成

$$\begin{pmatrix} V_0(z) \\ V_1(z) \\ \vdots \\ V_{M-1}(z) \end{pmatrix} = H_p(z)\frac{1}{M}\begin{pmatrix} 1 & & & \\ & z^{-1/M} & & \\ & & \ddots & \\ & & & z^{-(M-1)/M} \end{pmatrix} W_M^* \begin{pmatrix} X(z^{1/M}) \\ X(z^{1/M}w_M) \\ \vdots \\ X(z^{1/M}w_M^{M-1}) \end{pmatrix}$$

所以

$$\begin{pmatrix} V_0(z^M) \\ V_1(z^M) \\ \vdots \\ V_{M-1}(z^M) \end{pmatrix} = H_p(z^M)\frac{1}{M}\begin{pmatrix} 1 & & & \\ & z^{-1} & & \\ & & \ddots & \\ & & & z^{-(M-1)} \end{pmatrix} W_M^* \begin{pmatrix} X(z) \\ X(zw_M) \\ \vdots \\ X(zw_M^{M-1}) \end{pmatrix} \tag{5.1.19}$$

比较式(5.1.18)和式(5.1.19)可得

$$H_m(z) = H_p(z^M)\begin{pmatrix} 1 & & & \\ & z^{-1} & & \\ & & \ddots & \\ & & & z^{-(M-1)} \end{pmatrix} W_M^* \tag{5.1.20}$$

这就是调制矩阵与多相矩阵的关系。其中 $W_M/\sqrt{M}$是酉矩阵(节1.1中式(1.1.1))。

再考察合成组的 M 速率滤波。将 $F_i(z)$ 写成多相形式($i,j=0,\cdots.M-1$)：

$$\begin{aligned}F_i(z) &= \sum_{j=0}^{M-1}\sum_{p\in\mathbf{Z}} f^{(i)}(j+pM)z^{-(j+pM)}\\ &= \sum_{j=0}^{M-1} z^{-j}\sum_{p\in\mathbf{Z}} f^{(i)}(j+pM)(z^M)^{-p}\end{aligned}$$

记

$$F_{i,M-1-j}(z) = \sum_{p\in\mathbf{Z}} f^{(i)}(j+pM)z^{-p},\quad i,j=0,\cdots.M-1$$

其中 i 是滤波器序号，j 表示相位。注意 j 下标不同于分析组，现在按逆序求和，则

$$F_i(z) = \sum_{j=0}^{M-1} z^{-j}F_{i,M-1-j}(z^M) = \sum_{j=0}^{M-1} z^{-(M-1-j)}F_{i,j}(z^M)$$

图 5 - 11 中的合成组的输出

$$\begin{aligned}\widetilde{X}(z) &= \sum_{i=0}^{M-1} F_i(z)(\uparrow M)V_i(z)\\ &= \sum_{i=0}^{M-1}\sum_{j=0}^{M-1} z^{-(M-1-j)}F_{i,j}(z^M)(\uparrow M)V_i(z)\\ &= \sum_{i=0}^{M-1}\sum_{j=0}^{M-1} z^{-(M-1-j)}(\uparrow M)F_{i,j}(z)V_i(z)\\ &= \sum_{j=0}^{M-1} z^{-(M-1-j)}(\uparrow M)\sum_{i=0}^{M-1} F_{i,j}(z)V_i(z)\end{aligned}$$

再记

$$F_p(z) = \begin{pmatrix} F_{0,0}(z) & F_{1,0}(z) & \cdots & F_{M-1,0}(z)\\ F_{0,1}(z) & F_{1,1}(z) & \cdots & F_{M-1,1}(z)\\ \vdots & \vdots & \ddots & \vdots\\ F_{0,M-1}(z) & F_{1,M-1}(z) & \cdots & F_{M-1,M-1}(z)\end{pmatrix} \tag{5.1.21}$$

称之为合成组多相矩阵。注意，同一个滤波器的不同相位，现在按列存放。则

$$\widetilde{X}(z) = (z^{-(M-1)}\quad z^{-(M-2)}\quad \cdots\quad 1)(\uparrow M)F_p(z)\begin{pmatrix} V_0(z)\\ V_1(z)\\ \vdots\\ V_{M-1}(z)\end{pmatrix}$$

于是，合成组有等价形式，如图 5 - 13 所示。

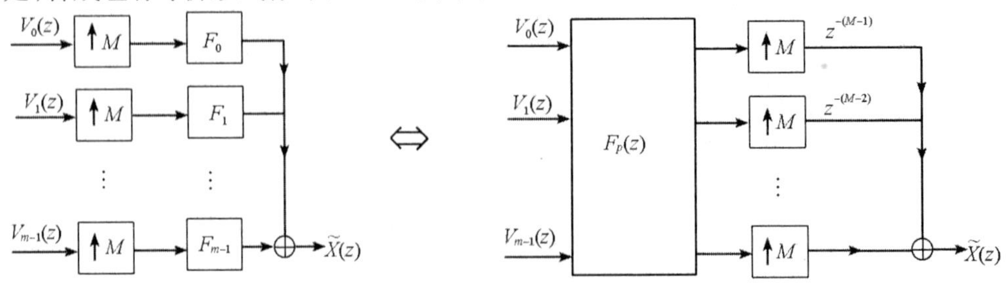

图 5 - 13

最后,结合图 5-12 和图 5-13,可得 M 通道滤波器组(见图 5-11)的等价表示,如图 5-14 所示。

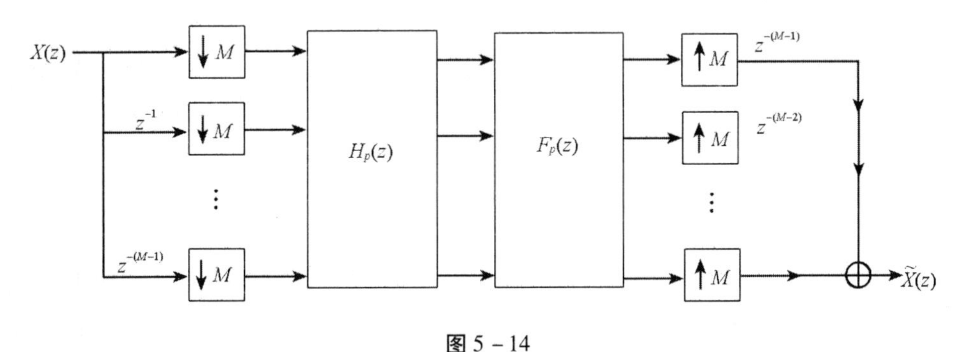

图 5-14

定理 5.1.2　在图 5-14 所示的模型中,如果存在整数 l 满足 $(l-1)\bmod M=0$,使得

$$F_p(z)\cdot H_p(z)=z^{-(l-1)/M}I_M$$

其中 I_M 代表 M 阶单位矩阵,那么

$$\widetilde{X}(z)=z^{-(M+l-2)}X(z)$$

即实现了完美重构(延迟 $M-2+l$ 步)。

【证明】根据图 5-14 所示的模型,可以写出输入 $X(z)$ 与输出 $\widetilde{X}(z)$ 的关系:

$$\widetilde{X}(z)=(z^{-(M-1)}\quad\cdots\quad z^{-1}\quad 1)(\uparrow M)F_p(z)H_p(z)(\downarrow M)\begin{pmatrix}X(z)\\ z^{-1}X(z)\\ \vdots\\ z^{-(M-1)}X(z)\end{pmatrix}$$

由条件即知

$$\begin{aligned}\widetilde{X}(z)&=\sum_{j=0}^{M-1}z^{-(M-1-j)}(\uparrow M)z^{-(l-1)/M}(\downarrow M)[z^{-j}X(z)]\\&=\sum_{j=0}^{M-1}z^{-(M-1-j)}(\uparrow M)(\downarrow M)[z^{-(l-1+j)}X(z)]\\&=\sum_{j=0}^{M-1}z^{-(M-1-j)}\frac{1}{M}\sum_{p=0}^{M-1}(zw_M^p)^{-(l-1+j)}X(zw_M^p)\\&=\frac{1}{M}z^{-(M+l-2)}\sum_{p=0}^{M-1}X(zw_M^p)w_M^{-p(l-1)}\sum_{j=0}^{M-1}(w_M^{-p})^j\end{aligned}$$

其中

$$w_M=\mathrm{e}^{\mathrm{i}2\pi/M}$$

$$\sum_{j=0}^{M-1}(w_M^{-p})^j=\begin{cases}M, & p=0\\ 0, & p=1,\cdots,M-1\end{cases}$$

所以

$$\widetilde{X}(z)=z^{-(M+l-2)}X(z)$$

由此可见,除了 $M-l+2$ 步延迟外,实现了完美重构。　【证毕】

定理5.1.2似乎告诉我们，如果设计了分析滤波器组，且保证 $H_p(z)$ 可逆，那么只要取

$$F_p(z) = z^{-(l-1)/M}H_p^{-1}(z)$$

就可得到合成滤波器组。然而这样的想法基本上是不可实现的，理由与调制形式一样。在后续的节5.2、节5.3和节5.4中，给出了正交、线性相位、余弦调制三种设计方案。

5.2 双通道正交滤波器组

在定理5.1.2中，取 $l = 1$，则 $F_p(z) \cdot H_p(z) = I_M$，即 $F_p(z)$ 是 $H_p(z)$ 的逆矩阵。考虑最便于求逆的情形，如果 $H_p(z)$ 具有类似于酉矩阵的性质，求逆等价于共轭转置，那么合成组多相矩阵 $F_p(z)$ 是分析组多相矩阵 $H_p(z)$ 的共轭转置。如果分析组滤波器是有限长的，合成组滤波器也是有限长的。如此形成的滤波器组称为正交滤波器组，它的合成组可由分析组共轭转置得到。

定义5.2.1 设方阵 $H(z)$ 的 (i, j) 元素形如

$$\sum_{k=N_1}^{N_2} h_{ij}(k)z^{-k}$$

其中 $h_{ij}(k)$ 为实数。如果 $H(z)$ 满足性质：$\forall\ |z| = 1$，（注意 $\bar{z} = z^{-1}$）

$$H(z) \cdot H^{\mathrm{T}}(z^{-1}) = I$$

或者等价地 $\forall\, \omega \in R$，有

$$H(\mathrm{e}^{\mathrm{i}\omega}) \cdot H^{\mathrm{T}}(\mathrm{e}^{-\mathrm{i}\omega}) = I$$

那么称 $H(z)$ 是仿酉矩阵。显然，如果 $H(z)$ 是仿酉的，则 $H(z^2)$ 也是仿酉的。

之所以称为“仿酉”，因为有限制 $|z| = 1$. 例如

$$H(z) = \frac{1}{\sqrt{2}}\begin{pmatrix} 1 & z^{-1} \\ -z^{-1} & z^{-2} \end{pmatrix}$$

是仿酉矩阵，但不是传统意义上的酉矩阵。

定理5.2.1 如果 $H(z)$ 是仿酉矩阵，那么

$$\det(H(z)) = \pm z^l$$

【证明】显然，有

$$\det(H(z)) = \sum_{k=N_1}^{N_2} a(k)z^{-k}$$

其中 $a(k)$ 为实数。于是

$$\det(H^{\mathrm{T}}(z^{-1})) = \overline{\det(H(z))} = \sum_{k=N_1}^{N_2} a(k)z^{k}$$

仿酉矩阵意味着

$$\sum_{k=N_1}^{N_2} a(k)z^{-k} \cdot \sum_{k=N_1}^{N_2} a(k)z^{k} = 1$$

左边乘积的最高次项是 $a(N_1) \cdot a(N_2) \cdot z^{N_2-N_1}$，所以必需 $a(N_1) = 0$ 或者 $a(N_2) = 0$，如

此类推 …$\det(H(z))$ 只能是单项式,设为

$$\det(H(z)) = a(l)z^{-l}, \quad (N_1 \leqslant l \leqslant N_2)$$

由 $|\det H(z)| = 1$ 得知 $a(l)^2 = 1, a(l) = \pm 1$,所以 $\det(H(z)) = \pm z^{-l}$. 【证毕】

本节考虑双通道正交滤波器组的设计,即如何设计分析组的低、高通滤波器(实系数)$H_0(z), H_1(z)$,使得对应的二阶多相矩阵 $H_p(z)$ 为仿酉矩阵。

5.2.1 正交条件

设实系数低、高通滤波器

$$H_0(z) = \sum_{k \in \mathbf{Z}} h^{(0)}(k) z^{-k}$$

$$H_1(z) = \sum_{k \in \mathbf{Z}} h^{(1)}(k) z^{-k}$$

我们分别从多相矩阵、调制矩阵和滤波器系数三个方面来考察正交性条件。

将 H_0, H_1 写成双相形式

$$H_0(z) = H_{00}(z^2) + z^{-1}H_{01}(z^2)$$

$$H_1(z) = H_{10}(z^2) + z^{-1}H_{11}(z^2)$$

得到多相矩阵

$$H_p(z) = \begin{pmatrix} H_{00}(z) & H_{01}(z) \\ H_{10}(z) & H_{11}(z) \end{pmatrix}$$

那么 $H_p(z)H_p^{\mathrm{T}}(z^{-1}) = I$ 意味着

$$\begin{cases} |H_{00}(z)|^2 + |H_{01}(z)|^2 = 1 \\ |H_{10}(z)|^2 + |H_{11}(z)|^2 = 1 \\ H_{00}(z) \cdot H_{10}(z^{-1}) + H_{01}(z) \cdot H_{11}(z^{-1}) = 0 \end{cases} \tag{5.2.1}$$

这是多相形式的正交条件。再从调制矩阵考察,通过多相矩阵与调制矩阵的关系式(5.1.12),将 $H_p(z)$ 的仿酉性质联系到调制矩阵上。对式(5.1.12)两边转置共轭(注意 $\bar{z} = z^{-1}$),有

$$H_m^{\mathrm{T}}(z^{-1}) = \begin{pmatrix} 1 & 1 \\ 1 & -1 \end{pmatrix} \begin{pmatrix} 1 & 0 \\ 0 & z \end{pmatrix} H_p^{\mathrm{T}}(z^{-2})$$

所以

$$\begin{aligned} H_m(z) \cdot H_m^{\mathrm{T}}(z^{-1}) &= H_p(z^2) \begin{pmatrix} 1 & 0 \\ 0 & z^{-1} \end{pmatrix} \begin{pmatrix} 1 & 1 \\ 1 & -1 \end{pmatrix} \begin{pmatrix} 1 & 1 \\ 1 & -1 \end{pmatrix} \begin{pmatrix} 1 & 0 \\ 0 & z \end{pmatrix} H_p^{\mathrm{T}}(z^{-2}) \\ &= 2H_p(z^2)H_p^{\mathrm{T}}(z^{-2}) \end{aligned}$$

因为 $H_p(z^2)$ 也是仿酉矩阵,所以

$$H_m(z) \cdot H_m^{\mathrm{T}}(z^{-1}) = 2I$$

或即

$$\begin{cases} |H_0(z)|^2 + |H_0(-z)|^2 = 2 \\ |H_1(z)|^2 + |H_1(-z)|^2 = 2 \\ H_0(z)H_1(z^{-1}) + H_0(-z)H_1(-z^{-1}) = 0 \end{cases} \tag{5.2.2}$$

这是调制形式的正交条件。再注意到，如果选择了低通滤波器 H_0 满足式(5.2.2)的第一式，只要取

$$H_1(z)=z^{-s}H_0(-z^{-1}) \tag{5.2.3}$$

其中 s 为任意奇数，它就能满足式(5.2.2)的第二和第三式。验证如下：

$$\begin{aligned}|H_1(z)|^2+|H_1(-z)|^2&=|H_0(-z^{-1})|^2+|H_0(z^{-1})|^2\\&=|H_0(-z)|^2+|H_0(z)|^2=2\end{aligned}$$

$$\begin{aligned}&H_0(z)H_1(z^{-1})+H_0(-z)H_1(-z^{-1})\\&=H_0(z)\cdot z^sH_0(-z)+H_0(-z)\cdot(-z)^sH_0(z)=0\end{aligned}$$

其中 s 为奇数保证了上面第二式中两项抵消为零。式(5.2.3)在频域中的表达为

$$H_1(\omega)=\mathrm{e}^{-\mathrm{i}s\omega}\,\overline{H_0(\omega+\pi)} \tag{5.2.4}$$

在时域中的表达为

$$h^{(1)}(k)=(-1)^{1-k}h^{(0)}(s-k) \tag{5.2.5}$$

换言之，分析组的高通滤波器可由低通滤波器产生，所以我们只需关注 H_0 的设计。

现在考察 H_0 的滤波器系数形式的正交条件。在频域中表达(5.2.2)的第一式：

$$|H_0(\omega)|^2+|H_0(\omega+\pi)|^2=2 \tag{5.2.6}$$

可以算出

$$\begin{aligned}|H_0(\omega)|^2&=H_0(\omega)\overline{H_0(\omega)}=\sum_{r\in\mathbf{Z}}h^{(0)}(r)\mathrm{e}^{-\mathrm{i}r\omega}\cdot\sum_{n\in\mathbf{Z}}h^{(0)}(n)\mathrm{e}^{\mathrm{i}n\omega}\\&=\sum_{r,n\in\mathbf{Z}}h^{(0)}(r)h^{(0)}(n)\mathrm{e}^{-\mathrm{i}(r-n)\omega}\end{aligned}$$

$$|H(\omega+\pi)|^2=\sum_{r,n\in\mathbf{Z}}(-1)^{r-n}h^{(0)}(r)h^{(0)}(n)\mathrm{e}^{-\mathrm{i}(r-n)\omega}$$

所以

$$\begin{aligned}|H(\omega)|^2+|H(\omega+\pi)|^2&=\sum_{r,n\in\mathbf{Z}}[1+(-1)^{r-n}]h^{(0)}(r)h^{(0)}(n)\mathrm{e}^{-\mathrm{i}(r-n)\omega}\\&=\sum_{\substack{r=n+2k\\k,n\in\mathbf{Z}}}+\sum_{\substack{r=n+2k+1\\k,n\in\mathbf{Z}}}\\&=2\sum_{k,n\in\mathbf{Z}}h^{(0)}(n+2k)h^{(0)}(n)\mathrm{e}^{-\mathrm{i}2k\omega}\\&=2\sum_{k\in\mathbf{Z}}\Big[\sum_{n\in\mathbf{Z}}h^{(0)}(n+2k)h^{(0)}(n)\Big]\cdot\mathrm{e}^{-\mathrm{i}2k\omega}\end{aligned}$$

为使得上式最后结果恒等于2，必需且只需 $\forall k\in\mathbf{Z}$，

$$\sum_{n\in\mathbf{Z}}h^{(0)}(n+2k)h^{(0)}(n)=\begin{cases}1, & k=0\\0, & k\neq 0\end{cases}\triangleq\delta(k) \tag{5.2.7}$$

条件(5.2.7)称为双平移正交性。

综合式(5.2.4)~(5.2.7)和式(5.2.1)的第一式，得到正交滤波器组的系数形式、调制形式和多相形式条件。

定理 5.2.2　一对滤波器

$$H_0(z)=\sum_{k\in\mathbf{Z}}h^{(0)}(k)z^{-k}$$

$$H_1(z)=\sum_{k\in\mathbf{Z}}h^{(1)}(k)z^{-k}$$

如果满足如下条件,则构成一对正交滤波器:

$$\text{低通 } H_0: \sum_{n\in\mathbf{Z}} h^{(0)}(n+2k)h^{(0)}(n) = \delta(k) \Leftrightarrow |H_0(\omega)|^2 + |H_0(\omega+\pi)|^2 = 2$$

$$\Leftrightarrow |H_0(z)|^2 + |H_0(-z)|^2 = 2$$

$$\Leftrightarrow |H_{00}(z)|^2 + |H_{01}(z)|^2 = 1$$

$$\text{高通 } H_1: h^{(1)}(k) = (-1)^{1-k}h^{(0)}(s-k) \Leftrightarrow H_1(\omega) = \mathrm{e}^{-\mathrm{i}s\omega}\overline{H_0(\omega+\pi)}$$

$$\Leftrightarrow H_1(z) = z^{-s}H_0(-z^{-1})$$

其中 s 为任意奇数。

实际上,H_0 要作为低通滤波器,还应该满足

$$H(\omega)\big|_{\omega=0} = \sqrt{2} \Leftrightarrow H(\omega)\Big|_{\omega=\pi} = 0 \Leftrightarrow H(z)\big|_{z=1} = \sqrt{2} \Leftrightarrow H(z)\big|_{z=-1} = 0$$

如果 H_0 为有限长正交滤波器,则 H_0 必定是偶数长的。不妨设

$$H_0(z) = \sum_{k=0}^{N} h^{(0)}(k)z^{-k}, \quad (h^{(0)}(0) \neq 0) \tag{5.2.8}$$

这里假设常数项 $h^{(0)}(0) \neq 0$,如果它等于零,则 $H_0(z) = z^{-r}C(z)$,此时 $C(z)$ 的常数项非零,且 $C(z)$ 也是正交的,我们只要证明 $C(z)$ 是偶数长即可。现在,如果式(5.2.8)中的 $N > 0$ 为偶数(滤波器为奇数长),双平移正交性中会有一项

$$h^{(0)}(0) \cdot h^{(0)}(N) = 0$$

从而 $h^{(0)}(N) = 0$,所以 H_0 为偶数长。

如果 H_0 是有限长因果滤波器,为了保证 H_1 也是因果的,可以取定理5.2.2中的 $s = N$,则

$$\begin{array}{llllll} H_0: & h^{(0)}(0), & h^{(0)}(1), & \cdots, & h^{(0)}(N-1), & h^{(0)}(N) \\ H_1: & -h^{(0)}(N), & h^{(0)}(N-1), & \cdots, & -h^{(0)}(1), & h^{(0)}(0) \end{array}$$

称之为反叠交错规则。

有了分析组低通滤波器 H_0,同时也就有了 H_1,从而得到分析组多相矩阵 H_p,对其共轭转置得到合成滤波器组多相矩阵 F_p,进而得到 F_0, F_1.

例 5.2.1　设

$$H_0:(\underline{a} \quad b \quad c \quad d \quad)$$

满足双平移正交性(a 的下划线代表它是零次项)

$$\begin{cases} a^2 + b^2 + c^2 + d^2 = 1 \\ ac + bd = 0 \end{cases}$$

(1) 以 H_0 为低通滤波器构造双速率正交滤波器组。

(2) 对信号序列

$$x = \cdots, 0, \underline{1}, -1, 1, -1, 0, \cdots$$

验证完美重构(x 中带下划线的项表示零时刻分量 $x(0)$)。

【解】(1) 根据反叠交错规则,得到高通滤波器为

$$H_1:(\underline{-d} \quad c \quad -b \quad a)$$

分析组多相矩阵为

$$H_p(z)=\begin{pmatrix}H_{00}(z) & H_{01}(z)\\ H_{10}(z) & H_{11}(z)\end{pmatrix}=\begin{pmatrix}a+cz^{-1} & b+dz^{-1}\\ -d-bz^{-1} & c+az^{-1}\end{pmatrix}$$

合成组多相矩阵为

$$F_p(z)=\begin{pmatrix}F_{00}(z) & F_{10}(z)\\ F_{01}(z) & F_{11}(z)\end{pmatrix}=H^{\mathrm{T}}(z^{-1})=\begin{pmatrix}cz+a & -bz-d\\ dz+b & az+c\end{pmatrix}$$

从而

$$F_0(z)=F_{01}(z^2)+z^{-1}F_{00}(z^2)=(dz^2+b)+z^{-1}(cz^2+a)=dz^2+cz+b+az^{-1}$$

$$F_1(z)=F_{11}(z^2)+z^{-1}F_{10}(z^2)=(az^2+c)+z^{-1}(-bz^2-d)=az^2-bz+c-dz^{-1}$$

即

$$F_0:(d \quad c \quad \underline{b} \quad a)$$

$$F_1:(a \quad -b \quad \underline{c} \quad -d)$$

这个正交滤波器组($H_0,H_1;F_0,F_1$)的双速率滤波形式如图5－15(参考图5－5和图5－7)所示。

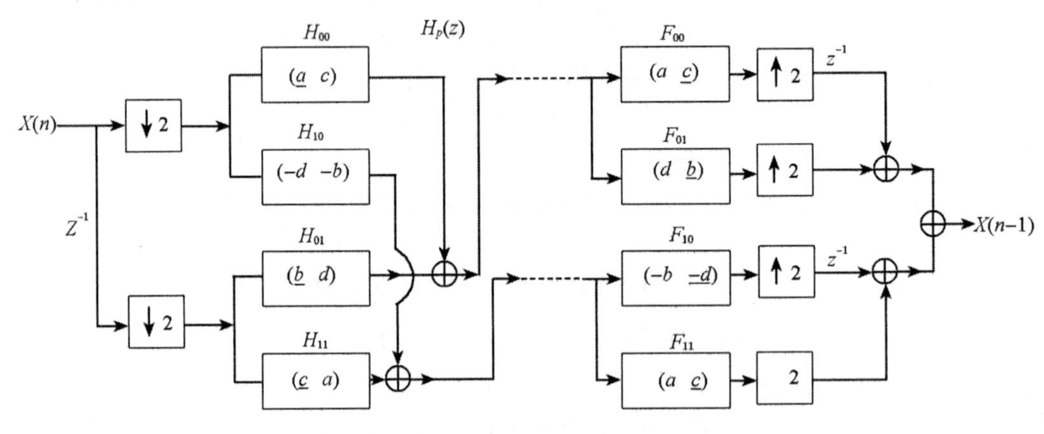

图5－15

(2) 从分析组出来的4个通道为

① 低通偶相位

$$v_{00}=H_{00}(\downarrow 2)x=\cdots,0,\underline{a},a+c,c,0,\cdots$$

② 低通奇相位

$$v_{01}=H_{01}(\downarrow 2)Sx=\cdots,\underline{0},-b,-b-d,-d,0,\cdots$$

③ 高通偶相位

$$v_{10}=H_{10}(\downarrow 2)x=\cdots 0,\underline{-d},-b-d,-b,0,\cdots$$

④ 高通奇相位

$$v_{11}=H_{11}(\downarrow 2)Sx=\cdots,\underline{0},-c,-a-c,-a,0,\cdots$$

从合成组出来的4个通道为

① 低通奇相位

$$u_{00}=S(\uparrow 2)F_{00}(v_{00}+v_{01})=\cdots,0,ac,\underline{0},a^2+c^2+c(a-b),0,a^2+c^2+a(c-b)$$
$$-c(b+d),0,c(a-d)-a(b+d),0,-ad,0,\cdots$$

② 高通奇相位

$$u_{10} = S(\uparrow 2)F_{10}(v_{10}+v_{11}) = \cdots,0,bd,\underline{0},d^2+b^2+b(c+d),0,d^2+b^2+b(a+d) + c(d+b),0,a(d+b)+d(b+c),0,ad,0,\cdots$$

③ 低通偶相位

$$u_{01} = (\uparrow 2)F_{01}(v_{00}+v_{01}) = \cdots,0,ad,0,\underline{a(b+d)+d(c-b)},0,-b^2-d^2+b(a+c) + d(c-b),0,-b^2-d^2+b(c-d),0,-bd,0,\cdots$$

④ 高通偶相位

$$u_{11} = (\uparrow 2)F_{11}(v_{10}+v_{11}) = \cdots,0,-ad,0,\underline{-d(a+c)-a(b+c)},0,-a^2-c^2-c(b+d) - a(b+c),0,-a^2-c^2-c(a+b),0,-ac,0,\cdots$$

合成组的输出

$$u_{00}+u_{10}+u_{01}+u_{11} = \cdots,0,\underline{0},1,-1,1,-1,0,\cdots = Sx$$

可见输出是原信号 x 的一步延迟。对于 M 通道，输出是输入的 $M-1$ 步延迟。

对于紧支撑正交低通滤波器

$$H_0: h^{(0)}(0),h^{(0)}(1),\cdots,h^{(0)}(N)$$

按如下方式得到 H_1,F_0,F_1：

$$H_0 \xrightarrow{\text{翻转}} \xrightarrow{\text{右移}N\text{位}} \xrightarrow{\text{偶项反号}} = H_1$$

$$H_0 \xrightarrow{\text{翻转}} \xrightarrow{\text{右移}N\text{位}} = F_0$$

$$H_0 \xrightarrow{\text{奇项反号}} = F_1$$

它们的左支撑位置都是0. 滤波器的输出是原信号的若干步延迟。

双通道正交滤波器组由分析组的低通滤波器完全决定，设计和计算比较简单。但是，对于有限长滤波器，正交性与线性相位几乎是冲突的，除非滤波器长度为2.

定理5.2.3　对形如式(5.2.8)的正交滤波器，如果还希望 H_0 是线性相位的，那么只能是

$$H_0(z) = \frac{1}{\sqrt{2}} + \frac{1}{\sqrt{2}}z^{-N}$$

称 $H_0(z)$ 为 Haar 滤波器。

【证明】考察 H_0 的多相形式（前面已表明 N 只能为奇数）：

$$H_{00}(z) = \sum_{k=0}^{(N-1)/2} h^{(0)}(2k)z^{-k}$$

$$H_{01}(z) = \sum_{k=0}^{(N-1)/2} h^{(0)}(2k+1)z^{-k}$$

H_0 的线性相位意味着系数是对称的（节4.4）：

$$h^{(0)}(k) = h^{(0)}(N-k), k=0,1,\cdots,(N-1)/2$$

那么

$$|H_{01}(z)| = \left|\sum_{k=0}^{(N-1)/2} h^{(0)}(2k+1)z^{-k}\right|$$

$$= \left|\sum_{k=0}^{(N-1)/2} h^{(0)}(N-2k-1)z^{-(\frac{N-1}{2}-k)}\right|$$

$$= \left| \sum_{r=0}^{(N-1)/2} h^{(0)}(2r) z^{-r} \right|$$
$$= |H_{00}(z)|$$

而正交性使得 $|H_{00}(z)|^2 + |H_{01}(z)|^2 = 1$,从而 $\forall\ |z| = 1$,

$$|H_{00}(z)| = |H_{01}(z)| \equiv 1/\sqrt{2}$$

所以 $H_{00}(z)$,$H_{01}(z)$ 只能是单项式,再注意到 $h^{(0)}(0) \neq 0$,所以

$$H_{00}(z) = h^{(0)}(0) = \frac{1}{\sqrt{2}}$$

$$H_{01}(z) = h^{(0)}(0) z^{-(N-1)/2} = \frac{1}{\sqrt{2}} z^{-(N-1)/2}$$

从而

$$H_0(z) = H_{00}(z^2) + z^{-1} H_{01}(z^2) = \frac{1}{\sqrt{2}} + \frac{1}{\sqrt{2}} z^{-N}$$ 【证毕】

5.2.2 谱因子分解

本小节提供构造实系数有限长正交滤波器组的一种思路。根据定理 5.2.2,关键是构造

$$H_0(\omega) = \sum_{k=0}^{N} h^{(0)}(k) \mathrm{e}^{-\mathrm{i}k\omega}$$

使之满足条件

$$|H_0(\omega)|^2 + |H_0(\omega + \pi)|^2 = 2 \tag{5.2.9}$$

引入记号 $P(\omega) = |H_0(\omega)|^2$,那么

$$P(\omega) + P(\omega + \pi) \equiv 2 \tag{5.2.10}$$

我们的思路是,先构造满足式(5.2.10)的 $P(\omega)$,然后分解

$$P(\omega) = H_0(\omega) \overline{H_0(\omega)} = |H_0(\omega)|^2 \tag{5.2.11}$$

称式(5.2.11)为谱因子分解。问题是 $P(\omega)$ 有何特征才能作出式(5.2.11)的分解?如何分解?

暂且不考虑式(5.2.10),我们先了解当 $P(\omega)$ 形如 $P(\omega) = |H_0(\omega)|^2$ 时本身的特点。首先,$P(\omega)$ 是 ω 的非负实值函数。由于它的特殊形式,有

$$\begin{aligned} P(\omega) &= H_0(\omega) \overline{H_0(\omega)} \\ &= \sum_{k=0}^{N} h^{(0)}(k) \mathrm{e}^{-\mathrm{i}k\omega} \cdot \sum_{k=0}^{N} h^{(0)}(k) \mathrm{e}^{\mathrm{i}k\omega} \\ &\triangleq \sum_{k=-N}^{N} p(k) \mathrm{e}^{-\mathrm{i}k\omega} \end{aligned}$$

可以算出

$$p(k) = p(-k) = \sum_{r=0}^{N-k} h^{(0)}(r) \cdot h^{(0)}(r+k), \quad k = 0, \cdots, N$$

系数 $p(k)$ 关于 $p(0)$ 两边对称,这是必然的,如此才能消除 $P(\omega)$ 中的虚部。总结 $P(\omega)$ 的

特点如下：

$$(1)\ P(\omega)=\sum_{k=-N}^{N}p(k)\mathrm{e}^{-\mathrm{i}k\omega},\quad (N\text{为奇数},p(k)\text{为实数})$$
$$(2)\ p(k)=p(-k),k=1,\cdots,N \tag{5.2.12}$$
$$(3)\ P(\omega)\geqslant 0$$

如果 $P(\omega)$ 还满足式(5.2.10)，或等价地 $H_0(\omega)$ 满足式(5.2.9)，则进一步得到(由定理5.2.2)

$$\begin{cases}p(0)=1\\ p(2k)=0,\quad k=1,\cdots,(N-1)/2\end{cases}$$

下面的定理确定，满足式(5.2.12)的 $P(\omega)$ 必定有式(5.2.11)的分解，也就是说，$P(\omega)$ 形如 $|H_0(\omega)|^2$ 等价于 $P(\omega)$ 满足式(5.2.12)。证明是构造性的，给出了分解方法。

定理 5.2.4　如果 $P(\omega)$ 满足式(5.2.12)，则存在 $H_0(\omega)=\sum_{k=0}^{N}h^{(0)}(k)\mathrm{e}^{-\mathrm{i}k\omega}$，使得

$$P(\omega)=|H_0(\omega)|^2$$

【证明】　对复变量 z，考察

$$P(z)=\sum_{k=-N}^{N}p(k)z^{-k} \tag{5.2.13}$$

不妨设 $p(N)\neq 0$. 注意到

$$z^NP(z)=p(N)z^{2N}+p(N-1)z^{2N-1}+\cdots+p(0)z^N+\cdots+p(N-1)z+p(N)\triangleq\Lambda(z)$$

当 $P(z)=0$ 时，则 $\Lambda(z)=0$；反之，当 $\Lambda(z)=0$ 时，显然 $z\neq 0$(否则 $p(N)=0$)，但也有 $P(z)=0$. 可见 $P(z)$ 与 $\Lambda(z)$ 有相同的 $2N$ 个零点，且原点 $z=0$ 不是零点。

由式(5.2.12)的条件(1)(2)可知，如果 z 是 $P(z)$ 的零点，则 $\bar{z},z^{-1},\bar{z}^{-1}$ 也是 $P(z)$ 的零点。$P(z)$ 的零点可能为实的或复的，设 $P(z)$ 有 s 组实零点(每组两个)

$$r_1,r_1^{-1};\cdots;r_s,r_s^{-1}$$

和 t 组复零点(每组四个)

$$z_1,z_1^{-1},\bar{z}_1,\bar{z}_1^{-1};\cdots;z_t,z_t^{-1},\bar{z}_t,\bar{z}_t^{-1}$$

其中 $2s+4t=2N$。这些零点也就是 $\Lambda(z)$ 的零点，从而 $\Lambda(z)$ 可写成

$$\Lambda(z)=p(N)\prod_{k=1}^{s}(z-r_k)(z-r_k^{-1})\cdot\prod_{k=1}^{t}(z-z_k)(z-z_k^{-1})(z-\bar{z}_k)(z-\bar{z}_k^{-1})$$

于是

$$P(z)=z^{-N}p(N)\cdot\prod_{k=1}^{s}(z-r_k)(z-r_k^{-1})\cdot\prod_{k=1}^{t}(z-z_k)(z-z_k^{-1})(z-\bar{z}_k)(z-\bar{z}_k^{-1})$$

回顾式(5.2.13)，也即

$$\sum_{k=-N}^{N}p(k)z^{-k}=z^{-N}p(N)\cdot\prod_{k=1}^{s}(z-r_k)(z-r_k^{-1})$$

$$\cdot \prod_{k=1}^{t}(z-z_k)(z-z_k^{-1})(z-\bar{z}_k)(z-\bar{z}_k^{-1})$$

用 $e^{i\omega}$ 替换上式中的 z,得到

$$P(\omega) = e^{-iN\omega}p(N)\cdot\prod_{k=1}^{s}(e^{i\omega}-r_k)(e^{i\omega}-r_k^{-1})$$
$$\cdot\prod_{k=1}^{t}(e^{i\omega}-z_k)(e^{i\omega}-z_k^{-1})(e^{i\omega}-\bar{z}_k)(e^{i\omega}-\bar{z}_k^{-1})$$

而 $P(\omega)$ 是非负实值函数,所以

$$P(\omega) = |P(\omega)| = |p(N)|\cdot\prod_{k=1}^{s}|e^{i\omega}-r_k|\cdot|e^{i\omega}-r_k^{-1}|$$
$$\cdot\prod_{k=1}^{t}|e^{i\omega}-z_k|\cdot|e^{i\omega}-\bar{z}_k^{-1}|\cdot|e^{i\omega}-z_k^{-1}|\cdot|e^{i\omega}-\bar{z}_k|$$

现在

$$|e^{i\omega}-r_k v e^{i\omega}-r_k^{-1}| = |e^{i\omega}-r_k|\cdot|r_k-e^{-i\omega}|\cdot|e^{i\omega}r_k^{-1}| = |e^{i\omega}-r_k|^2\cdot|r_k|^{-1}$$
$$|e^{i\omega}-z_k|\cdot|e^{i\omega}-\bar{z}_k^{-1}| = |e^{i\omega}-z_k|\cdot|e^{-i\omega}-\bar{z}_k|\cdot|e^{i\omega}\bar{z}_k^{-1}| = |e^{i\omega}-z_k|^2\cdot|z_k|^{-1}$$
$$|e^{i\omega}-z_k^{-1}|\cdot|e^{i\omega}-\bar{z}_k| = |e^{i\omega}z_k^{-1}|\cdot|z_k-e^{-i\omega}|\cdot|e^{i\omega}-\bar{z}_k| = |z_k|^{-1}\cdot|e^{i\omega}-\bar{z}_k|^2$$

所以

$$P(\omega) = |p(N)|\cdot\prod_{k=1}^{s}|e^{i\omega}-r_k|^2\cdot|r_k|^{-1}\cdot\prod_{k=1}^{t}|z_k|^{-2}\cdot|e^{i\omega}-\bar{z}_k|^2\cdot|e^{i\omega}-z_k|^2$$
$$= \left(\varepsilon\cdot\prod_{k=1}^{s}|e^{i\omega}-r_k|\cdot\prod_{k=1}^{t}|e^{i\omega}-\bar{z}_k|\cdot|e^{i\omega}-z_k|\right)^2$$

其中

$$\varepsilon = |p(N)|^{1/2}\cdot\prod_{k=1}^{s}|r_k|^{-1/2}\prod_{k=1}^{t}|z_k|^{-1} \tag{5.2.14}$$

只要取

$$H_0(\omega) = e^{-iN\omega}\cdot\varepsilon\cdot\prod_{k=1}^{s}(e^{i\omega}-r_k)\cdot\prod_{k=1}^{t}(e^{i\omega}-\bar{z}_k)\cdot(e^{i\omega}-z_k) \tag{5.2.15}$$

就有

$$P(\omega) = |H_0(\omega)|^2$$

【证毕】

之所以在式(5.2.15)中添加因子 $e^{-iN\omega}$,是为了保证 $H_0(\omega)$ 的因果性。

定理5.2.4也给出了谱因子分解的具体步骤。取定满足式(5.2.12)的 $P(\omega)$,然后求

$$P(z) = \sum_{k=-N}^{N}p(k)z^{-k}$$

的所有零点。每一对实零点

$$r_1, r_1^{-1}; \cdots; r_s, r_s^{-1}$$

一个在单位圆内,另一个在单位圆外(或者为1,重根),我们通常取单位圆内的那个;每一组复零点

$$z_1, z_1^{-1}, \bar{z}_1, \bar{z}_1^{-1}; \cdots; z_t, z_t^{-1}, \bar{z}_t, \bar{z}_t^{-1}$$

两个在单位圆内,另两个在单位圆外,我们通常取单位圆内的那两个。如图5－16所示。再按照式(5.2.14)、(5.2.15)就可构造出 $H_0(\omega)$.

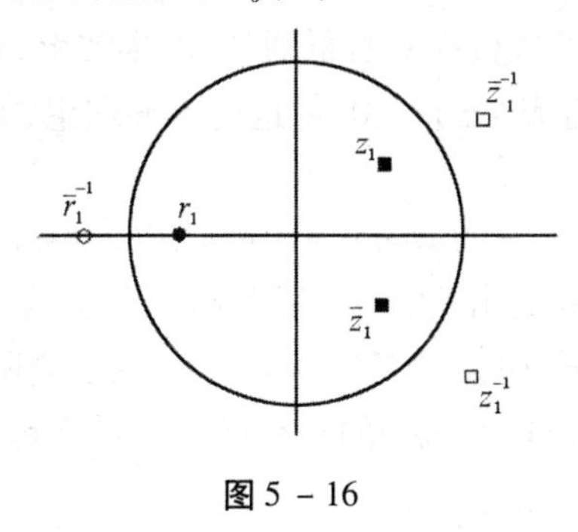

图5－16

实际上,我们还能给出 $P(\omega)$ 的一种有用的表达形式,节5.2.3会用到它。

定理5.2.5　设 $P(\omega)=|H_0(\omega)|^2$,那么,$P(\omega)$ 是 $\sin^2(\omega/2)$ 的非负多项式。

【证明】由前所述,$P(\omega)$ 满足式(5.2.12),所以

$$P(\omega)=p(0)+\sum_{k=1}^{N}p(k)[\mathrm{e}^{-\mathrm{i}k\omega}+\mathrm{e}^{\mathrm{i}k\omega}]$$

$$=p(0)+2\sum_{k=1}^{N}p(k)\cos k\omega$$

根据三角公式

$$\cos k\omega=\sum_{r=0}^{[k/2]}(-1)^r C_k^{2r}\cdot\cos^{k-2r}\omega\cdot\sin^{2r}\omega$$

$$\cos\omega=1-2\sin^2\frac{\omega}{2}$$

$$\sin^2\omega=1-(1-2\sin^2\frac{\omega}{2})^2$$

所以,$P(\omega)$ 最终表示为 $\sin^2(\omega/2)$ 的多项式。　【证毕】

5.2.3　Daubechies 正交滤波器

本小节我们根据节5.2.2的理论设计一种性能优良的低通正交滤波器,它就是名闻遐迩的Daubechies正交滤波器,也称为最平坦(maxflat)滤波器。在后续的小波理论章节中,我们才能证明它的优点。

取 $N=2p-1$,即 H_0 是 $2p$ 长度的滤波器

$$H_0(\omega)=\sum_{k=0}^{2p-1}h^{(0)}(k)\mathrm{e}^{-\mathrm{i}k\omega}$$

沿用节5.2.2中的记号

$$P(\omega)=|H_0(\omega)|^2=\sum_{k=1-2p}^{2p-1}p(k)\mathrm{e}^{-\mathrm{i}k\omega}$$

$$p(k)=p(-k)=\sum_{r=0}^{N-k}h^{(0)}(r)\cdot h^{(0)}(r+k),\quad k=0,\cdots,N$$

为了使得 H_0 正交,必须

$$P(\omega)+P(\omega+\pi)=2 \tag{5.2.16}$$

然而,正交性并没有保证 $H_0(\omega)$ 具有低通特性。事实上,要使得 $H_0(\omega)$ 屏蔽 $[-\pi,\pi]$ 中的高频部分,起码应该使得 $H_0(\pi)=0$。但这还不够理想,如果 $H_0(\omega)$ 在 π 处若干阶导数为零,即

$$H_0(\pi)=H'_0(\pi)=\cdots=H_0^{(p-1)}(\pi)=0 \tag{5.2.17}$$

那么,$H_0(\omega)$ 在 π 的左邻域也比较贴近零,屏蔽高频分量的效果更好。为什么在式(5.2.17)中不能要求更高阶的导数为零?这是因为 $H_0(\omega)$ 的长度限制。后面的构造方式告诉我们,更高阶导数为零就不能保证 $H_0(\omega)$ 的正交性了,"最平坦"的意义即在如此。

- **滤波器系数的特点**

式(5.2.17)反应在 H_0 的系数上是

$$\sum_{k=0}^{2p-1}(-1)^k k^s h^{(0)}(k)=0,\quad s=0,1,\cdots,p-1 \tag{5.2.18}$$

特别地,当 $s=0$ 时,

$$\sum_{k=0}^{p-1}h^{(0)}(2k)=\sum_{k=0}^{p-1}h^{(0)}(2k+1) \tag{5.2.19}$$

即偶指标系数之和等于奇指标系数之和。

因为 $P(\omega)=|H_0(\omega)|^2$,最平坦条件式(5.2.17)反映在 $P(\omega)$ 上就是

$$P(\pi)=P'(\pi)=\cdots=P^{(p-1)}(\pi)=0 \tag{5.2.20}$$

当满足正交性条件式(5.2.16)时,$P(\pi)=0$ 意味着 $P(0)=2$,从而

$$\sum_{k=0}^{2p-1}h^{(0)}(k)=H_0(0)=\pm\sqrt{P(0)}=\sqrt{2} \tag{5.2.21}$$

我们在设计滤波器系数时规定取正号。式(5.2.19)结合式(5.2.21)得到

$$\sum_{k=0}^{p-1}h^{(0)}(2k)=\sum_{k=0}^{p-1}h^{(0)}(2k+1)=\frac{\sqrt{2}}{2} \tag{5.2.22}$$

综上所述,正交的最平坦滤波器 H_0 的系数除了双平移正交性外,还具有式(5.2.18)的特征,两者的推论是式(5.2.22)成立。

- **构造过程**

首先,设计 $P(\omega)$ 满足式(5.2.16)正交性和式(5.2.20)最平坦性,然后,对 $P(\omega)$ 作谱因子分解(这需要验证是否符合条件式(5.2.12)),得到正交的最平坦滤波器 $H_0(\omega)$.

因为 $P(\omega)$ 的最平坦条件(5.2.20)也就是 $H_0(\omega)$ 的最平坦条件(5.2.17),它意味着 $H_0(\omega)$ 必须有因子 $[(1+e^{-i\omega})/2]^p$,从而 $P(\omega)$ 必须有因子

$$\left|\frac{1+e^{-i\omega}}{2}\right|^{2p}=\left(\frac{1+\cos\omega}{2}\right)^p=\left(\cos^2\frac{\omega}{2}\right)^p=\left(1-\sin^2\frac{\omega}{2}\right)^p$$

回顾定理5.2.5,形如 $P(\omega)=|H_0(\omega)|^2$ 的 $P(\omega)$ 必然是 $\sin^2(\omega/2)$ 的非负多项式,所以 $P(\omega)$ 除了这个因子余下部分应该仍然是 $\sin^2(\omega/2)$ 的非负多项式,故可设

$$P(\omega)=\left(1-\sin^2\frac{\omega}{2}\right)^p\cdot B\left(\sin^2\frac{\omega}{2}\right)$$

其中$B(\cdot)$是非负多项式。换言之,这样的$P(\omega)$已经满足最平坦性,现在的问题是如何选择非负多项式$B(\cdot)$,使得

$$P(\omega)+P(\omega+\pi)=2$$

或即

$$\left(1-\sin^2\frac{\omega}{2}\right)^p\cdot B\left(\sin^2\frac{\omega}{2}\right)+\left(\sin^2\frac{\omega}{2}\right)^p\cdot B\left(1-\sin^2\frac{\omega}{2}\right)=2$$

为了简化记号,记$y=\sin^2(\omega/2)$,$0\leqslant y\leqslant 1$,问题成为如何选择$[0,1]$上的非负多项式$B(y)$使得

$$(1-y)^p\cdot B(y)+y^p\cdot B(1-y)=2 \tag{5.2.23}$$

取$y=0$即知,必须$B(0)=2$。事实上,经典的BEZOUT定理保证,存在唯一的$p-1$次(最低次)多项式$B(y)$满足式(5.2.23)。下面推导出$B(y)$的表达式。试设

$$B(y)=\sum_{k=0}^{p-1}a_k y^k$$

其中取$a_0=B(0)=2$。将式(5.2.23)两边求导可得

$$y^{p-1}[p\cdot B(1-y)-yB'(1-y)]=(1-y)^{p-1}[p\cdot B(y)-(1-y)B'(y)] \tag{5.2.24}$$

这说明

$$(1-y)^{p-1}[p\cdot B(y)-(1-y)B'(y)] \tag{5.2.25}$$

能被y^{p-1}整除,这只能是

$$p\cdot B(y)-(1-y)B'(y) \tag{5.2.26}$$

能被y^{p-1}整除。具体算出式(5.2.26)为

$$\begin{aligned}&p\cdot B(y)-(1-y)B'(y)\\&=\sum_{k=0}^{p-2}[(p+k)a_k-(k+1)a_{k+1}]y^k+(2p-1)a_{p-1}y^{p-1}\end{aligned} \tag{5.2.27}$$

从而式(5.2.27)中常数项和$y,\cdots,y^{p-2}$的系数必须为零,即

$$a_{k+1}=\frac{p+k}{k+1}a_k,\quad k=0,\cdots,p-2 \tag{5.2.28}$$

按式(5.2.28)递推可得(注意到$a_0=2$)

$$\begin{aligned}a_{k+1}&=\frac{p+k}{k+1}a_k=\frac{(p+k)(p+k-1)}{(k+1)k}a_{k-1}=\cdots\\&=\frac{(p+k)(p+k-1)\cdots p}{(k+1)k\cdots 1}a_0=\mathrm{C}_{p+k}^{k+1}a_0=2\mathrm{C}_{p+k}^{k+1}\end{aligned}$$

或者

$$a_k=2\mathrm{C}_{p+k-1}^k,\quad k=0,1,\cdots,p-1$$

所以

$$B(y)=2\sum_{k=0}^{p-1}\mathrm{C}_{p+k-1}^k y^k \tag{5.2.29}$$

显然$B(y)\geqslant 0$,$y\in[0,1]$,满足我们的要求。于是我们得到

$$P(\omega)=\left(1-\sin^2\frac{\omega}{2}\right)^p B\left(\sin^2\frac{\omega}{2}\right)$$

$$= 2(1 - \sin^2 \frac{\omega}{2})^p \cdot \sum_{k=0}^{p-1} C_{p+k-1}^k \sin^{2k} \frac{\omega}{2}$$

$$= 2(\frac{1 + \cos\omega}{2})^p \cdot \sum_{k=0}^{p-1} C_{p+k-1}^k (\frac{1 - \cos\omega}{2})^k \tag{5.2.30}$$

它既满足正交性,又满足最平坦性。

为了从$P(\omega)$分解出$H_0(\omega)$,先验证式(5.2.30)的$P(\omega)$是否符合条件(5.2.12)。注意$P(\omega)$是$\cos\omega$的多项式,最高次为$\cos^{2p-1}\omega$。再利用三角公式

$$\cos^{2n}\omega = \frac{1}{2^{n-1}}[\sum_{k=0}^{n-1} C_{2n}^k \cos(2n - k)\omega + \frac{C_{2n}^n}{2}]$$

$$\cos^{2n+1}\omega = \frac{1}{2^n}\sum_{k=0}^{n} C_{2n+1}^k \cos(2n - 2k + 1)\omega$$

可以将$P(\omega)$写成

$$P(\omega) = \sum_{k=0}^{2p-1} b(k)\cos k\omega$$

进一步写成

$$P(\omega) = \sum_{k=0}^{2p-1} b(k)\frac{1}{2}[e^{-ik\omega} + e^{ik\omega}] = \sum_{k=1-2p}^{2p-1} p(k)e^{-ik\omega}$$

它符合条件(5.2.12)。具体分解时,无需经过这样的转换途径,而是直接用z变量表达$P(\omega)$。

$$\cos\omega = \frac{1}{2}(e^{-i\omega} + e^{i\omega}) \triangleq \frac{1}{2}(z + z^{-1})$$

替换式(5.2.30),得到

$$\frac{1 + \cos\omega}{2} = \frac{1 + z}{2} \cdot \frac{1 + z^{-1}}{2}, \quad \frac{1 - \cos\omega}{2} = \frac{1 - z}{2} \cdot \frac{1 - z^{-1}}{2}$$

于是

$$P(z) = 2(\frac{1 + z}{2})^p(\frac{1 + z^{-1}}{2})^p \sum_{k=0}^{p-1} C_{p+k-1}^k (\frac{1 - z}{2})^k (\frac{1 - z^{-1}}{2})^k$$

$$\triangleq 2(\frac{1 + z}{2})^p(\frac{1 + z^{-1}}{2})^p \cdot B(z) \tag{5.2.31}$$

其中$P(z)$的因子

$$[(1 + z)/2]^p \cdot [(1 + z^{-1})/2]^p$$

产生$2p$重零点$z = -1$,其中的一半(p个)产生$H_0(\omega)$的因子$(e^{i\omega} + 1)^p$;而$B(z)$有$2(p - 1)$个零点,其中的一半(位于单位圆内的$p - 1$个,包括实零点和复零点)形成$H_0(\omega)$的余下部分。

现在总结一下构造$N = 2p - 1$时的Daubechies正交小波滤波器$H_0(\omega)$的方法:

Daubechies 正交小波滤波器构造方法

Step1　作多项式

$$B(z) = \sum_{k=0}^{p-1} C_{p+k-1}^k (\frac{1 - z}{2})^k (\frac{1 - z^{-1}}{2})^k \tag{5.2.32}$$

计算 $B(z)$ 的所有零点

实零点：$r_k, r_k^{-1}, k = 1, \cdots, s$

复零点：$z_k, \bar{z}_k, z_k^{-1}, \bar{z}_k^{-1},\ k = 1, \cdots, t$

其中 $2s + 4t = 2(p-1)$，且设

$$|r_k| \leqslant 1, k = 1, \cdots, s; \quad |z_k| \leqslant 1, k = 1, \cdots, t$$

Step2　形成

$$H_0(\omega) = \mathrm{e}^{-\mathrm{i}(2p-1)\omega} \cdot \varepsilon \cdot (\mathrm{e}^{\mathrm{i}\omega} + 1)^p \cdot \prod_{k=1}^{s} (\mathrm{e}^{\mathrm{i}\omega} - r_k) \cdot \prod_{k=1}^{t} (\mathrm{e}^{\mathrm{i}\omega} - \bar{z}_k) \cdot (\mathrm{e}^{\mathrm{i}\omega} - z_k) \tag{5.2.33}$$

并选择 ε 使得 $H_0(\omega)$ 的系数之和为$\sqrt{2}$.

例 5.2.2　对 $p = 2$（长度为 4）构造 Daubechies 正交小波滤波器。

【解】计算

$$B(z) = 2 - (z + z^{-1})/2$$

它的零点为 $z = 2 \pm \sqrt{3}$，取 $z = 2 - \sqrt{3}$. 于是

$$\begin{aligned} H_0(\omega) &= \mathrm{e}^{-\mathrm{i}3\omega} \cdot \varepsilon \cdot (\mathrm{e}^{\mathrm{i}\omega} + 1)^2 \cdot [\mathrm{e}^{\mathrm{i}\omega} - (2 - \sqrt{3})] \\ &= \varepsilon[1 + \sqrt{3}\mathrm{e}^{-\mathrm{i}\omega} + (2\sqrt{3} - 3)\mathrm{e}^{-\mathrm{i}2\omega} + (\sqrt{3} - 2)\mathrm{e}^{-\mathrm{i}3\omega}] \end{aligned}$$

调整 ε 使得

$$\varepsilon[1 + \sqrt{3} + (2\sqrt{3} - 3) + (\sqrt{3} - 2)] = \sqrt{2}$$

得到 $\varepsilon = (\sqrt{3} + 1)/(4\sqrt{2})$，于是

$$H_0(\omega) = [(1 + \sqrt{3}) + (3 + \sqrt{3})\mathrm{e}^{-\mathrm{i}\omega} + (3 - \sqrt{3})\mathrm{e}^{-\mathrm{i}2\omega} + (1 - \sqrt{3})\mathrm{e}^{-\mathrm{i}3\omega}]/4\sqrt{2}$$

图 5－17 画出了 $|H_0(\omega)|$ 和 $P(\omega) = |H_0(\omega)|^2$ 的图像。

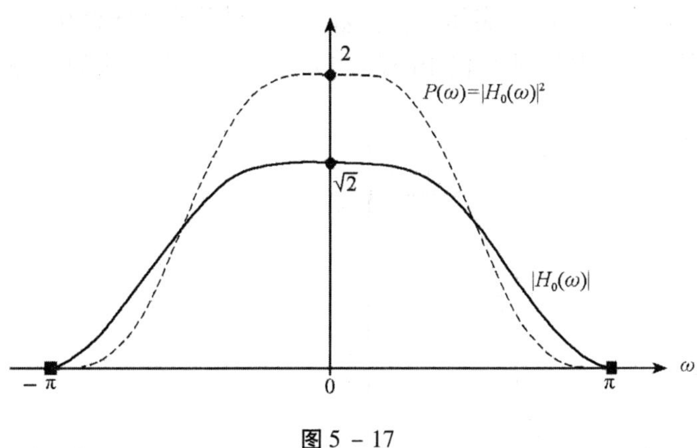

图 5－17

对于大的 p，获得滤波器系数是挑战性的问题。求式(5.2.32)的多项式 $B(z)$ 的根可以转化为求矩阵的特征根，MATLAB 就是用这样的方法来计算的。对于有重根的情形（例如根 z 在单位圆上，那么 $z = \bar{z}^{-1}$），难以得到准确值。再则，式(5.2.33)中很多项的乘积也会损失精度。

例 5.2.3　长度为 $N = 22$ 的 Daubechies 正交滤波器为

$$h(0) = 1.86942977614742E-002$$
$$h(1) = 0.144067021150654$$
$$h(2) = 0.449899764356164$$
$$h(3) = 0.685686774916461$$
$$h(4) = 0.411964368948224$$
$$h(5) = -0.162275245027339$$
$$h(6) = -0.274230846818073$$
$$h(7) = 6.60435881964176E-002$$
$$h(8) = 0.149812012466167$$
$$h(9) = -4.6479955116807E-002$$
$$h(10) = -6.64387856951087E-002$$
$$h(11) = 3.13350902189995E-002$$
$$h(12) = 2.08409043601702E-002$$
$$h(13) = -1.53648209062015E-002$$
$$h(14) = -3.34085887301595E-003$$
$$h(15) = 4.92841765605827E-003$$
$$h(16) = -3.08592858814908E-004$$
$$h(17) = -8.93023250666187E-004$$
$$h(18) = 2.49152523552772E-004$$
$$h(19) = 5.44390746993683E-005$$
$$h(20) = -3.46349841869804E-005$$
$$h(21) = 4.49427427723575E-006$$

图5－18画出了$|H_0(\omega)|$，实际上$|H_0(\omega)|$与ω轴只在$\pm\pi$处相交，图中的情形是由于绘图误差。它的低通性质是明显优于图5－17的。从这个角度来说，滤波器越长，性质越好。

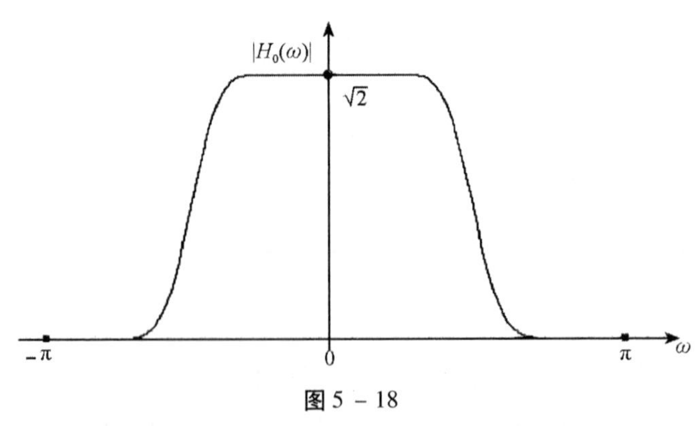

图5－18

5.2.4 低通正交滤波器参数化设计

对于给定的滤波器长度，Daubechies正交滤波器具有最平坦性和最好的低通特征。我

们知道，只要 $H(z)$ 满足

$$\begin{cases} |H(z)|^2 + |H(-z)|^2 = 2 \\ H(1) = \sqrt{2}\ (\Leftrightarrow H(-1) = 0) \end{cases}$$

就可以作为一个低通正交滤波器。对于任意给定的滤波器长度(偶数长)，本小节给出设计这样的 $H(z)$ 的通用公式，也称为格式设计。在通用公式中，任意指定一组参数就得到一个低通正交滤波器，反之，任何低通正交滤波器都可以如此得到。这就是 Vaidyanathan 和 Silong Peng 的正交滤波器参数化理论。如此得到的低通正交滤波器未必最平坦，但因为放弃了这一要求，我们得到更大的灵活性，可以设计出满足某些特定性质的低通正交滤波器，有失有得。

本小节首先证明了参数化定理，然后给出了低通正交滤波器的递推计算公式和解析表达式，最后给出了一个设计示例。

为书写简便，本小节用 $H(z)$ 简化前面的习惯符号 $H_0(z)$，用 h_k 简化前面的 $h^{(0)}(k)$，用 $H_0(z)$，$H_1(z)$ 简化多相表示中的 $H_{00}(z)$，$H_{01}(z)$.

- **参数化公式**

对于滤波器($z = e^{i\omega}$)

$$H(z) = \sum_{k=0}^{2p-1} h_k z^{-k}$$

通过相位平移(用 z^k 乘以 $H(z)$，这不影响滤波器的本质)，我们总可以保证首项系数 $h_0 \neq 0$. 它的多相表示为

$$H(z) = H_0(z^2) + z^{-1}H_1(z^2)$$

其中

$$H_0(z) = \sum_{k=0}^{p-1} h_{2k} z^{-k}, \quad H_1(z) = \sum_{k=0}^{p-1} h_{2k+1} z^{-k}$$

是 H 的偶相位和奇相位。现在(注意 $|z| = 1$)

$$\begin{aligned} |H(z)|^2 &= [H_0(z^2) + zH_1(z^2)] \cdot \overline{[H_0(z^2) + zH_1(z^2)]} \\ &= v^2 + |H_1(z^2)|^2 + 2\mathrm{Re}\{H_0(z^2) \cdot \overline{zH_1(z^2)}\} \\ |H(-z)|^2 &= [H_0(z^2) - zH_1(z^2)] \cdot \overline{[H_0(z^2) - zH_1(z^2)]} \\ &= |H_0(z^2)|^2 + |H_1(z^2)|^2 - 2\mathrm{Re}\{H_0(z^2) \cdot \overline{zH_1(z^2)}\} \end{aligned}$$

所以

$$|H(z)|^2 + |H(-z)|^2 = 2(|H_0(z^2)|^2 + |H_1(z^2)|^2)$$

由定理 5.2.2，我们得到 H 为正交滤波器的另一个等价条件

$$|H_0(z^2)|^2 + |H_1(z^2)|^2 = 1 \tag{5.2.34}$$

它稍微不同于定理 5.2.2，那里函数的变量是 z，这里是 z^2.

定义 5.2.2　设有两个复变量实系数多项式 $f_0(z)$，$f_1(z)$，其中 $|z| = 1$. 如果 f_0，f_1 满足

$$|f_0(z^2)|^2 + |f_1(z^2)|^2 = 1$$

且 f_0，f_1 的常数项不同时为零，则称 f_0，f_1 是一个多相对，记作 $\{f_0, f_1\}$.

式(5.2.34)说明$\{H_0,H_1\}$是一个多相对(注意$h_0\neq 0$)。下面的引理表明,一个多相对可以分解为一系列旋转和延迟的乘积。

引理 5.2.1 设$\{f_0,f_1\}$是一个多相对,不妨设f_0,f_1的次数较高者为m次(a_m,b_m不同时为零),

$$f_0(z)=\sum_{k=0}^{m}a_kz^k,\quad f_1(z)=\sum_{k=0}^{m}b_kz^k$$

那么存在$\theta_0,\theta_1,\cdots,\theta_m\in[0,2\pi]$,使得

$$\begin{pmatrix}f_0(z)\\f_1(z)\end{pmatrix}=\prod_{k=m}^{1}[U(\theta_k)D(z)]\cdot\begin{pmatrix}\cos\theta_0\\\sin\theta_0\end{pmatrix}$$

其中

$$U(\theta_k)=\begin{pmatrix}\cos\theta_k & -\sin\theta_k\\\sin\theta_k & \cos\theta_k\end{pmatrix},\quad D(z)=\begin{pmatrix}1 & 0\\0 & z\end{pmatrix}$$

【证明】 注意到$|z|=1$,所以$\bar z=z^{-1}$. 可以算得

$$\begin{aligned}|f_0(z^2)|^2&=f_0(z^2)\cdot\bar f_0(z^2)\\&=(a_0+a_1z^{-2}+\cdots+a_mz^{-2m})(a_0+a_1z^2+\cdots+a_mz^{2m})\\&=a_0a_mz^{-2m}+\cdots+a_0a_mz^{2m}\\|f_1(z^2)|^2&=b_0b_mz^{-2m}+\cdots+b_0b_mz^{2m}\end{aligned}$$

所以

$$|f_0(z^2)|^2+|f_1(z^2)|^2=(a_0a_m+b_0b_m)z^{-2m}+\cdots+(a_0a_m+b_0b_m)z^{2m}$$

由于$\{f_0,f_1\}$是多相对,上式右边等于常数1,所以

$$a_0a_m+b_0b_m=0$$

下面利用这个结果变换多相对$\{f_0,f_1\}$. 首先有

$$\begin{cases}a_0f_0(z)=a_0^2+\cdots+a_0a_mz^m\\b_0f_1(z)=b_0^2+\cdots+b_0b_mz^m\end{cases}$$

两式相加得到

$$a_0f_0(z)+b_0f_1(z)=\tilde a_0+\cdots+\tilde a_{m-1}z^{m-1}\triangleq\tilde f_0(z)\tag{5.2.35}$$

又因为

$$\begin{cases}a_mf_0(z)=a_0a_m+\cdots+a_m^2z^m\\b_mf_1(z)=b_0b_m+\cdots+b_m^2z^m\end{cases}$$

两式相加得到

$$a_mf_0(z)+b_mf_1(z)=z(\tilde b_0+\cdots+\tilde b_{m-1}z^{m-1})\triangleq z\cdot\tilde f_1(z)\tag{5.2.36}$$

注意,现在$\tilde f_0,\tilde f_1$是不超过$m-1$次的多项式。记

$$d_0=\sqrt{a_0^2+b_0^2},\quad d_1=\sqrt{a_m^2+b_m^2}$$

由前面的理由知$d_0>0$, $d_1>0$。于是由式(5.2.35)和式(5.2.36)得

$$\begin{cases}\dfrac{a_0}{d_0}f_0(z)+\dfrac{b_0}{d_0}f_1(z)=\tilde{f}_0(z)\\ \dfrac{a_N}{d_1}f_0(z)+\dfrac{b_N}{d_1}f_1(z)=z\cdot\tilde{f}_1(z)\end{cases}\tag{5.2.37}$$

这里 $\tilde{f}_0(z)/d_0$ 仍记作 $\tilde{f}_0(z)$，$\tilde{f}_1(z)/d_1$ 仍记作 $\tilde{f}_1(z)$。再记

$$\begin{pmatrix}a_0/d_0 & b_0/d_0\\ a_N/d_1 & b_N/d_1\end{pmatrix}\triangleq U^{\mathrm{T}}$$

它是行标准正交的，故存在 $\theta\in[0,2\pi]$ 使得

$$U^{\mathrm{T}}(\theta)=\begin{pmatrix}\cos\theta & \sin\theta\\ -\sin\theta & \cos\theta\end{pmatrix}$$

于是式(5.2.37)可改写成

$$\begin{pmatrix}f_0(z)\\ f_1(z)\end{pmatrix}=U(\theta)\begin{pmatrix}1 & 0\\ 0 & z\end{pmatrix}\begin{pmatrix}\tilde{f}_0(z)\\ \tilde{f}_1(z)\end{pmatrix}=U(\theta)D(z)\begin{pmatrix}\tilde{f}_0(z)\\ \tilde{f}_1(z)\end{pmatrix}\tag{5.2.38}$$

注意到

$$\begin{aligned}|\tilde{f}_0(z^2)|^2+|\tilde{f}_1(z^2)|^2&=[\overline{\tilde{f}_0(z^2)},\overline{\tilde{f}_1(z^2)}]\begin{pmatrix}\tilde{f}_0(z^2)\\ \tilde{f}_1(z^2)\end{pmatrix}\\ &=[\overline{f_0(z^2)},\overline{f_1(z^2)}]\begin{pmatrix}f_0(z^2)\\ f_1(z^2)\end{pmatrix}\\ &=|f_0(z^2)|^2+|f_1(z^2)|^2=1\end{aligned}$$

又注意到式(5.2.35)中 $\tilde{f}_0$ 的常数项 $\tilde{a}_0=a_0^2+b_0^2\neq 0$，所以$\{\tilde{f}_0,\tilde{f}_1\}$仍然是多相对，从而可以对$\{\tilde{f}_0,\tilde{f}_1\}$递推使用式(5.2.38)，$m$ 次后必能使得 $\tilde{f}_0,\tilde{f}_1$ 为常数(可能 $\tilde{f}_0,\tilde{f}_1$ 不是同时降低到零次，但这不影响结论的正确性)。即存在 $\theta_1,\cdots,\theta_m\in[0,2\pi]$ 和二维常数向量 v，使得

$$\begin{pmatrix}f_0(z)\\ f_1(z)\end{pmatrix}=\prod_{k=m}^{1}[U(\theta_k)D(z)]\cdot v$$

两边转置相乘可得 $\|v\|^2=1$，所以 v 也可表成 $v=(\cos\theta_0,\sin\theta_0)^{\mathrm{T}}$.　　【证毕】

定理 5.2.6　滤波器(设 $h_0\neq 0$)

$$H(z)=\sum_{k=0}^{2p-1}h_kz^{-k}$$

是正交滤波器的充分必要条件是：存在 $\theta_0,\theta_1,\cdots,\theta_{p-1}\in[0,2\pi]$，使得

$$H(z)=[1\quad z]\prod_{k=p-1}^{1}[U(\theta_k)D(z^2)]\cdot\begin{pmatrix}\cos\theta_0\\ \sin\theta_0\end{pmatrix}\tag{5.2.39}$$

【证明】充分性。设 $H(z)$ 如式(5.2.39)，记

$$\begin{pmatrix}f_0(z^2)\\ f_1(z^2)\end{pmatrix}=\prod_{k=p-1}^{1}[U(\theta_k)D(z^2)]\cdot\begin{pmatrix}\cos\theta_0\\ \sin\theta_0\end{pmatrix}$$

容易验证

$$|f_0(z^2)|^2+|f_1(z^2)|^2=1$$

又因为

$$H(z)=f_0(z^2)+z\cdot f_1(z^2)$$

于是

$$|H(z)|^2+|H(-z)|^2=2(|f_0(z^2)|^2+|f_1(z^2)|^2)=2$$

所以,$H(z)$是正交滤波器。

必要性。设$H(z)$是正交滤波器,写出$H(z)$的多相表达

$$H(z)=H_0(z^2)+z\cdot H_1(z^2)=[1\quad z]\begin{pmatrix}H_0(z^2)\\H_1(z^2)\end{pmatrix}$$

其中$H_0(z)$,$H_1(z)$都是$p-1$次多项式。根据式(5.2.34),$\{H_0,H_1\}$是一个多相对,由前述引理知,存在$\theta_0,\theta_1,\cdots,\theta_{p-1}\in[0,2\pi]$使得

$$\begin{pmatrix}H_0(z)\\H_1(z)\end{pmatrix}=\prod_{k=N}^{1}[U(\theta_k)D(z)]\cdot\begin{pmatrix}\cos\theta_0\\\sin\theta_0\end{pmatrix}$$

于是

$$H(z)=[1\quad z]\begin{pmatrix}H_0(z^2)\\H_1(z^2)\end{pmatrix}=[1\quad z]\prod_{k=N}^{1}[U(\theta_k)D(z^2)]\cdot\begin{pmatrix}\cos\theta_0\\\sin\theta_0\end{pmatrix}$$

【证毕】

定理5.2.6说明,任意指定$[0,2\pi]$中的p个参数$\theta_0,\theta_1,\cdots,\theta_{p-1}$,就能产生一个长度为$2p$的正交滤波器;反之,任何一个长度为$2p$的正交滤波器都能通过这样的方式得到。公式(5.2.39)把长度为$2p$的正交滤波器一网打尽。为了保证H具有低通特性,还要求

$$H(\omega)|_{\omega=\pi}=0\Leftrightarrow H(\omega)|_{\omega=0}=\sqrt{2}\Leftrightarrow H(z)|_{z=1}=\sqrt{2}$$

对于这样的正交滤波器,参数$\theta_0,\theta_1,\cdots,\theta_{p-1}$不是独立的,$\theta_0$被$\theta_1,\cdots,\theta_{p-1}$所确定。事实上

$$H(z)|_{z=1}=\cos(\theta_0+\sum_{k=1}^{p-1}\theta_k)+\sin(\theta_0+\sum_{k=1}^{p-1}\theta_k)=\sqrt{2}\sin(\frac{\pi}{4}+\theta_0+\sum_{k=1}^{p-1}\theta_k)$$

所以

$$H(z)|_{z=1}=\sqrt{2}\Leftrightarrow\theta_0=\frac{\pi}{4}-\sum_{k=1}^{p-1}\theta_k$$

于是,长度为$2p$的低通正交滤波器由参数$\theta=(\theta_1\quad\cdots\quad\theta_{p-1})$确定:

$$H(z)=[1\quad z]\prod_{k=p-1}^{1}[U(\theta_k)D(z^2)]\cdot\begin{pmatrix}\cos(\frac{\pi}{4}-\sum_{k=1}^{p-1}\theta_k)\\\sin(\frac{\pi}{4}-\sum_{k=1}^{p-1}\theta_k)\end{pmatrix}\tag{5.2.40}$$

- **滤波器系数的递推计算公式和解析表达式**

公式(5.2.40)只是隐性地给出了参数$\theta=(\theta_1\quad\cdots\quad\theta_{p-1})$与滤波器系数

$$h(\theta)=(h_0(\theta)\quad h_1(\theta)\quad\cdots\quad h_{2p-1}(\theta))$$

的关系，由 θ 到 $h(\theta)$ 并没有明确的计算步骤，更没有 $h(\theta)$ 的解析表达式。下面直接给出这两个问题的答案。

由 θ 到 $h(\theta)$ 的递推计算规则是从一个初始的2维向量 $h^{(0)}$ 开始，每递推一次，向量的维数增2，经过 $p-1$ 次递推，得到一个 $2p$ 维向量 $h^{(p-1)}$，就是我们所要的滤波器系数 $h(\theta)$，示意如下：

$$
\begin{array}{lcccccccc}
h^{(0)}: & & & & h_0^{(0)} & h_1^{(0)} & & & \\
h^{(1)}: & & & h_0^{(1)} & h_1^{(1)} & h_2^{(1)} & h_3^{(1)} & & \\
h^{(2)}: & & h_0^{(2)} & h_1^{(2)} & h_2^{(2)} & h_3^{(2)} & h_4^{(2)} & h_5^{(2)} & \\
\vdots & & & & \vdots & & & & \\
h^{(p-1)}: & h_0^{(p-1)} & h_1^{(p-1)} & \cdots\cdots & \cdots\cdots & \cdots\cdots & \cdots\cdots & \cdots\cdots & h_{2p-1}^{(p-1)}
\end{array}
$$

最后一行就是滤波器系数

$$h_k(\theta)=h_k^{(p-1)},\quad k=0,\cdots,2p-1$$

算法　给定正整数 $N=2p-1$ 及 $\theta=(\theta_1\quad\cdots\quad\theta_{p-1})$，记 $\theta_0=\frac{\pi}{4}-\sum_{k=1}^{p-1}\theta_k$.

初始步 $h^{(0)}=(h_0^{(0)}\quad h_1^{(0)})^{\mathrm{T}}=(\cos\theta_0\quad\sin\theta_0)^{\mathrm{T}}$

第 r 步（$r=1,\cdots,p-1$）

$$
h_{2k}^{(r)}=\begin{cases}\cos\theta_r\cdot h_0^{(r-1)} & k=0\\ \cos\theta_r\cdot h_{2k}^{(r-1)}-\sin\theta_r\cdot h_{2k-1}^{(r-1)} & 1\leqslant k\leqslant r-1\\ -\sin\theta_r\cdot h_{2r-1}^{(r-1)} & k=r\end{cases}
$$

$$
h_{2k+1}^{(r)}=\begin{cases}\sin\theta_r\cdot h_0^{(r-1)} & k=0\\ \sin\theta_r\cdot h_{2k}^{(r-1)}+\cos\theta_r\cdot h_{2k-1}^{(r-1)} & 1\leqslant k\leqslant r-1\\ \cos\theta_r\cdot h_{2r-1}^{(r-1)} & k=r\end{cases}
$$

关于 $h(\theta)$ 的解析表达式，需要引入一些记号。给定 $\theta=(\theta_1\quad\cdots\quad\theta_{p-1})$，记

$$\theta_0=\frac{\pi}{4}-\sum_{k=1}^{p-1}\theta_k,$$

$$h^{(0)}=(0\quad\cdots\quad 0\quad\cos\theta_0\quad\sin\theta_0\quad 0\quad\cdots\quad 0)^{\mathrm{T}}\in R^{2p}$$

对于 $r=1,\cdots,p-1$，记

$$T(\theta_r)=\begin{pmatrix}-\sin\theta_r & \cos\theta_r\\ \cos\theta_r & \sin\theta_r\end{pmatrix}$$

$$
A_r(\theta_r)=I_{p-1-r}\dotplus\underbrace{T(\theta_r)\dotplus\cdots\dotplus T(\theta_r)}_{r+1}\dotplus I_{p-1-r}
=\begin{pmatrix}I_{p-1-r} & & & & \\ & T(\theta_r) & & & \\ & & \ddots & & \\ & & & T(\theta_r) & \\ & & & & I_{p-1-r}\end{pmatrix}_{2p\times 2p}
$$

注意到 $T(\theta_r)$ 是 2 阶正交矩阵，显然 $A_r(\theta_r)$ 是 $2p$ 阶正交矩阵。

定理 5.2.7　由参数 $\theta=(\theta_1 \quad \cdots \quad \theta_{p-1})$ 产生的低通正交滤波器的系数向量为

$$h(\theta)=A_{p-1}(\theta_{p-1})\cdot A_{p-2}(\theta_{p-2})\cdots A_2(\theta_2)\cdot A_1(\theta_1)\cdot h^{(0)}$$

即 $h(\theta)$ 是对初始向量 $h^{(0)}$ 作 $p-1$ 次正交变换得到的。

从 $h(\theta)$ 的解析表达式也可看出，它是 2π 周期的，所以无需限制 $\theta_r\in[0,2\pi]$。另外，如果把 $\theta\to h(\theta)$ 看成是 R^p 到 R^{2p} 的算子（非线性的），我们还可以得到该算子的一阶变分和二阶变分公式，在此不赘述。

- **参数化设计示例**

假设我们在工程实践中得到一个物理性能良好的低通滤波器 $Q(\omega)$，可惜它不是正交滤波器。我们希望寻求一个低通正交滤波器 $H_\theta(\omega)$ 最佳逼近 $Q(\omega)$，从而尽可能地继承 $Q(\omega)$ 优良的物理性质。因为 $Q(\omega)$ 和 $H_\theta(\omega)$ 都是 $L^2[0,2\pi]$ 空间的函数，所以我们采用范数

$$\|H_\theta-Q\|^2_{L^2[0,2\pi]}$$

的极小化作为“最佳逼近”的标准。

设 $Q(\omega)$ 为（如果为奇数长则补一个零）

$$Q(\omega)=\sum_{k=0}^{2p-1}q_k e^{-ik\omega}$$

且不妨设

$$\sum_{k=0}^{2p-1}q_k^2=1 \tag{5.2.41}$$

这不影响 $Q(\omega)$ 的性质。又设待求的 $H_\theta(\omega)$ 为

$$H_\theta(\omega)=\sum_{k=0}^{2p-1}h_k(\theta)e^{-ik\omega}$$

我们面临 $p-1$ 个参量 $\theta=(\theta_1,\cdots,\theta_{p-1})$ 的非线性无约束优化问题

$$\min_\theta\|H_\theta-Q\|^2_{L^2[0,2\pi]} \tag{5.2.42}$$

可以算出

$$\begin{aligned}\|H_\theta-Q\|^2_{L^2[0,2\pi]}&=\frac{1}{2\pi}\int_0^{2\pi}|H_\theta(\omega)-Q(\omega)|^2\,d\omega\\&=\sum_{k,r=0}^{2p-1}(h_k(\theta)-q_k)(h_r(\theta)-q_r)\frac{1}{2\pi}\int_0^{2\pi}e^{-i(k-r)\omega}d\omega\\&=\sum_{k=0}^{2p-1}(h_k(\theta)-q_k)^2=2-2\sum_{k=0}^{2p-1}q_kh_k(\theta)\end{aligned}$$

所以优化问题(5.2.42)归结为

$$\max_\theta f(\theta)=\sum_{k=0}^{2p-1}q_kh_k(\theta) \tag{5.2.43}$$

因为式(5.2.41)以及 $H_\theta(\omega)$ 的正交性，优化问题(5.2.43)的上界值为 1，如果达到 1 则两个滤波器完全一样了。

例 5.2.4　设 $Q(\omega)$ 长度为 9，数据如下

k	q_k	k	q_k
0	0. 028063009296	5	0. 244379838485
1	0. 005620161515	6	-0. 038511714155
2	-0. 038511714155	7	0. 005620161515
3	0. 244379838485	8	0. 028063009296
4	0. 520897409718		

计算优化问题,得到最优值

$$f^* = 0.9971619851$$

f^* 对应的正交滤波器 H_θ 是

k	$h_k(\theta)$	k	$h_k(\theta)$
0	2. 70013723665041e - 003	5	0. 376501572641401
1	- 2. 42313999345132e - 002	6	- 7. 33275421352693e - 002
2	- 7. 3119067271409e - 002	7	- 2. 29777880055032e - 002
3	0. 376531397328658	8	1. 15138094667641e - 002
4	0. 839339443889812	9	1. 28299915650467e - 003

图 5 - 19 绘出了两个滤波器在$[-\pi,\pi]$上的模$|Q(\omega)|$和$|H_\theta(\omega)|$的图像。

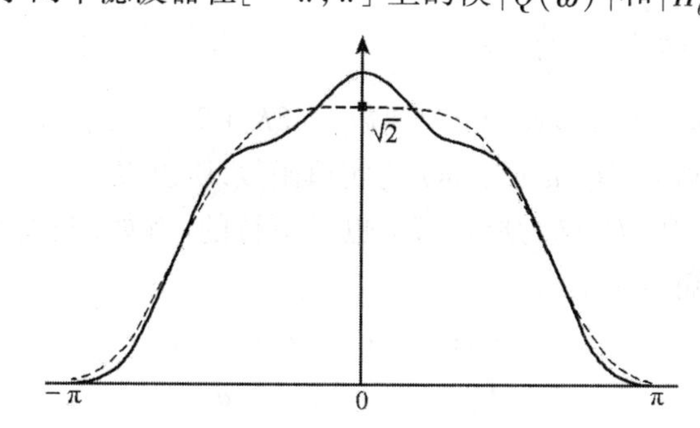

滤波器逼近问题。实线是滤波器$|Q(\omega)|$;虚线是正交滤波器$|H(\omega)|$

图 5 - 19

利用参数化公式(5. 3. 40),结合最优化方法,把必需满足的要求当成约束条件,把最注重的指标当成目标函数,我们就可以最优地设计满足特殊要求的低通正交滤波器。

5. 3　双通道线性相位滤波器组

由定理 5. 2. 3,有限长滤波器的线性相位特性与正交性是相互冲突的,除了长度为 2 的 Haar 滤波器,我们不可能得到既有线性相位同时又正交的有限长滤波器。如果我们要构造一般的有限长的完美重构滤波器组(H_0,H_1,F_0,F_1),使得每个滤波器都具有线性相位，则必须放弃滤波器的正交性。

5.3.1 设计概要

设四个滤波器都是有限长实系数因果滤波器。为了(H_0,H_1,F_0,F_1)是完美重构的，回顾节5.1，我们的做法是选择$H_0(z)$，$F_0(z)$和某个奇数l，记$P(z)=z^lH_0(z)F_0(z)$，使得

$$P(z)+P(-z)=2$$

再取

$$H_1(z)=F_0(-z),\quad F_1(z)=-H_0(-z)$$

这个想法在频域中表达就是：选择

$$H_0(\omega)=\sum_{n=0}^{N_1}h^{(0)}(n)\mathrm{e}^{-\mathrm{i}n\omega},\quad F_0(\omega)=\sum_{n=0}^{N_2}f^{(0)}(n)\mathrm{e}^{-\mathrm{i}n\omega}$$

和某个奇数l，使得

$$\mathrm{e}^{\mathrm{i}l\omega}H_0(\omega)F_0(\omega)+\mathrm{e}^{\mathrm{i}l(\omega+\pi)}H_0(\omega+\pi)F_0(\omega+\pi)=2 \tag{5.3.1}$$

再取

$$H_1(\omega)=F_0(\omega+\pi),\quad F_1(\omega)=-H_0(\omega+\pi) \tag{5.3.2}$$

滤波器H_0，F_0长度的奇偶性是至关重要的。根据定理4.4.1，H_0或者F_0必是下面两种形式之一：

(1) $\mathrm{e}^{-\mathrm{i}K\omega}\sum\limits_{n=0}^{K}a_n\cos n\omega$，

(2) $\mathrm{e}^{-\mathrm{i}(K+\frac{1}{2})\omega}\sum\limits_{n=0}^{K}a_n\cos(n+\frac{1}{2})\omega$

形式(1)为奇数长$(2K+1)$，形式(2)为偶数长$(2K+2)$。在式(5.3.1)中，因子$\mathrm{e}^{\mathrm{i}l\omega}$消除了$H_0F_0$的指数项，使得$\mathrm{e}^{\mathrm{i}l\omega}H_0(\omega)F_0(\omega)$为实值函数，所以$H_0$，$F_0$必须同为形式(1)或者同为形式(2)。实际上，$H_0$，$F_0$同为形式(2)也是不行的。例如，假设$H_0$长度为4，根据式(5.3.2)，$F_1$是$H_0$间隔插入正负号，

$$H_0:\quad a,b,b,a$$
$$F_1:\quad -a,b,-b,a$$

此时F_1不对称，不满足线性相位的必要条件。如果H_0，F_0同为形式(1)，则H_1，F_1能保持对称性（这只是必要条件），例如

$$H_0:\quad a,b,c,b,a \qquad F_0:\quad d,e,f,e,d$$
$$H_1:\quad d,-e,f,-e,d \qquad F_1:\quad -a,b,-c,b,-a$$

所以，设计H_0，F_0时，只考虑同为形式(1)的情形。下设

$$H_0(\omega)=\mathrm{e}^{-\mathrm{i}K_1\omega}\sum_{n=0}^{K_1}a_n\cos n\omega\triangleq\mathrm{e}^{-\mathrm{i}K_1\omega}U(\omega)$$

$$F_0(\omega)=\mathrm{e}^{-\mathrm{i}K_2\omega}\sum_{n=0}^{K_2}b_n\cos n\omega\triangleq\mathrm{e}^{-\mathrm{i}K_2\omega}V(\omega)$$

其中$U(\omega)$，$V(\omega)$都在R上非负。而且K_1为奇数，K_2为偶数（后面将看到这样做的原因），

于是 $l = K_1 + K_2$ 为奇数。最后考虑到 H_0, F_0 是低通滤波器，应该有低通特性，故还应该满足

$$H_0(\pi) = F_0(\pi) = 0$$

综上所述，我们把设计思路归纳如下：选定奇数 K_1，偶数 K_2. 选取

$$\begin{aligned} U(\omega) &= \sum_{n=0}^{K_1} a_n \cos n\omega \\ V(\omega) &= \sum_{n=0}^{K_2} b_n \cos n\omega \end{aligned} \tag{5.3.3}$$

满足

$$\begin{aligned} & U(\omega) \geqslant 0, \quad V(\omega) \geqslant 0, \quad (\forall \omega \in R) \\ & U(\omega) \cdot V(\omega) + U(\omega + \pi) \cdot V(\omega + \pi) \equiv 2 \\ & U(\pi) = V(\pi) = 0 \end{aligned} \tag{5.3.4}$$

取

$$H_0(\omega) = e^{-iK_1\omega} U(\omega), \quad F_0(\omega) = e^{-iK_2\omega} V(\omega)$$

那么 H_0, F_0 是线性相位的，且满足式(5.3.1)，其中 $l = K_1 + K_2$ 为奇数。又因为

$$H_0(\pi) = F_0(\pi) = 0$$

即 H_0, F_0 有低通特性。再取

$$H_1(\omega) = F_0(\omega + \pi), \quad F_1(\omega) = -H_0(\omega + \pi)$$

则(H_0, H_1, F_0, F_1)是完美重构的，且

$$H_1(0) = F_1(0) = 0$$

即 H_1, F_1 有高通特性。最后的问题是，H_1, F_1 是线性相位吗？答案是肯定的。我们按定理 4.4.1 验证之。首先注意 K_1 是奇数，K_2 是偶数，所以

$$\begin{aligned} H_1(\omega) &= F_0(\omega + \pi) = e^{-iK_2(\omega+\pi)} V(\omega + \pi) \\ &= e^{-iK_2\omega} \sum_{n=0}^{K_2} [(-1)^n b_n] \cos n\omega \triangleq e^{-iK_2\omega} \tilde{V}(\omega) \\ F_1(\omega) &= -H_0(\omega + \pi) = -e^{-iK_1(\omega+\pi)} U(\omega + \pi) \\ &= e^{-iK_1\omega} \sum_{n=0}^{K_1} [(-1)^n a_n] \cos n\omega \triangleq e^{-iK_1\omega} \tilde{U}(\omega) \end{aligned}$$

因为 $\forall \omega \in R, U(\omega), V(\omega)$ 非负，所以 $\tilde{U}(\omega) = U(\omega + \pi)$，$\tilde{V}(\omega) = V(\omega + \pi)$ 也非负。

5.3.2　构造方法

关键问题是构造出形如式(5.3.3)的 $U(\omega), V(\omega)$，使得它们满足式(5.3.4)。

由三角公式，$\cos n\omega$ 能表示成 $1, \cos\omega, \cdots, \cos^n\omega$ 的线性组合，故 $U(\omega)$ 是 $\cos\omega$ 的多项式。又因为 $U(\pi) = 0$，故可设

$$U(\omega) = \left(\frac{1+\cos\omega}{2}\right)^p P(\cos\omega)$$

其中 $p \geqslant 1$. $P(\cdot)$ 是 $K_1 - p$ 次多项式。利用公式 $(1+\cos\omega)/2 = \cos^2(\omega/2)$ 进一步把 $U(\omega)$ 写成

$$U(\omega) = [\cos(\omega/2)]^{2p} P(\cos\omega) \tag{5.3.5}$$

同理,$V(\omega)$ 可以写成

$$V(\omega) = [\cos(\omega/2)]^{2q} Q(\cos\omega) \tag{5.3.6}$$

其中 $q \geqslant 1$. $Q(\cdot)$ 是 $K_2 - q$ 次多项式。

为了 $U(\omega)$,$V(\omega)$ 非负,只要 $P(\cos\omega)$,$Q(\cos\omega)$ 非负。为了满足式(5.3.4)中的第二式,必须

$$\left[\cos\frac{\omega}{2}\right]^{2s} P(\cos\omega)\cdot Q(\cos\omega) + \left[\sin\frac{\omega}{2}\right]^{2s} P[\cos(\omega+\pi)]\cdot Q[\cos(\omega+\pi)] \equiv 2 \tag{5.3.7}$$

其中 $s = p + q$. 由三角公式 $\cos\omega = 1 - 2\sin^2(\omega/2)$,$P(\cos\omega)\cdot Q(\cos\omega)$ 可表示成 $\sin^2(\omega/2)$ 的多项式,记作

$$P(\cos\omega)\cdot Q(\cos\omega) = R[\sin^2(\omega/2)] \tag{5.3.8}$$

此时

$$P[\cos(\omega+\pi)]\cdot Q[\cos(\omega+\pi)] = R(\cos^2(\omega/2)) = R[1-\sin^2(\omega/2)] \tag{5.3.9}$$

将式(5.3.8)(5.3.9)代入式(5.3.7),得到

$$\left(\cos\frac{\omega}{2}\right)^{2s}\cdot R\left(\sin^2\frac{\omega}{2}\right) + \left(\sin\frac{\omega}{2}\right)^{2s}\cdot R\left(1-\sin^2\frac{\omega}{2}\right) \equiv 2 \tag{5.3.10}$$

为简便,记 $y = \sin^2(\omega/2)$, $0 \leqslant y \leqslant 1$,则式(5.3.10)写成

$$(1-y)^s R(y) + y^s R(1-y) \equiv 2 \tag{5.3.11}$$

在节 5.2 构造 Daubechies 正交滤波器时,我们遇到过式(5.3.11)(见式(5.2.23)),它的解为

$$R(y) = 2\sum_{j=0}^{s-1} C_{s-1+j}^{j} y^j$$

换言之,只要让

$$P(\cos\omega)Q(\cos\omega) = 2\sum_{j=0}^{s-1} C_{s-1+j}^{j}\left(\sin^2\frac{\omega}{2}\right)^j$$

则保证了式(5.3.7)成立。一种自然且优良的取法为(相当于取 $p = K_1$)

$$P(\cos\omega) \equiv \sqrt{2}, \quad Q(\cos\omega) = \sqrt{2}\sum_{j=0}^{s-1} C_{s-1+j}^{j}\left(\sin^2\frac{\omega}{2}\right)^j$$

这样的 $P(\cos\omega)$,$Q(\cos\omega)$ 显然非负。最后由式(5.3.5)(5.3.6)得到

$$U(\omega)=\sqrt{2}(\cos\frac{\omega}{2})^{2p}$$

$$V(\omega)=\sqrt{2}(\cos\frac{\omega}{2})^{2q}\cdot\sum_{j=0}^{s-1}\mathrm{C}_{s-1+j}^{j}(\sin^2\frac{\omega}{2})^{j}$$

最后，我们将完美重构线性相位滤波器组(H_0,H_1,F_0,F_1)的构造步骤总结如下：

线性相位滤波器组构造步骤

Step1　取奇数 K_1，偶数 K_2，取 $p=K_1, 1\leqslant q\leqslant K_2, s=p+q$，作

$$\begin{aligned}H_0(\omega)&=\sqrt{2}\mathrm{e}^{-\mathrm{i}K_1\omega}\cdot(\cos\frac{\omega}{2})^{2p}\\F_0(\omega)&=\sqrt{2}\mathrm{e}^{-\mathrm{i}K_2\omega}\cdot(\cos\frac{\omega}{2})^{2q}\cdot\sum_{j=0}^{s-1}C_{s-1+j}^{j}(\sin^2\frac{\omega}{2})^{j}\end{aligned}\tag{5.3.12}$$

Step2　利用公式

$$\cos^2(\omega/2)=1/2+(\mathrm{e}^{\mathrm{i}\omega}+\mathrm{e}^{-\mathrm{i}\omega})/4$$
$$\sin^2(\omega/2)=1/2-(\mathrm{e}^{\mathrm{i}\omega}+\mathrm{e}^{-\mathrm{i}\omega})/4$$

将式(5.3.12)变换成

$$H_0(\omega)=\sum_{n=0}^{2K_1}h^{(0)}(n)\mathrm{e}^{-\mathrm{i}n\omega}$$

$$F_0(\omega)=\sum_{n=0}^{2K_2}f^{(0)}(n)\mathrm{e}^{-\mathrm{i}n\omega}$$

Step3　取

$$\begin{aligned}H_1(\omega)&=F_0(\omega+\pi)\\F_1(\omega)&=-H_0(\omega+\pi)\end{aligned}\tag{5.3.13}$$

至此得到完美重构线性相位滤波器组(H_0,H_1,F_0,F_1)。

例 5.3.1　取 $K_1=1, K_2=2, p=K_1=1, q=1, s=p+q=2$，作

$$H_0(\omega)=\sqrt{2}\mathrm{e}^{-\mathrm{i}\omega}\cdot(\cos\frac{\omega}{2})^2=\frac{1}{2\sqrt{2}}+\frac{1}{\sqrt{2}}\mathrm{e}^{-\mathrm{i}\omega}+\frac{1}{2\sqrt{2}}\mathrm{e}^{-\mathrm{i}2\omega}$$

$$\begin{aligned}F_0(\omega)&=\sqrt{2}\mathrm{e}^{-\mathrm{i}2\omega}\cdot(\cos\frac{\omega}{2})^2\cdot(1+2\sin^2\frac{\omega}{2})\\&=-\frac{1}{4\sqrt{2}}+\frac{1}{2\sqrt{2}}\mathrm{e}^{-\mathrm{i}\omega}+\frac{3}{2\sqrt{2}}\mathrm{e}^{-\mathrm{i}2\omega}+\frac{1}{2\sqrt{2}}\mathrm{e}^{-\mathrm{i}3\omega}-\frac{1}{4\sqrt{2}}\mathrm{e}^{-\mathrm{i}4\omega}\end{aligned}$$

$$H_1(\omega)=F_0(\omega+\pi)=-\frac{1}{4\sqrt{2}}-\frac{1}{2\sqrt{2}}\mathrm{e}^{-\mathrm{i}\omega}+\frac{3}{2\sqrt{2}}\mathrm{e}^{-\mathrm{i}2\omega}-\frac{1}{2\sqrt{2}}\mathrm{e}^{-\mathrm{i}3\omega}-\frac{1}{4\sqrt{2}}\mathrm{e}^{-\mathrm{i}4\omega}$$

$$F_1(\omega)=-H_0(\omega+\pi)=-\frac{1}{2\sqrt{2}}+\frac{1}{\sqrt{2}}\mathrm{e}^{-\mathrm{i}\omega}-\frac{1}{2\sqrt{2}}\mathrm{e}^{-\mathrm{i}2\omega}$$

图 5－20 画出了四个滤波器的频率响应曲线。

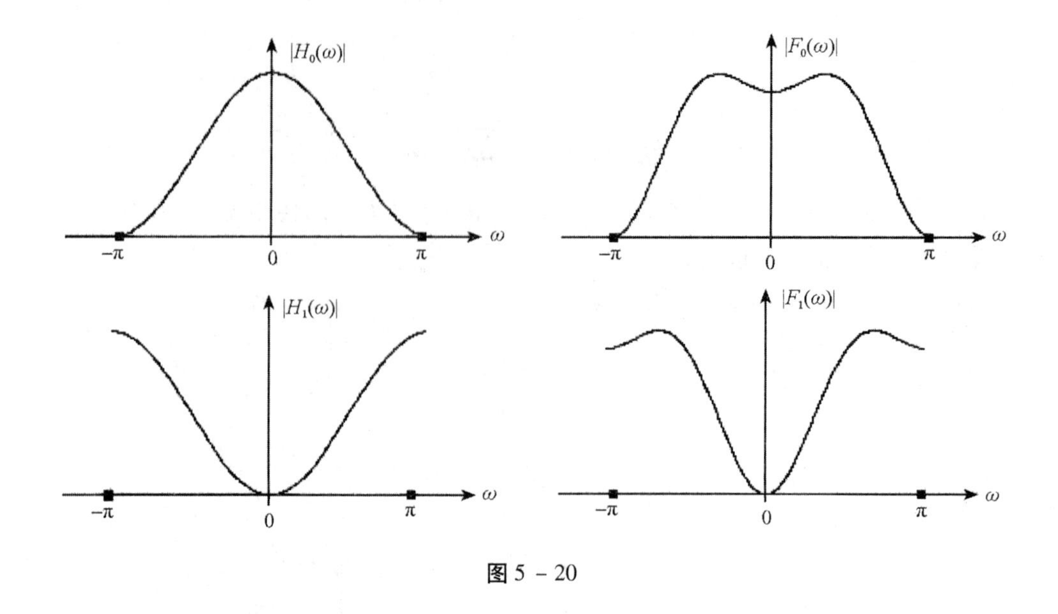

图 5－20

5.4　M 通道滤波器组

回顾图 5－11,我们需要设计 M 个分析滤波器 $H_k, k=0,\cdots. M-1$,其中 H_k 负责提取信号在 $[(2k-1)\pi/M,(2k+1)\pi/M]$ 上的频率分量,从而把信号按子带分解。还要设计 M 个合成滤波器 $F_k, k=0,\cdots. M-1$,把子带信号合成还原,实现完美重构。在双通道($M=2$)的情形,正交滤波器组由 H_0 完全确定,线性相位滤波器组由 H_0, F_0 完全确定。当 $M>2$,设计的自由度大多了,即使在正交情况下也是如此。这既是优点,也是困难。另外,设计滤波器组时,滤波计算能否有快速算法,也是滤波器组优劣的一个衡量标准。本节介绍 DFT 滤波器组和余弦调制滤波器组,前者为设计提供了基本的思路,但由于出现了复的滤波器系数而且合成组滤波器非有限长,因而不实用;后者相当于实数版的 DFT 滤波器组,且具有正交性。两者的关系类似于离散傅里叶变换与离散余弦变换。

5.4.1　DFT 滤波器组

一个简单直接的想法是,先设计一个低通滤波器 H,称为原型滤波器,使得 $|H(\omega)|$ 尽可能支撑在 $[-\pi/M,\pi/M]$ 上,或者说在此区间外尽可能为零。然后将 H 沿 ω 轴平移到 $[(2k-1)\pi/M,(2k+1)\pi/M]$ 上,得到 $H_k, k=0,1,\cdots,,M-1$. 如图 5－21 所示。

对合成滤波器组,也是同样的想法。如此形成的滤波器组,称为 DFT 滤波器组,因为它用到 DFT 计算。首先要考虑的是 DFT 滤波器组的完美重构问题。我们从多相形式考察。

假设已经设计了分析组的原型滤波器

$$H(\omega)=\sum_k h(k)z^{-k}$$

其中 $h(k)$ 为实数。平移 $H(\omega)$ 得到

$$H_k(\omega)=H(\omega-k\frac{2\pi}{M})$$

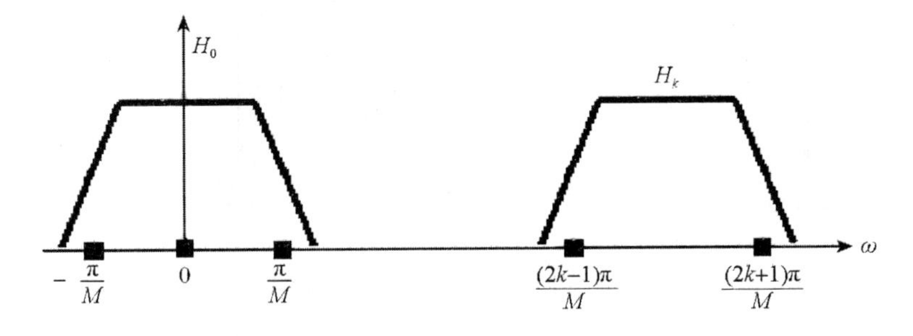

图 5 - 21

H_k 滤波器系数是

$$h^{(k)}(n) = h(n)w_M^{kn}, \quad (w_M = \mathrm{e}^{\mathrm{i}2\pi/M})$$

原型 H 是实系数滤波器,但 H_k 变成了复系数滤波器。H_k 的 z 域形式为

$$H_k(z) = H(zw_M^{-k})$$

考察分析滤波器组的第 k 个通道($k = 0,\cdots,M-1$),如图 5 - 22 所示。我们要把图 5 - 22 转换成等价的多相形式。为此先写出 $H(z)$ 的多相形式:

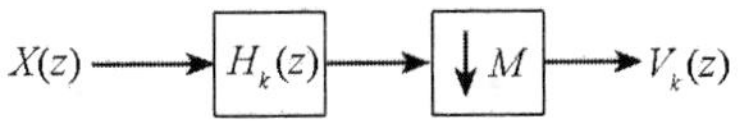

$X(z) \to H_k(z) \to \downarrow M \to V_k(z)$

图 5 - 22

$$H(z) = \sum_{r=0}^{M-1} z^{-r}E_r(z^M)$$

于是

$$\begin{aligned} V_k(z) &= (\downarrow M)H_k(z)X(z) = (\downarrow M)H(zw_M^{-k})X(z) \\ &= (\downarrow M)\sum_{r=0}^{M-1} z^{-r}w_M^{rk}E_r(z^M)X(z) \\ &= \sum_{r=0}^{M-1}(\downarrow M)E_r(z^M)\cdot[z^{-r}X(z)]\cdot w_M^{rk} \\ &= \sum_{r=0}^{M-1}E_r(z)\cdot(\downarrow M)[z^{-r}X(z)]\cdot w_M^{rk} \end{aligned} \tag{5.4.1}$$

记 IDFT 矩阵

$$W_M = \begin{pmatrix} 1 & 1 & \cdots & 1 \\ 1 & w_M^1 & \cdots & w_M^{(M-1)} \\ \vdots & \vdots & \cdots & \vdots \\ 1 & w_M^{(M-1)} & \cdots & w_M^{(M-1)^2} \end{pmatrix} = (w_M^{kr})_{r=0,\cdots,M-1}^{k=0,\cdots,M-1}$$

则式(5.4.1)可以写成

$$V_k(z) = (W_M \text{ 第 } k \text{ 行})\cdot \mathrm{diag}[E_0(z),E_1(z),\cdots,E_{M-1}(z)]\cdot \begin{pmatrix} (\downarrow M)X(z) \\ (\downarrow M)z^{-1}X(z) \\ \vdots \\ (\downarrow M)z^{-(M-1)}X(z) \end{pmatrix}$$

于是

$$\begin{pmatrix} V_0(z) \\ V_1(z) \\ \vdots \\ V_{M-1}(z) \end{pmatrix} = W_M \cdot \mathrm{diag}[E_0(z), E_1(z), \cdots, E_{M-1}(z)] \cdot \begin{pmatrix} (\downarrow M)X(z) \\ (\downarrow M)z^{-1}X(z) \\ \vdots \\ (\downarrow M)z^{-(M-1)}X(z) \end{pmatrix}$$

或者写成

$$\begin{pmatrix} V_0(z) \\ V_1(z) \\ \vdots \\ V_{M-1}(z) \end{pmatrix} = H_p(z) \cdot \begin{pmatrix} (\downarrow M)X(z) \\ (\downarrow M)z^{-1}X(z) \\ \vdots \\ (\downarrow M)z^{-(M-1)}X(z) \end{pmatrix}$$

其中

$$H_p(z) = W_M \cdot \mathrm{diag}[E_0(z), E_1(z), \cdots, E_{M-1}(z)] \tag{5.4.2}$$

从而,分析组滤波器有等价形式,如图 5 – 23 所示。

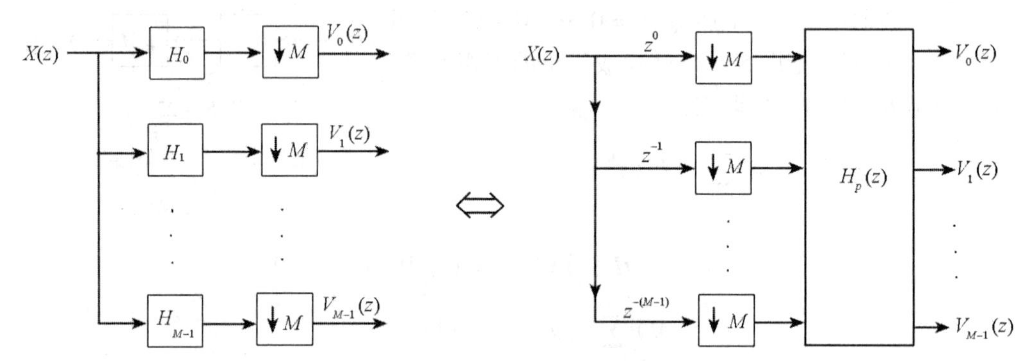

图 5 – 23

图 5 – 23 中的 $H_p(z)$ 就是分析滤波器组的多相矩阵。实际上,如果将 $H_p(z)$ 的两个矩阵分别在图上表现出来,那么图 5 – 23 也可以等价于图 5 – 24,从执行的角度来说,后者看上去更明了。

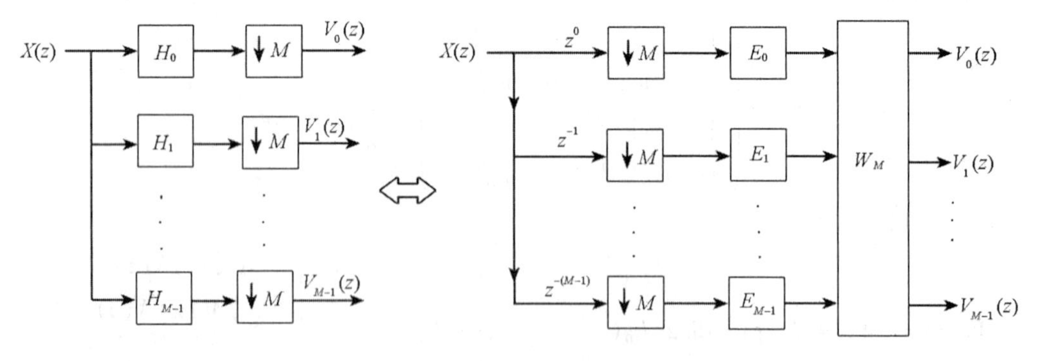

图 5 – 24

再考虑合成滤波器组。仿照分析组的想法,假设已经设计了原型滤波器 $F(z)$,写出 $F(z)$ 的多相形式(注意下标的使用方式与 $H(z)$ 不同):

$$F(z)=\sum_{r=0}^{M-1}z^{-r}R_{M-1-r}(z^M)$$

我们希望利用多相分量 $R_r(r=0,\cdots,M-1)$ 构造合成多相矩阵 $F_p(z)$，形成如图 5－14 结构的滤波器组。根据定理 5.1.12，如果存在整数 l 满足 $(l-1)\mathrm{mod}M=0$，使得

$$F_p(z)\cdot H_p(z)=z^{-(l-1)/M}I_M$$

则实现完美重构，且有

$$\widetilde{X}(z)=z^{-(M+l-2)}X(z)$$

根据式(5.4.2)中 $H_p(z)$ 的特殊结构，我们取

$$F_p(z)=\mathrm{diag}[R_0(z)\quad R_1(z)\quad\cdots\quad R_{M-1}(z)]\cdot W_M^*$$

那么（注意关系 $W_M^*W_M=M\cdot I_M$，其中 I_M 是 M 阶单位矩阵）

$$F_p(z)\cdot H_p(z)=M\cdot\begin{pmatrix}R_0(z)\cdot E_0(z)&&&\\&R_1(z)\cdot E_1(z)&&\\&&\ddots&\\&&&R_{M-1}(z)\cdot E_{M-1}(z)\end{pmatrix}$$

如果选择 $F(z)$ 使得

$$R_r(z)\cdot E_r(z)=\frac{1}{M}z^{-(l-1)/M},\quad(r=0,\cdots,M-1)$$

就能完美重构，而这只要 E_r 可逆，再取

$$R_r(z)=\frac{1}{M}z^{-(l-1)/M}\frac{1}{E_r(z)},\quad(r=0,\cdots,M-1)\tag{5.4.3}$$

把 $F_p(z)$ 的两个矩阵分别表现在合成组中，再结合图 5－24 的右半部，我们就得到 DFT 滤波器组的示意图，见图 5－25。

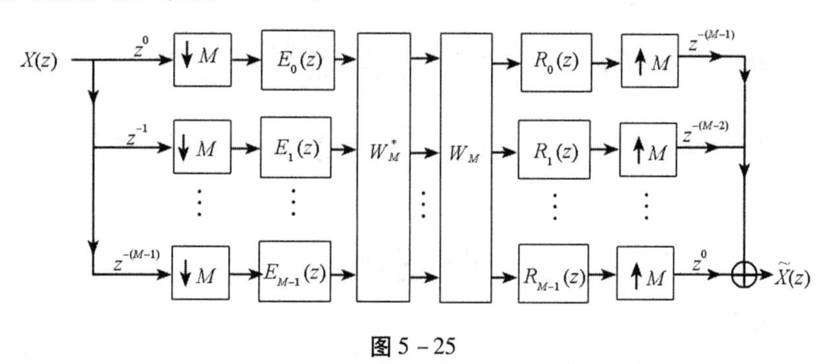

图 5－25

DFT 滤波器组的主要问题在于式(5.4.3)，即使 $E_r(z)$ 是有限长滤波器，$R_r(z)$ 也不是有限长的。

5.4.2　余弦调制正交滤波器组

DFT 滤波器组是将原型滤波器向一个方向平移，这导致滤波器为复系数。如果将原型滤波器左右对称平移再相加，就可以消除复数的虚部，得到实数版的调制滤波器组。进一步，如果我们得到的分析滤波器组是正交的（对应的多相矩阵是仿酉的），那么合成组

就是分析组的共轭转置，于是，我们实际上只要设计一个原型滤波器

$$H(\omega) = \sum_{n=0}^{N} h(n)\mathrm{e}^{-\mathrm{i}n\omega}$$

M 通道滤波器的带宽是 $2\pi/M$，现在原点两侧各有一枝，每一枝的宽度应该是 π/M. 即原型滤波器 H 的带宽应该是 π/M，它支撑在 $[-\frac{1}{2}\pi/M, \frac{1}{2}\pi/M]$ 上。将原型滤波器 H 分别向右、向左平移 $\frac{1}{2}\pi/M$，得到 H_0^+ 和 H_0^-，取 $H_0 = H_0^+ + H_0^-$；再将原型滤波器 H 分别向右、向左平移 $(1+\frac{1}{2})\pi/M$，（或者等价地，将 H_0^+ 向右移动 π/M，H_0^- 向左移动 π/M），得到 H_1^+ 和 H_1^-，取 $H_1 = H_1^+ + H_1^-$. 一般地，将原型滤波器 H 分别向右、向左平移 $(k+\frac{1}{2})\pi/M$，得到 H_k^+ 和 H_k^-，取

$$H_k = H_k^+ + H_k^-, \quad k = 0, \cdots, M-1$$

如图5－26所示，这 M 个滤波器正好覆盖了频域 $[-\pi, \pi]$。H_0 是低通滤波器，H_{M-1} 是高通滤波器，其余是带通滤波器。

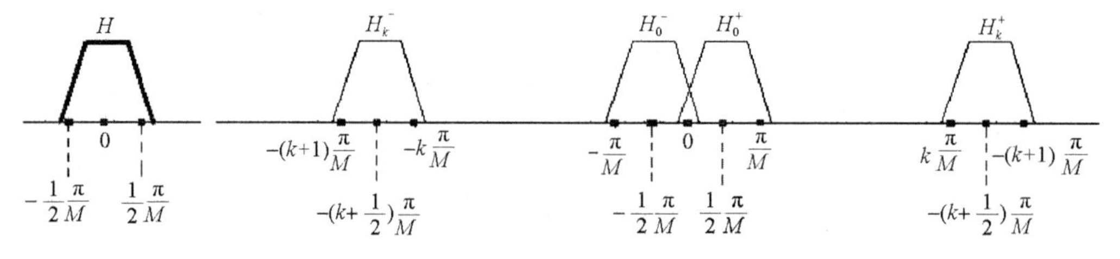

图5－26

因为

$$H_k^+(\omega) = H[\omega - (k+1/2)\frac{\pi}{M}] = \sum_{n=0}^{N} h(n)\mathrm{e}^{-\mathrm{i}n[\omega-(k+1/2)\pi/M]}$$

$$H_k^-(\omega) = H[\omega + (k+1/2)\frac{\pi}{M}] = \sum_{n=0}^{N} h(n)\mathrm{e}^{-\mathrm{i}n[\omega+(k+1/2)\pi/M]}$$

所以

$$H_k(\omega) = H_k^+(\omega) + H_k^-(\omega) = \sum_{n=0}^{N} 2h(n)\cos[(k+\frac{1}{2})n\frac{\pi}{M}]\mathrm{e}^{-\mathrm{i}n\omega}$$

它是实系数滤波器。

实际上，对 $H_k^+(\omega)$ 和 $H_k^-(\omega)$ 作共轭加权组合，仍然得到实系数滤波器。取

$$a_k = \sqrt{\frac{1}{2M}}\mathrm{e}^{\mathrm{i}(k+\frac{1}{2})\frac{M+1}{2}\frac{\pi}{M}}, \quad k = 0, \cdots, M-1$$

作

$$\begin{aligned} H_k(\omega) &= a_k H_k^+(\omega) + \bar{a}_k H_k^-(\omega) \\ &= \sqrt{\frac{2}{M}}\sum_{n=0}^{N} h(n)\cos[(k+\frac{1}{2})(n+\frac{M+1}{2})\frac{\pi}{M}]\mathrm{e}^{-\mathrm{i}n\omega} \end{aligned} \tag{5.4.4}$$

这一步对我们构造正交滤波器组起到重要的作用。关于滤波器的长度，我们取为通道

数 M 的偶数倍长，即 $N = 2sM - 1$，其中 s 为某个正整数。

现在的问题是，如何选择原型滤波器 $H(\omega)$ 的系数

$$h(n),\quad n = 0,\cdots,2sM - 1$$

使得式(5.4.4) 对应的滤波器组具有正交性，即它对应的多相矩阵是仿酉矩阵。

- **滤波器组系数矩阵的特点**

将每个 H_k 的权系数（现在不包括 $h(n)$，或者视作 $h(n) = 1$）排成一行，所有 H_k 的权系数构成 M 行 $2sM$ 列矩阵 E，再将 E 按列分成 $2s$ 块，每块含有 M 个列：

$$E = (E_0 \quad E_1 \quad \cdots \quad E_{2s-1})$$

每个块 E_l 都是 M 阶方阵，E_l 矩阵第 k 行第 n 列元素为

$$(E_l)_{k,n} = \sqrt{\frac{2}{M}}\cos\left[\left(k + \frac{1}{2}\right)\left(n + lM + \frac{M+1}{2}\right)\frac{\pi}{M}\right],\quad (k,n = 0,\cdots,M - 1)$$

我们来考察 E_l 的性质。

引理 5.4.1　E_0 和 E_1 满足如下性质：

$$E_0^{\mathrm{T}}E_0 = I - J,\quad E_1^{\mathrm{T}}E_1 = I + J,\quad E_0^{\mathrm{T}}E_1 = 0$$

其中 J 是 M 阶反单位矩阵

$$J = \begin{pmatrix} & & & 1 \\ & & 1 & \\ & \iddots & & \\ 1 & & & \end{pmatrix}$$

【证明】

$$\begin{aligned}(E_0^{\mathrm{T}}E_0)_{k,n} &= \frac{2}{M}\sum_{r=0}^{M-1}\cos\left[\left(r + \frac{1}{2}\right)\left(k + \frac{M+1}{2}\right)\frac{\pi}{M}\right]\cdot\cos\left[\left(r + \frac{1}{2}\right)\left(n + \frac{M+1}{2}\right)\frac{\pi}{M}\right] \\ &= \frac{1}{M}\sum_{r=0}^{M-1}\cos\left[\left(r + \frac{1}{2}\right)(k - n)\frac{\pi}{M}\right] + \frac{1}{M}\sum_{r=0}^{M-1}\cos\left[\left(r + \frac{1}{2}\right)(k + n + M + 1)\frac{\pi}{M}\right] \\ &= \delta(k - n) - \delta[k + n - (M - 1)]\end{aligned}$$

其中两个求和用到三角恒等式

$$\sum_{r=1}^{N}\cos(x + r\alpha) = \frac{\sin(N\alpha/2)}{\sin(\alpha/2)}\cos\left[x + \frac{1}{2}(N + 1)\alpha\right]$$

这就说明

$$E_0^{\mathrm{T}}E_0 = I - J$$

类似地可证明

$$E_1^{\mathrm{T}}E_1 = I + J,\quad E_0^{\mathrm{T}}E_1 = 0$$

【证毕】

引理 5.4.2　$E_l(l = 0,\cdots,2s - 1)$ 还满足如下性质：

$$\begin{cases}E_{2p} = (-1)^pE_0 \\ E_{2p+1} = (-1)^pE_1\end{cases} \quad 和 \quad \begin{cases}E_l^{\mathrm{T}}E_{l+2p} = (-1)^p[I + (-1)^{l+1}J] \\ E_l^{\mathrm{T}}E_{l+2p+1} = 0\end{cases} \tag{5.4.5}$$

【证明】式(5.4.5) 左边第一式

$$\begin{aligned}(E_{2p})_{k,n} &= \sqrt{\frac{2}{M}}\cos[(k+\frac{1}{2})(n+2pM+\frac{M+1}{2})\frac{\pi}{M}]\\ &= \sqrt{\frac{2}{M}}\cos[(k+\frac{1}{2})(n+\frac{M+1}{2})\frac{\pi}{M}+p\pi]\\ &= (-1)^p\sqrt{\frac{2}{M}}\cos[(k+\frac{1}{2})(n+\frac{M+1}{2})\frac{\pi}{M}]\\ &= (-1)^p(E_0)_{k,n}\end{aligned}$$

同理可证式(5.4.5)左边第二式。再证式(5.4.5)右边第一式,将用到引理5.4.1第一、二式,如果 $l=2q$ 为偶数,则

$$E_l^{\mathrm{T}}E_{l+2p}=(-1)^qE_0^{\mathrm{T}}\cdot(-1)^{p+q}E_0=(-1)^p(I-J)=(-1)^p[I+(-1)^{l+1}J]$$

如果 $l=2q+1$ 为奇数,则

$$E_l^{\mathrm{T}}E_{l+2p}=(-1)^qE_1^{\mathrm{T}}\cdot(-1)^{p+q}E_1=(-1)^p(I+J)=(-1)^p[I+(-1)^{l+1}J]$$

最后证(5.4.5)右边第二式,将用到引理5.4.1第三式。

如果 $l=2q$ 为偶数,则

$$E_l^{\mathrm{T}}E_{l+2p+1}=(-1)^qE_0^{\mathrm{T}}(-1)^{p+q}E_1=0$$

如果 $l=2q+1$ 为奇数,则

$$E_l^{\mathrm{T}}E_{l+2p+1}=(-1)^qE_1^{\mathrm{T}}(-1)^{p+q+1}E_0=0$$

【证毕】

现在把式(5.4.4)滤波器 $H_k(k=0,\cdots,M-1)$ 的系数排成 M 行 $2sM$ 列矩阵 Ω,显然 Ω 就是用 $h(n)$ 乘以 E 的第 n 列($n=0,\cdots,2sM-1$),即为

$$\Omega=E\cdot\begin{pmatrix}h(0)&&\\&\ddots&\\&&h(2sM-1)\end{pmatrix}$$

把右边对角矩阵分成 $2s$ 块,每块是 M 个元素的对角阵

$$\Pi_l=\begin{pmatrix}h(lM)&&&\\&h(1+lM)&&\\&&\ddots&\\&&&h(M-1+lM)\end{pmatrix},\ l=0,\cdots,2s-1$$

那么

$$\begin{aligned}\Omega &=(E_0\ \cdots\ E_l\ \cdots\ E_{2s-1})\begin{pmatrix}\Pi_0&&&&\\&\ddots&&&\\&&\Pi_l&&\\&&&\ddots&\\&&&&\Pi_{2s-1}\end{pmatrix}\\ &=(E_0\Pi_0\ \cdots\ E_l\Pi_l\ \cdots\ E_{2s-1}\Pi_{2s-1})\end{aligned}\tag{5.4.6}$$

- **滤波器组的正交性条件**

滤波器组 $H_k,k=0,\cdots,M-1$ 对应的多相矩阵为

$$H_p(z)=(H_{k,j}(z))_{j=0,\cdots,M-1}^{k=0,\cdots,M-1}$$

其中，k 是通道指标，j 是相位指标。每个 $H_{k,j}(z)$ 都是 z^{-1} 的 $2s-1$ 次多项式，按照式(5.4.6)，

$$H_{k,j}(z) = \sum_{r=0}^{2s-1} \Omega_{k,j+rM} z^{-r} = \sum_{r=0}^{2s-1} (E_r \Pi_r)_{k,j} z^{-r}$$

所以

$$H_p(z) = \left(\sum_{r=0}^{2s-1} (E_r \Pi_r)_{k,j} z^{-r} \right) = \sum_{r=0}^{2s-1} E_r \Pi_r \cdot z^{-r}$$

从而

$$\begin{aligned} H_p^{\mathrm{T}}(z^{-1}) \cdot H_p(z) &= \left(\sum_{r=0}^{2s-1} \Pi_r E_r^{\mathrm{T}} \cdot z^r \right) \left(\sum_{r=0}^{2s-1} E_r \Pi_r \cdot z^{-r} \right) \\ &= \sum_{t=0}^{2s-1} \Pi_t E_t^{\mathrm{T}} E_t \Pi_t + \sum_{r=1}^{2s-1} \left(\sum_{t=0}^{2s-1-r} \Pi_t E_t^{\mathrm{T}} E_{t+r} \Pi_{t+r} \right) z^{-r} \\ &\quad + \sum_{r=1}^{2s-1} \left(\sum_{t=0}^{2s-1-r} \Pi_t E_t^{\mathrm{T}} E_{t+r} \Pi_{t+r} \right)^{\mathrm{T}} z^r \end{aligned}$$

注意 z^r 的系数矩阵是 z^{-r} 系数矩阵的转置。我们希望 $H_p(z)$ 是仿酉矩阵，只要

$$\sum_{t=0}^{2s-1-r} \Pi_t E_t^{\mathrm{T}} E_{t+r} \Pi_{t+r} = \delta(r) I, \quad r = 0, \cdots, 2s-1 \tag{5.4.7}$$

根据引理 5.4.2，对奇数 r，$E_t^{\mathrm{T}} E_{t+r} = 0$，式(5.4.7)简化成

$$\sum_{t=0}^{2s-1-2r} \Pi_t (I + (-1)^{t+1} J) \Pi_{t+2r} = \delta(r) I, \quad r = 0, \cdots, s-1$$

或者

$$\sum_{t=0}^{2s-1-2r} \Pi_t \Pi_{t+2r} + \sum_{t=0}^{s-r-1} \Pi_{2t+1} J \Pi_{2t+1+2r} - \sum_{t=0}^{s-r-1} \Pi_{2t} J \Pi_{2t+2r} = \delta(r) I \tag{5.4.8}$$
$$r = 0, \cdots, s-1$$

为了得到简单实用的仿酉条件(5.4.8)，我们令原型滤波器是对称的，即

$$h(n) = h(2sM - 1 - n), \quad n = 0, \cdots, sM - 1 \tag{5.4.9}$$

对称性导致下面的等式成立

$$\Pi_t J = J \Pi_{2s-1-t}, \quad t = 0, \cdots, s-1 \tag{5.4.10}$$

例如当 $t=0$ 时，

$$\Pi_0 J = \begin{pmatrix} h(0) & & \\ & \ddots & \\ & & h(M-1) \end{pmatrix} \begin{pmatrix} & & 1 \\ & \iddots & \\ 1 & & \end{pmatrix} = \begin{pmatrix} & & h(0) \\ & \iddots & \\ h(M-1) & & \end{pmatrix}$$

$$\begin{aligned} J \Pi_{2s-1} &= \begin{pmatrix} & & 1 \\ & \iddots & \\ 1 & & \end{pmatrix} \begin{pmatrix} h(2sM-M) & & \\ & \ddots & \\ & & h(2sM-1) \end{pmatrix} \\ &= \begin{pmatrix} & & h(2sM-1) \\ & \iddots & \\ h(2sM-M) & & \end{pmatrix} = \begin{pmatrix} & & h(0) \\ & \iddots & \\ h(M-1) & & \end{pmatrix} \end{aligned}$$

$$= \Pi_0 J$$

我们将说明在对称条件(5.4.9)下,式(5.4.8)中第二个和式与第三个和式抵消。

$$\begin{aligned}
\sum_{t=0}^{s-r-1} \Pi_{2t+1} J \Pi_{2t+1+2r} &= \sum_{t=0}^{s-r-1} \Pi_{2(s-r-1-t)+1} J \Pi_{2(s-r-1-t)+1+2r} \\
&= \sum_{t=0}^{s-r-1} \Pi_{(2s-1)-(2t+2r)} J \Pi_{(2s-1)-2t} \\
&\underline{\underline{(5.4.10)}} \sum_{t=0}^{s-r-1} \Pi_{(2s-1)-(2t+2r)} \Pi_{2t} J \\
&= \sum_{t=0}^{s-r-1} \Pi_{2t} \Pi_{(2s-1)-(2t+2r)} J \\
&\underline{\underline{(5.4.10)}} \sum_{t=0}^{s-r-1} \Pi_{2t} J \Pi_{2t+2r}
\end{aligned}$$

所以在对称条件(5.4.9) 下,仿酉条件(5.4.8) 简化成

$$\sum_{t=0}^{2s-1-2r} \Pi_t \Pi_{t+2r} = \delta(r) I, \quad r = 0, \cdots, s-1 \tag{5.4.11}$$

写出分量形式为

$$\sum_{t=0}^{2s-1-2r} h(k+tM) h(k+tM+2rM) = \delta(r), \quad r = 0, \cdots, s-1; k = 0, \cdots, M-1$$

上式还可以进一步简化,事实上,$k=0$ 和 $k=M-1$ 对应同样的式子,k 与 $M-1-k$ 对应同一个式子,验证如下:

$$\begin{aligned}
&\sum_{t=0}^{2s-1-2r} h[(M-1-k)+tM] \cdot h[(M-1-k)+tM+2rM] \\
&= \sum_{t=0}^{2s-1-2r} h[(M-1-k)+(2s-1-2r-t)M] \cdot h[(M-1-k) \\
&\quad + (2s-1-2r-t)M+2rM] \\
&= \sum_{t=0}^{2s-1-2r} h[2sM-1-(k+tM+2rM)] \cdot h[2sM-1-(k+tM)] \\
&= \sum_{t=0}^{2s-1-2r} h(k+tM+2rM) \cdot h(k+tM)
\end{aligned}$$

于是,仿酉条件(5.4.11) 的分量形式为(通道数 M 取为偶数)

$$\begin{gathered}
\sum_{t=0}^{2s-1-2r} h(k+tM) h(k+tM+2rM) = \delta(r) \\
r = 0, \cdots, s-1; k = 0, \cdots, \frac{M}{2}-1
\end{gathered} \tag{5.4.12}$$

然后,再将对称性(5.4.9) 用到式(5.4.12) 中,即把式(5.4.12) 中的 $h(k)$(这里 $k > sM-1$) 换成 $h(2sM-1-k)$,最终可以将仿酉条件简化成

$$
\begin{cases}
(1)\ \text{对于}\ k=0,\cdots,M/2-1, \\
\quad \sum_{t=0}^{s-1}\left[h^2(k+tM)+h^2(M+tM-k-1)\right]=1 \\
(2)\ \text{对于}\ r\in\{1,\cdots,s-1\}\ \text{且}\ 2r>s-1,\quad k=0,\cdots,M/2-1 \\
\quad \sum_{t=0}^{2s-1-2r} h(k+tM)\cdot h[(2s-2r-t)M-k-1]=0 \\
(3)\ \text{对于}\ r\in\{1,\cdots,s-1\}\ \text{且}\ 2r\leqslant s-1, k=0,\cdots,M/2-1 \\
\quad \sum_{t=0}^{s-2r-1} h(k+tM)\cdot h(k+tM+2rM)+ \\
\quad \sum_{t=s-2r}^{s-1} h(k+tM)\cdot h[(2s-2r-t)M-k-1]+ \\
\quad \sum_{t=s}^{2s-2r-1} h[(2s-t)M-k-1]\cdot h[(2s-2r-t)M-k-1]=0
\end{cases}
\tag{5.4.13}
$$

其中的(1)对应 $r=0$;若 $s=1$,则没有(2)和(3),若 $s=2$,则没有(3)。

原型滤波器有 sM 个设计参数 $h(0),\cdots,h(sM-1)$,仿酉条件(5.4.13)有 $sM/2$ 个方程,所以我们还有 $sM/2$ 个自由度用来设计原型滤波器。把本小节总结为如下定理。

定理 5.4.1　设通道数为 M(偶数),取长度为 $2sM$ 的原型滤波器(s 为任意正整数)

$$
H(\omega)=\sum_{n=0}^{2sM-1} h(n)\mathrm{e}^{-\mathrm{i}n\omega}
$$

其中 $h(0),\cdots,h(sM-1)$ 满足仿酉条件(5.4.13),而

$$
h(n)=h(2sM-1-n),\quad n=sM,\cdots,2sM-1
$$

并使得 $|H(\omega)|$"尽可能"支撑在 $\left[-\frac{1}{2}\pi/M,\frac{1}{2}\pi/M\right]$ 上。再按式(5.4.4)得到滤波器组

$$
H_k(z)=\sqrt{\frac{2}{M}}\sum_{n=0}^{2Ms-1} h(n)\cos\left[\left(k+\frac{1}{2}\right)\left(n+\frac{M+1}{2}\right)\frac{\pi}{M}\right]z^{-n},\quad k=0,\cdots,M-1
$$

那么,$\{H_k(z)\}_{k=0}^{M-1}$ 就是 M 通道仿酉滤波器组。

例 5.4.1　(1) 假设取 $M=4, s=1$,那么仿酉条件(5.4.13)只有(1):

$$
h^2(0)+h^2(3)=1
$$
$$
h^2(1)+h^2(2)=1
$$

原型滤波器是

$$
\begin{aligned}
H(z)=&h(0)+h(1)z^{-1}+h(2)z^{-2}+h(3)z^{-3}+h(3)z^{-4}\\
&+h(2)z^{-5}+h(1)z^{-6}+h(0)z^{-7}
\end{aligned}
$$

(2) 假设取 $M=4, s=2$,那么仿酉条件(5.4.13)只有(1)和(2):

$$
\begin{aligned}
&h^2(0)+h^2(3)+h^2(4)+h^2(7)=1\\
&h^2(1)+h^2(2)+h^2(5)+h^2(6)=1\\
&h(0)h(7)+h(4)h(3)=0\\
&h(1)h(6)+h(5)h(2)=0
\end{aligned}
$$

原型滤波器是

$$H(z) = h(0) + h(1)z^{-1} + \cdots + h(7)z^{-7} + h(7)z^{-8} + \cdots + h(1)z^{-14} + h(0)z^{-15}$$

(3) 假设取 $M = 4, s = 3$,那么仿酉条件(5.4.13) 有(1)(2) 和(3):

$$h^2(0) + h^2(3) + h^2(4) + h^2(7) + h^2(8) + h^2(11) = 1$$
$$h^2(1) + h^2(2) + h^2(5) + h^2(6) + h^2(9) + h^2(10) = 1$$
$$h(0)h(7) + h(4)h(3) = 0$$
$$h(1)h(6) + h(5)h(2) = 0$$
$$h(0)h(8) + h(4)h(11) + h(8)h(7) + h(11)h(3) = 0$$
$$h(1)h(9) + h(5)h(10) + h(9)h(6) + h(10)h(2) = 0$$

原型滤波器是

$$H(z) = h(0) + h(1)z^{-1} + \cdots + h(11)z^{-11} + h(11)z^{-12} + \cdots + h(1)z^{-22} + h(0)z^{-23}$$

5.4.3 原型滤波器的优化设计及子带分解示例

如何选择设计参数 $h(0),\cdots,h(sM-1)$ 满足仿酉条件且使得原型滤波器 $H(\omega)$ 尽可能支撑在 $[-\frac{1}{2}\pi/M, \frac{1}{2}\pi/M]$ 上?这是一个约束优化设计问题。

先利用对称性简化原型滤波器,记 $N = 2sM$,

$$\begin{aligned}
H(\omega) &= \sum_{n=0}^{N-1} h(n)\mathrm{e}^{-\mathrm{i}n\omega} = \sum_{n=0}^{N/2-1} h(n)\mathrm{e}^{-\mathrm{i}n\omega} + \sum_{n=N/2}^{N-1} h(n)\mathrm{e}^{-\mathrm{i}n\omega} \\
&= \sum_{n=0}^{N/2-1} h(n)\mathrm{e}^{-\mathrm{i}n\omega} + \sum_{n=0}^{N/2-1} h(N-1-n)\mathrm{e}^{-\mathrm{i}(N-1-n)\omega} \\
&= \mathrm{e}^{-\mathrm{i}\frac{N-1}{2}\omega}\left[\sum_{n=0}^{N/2-1} h(n)\mathrm{e}^{-\mathrm{i}(n-\frac{N-1}{2})\omega} + \sum_{n=0}^{N/2-1} h(n)\mathrm{e}^{-\mathrm{i}(\frac{N-1}{2}-n)\omega}\right] \\
&= \mathrm{e}^{-\mathrm{i}\frac{N-1}{2}\omega}\sum_{n=0}^{N/2-1} 2h(n)\cos(n-\frac{N-1}{2})\omega
\end{aligned}$$

我们希望 $|H(\omega)|$ 在 $[0, \frac{1}{2}\pi/M]$ 上尽量水平(例如接近 1),而在 $[\frac{1}{2}\pi/M, \pi]$ 上尽量接近 0(左半区间是对称的),这可以考虑如下的约束优化问题:

$$\begin{aligned}
\min g(h(0),\cdots,h(N/2-1)) &= \int_0^{\frac{\pi}{2M}}\left[\sum_{n=0}^{N/2-1} h(n)\cos(n-\frac{N-1}{2})\omega - \frac{1}{2}\right]^2\mathrm{d}\omega \\
&\quad + \int_{\frac{\pi}{2M}}^{\pi}\left[\sum_{n=0}^{N/2-1} h(n)\cos(n-\frac{N-1}{2})\omega\right]^2\mathrm{d}\omega
\end{aligned}$$

约束:$h(0),\cdots,h(N/2-1)$ 满足仿酉条件(5.4.13)

对目标函数 g 进一步简化(去掉了常数项):

$$\begin{aligned}
g(h(0),\cdots,h(N/2-1)) &= \int_0^{\pi}\left[\sum_{n=0}^{N/2-1} h(n)\cos(n-\frac{N-1}{2})\omega\right]^2\mathrm{d}\omega \\
&\quad - \int_0^{\frac{\pi}{2M}}\sum_{n=0}^{N/2-1} h(n)\cos(n-\frac{N-1}{2})\omega\mathrm{d}\omega \\
&= \sum_{n=0}^{N/2-1}\sum_{k=0}^{N/2-1} h(n)h(k)\int_0^{\pi}\cos(n-\frac{N-1}{2})\omega\cdot\cos(k-\frac{N-1}{2})\omega\cdot\mathrm{d}\omega
\end{aligned}$$

$$-\int_0^{\frac{\pi}{2M}}\sum_{n=0}^{N/2-1}h(n)\cos(n-\frac{N-1}{2})\omega \mathrm{d}\omega$$

$$=\frac{\pi}{2}\sum_{n=0}^{N/2-1}h^2(n)-\sum_{n=0}^{N/2-1}\frac{1}{n-\frac{N-1}{2}}\sin(n-\frac{N-1}{2})\frac{\pi}{2M}\cdot h(n)$$

如果记

$$\mathrm{sinc}\theta=\frac{\sin\theta}{\theta}$$

最终约束优化问题可归结为

$$\begin{cases}\min\limits_{(h(0),\cdots,h(N/2-1))}\sum\limits_{n=0}^{N/2-1}[h(n)-a(n)]^2\\ \text{约束}:h(0),\cdots,h(N/2-1)\text{ 满足仿西条件(5.4.13)。}\end{cases}\tag{5.4.14}$$

其中

$$a(n)=\frac{1}{2M}\mathrm{sinc}\,(n-\frac{N-1}{2})\frac{\pi}{2M},\quad n=0,\cdots,\frac{N}{2}-1$$

优化模型(5.4.14)中的目标函数和约束条件都是设计变量的二次多项式,计算不会很困难。

例 5.4.2　设计 $M=4$ 通道的原型滤波器,取 $s=32$,滤波器长度为 $N=2sM=256$.

【解】使用 Lagrange 广义乘子法求解优化模型(5.4.14),获得了近似最优解

$$h^*(n),\quad n=0,\cdots,sM-1。$$

$$h^*(0)=-5.52299E-003$$

$$h^*(1)=-1.1029E-002$$

$$h^*(2)=1.5974E-002$$

$$h^*(3)=1.77184E-002$$

$$\vdots\quad=\quad\vdots$$

$$h^*(124)=0.505585$$

$$h^*(125)=0.602342$$

$$h^*(126)=0.673899$$

$$h^*(127)=0.710365$$

对应的目标最优值为 1.35979,满足约束条件的精度为 $1E-7$.

把 $h^*(n),n=0,\cdots,sM-1$ 对称折叠,得到原型滤波器 $H(\omega)$:

$$h^*(0),\cdots,h^*(sM-1),h^*(sM-1),\cdots,h^*(0)$$

图 5－27 画出了原型滤波器的模长 $|H(\omega)|$ 的曲线。$|H(\omega)|$ 在原点附近的值虽然基本上为常量,但并不是优化目标中所期望的值 1,而是 5.65658(图中的横纵坐标不是同样的比例)。实际上 $|H(\omega)|$ 在原点附近为哪个常量并不重要,重要的是 $|H(\omega)|$ 在区间 $[\pi/8,\pi]$ 上尽量为零。

例 5.4.3　利用例 5.4.2 中的原型滤波器,构造四通道余弦调制正交滤波器组,采用多相滤波形式,对信号序列

$$x=(\cdots,0,x(0),x(1),\cdots,x(255),0,\cdots)$$

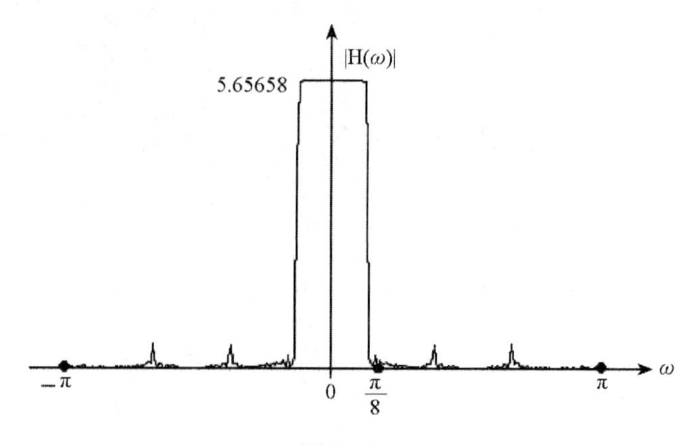

图 5 - 27

作子带滤波并完美重构。其中 $x(n)$, $0 \leqslant n \leqslant 255$ 来自图 5 - 28 左图上部所述函数在 $[0,1]$ 区间上等间隔的256个点的函数值,图 5 - 28 的左图下部是 $\{x(n)\}_{n=0}^{255}$ 的频谱幅值 $|X(\omega)|$.

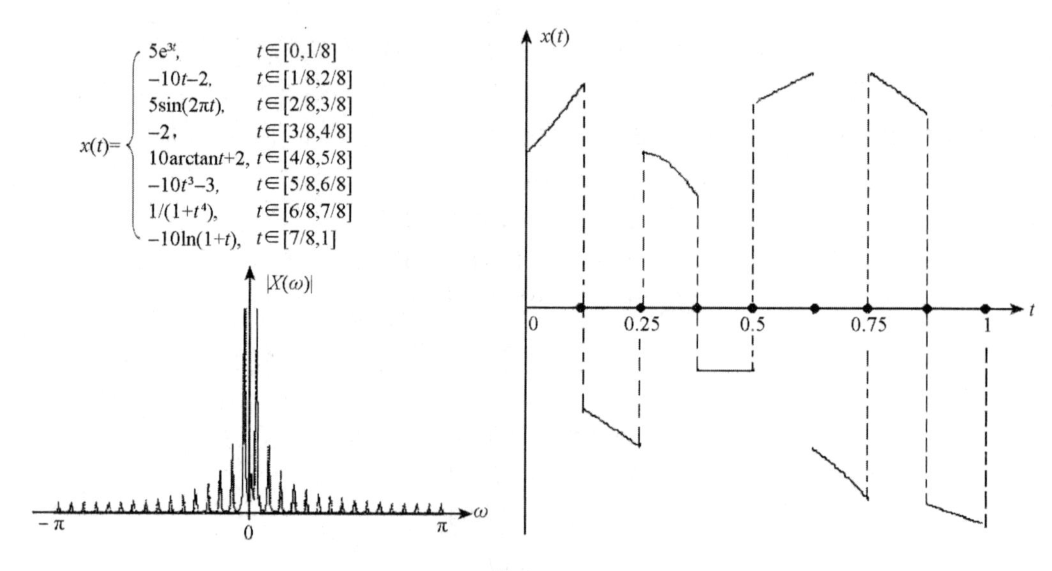

图 5 - 28

【解】按照定理 5. 4. 1,从原型滤波器 $H(\omega)$ 得到分析滤波器组($k=0,1,2,3$)

$$H_k(\omega)=\sqrt{\frac{1}{2}}\sum_{n=0}^{255}h^*(n)\cos\left[\left(k+\frac{1}{2}\right)\left(n+\frac{5}{2}\right)\frac{\pi}{4}\right]\mathrm{e}^{-in\omega}\triangleq\sum_{n=0}^{255}h^{(k)}(n)\mathrm{e}^{-in\omega}$$

图 5 - 29 画出了四个滤波器的幅值。写出 $H_k(\omega), k=0,1,2,3$ 的多相形式

$$H_k(z)=H_{k0}(z^4)+z^{-1}H_{k1}(z^4)+z^{-2}H_{k2}(z^4)+z^{-3}H_{k3}(z^4)$$

$$H_{k0}=(\cdots,0,\underline{h^{(k)}(0)},h^{(k)}(4),h^{(k)}(8),\cdots,h^{(k)}(252),0,\cdots)$$

$$H_{k1}=(\cdots,0,\underline{h^{(k)}(1)},h^{(k)}(5),h^{(k)}(9),\cdots,h^{(k)}(253),0,\cdots)$$

$$H_{k2}=(\cdots,0,\underline{h^{(k)}(2)},h^{(k)}(6),h^{(k)}(10),\cdots,h^{(k)}(254),0,\cdots)$$

$$H_{k3}=(\cdots,0,\underline{h^{(k)}(3)},h^{(k)}(7),h^{(k)}(11),\cdots,h^{(k)}(255),0,\cdots)$$

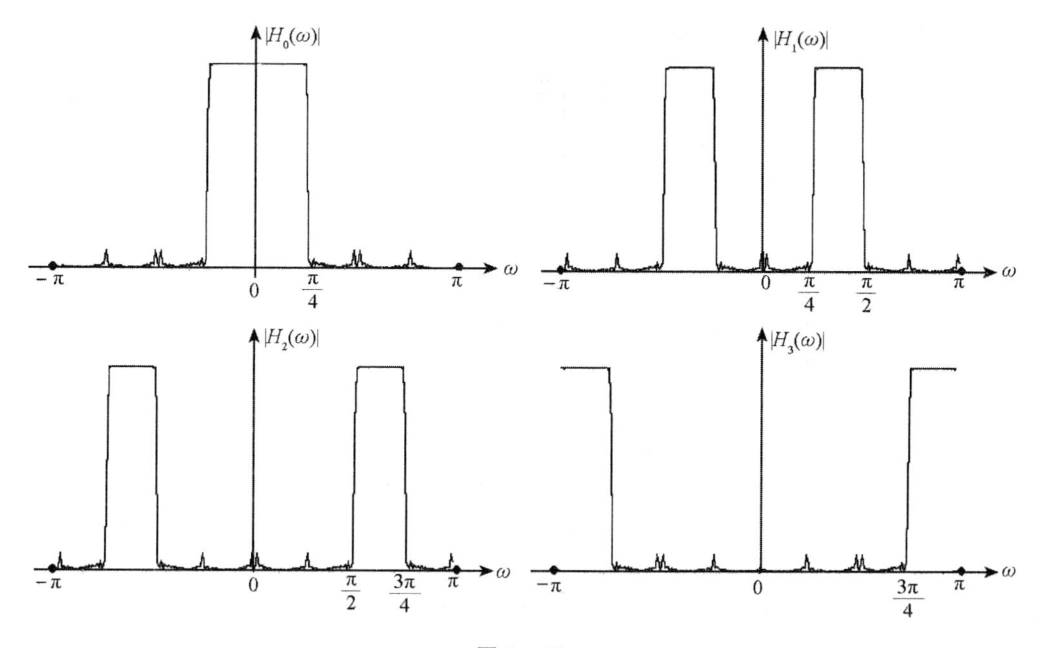

图 5 - 29

其中的下划线对应零次项。分析滤波器组的多相矩阵为

$$H_p(z)=\begin{pmatrix} H_{00}(z) & H_{01}(z) & H_{02}(z) & H_{03}(z) \\ H_{10}(z) & H_{11}(z) & H_{12}(z) & H_{13}(z) \\ H_{20}(z) & H_{21}(z) & H_{22}(z) & H_{23}(z) \\ H_{30}(z) & H_{31}(z) & H_{32}(z) & H_{33}(z) \end{pmatrix}$$

因为分析组的正交性,所以合成组的多相矩阵为

$$F_p(z)=\overline{H_p^{\mathrm{T}}(z)}=\begin{pmatrix} F_{00}(z) & F_{10}(z) & F_{20}(z) & F_{30}(z) \\ F_{01}(z) & F_{11}(z) & F_{21}(z) & F_{31}(z) \\ F_{02}(z) & F_{12}(z) & F_{22}(z) & F_{32}(z) \\ F_{03}(z) & F_{13}(z) & F_{23}(z) & F_{33}(z) \end{pmatrix}$$

换言之,对 $k=0,1,2,3$,有

$$F_{k0}=\overline{H_{k0}}=(\cdots,0,h^{(k)}(252),\cdots,h^{(k)}(8),h^{(k)}(4),\underline{h^{(k)}(0)},0,\cdots)$$

$$F_{k1}=\overline{H_{k1}}=(\cdots,0,h^{(k)}(253),\cdots,h^{(k)}(9),h^{(k)}(5),\underline{h^{(k)}(1)},0,\cdots)$$

$$F_{k2}=\overline{H_{k2}}=(\cdots,0,h^{(k)}(254),\cdots,h^{(k)}(10),h^{(k)}(6),\underline{h^{(k)}(2)},0,\cdots)$$

$$F_{k3}=\overline{H_{k1}}=(\cdots,0,h^{(k)}(255),\cdots,h^{(k)}(11),h^{(k)}(7),\underline{h^{(k)}(3)},0,\cdots)$$

其中的下划线对应零次项。滤波器零次项的定位是重要的,因为它涉及滤波后序列的相位,影响到信号的后续运算。下面先执行子带分解,然后再合成还原。

(1) 子带分解,如图 5 - 30 所示。

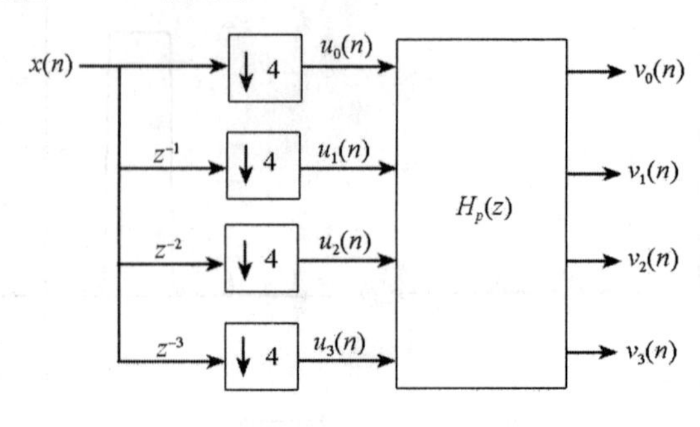

图 5 - 30

x 经过延迟、抽取得到四个相位(带下划线表示零时刻项)

$$u_0 = (\cdots,0,\underline{x(0)},x(4),x(8),\cdots,x(252),0,\cdots)$$
$$u_1 = (\cdots,0,\underline{0},x(3),x(7),\cdots,x(255),0,\cdots)$$
$$u_2 = (\cdots,0,\underline{0},x(2),x(6),\cdots,x(254),0,\cdots)$$
$$u_3 = (\cdots,0,\underline{0},x(1),x(5),\cdots,x(253),0,\cdots)$$

分析组的四个子带输出为

$$v_k = \sum_{j=0}^{3} H_{kj} * u_j,\ k = 0,1,2,3$$

这四个子带信号图像的绘制如图 5 - 31 所示。

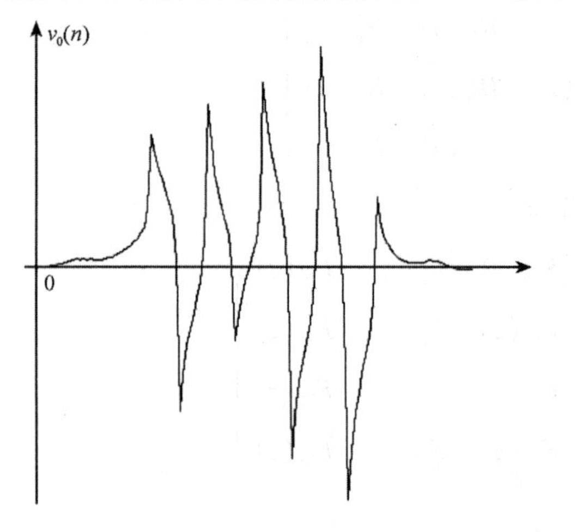

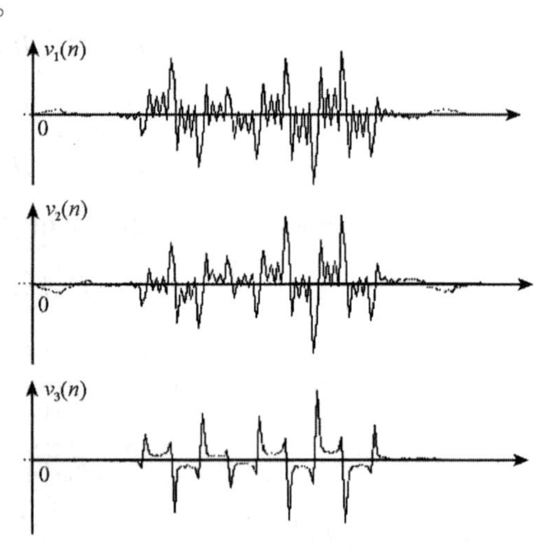

图 5 - 31

(2) 合成还原,如图 5 - 32 所示。

其中

$$w_k = \sum_{j=0}^{3} F_{jk} * v_j,\ k = 0,1,2,3$$

最后的输出结果如下:

$$\tilde{x} = S^3(\uparrow 4)w_0 + S^2(\uparrow 4)w_1 + S(\uparrow 4)w_2 + (\uparrow 4)w_3$$

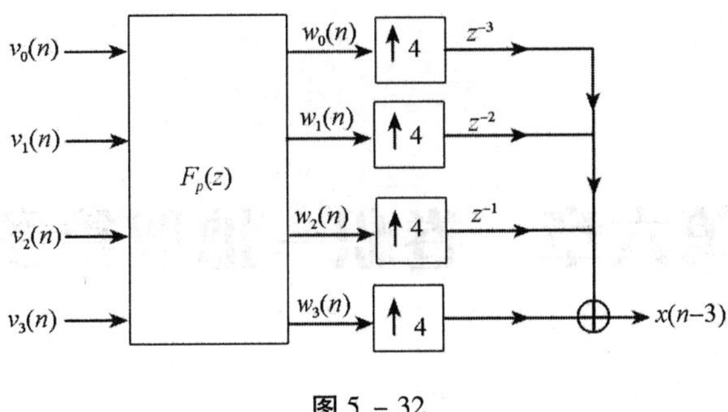

图 5 - 32

问题是 $\tilde{x}=x$ 吗?显然不是!因为 $\tilde{x}$ 的长度不是256. 考察整个滤波过程,我们可以得到 $\tilde{x}$ 的支撑区间:$v_k(k=0,1,2,3)$ 支撑在0到127上;$w_k(k=0,1,2,3)$ 支撑在 -63 到127上; $\tilde{x}$ 支撑在 -252 到511上。

即

$$\tilde{x}=(\cdots,0,\tilde{x}(-252),\cdots,\tilde{x}(0),\cdots,\tilde{x}(511),0,\cdots)$$

根据正交滤波器组理论,输出应该是输入的 $M-1=4-1=3$ 步延迟,即输出应该是

$$(\tilde{x}(3),\tilde{x}(4),\cdots,\tilde{x}(258))$$

那么 $\tilde{x}(-252)\sim\tilde{x}(2)$ 以及 $\tilde{x}(259)\sim\tilde{x}(511)$ 等于什么呢?不出所料,计算结果显示它们是数量级为 $1E-5$ 的误差“垃圾”。计算结果还表明

$$\max_{0\leqslant n\leqslant 255}|x(n)-\tilde{x}(n+3)|\approx 1E-5$$

可见,如果忽略误差,确实实现了完美重构。

第六章　卷积－抽取算子

第五章从频域的角度讨论了滤波器组完美重构的准则。本质上说，完美重构意味着滤波运算必须是可逆的，如果用矩阵乘向量作类比，完美重构相当于有可逆矩阵 A 使得 $A^{-1}(Ax)=x$，A^{-1}的第 i 行 β_i^{T} 与 A 的第 j 列 α_j 满足 $\langle\beta_i,\alpha_j\rangle=\delta_{ij}$，称 $\{\beta_i\}_{i=1}^{n}$ 与 $\{\alpha_i\}_{i=1}^{n}$ 是 R^n 的一对"双正交"基（或称对偶基），线性相位完美重构滤波器组就是这种情形。如果 A 是正交矩阵，$A^{\mathrm{T}}(Ax)=x$，$\beta_i=\alpha_i$，正交完美重构滤波器组就是这种情形。

在线性代数和泛函分析中，我们熟知线性空间上的内积、投影等运算，滤波器组中的"卷积－抽取"和"插零－卷积"究竟是什么样的运算呢？如果把它们也能归结到线性空间上的内积、投影，无疑将使我们更清晰地理解滤波器组，这正是本章的目的。节 6.1 将证明，"卷积＋抽取"是一个线性有界算子，而"插零＋卷积"是"卷积＋抽取"的共轭。在节 6.2 我们将看到，完美重构滤波器组的两个通道中，上通道将信号序列 x 投影到 l^2 的一个子空间 V_0，下通道将 x 投影到 V_0 的补空间 V_1. 两个投影分量之和等于 x，也就是完美重构。正交完美重构滤波器组是特例，此时两个子空间 V_0 与 V_1 正交。这一小节的几个定理平行于第五章，但使我们对滤波器组的认识得以升华。节 6.3 把"卷积＋抽取"运算推广到函数空间 $L^2(R)$ 上，为第七章的滤波器迭代和第八、九章多分辨分析作准备。

6.1　l^2 空间上的卷积－抽取

把能量有限信号序列看成空间 l^2 的元素，信号经过滤波器后输出另一个能量有限信号序列，滤波器相当于 l^2 空间上的映射（算子）。设 $f=\{f(n)\}_{n\in\mathbf{Z}}\in l^1$，把它当成一个滤波器，再与 l^2 空间的元素 u 做卷积。条件 $f\in l^1$ 保证了 $f*u\in l^2$，f 是 l^2 空间上的线性有界算子。

6.1.1　卷积－抽取算子的时域表示

在第五章的分析滤波器组中，滤波随后的一个操作是抽取，把它们结合在一起考察更有意义。

定义 6.1.1　设 $f\in l^1$，作 l^2 空间上的算子 F，$\forall u\in l^2$，Fu 如图 6－1 所示的运算：

$$Fu=u\longrightarrow\boxed{f}\longrightarrow\boxed{\downarrow 2}=(\downarrow 2)f*u$$

图 6－1

称 F 是 f 对应的卷积－抽取算子。

Fu 的分量为

$$(Fu)(j) = (f*u)(2j) = \sum_{k\in\mathbf{Z}} f(k)u(2j-k)$$
$$= \sum_{k\in\mathbf{Z}} f(2j-k)u(k),\ j\in\mathbf{Z} \tag{6.1.1}$$

在第五章的合成滤波器组中，滤波之前的操作是插零。利用 f 再定义另一个相关的算子 F^*.

定义 6.1.2　设 $f\in l^1$，作 l^2 空间上的算子 F^*，$\forall u\in l^2$，F^*u 如图 6 - 2 所示的运算：

$$F^*u = u \longrightarrow \boxed{\uparrow 2} \longrightarrow \boxed{f^-} = f^- * [(\uparrow 2)u]$$

图 6 - 2

其中 f^- 是 f 的折叠，$f^-(k) = f(-k)$. 称 F^* 是 f 对应的卷积 - 抽取共轭算子。

下面来计算 F^*u 的分量，记

$$v = (\uparrow 2)u,\quad v(2k) = u(k),\quad v(2k+1) = 0$$

于是

$$(F^*u)(j) = (v*f^-)(j) = \sum_{k\in\mathbf{Z}} f^-(j-k)v(k) = \sum_{k\in\mathbf{Z}} f(k-j)v(k)$$
$$= \sum_{k\in\mathbf{Z}} f(2k-j)v(2k) = \sum_{k\in\mathbf{Z}} f(2k-j)u(k) \tag{6.1.2}$$

在多通道滤波器组的每一个通道上，分析部分是一个卷积 - 抽取算子 F_1，合成部分是另一个卷积 - 抽取算子的共轭算子 F_2^*，即该通道可表述成 $F_2^*F_1u$. 注意到卷积、抽取、插零都是线性的，所以 F, F^* 都是线性算子。我们将看到，算子 F 和 F^* 是密切相关的。

定理 6.1.1　设 $f\in l^1$，F 和 F^* 是 f 对应的卷积 - 抽取及其共轭算子。那么 $\forall u,v\in l^2$，成立

$$\langle Fu,v\rangle = \langle u,F^*v\rangle$$

【证明】只考虑 u,v 的分量为实数的情形，

$$\langle Fu,v\rangle = \sum_{j\in\mathbf{Z}}(Fu)(j)v(j) = \sum_{j\in\mathbf{Z}}\Big[\sum_{k\in\mathbf{Z}} f(2j-k)u(k)\Big]v(j)$$
$$= \sum_{k\in\mathbf{Z}}\Big[\sum_{j\in\mathbf{Z}} f(2j-k)v(j)\Big]u(k) = \sum_{k\in\mathbf{Z}}(F^*v)(k)u(k)$$
$$= \langle u,F^*v\rangle$$

【证毕】

在泛函分析中，这样的一对算子称为共轭算子。“共轭”是矩阵的转置在无限维空间中的推广。例如，矩阵 $A_{m\times n}$ 作为 $R^n\to R^m$ 的线性算子，那么 $A_{m\times n}$ 的共轭算子是 $A^{\mathrm{T}}: R^m\to R^n$.

6.1.2　卷积 - 抽取算子的频域表示

下面给出卷积 - 抽取算子、共轭算子以及两者联合在频域中的表示。我们用 $\mathrm{F}(\omega)$ 表示滤波器 f 的频谱（注意这里用正体 F，以区别算子），用 $U(\omega)$ 表示信号 u 的频谱。根据定理 4.2.1 和定理 4.2.2 立即得到下面的结论。

定理 6.1.2　设 F 是 $f\in l^1$ 对应的卷积 - 抽取算子，信号 $u\in l^2$，那么信号序列 Fu 和 F^*u 对应的频谱分别为

$$(\hat{Fu})(\omega)=\frac{1}{2}[\mathrm{F}(\frac{\omega}{2})U(\frac{\omega}{2})+\mathrm{F}(\frac{\omega}{2}+\pi)U(\frac{\omega}{2}+\pi)]$$

$$(\hat{F^*u})(\omega)=\overline{\mathrm{F}(\omega)}U(2\omega)$$

第二式等号右边的共轭运算是因为折叠f^-. 联合这两个式子,可得如下结论。

定理6.1.3　设F_1,F_2是$f_1,f_2\in l^1$对应的两个卷积 - 抽取算子,信号$u\in l^2$,那么信号序列$F_1^*F_2u$和$F_1F_2^*u$对应的频谱分别为

$$(\hat{F_1^*F_2u})(\omega)=\frac{1}{2}\overline{\mathrm{F}_1}(\omega)[\mathrm{F}_2(\omega)U(\omega)+\mathrm{F}_2(\omega+\pi)U(\omega+\pi)]$$

$$(\hat{F_1F_2^*u})(\omega)=\frac{1}{2}[\mathrm{F}_1(\frac{\omega}{2})\overline{\mathrm{F}_2}(\frac{\omega}{2})+\mathrm{F}_1(\frac{\omega}{2}+\pi)\overline{\mathrm{F}_2}(\frac{\omega}{2}+\pi)]U(\omega)$$

【证明】先证第一式,令$v=F_2u$,则 $(\hat{F_1^*F_2u})(\omega)=(\hat{F_1^*v})(\omega)$. 根据定理6.1.1第二式,

$$(\hat{F_1^*F_2u})(\omega)=(\hat{F_1^*v})(\omega)=\overline{\mathrm{F}_1}(\omega)V(2\omega)$$

再根据定理6.1.1第一式,

$$V(\omega)=\frac{1}{2}[\mathrm{F}_2(\frac{\omega}{2})U(\frac{\omega}{2})+\mathrm{F}_2(\frac{\omega}{2}+\pi)U(\frac{\omega}{2}+\pi)]$$

于是

$$(\hat{F_1^*F_2u})(\omega)=\frac{1}{2}\overline{\mathrm{F}_1}(\omega)[\mathrm{F}_2(\omega)U(\omega)+\mathrm{F}_2(\omega+\pi)U(\omega+\pi)]$$

再证第二式,记$v=F_2^*u$,则$(F_1\hat{F_2^*}u)(\omega)=(\hat{F_1v})(\omega)$. 根据定理6.1.1第一式,

$$(F_1\hat{F_2^*}u)(\omega)=(\hat{F_1v})(\omega)=\frac{1}{2}[\mathrm{F}_1(\frac{\omega}{2})V(\frac{\omega}{2})+\mathrm{F}_1(\frac{\omega}{2}+\pi)V(\frac{\omega}{2}+\pi)]$$

再根据定理6.1.1第二式,

$$V(\omega)=\overline{\mathrm{F}_2}(\omega)U(2\omega)$$

于是

$$(F_1\hat{F_2^*}u)(\omega)=\frac{1}{2}[\mathrm{F}_1(\frac{\omega}{2})\overline{\mathrm{F}_2}(\frac{\omega}{2})+\mathrm{F}_1(\frac{\omega}{2}+\pi)\overline{\mathrm{F}_2}(\frac{\omega}{2}+\pi)]U(\omega)$$

【证毕】

6.2　双正交滤波算子组

从本小节可以认识到,滤波器组对信号序列的滤波实际上就是信号序列在l^2空间上的分解与合成,这样的观点使得我们能够借助线性代数的知识体系,更系统更本质地认识信号滤波。为了便于理解,先在R^n中作一个类比。

6.2.1　R^n 子空间分解的类比

取R^n的一组基

$$(x_1,\cdots,x_r,x_{r+1},\cdots,x_n)\triangleq(V_0,V_1)$$

作两个张成子空间

$$V_0 = \text{span}\{x_1, \cdots, x_r\}, \quad V_1 = \text{span}\{x_{r+1}, \cdots, x_n\}$$

那么

$$R^n = V_0 \dot{+} V_1$$

带点的加号 $\dot{+}$ 表示直和，即 V_0, V_1 只相交于原点。于是，$\forall u \in R^n$，u 可表示成基的组合

$$u = \sum_{j=1}^{n} \lambda_j x_j = V_0 \lambda^{(0)} + V_1 \lambda^{(1)} = (V_0, V_1) \begin{pmatrix} \lambda^{(0)} \\ \lambda^{(1)} \end{pmatrix}, \quad \lambda^{(0)} = \begin{pmatrix} \lambda_1 \\ \vdots \\ \lambda_r \end{pmatrix}, \lambda^{(1)} = \begin{pmatrix} \lambda_{r+1} \\ \vdots \\ \lambda_n \end{pmatrix}$$

或者

$$\begin{pmatrix} \lambda^{(0)} \\ \lambda^{(1)} \end{pmatrix} = (V_0, V_1)^{-1} u$$

记

$$(V_0, V_1)^{-1} = \begin{pmatrix} h_1^{\mathrm{T}} \\ \vdots \\ h_r^{\mathrm{T}} \\ h_{r+1}^{\mathrm{T}} \\ \vdots \\ h_n^{\mathrm{T}} \end{pmatrix} \triangleq \begin{pmatrix} H_0 \\ H_1 \end{pmatrix} \tag{6.2.1}$$

那么

$$\begin{pmatrix} \lambda^{(0)} \\ \lambda^{(1)} \end{pmatrix} = \begin{pmatrix} H_0 u \\ H_1 u \end{pmatrix}$$

这说明，两个算子

$$H_0 : R^n \to R^r$$
$$H_1 : R^n \to R^{n-r}$$

分别作用到 u 上，得到 u 在基 V_0, V_1 下的坐标 $\lambda^{(0)}, \lambda^{(1)}$（或称为分解系数）。再记两个算子

$$\begin{aligned} F_0 &= V_0^{\mathrm{T}}: \ R^n \to R^r \\ F_1 &= V_1^{\mathrm{T}}: \ R^n \to R^{n-r} \end{aligned} \tag{6.2.2}$$

那么

$$u = V_0 \lambda^{(0)} + V_1 \lambda^{(1)} = F_0^{\mathrm{T}} H_0 u + F_1^{\mathrm{T}} H_1 u$$

这说明，算子 F_0 的转置（共轭）作用到分解系数 $\lambda^{(0)} = H_0 u$ 上，算子 F_1 的转置（共轭）作用到分解系数 $\lambda^{(1)} = H_1 u$ 上，再把两者相加，就重构出 u，如图 6-3 所示。

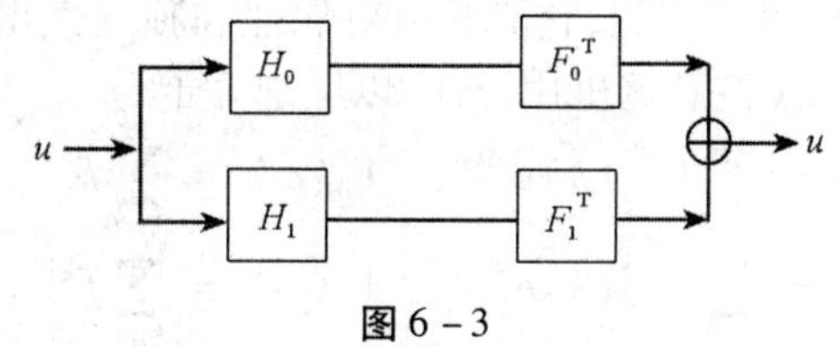

图 6-3

综上所述,从 R^n 的基$(x_1,\cdots,x_n)$出发,按照式(6.2.1)我们得到 R^n 的另一个基$(h_1,\cdots,h_n)$,按照式(6.2.1)和式(6.2.2)得到四个算子 H_0,H_1,F_0,F_1. 算子 H_0,H_1 负责对 u 作分解,把 u 与$(h_1,\cdots,h_n)$的基向量做内积得到分解系数 $\lambda^{(0)},\lambda^{(1)}$. 我们称$(h_1,\cdots,h_n)$为"原始基"。算子 F_0,F_1 负责重构(具体执行时用它们的共轭),即用分解系数 $\lambda^{(0)},\lambda^{(1)}$ 组合$(x_1,\cdots,x_n)$. 我们称$(x_1,\cdots,x_n)$为"对偶基"。整个过程就是在原始基上分解,在对偶基上重构:

$$u = \sum_{j=1}^{n} \langle u,h_j\rangle x_j$$

再看四个算子的关系,式(6.2.1)(6.2.2)表明

$$\begin{pmatrix} H_0 \\ H_1 \end{pmatrix}\begin{pmatrix} F_0^{\mathrm{T}} & F_1^{\mathrm{T}} \end{pmatrix} = \begin{pmatrix} H_0F_0^{\mathrm{T}} & H_0F_1^{\mathrm{T}} \\ H_1F_0^{\mathrm{T}} & H_1F_1^{\mathrm{T}} \end{pmatrix} = \begin{pmatrix} I_r & 0 \\ 0 & I_{n-r} \end{pmatrix}$$

即

$$H_0F_0^{\mathrm{T}} = I, \quad H_1F_1^{\mathrm{T}} = I \tag{6.2.3}$$

$$H_0F_1^{\mathrm{T}} = 0, \quad H_1F_0^{\mathrm{T}} = 0 \tag{6.2.4}$$

再由

$$\begin{pmatrix} F_0^{\mathrm{T}} & F_1^{\mathrm{T}} \end{pmatrix}\begin{pmatrix} H_0 \\ H_1 \end{pmatrix} = I_n$$

得到

$$F_0^{\mathrm{T}}H_0 + F_1^{\mathrm{T}}H_1 = I_n \tag{6.2.5}$$

显然式(6.2.5) 只是式(6.2.3)(6.2.4) 的自然结果。

6.2.2 双正交滤波算子组的完美重构

现在我们把节6.2.1的思路移植到 l^2 空间的滤波,期待设计出 l^2 空间的四个算子 H_0, H_1,F_0,F_1,使得它们具备图6-3的特性,实现算子组的完美重构。

定义6.2.1 设四个序列 $h^{(0)},h^{(1)},f^{(0)},f^{(1)} \in l^1$,它们对应的四个卷积-抽取算子为 H_0,H_1,F_0,F_1. 如果满足下述条件:

(1) 对偶性 $H_0F_0^* = H_1F_1^* = I$

(2) 独立性 $H_0F_1^* = H_1F_0^* = 0$

(3) 规范化 $\sum_{k\in\mathbf{Z}} h^{(0)}(k) = \sum_{k\in\mathbf{Z}} f^{(0)}(k) = \sqrt{2}, \quad \sum_{k\in\mathbf{Z}} h^{(1)}(k) = \sum_{k\in\mathbf{Z}} f^{(1)}(k) = 0$

则称(H_0,H_1,F_0,F_1)为双正交滤波算子组。

定义中的 I 表示 l^2 中的恒等算子,星号 * 表示对应的共轭算子。对偶性条件相当于式(6.2.3),独立性条件相当于式(6.2.4),只是用共轭替换了转置。此定义中并没要求四个算子满足条件式(6.2.5),可以猜想,它能够由对偶性和独立性得到。四个序列 $h^{(0)},h^{(1)}$, $f^{(0)},f^{(1)}$ 对应四个滤波器:(注意这里用正体,以区别算子。)

$$\mathrm{H}_0(\omega) = \sum_{k\in\mathbf{Z}} h^{(0)}(k)\mathrm{e}^{-\mathrm{i}k\omega}, \quad \mathrm{F}_0(\omega) = \sum_{k\in\mathbf{Z}} f^{(0)}(k)\mathrm{e}^{-\mathrm{i}k\omega}$$

$$\mathrm{H}_1(\omega) = \sum_{k\in\mathbf{Z}} h^{(1)}(k)\mathrm{e}^{-\mathrm{i}k\omega}, \quad \mathrm{F}_1(\omega) = \sum_{k\in\mathbf{Z}} f^{(1)}(k)\mathrm{e}^{-\mathrm{i}k\omega}$$

定义中的规范化条件使得 $H_0(0) = F_0(0) = \sqrt{2}$, $H_1(0) = F_1(0) = 0$. 后面两个等式说明 $H_1(\omega)$, $F_1(\omega)$ 具有高通特性，我们将会证明 $H_0(\pi) = F_0(\pi) = 0$, 即 $H_0(\omega)$, $F_0(\omega)$ 具有低通特性。

四个算子的设计是基于四个滤波器 $h^{(0)}$, $h^{(1)}$, $f^{(0)}$, $f^{(1)}$, 如何选择系数（或者四个滤波器在频域中如何关联）才能使得算子组满足对偶性、独立性？下面两个定理回答这个问题。

定理 6.2.1　(H_0, H_1, F_0, F_1) 的对偶性和独立性在时域中的表示为

$$H_0F_0^* = I \Leftrightarrow \sum_{j\in Z} f^{(0)}(j)h^{(0)}(j+2n) = \delta(n), \quad \forall n \in Z$$

$$H_1F_1^* = I \Leftrightarrow \sum_{j\in Z} f^{(1)}(j)h^{(1)}(j+2n) = \delta(n), \quad \forall n \in Z$$

$$H_0F_1^* = I \Leftrightarrow \sum_{j\in Z} f^{(1)}(j)h^{(0)}(j+2n) = 0, \quad \forall n \in Z$$

$$H_1F_0^* = I \Leftrightarrow \sum_{j\in Z} f^{(0)}(j)h^{(1)}(j+2n) = 0, \quad \forall n \in Z$$

前两个式子称为双平移对偶正交性（零平移为 1，其他双平移为零），后两个式子称为双平移正交性（所有双平移为零）。

【证明】　只证第一式。$H_0F_0^* = I$ 意味着 $\forall u \in l^2$, $(H_0F_0^*u)(k) = u(k)$, 即

$$\begin{aligned}(H_0F_0^*u)(k) &= \sum_{j\in \mathbf{Z}} h^{(0)}(2k-j)(F_0^*u)(j) \\ &= \sum_{j\in \mathbf{Z}} h^{(0)}(2k-j)\sum_{i\in \mathbf{Z}} f^{(0)}(2i-j)u(i) \\ &= \sum_{i\in \mathbf{Z}}\Big[\sum_{j\in \mathbf{Z}} f^{(0)}(2i-j)h^{(0)}(2k-j)\Big]u(i) \\ &= u(k)\end{aligned}$$

由 u 的任意性，必须且只须

$$\sum_{j\in \mathbf{Z}} f^{(0)}(2i-j)h^{(0)}(2k-j) = \delta(k-i)$$

用 $2i-j$ 替换 j 得到

$$\sum_{j\in \mathbf{Z}} f^{(0)}(j)h^{(0)}(j+2(k-i)) = \delta(k-i)$$

再令 $k-i=n$, 得到

$$\sum_{j\in \mathbf{Z}} f^{(0)}(j)h^{(0)}(j+2n) = \delta(n)$$

类似地可得到其他三个等价条件。　　【证毕】

定理 6.2.2　(H_0, H_1, F_0, F_1) 的对偶性和独立性在频域中的表示。记

$$M_{h_0,h_1}(\omega) = \begin{pmatrix} H_0(\omega) & H_1(\omega) \\ H_0(\omega+\pi) & H_1(\omega+\pi)\end{pmatrix}, \quad M_{f_0,f_1}(\omega) = \begin{pmatrix} F_0(\omega) & F_1(\omega) \\ F_0(\omega+\pi) & F_1(\omega+\pi)\end{pmatrix}$$

那么

$$\begin{cases} H_0F_0^* = I \\ H_1F_1^* = I \\ H_0F_1^* = 0 \\ H_1F_0^* = 0 \end{cases} \Leftrightarrow \begin{cases} H_0(\omega)\bar{F}_0(\omega) + H_0(\omega+\pi)\bar{F}_0(\omega+\pi) = 2, \forall \omega \in R \\ H_1(\omega)\bar{F}_1(\omega) + H_1(\omega+\pi)\bar{F}_1(\omega+\pi) = 2, \forall \omega \in R \\ H_0(\omega)\bar{F}_1(\omega) + H_0(\omega+\pi\pi)\bar{F}_1(\omega+\pi) = 0, \forall \omega \in R \\ H_1(\omega)\bar{F}_0(\omega) + H_1(\omega+\pi)\bar{F}_0(\omega+\pi) = 0, \forall \omega \in R \end{cases}$$

$$\Leftrightarrow M_{f_0,f_1}^* M_{h_0,h_1} = 2I$$

其中矩阵左上角的 * 号表示矩阵的共轭转置。

【证明】 $H_0F_0^* = I$ 等价于 $\forall u \in l^2 : (H_0\hat{F}_0^* u)(\omega) = U(\omega)$，根据定理6.1.3第二式，有

$$\mathrm{H}_0\left(\frac{\omega}{2}\right)\bar{\mathrm{F}}_0\left(\frac{\omega}{2}\right) + \mathrm{H}_0\left(\frac{\omega}{2}+\pi\right)\bar{\mathrm{F}}_0\left(\frac{\omega}{2}+\pi\right) = 2, \quad \forall \omega \in R$$

用 2ω 替换 ω 得到

$$\mathrm{H}_0(\omega)\bar{\mathrm{F}}_0(\omega) + \mathrm{H}_0(\omega+\pi)\bar{\mathrm{F}}_0(\omega+\pi) = 2, \quad \forall \omega \in R \tag{6.2.6}$$

同理 $H_1F_1^* = I$ 等价于

$$\mathrm{H}_1(\omega)\bar{\mathrm{F}}_1(\omega) + \mathrm{H}_1(\omega+\pi)\bar{\mathrm{F}}_1(\omega+\pi) = 2, \quad \forall \omega \in R \tag{6.2.7}$$

$H_0F_1^* = H_1F_0^* = 0$ 两个式子等价于

$$\begin{cases} \mathrm{H}_0(\omega)\bar{\mathrm{F}}_1(\omega) + \mathrm{H}_0(\omega+\pi)\bar{\mathrm{F}}_1(\omega+\pi) = 0 \\ \mathrm{H}_1(\omega)\bar{\mathrm{F}}_0(\omega) + \mathrm{H}_1(\omega+\pi)\bar{\mathrm{F}}_0(\omega+\pi) = 0 \end{cases} \quad \forall \omega \in R \tag{6.2.8}$$

结合式(6.2.6)(6.2.7)(6.2.8) 即得 $M_{f_0,f_1}^* M_{h_0,h_1} = 2I.$ 【证毕】

联合定理6.2.1和定理6.2.2，我们得到这样的结论：

推论6.2.1 设四个序列 $h^{(0)}, f^{(0)}, h^{(1)}, f^{(1)} \in l^1$，那么

$$\begin{cases} \sum_{j\in\mathbf{Z}} f^{(0)}(j)h^{(0)}(j+2n) = \delta(n) \\ \sum_{j\in\mathbf{Z}} f^{(1)}(j)h^{(1)}(j+2n) = \delta(n) \\ \sum_{j\in\mathbf{Z}} f^{(1)}(j)h^{(0)}(j+2n) = 0 \\ \sum_{j\in\mathbf{Z}} f^{(0)}(j)h^{(1)}(j+2n) = 0 \end{cases} \Leftrightarrow M_{f_0,f_1}^* M_{h_0,h_1} = 2I \text{（或者 } M_{h_0,h_1} M_{f_0,f_1}^* = 2I\text{）}$$

这个推论的意义在于，直接给出了满足双平移对偶正交性和双平移正交性的四个序列 $h^{(0)}, f^{(0)}, h^{(1)}, f^{(1)}$ 在频域中的等价表达，这个等价关系与四个算子 H_0, F_0, H_1, F_1 的具体意义无关。在这个等价表达中，四个算子只起到桥梁的作用。这个等价关系将在节6.3中用到。

现在我们可以表明，双正交算子组必定是完美重构的。

定理6.2.3 设 (H_0, H_1, F_0, F_1) 满足对偶性和独立性，那么（如图6－4所示）

$$F_0^* H_0 + F_1^* H_1 = I$$

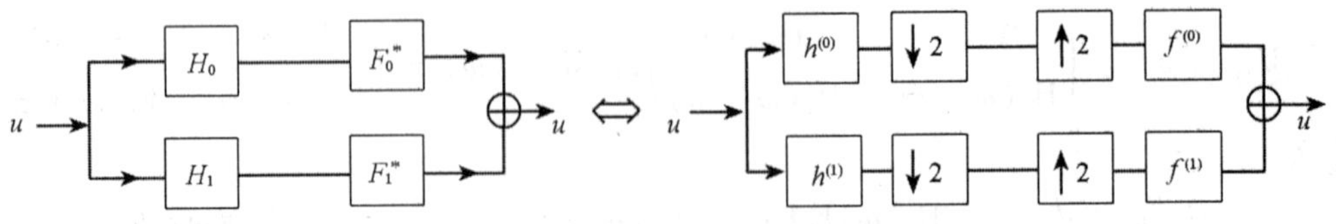

图6－4

【证明】由定理6.2.2，$M_{f_0,f_1}^* M_{h_0,h_1} = 2I$，从而有 $M_{h_0,h_1} M_{f_0,f_1}^* = 2I$，由此得

$$\bar{\mathrm{F}}_0(\omega)H_0(\omega) + \bar{\mathrm{F}}_1(\omega)\mathrm{H}_1(\omega) = 2 \tag{6.2.9}$$

$$\bar{F}_0(\omega+\pi)H_0(\omega)+\bar{F}_1(\omega+\pi)H_1(\omega)=0 \tag{6.2.10}$$

由频谱的 2π 周期性，式(6.2.10)等价于

$$\bar{F}_0(\omega)H_0(\omega+\pi)+\bar{F}_1(\omega)H_1(\omega+\pi)=0 \tag{6.2.11}$$

再根据定理6.1.3，

$$(F_0^{\hat{*}}H_0u)(\omega)=\frac{1}{2}\bar{F}_0(\omega)[H_0(\omega)U(\omega)+H_0(\omega+\pi)U(\omega+\pi)]$$

$$(F_1^{\hat{*}}H_1u)(\omega)=\frac{1}{2}\bar{F}_1(\omega)[H_1(\omega)U(\omega)+H_1(\omega+\pi)U(\omega+\pi)]$$

上面两式相加，得到

$$(F_0^*\hat{H}_0u)(\omega)+(F_1^*\hat{H}_1u)(\omega)=\frac{1}{2}[\bar{F}_0(\omega)H_0(\omega)+\bar{F}_1(\omega)H_1(\omega)]U(\omega)$$

$$+\frac{1}{2}[\bar{F}_0(\omega)H_0(\omega+\pi)+\bar{F}_1(\omega)H_1(\omega+\pi)]U(\omega+\pi)$$

由式(6.2.9)(6.2.11)得

$$(F_0^*\hat{H}_0u)(\omega)+(F_1^*\hat{H}_1u)(\omega)=U(\omega)$$

即

$$F_0^*H_0+F_1^*H_1=I$$

【证毕】

由定理证明过程可以看出，式(6.2.9)保证了频谱不失真，式(6.2.11)消除混叠项 $U(\omega+\pi)$.

算子组(H_0,H_1,F_0,F_1)的对偶性、独立性和完美重构共五个关系可用图6－5表示。

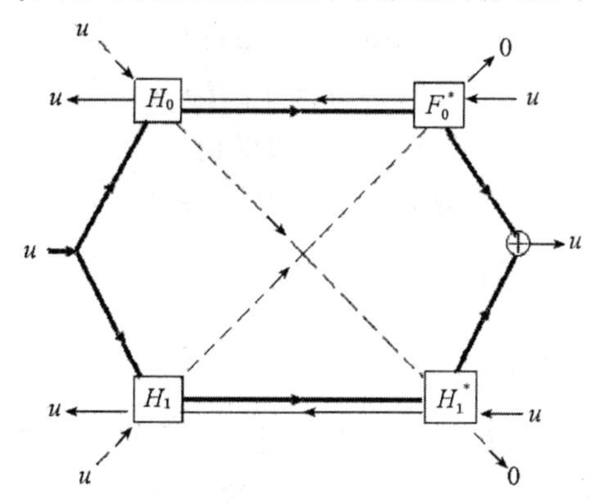

图6－5

图6－5中两个从右至左的水平方向是对偶性，两个斜向是独立性，粗线路径是完美重构。注意到对偶性、独立性才是根本，完美重构性质只是它们的推论。

定义6.2.1中的规范化条件指出了 $H_1(\omega)$，$F_1(\omega)$ 具有高通特性，下面的定理说明 $H_0(\omega)$，$F_0(\omega)$ 具有低通特性。

定理6.2.4　如果 H_0，F_0 满足对偶性和规范性条件，那么

$$\sum_{k\in\mathbf{Z}}h^{(0)}(2k)=\sum_{k\in\mathbf{Z}}h^{(0)}(2k+1)=\frac{1}{\sqrt{2}}\quad(\text{相当于 } H_0(\pi)=0)$$

$$\sum_{k\in\mathbf{Z}} f^{(0)}(2k) = \sum_{k\in\mathbf{Z}} f^{(0)}(2k+1) = \frac{1}{\sqrt{2}} \quad (相当于 \mathrm{F}_0(\pi) = 0)$$

【证明】根据定理 6.2.2,对偶性 $H_0F_0^* = I$ 等价于

$$\mathrm{H}_0(\omega)\bar{\mathrm{F}}_0(\omega) + \mathrm{H}_0(\omega+\pi)\bar{\mathrm{F}}_0(\omega+\pi) = 2, \quad \forall \omega \in R$$

令 $\omega = 0$ 得到

$$\mathrm{H}_0(0)\bar{\mathrm{F}}_0(0) + \mathrm{H}_0(\pi)\bar{\mathrm{F}}_0(\pi) = 2$$

规范性条件使得 $\mathrm{H}_0(0) = \mathrm{F}_0(0) = \sqrt{2}$,所以 $\mathrm{H}_0(\pi)\bar{\mathrm{F}}_0(\pi) = 0$,从而 $\mathrm{H}_0(\pi)$, $\mathrm{F}_0(\pi)$ 必有其一为零。又因为 H_0, F_0 的条件是完全对称的(共轭性质说明 $H_0F_0^* = I \Rightarrow F_0H_0^* = I$),所以只能是 $\mathrm{H}_0(\pi) = \mathrm{F}_0(\pi) = 0$,即

$$\sum_{k\in\mathbf{Z}} (-1)^k h^{(0)}(k) = 0$$

$$\sum_{k\in\mathbf{Z}} (-1)^k f^{(0)}(k) = 0$$

所以

$$\sum_{k\in\mathbf{Z}} h^{(0)}(2k) = \sum_{k\in\mathbf{Z}} h^{(0)}(2k+1) = \frac{1}{\sqrt{2}}$$

$$\sum_{k\in\mathbf{Z}} f^{(0)}(2k) = \sum_{k\in\mathbf{Z}} f^{(0)}(2k+1) = \frac{1}{\sqrt{2}}$$

于是定理结论成立。 【证毕】

图 6-4 中的算子组的上下通道把信号序列空间 l^2 划分为两个互补子空间的直和。记

$$V_0 = \{F_0^* H_0 u \mid u \in l^2\}, V_1 = \{F_1^* H_1 u \mid u \in l^2\}$$

定理 6.2.3 表明 $l^2 = V_0 + V_1$. 再说明它们是直和,假设 V_0, V_1 有公共元素

$$F_0^* H_0 u = F_1^* H_1 v$$

根据对偶性和独立性,用算子 H_0 作用等式两边得到

$$H_0 u = H_0 F_1^* H_1 v = 0$$

从而 $F_0^* H_0 u = 0$,可见 V_0, V_1 只相交于零元,即 $l^2 = V_0 \dotplus V_1$. 但 V_0, V_1 一般不是正交关系。

6.2.3 双正交滤波算子组的设计

我们可以从满足对偶性 $H_0F_0^* = I$ 和规范化条件的两个低通算子 H_0, F_0 出发,设计高通算子 H_1, F_1,使得 (H_0, H_1, F_0, F_1) 成为双正交算子组。

定理 6.2.5 设 H_0, F_0 满足

$$H_0F_0^* = I, \quad \sum_{k\in\mathbf{Z}} h^{(0)}(k) = \sum_{k\in\mathbf{Z}} f^{(0)}(k) = \sqrt{2}$$

如果取

$$\begin{cases} h^{(1)}(k) = (-1)^k f^{(0)}(2s+1-k) \\ f^{(1)}(k) = (-1)^k h^{(0)}(2s+1-k) \end{cases} \tag{6.2.12}$$

其中 s 为任意整数。或者等价地

$$\mathrm{H}_1(\omega) = \mathrm{e}^{-\mathrm{i}[(2s+1)\omega+\pi]}\bar{\mathrm{F}}_0(\omega+\pi), \quad \mathrm{F}_1(\omega) = \mathrm{e}^{-\mathrm{i}[(2s+1)\omega+\pi]}\bar{\mathrm{H}}_0(\omega+\pi)$$

那么(H_0,H_1,F_0,F_1)是双正交算子组。

【证明】根据定理6.2.1，

$$H_0F_0^* = I \Leftrightarrow \sum_{j\in Z} f^{(0)}(j+2n) = \delta(n), \quad \forall n \in Z$$

下面利用式(6.2.12)逐一验证其他条件。

对偶性 $H_1F_1^* = I$:

$$\begin{aligned}\sum_{j\in \mathbf{Z}} f^{(1)}(j)h^{(1)}(j+2n) &= \sum_{j\in \mathbf{Z}} (-1)^j h^{(0)}(2s+1-j)\cdot(-1)^{j+2n}f^{(0)}(2s+1-j-2n)\\ &= \sum_{j\in \mathbf{Z}} h^{(0)}(2s+1-j)\cdot f^{(0)}(2s+1-j-2n)\\ &= \sum_{j\in \mathbf{Z}} h^{(0)}(j)\cdot f^{(0)}(j-2n) = \delta(n)\end{aligned}$$

独立性 $H_1F_0^* = 0$:

$$\begin{aligned}\sum_{j\in \mathbf{Z}} f^{(0)}(j)h^{(1)}(j+2n) &= \sum_{j\in \mathbf{Z}} f^{(0)}(j)\cdot(-1)^{j+2n}f^{(0)}(2s+1-j-2n)\\ &= \sum_{j\in \mathbf{Z}} f^{(0)}(2j)\cdot f^{(0)}(2s+1-2j-2n)\\ &\quad - \sum_{j\in \mathbf{Z}} f^{(0)}(2j+1)\cdot f^{(0)}(2s-2j-2n)\end{aligned}$$

其中第二个和式

$$\sum_{j\in \mathbf{Z}} f^{(0)}(2j)\cdot f^{(0)}(2s+1-2j-2n) \xlongequal{\text{令 } j=s-j-n} \sum_{j\in \mathbf{Z}} f^{(0)}(2s-2j-2n)\cdot f^{(0)}(2j+1)$$

所以

$$\sum_{j\in \mathbf{Z}} f^{(0)}(j)h^{(1)}(j+2n) = 0$$

独立性 $H_1F_0^* = 0$ 成立。类似可证明独立性 $H_0F_1^* = 0$.

F_1 的规范化:

$$\begin{aligned}\sum_{k\in \mathbf{Z}} f^{(1)}(k) &= \sum_{k\in \mathbf{Z}} (-1)^k h^{(0)}(2s+1-k)\\ &= \sum_{k\in \mathbf{Z}} h^{(0)}(2s+1-2k) - \sum_{k\in \mathbf{Z}} h^{(0)}(2s-2k)\\ &= \sum_{k\in \mathbf{Z}} h^{(0)}(2k+1) - \sum_{k\in \mathbf{Z}} h^{(0)}(2k) = 0\end{aligned}$$

最后一步等式为零是因为定理6.2.4。类似可证明 H_1 的规范化。【证毕】

定理中 s 的作用是，调整 s 改变滤波器的相位，使得每个滤波器都是因果的。由 $h^{(0)}$，$f^{(0)}$ 经过折叠、移位、交错得到 h_1，f_1，其中 $k\to -k$ 是折叠，$-k\to 2s+1-k$ 是移位，乘以$(-1)^k$ 是交错，设计过程如图6－6所示。

$h^{(0)}$　折叠–移位–交错　$f^{(0)}$

$h^{(1)}$　　　　　　　　$f^{(1)}$

图6－6

例6.2.1　设计支撑在0到3上的两个滤波器:

$$h^{(0)}: x_0,x_1,x_2,x_3$$

$$f^{(0)}: y_0,y_1,y_2,y_3$$

使其满足对偶性和规范化条件。再由此得到 $h^{(1)}$ 和 $f^{(1)}$.

【解】对偶性条件

$$x_0y_0 + x_1y_1 + x_2y_2 + x_3y_3 = 1$$
$$x_0y_2 + x_1y_3 = 0$$
$$x_2y_0 + x_3y_1 = 0$$

规范化条件

$$x_0 + x_1 + x_2 + x_3 = \sqrt{2}$$
$$y_0 + y_1 + y_2 + y_3 = \sqrt{2}$$

这里有 8 个未知量,5 个方程,方程组有无穷多解,我们还有 3 个设计自由度,解答不是唯一的。通过极小化函数

$$\min v(x,y) = (x_0y_0 + x_1y_1 + x_2y_2 + x_3y_3 - 1)^2 + (x_0y_2 + x_1y_3)^2 + (x_2y_0 + x_3y_1)^2 + (x_0 + x_1 + x_2 + x_3 - \sqrt{2})^2 + (y_0 + y_1 + y_2 + y_3 - \sqrt{2})^2$$

得到如下一组解,它使得 $\min v = 1E - 16$:

$h^{(0)}$	-0.240978	0.581875	0.948085	0.125232
$f^{(0)}$	-0.0518818	0.392779	0.758989	0.314328

注意到$f^{(0)}(k) = y_k, k = 0,1,2,3$,取 $s = 1$,得到

$$h^{(1)}(k) = (-1)^k f^{(0)}(3-k) = (-1)^k y_{3-k}, \quad k = 0,1,2,3$$

即得到支撑在 0 到 3 上的 h_1,

$$h^{(1)}: y_3, -y_2, y_1, -y_0$$

同理得到支撑在 0 到 3 上的$f^{(1)}$,

$$f^{(1)}: x_3, -x_2, x_1, -x_0$$

$|H_0(\omega)|$, $|F_0(\omega)|$的图像如图 6-7 所示。

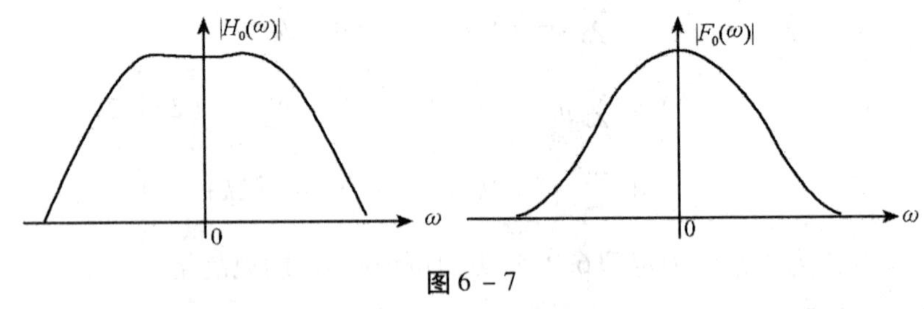

图 6-7

6.2.4 正交滤波算子组

在双正交滤波算子组中,两个低通算子 H_0, F_0 一般是不同的,两个高通算子 H_1, F_1 也是不同的。如果 H_0 具有某个特性使得 $H_0H_0^* = I$,此时可取 $F_0 = H_0$. 根据定理6.2.1 中第一式,如果 $h^{(0)}$ 满足

$$\sum_{j\in\mathbf{Z}} h^{(0)}(j)h^{(0)}(j+2n) = \delta(n), \quad \forall n \in \mathbf{Z}$$

就可取 $F_0 = H_0$. 同理,如果 $h^{(1)}$ 满足

$$\sum_{j \in \mathbf{Z}} h^{(1)}(j) h^{(1)}(j+2n) = \delta(n), \quad \forall n \in \mathbf{Z}$$

则可取 $F_1 = H_1$. 此时对应双正交滤波算子组的特殊情形——正交滤波算子组。

定义 6.2.2 设两个序列 $h^{(0)}, h^{(1)} \in l^1$,对应的两个卷积－抽取算子为 H_0, H_1. 如果满足条件

(1) 对偶性 $H_0 H_0^* = H_1 H_1^* = I$

(2) 独立性 $H_1 H_0^* = 0$

(3) 规范化 $\sum\limits_{k \in \mathbf{Z}} h^{(0)}(k) = \sqrt{2}$

则称(H_0, H_1)为正交滤波算子组。

定义 6.2.2 中的独立性没有要求 $H_0 H_1^* = 0$,因为它可由 $H_1 H_0^* = 0$ 直接得到。与矩阵的转置完全一样,共轭算子具有性质:$(A^*)^* = A, (AB)^* = B^* A^*, 0^* = 0$. 对 $H_1 H_0^* = 0$ 两边取共轭即可。另外对 H_1 没有规范化条件 $\sum\limits_{k \in \mathbf{Z}} h^{(1)}(k) = 0$,我们将证明它会自然成立。正交滤波算子组继承了双正交组的所有性质,且有更简单的表述,下面重新列出。

定理 6.2.6 (H_0, H_1)的对偶性和独立性在时域中的表示如下:

$$H_0 H_0^* = I \Leftrightarrow \sum_{j \in Z} h^{(0)}(j) h^{(0)}(j+2n) = \delta(n), \quad \forall n \in \mathbf{Z}$$

$$H_1 H_1^* = I \Leftrightarrow \sum_{j \in Z} h^{(1)}(j) h^{(1)}(j+2n) = \delta(n), \quad \forall n \in \mathbf{Z}$$

$$H_1 H_0^* = I \Leftrightarrow \sum_{j \in Z} h^{(0)}(j) h^{10)}(j+2n) = 0), \quad \forall n \in \mathbf{Z}$$

定理 6.2.7 (H_0, H_1)的对偶性和独立性在频域中的表示。记

$$M(\omega) = \begin{pmatrix} \mathrm{H}_0(\omega) & \mathrm{H}_1(\omega) \\ \mathrm{H}_0(\omega+\pi) & \mathrm{H}_1(\omega+\pi) \end{pmatrix}$$

那么

$$\begin{cases} H_0 H_0^* = I \\ H_1 H_1^* = I \\ H_1 H_0^* = 0 \end{cases} \Leftrightarrow \begin{cases} |\mathrm{H}_0(\omega)|^2 + |\mathrm{H}_0(\omega+\pi)|^2 = 2 \\ |\mathrm{H}_1(\omega)|^2 + |\mathrm{H}_1(\omega+\pi)|^2 = 2 \\ \overline{\mathrm{H}}_0(\omega) H_1(\omega) + \overline{\mathrm{H}}_0(\omega+\pi) \mathrm{H}_1(\omega+\pi) = 0 \end{cases} \Leftrightarrow M^* M = 2I$$

其中矩阵左上角的 * 号表示矩阵的共轭转置。

定理 6.2.8 设(H_0, H_1)满足对偶性和独立性,那么(如图 6－8 所示)

$$H_0^* H_0 + H_1^* H_1 = I$$

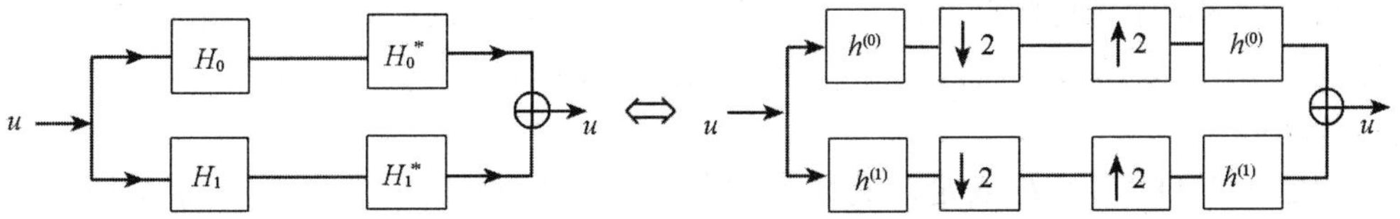

图 6－8

定理 6.2.9 如果 H_0 满足对偶性和规范化条件,那么

$$\sum_{k\in\mathbf{Z}}h^{(0)}(2k)=\sum_{k\in\mathbf{Z}}h^{(0)}(2k+1)=\frac{1}{\sqrt{2}}\quad(\text{相当于 }\mathrm{H}_0(\pi)=0)$$

下面的结果是正交滤波算子组独有的,由 H_0,H_1 的对偶性、独立性以及 H_0 的规范性就能得到 H_1 的规范性 $\sum_{k\in\mathbf{Z}}h^{(1)}(k)=0$.

定理 6.2.10　如果(H_0,H_1)是正交滤波算子组,那么

$$|\mathrm{H}_0(\omega)|^2+|\mathrm{H}_1(\omega)|^2=2$$

由此可得

$$\sum_k h^{(1)}(k)=0\qquad(\text{相当于 }\mathrm{H}_1(0)=0)$$

$$\sum_k(-1)^k h^{(1)}(k)=\sqrt{2}\quad(\text{相当于 }\mathrm{H}_1(\pi)=\sqrt{2})$$

$$\left|\sum_k h^{(1)}(2k)\right|=\left|\sum_k h^{(1)}(2k+1)\right|=\frac{1}{\sqrt{2}}$$

【证明】根据定理6.2.7,正交滤波算子组的等价条件是 $M^*M=2I$,从而 $MM^*=2I$,它里面含有等式

$$|\mathrm{H}_0(\omega)|^2+|\mathrm{H}_1(\omega)|^2=2$$

令 $\omega=0$,由 H_0 的规范性即知 $\mathrm{H}_1(0)=0$,即

$$\sum_{k\in\mathbf{Z}}h^{(1)}(k)=0$$

再根据定理6.2.7,

$$|\mathrm{H}_1(\omega)|^2+|\mathrm{H}_1(\omega+\pi)|^2=2$$

令 $\omega=0$ 得到 $|\mathrm{H}_1(\pi)|=\sqrt{2}$,即

$$\left|\sum_k(-1)^k h^{(1)}(k)\right|=\sqrt{2}$$

如此得到

$$\left|\sum_k h^{(1)}(2k)\right|=\left|\sum_k h^{(1)}(2k+1)\right|=\frac{1}{\sqrt{2}}$$

【证毕】

低通滤波算子 H_0 的对偶性和规范化条件有时域和频域两种等价表示:

$$\begin{cases}\sum_{j\in\mathbf{Z}}h^{(0)}(j)h^{(0)}(j+2n)=\delta(n),\ \forall n\in\mathbf{Z}\\ \sum_{k\in\mathbf{Z}}h^{(0)}(k)=\sqrt{2}\end{cases}\Leftrightarrow\begin{cases}|\mathrm{H}_0(\omega)|^2+|\mathrm{H}_0(\omega+\pi)|^2=2\\ \mathrm{H}_0(0)=\sqrt{2}\end{cases}$$

从符合这两个条件的低通滤波算子 H_0 出发,我们可以设计高通滤波算子 H_1,得到正交滤波算子组(H_0,H_1). 从而四个滤波算子只需要设计 H_0 即可。下面的结论是定理6.2.5的特殊情形。

定理 6.2.11　设 H_0 满足对偶性条件和规范化条件,取 h_1 如下(s 为某个任意的整数):

$$h^{(1)}(k)=(-1)^k h^{(0)}(2s+1-k)$$

或者等价地

$$\mathrm{H}_1(\omega)=\mathrm{e}^{-\mathrm{i}[(2s+1)\omega+\pi]}\overline{\mathrm{H}}_0(\omega+\pi)$$

则(H_0,H_1)是正交滤波算子组。

图6－8所示的算子组的上下通道把信号序列空间l^2划分为两个正交互补子空间的直和。记

$$V_0 = \{H_0^* H_0 u \mid u \in l^2\},\quad V_1 = \{H_1^* H_1 u \mid u \in l^2\}$$

定理6.2.8表明$l^2 = V_0 + V_1$. 并且它们是正交和,根据卷积抽取算子的性质(定理6.1.1),V_0,V_1中任意两个元素的内积

$$\langle H_0^* H_0 u, H_1^* H_1 v\rangle = \langle H_1 H_0^* H_0 u, H_1 v\rangle = \langle 0, H_1 v\rangle = 0$$

所以$l^2 = V_0 \oplus V_1$. 实际上,$H_0^* H_0$和$H_1^* H_1$分别是V_0和V_1上的正交投影算子。取定$x \in l^2$,$\forall y = H_0^* H_0 u \in V_0$,有

$$\langle x - H_0^* H_0 x, y\rangle = \langle x - H_0^* H_0 x, H_0^* H_0 u\rangle = \langle H_0 x - H_0 x, H_0 u\rangle = 0$$

所以$H_0^* H_0$是V_0上的正交投影算子。同理可知$H_1^* H_1$是V_1上的正交投影算子。

例6.2.2　设计支撑在0到5上(长度为6)的正交滤波器组(H_0,H_1).

【解】只要设计H_0即可,设

$$h^{(0)}: x_0, x_1, x_2, x_3, x_4, x_5$$

由对偶性和规范化条件得到

$$\begin{cases} x_0^2 + x_1^2 + x_2^2 + x_3^2 + x_4^2 + x_5^2 = 1 \\ x_0 x_2 + x_1 x_3 + x_2 x_4 + x_3 x_5 = 0 \\ x_0 x_4 + x_1 x_5 = 0 \\ x_0 + x_1 + x_2 + x_3 + x_4 + x_5 = \sqrt{2} \end{cases}$$

这里6个变量,4个方程,我们有2个自由度,解答不是唯一的。通过极小化计算:

$$\begin{aligned} \min v = {} & (x_0^2 + x_1^2 + x_2^2 + x_3^2 + x_4^2 + x_5^2 - 1)^2 + (x_0 x_2 + x_1 x_3 + x_2 x_4 + x_3 x_5)^2 \\ & + (x_0 x_4 + x_1 x_5)^2 + (x_0 + x_1 + x_2 + x_3 + x_4 + x_5 - \sqrt{2})^2 \end{aligned}$$

得到低通$h^{(0)}$的一组解,它使得$\min v = 1E-12$. 再将$h^{(0)}$折叠、交错、移位得到高通$h^{(1)}$.

$h^{(0)}$	－0.144587	0.250913	0.84248	0.454199	0.00710642	0.00409961
$h^{(1)}$	0.00409961	－0.00710642	0.454199	－0.84248	0.250913	0.144587

$|H_0(\omega)|$,$|H_1(\omega)|$的图像如图6－9所示。

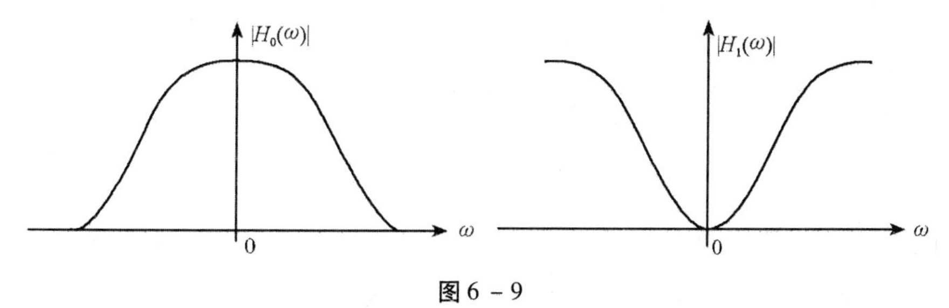

图6－9

6.3 $L^2(R)$ 空间上的卷积 - 抽取

本节我们把卷积抽取算子作用到 $L^2(R)$ 空间的连续时间信号上,为引入多分辨分析和小波理论做准备。

6.3.1 卷积 - 抽取算子及频域表示

给定序列 $f \in l^1$,类似于在 l^2 空间上定义卷积 - 抽取算子,我们也可以在 $L^2(R)$ 上定义卷积 - 抽取算子 F 以及相应的算子 F^*.

定义 6.3.1 取定 $f \in l^1$, $\forall u \in L^2(R)$,定义

$$(Fu)(t) = \sqrt{2} \sum_{k \in \mathbf{Z}} f(k) u(2t - k)$$

$$(F^* u)(t) = \frac{1}{\sqrt{2}} \sum_{k \in \mathbf{Z}} f(k) u\left(\frac{t + k}{2}\right) \tag{6.3.1}$$

下面的定理表明 F, F^* 是 $L^2(R)$ 上一对共轭算子。

定理 6.3.1 $\forall u, v \in L^2(R)$,成立

$$\langle Fu, v \rangle = \langle u, F^* v \rangle$$

【证明】以 u, v 均是实值函数为例。

$$\begin{aligned}
\langle Fu, v \rangle &= \int_R \Big\{\sqrt{2} \sum_{k \in \mathbf{Z}} f(k) u(2t - k) \Big\} v(t) \mathrm{d}t \\
&= \sum_{k \in \mathbf{Z}} f(k) \sqrt{2} \int_R u(2t - k) v(t) \mathrm{d}t \\
&= \sum_{k \in \mathbf{Z}} f(k) \frac{1}{\sqrt{2}} \int_R u(t) v\left(\frac{t + k}{2}\right) \mathrm{d}t \\
&= \int_R u(t) \cdot \left\{\frac{1}{\sqrt{2}} \sum_{k \in \mathbf{Z}} f(k) v\left(\frac{t + k}{2}\right)\right\} \mathrm{d}t = \langle u, F^* v \rangle
\end{aligned}$$

【证毕】

再考察 $Fu, F^* u$ 的频谱与 f, u 频谱的关系。注意这些结论不同于定理 6.1.2 和定理 6.1.3。

定理 6.3.2 设 F 是相应于 f 的卷积 - 抽取算子,$u \in L^2(R)$,用 $\mathrm{F}(\omega)$, $U(\omega)$ 表示 f, u 的频谱,那么

$$(\hat{Fu})(\omega) = \frac{1}{\sqrt{2}} \mathrm{F}\left(\frac{\omega}{2}\right) U\left(\frac{\omega}{2}\right)$$

$$(\hat{F}^* u)(\omega) = \sqrt{2}\, \overline{\mathrm{F}}(\omega) U(2\omega)$$

【证明】

$$\begin{aligned}
(\hat{Fu})(\omega) &= \int_R (Fu)(t) \mathrm{e}^{-\mathrm{i}\omega t} \mathrm{d}t = \int_R \sqrt{2} \sum_{k \in \mathbf{Z}} f(k) u(2t - k) \mathrm{e}^{-\mathrm{i}\omega t} \mathrm{d}t \\
&= \frac{1}{\sqrt{2}} \sum_{k \in \mathbf{Z}} f(k) \int_R u(t) \mathrm{e}^{-\mathrm{i}\omega(t+k)/2} \mathrm{d}t
\end{aligned}$$

$$= \frac{1}{\sqrt{2}} \sum_{k\in\mathbf{Z}} f(k)\mathrm{e}^{-\mathrm{i}k\frac{\omega}{2}} \int_R u(t)\mathrm{e}^{-\mathrm{i}\frac{\omega}{2}t}\mathrm{d}t$$

$$= \frac{1}{\sqrt{2}} \mathrm{F}(\frac{\omega}{2})U(\frac{\omega}{2})$$

$$(\hat{F}^* u)(\omega) = \int_R (F^* u)(t)\mathrm{e}^{-\mathrm{i}\omega t}\mathrm{d}t = \sum_{k\in\mathbf{Z}} f(k)\frac{1}{\sqrt{2}}\int_R u(\frac{t+k}{2})\mathrm{e}^{-\mathrm{i}\omega t}\mathrm{d}t$$

$$= \sum_{k\in\mathbf{Z}} f(k)\sqrt{2}\int_R u(t)\mathrm{e}^{-\mathrm{i}\omega(2t-k)}\mathrm{d}t$$

$$= \sqrt{2}\sum_{k\in\mathbf{Z}} f(k)\mathrm{e}^{\mathrm{i}k\omega}\int_R u(t)\mathrm{e}^{-\mathrm{i}(2\omega)t}\mathrm{d}t$$

$$= \sqrt{2}\,\bar{\mathrm{F}}(\omega)U(2\omega)$$

【证毕】

利用这个结论,可以得到复合算子 $F_1^* F_2$ 和 $F_1 F_2^*$ 的频域公式。

定理 6.3.3　设 F_1, F_2 是相应于 f_1, f_2 的卷积 - 抽取算子,$u \in L^2(R)$,用 $\mathrm{F}_1(\omega)$, $\mathrm{F}_2(\omega)$, $U(\omega)$ 表示 f_1, f_2, u 的频谱,那么

$$(\widehat{F_1^* F_2 u})(\omega) = \bar{\mathrm{F}}_1(\omega)\mathrm{F}_2(\omega)U(\omega)$$

$$(\widehat{F_1 F_2^* u})(\omega) = \mathrm{F}_1(\omega/2)\bar{\mathrm{F}}_2(\omega/2)U(\omega)$$

【证明】只证第一式。令 $v = F_2 u$,则 $(\widehat{F_1^* F_2 u})(\omega) = (\hat{F}_1^* v)(\omega)$。由定理6.3.2第二式

$$(\hat{F}_1^* v)(\omega) = \sqrt{2}\,\bar{\mathrm{F}}_1(\omega)V(2\omega)$$

再由定理6.3.2第一式知

$$V(\omega) = \frac{1}{\sqrt{2}}\mathrm{F}_2(\frac{\omega}{2})U(\frac{\omega}{2})$$

于是

$$(\widehat{F_1^* F_2 u})(\omega) = \sqrt{2}\,\bar{\mathrm{F}}_1(\omega)V(2\omega) = \bar{\mathrm{F}}_1(\omega)\mathrm{F}_2(\omega)U(\omega)$$

第二式同理可证。　　　【证毕】

当四个序列 $h^{(0)}, h^{(1)}, f^{(0)}, f^{(1)}$ 对应产生 l^2 空间上的四个卷积 - 抽取算子时,如果 $h^{(0)}, f^{(0)}$ 之间满足双平移对偶正交性,$h^{(1)}, f^{(1)}$ 按式(6.2.12)确定,那么四个 l^2 上的卷积 - 抽取算子将满足对偶性和独立性(四个等式)。然而,这样的四个序列按式(6.3.1)产生 $L^2(R)$ 上的卷积 - 抽取算子时,不再具备对偶性和独立性了,因为两种情形下的 $(\hat{F}u)(\omega)$ 是不同的。但我们还是有下面的结果。

定理 6.3.4　设 $h^{(0)}, h^{(1)}, f^{(0)}, f^{(1)} \in l^1$,其中 $h^{(0)}, f^{(0)}$ 之间满足双平移对偶正交性,$h^{(1)}, f^{(1)}$ 按式(6.2.12)确定。按式(6.3.1)产生四个卷积 - 抽取算子 H_0, H_1, F_0, F_1。那么

$$H_0 F_0^* + H_1 F_1^* = 2I$$

$$F_0^* H_0 + F_1^* H_1 = 2I$$

【证明】只证第一式,只要证明 $\forall u \in L^2(R)$,

$$(\widehat{H_0 F_0^* u})(\omega) + (\widehat{H_1 F_1^* u})(\omega) = 2U(\omega)$$

根据定理 6.3.3，

$$(H_0\hat{F}_0^* u)(\omega) + (H_1\hat{F}_1^* u)(\omega) = [\mathrm{H}_0(\frac{\omega}{2})\bar{\mathrm{F}}_0(\frac{\omega}{2}) + \mathrm{H}_1(\frac{\omega}{2})\bar{\mathrm{F}}_1(\frac{\omega}{2})]U(\omega)$$

故只要

$$\mathrm{H}_0(\omega)\bar{\mathrm{F}}_0(\omega) + \mathrm{H}_1(\omega)\bar{\mathrm{F}}_1(\omega) = 2$$

而根据本定理的条件和节 6.2 的推论 6.2.1，成立 $M_{h_0,h_1}M_{f_0,f_1}^* = 2I$，它内含上式。【证毕】

定理 6.3.4 中的两个关系如图 6－10 所示。

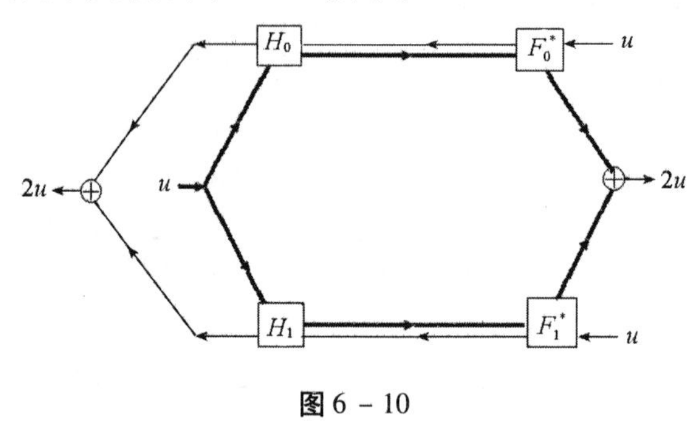

图 6－10

不同于 l^2 空间卷积－抽取算子的对偶性，现在并不成立 $H_0F_0^* = I$ 和 $H_1F_1^* = I$，但两者之和是 $2I$. 另外 $F_0^*H_0 + F_1^*H_1$ 不是完美重构算子，因为现在输出是输入的二倍。

6.3.2 有限长滤波器作用于函数

当 f 是有限长序列，对应的卷积－抽取算子 F 作用在函数 $u \in L^2(R)$ 上，会有相应的特殊性质。

定理 6.3.5　设 f 是紧支撑的，$\mathrm{supp}\, f = [N_1, N_2]$。又设 u 也是紧支撑的，$\mathrm{supp}\, u = [a, b]$。那么 Fu, F^*u 也是紧支撑的，而且

$$\mathrm{supp}\ Fu \subseteq [\frac{N_1 + a}{2}, \frac{N_2 + b}{2}]$$

$$\mathrm{supp}\ F^*u \subseteq [2a - N_2, 2b - N_1]$$

【证明】因为

$$(Fu)(t) = \sqrt{2}\sum_{k=N_1}^{N_2} f(k)u(2t - k)$$

$$(F^*u)(t) = \frac{1}{\sqrt{2}}\sum_{k=N_1}^{N_2} f(k)u(\frac{t + k}{2})$$

对于每个 $N_1 \leqslant k \leqslant N_2$，

$$\mathrm{supp}\ u(2t - k) = [\frac{a + k}{2}, \frac{b + k}{2}]$$

$$\mathrm{supp}\ u(\frac{t + k}{2}) = [2a - k, 2b - k]$$

Fu, F^*u 的支撑是相应区间组的最左端点和最右端点，即

$$\operatorname{supp} Fu = [\frac{N_1 + a}{2}, \frac{N_2 + b}{2}]$$

【证毕】

$$\operatorname{supp} F^* u = [2a - N_2, 2b - N_1]$$

推论6.3.5　设 $\operatorname{supp} f = [N_1, N_2]$，$\operatorname{supp} u = [a, b]$。如果用 F 对 u 作用 n 次，得 $F^n u$，则

$$\lim_{n \to +\infty} \operatorname{supp} F^n u = [N_1, N_2]$$

【证明】递推使用定理6.3.5可知

$$\operatorname{supp} F^n u = [(1 - \frac{1}{2^n}) N_1 + \frac{a}{2^n}, (1 - \frac{1}{2^n}) N_2 + \frac{b}{2^n}]$$

令 $n \to +\infty$ 即得。　【证毕】

当 u 非紧支撑，只要 n 足够大，可以使得 $F^n u$ 落在 $[N_1, N_2]$ 外的能量任意小。

定理6.3.6　设 $\operatorname{supp} f = [N_1, N_2]$，且 $\sum_{j=N_1}^{N_2} |f(j)| \leqslant 1$，$u \in L^2(R)$，则 $\forall \varepsilon > 0$，存在 $K > 0$，使得当 $n > K$ 时，$F^n u$ 在 $[a - \varepsilon, b + \varepsilon]$ 之外的能量不超过 $\varepsilon \|u\|^2$.

【证明】$\forall \varepsilon > 0$，存在 $A > 0$，使得

$$\int_{-\infty}^{-A} u^2(t)\,\mathrm{d}t + \int_A^{+\infty} u^2(t)\,\mathrm{d}t < \varepsilon \|u\|^2$$

将 u 分成两部分 $u = u_0 + u_\infty$，其中

$$u_0(t) = \begin{cases} u(t), & |t| \leqslant A \\ 0, & |t| > A \end{cases}, \quad u_\infty(t) = \begin{cases} 0, & |t| \leqslant A \\ u(t), & |t| > A \end{cases}$$

于是，$\|u_\infty\|^2 \leqslant \varepsilon \|u\|^2$. 而 u_0 是紧支撑的，存在 $K > 0$，当 $n > K$ 时，

$$\operatorname{supp} F^n u_0 \subseteq [N_1 - \varepsilon, N_2 + \varepsilon]$$

因为 $F^n u = F^n u_0 + F^n u_\infty$，所以 $F^n u$ 在 $[N_1 - \varepsilon, N_2 + \varepsilon]$ 之外的能量不超过 $\|F^n u_\infty\|^2$. 现在估计 $\|F^n u_\infty\|^2$. 注意到，$\forall v \in L^2(R)$，

$$\|Fv\| \leqslant \sum_{j=N_1}^{N_2} |f(j)| \cdot \|\sqrt{2} v(2t - j)\| = \sum_{j=N_1}^{N_2} |f(j)| \|v\| \leqslant \|v\|$$

所以当 $n > K$ 时，

$$\|F^n u_\infty\| \leqslant \|F^{n-1} u_\infty\| \leqslant \cdots \leqslant \|u_\infty \leqslant \sqrt{\varepsilon} \|u\|$$

从而当 $n > K$ 时，$F^n u$ 在 $[a - \varepsilon, b + \varepsilon]$ 之外的能量不超过 $\varepsilon \|u\|^2$.　【证毕】

第七章　低通滤波器尺度函数

在本章我们将看到，一个满足一定条件的滤波器，会对应产生 $L^2(R)$ 中的一个函数，称之为滤波器的尺度函数。在下一章，我们利用这个尺度函数可以把能量有限信号空间 $L^2(R)$ 分解成互相嵌套的一系列子空间，进一步还可以把 $L^2(R)$ 分成一系列子空间的直和，于是一个能量有限信号被分解成一系列子分量信号的叠加，这就是第八章要描述的信号多分辨分析。可以说，尺度函数是信号多分辨分析的核心。

节 7.1 讨论了什么样的滤波器 $H(\omega)$ 才能产生一个尺度函数；节 7.2 讨论了 $H(\omega)$ 的速降性如何影响到尺度函数的光滑性，它的光滑性与信号分解和逼近的精度有关。

设 $h \in l^1$，根据节 6.3 的结论它对应 $L^2(R)$ 上的卷积 - 抽取算子 H. 取定某个 $\varphi_0 \in L^2(R)$，则

$$(H\varphi_0)(t) = \sqrt{2}\sum_{j\in\mathbf{Z}} h(j)\varphi_0(2t-j) \in L^2(R)$$

如果用 H 重复作用，由此得到 $L^2(R)$ 上的函数序列 $\{\varphi_n\}_{n=0}^{+\infty}$，

$$\varphi_n = H\varphi_{n-1} = \sqrt{2}\sum_{j\in\mathbf{Z}} h(j)\varphi_{n-1}(2t-j) \in L^2(R), \quad n = 1,2,\cdots \tag{7.0.1}$$

如果存在 $\varphi \in L^2(R)$，使得 $\forall t \in R$（或者几乎处处），有

$$\lim_{n\to+\infty}\varphi_n(t) = \varphi(t)$$

对式(7.0.1) 两边取极限得到

$$\varphi(t) = \sqrt{2}\sum_{j\in\mathbf{Z}} h(j)\varphi(2t-j) \tag{7.0.2}$$

称式(7.0.2) 为 h 的双尺度方程，方程的解 $\varphi(t)$（如果存在且属于 $L^2(R)$）称为 h 的尺度函数。而称迭代式(7.0.1) 为层叠算法。注意，双尺度方程(7.0.2) 的定义是独立的，层叠算法只是达成双尺度方程的途径之一。

7.1　尺度函数的存在性

首先要考虑的是，$h \in l^1$ 和初始点 φ_0 要满足什么条件才能使得层叠算法(7.0.1) 在 $L^2(R)$ 中收敛，极限点 φ 与初始点 φ_0 有关吗？

对 $\varphi_n = H\varphi_{n-1}$ 两边取傅里叶变换（定理 6.3.2）：

$$\hat{\varphi}_n(\omega) = \frac{1}{\sqrt{2}}H\left(\frac{\omega}{2}\right)\hat{\varphi}_{n-1}\left(\frac{\omega}{2}\right) \in L^2(R)$$

递推得到

$$\hat{\varphi}_n(\omega) = \prod_{k=1}^{n}\left[\frac{1}{\sqrt{2}}H\left(\frac{\omega}{2^k}\right)\right]\cdot\hat{\varphi}_0\left(\frac{\omega}{2^n}\right) \in L^2(R) \tag{7.1.1}$$

对于固定的 ω,上述极限是否存在?对此我们有如下结果。

引理 7.1.1　如果 h 满足条件

(1) $H(0) = \sqrt{2}$

(2) 存在 $\alpha > 0$,使得

$$\sum_{k\in\mathbf{Z}} |h(k)||k|^{\alpha} < +\infty$$

那么,下述无穷乘积收敛

$$\prod_{k=1}^{+\infty}\left[\frac{1}{\sqrt{2}}H\left(\frac{\omega}{2^k}\right)\right]$$

如果还有初始点 $\varphi_0 \in L^2(R) \cap L^1(R)$ 满足规范化条件

$$\int_R \varphi_0(t)\,\mathrm{d}t = 1$$

那么式(7.1.1) 的极限 $\lim\limits_{n\to+\infty}\hat{\varphi}_n(\omega)$ 存在,即 $\hat{\varphi}_n(\omega)$ 在 R 上点点收敛。

【证明】先证明无穷乘积收敛。根据无穷乘积的收敛判别法则,只要证明无穷和式

$$\sum_{n=1}^{+\infty}\left[\frac{1}{\sqrt{2}}H\left(\frac{\omega}{2^k}\right) - 1\right] = \frac{1}{\sqrt{2}}\sum_{k=1}^{+\infty}\left[H\left(\frac{\omega}{2^k}\right) - \sqrt{2}\right]$$

是收敛的。注意到 $H(0) = \sqrt{2}$,再根据定理 1.3.1 的结论 2,我们有

$$\left|H\left(\frac{\omega}{2^k}\right) - \sqrt{2}\right| = \left|H\left(\frac{\omega}{2^k}\right) - H(0)\right| < C|\omega|^{\alpha}\left(\frac{1}{2^{\alpha}}\right)^k$$

所以无穷乘积收敛收敛。

再因为 $\varphi_0 \in L^1(R)$,所以 $\hat{\varphi}_0(\omega)$ 连续;而$\int_R \varphi_0(t)\,\mathrm{d}t = 1$ 意味着 $\hat{\varphi}_0(0) = 1$,所以

$$\lim_{n\to+\infty}\hat{\varphi}_0(\omega/2^n) = \hat{\varphi}_0(0) = 1$$

从而下面的极限存在

$$\lim_{n\to+\infty}\hat{\varphi}_n(\omega) = \prod_{k=1}^{+\infty}\left[\frac{1}{\sqrt{2}}H\left(\frac{\omega}{2^k}\right)\right] \triangleq \hat{\varphi}(\omega)$$ 【证毕】

该引理只是表明 $\hat{\varphi}_n(\omega)$ 在 R 上点点收敛于 $\hat{\varphi}(\omega)$,并没表明依 $L^2(R)$ 范数收敛于 $\hat{\varphi}(\omega)$,故不能断定 $\hat{\varphi}(\omega) \in L^2(R)$. 但是我们知道,如果 $\hat{\varphi}_n(\omega)$ 在两种意义下都收敛,那么两个极限是一样的。从而上述引理说明,如果层叠算法(7.0.1) 依范数收敛且初始点 φ_0 满足命题的条件,那么极限函数 $\hat{\varphi}(\omega)$(从而 $\varphi(t)$)与初始点 φ_0 的选择无关。

事实上,考察滤波器 h 何时存在属于 $L^2(R)$ 的尺度函数 φ,有两条途径。其一,如果层叠算法(7.0.1) 使得$\{\varphi_n\}_{n=1}^{+\infty}$ 依 $L^2(R)$ 范数收敛于某个 φ,则根据 $L^2(R)$ 的完备性,φ 是属于 $L^2(R)$ 的尺度函数;其二,直接证明(而不是通过层叠算法) 存在属于 $L^2(R)$ 的函数 φ 满足双尺度方程。在节 7.1.1,对一般的滤波器我们采用了第一种方式,主要结果是定理 7.1.5;在节 7.1.2 对正交滤波器我们采用了第二种方式,主要结果是定理 7.1.6。应该说明的是,层叠算法(7.0.1) 在 $L^2(R)$ 中依范数收敛肯定了 h 存在尺度函数,但这只是论证

尺度函数存在性的途径之一,它不是必要的。换言之,h 存在尺度函数,即方程(7.0.2)有 $L^2(R)$ 的解,并不保证层叠算法在 $L^2(R)$ 中依范数收敛于尺度函数(见例7.1.5)。

7.1.1 一般滤波器存在尺度函数的条件

现在考虑 $\{\varphi_n\}_{n=1}^{+\infty}$ 在 $L^2(R)$ 中依范数收敛的问题。因为 $L^2(R)$ 完备,$\{\varphi_n\}_{n=1}^{+\infty}$ 在 $L^2(R)$ 中收敛的充分必要条件是 $\{\varphi_n\}_{n=1}^{+\infty}$ 为 Cauchy 列,即

$$\|\varphi_n - \varphi_m\| \to 0, n, m \to +\infty$$

其中

$$\|\varphi_n - \varphi_m\|^2 = \|\varphi_n\|^2 + \|\varphi_m\|^2 - 2\langle \varphi_n, \varphi_m \rangle$$

而

$$\begin{aligned}
\langle \varphi_n, \varphi_m \rangle &= \langle \sqrt{2} \sum_{j \in \mathbf{Z}} h(j)\varphi_{n-1}(2t-j), \sqrt{2} \sum_{i \in \mathbf{Z}} h(i)\varphi_{m-1}(2t-i) \rangle \\
&= 2\sum_{i \in \mathbf{Z}} \sum_{j \in \mathbf{Z}} h(i)h(j)\langle \varphi_{n-1}(2t-j), \varphi_{m-1}(2t-i) \rangle \\
&= \sum_{i \in \mathbf{Z}} \sum_{j \in \mathbf{Z}} h(i)h(j) \int_R \varphi_{n-1}(t-j) \cdot \varphi_{m-1}(t-i)\,\mathrm{d}t \\
&= \sum_{i \in \mathbf{Z}} \sum_{j \in \mathbf{Z}} h(i)h(j) \int_R \varphi_{n-1}(t) \cdot \varphi_{m-1}(t+(j-i))\,\mathrm{d}t
\end{aligned}$$

于是论证过程涉及下面的内积计算:

$$\int_R \varphi_n(t)\varphi_m(t+k)\,\mathrm{d}t \triangleq a^{(n,m)}(k), \quad k \in \mathbf{Z}; n, m = 1, 2, \cdots$$

固定 n, m,对应一个双无限序列

$$a^{(n,m)} = \{a^{(n,m)}(k)\}_{k \in \mathbf{Z}}$$

特别地当 $n = m$ 时,记作

$$a^{(n)} = \{a^{(n)}(k)\}_{k \in \mathbf{Z}}, \quad a^{(n)}(k) = \int_R \varphi_n(t)\varphi_n(t+k)\,\mathrm{d}t$$

这些是我们在收敛性分析过程中需要计算的量。

为了得到 $a^{(n,m)}$ 和 $a^{(n)}$ 的递推公式,考察 l^2 上算子 T:

$$Tx = (\downarrow 2)[(h * h^-) * x], \quad (\forall x \in l^2)$$

其中 h^- 表示 h 的折叠。注意到

$$\begin{aligned}
(h * h^-)(s) &= \sum_{r \in \mathbf{Z}} h(r)h^-(s-r) = \sum_{r \in \mathbf{Z}} h(r)h(r-s) \\
&= \sum_{r \in \mathbf{Z}} h(r+s)h(r) = (h * h^-)(-s) \qquad (7.1.2)
\end{aligned}$$

所以

$$(Tx)(k) = \sum_{s \in \mathbf{Z}} (h * h^-)(s)x(2k-s) = \sum_{s \in \mathbf{Z}} \sum_{r \in \mathbf{Z}} h(r)h(r+s)x(2k-s) \qquad (7.1.3)$$

将算子 T 用到 $a^{(n,m)}$ 和 $a^{(n)}$ 上,我们有

引理 7.1.2　对任意的正整数 n, m,

$$a^{(n,m)} = Ta^{(n-1,m-1)}$$

$$a^{(n)} = Ta^{(n-1)}$$

【证明】 $\forall k \in \mathbf{Z}$,

$$\begin{aligned}
a^{(n,m)}(k) &= \int_R \varphi_n(t)\varphi_m(t+k)\,\mathrm{d}t \\
&= 2\int_R \Big(\sum_{s\in\mathbf{Z}} h(s)\varphi_{n-1}(2t-s)\Big)\Big(\sum_{r\in\mathbf{Z}} h(r)\varphi_{m-1}(2t+2k-r)\Big)\mathrm{d}t \\
&= \sum_{s\in\mathbf{Z}}\sum_{r\in\mathbf{Z}} h(s)h(r)\int_R \varphi_{n-1}(t-s)\varphi_{m-1}(t+2k-r)\,\mathrm{d}t \\
&= \sum_{s\in\mathbf{Z}}\sum_{r\in\mathbf{Z}} h(s)h(r)\int_R \varphi_{n-1}(t)\varphi_{m-1}(t+s+2k-r)\,\mathrm{d}t \\
&= \sum_{s\in\mathbf{Z}}\sum_{r\in\mathbf{Z}} h(s)h(r)a^{(n-1,m-1)}(s+2k-r) \\
&= \sum_{s\in\mathbf{Z}}\sum_{r\in\mathbf{Z}} h(s)h(r+s)a^{(n-1,m-1)}(2k-r) \\
&= (Ta^{(n-1,m-1)})(k)
\end{aligned}$$

其中最后的等式用到式(7.1.3)。如此证明了 $a^{(n,m)} = Ta^{(n-1,m-1)}$. 至于 $a^{(n)} = Ta^{(n-1)}$，它是 $n = m$ 时的特殊情形。 【证毕】

在进一步的分析中，要用到泛函分析中算子特征根与特征向量的相关知识。为了简化证明，我们只考虑有限长滤波器

$$h = (\cdots 0, h(0), h(1), \cdots, h(N), 0 \cdots)$$

这使得我们可以用线性代数的方法来研究它。此时迭代方程为

$$\varphi_n(t) = \sqrt{2}\sum_{k=0}^{N} h(k)\varphi_{n-1}(2t-k), \quad n = 1,2,\cdots$$

取初始点为"盒函数" $\varphi_0(t) = 1_{[0,1)}$，即 $[0,1)$ 上的示性函数，它满足引理7.1.1规范化条件。由推论6.3.5可知

$$\operatorname{supp}\varphi_n \subseteq [0, N-(N-1)/2^n] \subseteq [0,N]$$

当 $|k| \geqslant N$ 时，t 和 $t+k$ 总有一个在 $[0,N)$ 之外，于是 $\forall n,m = 1,2,\cdots$，当 $|k| \geqslant N$ 时

$$a^{(n,m)}(k) = \int_R \varphi_n(t)\varphi_m(t+k)\,\mathrm{d}t = 0$$

$$a^{(n)}(k) = \int_R \varphi_n(t)\varphi_n(t+k)\,\mathrm{d}t = 0$$

即两个序列 $a^{(n,m)}$ 和 $a^{(n)}$ 都支撑在 $[-N+1, N-1]$ 上。此时，引理7.1.2中的算子递推公式可以表示成矩阵向量的乘积。下面以 $a^{(n)} = Ta^{(n-1)}$ 为例来说明这种表示法。

因为 h 支撑在 $[0,N]$ 上，所以 $\sigma = h * h^-$ 支撑在 $[-N,N]$ 上，即 σ 形如

$$h * h^- = \sigma = (\cdots 0, \sigma(-N), \cdots, \sigma(0), \cdots, \sigma(N), 0 \cdots)$$

式(7.1.2)还表明 σ 关于原点对称。于是

$$a^{(n)} = Ta^{(n-1)} = (\downarrow 2)\sigma * a^{(n-1)}$$

支撑在 $[-N+1, N-1]$ 上。这是因为 $\sigma * a^{(n-1)}$ 支撑在 $[-2N+1, 2N-1]$ 上，而 $(\downarrow 2)$ 运算去掉了 $\sigma * a^{(n-1)}$ 的奇下标项。即 $a^{(n)}$ 形如

$$\begin{aligned}
a^{(n)} = (&\cdots 0, a^{(n)}(-2N+2), a^{(n)}(-2N+4), \cdots, a^{(n)}(0), \cdots, \\
&a^{(n)}(2N-4), a^{(n)}(2N-2), 0 \cdots)^{\mathrm{T}}
\end{aligned}$$

去掉 $a^{(n)}, a^{(n-1)}$ 两端的0，我们仍然用原记号表示它们的紧支撑段，

$$a^{(n)} = (a^{(n)}(-2N+2), a^{(n)}(-2N+4), \cdots, a^{(n)}(0), \cdots, a^{(n)}(2N-4), a^{(n)}(2N-2))^{\mathrm{T}}$$

$$a^{(n-1)} = (a^{(n-1)}(-N+1), a^{(n-1)}(-N+2), \cdots, a^{(n-1)}(0), \cdots, a^{(n-1)}(N-2), a^{(n-1)}(N-1))^{\mathrm{T}}$$

它们都是 $2N-1$ 维的。根据卷积规则，$\sigma * a^{(n-1)}$ 共有 $4N-1$ 项，下标从 $-2N+1$ 到 $2N-1$，再经过 $(\downarrow 2)$ 得到 $a^{(n)} = (\downarrow 2)\sigma * a^{(n-1)}$，可以写成矩阵乘向量的形式。记

$$T_{2N-1} = \begin{pmatrix} \sigma(-N+1) & \sigma(-N) & & & & \\ \sigma(-N+3) & \sigma(-N+2) & \sigma(-N+1) & \sigma(-N) & & \\ \vdots & \vdots & \vdots & \vdots & & \\ \sigma(N-1) & \sigma(N-2) & \vdots & \vdots & \cdots & \sigma(-N+1) \\ & \sigma(N) & \sigma(N-3) & \vdots & \cdots & \sigma(-N+3) \\ & & \sigma(N-1) & \sigma(N-2) & & \vdots \\ & & & \sigma(N) & & \vdots \\ & & & & & \sigma(N-1) \end{pmatrix}$$

那么

$$a^{(n)} = T_{2N-1} a^{(n-1)}$$

σ 的对称性表明 T_{2N-1} 是中心对称矩阵。同理，迭代式 $a^{(n,m)} = Ta^{(n-1,m-1)}$ 可以写成

$$a^{(n,m)} = T_{2N-1} a^{(n-1,m-1)}$$

引理 7.1.3　如果 $h = (\cdots 0, h(0), h(1), \cdots, h(N), 0 \cdots)$ 满足条件

$$\sum_{k\in\mathbf{Z}} h(2k) = \sum_{k\in\mathbf{Z}} h(2k+1) = 1/\sqrt{2}$$

那么矩阵 T_{2N-1} 有特征值1，相应的左特征向量 $e^{\mathrm{T}} = (1,1,\cdots,1)$，右特征向量记作 a.

【证明】注意到

$$h * h^{-} = \sigma = (\cdots 0, \sigma(-N), \cdots, \sigma(0), \cdots, \sigma(N), 0 \cdots)$$

根据式(7.1.2)可以算出

$$\begin{aligned}\sum_{s\in\mathbf{Z}} \sigma(s) &= \sum_{s\in\mathbf{Z}} \sum_{r\in\mathbf{Z}} h(s+r)h(r) \\ &= \sum_{r\in\mathbf{Z}} h(r) \sum_{s\in\mathbf{Z}} h(s+r) = \Big[\sum_{r\in\mathbf{Z}} h(r)\Big]^2 = 2\end{aligned}$$

$$\begin{aligned}\sum_{s\in\mathbf{Z}} \sigma(2s) &= \sum_{s\in\mathbf{Z}} \sum_{r\in\mathbf{Z}} h(2s+r)h(r) \\ &= \sum_{r\in\mathbf{Z}} h(r) \sum_{s\in\mathbf{Z}} h(2s+r) \\ &= \sum_{r\in\mathbf{Z}} h(2r) \sum_{s\in\mathbf{Z}} h(2s+2r) + \sum_{r\in\mathbf{Z}} h(2r+1) \sum_{s\in\mathbf{Z}} h(2s+2r+1) \\ &= \Big[\sum_{r\in\mathbf{Z}} h(2r)\Big]^2 + \Big[\sum_{r\in\mathbf{Z}} h(2r+1)\Big]^2 = 1\end{aligned}$$

$$\sum_{s\in\mathbf{Z}} \sigma(2s+1) = \sum_{s\in\mathbf{Z}} \sigma(s) - \sum_{s\in\mathbf{Z}} \sigma(2s) = 1$$

而 T_{2N-1} 的每一列元素或者是 σ 的奇下标项，或者是 σ 的偶下标项。所以，T_{2N-1} 的每一列元

素之和都等于1,即$e^{\mathrm{T}}T_{2N-1}=e^{\mathrm{T}}$,$T_{2N-1}$有左特征向量$e^{\mathrm{T}}$. 又显然$T_{2N-1}-I$的每一列元素之和为0,即行列式$|T_{2N-1}-I|=0$,所以$T_{2N-1}$有特征值1,相应的特征向量记作$a$.

【证毕】

引理7.1.4　设h满足引理7.1.3的条件。取初始点为“盒函数”$\varphi_0=1_{[0,1)}$,如果矩阵T_{2N-1}的特征值1是单特征值,相应的特征向量是a;而且T_{2N-1}的其余特征值$|\lambda|<1$,那么

(1) $\lim\limits_{n\to\infty}a^{(n)}=a$

(2) $\forall j,\lim\limits_{n\to\infty}a^{(n+j,n)}=a$,且收敛关于$j$是一致的。

【证明】　在引理7.1.2中,我们得到递推公式

$$a^{(n)}=T_{2N-1}a^{(n-1)}=\cdots=T_{2N-1}^{n}a^{(0)}$$

$$a^{(n+j,n)}=T_{2N-1}a^{(n+j-1,n-1)}=\cdots=T_{2N-1}^{n}a^{(j,0)}$$

其中

$$\begin{cases}a^{(0)}(k)=\int_R\varphi_0(t)\varphi_0(t+k)\mathrm{d}t=\delta(k)\\ a^{(j,0)}(k)=\int_R\varphi_j(t)\varphi_0(t+k)\mathrm{d}t\end{cases}\qquad k=-N+1,\cdots,N-1$$

因为T_{2N-1}有单特征值1,相应的特征向量为a,由约旦标准型理论

$$T_{2N-1}=S\begin{pmatrix}1&0\\0&B\end{pmatrix}S^{-1}$$

其中B是T_{2N-1}的其余特征值对应的约旦块,S是T_{2N-1}的所有特征向量。显然S具有形式$S=[a,\cdots]$. 因为e^{T}是T_{2N-1}的左特征向量(特征值为1),所以e是T_{2N-1}^{T}的(右)特征向量,故$T_{2N-1}^{\mathrm{T}}e=e$. 注意到

$$T_{2N-1}^{\mathrm{T}}S^{-T}=S^{-T}\begin{pmatrix}1&0\\0&B^{\mathrm{T}}\end{pmatrix}$$

这说明S^{-T}具有形式$S^{-T}=[e,\cdots]$,从而S^{-1}具有形式$S^{-1}=\begin{pmatrix}e^{\mathrm{T}}\\ \vdots\end{pmatrix}$,从而$T_{2N-1}$具有形式

$$T_{2N-1}=S\begin{pmatrix}1&0\\0&B\end{pmatrix}S^{-1}=[a,\cdots]\begin{pmatrix}1&0\\0&B\end{pmatrix}\begin{pmatrix}e^{\mathrm{T}}\\ \vdots\end{pmatrix}$$

所以

$$T_{2N-1}^{n}=[a,\cdots]\begin{pmatrix}1&0\\0&B^{n}\end{pmatrix}\begin{pmatrix}e^{\mathrm{T}}\\ \vdots\end{pmatrix}$$

又因为T_{2N-1}的其余特征值$|\lambda|<1$,这使得$B^{n}\to0,(n\to+\infty)$,所以

$$\lim_{n\to\infty}T_{2N-1}^{n}=[a,\cdots]\begin{pmatrix}1&0\\0&0\end{pmatrix}\begin{pmatrix}e^{\mathrm{T}}\\ \vdots\end{pmatrix}=ae^{\mathrm{T}}$$

所以

$$\lim_{n\to\infty}a^{(n)}=\lim_{n\to\infty}T_{2N-1}^{n}a^{(0)}=ae^{\mathrm{T}}a^{(0)}$$

$$\lim_{n\to\infty}a^{(n+j,n)}=\lim_{n\to\infty}T_{2N-1}^{n}a^{(j,0)}=ae^{\mathrm{T}}a^{(j,0)}$$

上面第一式中

$$e^{\mathrm{T}}a^{(0)} = e^{\mathrm{T}}(0,\cdots 0,1,0,\cdots 0)^{\mathrm{T}} = 1$$

第二式中的 $a^{(j,0)}$ 支撑在$[-N+1,N-1]$上，于是

$$\begin{aligned} e^{\mathrm{T}}a^{(j,0)} &= \sum_{k=-N+1}^{N-1} a^{(j,0)}(k) = \sum_{k\in\mathbf{Z}} a^{(j,0)}(k) = \sum_{k\in\mathbf{Z}}\int_R \varphi_j(t)\varphi_0(t+k)\,\mathrm{d}t \\ &= \int_R \varphi_j(t)\Big[\sum_{k\in\mathbf{Z}}\varphi_0(t+k)\Big]\mathrm{d}t = \int_R \varphi_j(t)\,\mathrm{d}t = 1 \end{aligned}$$

其中最后一个等式是因为

$$\begin{aligned} \int_R \varphi_j(t)\,\mathrm{d}t &= \sqrt{2}\int_R \sum_{k\in\mathbf{Z}} h(k)\varphi_{j-1}(2t-k)\,\mathrm{d}t = \sqrt{2}\sum_{k\in\mathbf{Z}} h(k)\int_R \varphi_{j-1}(2t-k)\,\mathrm{d}t \\ &= \frac{1}{\sqrt{2}}\sum_{k\in\mathbf{Z}} h(k)\int_R \varphi_{j-1}(t)\,\mathrm{d}t = \int_R \varphi_{j-1}(t)\,\mathrm{d}t = \cdots = \int_R \varphi_0(t)\,\mathrm{d}t = 1 \end{aligned}$$

最后我们得到

$$\lim_{n\to\infty} a^{(n)} = a$$

$$\lim_{n\to\infty} a^{(n+j,n)} = a$$

其中第二个极限的收敛在于 T_{2N-1}^{n} 的收敛，与 j 无关，即关于 j 是一致收敛的。　　【证毕】

有了前面关于 T 算子的性质，我们就可以给出滤波器存在尺度函数的条件。

定理 7.1.1　设 $h = (\cdots 0,h(0),\cdots,h(N),0\cdots)$，满足

(1) $\sum_{k\in\mathbf{Z}} h(2k) = \sum_{k\in\mathbf{Z}} h(2k+1) = 1/\sqrt{2}$

(2) T_{2N-1} 的特征值 1 是单重的，其余特征值 $|\lambda|<1$. 这里

$$T_{2N-1} = \begin{pmatrix} \sigma(-N+1) & \sigma(-N) & & & & \\ \sigma(-N+3) & \sigma(-N+2) & \sigma(-N+1) & \sigma(-N) & & \\ \vdots & \vdots & \vdots & \vdots & & \\ \sigma(N-1) & \sigma(N-2) & \vdots & \vdots & \cdots & \sigma(-N+1) \\ & \sigma(N) & \sigma(N-3) & \vdots & \cdots & \sigma(-N+3) \\ & & \sigma(N-1) & \sigma(N-2) & & \vdots \\ & & & \sigma(N) & & \vdots \\ & & & & & \sigma(N-1) \end{pmatrix}$$

$$h * h^{-} = \sigma = (\cdots 0,\sigma(-N),\cdots,\sigma(0),\cdots,\sigma(N),0\cdots)$$

那么存在 $\varphi\in L^2(R)$ 满足双尺度方程

$$\varphi(t) = \sqrt{2}\sum_{k=0}^{N} h(k)\varphi(2t-k)$$

取 $\varphi_0 = 1_{[0,1)}$，则 φ 是迭代算法

$$\varphi_n(t) = \sqrt{2}\sum_{k=0}^{N} h(k)\varphi_{n-1}(2t-k),\quad n = 1,2,\cdots$$

的极限。

【证明】　因为 $L^2(R)$ 的完备性，只要证明 $\{\varphi_n\}_{n=0}^{+\infty}$ 是 $L^2(R)$ 中的 Cauchy 列。这等价于证明

$$\lim_{n\to\infty}\|\varphi_{n+j}-\varphi_n\|^2=0$$

且收敛关于 j 是一致的。

$$\begin{aligned}\|\varphi_{n+j}-\varphi_n\|^2&=\|\varphi_{n+j}\|^2+\|\varphi_n\|^2-2\langle\varphi_{n+j},\varphi_n\rangle\\&=\int_R\varphi_{n+j}(t)\varphi_{n+j}(t)\mathrm{d}t+\int_R\varphi_n(t)\varphi_n(t)\mathrm{d}t-2\int_R\varphi_{n+j}(t)\varphi_n(t)\mathrm{d}t\\&=a^{(n+j)}(0)+a^{(n)}(0)-2a^{(n+j,n)}(0)\end{aligned}$$

设 a 是 T_{2N-1} 相应于 1 特征值的特征向量，由引理 7.1.4 知

$$\lim_{n\to\infty}a^{(n+j)}(0)=\lim_{n\to\infty}a^{(n)}(0)=a(0),\quad \lim_{n\to\infty}a^{(n+j,n)}(0)=a(0)$$

且第二个极限关于 j 是一致的。所以

$$\lim_{n\to\infty}\|\varphi_{n+j}-\varphi_n\|^2=0$$

收敛且关于 j 是一致的。$\{\varphi_n\}_{n=0}^{+\infty}$ 在 $L^2(R)$ 中的极限就是双尺度方程的解。　　【证毕】

虽然定理 7.1.1 的表述和证明只是针对有限长滤波器，但结论对无限长滤波器也是正确的。此时，仍然要求 h 满足定理 7.1.1 中的规范性条件，而矩阵 T_{2N-1} 换成 l^2 上的算子

$$Tx=(\downarrow 2)[(h*h^-)*x],\quad(\forall x\in l^2)$$

该算子除了单重特征值 1，其余特征值要满足 $|\lambda|<1$.

定理 7.1.1 中滤波器的规范化条件（奇数项之和等于偶数项之和等于 $1/\sqrt{2}$）意味着

$$H(0)=1,\quad H(\pi)=0$$

即 h 具有低通特性。如果它能产生尺度函数 φ（即双尺度方程 $\varphi=H\varphi$ 的解），那么 φ 在频域中可表达为

$$\hat{\varphi}(\omega)=\prod_{k=1}^{+\infty}\left[\frac{1}{\sqrt{2}}H\left(\frac{\omega}{2^k}\right)\right]$$

$$\hat{\varphi}(0)=1$$

例 7.1.1　取 $N=2$,

$$h=(h(0),h(1),h(2))=\left(\frac{1}{2\sqrt{2}},\frac{1}{\sqrt{2}},\frac{1}{2\sqrt{2}}\right)$$

考察 h 是否对应存在尺度函数。

【解】　h 满足

$$\sum_{k\in\mathbf{Z}}h(2k)=\sum_{k\in\mathbf{Z}}h(2k+1)=1/\sqrt{2}$$

再计算出

$$h*h^-=\sigma=(\sigma(-2),\sigma(-1),\sigma(0),\sigma(1),\sigma(2))=\left(\frac{1}{8},\frac{1}{2},\frac{3}{4},\frac{1}{2},\frac{1}{8}\right)$$

$$T_{2N-1}=T_3=\begin{pmatrix}\sigma(-1)&\sigma(-2)&\\\sigma(1)&\sigma(0)&\sigma(-1)\\&\sigma(2)&\sigma(-1)\end{pmatrix}=\begin{pmatrix}1/2&1/8&\\1/2&3/4&1/2\\&1/8&1/2\end{pmatrix}$$

算出 T_3 的三个特征值为 $\lambda_1=1$, $\lambda_2=1/2$, $\lambda_3=1/4$，符合定理 7.1.4 的条件，所以 h 存在对应的尺度函数 φ，它是下述迭代过程的极限

$$\varphi_0 = 1_{[0,1)},\ \varphi_k(t) = \frac{1}{2}\varphi_{k-1}(2t) + \varphi_{k-1}(2t-1) + \frac{1}{2}\varphi_{k-1}(2t-2) \quad k = 1,2,\cdots$$

我们来作出迭代的前几项。$\varphi_k(t)$ 是三项之和。第一项是将 $\varphi_{k-1}(t)$ 向左压缩一半，同时振幅压缩一半；第二项是将 $\varphi_{k-1}(t)$ 先向左压缩一半，再向右平移 1/2；第三项是将 $\varphi_{k-1}(t)$ 向左压缩一半，再向右平移 1 个单位，最后振幅压缩一半，如图 7 - 1 所示。

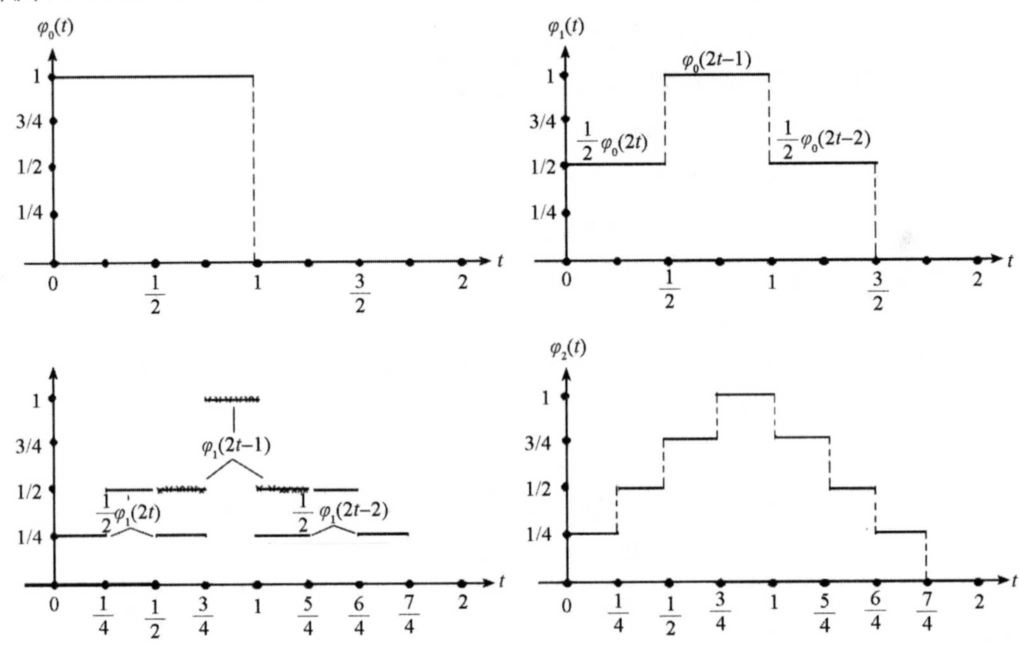

图 7 - 1

我们猜测极限函数是“帽子” 函数。如图 7 - 2 所示。

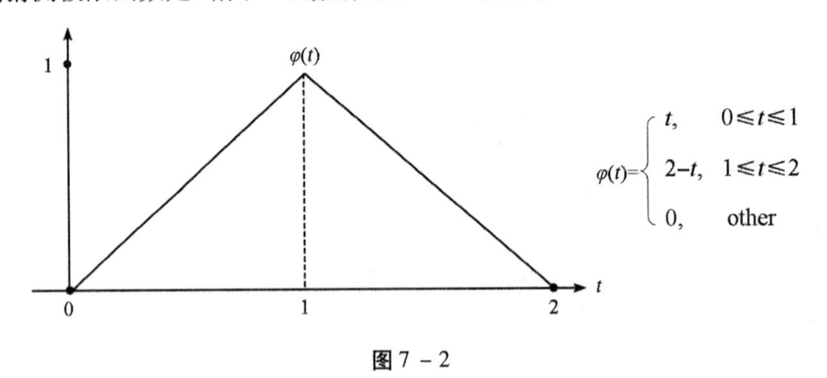

图 7 - 2

事实上，因为

$$\frac{1}{2}\varphi(2t) = \begin{cases} t, & t \in [0,\frac{1}{2}] \\ 1-t, & t \in [\frac{1}{2},1] \\ 0, & \text{其它} \end{cases},\quad \varphi(2t-1) = \begin{cases} 2t-1, & t \in [\frac{1}{2},1] \\ 3-2t, & t \in [1,\frac{3}{2}] \\ 0, & \text{其它} \end{cases},$$

$$\frac{1}{2}\varphi(2t-2)=\begin{cases}t-1, & t\in[1,\frac{3}{2}]\\ 2-t, & t\in[\frac{3}{2},2]\\ 0, & \text{其它}\end{cases}$$

容易验证

$$\frac{1}{2}\varphi(2t)+\varphi(2t-1)+\frac{1}{2}\varphi(2t-2)=\varphi(t)$$

可见,极限函数的确是“帽子”函数。

例 7.1.2　取 $N=2$,

$$h=(h(0),h(1),h(2))=(\sqrt{2},1/\sqrt{2},-1/\sqrt{2})$$

考察 h 是否对应存在尺度函数。

【解】h 满足

$$\sum_{k\in\mathbf{Z}}h(2k)=\sum_{k\in\mathbf{Z}}h(2k+1)=1/\sqrt{2}$$

再计算出

$$h*h^{-}=\sigma=(\sigma(-2),\sigma(-1),\sigma(0),\sigma(1),\sigma(2))=(-1,1/2,3,1/2,-1)$$

$$T_{2N-1}=T_3=\begin{pmatrix}\sigma(-1) & \sigma(-2) & \\ \sigma(1) & \sigma(0) & \sigma(-1)\\ & \sigma(2) & \sigma(-1)\end{pmatrix}=\begin{pmatrix}1/2 & -1 & \\ 1/2 & 3 & 1/2\\ & -1 & 1/2\end{pmatrix}$$

算出 T_3 的三个特征值为 $\lambda_1=5/2,\lambda_2=1,\lambda_3=1/2$,最大特征值超过1,不符合定理7.1.4的条件,故 h 不能产生尺度函数。具体分析如下:由定理7.1.1的证明可知,φ_n 的能量

$$\|\varphi_n\|^2=Ta^{(n)}(0)=T^na^{(0)}(0)$$

其中(注意到当 $|k|\geqslant N=2$ 时 $a^{(n)}(k)=0$)

$$a^{(0)}=\left(\int_R\varphi_0(t)\varphi_0(t-1)\mathrm{d}t\quad\int_R\varphi_0^2(t)\mathrm{d}t\quad\int_R\varphi_0(t)\varphi_0(t+1)\mathrm{d}t\right)^{\mathrm{T}}=(0\quad 1\quad 0)^{\mathrm{T}}$$

而 T 有三个相异特征值,可以写出 T 的谱分解

$$T=\lambda_1S_1+\lambda_2S_2+\lambda_3S_3$$

其中

$$S_1=\begin{pmatrix}-\frac{1}{6} & -\frac{2}{3} & -\frac{1}{6}\\ \frac{1}{3} & \frac{4}{3} & \frac{1}{3}\\ -\frac{1}{6} & -\frac{2}{3} & -\frac{1}{6}\end{pmatrix},\quad S_2=\begin{pmatrix}\frac{2}{3} & \frac{2}{3} & \frac{2}{3}\\ -\frac{1}{3} & -\frac{1}{3} & -\frac{1}{3}\\ \frac{2}{3} & \frac{2}{3} & \frac{2}{3}\end{pmatrix},\quad S_3=\begin{pmatrix}\frac{1}{2} & 0 & -\frac{1}{2}\\ 0 & 0 & 0\\ -\frac{1}{2} & 0 & \frac{1}{2}\end{pmatrix}$$

它们具有性质

$$S_iS_j=\begin{cases}S_i, & i=j\\ 0, & i\neq j\end{cases}$$

所以

$$T^n = \lambda_1^n S_1 + \lambda_2^n S_2 + \lambda_3^n S_3$$

于是

$$T^n a^{(0)} = \lambda_1^n \begin{pmatrix} -2/3 \\ 4/3 \\ -2/3 \end{pmatrix} + \lambda_2^n \begin{pmatrix} 2/3 \\ -1/3 \\ 2/3 \end{pmatrix} + \lambda_3^n \begin{pmatrix} 0 \\ 0 \\ 0 \end{pmatrix}$$

从而

$$\|\varphi_n\|^2 = T^n a^{(0)}(0) = \lambda_1^n \frac{4}{3} + \lambda_2^n\left(-\frac{1}{3}\right) = \left(\frac{5}{2}\right)^n \frac{4}{3} - \frac{1}{3} \to +\infty$$

即 φ_n 在 $L^2(R)$ 中不收敛。

7.1.2　正交滤波器存在尺度函数的条件

在节7.1.1,当滤波器满足特征根条件,从初始点 $\varphi_0 = 1_{[0,1]}$ 出发,通过卷积－抽取迭代得到 $L^2(R)$ 中依范数收敛的点列 φ_n,$L^2(R)$ 的完备性保证了点列的极限在 $L^2(R)$ 中,它就是滤波器的尺度函数。本节要证明,对于规范化正交滤波器 $H(\omega)$,在很简易的条件下存在 $L^2(R)$ 中的尺度函数 $\varphi(t)$。节5.2.3的Daubechies正交滤波器和节5.2.4的参数化正交滤波器都符合下面定理的条件。

定理7.1.2　设滤波器 h 满足

(1) 存在 $\alpha > 0$,使得

$$\sum_{k \in \mathbf{Z}} |h(k)|\,|k|^{\alpha} < +\infty$$

(2) $H(\omega)$ 是规范化的低通正交滤波器

$$\begin{cases} |H(\omega)|^2 + |H(\omega + \pi)|^2 = 2 \\ H(0) = \sqrt{2} \end{cases}$$

那么,存在 $\varphi(t) \in L^2(R)$ 满足双尺度方程

$$\varphi(t) = \sqrt{2} \sum_{k \in \mathbf{Z}} h(k)\varphi(2t - k)$$

【证明】　我们把双尺度方程放到频域中考察。两边作傅里叶变换得到

$$\hat{\varphi}(\omega) = \frac{1}{\sqrt{2}} H\left(\frac{\omega}{2}\right)\hat{\varphi}\left(\frac{\omega}{2}\right)$$

递推得到

$$\hat{\varphi}(\omega) = \left[\prod_{k=1}^{n} \frac{1}{\sqrt{2}} H\left(\frac{\omega}{2^k}\right)\right] \cdot \hat{\varphi}\left(\frac{\omega}{2^n}\right)$$

令 $n \to +\infty$,根据引理7.1.1,上式右边的无穷乘积收敛。如果 φ 恰好在 $\omega = 0$ 处连续且 $\hat{\varphi}(0) = 1$,那么 $\hat{\varphi}(\omega/2^n) \to \hat{\varphi}(0) = 1$,于是我们尝试取

$$\hat{\varphi}(\omega) = \prod_{k=1}^{+\infty} \left[\frac{1}{\sqrt{2}} H\left(\frac{\omega}{2^k}\right)\right] \tag{7.1.4}$$

实际上,刚才对 φ 的附加要求是否满足并不重要,那两个要求只是引导我们做出上面的猜测。

首先我们证明式(7.1.4)中的 $\hat{\varphi}(\omega) \in L^2(R)$,考虑用函数序列逼近 $\hat{\varphi}(\omega)$,作

$$\hat{\varphi}_n(\omega) = \prod_{k=1}^{n}\left[\frac{1}{\sqrt{2}}H\left(\frac{\omega}{2^k}\right)\right]\cdot 1_{[-2^n\pi,2^n\pi]},\quad (n \geqslant 1) \tag{7.1.5}$$

其中 $1_{[-2^n\pi,2^n\pi]}$ 表示 $[-2^n\pi,2^n\pi]$ 上的示性函数。显然 $|\hat{\varphi}_n(\omega)|^2 \geqslant 0$ 可积，且 $\lim\limits_{n\to+\infty}|\hat{\varphi}_n(\omega)|^2 = |\hat{\varphi}(\omega)|^2$，根据 Fatou 引理，只要证明极限 $\lim\limits_{n\to+\infty}\int_R|\hat{\varphi}_n(\omega)|^2 d\omega$ 存在，就能保证 $\hat{\varphi}(\omega) \in L^2(R)$。为此记

$$I_n[m] = \int_R |\hat{\varphi}_n(\omega)|^2 e^{im\omega} d\omega \tag{7.1.6}$$

我们将利用 $H(\omega)$ 的正交性来证明 $I_n[m]$ 实际上与 n 无关：

$$I_n[m] = 2\pi\delta[m] \tag{7.1.7}$$

从而得知 $\lim\limits_{n\to+\infty}\int_R|\hat{\varphi}_n(\omega)|^2 d\omega = \lim\limits_{n\to+\infty}I_n[0] = 2\pi$，极限存在。

当 $n = 1$ 时，

$$\begin{aligned}
I_1[m] &= \int_R |\hat{\varphi}_1(\omega)|^2 e^{im\omega} d\omega = \int_{-2\pi}^{+2\pi}\frac{1}{2}|H(\omega/2)|^2 e^{im\omega} d\omega \\
&= \left(\int_{-2\pi}^{0} + \int_0^{+2\pi}\right)\frac{1}{2}|H(\omega/2)|^2 e^{im\omega} d\omega \\
&= \int_0^{2\pi}\frac{1}{2}\left|H\left(\frac{\omega}{2}-\pi\right)\right|^2 e^{im\omega} d\omega + \int_0^{2\pi}\frac{1}{2}\left|H\left(\frac{\omega}{2}\right)\right|^2 e^{im\omega} d\omega \\
&= \int_0^{2\pi}\frac{1}{2}\left(\left|H\left(\frac{\omega}{2}-\pi\right)\right|^2 + \left|H\left(\frac{\omega}{2}\right)\right|^2\right)e^{im\omega} d\omega = \int_0^{2\pi} e^{im\omega} d\omega \\
&= 2\pi\delta[m]
\end{aligned}$$

当 $n > 1$ 时，

$$\begin{aligned}
I_n[m] &= \int_R |\hat{\varphi}_n(\omega)|^2 e^{im\omega} d\omega = \int_{-2^n\pi}^{2^n\pi}\left|\prod_{k=1}^{n}\frac{1}{\sqrt{2}}H(2^{-k}\omega)\right|^2\cdot e^{im\omega} d\omega \\
&= \left(\int_{-2^n\pi}^{0} + \int_0^{2^n\pi}\right)\left|\prod_{k=1}^{n}\frac{1}{\sqrt{2}}H(2^{-k}\omega)\right|^2\cdot e^{im\omega} d\omega \\
&= \int_0^{2^n\pi}\left|\prod_{k=1}^{n}\frac{1}{\sqrt{2}}H(2^{-k}\omega - 2^{n-k}\pi)\right|^2\cdot e^{im\omega} d\omega + \int_0^{2^n\pi}\left|\prod_{k=1}^{n}\frac{1}{\sqrt{2}}H(2^{-k}\omega)\right|^2\cdot e^{im\omega} d\omega \\
&= \int_0^{2^n\pi}\left|\prod_{k=1}^{n-1}\frac{1}{\sqrt{2}}H(2^{-k}\omega - 2^{n-k}\pi)\right|^2\cdot\left|\frac{1}{\sqrt{2}}H(2^{-n}\omega - \pi)\right|^2\cdot e^{im\omega} d\omega \\
&\quad + \int_0^{2^n\pi}\left|\prod_{k=1}^{n-1}\frac{1}{\sqrt{2}}H(2^{-k}\omega)\right|^2\cdot\left|\frac{1}{\sqrt{2}}H(2^{-n}\omega)\right|^2\cdot e^{im\omega} d\omega \\
&= \int_0^{2^n\pi}\left|\prod_{k=1}^{n-1}\frac{1}{\sqrt{2}}H(2^{-k}\omega)\right|^2\cdot\frac{1}{2}\left[|H(2^{-n}\omega - \pi)|^2 + |H(2^{-n}\omega)|^2\right]\cdot e^{im\omega} d\omega \\
&= \int_0^{2^n\pi}\left|\prod_{k=1}^{n-1}\frac{1}{\sqrt{2}}H(2^{-k}\omega)\right|^2\cdot e^{im\omega} d\omega = \int_{-2^{n-1}\pi}^{2^{n-1}\pi}\left|\prod_{k=1}^{n-1}\frac{1}{\sqrt{2}}H(2^{-k}\omega)\right|^2\cdot e^{im\omega} d\omega \\
&= \int_R |\hat{\varphi}_{n-1}(\omega)|^2 e^{im\omega} d\omega = I_{n-1}[m]
\end{aligned}$$

其中倒数第三步等式是因为被积函数$\left|\prod_{k=1}^{n-1}H(2^{-k}\omega)\right|^2$是$2^n\pi$周期函数，它在$[0,2^n\pi]$上的积分等于在$[-2^{n-1}\pi,2^{n-1}\pi]$上的积分。

至此已经证明了$\hat{\varphi}(\omega)\in L^2(R)$，从而对应的傅里叶逆变换$\varphi(t)\in L^2(R)$。再进一步说明$\varphi(t)$满足双尺度方程。在式(7.1.4)中，$\hat{\varphi}(\omega)$可以写成

$$\begin{aligned}\hat{\varphi}(\omega) &= \frac{1}{\sqrt{2}}H(\frac{\omega}{2})\cdot\prod_{k=2}^{+\infty}\left[\frac{1}{\sqrt{2}}H(\frac{\omega}{2^k})\right]\\ &= \frac{1}{\sqrt{2}}H(\frac{\omega}{2})\cdot\prod_{k=1}^{+\infty}\left[\frac{1}{\sqrt{2}}H(\frac{1}{2}\frac{\omega}{2^k})\right]\\ &= \frac{1}{\sqrt{2}}H(\frac{\omega}{2})\cdot\hat{\varphi}(\frac{\omega}{2})\end{aligned}$$

两边再作傅里叶逆变换得到

$$\varphi(t)=\sqrt{2}\sum_{k\in\mathbf{Z}}h(k)\varphi(2t-k)$$

即$\varphi(t)$满足双尺度方程。【证毕】

如果对定理7.1.2再加强一点条件，那么尺度函数还有独特的性质。

定理 7.1.3 设滤波器h满足定理7.1.2的条件，如果h还满足

$$\inf_{|\omega|\leqslant\pi/2}|H(\omega)|=\kappa>0 \tag{7.1.8}$$

那么尺度函数φ的全体整数平移$\{\varphi(t-k)\}_{k\in\mathbf{Z}}$在$L^2(R)$中标准正交。

【证明】 $\{\varphi(t-k)\}_{k\in\mathbf{Z}}$的标准正交性意味着

$$\langle\varphi(\cdot-k),\varphi(\cdot-l)\rangle=\delta[l-k]$$

由 Plancherel 等式(定理1.4.1)，$\forall k,l\in\mathbf{Z}$，

$$\langle\varphi(\cdot-k),\varphi(\cdot-l)\rangle=\frac{1}{2\pi}\int_R|\hat{\varphi}(\omega)|^2\mathrm{e}^{\mathrm{i}(l-k)\omega}\mathrm{d}\omega$$

所以我们只要证明$\forall m\in\mathbf{Z}$有

$$\int_R|\hat{\varphi}(\omega)|^2\mathrm{e}^{\mathrm{i}m\omega}\mathrm{d}\omega=2\pi\delta[m]$$

仍然采用式(7.1.5)中的函数序列$\hat{\varphi}_n(\omega)$逼近$\varphi(\omega)$，于是

$$\int_R|\hat{\varphi}(\omega)|^2\mathrm{e}^{\mathrm{i}m\omega}\mathrm{d}\omega=\int_R\lim_{n\to+\infty}|\hat{\varphi}_n(\omega)|^2\mathrm{e}^{\mathrm{i}m\omega}\mathrm{d}\omega$$

在验证了控制收敛定理的条件后，积分与极限可交换次序，于是

$$\begin{aligned}\int_R|\hat{\varphi}(\omega)|^2\mathrm{e}^{\mathrm{i}m\omega}\mathrm{d}\omega &= \lim_{n\to+\infty}\int_R|\hat{\varphi}_n(\omega)|^2\mathrm{e}^{\mathrm{i}m\omega}\mathrm{d}\omega\\ &= \lim_{n\to+\infty}I_n[m]=2\pi\delta[m]\end{aligned}$$

其中后面两步等式就是式(7.1.6)和(7.1.7)。下面来验证控制收敛定理所需条件，我们要找到一个可积的控制函数$g(\omega)$，即$g(\omega)$能够使得

$$\forall n\geqslant 1,\forall\omega\in R:|\hat{\varphi}_n(\omega)|^2\leqslant g(\omega)，且\ g(\omega)\in L^2(R)$$

考虑取$g(\omega)$形如$g(\omega)=c|\hat{\varphi}(\omega)|^2$，其中$c>0$为常数。定理7.1.2保证了$g(\omega)\in L^2(R)$，问题是能否找到常数$c$. 根据式(7.1.5)中$\hat{\varphi}_n(\omega)$的作法，它在$[-2^n\omega,2^n\omega]$之外

被截断为零,即当$|\omega| \geqslant 2^n\pi$时,$|\hat{\varphi}_n(\omega)|^2 = 0 \leqslant g(\omega)$;故$c$的选择(必须与$n$无关)只需使得

$$|\hat{\varphi}_n(\omega)|^2 \leqslant c|\hat{\varphi}(\omega)|^2, \quad (\text{当}|\omega| < 2^n\pi)$$

注意到

$$\begin{aligned}|\hat{\varphi}(\omega)|^2 &= \left|\prod_{k=1}^{+\infty}\frac{1}{\sqrt{2}}H(2^{-k}\omega)\right|^2 \\ &= \left|\prod_{k=1}^{n}\frac{1}{\sqrt{2}}H(2^{-k}\omega)\right|^2 \cdot \left|\prod_{k=n+1}^{+\infty}\frac{1}{\sqrt{2}}H(2^{-k}\omega)\right|^2 \\ &= |\hat{\varphi}_n(\omega)|^2 \cdot |\hat{\varphi}(2^{-n}\omega)|^2\end{aligned}$$

故只要能取得$c > 0$使得

$$|\hat{\varphi}(2^{-n}\omega)|^2 \geqslant c^{-1}, \quad (\text{当}|\omega| \leqslant 2^n\pi)$$

或者等价地

$$|\hat{\varphi}(\omega)|^2 \geqslant c^{-1}, \quad (\text{当}|\omega| \leqslant \pi) \tag{7.1.9}$$

为此,记$\sigma(\omega) = \left|\frac{1}{\sqrt{2}}H(\omega)\right|^2$,由$H(\omega)$的正交性和规范性使得$0 \leqslant \sigma(\omega) \leqslant 1, \sigma(0) = 1$,所以$\sigma(\omega)$在$\omega = 0$处极大,故有$\sigma'(0) = 0$. 于是

$$\ln\sigma(\omega) = \ln\sigma(0) + \frac{\sigma'(0)}{\sigma(0)}\omega + o(\omega) = o(\omega), \quad (|\omega| \to 0)$$

所以存在$\varepsilon_0 > 0$使得当$|\omega| < \varepsilon_0$时,$|\ln\sigma(\omega)| \leqslant |\omega|$,即$\ln\sigma(\omega) \geqslant -|\omega|$. 从而当$|\omega| < \varepsilon_0$时,有

$$\begin{aligned}|\hat{\varphi}(\omega)|^2 &= \left|\prod_{k=1}^{+\infty}\frac{1}{\sqrt{2}}H(2^{-k}\omega)\right|^2 = e^{\sum_{k=1}^{+\infty}\ln\left|\frac{1}{\sqrt{2}}H(2^{-k}\omega)\right|^2} \\ &= e^{\sum_{k=1}^{+\infty}\ln\sigma(2^{-k}\omega)} \geqslant e^{-\sum_{k=1}^{+\infty}2^{-k}|\omega|} = e^{-|\omega|} > e^{-\varepsilon_0}\end{aligned} \tag{7.1.10}$$

回顾我们的论证目标(7.1.9),当$|\omega| \leqslant \pi$时,先取正整数l使得$|2^{-l}\omega| < \varepsilon_0$,再根据本定理条件(7.1.8),当$|\omega| \leqslant \pi$时,有$|2^{-k}\omega| \leqslant \pi/2, k = 1, \cdots, l$,于是

$$\begin{aligned}|\hat{\varphi}(\omega)|^2 &= \prod_{k=1}^{+\infty}\left|\frac{1}{\sqrt{2}}H(2^{-k}\omega)\right|^2 = \prod_{k=1}^{l}\left|\frac{1}{\sqrt{2}}H(2^{-k}\omega)\right|^2 \cdot \prod_{k=l+1}^{+\infty}\left|\frac{1}{\sqrt{2}}H(2^{-k}\omega)\right|^2 \\ &\geqslant 2^{-l}\kappa^{2l} \cdot \prod_{k=l+1}^{+\infty}\left|\frac{1}{\sqrt{2}}H(2^{-k}\omega)\right|^2 = 2^{-l}\kappa^{2l}|\hat{\varphi}(2^{-l}\omega)|^2 > 2^{-l}\kappa^{2l}e^{-\varepsilon_0}\end{aligned}$$

于是只要取$c^{-1} = 2^{-l}\kappa^{2l}e^{-\varepsilon_0}$就能使式(7.1.9)成立。　　　　【证毕】

作$L^2(R)$的子空间,

$$V_0 = \{\sum_{k\in\mathbf{Z}}c(k)\varphi(t-k) \mid \{c(k)\} \in l^2\}$$

它有标准正交基$\{\varphi(t-k)\}_{k\in\mathbf{Z}}$,它将是第八章的正交多分辨分析的核心子空间。

例 7.1.3　Haar 滤波器的尺度函数。取h为

$$h(k) = \begin{cases}1/\sqrt{2}, & k = 0,1 \\ 0, & \text{其它}\end{cases}$$

求 h 对应的尺度函数。

【解】显然 h 是有限长的正交滤波器,满足定理 7.1.2 的条件。h 的频谱

$$H(\omega) = \frac{1}{\sqrt{2}}(1+e^{-i\omega}) = \frac{e^{-i\omega/2}}{\sqrt{2}}(e^{i\omega/2}+e^{-i\omega/2}) = \sqrt{2}e^{-i\omega/2}\cos\frac{\omega}{2}$$

于是

$$\begin{aligned}\hat{\varphi}(\omega) &= \prod_{k=1}^{+\infty}\left[\frac{1}{\sqrt{2}}H\left(\frac{\omega}{2^k}\right)\right] = \prod_{k=1}^{+\infty}\left[e^{-i\omega/2^{k+1}}\cos(\omega/2^{k+1})\right] \\ &= e^{-i\omega/2}\prod_{k=1}^{+\infty}\cos(\omega/2^{k+1})\end{aligned}$$

注意到

$$\begin{aligned}\sin x &= 2\cos(x/2)\sin(x/2) = 2^2\cos(x/2)\cos(x/4)\sin(x/4) = \cdots \\ &= 2^L\sin\left(\frac{x}{2^L}\right)\prod_{k=1}^{L}\cos\left(\frac{x}{2^k}\right)\end{aligned}$$

由此可得

$$\prod_{k=1}^{+\infty}\cos\left(\frac{x}{2^k}\right) = \frac{\sin x}{x}$$

于是

$$\hat{\varphi}(\omega) = e^{-i\omega/2}\frac{\sin\omega/2}{\omega/2}$$

从而

$$\begin{aligned}\varphi(t) &= \frac{1}{2\pi}\int_R e^{-i\omega/2}\frac{\sin\omega/2}{\omega/2}e^{it\omega}d\omega \\ &= \frac{1}{2\pi}\int_R \frac{\sin\omega/2}{\omega/2}\cos(t-1/2)\omega d\omega \\ &= \frac{1}{2\pi}\int_R \frac{\sin t\omega + \sin(1-t)\omega}{\omega}d\omega \\ &= \frac{1}{2}[\operatorname{sgn}(t)+\operatorname{sgn}(1-t)] = \begin{cases}1, & t\in(0,1) \\ \frac{1}{2}, & t=0,1 \\ 0, & \text{其它}\end{cases}\end{aligned}$$

可见 Haar 滤波器的尺度函数就是[0,1]上的示性函数,它的全体整数平移是标准正交的。

定理 7.1.2 中的条件(1)保证了无穷乘积(7.1.4)的收敛性,但它不是必要条件。一个滤波器 h 只要保证这个无穷乘积收敛,并且保证极限属于 $L^2(R)$,就能对应产生一个尺度函数,如下例。

例 7.1.4 Shannon 尺度函数。构造一个 2π 周期函数 $H(\omega)$,它在$[-\pi,\pi]$上定义为

$$H(\omega) = \begin{cases}\sqrt{2}e^{-i\omega/2}, & |\omega|\leqslant \pi/2 \\ 0, & \omega\in[-\pi,-\pi/2)\cup(\pi/2,\pi]\end{cases}$$

$|H(\omega)|$的图像如图 7-3 所示。$H(\omega)$ 对应的滤波器系数为

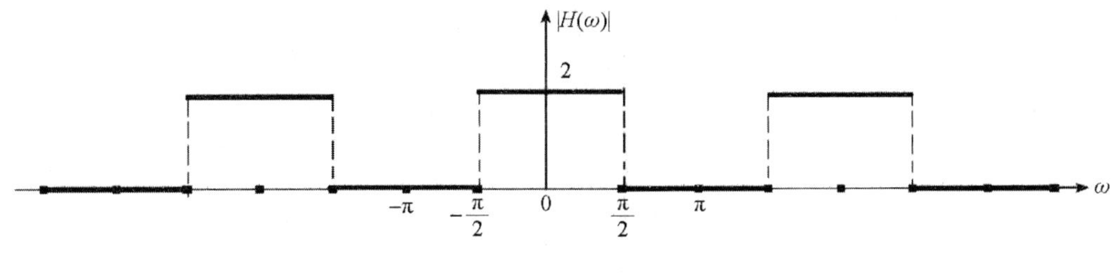

图 7 - 3

$$h(k)=\frac{1}{2\pi}\int_{-\pi}^{\pi}H(\omega)e^{ik\omega}d\omega=\frac{1}{2\pi}\int_{-\pi/2}^{\pi/2}\sqrt{2}e^{i(k-1/2)\omega}d\omega=\frac{\sqrt{2}\sin\frac{\pi}{2}(k-\frac{1}{2})}{\pi(k-\frac{1}{2})}$$

从图 7 - 3 可以看出 $H(\omega)$ 是满足定理 7. 1. 2 条件(2) 的规范化正交滤波器,但 $h(k)$ 并不满足定理 7. 1. 2 条件(1)。下面来计算

$$\hat{\varphi}(\omega)=\prod_{k=1}^{+\infty}[\frac{1}{\sqrt{2}}H(\frac{\omega}{2^k})]$$

将实轴 R 分割成

$$R=\left\{\omega\,|\,|\omega|\leqslant\pi\right\}\cup\left\{\omega\,|\,|\omega|>\pi\right\}=\left\{\omega\,|\,|\omega|\leqslant\pi\right\}\bigcup_{k=1}^{+\infty}\{2^{k-1}\pi<|\omega|\leqslant 2^k\pi\}$$

(1) 当 $|\omega|\leqslant\pi$,那么 $\omega/2^k\in[-\pi/2,\pi/2]$,$k=1,2,\cdots$,所以

$$\hat{\varphi}(\omega)=\prod_{k=1}^{+\infty}[\frac{1}{\sqrt{2}}H(\frac{\omega}{2^k})]=\prod_{k=1}^{+\infty}e^{-i\frac{\omega}{2^{k+1}}}=e^{-i\omega/2}$$

(2) 当 $2^{k_0-1}\pi<|\omega|\leqslant 2^{k_0}\pi$,$k_0\geqslant 1$,则 $\pi/2<|\omega/2^{k_0}|\leqslant\pi$,故有 $H(\omega/2^{k_0})=0$,从而 $\hat{\varphi}(\omega)=0$. 总之

$$\hat{\varphi}(\omega)=\begin{cases}e^{-i\omega/2}, & |\omega|\leqslant\pi\\ 0, & |\omega|>\pi\end{cases}$$

它属于 $L^2(R)$. 所以

$$\varphi(t)=\frac{1}{2\pi}\int_R\hat{\varphi}(\omega)e^{it\omega}d\omega=\frac{1}{2\pi}\int_{-\pi}^{\pi}e^{i(t-1/2)\omega}d\omega=\frac{\sin\pi(t-1/2)}{\pi(t-1/2)}$$

也属于 $L^2(R)$,称为 Shannon 尺度函数,图形如图 7 - 4 所示。

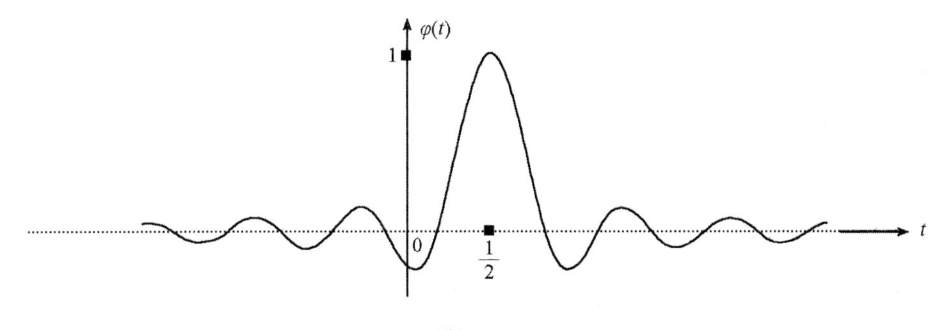

图 7 - 4

例 7. 1. 5　存在尺度函数但层叠算法不收敛于尺度函数的滤波器。

取滤波器

$$h(k) = \begin{cases} 1/\sqrt{2}, & k = 0,3 \\ 0, & \text{其它} \end{cases}$$

显然 h 满足双平移正交性且 $H(0) = \sqrt{2}$，即 h 是有限长的规范化正交滤波器，满足定理 7.1.2 的条件，所以 h 存在尺度函数。事实上，h 对应的双尺度方程是

$$\varphi(t) = \varphi(2t) + \varphi(2t - 3)$$

它的解

$$\varphi(t) = \begin{cases} 1/3, & 0 \leqslant t < 3 \\ 0, & \text{其它} \end{cases} \tag{7.1.11}$$

现在对 h 使用层叠算法，从 $\varphi_0(t) = 1_{[0,1]}$ 开始，按 $\varphi_k = H\varphi_{k-1} = \varphi_{k-1}(2t) + \varphi_{k-1}(2t - 3)$ 迭代，图 7－5 给出了前三次迭代的图像，可以看到 $\varphi_k(t)$ 的值为 0 或者 1，紧支撑的长度恒为 1，

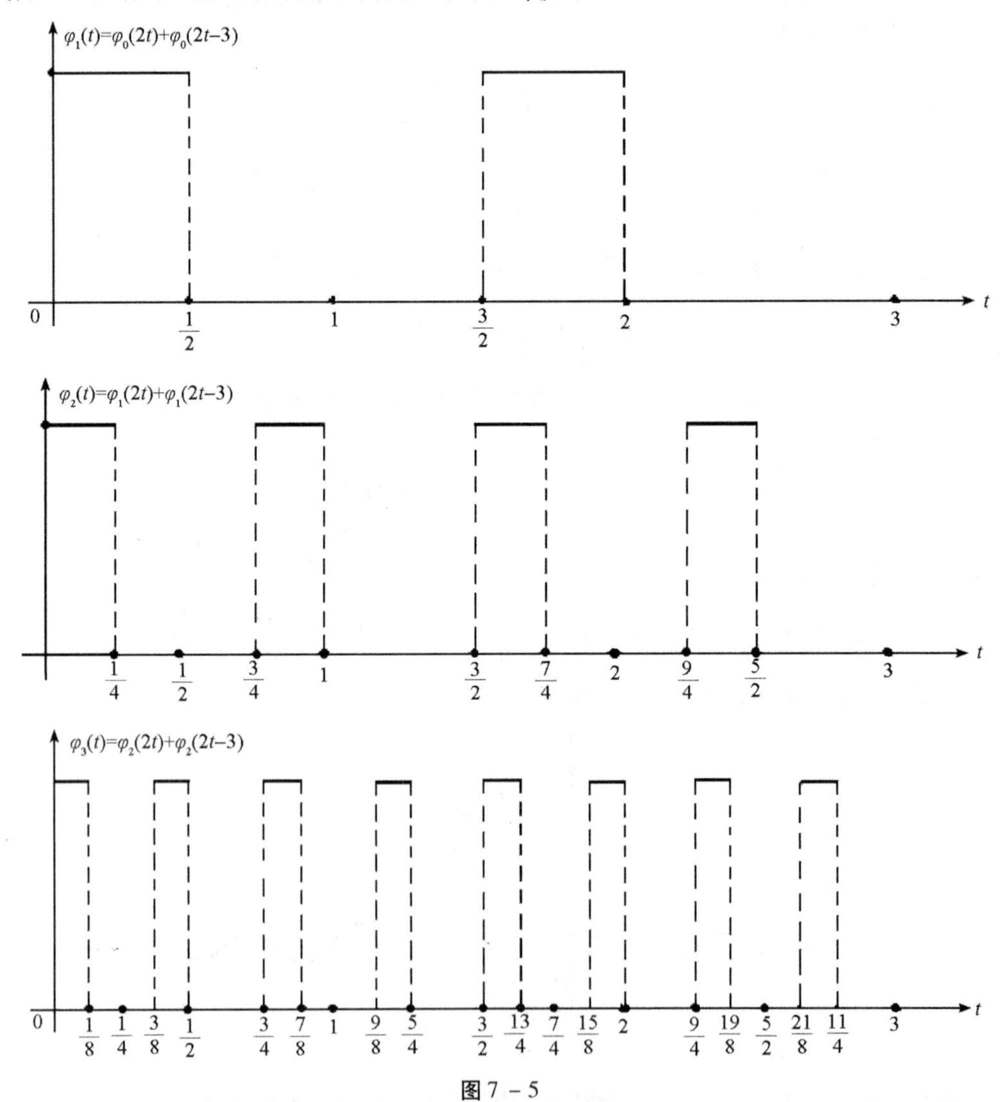

图 7－5

越来越均匀地分布在[0,3] 区间。$\varphi_k(t)$ 并不收敛于尺度函数(7.1.11)。当然,h 肯定不会满足定理7.1.1的条件。注意到 $N=3$,有

$$\sigma = h * h^- = (\frac{1}{2},0,0,\underline{1},0,0,\frac{1}{2})$$

$$T_{2N-1} = T_5 = \begin{pmatrix} 0 & \frac{1}{2} & 0 & 0 & 0 \\ 1 & 0 & 0 & \frac{1}{2} & 0 \\ 0 & 0 & 1 & 0 & 0 \\ 0 & \frac{1}{2} & 0 & 0 & 1 \\ 0 & 0 & 0 & \frac{1}{2} & 0 \end{pmatrix}$$

可以算出 T_5 的5个特征值为 $\lambda_1 = \lambda_2 = 1, \lambda_3 = 1/2, \lambda_4 = -1/2, \lambda_5 = -1$,特征值1是双重的。

7.2　尺度函数的性质

尺度函数来自于滤波器,所以尺度函数的性质由滤波器决定。本节讨论了尺度函数的光滑度以及利用尺度函数生成多项式这两个性质,它们由滤波器在 π 处的零点阶数所决定,这个零点阶数由一个矩阵 $\mathscr{M}_0$ 的特征值来表述,而 $\mathscr{M}_0$ 由滤波器的系数构成,在节7.3中尺度函数的数值计算中要用到这个矩阵。

7.2.1　Lipschitz 正则性

函数的有界、连续、可微、高阶可微等性质,统称为函数的正则性。可微的概念通常是指整数阶的、点态性质,而函数的 Lipschitz 正则性推广了这些概念。我们熟知,如果函数 $f(t)$ 在 v 点邻域 $\Omega(v)$ 中 $n+1$ 阶可微,则 $f(t)$ 在 $\Omega(v)$ 中可用 n 阶台劳展式 $p_v(t)$ 逼近:

$$p_v(t) = \sum_{k=0}^{n} \frac{f^{(k)}(v)}{k!}(t-v)^k$$

$$|f(t) - p_v(t)| \leqslant \frac{|t-v|^{n+1}}{(n+1)!} \sup_{t\in\Omega(v)} |f^{(n+1)}(t)|$$

Lipschitz 正则性就是从函数与多项式的逼近程度来描述函数在某一点或某区间上的正则性。

定义7.2.1　函数 $f(t)$ 在点 v 具有 $\alpha(\geqslant 0)$ 阶点态 Lipschitz 正则性是指:存在常数 $K>0$, 存在 $m=[\alpha]$ 阶多项式 $p_v(t)$ 和点 v 的邻域 $\Omega(v)$,使得

$$|f(t) - p_v(t)| \leqslant K|t-v|^\alpha, \quad t \in \Omega(v) \tag{7.2.1}$$

而且 α 是使得式(7.2.1)成立的最大指数,即对大于 α 的指数,不复存在 $p_v(t)$, K, $\Omega(v)$ 能使得式(7.2.1)成立。

下面用几个 α 值来解释这个定义。当 $\alpha=0$,则 $p_v(t)$ 为某常数 a,式(7.2.1)成为

$$|f(t)-a|\leqslant K,\quad t\in\Omega(v)$$

这说明 $f(t)$ 在点 v 的邻域 $\Omega(v)$ 中有界；当 $0<\alpha<1$，$p_v(t)$ 仍为某常数 a，式(7.2.1) 成为

$$|f(t)-a|\leqslant K|t-v|^{\alpha},\quad t\in\Omega(v)$$

令 $t=v$ 得 $a=f(v)$，这说明 $f(t)$ 在点连续；但是 $f(t)$ 在点 v 不可微，这是因为，假若 $f(t)$ 在 v 处可微，则存在 l 使得

$$\left|\frac{f(t)-f(v)}{t-v}-l\right|\to 0,\quad (t\to v)$$

从而有 v 的邻域 $\Omega(v)$，使得

$$\left|\frac{f(t)-f(v)}{t-v}-l\right|\leqslant 1,\quad t\in\Omega(v)$$

即

$$|f(t)-[f(v)+l(t-v)]|\leqslant|t-v|,\quad t\in\Omega(v)$$

取 1 阶多项式 $p_v(t)=f(v)+l(t-v)$，这导致 f 在 v 处至少有 1 阶点态 Lipschitz 正则性，与最大指数 $\alpha<1$ 矛盾。

当 $\alpha=1$，存在一阶多项式 $p_v(t)=a+b(t-v)$，使得

$$|f(t)-[a+b(t-v)]|\leqslant K|t-v|,\quad t\in\Omega(v)$$

令 $t=v$ 得到 $a=f(v)$，于是

$$\left|\frac{f(t)-f(v)}{t-v}-b\right|\leqslant K,\quad t\in\Omega(v)$$

这说明 $f(t)$ 在 v 处的差分有界，但仍然不能说明 $f(t)$ 在 v 处可微，这是介于连续与可微之间的一种状态。显然，当 $1<\alpha<2$ 时，$f(t)$ 在 v 处一阶可微，而且较大的 α 对应在 v 处“更高”的可微性度量。

定义 7.2.2　$f(t)$ 在区间 $[a,b]$ 上具有 $\alpha(\geqslant 0)$ 阶一致 Lipschitz 正则性是指：存在常数 $K>0$，使得 $\forall v\in[a,b]$ 存在相应的 $m=[\alpha]$ 阶多项式 $p_v(t)$ 和邻域 $\Omega(v)$，成立式(7.2.1)，而对大于 α 的指数不成立。

在定义 7.2.2 中，常数 K 与 v 无关，多项式 $p_v(t)$ 和邻域 $\Omega(v)$ 可以与 v 有关(但 $p_v(t)$ 的阶数是确定的)。$\alpha=0$ 意味着 $f(t)$ 在 $[a,b]$ 上有界；$0<\alpha<1$ 意味着 $f(t)$ 在 $[a,b]$ 上一致连续；当 $\alpha>1$ 时，可以证明 $f(t)$ 在 $[a,b]$ 上 $m=[\alpha]$ 次连续可微，且 $f^{(m)}(t)$ 在 $[a,b]$ 上具有 $\alpha-m$ 阶一致 Lipschitz 正则性。

点态 Lipschitz 正则性的 α 指标与所论的点有关，而区间上的一致正则性有共同的指标 α. 下面的结论表明，$f(t)$ 在 $(-\infty,+\infty)$ 上的一致 Lipschitz 正则性与 $\hat{f}(\omega)$ 的衰减速度有关。它实际上是定理 1.4.4 从正整数到实数的推广。

定理 7.2.1　如果存在 $\alpha\geqslant 0$ 使得

$$\int_R|\hat{f}(\omega)|(1+|\omega|^{\alpha})\mathrm{d}\omega<+\infty$$

则 $f(t)$ 在 $(-\infty,+\infty)$ 上至少具有 α 阶一致 Lipschitz 正则性。

【证明】 (1) 当 $\alpha=0$ 时。$\forall t\in(-\infty,+\infty)$

$$|f(t)| \leqslant \frac{1}{2\pi}\int_R |\hat{f}(\omega)| \cdot |e^{i\omega t}| d\omega \leqslant \int_R |\hat{f}(\omega)| d\omega < +\infty$$

即 $f(t)$ 在 $(-\infty, +\infty)$ 上有界,或者说在 $(-\infty, +\infty)$ 上具有零阶一致 Lipschitz 正则性。

(2) 当 $0 < \alpha < 1$ 时。$\forall t, v \in (-\infty, +\infty)$

$$\begin{aligned}
\frac{|f(t) - f(v)|}{|t-v|^\alpha} &\leqslant \frac{\frac{1}{2\pi}\int_R |\hat{f}(\omega)| \cdot |e^{i\omega t} - e^{i\omega v}| d\omega}{|t-v|^\alpha} \\
&\leqslant \frac{1}{2\pi}\int_{|\omega| \geqslant |t-v|^{-1}} |\hat{f}(\omega)| \frac{2}{|t-v|^\alpha} d\omega \\
&\quad + \frac{1}{2\pi}\int_{|\omega| < |t-v|^{-1}} |\hat{f}(\omega)| \frac{|i\omega e^{i\omega\theta}(t-v)|}{|t-v|^\alpha} d\omega \\
&\leqslant \frac{1}{2\pi}\int_{|\omega| \geqslant |t-v|^{-1}} |\hat{f}(\omega)| \cdot 2|\omega|^\alpha d\omega \\
&\quad + \frac{1}{2\pi}\int_{|\omega| < |t-v|^{-1}} |\hat{f}(\omega)| \cdot |\omega| \cdot |t-v|^{1-\alpha} d\omega \\
&\leqslant \frac{1}{2\pi}\int_{|\omega| \geqslant |t-v|^{-1}} |\hat{f}(\omega)| \cdot 2|\omega|^\alpha d\omega \\
&\quad + \frac{1}{2\pi}\int_{|\omega| < |t-v|^{-1}} |\hat{f}(\omega)| \cdot |\omega|^\alpha d\omega \\
&\leqslant \frac{1}{\pi}\int_R |\hat{f}(\omega)| \cdot |\omega|^\alpha d\omega \\
&\leqslant \frac{1}{\pi}\int_R |\hat{f}(\omega)| \cdot (1 + |\omega|^\alpha) d\omega \triangleq K
\end{aligned}$$

所以

$$|f(t) - f(v)| \leqslant K|t-v|^\alpha$$

即 $f(t)$ 在 $(-\infty, +\infty)$ 上至少具有 α 阶一致 Lipschitz 正则性。

(3) 当 $\alpha \geqslant 1$ 时。记 $m = [\alpha]$,则 $\int_R |\hat{f}(\omega)|(1 + |\omega|^m) d\omega < +\infty$. 根据定理 1.4.4, $f(t)$ 是 m 连续可微,又由于 $F\{f^{(m)}(t)\} = (i\omega)^m \hat{f}(\omega)$,所以

$$\begin{aligned}
\int_R |F\{f^{(m)}(t)\}|(1 + |\omega|^{\alpha-m}) d\omega &= \int_R |\omega|^m \cdot |\hat{f}(\omega)|(1 + |\omega|^{\alpha-m}) d\omega \\
&= \int_R |\hat{f}(\omega)|(|\omega|^m + |\omega|^\alpha) d\omega \\
&\leqslant 2\int_R |\hat{f}(\omega)| \cdot |\omega|^\alpha d\omega \\
&\leqslant 2\int_R |\hat{f}(\omega)| \cdot (1 + |\omega|^\alpha) d\omega < +\infty
\end{aligned}$$

由(2)的证明即知 $f^{(m)}(t)$ 在 $(-\infty, +\infty)$ 上至少具有 $\alpha - m$ 阶一致 Lipschitz 正则性,所以 $f(t)$ 在 $(-\infty, +\infty)$ 上至少具有 α 阶一致 Lipschitz 正则性。　【证毕】

7.2.2　尺度函数的正则性与多项式生成

在节 7.1 我们知道(定理 7.1.1 和定理 7.1.2),对能够生成尺度函数的滤波器 $H(\omega)$

有一个基本的要求$H(0)=\sqrt{2}$,$H(\pi)=0$,这表示滤波器$H(\omega)$能抑制高频,有低通特性。条件$H(\pi)=0$意味着$H(\omega)$至少有一个因子$(1+e^{-i\omega})$,一般地可设

$$H(\omega)=\sqrt{2}\left(\frac{1+e^{-i\omega}}{2}\right)^p\cdot B(\omega) \tag{7.2.2}$$

其中$p\geqslant 1$,$B(\omega)$是2π周期函数,$B(0)=1$. 指数p是滤波器$H(\omega)$极其重要的一个指标,它表明$H(\omega)$在π处有p阶零点,即

$$H(\pi)=H'(\pi)=\cdots=H^{(p-1)}(\pi)=0$$

对于紧支撑滤波器,

$$H(\omega)=\sum_{k=0}^{N}h(k)e^{-ik\omega}$$

π处有p阶零点反映在滤波器系数上就是

$$\sum_{k=0}^{N}(-1)^k k^n h(k)=0,\quad n=0,\cdots,p-1 \tag{7.2.2$'$}$$

这很容易验证:$H(\pi)=0$对应到(7.2.2)′中$n=0$成立;而

$$H'(\omega)=(-i)\sum_{k=0}^{N}k\cdot h(k)e^{-ik\omega}$$

于是$H'(\pi)=0$对应到(7.2.2)′中$n=1$成立;以此类推。在相同长度的正交滤波器中,Daubechies正交滤波器具有最高阶数的零点。显然,零点阶数越高,则$|H(\omega)|$在π的邻域内越贴近横轴。

定义 7.2.3　如果$H(\omega)$在π处具有直至p阶的零点,则称$H(\omega)$在π处p阶贴近。

定理 7.2.2　设$H(\omega)$在π处p阶贴近,形如式(7.2.2)。又设

$$\sup_{\omega\in[-\pi,\pi]}|B(\omega)|=\mu$$

那么对于$\alpha<p-\log_2\mu-1$,尺度函数$\varphi(t)$至少具有α阶Lipschitz一致正则性。

【证明】　记$\alpha=p-\log_2\mu-1-\delta$,$(\delta>0)$,如果能证明$\forall\omega\in R$

$$|\hat{\varphi}(\omega)|\leqslant C(1+|\omega|)^{-p+\log_2\mu} \tag{7.2.3}$$

则

$$|\hat{\varphi}(\omega)|(1+|\omega|^\alpha)\leqslant C(1+|\omega|)^{-p+\log_2\mu}(1+|\omega|)^\alpha=C(1+|\omega|)^{-1-\delta}$$

从而

$$\int_R|\hat{\varphi}(\omega)|(1+|\omega|^\alpha)d\omega\leqslant\int_R C(1+|\omega|)^{-1-\delta}d\omega<+\infty$$

由定理7.2.1即知$\varphi(t)$至少具有α阶Lipschitz一致正则性。下面证明式(7.2.3)。

根据$\hat{\varphi}(\omega)$与$H(\omega)$的关系以及式(7.2.2),有

$$\hat{\varphi}(\omega)=\prod_{k=1}^{+\infty}\left[\frac{1}{\sqrt{2}}H(2^{-k}\omega)\right]=\prod_{k=1}^{+\infty}\left[\left(\frac{1+e^{-i2^{-k}\omega}}{2}\right)^p\cdot B(2^{-k}\omega)\right]$$

于是

$$|\hat{\varphi}(\omega)|=\left[\prod_{k=1}^{+\infty}\left|\frac{1+e^{-i2^{-k}\omega}}{2}\right|\right]^p\cdot\prod_{k=1}^{+\infty}|B(2^{-k}\omega)|$$

利用公式

$$\left|\frac{1+e^{-i\alpha}}{2}\right| = \left|\cos\frac{\alpha}{2}\right|$$

$$\prod_{k=1}^{+\infty}\cos\frac{\alpha}{2^k} = \frac{\sin\alpha}{\alpha}$$

可以得到

$$\prod_{k=1}^{+\infty}\left|\frac{1+e^{-i2^{-k}\omega}}{2}\right| = \left|\frac{1-e^{-i\omega}}{\omega}\right|$$

于是

$$|\hat{\varphi}(\omega)| = \frac{|1-e^{-i\omega}|^p}{|\omega|^p}\prod_{k=1}^{+\infty}|B(2^{-k}\omega)| \tag{7.2.4}$$

下面先估计式(7.2.4)中的$\prod_{k=1}^{+\infty}|B(2^{-k}\omega)|$在$R$中的上界。因为$H(\omega)$在0处连续可微，$B(\omega)$亦然，又因为$B(0)=1$，从而存在$\varepsilon>0$使得$|\omega|<\varepsilon$时，有

$$|B(\omega)| \leqslant 1+\sigma|\omega|$$

这里σ是$|B'(\omega)|$在$[-\varepsilon,\varepsilon]$中的上界。对$\omega\in R$分两种情形考虑：情形(1)当$|\omega|\leqslant\varepsilon$时

$$\prod_{k=1}^{+\infty}|B(2^{-k}\omega)| \leqslant \prod_{k=1}^{+\infty}(1+\sigma|2^{-k}\omega|) \leqslant \prod_{k=1}^{+\infty}e^{\sigma|2^{-k}\omega|} = e^{\sigma|\omega|} \leqslant e^{\sigma\varepsilon} \tag{7.2.5}$$

情形(2)当$|\omega|>\varepsilon$时，取$K\geqslant 1$，使得$|2^{-K}\omega|<\varepsilon$，且$|2^{-K+1}\omega|\geqslant\varepsilon$，那么

$$\begin{aligned}\prod_{k=1}^{+\infty}|B(2^{-k}\omega)| &= \prod_{k=1}^{K}|B(2^{-k}\omega)|\cdot\prod_{k=K+1}^{+\infty}|B(2^{-k}\omega)| \\ &= \prod_{k=1}^{K}|B(2^{-k}\omega)|\cdot\prod_{k=1}^{+\infty}|B(2^{-k}\cdot 2^{-K}\omega)|\end{aligned}$$

对上式中的有限乘积，使用定理的条件$\sup_{\omega\in[-\pi,\pi]}|B(\omega)|=\mu$，注意$B(\omega)$的$2\pi$周期性，$\mu$也就是$B(\omega)$在$R$中的上界，可得

$$\prod_{k=1}^{K}|B(2^{-k}\omega)| \leqslant \mu^K$$

对无限乘积，因为$|2^{-K}\omega|<\varepsilon$，根据情形(1)，可得

$$\prod_{k=1}^{+\infty}|B(2^{-k}\cdot 2^{-K}\omega)| \leqslant e^{\sigma\varepsilon}$$

于是当$|\omega|>\varepsilon$时，

$$\prod_{k=1}^{+\infty}|B(2^{-k}\omega)| \leqslant \mu^K\cdot e^{\sigma\varepsilon} = 2^{K\log_2\mu}\cdot e^{\sigma\varepsilon}$$

再注意到K的取法使得$2^K\leqslant 2|\omega|/\varepsilon$，所以

$$\prod_{k=1}^{+\infty}|B(2^{-k}\omega)| \leqslant \left(\frac{2|\omega|}{\varepsilon}\right)^{\log_2\mu}\cdot e^{\sigma\varepsilon} = \frac{\mu}{\varepsilon^{\log_2\mu}}e^{\sigma\varepsilon}|\omega|^{\log_2\mu} \tag{7.2.6}$$

综合式(7.2.5)(7.2.6)可知

$$\sup_{\omega\in R}\prod_{k=1}^{+\infty}|B(2^{-k}\omega)| \leqslant e^{\sigma\varepsilon} + \frac{\mu}{\varepsilon^{\log_2\mu}}e^{\sigma\varepsilon}|\omega|^{\log_2\mu}$$

$$\leqslant \rho + \rho |\omega|^{\log_2 \kappa}$$
$$\leqslant \rho(1 + |\omega|)^{\log_2 \mu} \tag{7.2.7}$$

其中

$$\rho = \max\left\{e^{\sigma\varepsilon},\ \frac{\mu}{\varepsilon^{\log_2 \mu}} e^{\sigma\varepsilon}\right\}$$

再考察式(7.2.4)中的$|1 - e^{-i\omega}|^p |\omega|^{-p}$. 因为当$|\omega| \to 0$时它趋向于1,无穷积分的收敛关键在于当$|\omega| \to +\infty$时函数的趋势,所以不妨设$|\omega| \geqslant 1$,

$$\frac{|1 - e^{-i\omega}|^p}{|\omega|^p} \leqslant \frac{2^p}{|\omega|^p} = \frac{2^p}{(1 + |\omega|)^p}\left(1 + \frac{1}{|\omega|}\right)^p \leqslant \frac{2^{p+1}}{(1 + |\omega|)^p} \tag{7.2.8}$$

综合式(7.2.4)(7.2.7)(7.2.8)可知

$$|\hat{\varphi}(\omega)| \leqslant \rho 2^{p+1}(1 + |\omega|)^{-p+\log_2 \mu} \triangleq C(1 + |\omega|)^{-p+\log_2 \mu}$$

这就是式(7.2.3)。 【证毕】

定理7.2.2告诉我们,在式(7.2.2)中的$B(\omega)$如果满足

$$\sup_{\omega \in [-\pi,\pi]} |B(\omega)| = \mu < 2^{p-1}$$

则$p - \log_2 \mu - 1 > 0$,这意味着$\varphi(t)$至少有$\alpha > 0$阶的一致Lipschitz正则性,从而是一致连续的。如果$\mu < 2^{p-1-m}$,则$p - \log_2 \mu - 1 > m$,这意味着$\varphi(t)$至少有$\alpha > m$阶的一致Lipschitz正则性,从而是m次连续可微的。

例7.2.1 考察Daubechies正交滤波器尺度函数的正则性。

在节5.2.3,我们构造了长度为$2p$的正交滤波器:

$$|H(\omega)|^2 = 2\left|\frac{1 + e^{-i\omega}}{2}\right|^{2p} \sum_{k=0}^{p-1} C_{p+k-1}^k \left(\sin^2 \frac{\omega}{2}\right)^k$$

$H(\omega)$在π处p阶贴近。对应定理7.2.2中的$|B(\omega)|$是

$$|B(\omega)| = \sqrt{\sum_{k=0}^{p-1} C_{p+k-1}^k \left(\sin^2 \frac{\omega}{2}\right)^k}$$

显然$|B(\omega)|$在$[-\pi,\pi]$的上确界为

$$\sup_{\omega \in [-\pi,\pi]} |B(\omega)| = \sqrt{\sum_{k=0}^{p-1} C_{p+k-1}^k}$$

利用组合公式$C_{n-1}^m + C_{n-1}^{m-1} = C_n^m$,并注意到$C_{p-1}^0 = C_p^0$,可得

$$\begin{aligned}\sum_{k=0}^{p-1} C_{p+k-1}^k &= C_{p-1}^0 + C_p^1 + C_{p+1}^2 + C_{p+2}^3 + C_{p+3}^4 + \cdots + C_{2p-3}^{p-2} + C_{2p-2}^{p-1} \\ &= C_{p+1}^1 + C_{p+1}^2 + C_{p+2}^3 + C_{p+3}^4 + \cdots + C_{2p-3}^{p-2} + C_{2p-2}^{p-1} \\ &= C_{p+2}^2 + C_{p+2}^3 + C_{p+3}^4 + \cdots + C_{2p-3}^{p-2} + C_{2p-2}^{p-1} = \cdots = C_{2p-1}^{p-1}\end{aligned}$$

所以

$$\sup_{\omega \in [-\pi,\pi]} |B(\omega)| = \sqrt{C_{2p-1}^{p-1}} \triangleq \mu$$

用归纳法容易证明$\mu < 2^{p-1}$,$(p \geqslant 2)$,所以定理7.2.2中的

$$p - \log_2 \mu - 1 > p - \log_2 2^{p-1} - 1 = 0$$

对于 $\alpha < p - \log_2 \mu - 1$，Daubechies 尺度函数 $\varphi(t)$ 至少具有 α 阶 Lipschitz 一致正则性，下表列出了几个 p 值和相应的 $p - \log_2 \mu - 1$：

p(滤波器长度为 $2p$)	$p - \log_2 \mu - 1$
2	1.79248
3	3.66096
4	5.56464
5	7.48864
6	9.42587
7	11.3724
8	13.3259
9	15.2846
10	17.2476

可见，Daubechies 滤波器长度越长，尺度函数的光滑性越好。

定理 7.2.3　当 $H(\omega)$ 在 π 处 p 阶贴近，对应的尺度函数 $\varphi(t)$ 满足

$$\int_R |\varphi(t)|(1 + t^{p-1})\mathrm{d}t < +\infty \tag{7.2.9}$$

则 $\forall 0 \leqslant n \leqslant p - 1$，

$$\sum_{k\in\mathbf{Z}} k^n \varphi(t-k) \triangleq q_n(t) \tag{7.2.10}$$

是一个 n 阶多项式。

【证明】　这个证明借用了节 2.2 中的 δ 函数以及导数的性质。对式(7.2.10)两边作傅里叶变换

$$\hat{q}_n(\omega) = \hat{\varphi}(\omega)\sum_{k\in\mathbf{Z}} k^n \mathrm{e}^{-\mathrm{i}k\omega} = (\mathrm{i})^n \hat{\varphi}(\omega)\frac{\mathrm{d}^n}{\mathrm{d}\omega^n}\sum_{k\in\mathbf{Z}} \mathrm{e}^{-\mathrm{i}k\omega}$$

根据泊松公式(2.2.6)，知

$$\sum_{k\in\mathbf{Z}} \mathrm{e}^{-\mathrm{i}k\omega} = 2\pi\sum_{k\in\mathbf{Z}}\delta(\omega - 2k\pi)$$

于是

$$\hat{q}_n(\omega) = 2\pi(\mathrm{i})^n\sum_{k\in\mathbf{Z}}\hat{\varphi}(\omega)\delta^{(n)}(\omega - 2k\pi) \tag{7.2.11}$$

再根据式(2.2.13)，

$$\hat{\varphi}(\omega)\delta^{(n)}(\omega - 2k\pi) = \sum_{r=0}^{n}(-1)^r \mathrm{C}_n^r \hat{\varphi}^{(r)}(2k\pi)\cdot\delta^{(n-r)}(\omega - 2k\pi) \tag{7.2.12}$$

条件(7.2.9)保证了 $\hat{\varphi}^{(r)}(\omega)$ 有意义(根据定理 1.4.4 延伸的结论)。

我们将说明，$\forall k \neq 0$ 和 $0 \leqslant r \leqslant n$，有 $\hat{\varphi}^{(r)}(2k\pi) = 0$. 这是因为 $\forall k \neq 0$，总有 $s \geqslant 1$，使得 $2k/2^s$ 为奇数，记为 $2k/2^s = 2l + 1$，或者 $2k\pi = 2^s(2l+1)\pi$。注意到 $\hat{\varphi}(\omega)$ 可写成

$$\hat{\varphi}(\omega) = \hat{\varphi}\left(\frac{\omega}{2^s}\right)\cdot\left[\frac{1}{\sqrt{2}}H\left(\frac{\omega}{2}\right)\right]\cdot\left[\frac{1}{\sqrt{2}}H\left(\frac{\omega}{2^2}\right)\right]\cdots\left[\frac{1}{\sqrt{2}}H\left(\frac{\omega}{2^s}\right)\right]$$

现在 $H(\omega)$ 在 π 处有 p 阶零点，而 $H(\omega)$ 的 2π 周期性说明 $H(\omega)$ 在 $(2l+1)\pi$ 处有 p 阶零点，从而 $H(\frac{\omega}{2^s})$ 在 $2^s(2l+1)\pi = 2k\pi$ 处有 p 阶零点，$\hat{\varphi}(\omega)$ 在 $2k\pi$ 处有 p 阶零点，所以 $\hat{\varphi}^{(r)}(2k\pi) = 0,(0 \leqslant r \leqslant n \leqslant p-1)$。如此，式(7.2.12)的右边只有 $k=0$ 时才非零，从而式(7.2.11)右边的求和只有 $k=0$ 一项，即

$$\hat{q}_n(\omega) = 2\pi(\mathrm{i})^n \hat{\varphi}(\omega)\delta^{(n)}(\omega)$$

再次利用式(2.2.13)，

$$\hat{q}_n(\omega) = 2\pi(\mathrm{i})^n \sum_{r=0}^{n}(-1)^r \mathrm{C}_n^r \hat{\varphi}^{(r)}(0)\delta^{(n-r)}(\omega)$$

上式两边作傅里叶逆变换并根据式(2.2.9)，得到

$$\begin{aligned} q_n(t) &= (\mathrm{i})^n \sum_{r=0}^{n}(-1)^r \mathrm{C}_n^r \hat{\varphi}^{(r)}(0)\int_R \delta^{(n-r)}(\omega)\mathrm{e}^{\mathrm{i}t\omega}\mathrm{d}\omega \\ &= (\mathrm{i})^n \sum_{r=0}^{n}(-1)^r \mathrm{C}_n^r \hat{\varphi}^{(r)}(0)(-\mathrm{i}t)^{n-r} \\ &= \sum_{r=0}^{n}(-\mathrm{i})^r \mathrm{C}_n^r \hat{\varphi}^{(r)}(0)t^{n-r} \end{aligned}$$

还可以算出

$$\hat{\varphi}^{(r)}(0) = (-\mathrm{i})^r \int_R \varphi(\tau)\tau^r \mathrm{d}t$$

于是

$$q_n(t) = \sum_{r=0}^{n}(-1)^r \int_R \varphi(\tau)\tau^r \mathrm{d}\tau \cdot \mathrm{C}_n^r \cdot t^{n-r} \tag{7.2.13}$$

再注意到 $\int_R \varphi(\tau)\mathrm{d}\tau = \hat{\varphi}(0) = 1$，故 $q_n(t)$ 是 n 次多项式。【证毕】

在式(7.2.13)中取 $n=0$ 得到

$$\sum_{k\in\mathbf{Z}} \varphi(t-k) \equiv 1 \tag{7.2.14}$$

这说明 φ 的整数平移簇 $\{\varphi(t-k)\}_{k\in\mathbf{Z}}$ 能组合出任意常数；在式(7.2.13)中取 $n=1,2$ 得到

$$\sum_{k\in\mathbf{Z}} k\varphi(t-k) = t - \int_R \varphi(\tau)\tau\mathrm{d}\tau$$

$$\sum_{k\in\mathbf{Z}} k^2\varphi(t-k) = t^2 - 2\int_R \varphi(\tau)\tau\mathrm{d}\tau \cdot t + \int_R \varphi(\tau)\tau^2\mathrm{d}\tau$$

第一式说明 $\{\varphi(t-k)\}_{k\in\mathbf{Z}}$ 能组合出一次式 t；第二式说明 $\{\varphi(t-k)\}_{k\in\mathbf{Z}}$ 能组合出二次式 t^2；如此类推 … $\{\varphi(t-k)\}_{k\in\mathbf{Z}}$ 能组合出 t^{p-1}. 于是我们有如下结论。

推论 7.2.1 如果滤波器 $H(\omega)$ 在 π 处 p 阶贴近，其尺度函数 φ 满足式(7.2.9)，那么 φ 的整数平移簇 $\{\varphi(t-k)\}_{k\in\mathbf{Z}}$ 能组合出任意次数不超过 $p-1$ 的多项式。

7.2.3　系数矩阵的特征值

对于紧支撑滤波器,再给出 $H(\omega)$ 在 π 处 p 阶贴近的另一种描述,它用滤波器系数构成一个矩阵的特征值来表征,对尺度函数作数值计算时会用到这个矩阵。设紧支撑滤波器

$$H(\omega) = \sum_{k=0}^{N} h(k)\mathrm{e}^{-\mathrm{i}k\omega}$$

满足 $H(0) = \sqrt{2}, H(\pi) = 0$,且能生成尺度函数。为便于讨论,记

$$c(k) = \sqrt{2}h(k), \quad k = 0,\cdots,N$$

那么

$$\sum_k c(2k) = \sum_k c(2k+1) = 1 \tag{7.2.15}$$

作 $R^N \to R^N$ 的线性变换 $\mathscr{M}_0$, $\forall x = (x(0),\cdots,x(N-1))^{\mathrm{T}} \in R^N$,

$$\mathscr{M}_0 x = (\downarrow 2)(c * x) \tag{7.2.16}$$

因为 $c * x$ 的长度是 $2N$,所以 $(\downarrow 2)(c * x)$ 的长度是 N. 我们来考察线性变换 $\mathscr{M}_0$ 的矩阵表示。$c * x$ 的第 n 个元素为 $(n = 0,\cdots,2N-1)$

$$(c * x)(n) = \sum_{k=0}^{N-1} c(n-k)x(k), \quad (c(n-k) = 0,\ n-k < 0)$$

所以 $(\downarrow 2)(c * x)$ 的第 n 个元素为 $(n = 0,\cdots,N-1)$

$$(\downarrow 2)(c * x)(n) = \sum_{k=0}^{N-1} c(2n-k)x(k), \quad (c(2n-k) = 0,\ 2n-k < 0 \text{ 或 } 2n-k > N)$$

例如,当 $N = 5$,

$$(\downarrow 2)(c * x)(0) = c(0)x(0)$$
$$(\downarrow 2)(c * x)(1) = c(2)x(0) + c(1)x(1) + c(0)x(2)$$
$$(\downarrow 2)(c * x)(2) = c(4)x(0) + c(3)x(1) + c(2)x(2) + c(1)x(3) + c(0)x(4)$$
$$(\downarrow 2)(c * x)(3) = c(5)x(1) + c(4)x(2) + c(3)x(3) + c(2)x(4)$$
$$(\downarrow 2)(c * x)(4) = c(5)x(3) + c(4)x(4)$$

写成矩阵形式

$$\mathscr{M}_0 x = (\downarrow 2)(c * x) = \begin{pmatrix} c(0) & & & & \\ c(2) & c(1) & c(0) & & \\ c(4) & c(3) & c(2) & c(1) & c(0) \\ & c(5) & c(4) & c(3) & c(2) \\ & & & c(5) & c(4) \end{pmatrix} \begin{pmatrix} x(0) \\ x(1) \\ x(2) \\ x(3) \\ x(4) \end{pmatrix}$$

从矩阵列的角度看,矩阵的第1,3,5列是 $c(k)$ 的偶次项,第2,4列是 $c(k)$ 的奇次项。由式(7.2.15),每列之和都为1. 从矩阵行的角度看,$\mathscr{M}_0$ 按下述规则形成:

(1) 折叠滤波器系数

$$c(5), c(4), c(3), c(2), c(1), c(0)$$

(2) 把零时刻位置的 $c(0)$ 置于左上角位置(其余元素在矩阵外面排队),形成了第1行。

(3) 将队列向右双平移,形成第 2 行;再双平移形成第 3 行。如此类推 …… 产生 N 行为止。

一般地 $\mathscr{M}_0$ 的矩阵表示如下。分 N 的奇偶稍有不同,当 N 为奇数时,

$$\mathscr{M}_0=\begin{pmatrix} c(0) & & & & & & & \\ c(2) & c(1) & c(0) & & & & & \\ c(4) & c(3) & c(2) & c(1) & \cdots & & & \\ \vdots & \vdots & \vdots & \vdots & \cdots & c(0) & & \\ c(N-1) & \vdots & \vdots & \vdots & \cdots & c(2) & c(1) & c(0) \\ & c(N) & c(N-1) & \vdots & \cdots & \vdots & c(3) & c(2) \\ & & & c(N) & \cdots & \vdots & \vdots & c(4) \\ & & & & & c(N-1) & \vdots & \\ & & & & & & c(N) & c(N-1) \end{pmatrix}_N$$

当 N 为偶数时,

$$\mathscr{M}_0=\begin{pmatrix} c(0) & & & & & & & \\ c(2) & c(1) & c(0) & & & & & \\ c(4) & c(3) & c(2) & c(1) & & & & \\ \vdots & \vdots & \vdots & \vdots & \cdots & \cdots & c(0) & \\ c(N) & c(N-1) & \vdots & \vdots & \cdots & \cdots & c(2) & c(1) \\ & & c(N) & c(N-1) & \cdots & \cdots & \vdots & c(3) \\ & & & & & & \vdots & \vdots \\ & & & & & & c(N) & c(N-1) \end{pmatrix}_N$$

现在,变换式(7.2.16)中的 $\mathscr{M}_0$ 既可以看成算子也可以看出成矩阵。我们来考察矩阵 $\mathscr{M}_0$ 的特征值。因为 $\mathscr{M}_0$ 的每列之和为 1,记 $e^{\mathrm{T}}=(1,1,\cdots,1)$,则 $e^{\mathrm{T}}\mathscr{M}_0=e^{\mathrm{T}}$,或者 $\mathscr{M}_0^{\mathrm{T}}e=e$,这说明 $\mathscr{M}_0^{\mathrm{T}}$ 有特征值 1,从而 $\mathscr{M}_0$ 有特征值 1. $\mathscr{M}_0$ 还有些什么其它特征值?这就与 $H(\omega)$ 的在 π 处的贴近阶有关了。

矩阵 $\mathscr{M}_0$ 有特征值 λ 可以等价地表述为

$$(\downarrow 2)(c*x)=\lambda x \tag{7.2.17}$$

其频域表达为(注意 $c(k)=\sqrt{2}h(k)$)

$$\frac{1}{\sqrt{2}}\left[H\left(\frac{\omega}{2}\right)X\left(\frac{\omega}{2}\right)+H\left(\frac{\omega}{2}+\pi\right)X\left(\frac{\omega}{2}+\pi\right)\right]=\lambda X(\omega) \tag{7.2.18}$$

我们也称 $H(\omega)$ 有特征值 λ,换言之,$\mathscr{M}_0$ 有特征值 λ 等价于 $H(\omega)$ 有特征值 λ. 我们将利用式(7.2.18)来考察 $\mathscr{M}_0$ 除 1 以外其它的某些特征值。

定理 7.2.4 $H(\omega)$ 在 π 处 p 阶贴近 $\Leftrightarrow \mathscr{M}_0$ 有特征值 $1,\frac{1}{2},\cdots,\left(\frac{1}{2}\right)^{p-1}$.

【证明】$H(\omega)$ 在 π 处 p 阶贴近等价于

$$H(\omega)=\left(\frac{1+\mathrm{e}^{-\mathrm{i}\omega}}{2}\right)^pB(\omega),\quad (B(0)=\sqrt{2})$$

我们把 $H(\omega)$ 看成逐步演变过程:

$$\frac{1+e^{-i\omega}}{2}B(\omega),\ (\frac{1+e^{-i\omega}}{2})^2B(\omega),\ \cdots,\ (\frac{1+e^{-i\omega}}{2})^pB(\omega) \tag{7.2.19}$$

相继两步的关系是

$$H_{new}(\omega) = \frac{1+e^{-i\omega}}{2}H_{old}(\omega)$$

现在设 $H_{old}(\omega)$ 有特征值 λ_{old} 和相应的特征向量 x_{old}，即

$$\sqrt{2}\left[H_{old}(\frac{\omega}{2})X_{old}(\frac{\omega}{2}) + H_{old}(\frac{\omega}{2}+\pi)X_{old}(\frac{\omega}{2}+\pi)\right] = \lambda_{old}X_{old}(\omega)$$

上式两端乘以$\frac{1}{2}(1+e^{-i\omega/2})(1-e^{-i\omega/2})$，并注意到

$$H_{new}(\frac{\omega}{2}) = \frac{1+e^{-i\omega/2}}{2}H_{old}(\frac{\omega}{2})$$

$$H_{new}(\frac{\omega}{2}+\pi) = \frac{1-e^{-i\omega/2}}{2}H_{old}(\frac{\omega}{2}+\pi)$$

于是

$$\sqrt{2}\left\{H_{new}(\frac{\omega}{2})[(1-e^{-i\omega/2})X_{old}(\frac{\omega}{2})] + H_{new}(\frac{\omega}{2}+\pi)[(1+e^{-i\omega/2})X_{old}(\frac{\omega}{2}+\pi)]\right\}$$

$$= \frac{1}{2}\lambda_{old}(1-e^{-i\omega})X_{old}(\omega)$$

记

$$X_{new}(\omega) = (1-e^{-i\omega})X_{old}(\omega)$$

则

$$\sqrt{2}\left[H_{new}(\frac{\omega}{2})X_{new}(\frac{\omega}{2}) + H_{new}(\frac{\omega}{2}+\pi)X_{new}(\frac{\omega}{2}+\pi)\right] = \frac{1}{2}\lambda_{old}X_{new}(\omega)$$

由此可见，如果$H_{old}(\omega)$有特征值λ_{old}，则$H_{new}(\omega)$有特征值$\lambda_{new} = \frac{1}{2}\lambda_{old}$，相应的特征向量$X_{new}(\omega) = (1-e^{-i\omega})X_{old}(\omega)$. 再注意到式(7.2.19)中的每一项必有特征值1，现在我们可以递推给出本定理的结论：因为$\frac{1+e^{-i\omega}}{2}B(\omega)$有特征值1，所以$(\frac{1+e^{-i\omega}}{2})^2B(\omega)$有特征值$1,\frac{1}{2}$；所以$(\frac{1+e^{-i\omega}}{2})^3B(\omega)$有特征值$1,\frac{1}{2},(\frac{1}{2})^2,\cdots$，所以$(\frac{1+e^{-i\omega}}{2})^pB(\omega)$有特征值$1,\frac{1}{2},(\frac{1}{2})^2,\cdots,(\frac{1}{2})^{p-1}$，即$\mathscr{M}_0$有特征值$1,\frac{1}{2},\cdots,(\frac{1}{2})^{p-1}$.　　【证毕】

7.3　紧支尺度函数的数值计算

设有限长滤波器

$$H(\omega) = \sum_{k=0}^{N}h(k)e^{-ik\omega}$$

满足定理7.1.1的条件，生成尺度函数$\varphi(t)$，它是以$\varphi_0 = 1_{[0,1)}$为初始点，通过迭代

$$\varphi_n(t) = \sqrt{2}\sum_{k=0}^{N} h(k)\varphi_{n-1}(2t-k), \quad n = 1,2,\cdots$$

生成的。根据推论 6. 3. 5, $\varphi(t)$ 支撑在 $[0,N]$ 上。记 $c(k) = \sqrt{2}h(k)$,双尺度方程写成

$$\varphi(t) = \sum_{k=0}^{N} c(k)\varphi(2t-k)$$

根据 $\varphi(t)$ 的连续性,可以设定 $\varphi(N) = 0$(或设定 $\varphi(0) = 0$)。为了计算 $\varphi(t)$ 在 $[0,N)$ 上的值,我们分两步。在节 7. 3. 1,计算 φ 在 $[0,N)$ 中整点和半整点上的值。在节 7. 3. 2 递推计算 φ 在 $[0,N)$ 中 4 分点、8 分点上的值 …… 根据需要可以得到任意密集二进分点的 φ 值。

引入记号

$$\Phi(t) = (\varphi(t),\varphi(1+t),\cdots,\varphi(N-1+t))^{\mathrm{T}}$$

$\Phi(0)$ 是所有整点 φ 值向量, $\Phi(\frac{1}{2})$ 是所有半整点 φ 值向量, $\Phi(\frac{1}{4})$, $\Phi(\frac{3}{4})$ 给出了所有 4 分点的 φ 值; $\Phi(\frac{1}{8})$, $\Phi(\frac{3}{8})$, $\Phi(\frac{5}{8})$, $\Phi(\frac{7}{8})$ 给出了所有 8 分点的 φ 值。

再记

$$c = (c(0),\cdots,c(N))$$

在以后的计算表达式中为了便利,对 $\Phi(t)$ 和 c 的两端延伸补零。

7. 3. 1　计算整点和半整点函数值

整点处的双尺度方程为

$$\varphi(n) = \sum_{k=0}^{N} c(k)\varphi(2n-k), \quad n = 0,\cdots,N-1 \tag{7.3.1}$$

而

$$\sum_{k=0}^{N} c(k)\varphi(2n-k) = (\downarrow 2)[c * \Phi(0)](n), n = 0,\cdots,N-1$$

回顾式(7. 2. 16),向量 $(\downarrow 2)[c * \Phi(0)]$ 的第 n 分量就是 $\mathscr{M}_0\Phi(0)$ 的第 n 分量,即

$$\sum_{k=0}^{N} c(k)\varphi(2n-k) = [\mathscr{M}_0\Phi(0)](n), \ n = 0,1,\cdots,N-1 \tag{7.3.2}$$

于是式(7. 3. 1) 的向量矩阵表达形式为

$$\Phi(0) = \mathscr{M}_0\Phi(0)$$

这说明 $\Phi(0)$ 是 $\mathscr{M}_0$ 的 1 特征值对应的特征向量。因为尺度函数是迭代序列的极限,且与初始点无关,一个滤波器只能产生唯一的尺度函数,换言之, $\mathscr{M}_0$ 的1特征值对应的特征子空间是一维的。由于特征向量可以任意伸缩,再利用式(7. 2. 14)

$$\sum_{k=0}^{N-1}\varphi(k) = 1$$

将其规范。

例 7. 3. 1　长度为 4 的 Daubechies 滤波器($N = 3$)为

$$h=\frac{1}{4\sqrt{2}}(1+\sqrt{3}\quad 3+\sqrt{3}\quad 3-\sqrt{3}\quad 1-\sqrt{3})$$

$$c=\frac{1}{4}(1+\sqrt{3}\quad 3+\sqrt{3}\quad 3-\sqrt{3}\quad 1-\sqrt{3})$$

对应的矩阵

$$\mathscr{M}_0=\begin{pmatrix} c(0) & & \\ c(2) & c(1) & c(0) \\ & c(3) & c(2) \end{pmatrix}=\frac{1}{4}\begin{pmatrix} 1+\sqrt{3} & & \\ 3-\sqrt{3} & 3+\sqrt{3} & 1+\sqrt{3} \\ & 1-\sqrt{3} & 3-\sqrt{3} \end{pmatrix}$$

计算出 $\mathscr{M}_0$ 的 1 特征值对应的特征向量

$$\Phi(0)=\left(\varphi(0)\quad \varphi(1)\quad \varphi(2)\right)^{\mathrm{T}}=(0\quad 1\quad \sqrt{3}-2)^{\mathrm{T}}$$

规范化

$$\Phi(0)\Leftarrow\frac{\Phi(0)}{\varphi(0)+\varphi(1)+\varphi(2)}$$

得到

$$\Phi(0)=\left(\varphi(0)\quad \varphi(1)\quad \varphi(2)\right)^{\mathrm{T}}=\left(0\quad \frac{1+\sqrt{3}}{2}\quad \frac{1-\sqrt{3}}{2}\right)^{\mathrm{T}}$$

注意 $\varphi(3)=0$.

下面计算 $\varphi(t)$ 在 $[0,N)$ 中半整点上的值。在双尺度方程中,令

$$t=n+1/2,n=0,\cdots,N-1$$

得到

$$\varphi(n+1/2)=\sum_{k=0}^{N}c(k)\varphi(2n+1-k),\quad n=0,\cdots,N-1 \tag{7.3.3}$$

上式左边的 N 个分量形成向量 $\Phi(\frac{1}{2})$.

在式(7.3.3)右边,记 $\tilde{c}(k)=c(k+1)$,即 $\tilde{c}$ 是 c 左移一位:

$$c:\quad \cdots 0,0,\underline{c(0)},c(1),\cdots,c(N-1),c(N),0,\cdots$$

$$\tilde{c}:\quad \cdots,0,c(0),\underline{c(1)},c(2),\cdots,c(N),\quad 0,\cdots$$

下划线代表零时刻位置。于是式(7.3.3)右边可写成

$$\sum_{k=0}^{N}c(k)\varphi(2n+1-k)=\sum_{k=-1}^{N-1}\tilde{c}(k)\varphi(2n-k)=(\downarrow 2)[\tilde{c}*\Phi(0)](n)$$

如果记 $\tilde{c}$ 对应的矩阵为 $\tilde{\mathscr{M}}_0$,则

$$\sum_{k=-1}^{N-1}\tilde{c}(k)\varphi(2n-k)=[\tilde{\mathscr{M}}_0\Phi(0)](n),\quad n=0,1,\cdots,N-1 \tag{7.3.4}$$

现在看看 $\tilde{\mathscr{M}}_0$ 等于什么。按照节 7.2.3 所示的规则,折叠 $\tilde{c}$:

$$\cdots,0,c(N),\cdots,c(2),\underline{c(1)},c(0),0,\cdots$$

将 $\tilde{c}$ 的零时刻位置元素 $c(1)$ 置于矩阵 $\tilde{\mathscr{M}}_0$ 的左上角位置,于是 $\tilde{\mathscr{M}}_0$ 的第 1 行是

$$c(1),c(0),0,\cdots,0$$

然后接下来的每一行是上一行的双平移,所以 $\widetilde{\mathscr{M}}_0$ 的第 2 行是

$$c(3),c(2),c(1),c(0),0,\cdots,0$$

如此类推……产生 N 行为止,由此形成 $\widetilde{\mathscr{M}}_0$. 我们把 $\widetilde{\mathscr{M}}_0$ 改记成 $\mathscr{M}_1$,当 N 为奇数时

$$\mathscr{M}_1=\begin{pmatrix}
c(1) & c(0) & & & & & & & & \\
c(3) & c(2) & c(1) & c(0) & & & & & & \\
c(5) & c(4) & c(3) & c(2) & c(1) & c(0) & & & & \\
\cdots & \cdots & \cdots & \cdots & \cdots & \cdots & \cdots & \cdots & \cdots & \\
c(N) & c(N-1) & \cdots & \cdots & \cdots & \cdots & \cdots & \cdots & \cdots & c(1) \\
 & & c(N) & \cdots & \cdots & \cdots & \cdots & \cdots & c(4) & c(3) \\
 & & & & c(N) & \cdots & \cdots & \cdots & c(6) & c(5) \\
\cdots & \cdots & \cdots & \cdots & \cdots & \cdots & \cdots & \cdots & \cdots & \cdots \\
 & & & & & & & c(N) & c(N-1) & c(N-2) \\
 & & & & & & & & & c(N)
\end{pmatrix}_N$$

当 N 为偶数时

$$\mathscr{M}_1=\begin{pmatrix}
c(1) & c(0) & & & & & & & & \\
c(3) & c(2) & c(1) & c(0) & & & & & & \\
c(5) & c(4) & c(3) & c(2) & c(1) & c(0) & & & & \\
\cdots & \cdots & \cdots & \cdots & \cdots & \cdots & \cdots & \cdots & & \\
c(N-1) & & \cdots & \cdots & \cdots & \cdots & \cdots & \cdots & c(1) & c(0) \\
 & c(N) & c(N-1) & \cdots & \cdots & \cdots & \cdots & \cdots & c(3) & c(2) \\
 & & & c(N) & c(N-1) & \cdots & \cdots & \cdots & c(5) & c(4) \\
\cdots & \cdots & \cdots & \cdots & \cdots & \cdots & \cdots & \cdots & \cdots & \cdots \\
 & & & & & & & c(N) & c(N-1) & c(N-2) \\
 & & & & & & & & & c(N)
\end{pmatrix}_N$$

将式(7.3.4)的记号 $\tilde{c}$ 还原为 c,再用 $\mathscr{M}_1$ 代替 $\widetilde{\mathscr{M}}_0$,我们得到

$$\sum_{k=0}^{N}c(k)\varphi(2n+1-k)=[\mathscr{M}_1\Phi(0)](n),\quad n=0,1,\cdots,N-1 \tag{7.3.5}$$

从而式(7.3.3)等价于

$$\Phi\left(\frac{1}{2}\right)=\mathscr{M}_1\Phi(0)$$

由此得到 φ 的半整点值。

实际上,从式(7.3.2)和(7.3.5)我们可以得到下面更一般的表达方式。

定理 7.3.1　设有

$$c=(\cdots,0,c(0),\cdots,c(N),0,\cdots)$$
$$\xi=(\cdots,0,\xi(0),\cdots,\xi(N-1),0,\cdots)$$

那么

$$\sum_{k=0}^{N} c(k)\xi(2n-k) = [\mathscr{M}_0\xi](n), \quad n = 0,1,\cdots,N-1$$

$$\sum_{k=0}^{N} c(k)\xi(2n+1-k) = [\mathscr{M}_1\xi](n), \quad n = 0,1,\cdots,N-1$$

其中 $\mathscr{M}_0$ 的构造如节 7.2.3 所述,$\mathscr{M}_1$ 的构造如上。

例 7.3.2　接例 7.3.1,计算半整点的 φ 值。

$$\mathscr{M}_1 = \begin{pmatrix} c(1) & c(0) & \\ c(3) & c(2) & c(1) \\ & & c(3) \end{pmatrix} = \frac{1}{4}\begin{pmatrix} 3+\sqrt{3} & 1+\sqrt{3} & \\ 1-\sqrt{3} & 3-\sqrt{3} & 3+\sqrt{3} \\ & & 1-\sqrt{3} \end{pmatrix}$$

$$\Phi(\frac{1}{2}) = \begin{pmatrix} \varphi(\frac{1}{2}) \\ \varphi(\frac{3}{2}) \\ \varphi(\frac{5}{2}) \end{pmatrix} = \mathscr{M}_1\Phi(0) = \frac{1}{4}\begin{pmatrix} 3+\sqrt{3} & 1+\sqrt{3} & \\ 1-\sqrt{3} & 3-\sqrt{3} & 3+\sqrt{3} \\ & & 1-\sqrt{3} \end{pmatrix}\begin{pmatrix} 0 \\ \frac{1}{2}(1+\sqrt{3}) \\ \frac{1}{2}(1-\sqrt{3}) \end{pmatrix}$$

$$= \frac{1}{4}\begin{pmatrix} 2+\sqrt{3} \\ 0 \\ 2-\sqrt{3} \end{pmatrix}$$

7.3.2　计算任意二进分点的函数值

注意 $\Phi(t)$ 的分量通式为

$$\Phi(t)(n) = \varphi(t+n), \quad n = 0,1,\cdots,N-1 \tag{7.3.6}$$

在双尺度方程中令 $t = n + 1/4$,并注意上式和定理 7.3.1 的第一式,有

$$\begin{aligned}\varphi(n+1/4) &= \sum_{k=0}^{N} c(k)\varphi(2n+1/2-k) \\ &= \sum_{k=0}^{N} c(k)\Phi(\frac{1}{2})(2n-k) \\ &= \left[\mathscr{M}_0\Phi(\frac{1}{2})\right](n), \quad n = 0,1,\cdots,N-1\end{aligned}$$

所以

$$\Phi(\frac{1}{4}) = \mathscr{M}_0\Phi(\frac{1}{2}) \tag{7.3.7}$$

在双尺度方程中令 $t = n + 3/4$,得到(注意定理 7.3.1 第二式)

$$\begin{aligned}\varphi(n+3/4) &= \sum_{k=0}^{N} c(k)\varphi(2n+3/2-k) \\ &= \sum_{k=0}^{N} c(k)\varphi(2n+1-k+\frac{1}{2}) \\ &= \sum_{k=0}^{N} c(k)\Phi(\frac{1}{2})(2n+1-k)\end{aligned}$$

$$= \left[\mathscr{M}_1 \Phi(\frac{1}{2}) \right](n), \quad n = 0, \cdots, N-1$$

所以

$$\Phi(\frac{3}{4}) = \mathscr{M}_1 \Phi(\frac{1}{2}) \tag{7.3.8}$$

于是式(7.3.7)(7.3.8)给出了4分点的计算公式。

再考察8分点的计算,在双尺度方程中令

$$t = n + \frac{1}{8}, \quad n = 0, 1, \cdots, N-1$$

得到

$$\begin{aligned} \varphi(n + \frac{1}{8}) &= \sum_{k=0}^{N} c(k) \varphi(2n + \frac{1}{4} - k) \\ &= \sum_{k=0}^{N} c(k) \Phi(\frac{1}{4})(2n - k) \\ &= \left[\mathscr{M}_0 \Phi(\frac{1}{4}) \right](n), \quad n = 0, 1, \cdots, N-1 \end{aligned}$$

从而

$$\Phi(\frac{1}{8}) = \mathscr{M}_0 \Phi(\frac{1}{4}) \tag{7.3.9}$$

在双尺度方程中令

$$t = n + \frac{3}{8}, \quad n = 0, 1, \cdots, N-1$$

得到

$$\begin{aligned} \varphi(n + \frac{3}{8}) &= \sum_{k=0}^{N} c(k) \varphi(2n + \frac{3}{4} - k) \\ &= \sum_{k=0}^{N} c(k) \Phi(\frac{3}{4})(2n - k) \\ &= \left[\mathscr{M}_0 \Phi(\frac{3}{4}) \right](n), \quad n = 0, 1, \cdots, N-1 \end{aligned}$$

从而

$$\Phi(\frac{3}{8}) = \mathscr{M}_0 \Phi(\frac{3}{4}) \tag{7.3.10}$$

在双尺度方程中令

$$t = n + \frac{5}{8}, \quad n = 0, 1, \cdots, N-1$$

得到

$$\begin{aligned} \varphi(n + \frac{5}{8}) &= \sum_{k=0}^{N} c(k) \varphi(2n + \frac{5}{4} - k) \\ &= \sum_{k=0}^{N} c(k) \varphi(2n + 1 - k + \frac{1}{4}) \end{aligned}$$

$$= \sum_{k=0}^{N} c(k)\Phi(\frac{1}{4})(2n+1-k)$$

$$= \left[\mathscr{M}_1\Phi(\frac{1}{4})\right](n), \quad n = 0,1,\cdots,N-1$$

从而

$$\Phi(\frac{5}{8}) = \mathscr{M}_1\Phi(\frac{1}{4}) \tag{7.3.11}$$

在双尺度方程中令

$$t = n + \frac{7}{8}, \quad n = 0,1,\cdots,N-1$$

得到

$$\varphi(n+\frac{7}{8}) = \sum_{k=0}^{N} c(k)\varphi(2n+\frac{7}{4}-k)$$

$$= \sum_{k=0}^{N} c(k)\varphi(2n+1-k+\frac{3}{4})$$

$$= \sum_{k=0}^{N} c(k)\Phi(\frac{3}{4})(2n+1-k)$$

$$= \left[\mathscr{M}_1\Phi(\frac{3}{4})\right](n), \quad n = 0,1,\cdots,N-1$$

从而

$$\Phi(\frac{7}{8}) = \mathscr{M}_1\Phi(\frac{3}{4}) \tag{7.3.12}$$

于是式(7.3.9)(7.3.10)(7.3.11)(7.3.12)给出了所有8分点的计算公式。

到目前为止所有的计算规则总结为:由 $\Phi(0) = \mathscr{M}_0\Phi(0)$ 得到 $\Phi(0)$,然后

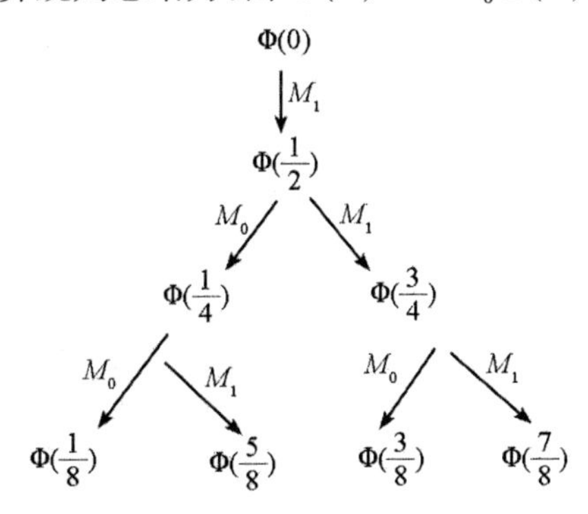

可以看出

$$\mathscr{M}_0\Phi(\frac{q}{p}) = \Phi(\frac{q}{2p})$$

$$\mathscr{M}_1\Phi(\frac{q}{p}) = \Phi(\frac{p+q}{2p})$$

假设已得到所有 2^s 分点的 φ 值:

$$\Phi(\frac{r}{2^s}), \quad r = 1,3,5,\cdots,2^s-1$$

那么所有 2^{s+1} 分点的 φ 值为

$$\Phi\left(\frac{r}{2^{s+1}}\right) = \mathscr{M}_0\Phi\left(\frac{r}{2^s}\right), \quad r = 1,3,5,\cdots,2^s - 1$$

$$\Phi\left(\frac{r + 2^s}{2^{s+1}}\right) = \mathscr{M}_1\Phi\left(\frac{r}{2^s}\right), \quad r = 1,3,5,\cdots,2^s - 1$$

第八章　信号多分辨分析(Ⅰ)

信号经过低、高通滤波器组得到两部分输出,将低通输出再送入滤波器组……,如此可以对信号进行多次甚至无穷次分解,如图8-1所示。

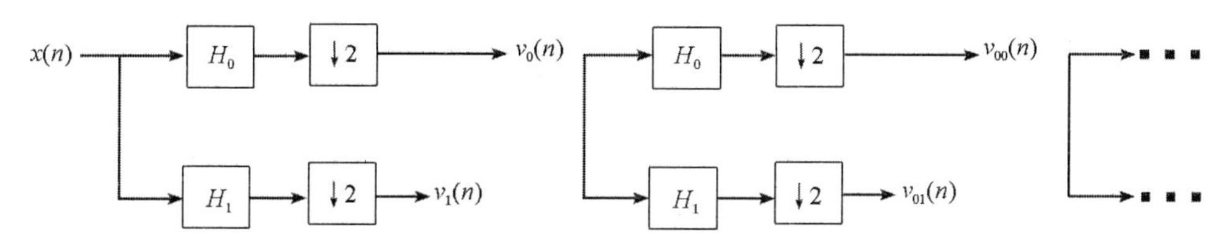

图8-1

第一次滤波,低通输出v_0是x的"轮廓",高通输出v_1是x的"细节";第二次滤波进一步将v_0分解为"轮廓"v_{01}和"细节"v_{01}…,当然,我们必须有办法再用v_1,v_{01},…完美重构出x.或许读者会问,为何不把v_1,v_{01}进一步分解?这是节9.4的内容。

上述思路与第六章滤波器的迭代密切相关。第六章关注的是滤波器迭代的极限,可以脱离信号独立讨论。而本章我们关注的是,信号在每次迭代下的结果,即信号被滤波器逐步地分割。这就是所谓信号的多分辨分析。

多分辨思想在日常生活中很常见。飞机航拍时,提升飞机的高度,能拍摄到更广的地幅,但是,拍摄的地面景物图像会变得模糊,即图像的分辨率降低;当飞机离地面近一些,能拍摄到景物的局部细节,图像有较高的分辨率,但拍摄的范围小了。用低分辨率观察信号的大局,用高分辨率观察信号的细节,称为信号的多分辨分析(MRA,Multiresolution Analysis)。信号序列可以看成$L^2(R)$空间函数的采样,对$L^2(R)$的剖析有助于我们分析、处理采样序列。再则,相对于离散情形,在连续时间域中分析问题往往更便利。因此,我们从前面章节的离散时域转入现在的连续时域。

用不同的分辨率观察$L^2(R)$的信号,从频域的角度来说,意味着可以把信号按频谱的"完整性"分层表达。例如,一首歌曲通常分为低音、中音、次高音、高音四个频段。利用滤波器可以把歌曲的四个频段分别抽取出来,得到四个信号分量,可根据需要叠加出四个层次:

低音:音质混浊,不知所云

低音+中音:大致能听出歌曲的眉目

低音+中音+次高音:歌曲比较清晰

低音+中音+次高音+高音:一首悦耳的音乐

更一般地,把频域R分割为一系列嵌套的子集。记

$$\Delta_j = (-2^j\pi, 2^j\pi), \quad j \in \mathbf{Z}$$

这里采用二进分割是为了数学上的便利，π 也可以用某个 $a > 0$ 替代。于是

$$\begin{cases} \bigcup_{j\in\mathbf{Z}} \Delta_j = R \\ \bigcap_{j\in\mathbf{Z}} \Delta_j = \{0\} \\ \Delta_j \subset \Delta_{j+1} \end{cases}$$

Δ_j 的嵌套关系如图 8－2 所示。

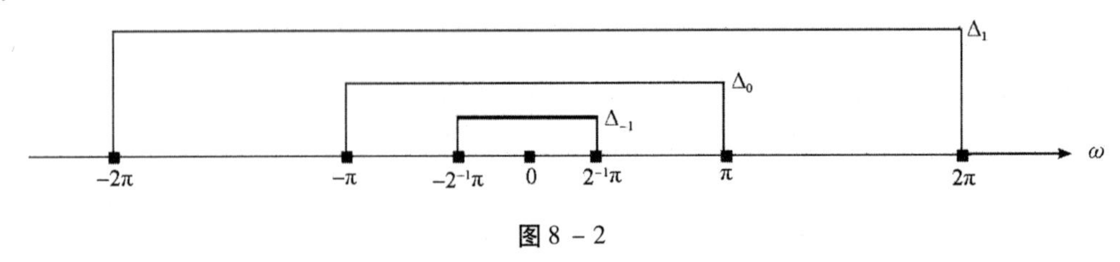

图 8－2

作系列带限子空间

$$V_j = \{f \in L^2(R) \mid 当\omega \notin \Delta_j, \hat{f}(\omega) = 0\}, j \in \mathbf{Z}$$

显然 V_j 具有性质，

(1) 嵌套性：$V_j \subseteq V_{j+1}$

(2) 完备性：$\overline{\bigcup_{j\in\mathbf{Z}} V_j} = L^2(R)$，$\quad \bigcap_{j\in\mathbf{Z}} V_j = \{0\}$

(3) 二倍膨胀：$f(t) \in V_j \Leftrightarrow f(2t) \in V_{j+1}$

性质(3) 是因为 $f(t)$ 在时域中压缩 2 倍后得到 $f(2t)$，对应的频谱支撑在频域中加宽了 1 倍，所以 $f(2t)$ 进入到高一层的空间。等价地，$f(t)$ 在时域中拉伸 2 倍后得到 $f(2^{-1}t)$，对应的频谱支撑在频域中缩短了 1 倍，从而 $f(2^{-1}t)$ 进入低一层的空间。

上述对 $L^2(R)$ 的嵌套分割只是方式之一。利用符合一定条件的滤波器，可以自动形成对 $L^2(R)$ 的嵌套分割，并进一步把 $L^2(R)$ 分解为一系列子空间的直和，而且得到每一个子空间的基。我们将看到，正交滤波器组产生正交 MRA，双正交滤波器产生一般的 MRA。这一切都归功于滤波器的尺度函数。

多分辨分析内容比较丰富，本书分为第八章和第九章介绍。节 8.1 至节 8.4 是正交 MRA 最基本的内容，节 8.5 把连续时域小波变换与多分辨分析联系起来，节 8.6 叙述了二维正交 MRA 以及如何产生二维正交小波滤波器。

8.1 MRA 定义及性质

构造多分辨分析的目标是，把 $L^2(R)$ 划分成一个嵌套子空间系列 $\{V_j\}_{j\in\mathbf{Z}}$，该系列随 $j \to +\infty$ 递增趋于 $L^2(R)$，随 $j \to -\infty$ 递减趋于零空间。对每个 V_j，我们都有一个基，这使得我们能计算 $f \in L^2(R)$ 在 V_j 中的投影 f_{V_j}，投影 f_{V_j} 随 $j \to +\infty$ 趋于 f。更强有力的是，所有 V_j 的基可以由一个函数 φ 经过膨胀和平移生成。换言之，构造了一个多分辨分析，就得到 $L^2(R)$ 信号的一种逼近方式，这个逼近是 φ 的膨胀、平移的线性组合。嵌套子空间与函数 $\varphi(t)$ 形成一个共同体($\{V_j\}_{j\in\mathbf{Z}}, \varphi$)，这就是多分辨分析。

8.1.1　正交和一般的 MRA

定义 8.1.1　设$\{V_j\}_{j\in\mathbf{Z}}$是$L^2(R)$的一列子空间。满足

(1) $V_j\subseteq V_{j+1}, j\in\mathbf{Z}$

(2) $\overline{\bigcup\limits_{j\in\mathbf{Z}} V_j} = L^2(R)$, $\bigcap\limits_{j\in\mathbf{Z}} V_j=\{0\}$

(3) $f(t)\in V_j\Leftrightarrow f(2t)\in V_{j+1}$

(4) 存在$\varphi\in V_0$,使得$\{\varphi(t-k)\}_{k\in\mathbf{Z}}\in V_0$,且构成$V_0$的标准正交基。则称$(\{V_j\}_{j\in\mathbf{Z}},\varphi)$为正交多分辨分析。如果将(4)改为

(4′) 存在$\varphi\in V_0$,使得$\{\varphi(t-k)\}_{k\in\mathbf{Z}}\in V_0$且构成$V_0$的 Risez 基。则称$(\{V_j\}_{j\in\mathbf{Z}},\varphi)$为(一般的)多分辨分析。

所谓$\{\varphi(t-k)\}_{k\in\mathbf{Z}}$构成$V_0$的 Risez 基是指

① $\forall f\in V_0$, f能表示成

$$f(t)=\sum_{k\in\mathbf{Z}}c(k)\varphi(t-k)$$

② 存在$B\geqslant A>0$(称为 Risez 界)使得$\forall c=\{c(k)\}_{k\in\mathbf{Z}}\in l^2$,有

$$A\|c\|_{l^2}^2\leqslant\left\|\sum_{k\in\mathbf{Z}}c(k)\varphi(t-k)\right\|_{L^2}\leqslant B\|c\|_{l^2}^2$$

$L^2(R)$的一个多分辨分析,使得我们可用各种精度(分辨率)来逼近$L^2(R)$的一个函数。设$f\in L^2(R)$, f_{V_j}表示f在V_j上的投影,嵌套性意味着

$$\|f_{V_{j+1}}-f\|\leqslant\|f_{V_j}-f\|$$

完备性意味着

$$\lim_{j\to+\infty}\|f_{V_j}-f\|=0,\quad \lim_{j\to-\infty}\|f_{V_j}\|=0$$

(4)和(4′)中的φ称为多分辨分析的尺度函数,它的所有整数平移都在V_0中,且构成V_0的基,如图 8-3 所示。

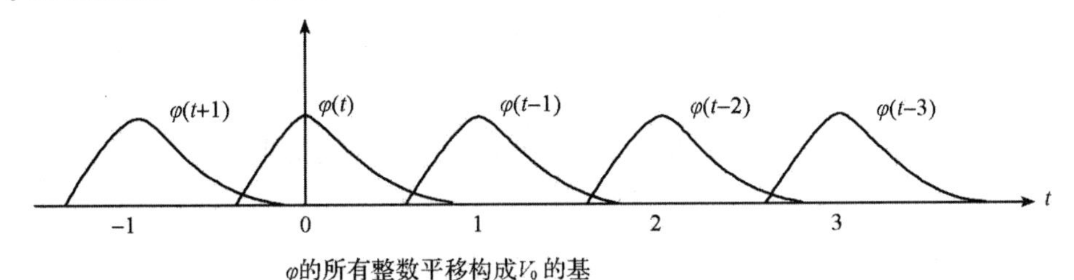

图 8-3

这也说明V_0中函数的整数平移仍然在V_0中,

$$f(t)=\sum_{k\in\mathbf{Z}}c(k)\varphi(t-k)\in V_0$$

$$f(t-n)=\sum_{k\in\mathbf{Z}}c(k)\varphi(t-n-k)$$

$$=\sum_{k\in\mathbf{Z}}c(n+k)\varphi(t-k)\in V_0$$

称V_0具有“整数平移不变性”。由V_0的整数平移不变性可推理出V_j的$2^{-j}k$平移不变性,

$$f(t) \in V_j \Rightarrow f(2^{-j}t) \in V_0 \Rightarrow f(2^{-j}(t-k)) \in V_0$$
$$\Rightarrow f(2^{-j}(2^j t - k)) \in V_j$$
$$\Rightarrow f(t - 2^{-j}k) \in V_j$$

由$\{\varphi(t-k)\}_{k\in\mathbf{Z}}$构成$V_0$的基可推理出$\{\varphi_{j,k}(t) = \varphi(2^j t - k)\}_{k\in\mathbf{Z}}$构成$V_j$的基,这是因为,显然$\{\varphi_{j,k}(t)\}_{k\in\mathbf{Z}}$线性无关,又:

$$f(t)\in V_j \Rightarrow f(2^{-j}t)\in V_0 \Rightarrow f(2^{-j}t) = \sum_{k\in\mathbf{Z}} c(k)\varphi(t-k) \Rightarrow f(t) = \sum_{k\in\mathbf{Z}} c(k)\varphi_{j,k}(t)$$

特别地,当$\{\varphi(t-k)\}_{k\in\mathbf{Z}}$是$V_0$的标准正交基,则$\{\varphi_{j,k}(t) = 2^{j/2}\varphi(2^j t-k)\}_{k\in\mathbf{Z}}$是$V_j$的标准正交基。

(4′)中的Risez基是相对标准正交基而言更一般化的基,条件①说明$\{\varphi(t-k)\}_{k\in\mathbf{Z}}$能组合出$V_0$的所有元素,条件②说明$\{\varphi(t-k)\}_{k\in\mathbf{Z}}$线性无关,因为当$\sum_{k\in\mathbf{Z}} c(k)\varphi(t-k) = 0$时可得出$c(k) = 0(\forall k \in \mathbf{Z})$。而且当$c = \{c(k)\}_{k\in\mathbf{Z}}$(按$l^2$的范数)趋向于零时$\sum_{k\in\mathbf{Z}} c(k)\varphi(t-k)$也趋向于零,这保证了函数在$\{\varphi(t-k)\}_{k\in\mathbf{Z}}$上展开的稳定性。显然,(4)中的标准正交性是(4′)中的②的特殊情形:

$$\left\| \sum_{k\in\mathbf{Z}} c(k)\varphi(t-k) \right\|_{L^2}^2 = \sum_{k\in\mathbf{Z}} |c(k)|^2 = \|c\|_l^2$$

此时Risez界为$A = B = 1$.

定义8.1.1中(4)的标准正交性和(4′)中的②都是在时域中表达,下面的定理8.1.1和定理8.1.3给出了与这两个性质等价的频域表达。

定理 8.1.1　设$\varphi \in L^2(R)$,下述结论是等价的:

(1) $\{\varphi(t-k)\}_{k\in\mathbf{Z}}$是标准正交系,

$$\langle \varphi(\cdot - k), \varphi(\cdot - l) \rangle = \delta_{k,l}, \quad \forall k,l \in \mathbf{Z}$$

(2) 对$\omega \in R$几乎处处成立

$$\sum_{k\in\mathbf{Z}} |\hat{\varphi}(\omega + 2k\pi)|^2 = 1$$

【证明】　因为$\varphi \in L^2(R) \Rightarrow \hat{\varphi} \in L^2(R) \Rightarrow |\hat{\varphi}(\omega)|^2 \in L^1(R)$,于是,

$$\Phi(\omega) = \sum_{k\in\mathbf{Z}} |\hat{\varphi}(\omega + 2k\pi)|^2 \in L^2[0,2\pi] \tag{8.1.1}$$

由Parseval公式,

$$\begin{aligned}
\langle \varphi(\cdot - k), \varphi(\cdot - l) \rangle &= \int_R \varphi(t-k)\overline{\varphi(t-l)}\,\mathrm{d}t \\
&= \frac{1}{2\pi}\int_R \mathrm{e}^{-\mathrm{i}k\omega}\hat{\varphi}(\omega)\overline{\mathrm{e}^{-\mathrm{i}l\omega}\hat{\varphi}(\omega)}\,\mathrm{d}\omega \\
&= \frac{1}{2\pi}\int_R |\hat{\varphi}(\omega)|^2 \mathrm{e}^{-\mathrm{i}(k-l)\omega}\,\mathrm{d}\omega \\
&= \frac{1}{2\pi}\sum_{n\in\mathbf{Z}}\int_{2n\pi}^{2(n+1)\pi} |\hat{\varphi}(\omega)|^2 \mathrm{e}^{-\mathrm{i}(k-l)\omega}\,\mathrm{d}\omega \\
&= \frac{1}{2\pi}\sum_{n\in\mathbf{Z}}\int_0^{2\pi} |\hat{\varphi}(\omega + 2n\pi)|^2 \mathrm{e}^{-\mathrm{i}(k-l)\omega}\,\mathrm{d}\omega
\end{aligned}$$

$$= \frac{1}{2\pi}\int_0^{2\pi}\{\sum_{n\in\mathbf{Z}}|\hat{\varphi}(\omega+2n\pi)|^2\}\,\mathrm{e}^{-\mathrm{i}(k-l)\omega}\mathrm{d}\omega$$
$$= \frac{1}{2\pi}\int_0^{2\pi}\Phi(\omega)\,\mathrm{e}^{-\mathrm{i}(k-l)\omega}\mathrm{d}\omega \tag{8.1.2}$$

根据式(8.1.1)(8.1.2)即知：

(2) $\Rightarrow \Phi(\omega)=1 \Rightarrow \langle\varphi(\cdot-k),\varphi(\cdot-l)\rangle=\delta_{k,l},\ \forall k,l\in\mathbf{Z}\Rightarrow$ (1)；

(1) $\Rightarrow \Phi(\omega)$ 的傅里叶系数 $c(0)=1$ 和 $c(k)=0,(k\neq 0)\Rightarrow\Phi(\omega)=1.$

【证毕】

定理 8.1.1 还可以推广到两个函数的整数平移正交性在时域和频域中的关联描述。

定理 8.1.2　设 $\varphi,\tilde{\varphi}\in L^2(R)$，那么

(1) $\langle\varphi(\cdot-k),\tilde{\varphi}(\cdot-l)\rangle=\delta_{k,l}\Leftrightarrow\sum_{n\in\mathbf{Z}}\hat{\varphi}(\omega+2n\pi)\cdot\overline{\hat{\tilde{\varphi}}(\omega+2n\pi)}\equiv 1$

(2) $\langle\varphi(\cdot-k),\tilde{\varphi}(\cdot-l)\rangle\equiv 0\Leftrightarrow\sum_{n\in\mathbf{Z}}\hat{\varphi}(\omega+2n\pi)\cdot\overline{\hat{\tilde{\varphi}}(\omega+2n\pi)}\equiv 0$

【证明】　记

$$\sum_{n\in\mathbf{Z}}\hat{\varphi}(\omega+2n\pi)\cdot\overline{\hat{\tilde{\varphi}}(\omega+2n\pi)}=\rho(\omega)\in L^2[0,2\pi]\quad\forall k,l\in\mathbf{Z} \tag{8.1.3}$$

那么

$$\langle\varphi(\cdot-k),\tilde{\varphi}(\cdot-l)\rangle=\frac{1}{2\pi}\int_R\hat{\varphi}(\omega)\mathrm{e}^{-\mathrm{i}k\omega}\cdot\overline{\hat{\tilde{\varphi}}(\omega)\mathrm{e}^{-\mathrm{i}l\omega}}\mathrm{d}\omega$$
$$=\frac{1}{2\pi}\int_R\hat{\varphi}(\omega)\,\overline{\hat{\tilde{\varphi}}(\omega)}\cdot\mathrm{e}^{-\mathrm{i}(k-l)\omega}\mathrm{d}\omega$$
$$=\frac{1}{2\pi}\sum_{n\in\mathbf{Z}}\int_{2n\pi}^{2(n+1)\pi}\hat{\varphi}(\omega)\,\overline{\hat{\tilde{\varphi}}(\omega)}\cdot\mathrm{e}^{-\mathrm{i}(k-l)\omega}\mathrm{d}\omega$$
$$=\frac{1}{2\pi}\sum_{n\in\mathbf{Z}}\int_0^{2\pi}\hat{\varphi}(\omega+2n\pi)\,\overline{\hat{\tilde{\varphi}}(\omega+2n\pi)}\cdot\mathrm{e}^{-\mathrm{i}(k-l)\omega}\mathrm{d}\omega$$
$$=\frac{1}{2\pi}\int_0^{2\pi}\rho(\omega)\cdot\mathrm{e}^{-\mathrm{i}(k-l)\omega}\mathrm{d}\omega \tag{8.1.4}$$

根据式(8.1.3)和(8.1.4)，(1)的充分性很显然：

$$\rho(\omega)\equiv 1\Rightarrow\forall k,l\in\mathbf{Z},\langle\varphi(.-k),\tilde{\varphi}(.-l)\rangle=\delta_{k,l}$$

再看(1)的必要性。由条件 $\langle\varphi(.-k),\tilde{\varphi}(.-l)\rangle=\delta_{k,l}$ 即知 $\rho(\omega)$ 的傅里叶系数

$$c(n)=\frac{1}{2\pi}\int_0^{2\pi}\rho(\omega)\cdot\mathrm{e}^{-\mathrm{i}n\omega}\mathrm{d}\omega=\delta_n$$

所以

$$\rho(\omega)=\sum_{n\in\mathbf{Z}}c(n)\mathrm{e}^{-\mathrm{i}n\omega}=c(0)=1$$

结论(2)类似可证。　【证毕】

定理 8.1.3　给定 $\varphi\in L^2(R)$ 和常数 $B\geqslant A>0$，下面两个结论等价：

(1) $\{\varphi(t-k)\}_{k\in\mathbf{Z}}$ 满足性质：$\forall c=\{c(k)\}_{k\in\mathbf{Z}}\in l^2$，有

$$A\|c\|_{l^2}^2\leqslant\left\|\sum_{k\in\mathbf{Z}}c(k)\varphi(t-k)\right\|_2^2\leqslant B\|c\|_{l^2}^2$$

(2)φ 的傅里叶变换 $\hat{\varphi}$ 满足:对 $\omega \in R$ 下式几乎处处成立:

$$A \leqslant \sum_{k \in \mathbf{Z}} |\hat{\varphi}(\omega + 2k\pi)|^2 \leqslant B$$

【证明】 对 $c \in l^2$ 和 $\varphi \in L^2(R)$,

$$C(\omega) \triangleq \sum_{k \in \mathbf{Z}} c(k) \mathrm{e}^{-\mathrm{i}k\omega} \in L^2[0,2\pi]$$

$$\Phi(\omega) \triangleq \sum_{k \in \mathbf{Z}} |\hat{\varphi}(\omega + 2k\pi)|^2 \in L^2[0,2\pi]$$

且有

$$\|C(\omega)\|_{L^2[0,2\pi]}^2 = \|c\|_{l^2}^2$$

再由 Parseval 等式,有

$$\begin{aligned}
\Big\|\sum_{k \in \mathbf{Z}} c(k)\varphi(t-k)\Big\|_{L^2(R)}^2 &= \frac{1}{2\pi}\Big\|\sum_{k \in \mathbf{Z}} c(k)\mathrm{e}^{-\mathrm{i}k\omega}\hat{\varphi}(\omega)\Big\|_{L^2(R)}^2 = \frac{1}{2\pi}\|C(\omega)\hat{\varphi}(\omega)\|_{L^2(R)}^2 \\
&= \frac{1}{2\pi}\int_R |C(\omega)\hat{\varphi}(\omega)|^2 \mathrm{d}\omega \\
&= \frac{1}{2\pi}\sum_{k \in \mathbf{Z}} \int_{2k\pi}^{2(k+1)\pi} |C(\omega)\hat{\varphi}(\omega)|^2 \mathrm{d}\omega \\
&= \frac{1}{2\pi}\sum_{k \in \mathbf{Z}} \int_0^{2\pi} |C(\omega)\hat{\varphi}(\omega + 2k\pi)|^2 \mathrm{d}\omega \\
&= \frac{1}{2\pi}\int_0^{2\pi} |C(\omega)|^2 \sum_{k \in \mathbf{Z}} |\hat{\varphi}(\omega + 2k\pi)|^2 \mathrm{d}\omega \\
&= \frac{1}{2\pi}\int_0^{2\pi} |C(\omega)|^2 \Phi(\omega) \mathrm{d}\omega
\end{aligned} \tag{8.1.5}$$

现在证明 (2)⇒(1):因为 $A \leqslant \Phi(\omega) \leqslant B$,由式(8.1.5) 知

$$\Big\|\sum_{k \in \mathbf{Z}} c(k)\varphi(t-k)\Big\|_{L^2(R)}^2 \leqslant B\frac{1}{2\pi}\int_0^{2\pi} |C(\omega)|^2 \mathrm{d}\omega = B\|c\|_{l^2}^2$$

$$\Big\|\sum_{k \in \mathbf{Z}} c(k)\varphi(t-k)\Big\|_{L^2(R)}^2 \geqslant A\frac{1}{2\pi}\int_0^{2\pi} |C(\omega)|^2 \mathrm{d}\omega = A\|c\|_{l^2}^2$$

再证明(1)⇒(2):反证法。假若(2) 不是几乎处处成立,因为 $\Phi(\omega)$ 是 2π 周期函数,那么有非零测集 $\mu \subseteq [0,2\pi]$ 使得 $\Phi(\omega)$ 在 μ 上小于 A 或者大于 B. 不妨设

$$\Phi(\omega) > B, \quad \forall \omega \in \mu$$

作 2π 周期函数 $C(\omega)$,它在 μ 上非零而在 $[0,2\pi]\backslash\mu$ 上为零. 取 $c = \{c(k)\}_{k \in \mathbf{Z}} \in l^2$ 为 $C(\omega)$ 的傅里叶系数,那么

$$\begin{aligned}
\Big\|\sum_{k \in \mathbf{Z}} c(k)\varphi(t-k)\Big\|_{L^2(R)}^2 &= \frac{1}{2\pi}\int_0^{2\pi} |C(\omega)|^2 \Phi(\omega) \mathrm{d}\omega \\
&= \frac{1}{2\pi}\int_\mu |C(\omega)|^2 \Phi(\omega) \mathrm{d}\omega \\
&> B\frac{1}{2\pi}\int_\mu |C(\omega)|^2 \mathrm{d}\omega = B\frac{1}{2\pi}\int_0^{2\pi} |C(\omega)|^2 \mathrm{d}\omega \\
&= B\|C(\omega)\|_{L^2[0,2\pi]}^2 = B\|c\|_{l^2}^2
\end{aligned}$$

这与条件(1) 矛盾. 【证毕】

8.1.2　一般 MRA 的正交化

多分辨分析由子空间套和尺度函数构成，当尺度函数不正交，我们可以把它改造成正交尺度函数，从而与原子空间套一起构成正交多分辨分析。

设$(\{V_j\}_{j\in\mathbf{Z}},g)$是一般的多分辨分析，$\{g(t-k)\}_{k\in\mathbf{Z}}$是$V_0$的Risez基，有Risez界$B\geqslant A>0$. 我们希望从$g$出发得到一个正交尺度函数$\varphi$. 根据定理8.1.3，

$$0<A\leqslant\sum_{k\in\mathbf{Z}}|\hat{g}(\omega+2k\pi)|^2\leqslant B$$

从而

$$\Big[\sum_{k\in\mathbf{Z}}|\hat{g}(\omega+2k\pi)|^2\Big]^{-1/2}\triangleq H(\omega)\tag{8.1.6}$$

有意义且为2π周期函数，将它展开成傅里叶级数：

$$H(\omega)=\sum_{k\in\mathbf{Z}}h(k)\mathrm{e}^{-\mathrm{i}k\omega}$$

取

$$\varphi(t)=\sum_{k\in\mathbf{Z}}h(k)g(t-k)\in V_0$$

注意到

$$\hat{\varphi}(\omega)=\sum_{k\in\mathbf{Z}}h(k)\mathrm{e}^{-\mathrm{i}k\omega}\hat{g}(\omega)=H(\omega)\hat{g}(\omega)\tag{8.1.7}$$

所以(根据式(8.1.6))

$$\sum_{k\in\mathbf{Z}}|\hat{\varphi}(\omega+2k\pi)|^2=|H(\omega)|^2\sum_{k\in\mathbf{Z}}|\hat{g}(\omega+2k\pi)|^2=1$$

由定理8.1.1知$\{\varphi(t-k)\}_{k\in\mathbf{Z}}$是$V_0$中的标准正交系。

还需说明$\{\varphi(t-k)\}_{k\in\mathbf{Z}}$是$V_0$的标准正交基，这只要说明$V_0$中垂直于$\{\varphi(t-k)\}_{k\in\mathbf{Z}}$的元素必为零元。$\forall f\in V_0$，如果

$$\langle f,\varphi(\cdot-k)\rangle=\int_R f(t)\bar{\varphi}(t-k)\mathrm{d}t=0,\quad\forall k\in\mathbf{Z}$$

即

$$\int_R\hat{f}(\omega)\,\overline{\mathrm{e}^{-\mathrm{i}k\omega}\hat{\varphi}(\omega)}\mathrm{d}\omega=0,\quad\forall k\in\mathbf{Z}$$

将式(8.1.7)代入上式，得到

$$\int_R\hat{f}(\omega)\bar{H}(\omega)\,\overline{\mathrm{e}^{-\mathrm{i}k\omega}\hat{g}(\omega)}\mathrm{d}\omega=0,\quad\forall k\in\mathbf{Z}\tag{8.1.8}$$

记

$$\hat{r}(\omega)=\hat{f}(\omega)\bar{H}(\omega)$$

则式(8.1.8)意味着

$$\int_R r(t)g(t-k)\mathrm{d}t=0,\quad\forall k\in\mathbf{Z}$$

因为$\{g(t-k)\}_{k\in\mathbf{Z}}$是$V_0$的基，所以$r(t)=0$，从而$\hat{r}(\omega)=0$. 又$H(\omega)\geqslant 1/\sqrt{B}>0$，故

$$\hat{f}(\omega)=0\Rightarrow f(t)=0$$

所以$\{\varphi(t-k)\}_{k\in\mathbf{Z}}$是$V_0$的标准正交基,$\varphi$是$V_0$的正交尺度函数。

8.2 正交 MRA 的产生

从定义 8.1.1 来看,多分辨分析($\{V_j\}_{j\in\mathbf{Z}},\varphi$)包含子空间套和尺度函数这两个构件,但从定义也得知,V_0可由φ生成,而V_j可由V_0膨胀得到,似乎φ才是多分辨分析的核心部件,子空间序列只是φ的衍生品。的确,给定$\varphi\in L^2(R)$,$\forall j\in\mathbf{Z}$,作

$$V_j=\{\sum_{k\in\mathbf{Z}}c(k)\varphi(2^jt-k)\mid\{c(k)\}\in l^2\}$$

就可得到$L^2(R)$的子空间序列。显然,如此生成的序列子空间具有二倍膨胀性质(定义 8.1.1 的 性质(3)),且V_j具备$2^{-j}k$平移不变性。现在的问题是,它还具备嵌套性、完备性吗?φ的整数平移构成V_0的标准正交基(或Risez基)吗?也就是说仅凭φ,能生成一个多分辨分析吗?当然一般的$\varphi\in L^2(R)$不能承受如此之重。

8.2.1 正交滤波器产生正交 MRA

本小节将说明,如果h是符合一定条件的正交滤波器,h对应的尺度函数φ就能生成一个正交多分辨分析,这个φ同时也就是多分辨分析的尺度函数。一般的多分辨分析可由符合一定条件的双正交滤波器生成,这将在第九章讨论。

定理 8.2.1　设滤波器h满足

(1) 存在$\alpha>0$,使得

$$\sum_{k\in\mathbf{Z}}|h(k)||k|^{\alpha}<+\infty$$

(2)$H(\omega)$是规范化的正交滤波器:

$$\begin{cases}|H(\omega)|^2+|H(\omega+\pi)|^2=2\\H(0)=\sqrt{2}\end{cases}$$

(3) $\inf\limits_{\omega\in[-\pi/2,\pi/2]}|H(\omega)|=\kappa>0$

则h可生成一个正交多分辨分析。

【证明】根据定理 7.1.7,h存在尺度函数$\varphi\in L^2(R)$满足双尺度方程

$$\varphi(t)=\sqrt{2}\sum_{k\in\mathbf{Z}}h(k)\varphi(2t-k)$$

再根据定理 7.1.7,φ的全体整数平移$\{\varphi(t-k)\}_{k\in\mathbf{Z}}$在$L^2(R)$中标准正交。$\forall j\in\mathbf{Z}$,作

$$V_j=\{\sum_{k\in\mathbf{Z}}c(k)\varphi(2^jt-k)\mid\{c(k)\}\in l^2\}$$

为了说明($\{V_j\}_{j\in\mathbf{Z}},\varphi$)是正交多分辨分析,只需证明子空间套$\{V_j\}_{j\in\mathbf{Z}}$具备嵌套性和完备性。

(i) 证明$V_j\subseteq V_{j+1}$.

φ满足双尺度方程恰好说明$\varphi\in V_1$,而V_1的$2^{-1}k$平移不变性蕴含了整数平移不变性,从而$\varphi(t-k)\in V_1$,由此得到$V_0\subseteq V_1$. 再证一般的$V_j\subseteq V_{j+1}$,假设$f(t)\in V_j$,则$f(2^{-j}t)\in V_0\subseteq V_1$,所以$f(2^{-j}t)$可表示成

$$f(2^{-j}t) = \sum_{k\in\mathbf{Z}} c(k)\varphi(2t-k)$$

所以

$$f(t) = \sum_{k\in\mathbf{Z}} c(k)\varphi(2^{j+1}t-k) \in V_{j+1}$$

(ii) 证明 $\bigcap_{j\in\mathbf{Z}} V_j = \{0\}$.

记 $\varphi_{j,k}(t) = 2^{j/2}\varphi(2^j t-k)$，则 $\{\varphi_{j,k}\}_{k\in\mathbf{Z}}$ 是 V_j 的标准正交基。$\forall f\in L^2(R)$，用 f_{V_j} 表示 f 在 V_j 中的投影，我们只要证明

$$\lim_{j\to-\infty}\|f_{V_j}\|^2 = \lim_{j\to-\infty}\sum_{k\in\mathbf{Z}}|\langle f,\varphi_{j,k}\rangle|^2 = 0 \tag{8.2.1}$$

记 Π 为 $L^2(R)$ 中的紧支函数(有界域内非零)集合，由实变函数论中的经典结果：Π 在 $L^2(R)$ 中稠密。如果能证明 $\forall g\in\Pi$ 成立式(8.2.1)，那么 $\forall f\in L^2(R)$ 也成立式(8.2.1)，理由如下：$\forall\varepsilon>0$，取 $g\in\Pi$ 使得 $\|f-g\|^2<\varepsilon$，则

$$\|f_{V_j}\|^2 = \|(f-g)_{V_j}+g_{V_j}\|^2 \leqslant \|(f-g)_{V_j}\|^2+\|g_{V_j}\|^2 \leqslant \|g-f\|^2+\|g_{V_j}\|^2 < \varepsilon+\|g_{V_j}\|^2$$

所以 $\lim\limits_{j\to-\infty}\|f_{V_j}\|^2<\varepsilon$，由 ε 的任意性得 $\lim\limits_{j\to-\infty}\|f_{V_j}\|^2 = 0$.

任取 $g\in\Pi$，将证明式(8.2.1)对 g 成立。不妨设 g 的紧支集为 $[-A,A]$，所以

$$\begin{aligned}\sum_{k\in\mathbf{Z}}|\langle g,\varphi_{j,k}\rangle|^2 &= \sum_{k\in\mathbf{Z}}\left|\int_{-A}^{A} g(t)2^{j/2}\varphi(2^j t-k)\,\mathrm{d}t\right|^2\\ &\leqslant \sum_{k\in\mathbf{Z}} 2^j\int_{-A}^{A}|g(t)|^2\mathrm{d}t\cdot\int_{-A}^{A}|\varphi(2^j t-k)|^2\mathrm{d}t\\ &= \|g\|^2\cdot\sum_{k\in\mathbf{Z}}\int_{-2^jA-k}^{2^jA-k}|\varphi(t)|^2\mathrm{d}t\end{aligned}$$

因为 $j\to-\infty$，不妨设 $2^jA<1/2$，这样 k 变化时 $[-2^jA-k,2^jA-k]$ 互不重叠，记

$$S_j = \bigcup_{k\in\mathbf{Z}}[-2^jA-k,2^jA-k]$$

显然 $\lim\limits_{j\to-\infty}S_j = \{n\}_{n\in\mathbf{Z}}$ 为离散点集。

$$\begin{aligned}\sum_{k\in\mathbf{Z}}|\langle g,\varphi_{j,k}\rangle|^2 &\leqslant \|g\|^2\cdot\int_{S_j}|\varphi(t)|^2\mathrm{d}t\\ &= \|g\|^2\cdot\int_R|\varphi(t)|^2 1_{S_j}(t)\,\mathrm{d}t \triangleq \|g\|^2\cdot\int_R\lambda_j(t)\,\mathrm{d}t\end{aligned}$$

其中 $1_{S_j}(t)$ 表示 S_j 上特征函数，所以几乎处处 $\lim\limits_{j\to-\infty}\lambda_j(t) = 0$. 又因为 $|\lambda_j(t)|\leqslant|\varphi(t)|^2$，

由控制收敛定理：$\lim\limits_{j\to-\infty}\int_R\lambda_j(t)\,\mathrm{d}t = 0$，从而 $\lim\limits_{j\to-\infty}\sum\limits_{k\in\mathbf{Z}}|\langle g,\varphi_{j,k}\rangle|^2 = 0$.

(iii) 证明 $\overline{\bigcup_{j\in\mathbf{Z}} V_j} = L^2(R)$.

$\forall f\in L^2(R)$，仍用 f_{V_j} 表示 f 在 V_j 中的投影，只要证明

$$\lim_{j\to+\infty}\|f_{V_j}-f\|^2 = 0$$

注意到 $f = f_{V_j}+f_{V_j^\perp}$，所以 $\|f\|^2 = \|f_{V_j}\|^2+\|f_{V_j^\perp}\|^2$，故

$$\|f_{V_j}-f\|^2 = \|f_{V_j^\perp}\|^2 = \|f\|^2-\|f_{V_j}\|^2$$

现在要证明的是

$$\lim_{j\to+\infty}\|f_{V_j}\|^2 = \|f\|^2 \tag{8.2.2}$$

下面,我们把上式放到频域中去证明。因为$f_{V_j} \in V_j$,所以

$$f_{V_j}(t) = \sum_{k\in\mathbf{Z}}\langle f,\varphi_{j,k}\rangle\varphi_{j,k}(t)$$

上式两边取傅里叶变换,得

$$\hat{f}_{V_j}(\omega) = 2^{-j/2}\hat{\varphi}(2^{-j}\omega)\sum_{k\in\mathbf{Z}}\langle f,\varphi_{j,k}\rangle \mathrm{e}^{-\mathrm{i}k2^{-j}\omega}$$

可以算得

$$\begin{aligned}
\langle f,\varphi_{j,k}\rangle &= \frac{1}{2\pi}\int_R \hat{f}(\eta)\overline{\hat{\varphi}_{j,k}(\eta)}\mathrm{d}\eta = \frac{2^{-j/2}}{2\pi}\int_R \hat{f}(\eta)\overline{\hat{\varphi}(2^{-j}\eta)}\mathrm{e}^{\mathrm{i}k2^{-j}\eta}\mathrm{d}\eta \\
&= \frac{2^{-j/2}}{2\pi}\sum_{n\in\mathbf{Z}}\int_{n2^{j+1}\pi}^{(n+1)2^{j+1}\pi}\hat{f}(\eta)\overline{\hat{\varphi}(2^{-j}\eta)}\mathrm{e}^{\mathrm{i}k2^{-j}\eta}\mathrm{d}\eta \\
&= \frac{2^{j/2}}{2\pi}\sum_{n\in\mathbf{Z}}\int_0^{2\pi}\hat{f}(2^j\eta+2^{j+1}n\pi)\overline{\hat{\varphi}(\eta+2n\pi)}\mathrm{e}^{\mathrm{i}k\eta}\mathrm{d}\eta \\
&= \frac{2^{j/2}}{2\pi}\int_0^{2\pi}\Big[\sum_{n\in\mathbf{Z}}\hat{f}(2^j\eta+2^{j+1}n\pi)\overline{\hat{\varphi}(\eta+2n\pi)}\Big]\cdot \mathrm{e}^{\mathrm{i}k\eta}\mathrm{d}\eta \\
&= \frac{2^{j/2}}{2\pi}\int_0^{2\pi}\chi_j(\eta)\cdot \mathrm{e}^{\mathrm{i}k\eta}\mathrm{d}\eta
\end{aligned}$$

其中

$$\chi_j(\eta) = \sum_{n\in\mathbf{Z}}\hat{f}(2^j\eta+2^{j+1}n\pi)\overline{\hat{\varphi}(\eta+2n\pi)}$$

所以

$$\begin{aligned}
\hat{f}_{V_j}(\omega) &= \hat{\varphi}(2^{-j}\omega)\sum_{k\in\mathbf{Z}}\Big[\frac{1}{2\pi}\int_0^{2\pi}\chi_j(\eta)\cdot \mathrm{e}^{\mathrm{i}k\eta}\mathrm{d}\eta\Big]\mathrm{e}^{-\mathrm{i}k2^{-j}\omega} \\
&= \hat{\varphi}(2^{-j}\omega)\sum_{k\in\mathbf{Z}}\Big[\frac{1}{2\pi}\int_0^{2\pi}\chi_j(\eta)\cdot \mathrm{e}^{-\mathrm{i}k\eta}\mathrm{d}\eta\Big]\mathrm{e}^{\mathrm{i}k2^{-j}\omega} \\
&= \hat{\varphi}(2^{-j}\omega)\chi_j(2^{-j}\omega) \\
&= \hat{\varphi}(2^{-j}\omega)\sum_{n\in\mathbf{Z}}\hat{f}(\omega+2^{j+1}n\pi)\overline{\hat{\varphi}(2^{-j}\omega+2n\pi)} \\
&= \hat{f}(\omega)|\hat{\varphi}(2^{-j}\omega)|^2 + \hat{\varphi}(2^{-j}\omega)\sum_{n\in\mathbf{Z},n\neq 0}\hat{f}(\omega+2^{j+1}n\pi)\overline{\hat{\varphi}(2^{-j}\omega+2n\pi)}
\end{aligned} \tag{8.2.3}$$

与(ii)的证明理由相同,我们只须证明$L^2(R)$中使得$\hat{f}(\omega)$有紧支集的f成立式(8.2.2)。设$\hat{f}(\omega)$的支集含于$[-A,A]$,则$\hat{f}(\omega+2^{j+1}n\pi)$的支集含于$[-A-2^{j+1}n\pi,A-2^{j+1}n\pi]$,当$j$足够大使得$2^j\pi > A$时,对不同的$n\in\mathbf{Z}$,$\hat{f}(\omega+2^{j+1}n\pi)$的支集互不相交。于是,由式(8.2.3)即知

$$\begin{aligned}\|f_{V_j}\|^2 &= \frac{1}{2\pi}\|\hat{f}_{V_j}\|^2 \\ &= \frac{1}{2\pi}\int_R |\hat{f}(\omega)|^2 |\hat{\varphi}(2^{-j}\omega)|^4 \mathrm{d}\omega \\ &\quad + \frac{1}{2\pi}\int_R |\hat{\varphi}(2^{-j}\omega)|^2 \cdot \sum_{n\in\mathbf{Z},n\neq 0} |\hat{f}(\omega + 2^{j+1}n\pi)|^2 \cdot |\hat{\varphi}(2^{-j}\omega + 2n\pi)|^2 \mathrm{d}\omega\end{aligned} \tag{8.2.4}$$

回顾 $\hat{\varphi}(\omega)$ 与 $H(\omega)$ 的关系式(7.1.4)：

$$\hat{\varphi}(\omega) = \prod_{k=1}^{+\infty}\left[\frac{1}{\sqrt{2}}H\left(\frac{\omega}{2^k}\right)\right]$$

可知 $|\hat{\varphi}(\omega)| \leqslant 1$，再由式(7.1.10)，对小的 $|\omega|$ 有 $|\hat{\varphi}(\omega)| \geqslant \mathrm{e}^{-|\omega|/2}$，故 $\lim\limits_{\omega\to 0}|\varphi(\omega)| = 1$，又

$$|\hat{f}(\omega)|^2 \cdot |\hat{\varphi}(2^{-j}\omega)|^4 \leqslant |\hat{f}(\omega)|^2$$

由控制收敛定理

$$\lim_{j\to+\infty}\frac{1}{2\pi}\int_R |\hat{f}(\omega)|^2 |\hat{\varphi}(2^{-j}\omega)|^4 \mathrm{d}\omega = \frac{1}{2\pi}\int_R |\hat{f}(\omega)|^2 \mathrm{d}\omega = \|f\|^2$$

注意到 $\|f_{V_j}\|^2$ 递增有上界 $\|f\|^2$，可设 $\lim\limits_{j\to+\infty}\|f_{V_j}\|^2 = a$，从而式(8.2.4)末尾最后一项极限存在为 $a - \|f\|^2 \geqslant 0$. 又显然 $a - \|f\|^2 \leqslant 0$，故只能是 $a = \|f\|^2$，即

$$\lim_{j\to+\infty}\|f_{V_j}\|^2 = \|f\|^2$$

【证毕】

8.2.2　生成示例和投影误差

回顾节7.1.2的例7.1.3和例7.1.4，我们给出了 Haar 和 shannon 两个低通正交滤波器以及与滤波器相对应的尺度函数，下面利用这两个滤波器生成两个正交多分辨分析，并示例一个函数在 V_j 中的投影。然后，给出了一个投影误差定理。

例 8.2.1　Haar 正交多分辨分析。

Haar 正交滤波器 h 在时域、频域中的表达为

$$h(k) = \begin{cases} 1/\sqrt{2}, & k = 0,1 \\ 0, & \text{其它} \end{cases}$$

$$H(\omega) = \sqrt{2}\mathrm{e}^{-\mathrm{i}\omega/2}\cos\frac{\omega}{2}$$

而且

$$\inf_{\omega\in[-\pi/2,\pi/2]}|H(\omega)| = 1 > 0$$

符合定理8.2.1条件，能生成正交多分辨分析$(\{V_j\}_{j\in\mathbf{Z}},\varphi)$. 尺度函数 φ 也就是 h 对应的尺度函数

$$\varphi(t) = \begin{cases} 1, & t \in (0,1) \\ \dfrac{1}{2}, & t = 0,1 \\ 0, & \text{其它} \end{cases}$$

$$\hat{\varphi}(\omega) = e^{-i\omega/2} \frac{\sin\omega/2}{\omega/2}$$

除了 $t = 0,1$ 两点,$\varphi(t)$ 也可表示成 $\varphi(t) = 1_{[0,1]}(t)$. $\forall j \in \mathbf{Z}, V_j$ 的基元为

$$\varphi_{j,k}(t) = 2^{j/2}\varphi(2^j t - k) = 2^{j/2} \cdot 1_{[k2^{-j},(k+1)2^{-j}]}(t), \quad (k \in \mathbf{Z})$$

所以子空间

$$V_j = \{ \sum_{k \in \mathbf{Z}} c(k) 1_{[2^{-j}k,\, 2^{-j}(k+1)]}(t) \mid \{c(k)\} \in l^2 \}$$

V_0 函数的特点是在每个整数区间上为常数,称为整区间阶梯函数空间;V_1 函数在所有半整数区间为常数,称为半整区间阶梯函数。

$\forall f \in L^2(R)$,f 在 V_j 上的投影为

$$f_{V_j}(t) = \sum_{k \in \mathbf{Z}} \langle f, \varphi_{j,k} \rangle \varphi_{j,k} = \sum_{k \in \mathbf{Z}} 2^j \int_{k2^{-j}}^{(k+1)2^{-j}} f(t) \cdot 1_{[k2^{-j},(k+1)2^{-j}]}(t)\,dt$$

它在每个区间 $[k2^{-j},(k+1)2^{-j}]$ 上取 $f(t)$ 的积分平均值。例如,取示例函数 $f(t) = \frac{1}{1+t^2}$,图 8－4 绘出了 $f, f_{V_0}, f_{V_1}, f_{V_2}$ 的图像,随着 j 的增大,$f_{V_j}(t)$ 越接近 $f(t)$.

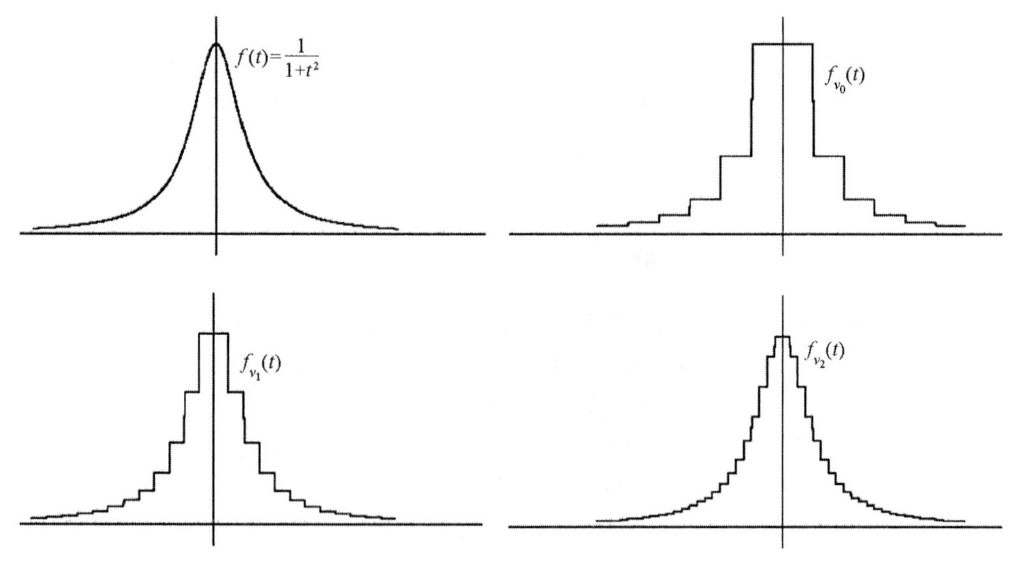

图 8－4

例 8.2.2 Shannon 正交多分辨分析。

Shannon 正交滤波器 h 在时域、频域中的表达为

$$h(k) = \frac{\sqrt{2}\sin\frac{\pi}{2}(k - \frac{1}{2})}{\pi(k - \frac{1}{2})}$$

$$H(\omega) = \begin{cases} \sqrt{2}e^{-i\omega/2}, & |\omega| \leqslant \pi/2 \\ 0, & \pi/2 < |\omega| \leqslant \pi \end{cases}$$

而且

$$\inf_{\omega\in[-\pi/2,\pi/2]}|H(\omega)|=\sqrt{2}>0$$

符合定理8.2.1条件,能生成正交多分辨分析($\{V_j\}_{j\in\mathbf{Z}},\varphi$). 尺度函数$\varphi$也就是$h$对应的尺度函数

$$\varphi(t)=\frac{\sin\pi(t-1/2)}{\pi(t-1/2)}$$

$$\hat{\varphi}(\omega)=\begin{cases}e^{-i\omega/2}, & |\omega|\leqslant\pi\\ 0, & |\omega|>\pi\end{cases}$$

$\forall j\in\mathbf{Z},V_j$ 的基元为

$$\varphi_{j,k}(t)=2^{j/2}\varphi(2^jt-k)=2^{j/2}\cdot\frac{\sin\pi(2^jt-k-1/2)}{\pi(2^jt-k-1/2)},\quad(k\in\mathbf{Z})$$

$$\hat{\varphi}_{j,k}(\omega)=\begin{cases}2^{-j/2}e^{-i(k+1/2)2^{-j}\omega}, & |\omega|\leqslant 2^j\pi\\ 0, & |\omega|>2^j\pi\end{cases}$$

所以子空间 V_j 函数的频谱支撑在$[-2^j\pi,2^j\pi]$上,为带限函数。

$\forall f\in L^2(R)$, f在 V_j 上的投影为

$$f_{V_j}(t)=\sum_{k\in\mathbf{Z}}\langle f,\varphi_{j,k}\rangle\varphi_{j,k}$$

其中

$$\langle f,\varphi_{j,k}\rangle=\int_R f(t)\varphi_{j,k}(t)\,\mathrm{d}t=\frac{1}{2\pi}\int_R\hat{f}(\omega)\overline{\hat{\varphi}_{j,k}(\omega)}\mathrm{d}\omega$$

$$=\frac{1}{2\pi\cdot 2^{j/2}}\int_{-2^j\pi}^{2^j\pi}\hat{f}(\omega)e^{i(k+1/2)2^{-j}\omega}\mathrm{d}\omega$$

$$=\frac{2^{j/2}}{2\pi}\int_{-\pi}^{\pi}\hat{f}(2^j\omega)e^{i(k+1/2)\omega}\mathrm{d}\omega$$

与例8.2.1取相同的示例函数

$$f(t)=\frac{1}{1+t^2}$$

$$\hat{f}(\omega)=\pi e^{-|\omega|}$$

可以算出

$$\langle f,\varphi_{j,k}\rangle=2^{j/2}\cdot\frac{2^j+(-1)^k(k+1/2)e^{-2^j\pi}}{4^j+(k+1/2)^2}$$

所以

$$f_{V_j}(t)=\sum_{k\in\mathbf{Z}}\frac{4^j+(-1)^k2^{j/2}(k+1/2)e^{-2^j\pi}}{4^j+(k+1/2)^2}\cdot\frac{\sin\pi(2^jt-k-1/2)}{\pi(2^jt-k-1/2)}$$

图8-5绘出了$f_{V_0}(t)$, $f_{V_1}(t)$在$[-6,6]$上的图像,整数求和从$k=-60$到$k=60$;绝对最大差是按照在$[-6,6]$上取2000个点计算而得。

现在设$H(\omega)$是满足定理8.2.1的滤波器,它生成一个多分辨分析($\{V_j\}_{j\in\mathbf{Z}},\varphi$), $f\in L^2(R)$ 在 V_j 中的投影

$$f_{V_j}(t)=\sum_{k\in\mathbf{Z}}a_k2^{j/2}\varphi(2^jt-k)$$

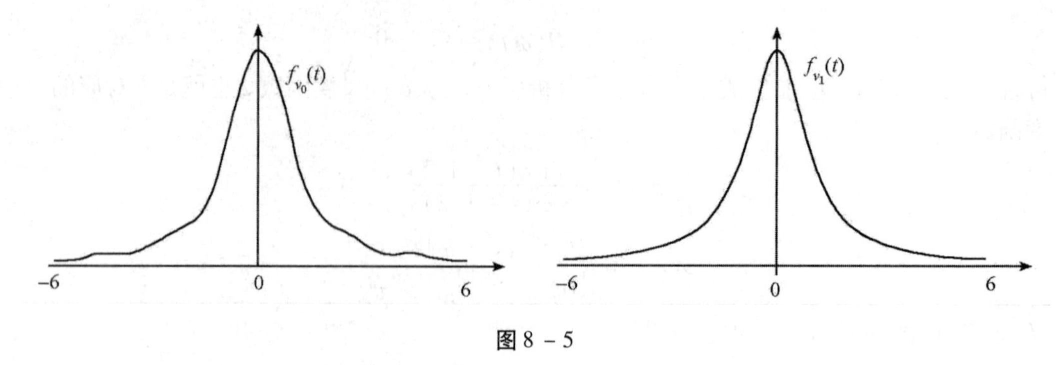

图 8－5

我们考虑f与f_{V_j}之间的误差($L^2(R)$ 范数意义下)。其证明涉及调和分析领域的相关知识，此处省略。在第九章(定理 9.1.3)给出另一个类似、相关的结论和证明。

定理 8.2.2　如果$H(\omega)$在π处p阶贴近，$f\in L^2(R)$有p阶导数且$f^{(p)}(t)\in L^2(R)$，那么

$$\|f-f_{V_j}\|_{L^2}\leqslant C\cdot 2^{-jp}\cdot\|f^{(p)}\|_{L^2}$$

其中 C 是一个与滤波器有关的常数。

由此定理可见，$H(\omega)$在π处的贴近度越高，且信号f达到匹配的光滑度，则f与f_{V_j}的误差越小。然而，$H(\omega)$在π处的贴近度确定后，即使f的光滑度再高也无济于事。换言之，$H(\omega)$在π处的贴近度更关键。不等式右边的误差项类似于f的$p-1$阶台劳展式的误差，其原因，粗略地说，是$\{\varphi(t-k)\}_{k\in\mathbf{Z}}$能组合出任意次数不超过$p-1$的多项式(推论 7.2.1)。

8.3　正交 MRA 生成 $L^2(R)$ 标准正交基

节 8.2 从符合一定条件的正交滤波器 h 出发，生成了一个正交 MRA。如此可以计算$f\in L^2(R)$在子空间V_j上的投影f_{V_j}. 显然$f_{V_{j+1}}$比f_{V_j}更接近f，问题是这个改进量$f_{V_{j+1}}-f_{V_j}$是多少?更一般地说，

$$f=\lim_{j\to+\infty}f_{V_j}=\sum_{j=-\infty}^{+\infty}(f_{V_{j+1}}-f_{V_j})=\sum_{j=-\infty}^{+\infty}\Delta f_{V_j}$$

增量Δf_{V_j}如何描述?

本节利用正交 MRA，进一步将$L^2(R)$分解为一系列子空间的正交和，并得到每个子空间的标准正交基，从而得到整个$L^2(R)$的标准正交基. 这个过程会产生一个所谓小波函数，它实际上是 h 对应的高通滤波器的化身。

8.3.1　正交子空间序列

在正交 MRA 中，V_j有标准正交基

$$\{\varphi_{j,k}(t)=2^{j/2}\varphi(2^jt-k)\}_{k\in\mathbf{Z}}\tag{8.3.1}$$

虽然$V_j\to L^2(R)(j\to+\infty)$，但我们无法在式(8.3.1)中令$j\to+\infty$得到$L^2(R)$的标准正交基。解决这个问题的途径是考察从$V_j$到$V_{j+1}$的“空间增量”。$\forall j\in\mathbf{Z}$，作$L^2(R)$的子空间

$$W_j = V_j^{\perp} \cap V_{j+1}$$

它是 $V_j^{\perp}$ 落在 V_{j+1} 中的部分，W_j 垂直于 V_j 且属于 V_{j+1}，图 8－6 给出了 W_j 两种不同的示意图。

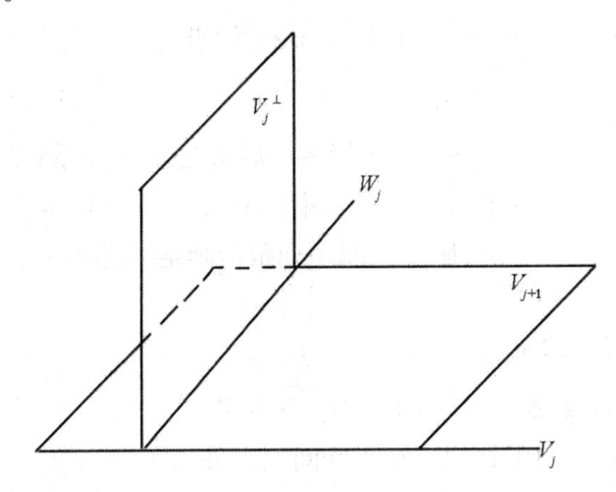

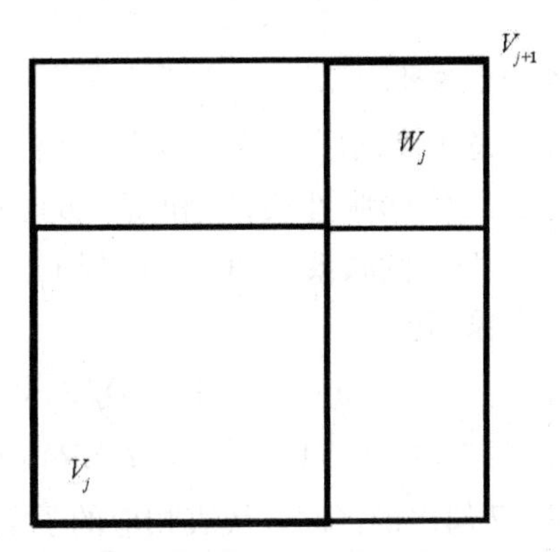

图 8－6

定理 8.3.1　$\{W_j\}_{j\in\mathbf{Z}}$ 具有如下性质(符号⊕表示正交和)：

(1) $V_{j+1} = V_j \oplus W_j$

(2) $W_i \cap W_j = \{0\}, i \neq j$

(3) $f(t) \in W_j \Leftrightarrow f(2t) \in W_{j+1}$

(4) $f(t) \in W_j \Rightarrow f(t-k) \in W_j, \forall k \in \mathbf{Z}$

(5) $L^2(R) = \bigoplus_{j\in\mathbf{Z}} W_j$

【证明】 (1) 首先注意到 $W_j = V_j^{\perp} \cap V_{j+1} \subseteq V_j^{\perp}$，所以 $W_j \perp V_j$，两者是正交和关系。下证 $V_{j+1} = V_j \oplus W_j$. 一方面，因为 $V_j \subseteq V_{j+1}$，$W_j = V_j^{\perp} \cap V_{j+1} \subseteq V_{j+1}$，所以 $V_{j+1} \supseteq V_j \oplus W_j$；再证 $V_{j+1} \subseteq V_j \oplus W_j$，任取 $f \in V_{j+1}$，因为 $L^2(R) = V_j \oplus V_j^{\perp}$，所以 $f = u + v$，其中 $u \in V_j$，$v \in V_j^{\perp}$. 注意到 $v = f - u$，而 $f \in V_{j+1}$，$u \in V_j \subseteq V_{j+1}$，所以 $v \in V_{j+1}$，所以 $v \in V_{j+1} \cap V_j^{\perp} = W_j$，从而 $f \in V_j \oplus W_j$.

(2) 不妨设 $i < j$. $W_i = V_i^{\perp} \cap V_{i+1} \subseteq V_{i+1} \subseteq V_j$，$W_j = V_j^{\perp} \cap V_{j+1} \subseteq V_j^{\perp}$. 所以 $W_i \cap W_j = \{0\}$.

(3) 设 $f(t) \in W_j$，则 $f(t) \in V_{j+1}$，所以 $f(2t) \in V_{j+2}$. 再证 $f(2t) \in V_{j+1}^{\perp}$. 任取 $g(t) \in V_{j+1}$，则 $g(\frac{t}{2}) \in V_j$. 因为 $f(t) \in V_j^{\perp}$，所以

$$\langle f(2t), g(t) \rangle = \int_R f(2t)\overline{g(t)}\mathrm{d}t = \int_R f(t)\overline{g(\frac{t}{2})}\mathrm{d}t = 0$$

这就证明了 $f(2t) \in V_{j+1}^{\perp}$，所以 $f(2t) \in V_{j+1}^{\perp} \cap V_{j+2} = W_{j+1}$. 另一方面同理可证。

(4) 设 $f(t) \in W_0 = V_0^{\perp} \cap V_1$，$\forall k \in \mathbf{Z}$，$\forall g(t) \in V_0$，有 $g(t+k) \in V_0$，所以

$$\int_R f(t-k)\overline{g(t)}\mathrm{d}t = \int_R f(t)\overline{g(t+k)}\mathrm{d}t = 0$$

这说明 $f(t-k) \in V_0^{\perp}$. 又 $f(t-k) = f(t - 2^{-1}k - 2^{-1}k) \in V_1$，所以 $f(t-k) \in V_0^{\perp} \cap V_1 =$

W_0.

即 W_0 具有“整数平移不变性”。不难得知,W_j 具有“$2^{-j}k$ 平移不变性”。

(5) 利用(1),可知

$$V_{j+1} = W_j \oplus V_j = W_j \oplus W_{j-1} \oplus V_{j-1} = \cdots = W_j \oplus W_{j-1} \oplus \cdots \oplus W_{j-p} \oplus V_{j-p}$$

令 $p \to +\infty$ 得 $V_{j+1} = \bigoplus_{p=-\infty}^{j} W_p$,再令 $j \to +\infty$,得 $L^2(R) = \bigoplus_{p\in \mathbf{Z}} W_p$. 【证毕】

注意子空间序列 $\{V_j\}_{j\in\mathbf{Z}}$ 和 $\{W_j\}_{j\in\mathbf{Z}}$ 的异同,前者是嵌套关系,后者是正交关系;两者都具有二倍膨胀性质,V_j 和 W_j 都具有“$2^{-j}k$ 平移不变性”,两个序列的和都是全空间 $L^2(R)$。两者的联系是,W_j 是 V_j 到 V_{j+1} 的“补差”。带限子空间序列很清晰地表达了两者之间的关系,记

$$\Delta_j = (-2^j\pi, 2^j\pi), \quad j \in \mathbf{Z}$$

$$V_j = \{f \in L^2(R) \mid 当\omega \notin \Delta_j, \quad \hat{f}(\omega) = 0\}, j \in \mathbf{Z}$$

图 8-7 勾出的区间段代表相应的子空间中的函数频谱在该区间段以外为零。明显地可以看出,$V_1 = V_0 \oplus W_0$ 和 $V_0 = V_{-1} \oplus W_{-1}$ 以及 $W_0 \perp W_{-1}$.

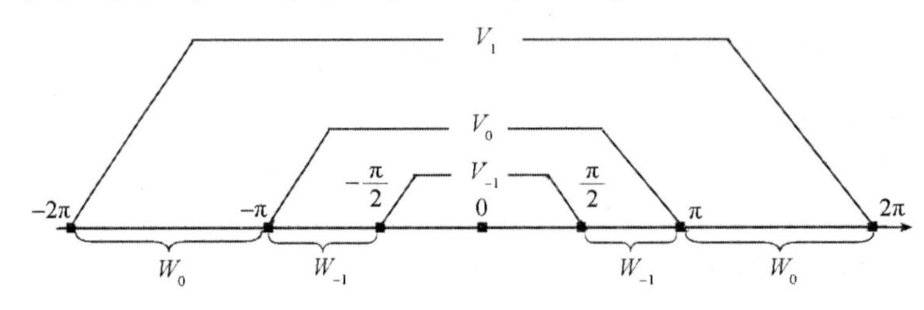

图 8-7

如果我们能获得 W_j 的标准正交基 $\{\psi_{j,k}\}_{k\in\mathbf{Z}}$,就得到了 $L^2(R)$ 的标准正交基 $\{\psi_{j,k}\}_{k\in\mathbf{Z}, j\in\mathbf{Z}}$.

8.3.2 子空间的正交小波基

先求 W_0 的标准正交基。我们将会看到,只要有了 W_0 的标准正交基,其余 W_j 的标准正交基很容易获得。我们的目标是寻找一个函数 ψ,使得

(1) $\psi \in W_0$,从而 $\psi(t-k) \in W_0$, $\forall k \in \mathbf{Z}$(W_0 的整数平移不变性)。

(2) $\{\psi(t-k)\}_{k\in\mathbf{Z}}$ 是标准正交系。

(3) $\{\psi(t-k)\}_{k\in\mathbf{Z}}$ 在 W_0 中完备,从而构成 W_0 的标准正交基。

生成正交多分辨的是低通滤波器 $h^{(0)}$(这里为了区分高通滤波器使用了上标),它满足定理 8.2.1 的条件,其中条件(2) 为

$$\begin{cases} |H_0(\omega)|^2 + |H_0(\omega+\pi)|^2 = 2 \\ H_0(0) = \sqrt{2} \end{cases} \tag{8.3.2}$$

指明 $h^{(0)}$ 是规范化的正交低通滤波器。根据定理 5.2.2,存在相应的高通滤波器:

$$h^{(1)}(k) = (-1)^{1-k} h^{(0)}(1-k)$$

对应的频谱是

$$H_1(\omega) = e^{-i\omega}\overline{H_0(\omega+\pi)}$$

它使得 $\forall \omega \in R$,

$$\begin{cases} |H_1(\omega)|^2 + |H_1(\omega+\pi)|^2 = 2 \\ H_0(\omega)\cdot\overline{H_1(\omega)} + H_0(\omega+\pi)\cdot\overline{H_1(\omega+\pi)} = 0 \end{cases} \tag{8.3.3}$$

我们将表明,利用 $h^{(1)}$ 就能构造出 ψ. 为了避免一些论证过程的重复,先给出关于 V_1 空间的一个结果,它把 V_1 空间中两个元素的平移系的内积放到频域中表达。

定理 8.3.2　设($\{V_j\}$,φ) 是正交多分辨分析,V_1 中的两个元素

$$\alpha(t) = \sqrt{2}\sum_{k\in\mathbf{Z}} a(k)\varphi(2t-k)$$

$$\beta(t) = \sqrt{2}\sum_{k\in\mathbf{Z}} b(k)\varphi(2t-k)$$

记

$$A(\omega) = \sum_{k\in\mathbf{Z}} a(k)e^{-k\omega},\quad B(\omega) = \sum_{k\in\mathbf{Z}} b(k)e^{-k\omega}$$

那么

$$\langle\alpha(\cdot-k),\beta(\cdot-l)\rangle = \frac{1}{4\pi}\int_0^{2\pi}\left[A(\frac{\omega}{2})\overline{B(\frac{\omega}{2})} + A(\frac{\omega}{2}+\pi)\overline{B(\frac{\omega}{2}+\pi)}\right]e^{-i(k-l)\omega}d\omega$$

【证明】 $\alpha(t)$, $\beta(t)$ 的频域表示为

$$\hat{\alpha}(\omega) = \frac{1}{\sqrt{2}}A(\frac{\omega}{2})\hat{\varphi}(\frac{\omega}{2}),\quad \hat{\beta}(\omega) = \frac{1}{\sqrt{2}}B(\frac{\omega}{2})\hat{\varphi}(\frac{\omega}{2})$$

于是

$$\begin{aligned}\langle\alpha(\cdot-k),\beta(\cdot-l)\rangle &= \frac{1}{2\pi}\int_R \hat{\alpha}(\omega)\overline{\hat{\beta}(\omega)}e^{-i(k-l)\omega}d\omega \\ &= \frac{1}{4\pi}\int_R A(\frac{\omega}{2})\overline{B(\frac{\omega}{2})}\cdot\left|\hat{\varphi}(\frac{\omega}{2})\right|^2 e^{-i(k-l)\omega}d\omega \\ &= \frac{1}{4\pi}\sum_{n\in\mathbf{Z}}\int_{4n\pi}^{4(n+1)\pi} A(\frac{\omega}{2})\overline{B(\frac{\omega}{2})}\cdot\left|\hat{\varphi}(\frac{\omega}{2})\right|^2 e^{-i(k-l)\omega}d\omega \\ &= \frac{1}{4\pi}\sum_{n\in\mathbf{Z}}\int_0^{4\pi} A(\frac{\omega}{2}+2n\pi)\overline{B(\frac{\omega}{2}+2n\pi)}\cdot\left|\hat{\varphi}(\frac{\omega}{2}+2n\pi)\right|^2 e^{-i(k-l)\omega}d\omega \\ &= \frac{1}{4\pi}\int_0^{4\pi} A(\frac{\omega}{2})\overline{B(\frac{\omega}{2})}\cdot\sum_{n\in\mathbf{Z}}\left|\hat{\varphi}(\frac{\omega}{2}+2n\pi)\right|^2\cdot e^{-i(k-l)\omega}d\omega\end{aligned}$$

根据定理 8.1.1,$\{\varphi(\cdot-k)\}_{k\in\mathbf{Z}}$ 的标准正交性意味着

$$\sum_{n\in\mathbf{Z}}\left|\hat{\varphi}(\frac{\omega}{2}+2n\pi)\right|^2 = 1$$

所以

$$\begin{aligned}\langle\alpha(\cdot-k),\beta(\cdot-l)\rangle &= \frac{1}{4\pi}\int_0^{4\pi} A(\frac{\omega}{2})\overline{B(\frac{\omega}{2})}\cdot e^{-i(k-l)\omega}d\omega \\ &= \left(\frac{1}{4\pi}\int_0^{2\pi} + \frac{1}{4\pi}\int_{2\pi}^{4\pi}\right)A(\frac{\omega}{2})\overline{B(\frac{\omega}{2})}\cdot e^{-i(k-l)\omega}d\omega \\ &= \frac{1}{4\pi}\int_0^{2\pi} A(\frac{\omega}{2})\overline{B(\frac{\omega}{2})}\cdot e^{-i(k-l)\omega}d\omega\end{aligned}$$

$$+\frac{1}{4\pi}\int_0^{2\pi}A(\frac{\omega}{2}+\pi)\overline{B(\frac{\omega}{2}+\pi)}\cdot e^{-i(k-l)\omega}d\omega$$

$$=\frac{1}{4\pi}\int_0^{2\pi}[A(\frac{\omega}{2})\overline{B(\frac{\omega}{2})}+A(\frac{\omega}{2}+\pi)\overline{B(\frac{\omega}{2}+\pi)}]\cdot e^{-i(k-l)\omega}d\omega$$

【证毕】

定理 8.3.3　利用高通滤波器系数 $h^{(1)}$ 作函数

$$\psi(t)=\sqrt{2}\sum_{k\in\mathbf{Z}}h^{(1)}(k)\varphi(2t-k) \tag{8.3.4}$$

则 $\{\psi(t-k)\}_{k\in\mathbf{Z}}$ 是 W_0 的标准正交基。

【证明】　分三步证明。

(1) 证明 $\psi\in W_0$.

由 ψ 的表达式,显然 $\psi\in V_1$. 再证 $\psi\in V_0^{\perp}$,只要证明 $\forall k\in\mathbf{Z}$, $\langle\varphi(\cdot-k),\psi\rangle=0$

注意到式(8.3.4)以及

$$\varphi(t)=\sqrt{2}\sum_{k\in\mathbf{Z}}h^{(0)}(k)\varphi(2t-k)$$

根据定理 8.3.2,

$$\langle\varphi(\cdot-k),\psi\rangle=\frac{1}{4\pi}\int_0^{2\pi}[H_0(\frac{\omega}{2})\overline{H_1(\frac{\omega}{2})}+H_0(\frac{\omega}{2}+\pi)\overline{H_1(\frac{\omega}{2}+\pi)}]\cdot e^{-ik\omega}d\omega$$

再由式(8.3.3)第二式即知

$$\langle\varphi(\cdot-k),\psi\rangle=0$$

(2) 证明 $\{\psi(t-k)\}_{k\in\mathbf{Z}}$ 是标准正交系。

根据定理 8.1.1,只要证明

$$\sum_{k\in\mathbf{Z}}|\hat{\psi}(\omega+2k\pi)|^2=1$$

而式(8.3.4)的频域表达是

$$\hat{\psi}(\omega)=\frac{1}{\sqrt{2}}\sum_{k\in\mathbf{Z}}h^{(1)}(k)\hat{\varphi}(\frac{\omega}{2})e^{-ik\frac{\omega}{2}}=\frac{1}{\sqrt{2}}H_1(\frac{\omega}{2})\hat{\varphi}(\frac{\omega}{2})$$

所以

$$\begin{aligned}\sum_{k\in\mathbf{Z}}|\hat{\psi}(\omega+2k\pi)|^2&=\frac{1}{2}\sum_{k\in\mathbf{Z}}\left|H_1(\frac{\omega}{2}+k\pi)\cdot\hat{\varphi}(\frac{\omega}{2}+k\pi)\right|^2\\&=\left(\frac{1}{2}\sum_{k=2n}+\frac{1}{2}\sum_{k=2n+1}\right)\left|H_1(\frac{\omega}{2}+k\pi)\cdot\hat{\varphi}(\frac{\omega}{2}+k\pi)\right|^2\\&=\frac{1}{2}\sum_{n\in\mathbf{Z}}\left|H_1(\frac{\omega}{2}+2n\pi)\cdot\hat{\varphi}(\frac{\omega}{2}+2n\pi)\right|^2\\&\quad+\frac{1}{2}\sum_{n\in\mathbf{Z}}\left|H_1(\frac{\omega}{2}+\pi+2n\pi)\cdot\hat{\varphi}(\frac{\omega}{2}+\pi+2n\pi)\right|^2\\&=\frac{1}{2}\left|H_1(\frac{\omega}{2})\right|^2\sum_{n\in\mathbf{Z}}\left|\hat{\varphi}(\frac{\omega}{2}+2n\pi)\right|^2\\&\quad+\frac{1}{2}\left|H_1(\frac{\omega}{2}+\pi)\right|^2\sum_{n\in\mathbf{Z}}|\hat{\varphi}(\frac{\omega}{2}+\pi+2n\pi)|^2\end{aligned}$$

$$= \frac{1}{2}\left(\left| H_1(\frac{\omega}{2}) \right|^2 + \left| H_1(\frac{\omega}{2} + \pi) \right|^2 \right) = 1$$

最后的等式为 1 是因为式(8.3.3) 第一式。

(3) 证明$\{\psi(t-k)\}_{k\in\mathbf{Z}}$在$W_0$中完备。

只要证明若$\alpha \in W_0$且$\forall k \in \mathbf{Z}$, $<\psi(\cdot-k),\alpha> = 0$,则$\alpha = 0$. 任取$\alpha \in W_0 = V_0^{\perp} \cap V_1$,

$$\alpha(t) = \sqrt{2}\sum_{k\in\mathbf{Z}} a(k)\varphi(2t-k)$$

记

$$A(\omega) = \sum_{k\in\mathbf{Z}} a(k)\mathrm{e}^{-\mathrm{i}k\omega}$$

根据定理 8.3.2,

$$\langle\varphi(\cdot-k),\alpha)\rangle = \frac{1}{4\pi}\int_0^{2\pi}\left[H_0(\frac{\omega}{2})\overline{A(\frac{\omega}{2})} + H_0(\frac{\omega}{2}+\pi)\overline{A(\frac{\omega}{2}+\pi)}\right]\mathrm{e}^{-\mathrm{i}k\omega}\mathrm{d}\omega$$

$$\langle\psi(\cdot-k),\alpha)\rangle = \frac{1}{4\pi}\int_0^{2\pi}\left[H_1(\frac{\omega}{2})\overline{A(\frac{\omega}{2})} + H_1(\frac{\omega}{2}+\pi)\overline{A(\frac{\omega}{2}+\pi)}\right]\mathrm{e}^{-\mathrm{i}k\omega}\mathrm{d}\omega$$

因为 $\forall k \in \mathbf{Z}, \langle\varphi(\cdot-k),\alpha)\rangle = 0, \langle\psi(\cdot-k),\alpha)\rangle = 0$,这导致 $\forall \omega \in R$,

$$H_0(\omega)\overline{A(\omega)} + H_0(\omega+\pi)\overline{A(\omega+\pi)} = 0$$

$$H_1(\omega)\overline{A(\omega)} + H_1(\omega+\pi)\overline{A(\omega+\pi)} = 0$$

记

$$M = \begin{pmatrix} H_0(\omega) & H_0(\omega+\pi) \\ H_1(\omega) & H_1(\omega+\pi) \end{pmatrix}$$

则

$$M\begin{pmatrix} \overline{A(\omega)} \\ \overline{A(\omega+\pi)} \end{pmatrix} = 0 \tag{8.3.5}$$

而式(8.3.1)(8.3.2) 表明$MM^* = 2I$,从而$M^*M = 2I$. 用M^*左乘(8.3.5) 即知$A(\omega) = 0$,从而$\alpha = 0$. 【证毕】

定理8.3.3 中的ψ称为高通滤波器$h^{(1)}$产生的小波函数(对应$h^{(0)}$产生的尺度函数φ)。

$$\hat{\psi}(\omega) = \frac{1}{\sqrt{2}}H_1(\frac{\omega}{2})\hat{\varphi}(\frac{\omega}{2})$$

$$\hat{\psi}(0) = 0$$

其中$\hat{\psi}(0) = 0$意味着

$$\int_R \psi(t)\mathrm{d}t = 0 \tag{8.3.6}$$

说明$\psi(t)$在时间轴的上下有波动,又因为两端衰减为零,它是一个“小”的波。

现在我们有了W_0的标准正交基$\{\psi(t-k)\}_{k\in\mathbf{Z}}$,那么 $\forall j \in \mathbf{Z}$,

$$\{\psi_{j,k}(t) = 2^{j/2}\psi(2^j t - k)\}_{k\in\mathbf{Z}}$$

就是W_j的标准正交基。这是因为,由定理8.3.1 中关于W_j的膨胀性和$2^{-j}k$的平移不变性可知,$\forall k \in \mathbf{Z}, \psi_{j,k} \in W_j$. 容易验证

$$\langle \psi_{j,k}, \psi_{j,l} \rangle = \langle \psi(\cdot - k), \psi(\cdot - l) \rangle = \delta_{k,l}$$

即$\{\psi_{j,k}\}_{k\in\mathbf{Z}}$是$W_j$中的标准正交系。关于$\{\psi_{j,k}\}_{k\in\mathbf{Z}}$在$W_j$中的完备性：

$$\forall \alpha(t) \in W_j \Rightarrow \alpha(t/2^j) \in W_0 \Rightarrow \alpha(t/2^j) = \sum_{k\in\mathbf{Z}} a(k)\psi(t-k)$$

$$\Rightarrow \alpha(t) = \sum_{k\in\mathbf{Z}} a(k)\psi(2^j t - k) = \sum_{k\in\mathbf{Z}} a'(k)\psi_{j,k}$$

所以$\{\psi_{j,k}\}_{k\in\mathbf{Z}}$是$W_j$的标准正交基。最后将本节的主要结论总结如下：

定理 8.3.4　设$h^{(0)}$是满足定理8.2.1条件的正交低通滤波器，φ是$h^{(0)}$对应的尺度函数，取$h^{(0)}$对应的高通滤波器

$$h^{(1)}(k) = (-1)^{1-k}h^{(0)}(1-k)$$

作函数

$$\psi(t) = \sqrt{2}\sum_{k\in\mathbf{Z}} h^{(1)}(k)\varphi(2t-k)$$

那么$\{\psi_{j,k}(t) = 2^{j/2}\psi(2^j t - k)\}_{k\in\mathbf{Z}}$是$W_j$的标准正交基，而$\{\psi_{j,k}(t)\}_{j\in\mathbf{Z},\ k\in\mathbf{Z}}$是$L^2(R)$的标准正交基，称为小波标准正交基。

例 8.3.1　Haar小波子空间。Haar正交低通滤波器为（参见例8.2.1）

$$h^{(0)} = (\cdots, 0, \underline{\frac{1}{\sqrt{2}}}, \frac{1}{\sqrt{2}}, 0, \cdots)$$

下划线代表零时刻位置。对应的高通滤波器为

$$h^{(1)} = (-1)^{1-k}h^{(0)}(1-k) = (\cdots, 0, \underline{-\frac{1}{\sqrt{2}}}, \frac{1}{\sqrt{2}}, 0, \cdots)$$

在例8.2.1中给出了$h^{(0)}$对应的尺度函数

$$\varphi(t) = \begin{cases} 1, & t \in (0,1) \\ \frac{1}{2}, & t = 0,1 \\ 0, & \text{其它} \end{cases}$$

由此可得$h^{(1)}$对应的小波函数

$$\psi(t) = \sqrt{2}[h^{(1)}(0)\varphi(2t) + h^{(1)}(1)\varphi(2t-1)]$$

$$= -\varphi(2t) + \varphi(2t-1) = \begin{cases} -\frac{1}{2}, & t \in [0, \frac{1}{2}) \\ \frac{1}{2}, & t \in (\frac{1}{2}, 1] \\ 0, & \text{其它} \end{cases}$$

Haar小波函数在时域中紧支撑。小波子空间W_J的基元为（如图8－8所示）

$$\psi_{J,k}(t) = 2^{J/2}\psi(2^J t - k) = \begin{cases} -2^{J/2-1}, & t \in [k2^{-J}, \quad (k+\frac{1}{2})2^{-J}) \\ 2^{J/2-1}, & t \in ((k+\frac{1}{2})2^{-J}, \quad (k+1)2^{-J}] \\ 0, & \text{其它} \end{cases}$$

对于正的大J，$\psi_{J,k}(t)$在短促的时间内有大的跳动，变化剧烈，所以W_J中的函数具有

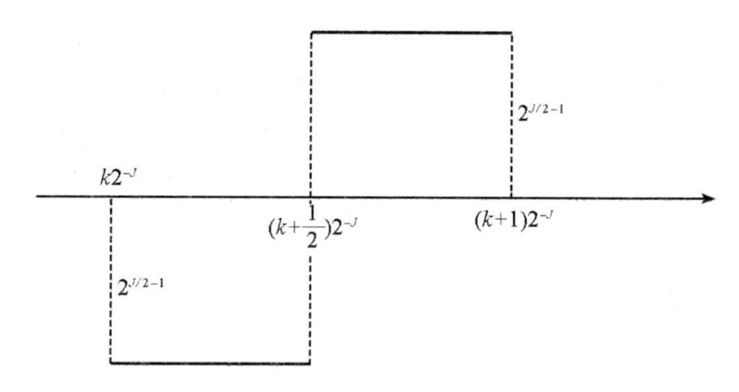

图8－8

高频特性；对于负的大 J，$\psi_{J,k}(t)$ 在较长的时间内只有小的跳动，变化平缓，所以 W_J 中的函数具有低频特性。

例 8.3.2 Shannon 小波子空间。Shannon 正交低通滤波器为(参见例 8.2.2)

$$H_0(\omega) = \begin{cases} \sqrt{2}e^{-i\omega/2}, & |\omega| \leq \pi/2 \\ 0, & \pi/2 < |\omega| \leq \pi \end{cases}$$

相应的高通滤波器是

$$H_1(\omega) = e^{-i\omega}\overline{H_0(\omega+\pi)} = \begin{cases} \sqrt{2}e^{-i\omega/2}, & \pi/2 < |\omega| \leq \pi \\ 0, & |\omega| \leq \pi/2 \end{cases}$$

在例 8.2.2 中给出了 $h^{(0)}$ 对应的尺度函数

$$\hat{\varphi}(\omega) = \begin{cases} e^{-i\omega/2}, & |\omega| \leq \pi \\ 0, & |\omega| > \pi \end{cases}$$

由此可得 $h^{(1)}$ 对应的小波函数

$$\hat{\psi}(\omega) = \frac{1}{\sqrt{2}}H_1(\frac{\omega}{2})\hat{\varphi}(\frac{\omega}{2}) = \begin{cases} ie^{-i\omega/2}, & \pi < |\omega| \leq 2\pi \\ 0, & \text{其它} \end{cases}$$

Shannon 小波函数在频域中紧支撑。小波子空间 W_J 的基元

$$\begin{aligned} \hat{\psi}_{J,k}(\omega) &= \mathscr{F}[2^{J/2}\psi_{J,k}(2^Jt-k)] \\ &= 2^{-J/2}e^{-ik\omega/2^J}\hat{\psi}(\omega/2^J) \\ &= \begin{cases} i2^{-J/2}e^{-i(k2^{-J}+1/2)\omega}, & 2^J\pi < |\omega| \leq 2^{J+1}\pi \\ 0, & \text{其它} \end{cases} \end{aligned}$$

W_J 函数的频谱支撑在$[2^J\pi,2^{J+1}\pi]$及对称区间上，W_J,V_J,V_{J+1} 三者的关系正如图8－7所示。

8.4 信号在正交 MRA 中分解、重构

借助正交 MAR，$L^2(R)$ 现在有嵌套分割和正交分解两种方式：

$$L^2(R) = \bigcup_{j\in\mathbf{Z}}V_j = \bigoplus_{j\in\mathbf{Z}}W_j$$

两者的关系是 $V_{j+1} = W_j \oplus V_j$，其中 V_j 有标准正交基$\{\varphi_{j,k} = 2^{-j/2}\varphi(2^jt-k)\}_{k\in\mathbf{Z}}$，$W_j$ 有标准正交基$\{\psi_{j,k}(t) = 2^{j/2}\psi(2^jt-k)\}_{k\in\mathbf{Z}}$，$\varphi$ 是低通滤波器$\{h^{(0)}(k)\}$ 产生的尺度函数，ψ 是相

应的高通滤波器$\{h^{(1)}(k)\}$产生的小波函数。$\forall f \in L^2(R)$,可以取足够大的J使得f在V_J中的投影几乎等于f,这里不妨就设$f \in V_J$. V_J可逐步分解成(如图8－9所示)

$$V_J = W_{J-1} \oplus V_{J-1} = W_{J-1} \oplus W_{J-2} \oplus V_{J-2} = \cdots = W_{J-1} \oplus W_{J-2} \oplus \cdots \oplus W_{J-M} \oplus V_{J-M}$$

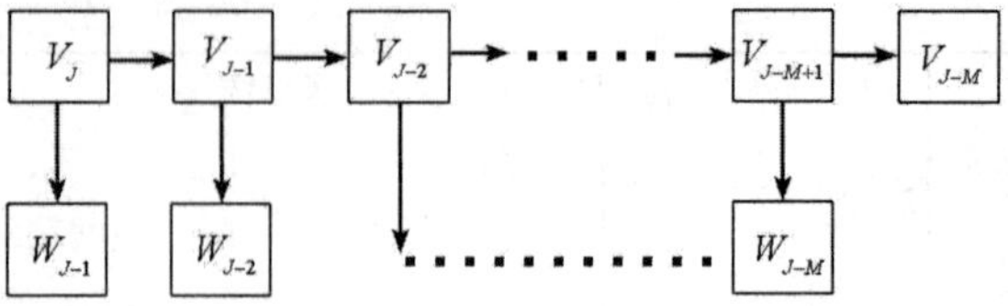

V_J → V_{J-1} → V_{J-2} → …… → V_{J-M+1} → V_{J-M}

W_{J-1}　W_{J-2}　……　W_{J-M}

图8－9

这里M为某个正整数,表示分解的级数。于是,f可写成它在各子空间的投影之和

$$f = \sum_{j=J-1}^{J-M} f_{W_j} + f_{V_{J-M}}$$

其中

$$f_{W_j} = \sum_{k\in\mathbf{Z}} \langle f, \psi_{j,k} \rangle \psi_{j,k} = \sum_{k\in\mathbf{Z}} d_{j,k}\psi_{j,k} \quad (J-M \leqslant j \leqslant J-1)$$

$$f_{V_{J-M}} = \sum_{k\in\mathbf{Z}} \langle f, \varphi_{J-M,k} \rangle \varphi_{J-M,k} = \sum_{k\in\mathbf{Z}} c_{J-M,k}\varphi_{J-M,k}$$

另一方面,$f \in V_J$意味着

$$f = \sum_{k\in\mathbf{Z}} \langle f, \varphi_{j,k} \rangle \varphi_{J,k} = \sum_{k\in\mathbf{Z}} c_{J,k}\varphi_{J,k}$$

只要知道了f在V_J中的投影系数$\{c_{J,k}\}_{k\in\mathbf{Z}}$,我们就能快速算出$f$在$V_J$的下属各级子空间$W_j, V_j$上的投影系数$\{d_{j,k}\}_{k\in\mathbf{Z}}$和$\{c_{j,k}\}_{k\in\mathbf{Z}}$,此计算过程称为Mallat分解算法;反之,由各级的$\{d_{j,k}\}_{k\in\mathbf{Z}}$和$\{c_{j,k}\}_{k\in\mathbf{Z}}$,我们也能快速算出$\{c_{J,k}\}_{k\in\mathbf{Z}}$,此计算过程称为Mallat重构算法。

8.4.1 Mallat 分解、重构算法

先考虑分解问题。考察第一级分解,由$V_J = W_{J-1} \oplus V_{J-1}$,可以用两种方式表达$f \in V_J$:

$$\begin{cases} f = \sum_{k\in\mathbf{Z}} c_{J,k}\varphi_{J,k} \\ f = \sum_{k\in\mathbf{Z}} d_{J-1,k}\psi_{J-1,k} + \sum_{k\in\mathbf{Z}} c_{J-1,k}\varphi_{J-1,k} \end{cases} \tag{8.4.1}$$

为了从$\{c_{J,k}\}$得到$\{c_{J-1,k}\}$,将式(8.4.1)第二式两边与$\varphi_{J-1,k}$作内积得到

$$c_{J-1,k} = \langle f, \varphi_{J-1,k} \rangle$$

再将式(8.4.1)第一式代入上式:

$$\begin{aligned} c_{J-1,k} = \langle \sum_{r\in\mathbf{Z}} c_{J,r}\varphi_{J,r}, \varphi_{J-1,k} \rangle &= \sum_{r\in\mathbf{Z}} c_{J,r} \langle \varphi_{J,r}, \varphi_{J-1,k} \rangle \\ &= \sum_{r\in\mathbf{Z}} c_{J,r} \int_R 2^{J/2}\varphi(2^J t - r) \cdot 2^{(J-1)/2}\varphi(2^{J-1}t - k)\,\mathrm{d}t \\ &= \sum_{r\in\mathbf{Z}} c_{J,r} \int_R \sqrt{2}\varphi(2t - r) \cdot \varphi(t - k)\,\mathrm{d}t \\ &= \sum_{r\in\mathbf{Z}} c_{J,r} \int_R \sqrt{2}\varphi(2t - (r - 2k)) \cdot \varphi(t)\,\mathrm{d}t \\ &= \sum_{r\in\mathbf{Z}} c_{J,r} \langle \varphi_{1,r-2k}, \varphi \rangle \end{aligned}$$

再根据尺度函数 φ 与低通滤波器系数 $\{h^{(0)}(n)\}_{n\in\mathbf{Z}}$ 的关系

$$\varphi(t)=\sqrt{2}\sum_{n\in\mathbf{Z}}h^{(0)}(n)\varphi(2t-n)=\sum_{n\in\mathbf{Z}}h^{(0)}(n)\varphi_{1,n}(t)$$

得到

$$\langle\varphi_{1,r-2k},\varphi\rangle=\langle\varphi_{1,r-2k},\sum_{n\in\mathbf{Z}}h^{(0)}(n)\varphi_{1,n}(t)\rangle=h^{(0)}(r-2k)$$

所以

$$c_{J-1,k}=\sum_{r\in\mathbf{Z}}c_{J,r}h^{(0)}(r-2k)=\sum_{r\in\mathbf{Z}}c_{J,r}h^{(0)-}(2k-r)=[\{c_{J,r}\}*h^{(0)-}](2k)$$

其中 $h^{(0)-}$ 表示 $h^{(0)}$ 的折叠。若记 f 在 V_j 中的分解系数

$$\{c_{j,k}\}_{k\in\mathbf{Z}}\triangleq C^{(j)}$$

则

$$C^{(J-1)}=(\downarrow 2)[C^{(J)}*h^{(0)-}]$$

这个卷积 - 抽取运算如图 8 - 10 所示。

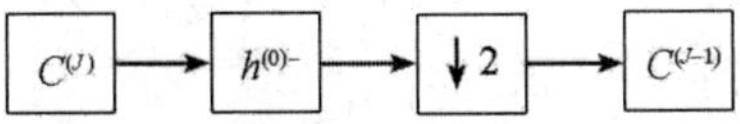

$C^{(J)}$ → $h^{(0)-}$ → $\downarrow 2$ → $C^{(J-1)}$

图 8 - 10

为了从 $\{c_{J,k}\}$ 得到 $\{d_{J-1,k}\}$，将式(8.4.1)第二式两边与 $\psi_{J-1,k}$ 作内积得到

$$d_{J-1,k}=\langle f,\varphi_{J-1,k}\rangle$$

再将式(8.4.1)第一式代入上式：

$$\begin{aligned}d_{J-1,k}&=\langle\sum_{r\in\mathbf{Z}}c_{J,r}\varphi_{J,r},\psi_{J-1,k}\rangle=\sum_{r\in\mathbf{Z}}c_{J,r}\langle\varphi_{J,r},\psi_{J-1,k}\rangle\\&=\sum_{r\in\mathbf{Z}}c_{J,r}\int_R 2^{J/2}\varphi(2^Jt-r)\cdot 2^{(J-1)/2}\psi(2^{J-1}t-k)\mathrm{d}t\\&=\sum_{r\in\mathbf{Z}}c_{J,r}\int_R\sqrt{2}\varphi(2t-r)\cdot\psi(t-k)\mathrm{d}t\\&=\sum_{r\in\mathbf{Z}}c_{J,r}\int_R\sqrt{2}\varphi(2t-(r-2k))\cdot\psi(t)\mathrm{d}t\\&=\sum_{r\in\mathbf{Z}}c_{J,r}\langle\varphi_{1,r-2k},\psi\rangle\end{aligned}$$

再根据小波函数 ψ 与高通滤波器系数 $\{h^{(1)}(n)\}_{n\in\mathbf{Z}}$ 的关系式(见式(8.3.4))

$$\psi(t)=\sqrt{2}\sum_{n\in\mathbf{Z}}h^{(1)}(n)\varphi(2t-n)=\sum_{n\in\mathbf{Z}}h^{(1)}(n)\varphi_{1,n}$$

得到

$$\langle\varphi_{1,r-2k},\psi\rangle=\langle\varphi_{1,r-2k},\sum_{n\in\mathbf{Z}}h^{(1)}(n)\varphi_{1,n}(t)\rangle=h^{(1)}(r-2k)$$

所以

$$d_{J-1,k}=\sum_{r\in\mathbf{Z}}c_{J,r}h^{(1)}(r-2k)=\sum_{r\in\mathbf{Z}}c_{J,r}h^{(1)-}(2k-r)=[\{c_{J,r}\}*h^{(1)-}](2k)$$

其中 $h^{(1)-}$ 表示 $h^{(1)}$ 的折叠。若记 f 在 W_j 中的分解系数

$$\{d_{j,k}\}_{k\in\mathbf{Z}}=D^{(j)}$$

则

$$D^{(J-1)} = (\downarrow 2)[C^{(J)} * h^{(1)-}]$$

这个卷积 - 抽取运算如图 8 - 11 所示。

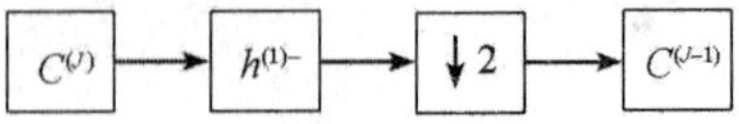

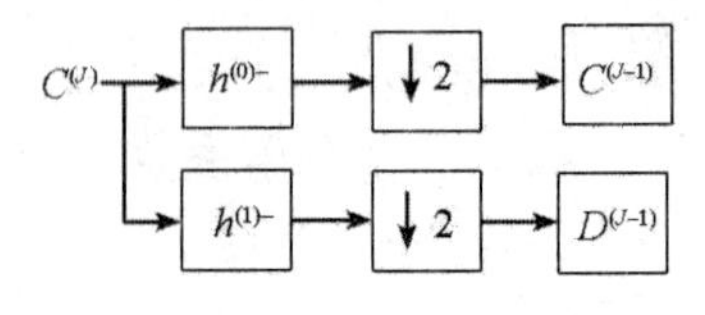

图 8 - 11

综合图 8 - 10 和图 8 - 11,我们得到第一步分解的计算图示(见图 8 - 12)。

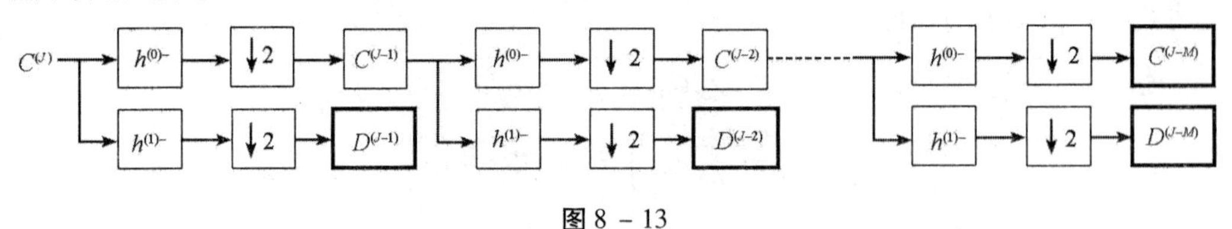

图 8 - 12

一般地,在关系 $V_j = W_{j-1} \oplus V_{j-1}$ 中, f 在 V_j, V_{j-1} 和 W_{j-1} 中的投影系数

$$C^{(j)} = \{c_{j,k}\}_{k\in\mathbf{Z}}, \quad C^{(j-1)} = \{c_{j-1,k}\}_{k\in\mathbf{Z}}, \quad D^{(j-1)} = \{d_{j-1,k}\}_{k\in\mathbf{Z}}$$

三者之间的关系可以平行得到

$$C^{(j-1)} = (\downarrow 2)[C^{(j)} * h^{(0)-}]$$

$$D^{(j-1)} = (\downarrow 2)[C^{(j)} * h^{(1)-}]$$

将图 8 - 12 中上通道的输出 $C^{(J-1)}$ 作为下一级的输入,可以得到 $C^{(J-2)}, D^{(J-2)}$. 如此类推,整个分解过程如图 8 - 13 所示。

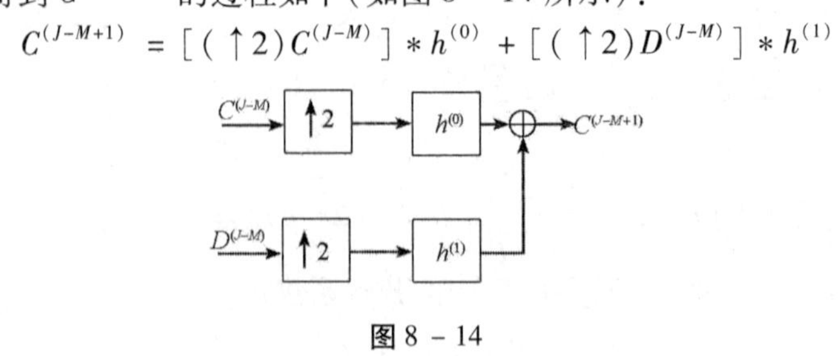

图 8 - 13

粗框中的数据就是最后的分解结果。此即为 Mallat 分解算法。

再考察重构问题,即如何由 $C^{(J-M)}, D^{(J-M)}, \cdots, D^{(J-1)}$ 重构出 $C^{(J)}$. 根据图 8 - 13, $C^{(J-M+1)}$ 经过低通 $h^{(0)}$ 再($\downarrow 2$)得到 $C^{(J-M)}$, $C^{(J-M+1)}$ 经过高通 $h^{(1)}$ 再($\downarrow 2$)得到 $D^{(J-M)}$,这这相当于将 $C^{(J-M+1)}$ 输入一个分析滤波器组,上通道输出 $C^{(J-M)}$,下通道输出 $D^{(J-M)}$. 那么如何由 $C^{(J-M)}, D^{(J-M)}$ 得到 $C^{(J-M+1)}$ 呢?这正是滤波器组完美重构问题,已经在节 6.2.4 中给出了答案(参见图 6 - 8)。合成滤波器组就是分析滤波器组的折叠(伴随 $\uparrow 2$),因此由 $C^{(J-M)}, D^{(J-M)}$ 得到 $C^{(J-M+1)}$ 的过程如下(如图 8 - 14 所示):

$$C^{(J-M+1)} = [(\uparrow 2)C^{(J-M)}] * h^{(0)} + [(\uparrow 2)D^{(J-M)}] * h^{(1)}$$

图 8 - 14

进一步再利用 $C^{(J-M+1)}, D^{(J-M+1)}$ 合成得到 $C^{(J-M+2)}\cdots$ 如此类推,整个合成过程如图 8 - 15 所示。

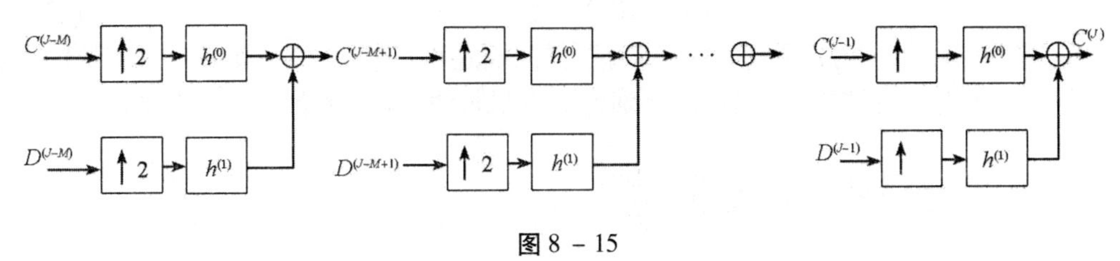

图 8 - 15

当然,我们也可以把分解、合成都用多速率方式来进行。

8.4.2　初始启动数据

实际上,待处理的信号是通过采样得到的一个有限长序列,而不是某个函数解析表达式。有限长序列可以两边补零延拓成双无限序列。在使用 Mallate 分解算法之前,必须准备好初始数据 $C^{(J)} = \{c_{J,k}\}_{k\in\mathbf{Z}}$. 另一个问题是,从中采样的那个信号函数 $f(t)$ 究竟属于哪个 V_J?这是无法回答的,也是不必要考虑的。重要的是将 f 的采样序列与 f 在某个 V_J 中的投影系数 $C^{(J)}$ 联系起来,从而能够启动 Mallate 算法对采样序列滤波。只要保证经过 Mallate 算法分解后,采样序列的信息没丢失,能够完美重构就行了。从 Mallate 分解算法也可以看出,整数 J 和其他的 j 只起到分解层次的标号作用,对分解的结果毫无影响,决定分解结果的是初始数据 $C^{(J)}$(J 只是标号)和滤波器系数 $h^{(0)}, h^{(1)}$. 下面的定理说明,在一定的条件下可以用 f 的采样值近似 $\{c_{J,k}\}_{k\in\mathbf{Z}}$.

定理 8.4.1　设 f 满足 $\delta(\delta>0)$ 阶的 Lipschitz 条件:

$$|f(t_1)-f(t_2)| < C_1|t_1-t_2|^{\delta},\quad (\forall t_1,t_2\in R)$$

尺度函数 φ 满足

$$\int_R |t|^{\delta}|\varphi(t)|\mathrm{d}t = C_2 < +\infty$$

那么

$$|c_{J,k} - 2^{-J/2}f(2^{-J}k)| \leqslant C_1C_2 2^{-J(\delta+1/2)}$$

【证明】　注意到

$$\int_R \varphi(t)\mathrm{d}t = \hat{\varphi}(0) = 1$$

我们有

$$\int_R 2^{J/2}\varphi(2^Jt-k)\mathrm{d}t = 2^{-J/2}$$

于是

$$\begin{aligned}
|c_{J,k} - 2^{-J/2}f(2^{-J}k)| &= \left|\int_R f(t)\cdot 2^{J/2}\varphi(2^Jt-k)\mathrm{d}t - 2^{-J/2}f(2^{-J}k)\right| \\
&= 2^{J/2}\left|\int_R [f(t)-f(2^{-J}k)]\cdot\varphi(2^Jt-k)\mathrm{d}t\right| \\
&\leqslant 2^{J/2}\int_R |f(t)-f(2^{-J}k)|\cdot|\varphi(2^Jt-k)|\mathrm{d}t \\
&= 2^{-J/2}\int_R |f(2^{-J}t+2^{-J}k)-f(2^{-J}k)|\cdot|\varphi(t)|\mathrm{d}t
\end{aligned}$$

$$\leqslant C_1 2^{-J(\delta+1/2)} \int_R |t|^{\delta} \cdot |\varphi(t)| \mathrm{d}t$$

$$\leqslant C_1 C_2 2^{-J(\delta+1/2)}$$

【证毕】

这个定理说明，f 越光滑(较大的 δ)，采样间隔越小(较大的 J)，则 $2^{-J/2}f(2^{-J}k)$ 越接近 $c_{J,k}$. 定理中对 φ 的要求也不过分，特别是对有限长滤波器，这个要求自然成立。

8.5 连续时域的小波变换

从本章前面几节的观点来看，符合一定条件的正交滤波器组将 $L^2(R)$ 分解成系列正交子空间的和，高通滤波器产生的小波函数的伸缩、平移产生各子空间的标准正交基，从而实现信号的正交小波分解。我们也可以脱离滤波器从"纯数学"的角度来建立信号的小波分解与变换。事实上，滤波器组产生的小波分解可以看成连续时域小波变换的离散化。本节内容使我们对小波变换有进一步的理解。本节从一个基本的母小波函数出发，逐步提升它的性质，逐步形成 $L^2(R)$ 的框架、Risez 基、对偶基，最终得到 $L^2(R)$ 的标准正交基。

在节 2.4，我们简述了信号的时频局部化概念。傅里叶变换对时频局部分析无能为力，Gabor 变换能对时频局部进行分析，但时频窗口的长宽固定，不适应"低频长时段、高频短时段"的要求，而小波变换有这样的自适应能力。

设 $\psi \in L^2(R)$，如果满足"容许性条件"

$$\int_R \frac{|\hat{\psi}(\omega)|^2}{|\omega|} \mathrm{d}\omega < +\infty$$

则称 ψ 为小波函数。称

$$\psi_{a,b}(t) = |a|^{-\frac{1}{2}} \psi\left(\frac{t-b}{a}\right), \quad a,b \in R, a \neq 0$$

为 ψ 的伸缩平移。$\forall f \in L^2(R)$，称

$$(W_{\psi} f)(a,b) = \int_R f(t)\, \overline{\psi_{a,b}(t)} \mathrm{d}t = \langle f, \psi_{a,b} \rangle$$

为 $L^2(R)$ 上的小波变换。可用公式

$$f(t) = \frac{1}{C_{\psi}} \int_R \int_R \langle f, \psi_{a,b} \rangle \psi_{a,b}(t) \frac{\mathrm{d}a\mathrm{d}b}{a^2}$$

重构信号，其中的常数

$$C_{\psi} = \int_R \frac{|\hat{\psi}(\omega)|^2}{|\omega|} \mathrm{d}\omega$$

在实际的信号分析中只考虑正频率，即在小波变换中限制 $a > 0$。此时，小波函数的容许性条件修改为

$$\int_0^{+\infty} \frac{|\hat{\psi}(\omega)|^2}{\omega} \mathrm{d}\omega = \int_0^{+\infty} \frac{|\hat{\psi}(-\omega)|^2}{\omega} \mathrm{d}\omega = \frac{C_{\psi}}{2} < +\infty$$

而相应的小波重构公式为

$$f(t) = \frac{2}{C_{\psi}} \int_0^{+\infty} \left\{ \int_R \langle f, \psi_{a,b} \rangle \psi_{a,b}(t) db \right\} \frac{da}{a^2}$$

给定小波函数 ψ,(正频率)小波变换

$$f \in L^2(R) \to \{\langle f, \psi_{a,b}\rangle \mid \quad a > 0,\ b \in R\}$$

将 f 映射成上半平面中 a,b 的二元函数,它将信号 $f(t)$ 无损失地存储在上半平面,使得我们能观察到 $f(t)$ 的局部时频信息,然后我们通过函数簇 $\{\psi_{a,b}(t) \mid a > 0, b \in R\}$ 可以重构 f.

然而,这种存储方式是有冗余的。通过适当选择小波函数 ψ,使得利用一组离散的 a_j,b_k 对应的 $\psi_{a_j,b_k}(t)$,也能完全重构信号 f:

$$f(t) = \sum_{j\in\mathbf{Z}}\sum_{k\in\mathbf{Z}} c_{jk}\psi_{a_j,b_k}(t)$$

另一方面,冗余并不总是负面的,它给我们提供了有回旋的选择余地。例如在信号的非线性自适应逼近中,往往会利用冗余而抛弃独立性正交性,以达到更佳的逼近效果。在数字通信中加入纠错码也是利用冗余的一个例子。本节将对连续小波作两种层次的离散化,即半离散小波(二进小波)和全离散小波(框架,半正交小波,双正交小波,正交小波)。

8.5.1　半离散小波(二进小波)

所谓半离散小波,就是让参数 a 取离散值,而参数 b 仍取连续值。为了计算的便利,a 的离散值取 2 的幂次:$a_j = 2^{-j}$, $j \in \mathbf{Z}$.

设小波 ψ 的频域中心和半径分别为 ω^*,$\Delta_{\hat{\psi}}$,那么参数值 a_j 形成的频域窗为

$$\Omega_j = [2^j(\omega^* - \Delta_{\hat{\psi}}), 2^j(\omega^* + \Delta_{\hat{\psi}})]$$

我们希望 $\{\Omega_j\}_{j\in\mathbf{Z}}$ 能形成对 $(0, +\infty)$ 的划分,即它们无重叠地覆盖正频率轴,但这不是自然的事情。首先要求 $\omega^* > \Delta_{\hat{\psi}}$,才能保证 Ω_j 不超出正频率轴。另外,还要使 Ω_j 与 Ω_{j+1} 首尾相接,即

$$2^j(\omega^* + \Delta_{\hat{\psi}}) = 2^{j+1}(\omega^* - \Delta_{\hat{\psi}})$$

这导致 $\omega^* = 3\Delta_{\hat{\psi}}$. 显然不是每个小波都具有这个特点的,但只要对 ψ 稍作修正就能达到要求。为此,记 $\sigma = \omega^* - 3\Delta_{\hat{\psi}}$,把小波 $\psi(t)$ 修正为 $\psi_0(t) = e^{i\sigma t}\psi(t)$,则 $\hat{\psi}_0(\omega) = \hat{\psi}(\omega - \sigma)$,于是 $\Delta_{\hat{\psi}_0} = \Delta_{\hat{\psi}}$,而 $\hat{\psi}_0(\omega)$ 的中心是 $\omega^* - \sigma = \omega^* - (\omega^* - 3\Delta_{\hat{\psi}}) = 3\Delta_{\hat{\psi}} = 3\Delta_{\hat{\psi}_0}$,符合要求。以后不妨就假设这一要求成立。

- **稳定性条件**

为了使得函数簇 $\{\psi_{2^{-j},b}(t) \mid j \in \mathbf{Z}, b \in R\}$ 能重构出信号 $f \in L^2(R)$,需要对函数 ψ 提出新要求,即所谓的稳定性条件。

定义 8.5.1　设 $\psi \in L^2(R)$,如果存在 $B \geqslant A > 0$,使得对 $\omega \in R$ 几乎处处成立

$$A \leqslant \sum_{j\in\mathbf{Z}} |\hat{\psi}(2^{-j}\omega)|^2 \leqslant B \tag{8.5.1}$$

则称 ψ 满足稳定性条件。

注意到定义中并没强调 ψ 首先要满足小波的容许性条件,事实上,稳定性条件蕴含了容许性条件。

定理 8.5.1　如果 $\psi \in L^2(R)$ 满足稳定性条件(8.5.1),则 ψ 满足容许性条件,即

$$\int_R \frac{|\hat{\psi}(\omega)|^2}{|\omega|}\,d\omega < +\infty$$

更细致地有

$$A\ln 2 \leqslant \int_0^{+\infty} \frac{|\hat{\psi}(\omega)|^2}{\omega}\mathrm{d}\omega\ ,\quad \int_0^{+\infty} \frac{|\hat{\psi}(-\omega)|^2}{\omega}\mathrm{d}\omega \leqslant B\ln 2$$

称满足稳定性条件的 ψ 为二进小波。

【证明】

$$\int_{-\infty}^{+\infty} \frac{|\hat{\psi}(\omega)|^2}{|\omega|}\mathrm{d}\omega = \int_{-\infty}^{0} \frac{|\hat{\psi}(\omega)|^2}{-\omega}\mathrm{d}\omega + \int_0^{+\infty} \frac{|\hat{\psi}(\omega)|^2}{\omega}\mathrm{d}\omega$$

$$= \int_0^{+\infty} \frac{|\hat{\psi}(-\omega)|^2}{\omega}\mathrm{d}\omega + \int_0^{+\infty} \frac{|\hat{\psi}(\omega)|^2}{\omega}\mathrm{d}\omega$$

其中,第二项

$$\int_0^{+\infty} \frac{|\hat{\psi}(\omega)|^2}{\omega}\mathrm{d}\omega = \sum_{j\in\mathbf{Z}} \int_{2^{-j}}^{2^{-j+1}} \frac{|\hat{\psi}(\omega)|^2}{\omega}\mathrm{d}\omega$$

$$= \sum_{j\in\mathbf{Z}} \int_1^2 \frac{|\hat{\psi}(2^{-j}\omega)|^2}{\omega}\mathrm{d}\omega = \int_1^2 \frac{\sum\limits_{j\in\mathbf{Z}} |\hat{\psi}(2^{-j}\omega)|^2}{\omega}\mathrm{d}\omega$$

由条件即知

$$A\ln 2 \leqslant \int_0^{+\infty} \frac{|\hat{\psi}(\omega)|^2}{\omega}\mathrm{d}\omega \leqslant B\ln 2$$

同理可得

$$A\ln 2 \leqslant \int_0^{+\infty} \frac{|\hat{\psi}(-\omega)|^2}{\omega}\mathrm{d}\omega \leqslant B\ln 2$$

所以

$$2A\ln 2 \leqslant \int_{-\infty}^{+\infty} \frac{|\hat{\psi}(\omega)|^2}{|\omega|}\mathrm{d}\omega \leqslant 2B\ln 2$$

【证毕】

稳定性条件意味着什么呢?所谓分解 - 重构的数值算法是稳定的,粗略地说就是对于空间 $L^2(R)$ 的非零元素 f,二进小波变换系数 $\{\langle f,\psi_{2^{-j},b}\rangle \mid b \in R\}$ 不应该全为零;同时,当 f 在某个有界域中,$\{\langle f,\psi_{2^{-j},b}\rangle \mid b \in R\}$ 也应该具有某种有界性。ψ 的稳定性条件保证了这样的性质。事实上,对给定的 $j \in \mathbf{Z}$,信号 f 的小波系数 $\langle f,\psi_{2^{-j},b}\rangle$ 是参数 b 的函数,它的 L^2 - 范数为 $\|\langle f,\psi_{2^{-j},b}\rangle\|_2$,对此我们有

定理 8.5.2　$\psi \in L^2(R)$ 为二进小波 $\Leftrightarrow \forall f \in L^2(R)$,成立

$$A\|f\|_2^2 \leqslant \sum_{j\in\mathbf{Z}} 2^j \|\langle f,\psi_{2^{-j},b}\rangle\|_2^2 \leqslant B\|f\|_2^2 \tag{8.5.2}$$

【证明】　作为 b 的函数,记

$$w_j(b) = 2^{\frac{j}{2}}\langle f,\psi_{2^{-j},b}\rangle = \int_R 2^j f(t)\bar{\psi}(2^j(t-b))\mathrm{d}t$$

令 $\xi_j(t) = 2^j\psi(-2^j t)$,从而 $\hat{\xi}_j(\omega) = \hat{\psi}(-2^{-j}\omega)$,则

$$w_j(b) = \int_R f(t)\bar{\xi}_j(b-t)\mathrm{d}t = (f*\bar{\xi}_j)(b)$$

对上式两边作傅里叶变换,得

$$\hat{w}_j(\omega) = \hat{f}(\omega)\,\hat{\bar{\psi}}(-2^{-j}\omega)$$

从而

$$2^j\|\langle f,\psi_{2^{-j},b}\rangle\|_2^2 = \|w_j\|_2^2 = \langle w_j,w_j\rangle = \frac{1}{2\pi}\langle \hat{w}_j,\hat{w}_j\rangle$$

$$= \frac{1}{2\pi}\int_R \|\hat{f}(\omega)\|_2^2\cdot\|\hat{\psi}(-2^{-j}\omega)\|_2^2\mathrm{d}\omega \qquad (8.5.3)$$

先证定理的必要性。由式(8.5.3)知

$$\sum_{j\in\mathbf{Z}}2^j\|\langle f,\psi_{2^{-j},b}\rangle\|_2^2 = \frac{1}{2\pi}\int_R\|\hat{f}(\omega)\|_2^2\cdot\sum_{j\in\mathbf{Z}}\|\hat{\psi}(-2^{-j}\omega)\|_2^2\mathrm{d}\omega$$

由稳定性条件即知

$$A\|f\|_2^2 \leqslant \sum_{j\in\mathbf{Z}}2^j\|\langle f,\psi_{2^{-j},b}\rangle\|_2^2 \leqslant B\|f\|_2^2$$

再证充分性。将式(8.5.2)两边除以$\|\hat{f}\|_2^2$并利用式(8.5.3),得

$$A \leqslant \sum_{j\in\mathbf{Z}}\int_R\frac{1}{2\pi}\frac{|\hat{f}(\eta)|^2}{\|\hat{f}\|_2^2}\cdot|\hat{\psi}(-2^{-j}\eta)|\mathrm{d}\eta \leqslant B \qquad (8.5.4)$$

为了完成证明,这里先给出一个经典结论:取高斯函数

$$g_\alpha(t) = \frac{1}{2\sqrt{\pi\alpha}}\mathrm{e}^{-\frac{t^2}{4\alpha}}$$

那么$\lim\limits_{\alpha\to0^+}(f*g_\alpha)(t) = f(t)$. 因为式(8.5.4)对任意的$f\in L^2(R)$都成立,所以,对给定的$\omega$,特别地取$f$使得

$$\frac{1}{2\pi}\frac{|\hat{f}(\eta)|^2}{\|\hat{f}\|_2^2} = g_\alpha(\omega-\eta)$$

于是

$$A \leqslant \sum_{j\in\mathbf{Z}}\int_R g_\alpha(\omega-\eta)\cdot|\hat{\psi}(-2^{-j}\eta)|^2\mathrm{d}\eta \leqslant B$$

令$\alpha\to0^+$即得

$$A \leqslant \sum_{j\in\mathbf{Z}}|\hat{\psi}(-2^{-j}\omega)|^2 \leqslant B$$

此即为稳定性条件。　　【证毕】

- **对偶与重构**

内积运算$\langle f,\psi_{2^{-j},b}\rangle$将$f$分解到函数簇$\{\psi_{2^{-j},b}(t)\,|\,j\in\mathbf{Z},b\in R\}$上,但是重构$f$需要另一个与$\psi$相关的小波$\psi^*$,它是通过傅里叶变换定义的。

定义 8.5.2　设$\psi(t)$是二进小波,作函数$\psi^*(t)$使得其傅里叶变换为

$$\hat{\psi}^*(\omega) = \frac{\hat{\psi}(\omega)}{\sum\limits_{j\in\mathbf{Z}}|\hat{\psi}(2^{-j}\omega)|^2}$$

称$\psi^*(t)$为$\psi(t)$的二进对偶。

定理 8.5.3　设 ψ 是二进小波,ψ^* 为 ψ 的二进对偶,那么对 $\omega \in R$ 几乎处处成立

$$\frac{1}{B} \leqslant \sum_{j \in \mathbf{Z}} |\hat{\psi}^*(2^{-j}\omega)|^2 \leqslant \frac{1}{A} \tag{8.5.5}$$

$$\sum_{j \in \mathbf{Z}} \overline{\hat{\psi}(2^{-j}\omega)}\, \hat{\psi}^*(2^{-j}\omega) = 1 \tag{8.5.6}$$

其中的 A,B 是定义 8.5.1 中的常数。

【证明】　直接验证即知。　【证毕】

式(8.5.5)说明二进对偶 ψ^* 也是二进小波,式(8.5.6)说明二进对偶的概念是互反的,即如果 ψ^* 是 ψ 的二进对偶,那么 ψ 也是 ψ^* 的二进对偶。

关于二进小波重构原信号有如下结果。

定理 8.5.4　设 $\psi \in L^2(R)$ 是二进小波,ψ^* 是 ψ 的二进对偶。那么,$\forall f \in L^2(R)$,成立

$$f(t) = \sum_{j \in \mathbf{Z}} \int_R 2^{\frac{j}{2}} \langle f, \psi_{2^{-j},b} \rangle \cdot 2^j \psi^*(2^j t - 2^j b)\, \mathrm{d}b$$

【证明】　与定理 8.5.2 的证明相同,记 $w_j(b) = 2^{\frac{j}{2}} \langle f, \psi_{2^{-j},b} \rangle$,则

$$\hat{w}_j(\omega) = \hat{f}(\omega)\, \overline{\hat{\psi}}(-2^{-j}\omega)$$

再记 $u_j(b) = 2^j \psi^*(2^j t - 2^j b)$,则 $\hat{u}_j(\omega) = \mathrm{e}^{\mathrm{i}t\omega}\, \hat{\psi}^*(-2^{-j}\omega)$. 由 Parseval 等式

$$\begin{aligned}
&\sum_{j \in \mathbf{Z}} \int_R 2^{\frac{j}{2}} \langle f, \psi_{2^{-j},b} \rangle \cdot 2^j \psi^*(2^j t - 2^j b)\, \mathrm{d}b \\
&= \sum_{j \in \mathbf{Z}} \int_R w_j(b) \cdot u_j(b)\, \mathrm{d}b = \sum_{j \in \mathbf{Z}} \frac{1}{2\pi} \int_R \hat{w}_j(\omega) \cdot \hat{u}_j(\omega)\, \mathrm{d}\omega \\
&= \sum_{j \in \mathbf{Z}} \frac{1}{2\pi} \int_R \hat{f}(\omega)\, \overline{\hat{\psi}}(-2^{-j}\omega) \cdot \mathrm{e}^{\mathrm{i}t\omega}\, \hat{\psi}^*(-2^{-j}\omega)\, \mathrm{d}\omega \\
&= \frac{1}{2\pi} \int_R \hat{f}(\omega)\, \mathrm{e}^{\mathrm{i}t\omega} \sum_{j \in \mathbf{Z}} \overline{\hat{\psi}}(-2^{-j}\omega)\, \hat{\psi}^*(-2^{-j}\omega)\, \mathrm{d}\omega \\
&= \frac{1}{2\pi} \int_R \hat{f}(\omega)\, \mathrm{e}^{\mathrm{i}t\omega}\, \mathrm{d}\omega = f(t)
\end{aligned}$$

倒数第二个等式用到式(8.5.6)。　【证毕】

8.5.2　框架

本小节将连续小波变换中的两个参数 a,b 都离散化。一般地,a 的离散值取 $a_j = a_0^j$,其中 $a_0 > 1$ 为某常数;b 的离散值取 $b_{j,k} = k b_0 a_0^j$,其中 $b_0 > 0$ 为某常数。离散化后的小波函数簇为

$$\psi_{a_j, b_{j,k}}(t) = a_0^{-\frac{j}{2}} \psi(a_0^{-j} t - k b_0) \underline{\underline{\Delta}} \psi_{jk}(t), \quad j,\ k \in \mathbf{Z}$$

f 对应的小波变换系数为 $\langle f, \psi_{jk} \rangle$. 问题是 $\forall f \in L^2(R)$,$\{\langle f, \psi_{jk} \rangle\}_{j,\,k \in \mathbf{Z}}$ 是否完全刻画了原信号 f? 利用它们能稳定地重构出原信号 f 吗?这是问题的两个方面,一方面意味着如果 f 和 g 很"靠近",则两组信息 $\{\langle f, \psi_{jk} \rangle\}_{j,\,k \in \mathbf{Z}}$ 和 $\{\langle g, \psi_{jk} \rangle\}_{j,\,k \in \mathbf{Z}}$ 也应该很"靠近",这只要存

在 $B>0$ 使得

$$\sum_{j,\,k\in\mathbf{Z}}|\langle f,\psi_{jk}\rangle|^2\leqslant B\|f\|_2^2$$

另一方面如果 $\{\langle f,\psi_{jk}\rangle\}_{j,\,k\in\mathbf{Z}}$ 和 $\{\langle g,\psi_{jk}\rangle\}_{j,\,k\in\mathbf{Z}}$ 很“靠近”，则 f 和 g 也应该很“靠近”。这只要存在 $A>0$ 使得

$$A\|f\|_2^2\leqslant\sum_{j,\,k\in\mathbf{Z}}|\langle f,\psi_{jk}\rangle|^2$$

- **框架定义与基本性质**

定义 8.5.3　设 $\psi\in L^2(R)$，并取定常数 $a_0>1$ 和 $b_0>0$. 如果存在 $B\geqslant A>0$ 使得 $\forall f\in L^2(R)$ 都有

$$A\|f\|_2^2\leqslant\sum_{j,\,k\in\mathbf{Z}}|\langle f,\psi_{jk}\rangle|^2\leqslant B\|f\|_2^2\tag{8.5.7}$$

则称 ψ 生成 $L^2(R)$ 的一个框架 $\{\psi_{jk}\}_{j,\,k\in\mathbf{Z}}$. 如果 $A=B$，则称 ψ 生成 $L^2(R)$ 的一个紧框架。

事实上，定义 8.5.3 中的 $\{\psi_{jk}\}_{j,\,k\in\mathbf{Z}}$ 也称为小波框架。一般 Hilbert 空间中的一个序列 $\{\varphi_\lambda\}_{\lambda\in\Lambda}$ 只要具备类似于(8.5.7)的性质，就称为一个框架。另外，定义 8.5.3 中并没声明 ψ 是一个小波，然而，下面的定理 8.5.5 说明框架条件(8.5.7)不但保证了小波的容许性条件，而且它还导出二进小波的稳定性条件，在 Daubechies 的《小波十讲》中给出了它的证明。

定理 8.5.5　如果 $\psi\in L^2(R)$ 满足条件(8.5.7)，那么

$$\frac{b_0\ln a_0}{2\pi}A\leqslant\int_0^{+\infty}\frac{|\hat{\psi}(\omega)|^2}{\omega}\mathrm{d}\omega\,,\quad\int_0^{+\infty}\frac{|\hat{\psi}(-\omega)|^2}{\omega}\mathrm{d}\omega\leqslant\frac{b_0\ln a_0}{2\pi}B$$

$$b_0A\leqslant\sum_{j\in\mathbf{Z}}|\hat{\psi}(2^{-j}\omega)|^2\leqslant b_0B$$

ψ 生成的框架使得 $\forall f\in L^2(R)$ 有 $\{\langle f,\psi_{jk}\rangle\}_{j,\,k\in\mathbf{Z}}\in l^2$.

下面两个命题说明了框架是 $L^2(R)$ 基概念的拓广。

命题 5.8.1　如果 ψ 生成 $L^2(R)$ 的一个框架，则 $\overline{\mathrm{span}\{\psi_{j,k}\}_{j,\,k\in\mathbf{Z}}}=L^2(R)$. 即 $\{\psi_{jk}(t)\}_{j,\,k\in\mathbf{Z}}$ 能线性组合出 $L^2(R)$ 的任意元素。

【证明】　记

$$M=\overline{\mathrm{span}\{\psi_{j,k}\}_{j,\,k\in\mathbf{Z}}},\quad L^2(R)=M\oplus M^\perp$$

$\forall f\in M^\perp$，有 $\langle f,\psi_{jk}\rangle=0,\ j,\ k\in\mathbf{Z}$. 由式(8.5.7)左边知 $f=0$，从而 $M^\perp$ 是零空间。所以 $L^2(R)=M=\overline{\mathrm{span}\{\psi_{j,k}\}_{j,\,k\in\mathbf{Z}}}$.　　【证毕】

命题 5.8.2　如果 ψ 生成 $L^2(R)$ 的一个框架，且 $\|\psi\|_2=1$，$A=B=1$，则 $\{\psi_{jk}(t)\}_{j,\,k\in\mathbf{Z}}$ 是 $L^2(R)$ 的标准正交基。

【证明】　由于 $\|\psi_{j,k}\|_2=\|\psi\|_2=1$ 以及命题 5.8.1，只要验证 $\{\psi_{jk}\}_{j,\,k\in\mathbf{Z}}$ 的正交性。任意取定 $j_0,\ k_0\in\mathbf{Z}$，用 $\psi_{j_0,\,k_0}$ 替换式(8.5.7)中的 f，再由命题的条件知

$$\|\psi_{j_0,\,k_0}\|_2^2=\sum_{j,\,k\in\mathbf{Z}}|\langle\psi_{j_0,\,k_0},\psi_{jk}\rangle|^2=\|\psi_{j_0,\,k_0}\|_2^4+\sum_{(j,\,k)\neq(j_0,k_0)}|\langle\psi_{j_0,\,k_0},\psi_{jk}\rangle|^2$$

由于 $\|\psi_{j_0,k_0}\|_2=1$，所以 $\langle\psi_{j_0,\,k_0},\psi_{jk}\rangle=0$，　$\forall(j,k)\neq(j_0,k_0)$，即 $\{\psi_{jk}\}_{j,\,k\in\mathbf{Z}}$ 正交。

【证毕】

$\psi \in L^2(R)$ 能否生成 $L^2(R)$ 的一个框架不但与 ψ 有关,而且与 a_0, b_0 的取值有关。下面的定理给出了生成框架的充分条件以及相应框架界的估计,在 Daubechies 的《小波十讲》中给出了它的证明。

定理 8.5.6　如果 ψ 和 a_0 满足

$$\begin{cases} \inf\limits_{1\leqslant |\omega|\leqslant a_0} \sum\limits_{j\in \mathbf{Z}} |\hat{\psi}(a_0^j\omega)|^2 > 0 \\ \sup\limits_{1\leqslant |\omega|\leqslant a_0} \sum\limits_{j\in \mathbf{Z}} |\hat{\psi}(a_0^j\omega)|^2 < +\infty \end{cases}$$

而且对某个 $\varepsilon > 0$ 及常数 C 使得

$$\beta(x) = \sup_{\omega\in R} \sum_{j\in \mathbf{Z}} |\hat{\psi}(a_0^j\omega)|\cdot|\hat{\psi}(a_0^j\omega + x)| \leqslant C(1 + |x|)^{-(1+\varepsilon)}$$

那么存在 $\bar{b}_0 > 0$ 使得 $\forall\, b_0 \in (0, \bar{b}_0)$, $\{\psi_{jk}\}_{j,\,k\in \mathbf{Z}}$ 构成 $L^2(R)$ 的一个框架,且有框架界

$$A = \frac{2\pi}{b_0}\left\{\inf_{1\leqslant |\omega|\leqslant a_0} \sum_{j\in \mathbf{Z}} |\hat{\psi}(a_0^j\omega)|^2 - \sum_{\substack{k\in \mathbf{Z}\\ k\neq 0}} \left[\beta\left(\frac{2\pi}{b_0}k\right)\cdot \beta\left(-\frac{2\pi}{b_0}k\right)\right]^{\frac{1}{2}}\right\}$$

$$B = \frac{2\pi}{b_0}\left\{\sup_{1\leqslant |\omega|\leqslant a_0} \sum_{j\in \mathbf{Z}} |\hat{\psi}(a_0^j\omega)|^2 + \sum_{\substack{k\in \mathbf{Z}\\ k\neq 0}} \left[\beta\left(\frac{2\pi}{b_0}k\right)\cdot \beta\left(-\frac{2\pi}{b_0}k\right)\right]^{\frac{1}{2}}\right\}$$

选择 ψ, a_0, b_0 使得生成的框架尽可能"紧"是很有益的。从计算的便利出发,实用中最常见的情形是 $a_0 = 2, b_0 = 1$,离散化后的小波函数簇为

$$\psi_{jk}(t) = 2^{\frac{j}{2}}\psi(2^j t - k),\quad j,\ k \in \mathbf{Z}$$

如无特别声明,以后我们都假定 $a_0 = 2, b_0 = 1$.

- **框架算子与对偶重构**

考虑利用框架重构信号的问题。在命题 5.8.2 的条件下,重构 f 是轻而易举的:

$$f(t) = \sum_{j,\,k\in \mathbf{Z}} \langle f, \psi_{jk}\rangle \psi_{jk}(t)$$

但是,一般情况下 $\{\psi_{jk}\}_{j,\,k\in \mathbf{Z}}$ 可能是线性相关的,它们不构成 $L^2(R)$ 的基,即使它是紧框架。

尽管命题 8.5.2 保证有 $\{c_{j,k}\}_{j,\,k\in \mathbf{Z}}$ 使得 $f(t) = \sum\limits_{j,\,k\in \mathbf{Z}} c_{jk}\psi_{jk}(t)$,但无法像标准正交基情形那样简单地得到 $\{c_{j,k}\}_{j,\,k\in \mathbf{Z}}$,我们需要另辟蹊径。

引入 $L^2(R) \to L^2(R)$ 的算子 T:

$$f \in L^2(R) \to Tf = \sum_{j,\,k\in \mathbf{Z}} \langle f, \psi_{jk}\rangle \psi_{jk} \in L^2(R) \tag{8.5.8}$$

根据式(8.5.7),立即有 $\forall f \in L^2(R)$,

$$A\|f\|_2^2 \leqslant \langle Tf, f\rangle = \sum_{j,\,k\in \mathbf{Z}} |\langle f, \psi_{j,k}\rangle|^2 \leqslant B\|f\|_2^2 \tag{8.5.9}$$

下面我们将看到,T 是一个很优良的算子。

定理 8.5.7　设 $\psi \in L^2(R)$ 生成 $L^2(R)$ 的框架 $\{\psi_{jk}\}_{j,\,k\in \mathbf{Z}}$,那么式(8.5.8)定义的算子 T 满足

(1) T 是线性有界自共轭的正定算子。

(2) T 既单且满，T^{-1} 存在，而且 T^{-1} 也是线性有界自共轭的正定算子。

(3) $A \leqslant \|T\| \leqslant B, \quad \dfrac{1}{B} \leqslant \|T^{-1}\| \leqslant \dfrac{1}{A}$.

【证明】 (1) 的证明。T 的线性是显然的，下证 T 有界。任意取定 $f \in L^2(R)$，因为 $L^2(R)$ 是 Hilbert 空间，$p(\cdot) = \langle Tf, \cdot\rangle$ 是 $L^2(R)$ 上的一个线性有界泛函，且有 $\|p\| = \|Tf\|$.

另一方面，$\forall g \in L^2(R)$，有

$$\begin{aligned}|p(g)| = |\langle Tf,g\rangle| &= \Big|\sum_{j,\,k\in\mathbf{Z}}\langle f,\psi_{j,k}\rangle\langle\psi_{j,k},g\rangle\Big| \\ &\leqslant \Big(\sum_{j,\,k\in\mathbf{Z}}|\langle f,\psi_{j,k}\rangle|^2\Big)^{\frac{1}{2}}\cdot\Big(\sum_{j,\,k\in\mathbf{Z}}|\langle g,\psi_{j,k}\rangle|^2\Big)^{\frac{1}{2}} \\ &\leqslant \sqrt{B}\|f\|_2\cdot\sqrt{B}\|g\|_2 = B\|f\|_2\|g\|_2\end{aligned}$$

所以 $\|p\| \leqslant B\|f\|_2$，即 $\|Tf\| \leqslant B\|f\|_2$，这说明 T 有界，$\|T\| \leqslant B$. 容易验证 $\langle f,Tg\rangle = \langle Tf, g\rangle$，这说明 T 是自共轭的。式(8.5.9) 的左边说明了 T 是正定算子。

(2) 的证明。由(8.5.9) 知，当 $Tf = 0$ 时必有 $f = 0$，即 T 是单映射。再说明 T 是满映射。记 T 的值域为 $\mathscr{R}(T)$，则

$$\mathscr{R}(T) \oplus \mathscr{R}(T)^{\perp} = L^2(R)$$

由共轭算子理论 $\mathscr{R}(T)^{\perp} = \mathscr{N}(T^*)$，这里 T^* 是 T 的共轭算子，$\mathscr{N}(T^*)$ 是 T^* 的零空间，现在 $\mathscr{N}(T^*) = \mathscr{N}(T) = \{0\}$，所以 $\mathscr{R}(T)^{\perp} = \{0\}$，所以 $\mathscr{R}(T) = L^2(R)$，即 T 是满映射。T 既单且满，从而 T 有逆。因为 $L^2(R)$ 是完备的，由 Banach 逆定理，T^{-1} 有界。

由共轭算子理论，$(T^{-1})^* = (T^*)^{-1} = T^{-1}$，所以 T^{-1} 自共轭。再因为 $\forall f \in L^2(R)$，

$$\langle T^{-1}f, f\rangle = \langle T^{-1}f, T(T^{-1}f)\rangle \geqslant A\|T^{-1}f\|_2^2$$

所以 T^{-1} 是正定算子。

(3) 的证明。(1) 的证明中已经得到 $\|T\| \leqslant B$，由关系式 $\|T\|\cdot\|T^{-1}\| \geqslant \|TT^{-1}\| = 1$ 即知 $\|T^{-1}\| \geqslant \dfrac{1}{B}$. 另一方面，$\forall g \in L^2(R)$，记 $f = T^{-1}g$，或者 $g = Tf$，那么

$$\|g\|_2\cdot\|T^{-1}g\|_2 \geqslant |\langle g,T^{-1}g\rangle| = |\langle Tf, f\rangle| \geqslant A\|f\|_2^2 = A\|T^{-1}g\|_2^2$$

所以 $\|T^{-1}g\|_2 \leqslant \dfrac{1}{A}\|g\|_2$，从而 $\|T^{-1}\| \leqslant \dfrac{1}{A}$，当然也就有 $\|T\| \geqslant A$. 【证毕】

有了算子 T，可以在形式上很容易写出 f 的重构公式。记 $\psi_{j,k}^* = T^{-1}\psi_{j,k}$，那么

$$f = T^{-1}Tf = T^{-1}\Big(\sum_{j,\,k\in\mathbf{Z}}\langle f,\psi_{j,k}\rangle\psi_{j,k}\Big) = \sum_{j,\,k\in\mathbf{Z}}\langle f,\psi_{j,k}\rangle\psi_{j,k}^*$$

上面的式子说明，先将 f 在 $\{\psi_{j,k}\}_{j,\,k\in\mathbf{Z}}$ 上分解，再通过 $\{\psi_{j,k}^*\}_{j,\,k\in\mathbf{Z}}$ 重构可以还原 f。问题是如何由 $\{\psi_{j,k}\}_{j,\,k\in\mathbf{Z}}$ 得到 $\{\psi_{j,k}^*\}_{j,\,k\in\mathbf{Z}}$，为此先来讨论它的性质。

定理 8.5.8　设 $\psi \in L^2(R)$ 生成框架 $\{\psi_{jk}\}_{j,\,k\in\mathbf{Z}}$，$T$ 是式(8.5.8) 中定义的算子，$\psi_{j,k}^* \triangleq T^{-1}\psi_{j,k}$. 那么 $\forall f \in L^2(R)$，有

$$\frac{1}{B}\|f\|_2^2 \leqslant \sum_{j,\,k\in\mathbf{Z}}|\langle f,\psi_{jk}^*\rangle|^2 \leqslant \frac{1}{A}\|f\|_2^2 \tag{8.5.10}$$

即 $\{\psi_{j,k}^*\}_{j,\,k\in\mathbf{Z}}$ 也是 $L^2(R)$ 的框架，称为 $\{\psi_{jk}\}_{j,\,k\in\mathbf{Z}}$ 的对偶框架. 其中 A,B 是式(8.5.7) 中的

常数。

【证明】 $\forall f \in L^2(R)$，由 T^{-1} 的自共轭性质和式(8.5.9)，有

$$\sum_{j,k\in\mathbf{Z}} |\langle f,\psi_{jk}^*\rangle|^2 = \sum_{j,k\in\mathbf{Z}} |\langle f,T^{-1}\psi_{jk}\rangle|^2 = \sum_{j,k\in\mathbf{Z}} |\langle T^{-1}f,\psi_{jk}\rangle|^2 = \langle T(T^{-1}f),T^{-1}f\rangle$$

即

$$\sum_{j,k\in\mathbf{Z}} |\langle f,\psi_{jk}^*\rangle|^2 = \langle f,T^{-1}f\rangle \tag{8.5.11}$$

下面来建立 $\langle f,T^{-1}f\rangle$ 与 $\|f\|_2^2$ 的关系。因为 T 是自共轭正定算子，由算子分解定理，存在自共轭正定算子 S 使得 $T = SS$，当然 S^{-1} 也是自共轭的。于是

$$\langle f,T^{-1}f\rangle = \langle f,S^{-1}S^{-1}f\rangle = \langle S^{-1}f,S^{-1}f\rangle = \|S^{-1}f\|_2^2 \tag{8.5.12}$$

另一方面，

$$\|f\|_2^2 = \langle f,f\rangle = \langle Sf,S^{-1}f\rangle = \langle T(S^{-1}f),S^{-1}f\rangle$$

对上式的右边用式(8.5.9)，即在式(8.5.9)用 $S^{-1}f$ 替换 f，得到

$$A\|S^{-1}f\|_2^2 \leqslant \|f\|_2^2 \leqslant B\|S^{-1}f\|_2^2 \tag{8.5.13}$$

将式(8.5.12)代入式(8.5.13)知

$$A\langle f,T^{-1}f\rangle \leqslant \|f\|_2^2 \leqslant B\langle f,T^{-1}f\rangle$$

所以

$$\frac{1}{B}\|f\|_2^2 \leqslant \langle f,T^{-1}f\rangle \leqslant \frac{1}{A}\|f\|_2^2$$

将式(8.5.11)代入上式即得

$$\frac{1}{B}\|f\|_2^2 \leqslant \sum_{j,k\in\mathbf{Z}} |\langle f,\psi_{jk}^*\rangle|^2 \leqslant \frac{1}{A}\|f\|_2^2$$

【证毕】

既然 $\{\psi_{j,k}^*\}_{j,k\in\mathbf{Z}}$ 是 $L^2(R)$ 的框架，也可以定义类似式(8.5.8)的算子 $\tilde{T}$：

$$f \in L^2(R) \to \tilde{T}f = \sum_{j,k\in\mathbf{Z}} \langle f,\psi_{jk}^*\rangle\psi_{jk}^* \in L^2(R) \tag{8.5.14}$$

且 $\tilde{T}$ 具有 T 的一切性质。$\{\psi_{j,k}^*\}_{j,k\in\mathbf{Z}}$ 也有对偶 $\{\tilde{T}^{-1}\psi_{j,k}^*\}_{j,k\in\mathbf{Z}}$. 那么 $\{\tilde{T}^{-1}\psi_{j,k}^*\}_{j,k\in\mathbf{Z}}$ 是否恰好就是 $\{\psi_{j,k}\}_{j,k\in\mathbf{Z}}$ 呢？答案是肯定的。

定理 8.5.9 设 $\psi \in L^2(R)$ 生成框架 $\{\psi_{jk}\}_{j,k\in\mathbf{Z}}$，其对偶框架为 $\{\psi_{j,k}^*\}_{j,k\in\mathbf{Z}}$. 那么 $\{\psi_{j,k}^*\}_{j,k\in\mathbf{Z}}$ 的对偶就是 $\{\psi_{jk}\}_{j,k\in\mathbf{Z}}$.

【证明】 要证明 $\tilde{T}^{-1}\psi_{j,k}^* = \psi_{j,k}$，只要证明 $\tilde{T}^{-1}\psi_{j,k}^* = T\psi_{j,k}^*$，也就是要证明 $\tilde{T}^{-1} = T$，即证 $\tilde{T} = T^{-1}$. 由式(8.5.14)，有

$$\langle \tilde{T}f,f\rangle = \sum_{j,k\in\mathbf{Z}} |\langle f,\psi_{jk}^*\rangle|^2$$

再由式(8.5.11)知 $\langle \tilde{T}f,f\rangle = \langle T^{-1}f,f\rangle$，即

$$\langle(\tilde{T} - T^{-1})f,f\rangle = 0, \quad \forall f \in L^2(R)$$

注意到 $\tilde{T} - T^{-1}$ 是共轭算子,上式进一步表明 $\tilde{T} - T^{-1}$ 是半正定算子。由算子分解定理,存在自共轭半正定算子 Q 使得 $\tilde{T} - T^{-1} = QQ$. 于是

$$\langle QQf, f\rangle = 0, \quad \forall f \in L^2(R)$$

所以

$$\langle Qf, Qf\rangle = 0, \quad \forall f \in L^2(R)$$

所以

$$\|Qf\| = 0, \quad \forall f \in L^2(R)$$

故 $Q = 0$,即 $\tilde{T} = T^{-1}$.　　　　【证毕】

定理 8.5.9 表明对偶是互反的,所以 f 既可以在 $\{\psi_{jk}\}_{j,k\in\mathbf{Z}}$ 上分解在 $\{\psi_{j,k}^*\}_{j,k\in\mathbf{Z}}$ 上重构,也可以在 $\{\psi_{j,k}^*\}_{j,k\in\mathbf{Z}}$ 上分解在 $\{\psi_{jk}\}_{j,k\in\mathbf{Z}}$ 上重构,即

$$f = \sum_{j,k\in\mathbf{Z}}\langle f,\psi_{j,k}\rangle\psi_{j,k}^* = \sum_{j,k\in\mathbf{Z}}\langle f,\psi_{j,k}^*\rangle\psi_{j,k}$$

- **投影与最小范数性质**

假设 $\psi \in L^2(R)$ 生成框架 $\{\psi_{jk}\}_{j,k\in\mathbf{Z}}$,那么 $\forall f \in L^2(R)$, $\{\langle f,\psi_{jk}\rangle\}_{j,k\in\mathbf{Z}}$ 是 l^2 空间的一个元素,则

$$H_\psi = \{\{\langle f,\psi_{jk}\rangle\}_{j,k\in\mathbf{Z}} | f \in L^2(R)\}$$

是 l^2 的子空间。但 $\{\psi_{jk}\}_{j,k\in\mathbf{Z}}$ 通常是线性相关,H_ψ 是 l^2 的真子空间。这是因为,存在不全为零的 $\{c_{jk}\}_{j,k\in\mathbf{Z}}$ 使得 $\sum_{j,k\in\mathbf{Z}} c_{j,k}\psi_{j,k} = 0$。如果 $H_\psi = l^2$,则存在 $f \in L^2(R)$ 使得 $\langle f,\psi_{jk}\rangle = c_{j,k}$, $\forall j, k \in \mathbf{Z}$,从而 $\sum_{j,k\in\mathbf{Z}}\langle f,\psi_{jk}\rangle\psi_{j,k} = 0$,即 $Tf = 0$,而 T 可逆,必有 $f = 0$,从而 $c_{j,k} = 0$, $\forall j, k \in \mathbf{Z}$. 这与 $\{c_{jk}\}_{j,k\in\mathbf{Z}}$ 不全为零矛盾。

利用对偶框架 $\{\psi_{j,k}^*\}_{j,k\in\mathbf{Z}}$ 也可产生 l^2 空间的子空间

$$\tilde{H}_\psi = \{\{\langle f,\psi_{j,k}^*\rangle\}_{j,k\in\mathbf{Z}} | f \in L^2(R)\}$$

事实上,它们是同一个子空间。

定理 8.5.10　$\tilde{H}_\psi = H_\psi$.

【证明】　任取 $\{\langle f,\psi_{jk}\rangle\}_{j,k\in\mathbf{Z}} \in H_\psi$,作 $g = Tf \in L^2(R)$,那么

$$\{\langle g,\psi_{j,k}^*\rangle\}_{j,k\in\mathbf{Z}} \in \tilde{H}_\psi$$

而

$$\langle g,\psi_{j,k}^*\rangle = \langle g,T^{-1}\psi_{jk}\rangle = \langle T^{-1}g,\psi_{jk}\rangle = \langle f,\psi_{jk}\rangle$$

所以 $\{\langle f,\psi_{j,k}\rangle\}_{j,k\in\mathbf{Z}} \in \tilde{H}_\psi$,即 $H_\psi \subseteq \tilde{H}_\psi$. 同理可证 $\tilde{H}_\psi \subseteq H_\psi$.　　　　【证毕】

$\forall \{c_{j,k}\}_{j,k\in\mathbf{Z}} \in l^2$,可以考察它在子空间 H_ψ 中的投影,或即它在 H_ψ 中的最佳逼近。

定理 8.5.11　设 $\psi \in L^2(R)$ 生成框架 $\{\psi_{jk}\}_{j,k\in\mathbf{Z}}$. $\forall \{c_{j,k}\}_{j,k\in\mathbf{Z}} \in l^2$,作

$$f_0 = \sum_{j,k\in\mathbf{Z}} c_{j,k}\psi_{j,k} \in L^2(R)$$

那么 $\{\langle f_0,\psi_{j,k}^*\rangle\}_{j,k\in\mathbf{Z}} \in \tilde{H}_\psi = H_\psi$ 是 $\{c_{j,k}\}_{j,k\in\mathbf{Z}}$ 在 H_ψ 中的最佳逼近。

【证明】 只要证明$\{c_{j,k}-\langle f_0,\psi_{j,k}^*\rangle\}_{j,k\in\mathbf{Z}}\perp H_\psi$. 任取$f\in L^2(R)$,由$f$产生的$H_\psi$中的元素为$\{\langle f,\psi_{j,k}\rangle\}_{j,k\in\mathbf{Z}}$,考察$\{c_{j,k}-\langle f_0,\psi_{j,k}^*\rangle\}_{j,k\in\mathbf{Z}}$与$\{\langle f,\psi_{j,k}\rangle\}_{j,k\in\mathbf{Z}}$的内积:

$$\begin{aligned}\sum_{j,k\in\mathbf{Z}}(c_{j,k}-\langle f_0,\psi_{j,k}^*\rangle)\langle f,\psi_{j,k}\rangle &= \sum_{j,k\in\mathbf{Z}}c_{j,k}\langle f,\psi_{j,k}\rangle-\sum_{j,k\in\mathbf{Z}}\langle f_0,\psi_{j,k}^*\rangle\langle f,\psi_{j,k}\rangle\\ &=\langle f,\sum_{j,k\in\mathbf{Z}}c_{j,k}\psi_{j,k}\rangle-\langle f_0,\sum_{j,k\in\mathbf{Z}}\langle f,\psi_{j,k}\rangle\psi_{j,k}^*\rangle\\ &=\langle f,f_0\rangle-\langle f_0,f\rangle=0\end{aligned}$$

所以$\{c_{j,k}-\langle f_0,\psi_{j,k}^*\rangle\}_{j,k\in\mathbf{Z}}\perp\{\langle f,\psi_{j,k}\rangle\}_{j,k\in\mathbf{Z}}$. 【证毕】

定理8.5.11的解释如图8－16所示。

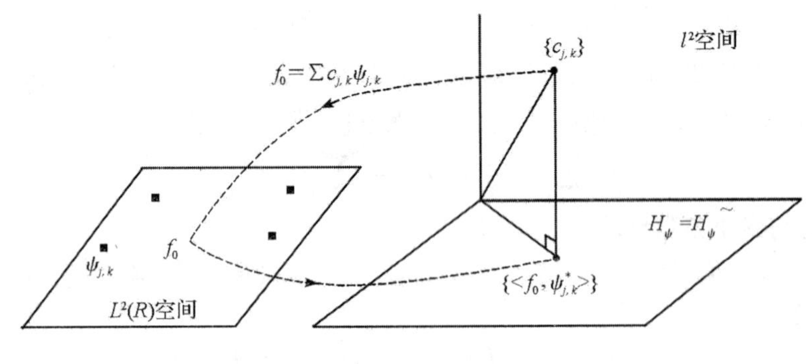

图8－16

一般情况下,$\{\psi_{jk}\}_{j,k\in\mathbf{Z}}$是线性相关的。对给定的$f_0\in L^2(R)$,使$\sum_{j,k\in\mathbf{Z}}c_{j,k}\psi_{j,k}=f_0$成立的$\{c_{j,k}\}_{j,k\in\mathbf{Z}}$不是唯一的,$\{\langle f_0,\psi_{j,k}^*\rangle\}_{j,k\in\mathbf{Z}}$只是其中之一。现在要问在这样的$\{c_{j,k}\}_{j,k\in\mathbf{Z}}$中具有最小范数的是哪个?

因为$l^2=\tilde{H}_\psi\oplus\tilde{H}_\psi^\perp$,由定理8.5.9,

$$\{c_{j,k}\}_{j,k\in\mathbf{Z}}=\{\langle f_0,\psi_{j,k}^*\rangle\}_{j,k\in\mathbf{Z}}+\{\sigma_{j,k}\}_{j,k\in\mathbf{Z}}$$

其中$\{\sigma_{j,k}\}_{j,k\in\mathbf{Z}}\in\tilde{H}_\psi^\perp$. 于是

$$\sum_{j,k\in\mathbf{Z}}|c_{j,k}|^2\geqslant\sum_{j,k\in\mathbf{Z}}|\langle f_0,\psi_{j,k}^*\rangle|^2.$$

对于$\{\langle f_0,\psi_{j,k}\rangle\}_{j,k\in\mathbf{Z}}$有同样的结论。上述讨论总结为下面的推论。

推论8.5.1 对给定的$f\in L^2(R)$,使得

$$\sum_{j,k\in\mathbf{Z}}c_{j,k}\psi_{j,k}=f$$

成立的$\{c_{j,k}\}_{j,k\in\mathbf{Z}}$中$\{\langle f,\psi_{j,k}^*\rangle\}_{j,k\in\mathbf{Z}}$范数最小;使得

$$\sum_{j,k\in\mathbf{Z}}c_{j,k}\psi_{j,k}^*=f$$

成立的$\{c_{j,k}\}_{j,k\in\mathbf{Z}}$中$\{\langle f,\psi_{j,k}\rangle\}_{j,k\in\mathbf{Z}}$范数最小。

- **重构的近似计算**

最后,我们还得考虑重构公式中的$\psi_{j,k}^*=T^{-1}\psi_{j,k}$究竟怎样计算,得到封闭有限的表达式是不可能的,但我们能得到任意逼近真值的近似计算公式。关键是估计T^{-1}. 式(8.5.9)告诉我们,当$A=B$时,$\langle Tf,f\rangle=A\|f\|_2^2$,这相当于$T=AI$,其中$I$表示恒等算子。

这启发我们当 $A \neq B$ 时,可把

$$\frac{A+B}{2}I$$

作为 T 的一个初始估计。于是把 T 写成

$$T = \frac{A+B}{2}I - \left(\frac{A+B}{2}I - T\right) = \frac{A+B}{2}I - \frac{A+B}{2}\left(I - \frac{2}{A+B}T\right)$$

记

$$\begin{cases} Q = I - \dfrac{2}{A+B}T \\ T = \dfrac{A+B}{2}(I-Q) \end{cases} \tag{8.5.15}$$

这里 Q 也是自共轭算子。注意到

$$\langle Qf, f\rangle = \|f\|_2^2 - \frac{2}{A+B}\langle Tf, f\rangle$$

再由式 (8.5.9) 知

$$-\frac{B-A}{B+A}\|f\|_2^2 \leqslant \langle Qf, f\rangle \leqslant \frac{B-A}{B+A}\|f\|_2^2$$

由自共轭算子范数理论,我们有

$$\|Q\| \leqslant \frac{B-A}{B+A} < 1$$

所以 $(I-Q)^{-1}$ 存在,且

$$(I-Q)^{-1} = \sum_{n=0}^{+\infty} Q^n$$

由式 (8.5.15) 知

$$T^{-1} = \frac{2}{A+B}\sum_{n=0}^{+\infty} Q^n$$

所以

$$\psi_{j,k}^{*} = T^{-1}\psi_{j,k} = \frac{2}{A+B}\sum_{n=0}^{+\infty} Q^n \psi_{j,k}$$

取 $\psi_{j,k}^{*}$ 的前 N 项近似:

$$\psi_{j,k}^{*(N)} = \frac{2}{A+B}\sum_{n=0}^{N} Q^n \psi_{j,k} \tag{8.5.16}$$

$\psi_{j,k}^{*(N)}$ 与真值 $\psi_{j,k}^{*}$ 的误差为

$$\psi_{j,k}^{*} - \psi_{j,k}^{*(N)} = \sum_{n=N+1}^{+\infty} Q^n \psi_{j,k} = Q^{N+1}\sum_{n=0}^{+\infty} Q^n \psi_{j,k} = Q^{N+1}\psi_{j,k}^{*} \tag{8.5.17}$$

利用 $\psi_{j,k}^{*(N)}$ 代替 $\psi_{j,k}^{*}$ 重构 f 得到的前 N 次近似估计:

$$f_N = \sum_{j,k\in\mathbf{Z}} \langle f, \psi_{j,k}\rangle \psi_{j,k}^{*(N)} \tag{8.5.18}$$

由式(8.5.17),f_N 与真值 f 的误差为

$$f - f_N = \sum_{j,k\in\mathbf{Z}} \langle f, \psi_{j,k}\rangle (\psi_{j,k}^{*} - \psi_{j,k}^{*(N)}) = Q^{N+1}\sum_{j,k\in\mathbf{Z}} \langle f, \psi_{j,k}\rangle \psi_{j,k}^{*} = Q^{N+1} f$$

所以

$$\|f - f_N\|_2 = \|Q\|^{N+1}\|f\| \leqslant (\frac{B - A}{B + A})^{N+1}\|f\|$$

可见误差以指数速率趋于零。

将式(8.5.16) 代入式(8.5.18) 可得到f_N 的递推计算公式：

$$\begin{aligned} f_N &= \sum_{j,\,k\in\mathbf{Z}}\langle f,\psi_{j,k}\rangle\psi_{j,k}^{*(N)} = \frac{2}{A+B}\sum_{n=0}^{N}Q^n\sum_{j,\,k\in\mathbf{Z}}\langle f,\psi_{j,k}\rangle\psi_{j,k} \\ &= \frac{2}{A+B}\sum_{n=0}^{N}Q^n(Tf) = \frac{2}{A+B}Tf + \frac{2}{A+B}\sum_{n=1}^{N}Q^n(Tf) \\ &= \frac{2}{A+B}Tf + \frac{2}{A+B}Q(\sum_{n=0}^{N-1}Q^n(Tf)) \\ &= \frac{2}{A+B}Tf + Q\,f_{N-1} \\ &= \frac{2}{A+B}Tf + (I - \frac{2}{A+B}T)f_{N-1} \end{aligned}$$

总结为

$$\begin{cases} f_0 = \dfrac{2}{A+B}Tf \\ f_n = f_0 + (I - \dfrac{2}{A+B}T)f_{n-1}, \quad n = 1,2,\cdots \end{cases}$$

8.5.3　半正交小波，正交小波

当$\psi \in L^2(R)$ 满足二进小波的稳定性条件时，把尺度参数a离散化仍然能重构信号；把ψ的性质提升为满足框架条件，同时离散化尺度参数a和平移参数b也能重构信号，且有近似重构算法，但是计算过于复杂。我们希望有高效实用的分解重构方式，为此必须进一步提升ψ的性质，首先是去掉$\{\psi_{j,k}\}_{j,\,k\in\mathbf{Z}}$的线性相关性，使它成为$L^2(R)$的基。

- **Risez 基与对偶基**

定义 8.5.4　设$\psi \in L^2(R)$，如果$\{\psi_{j,k}\}_{j,\,k\in\mathbf{Z}}$满足

(1) $\overline{\text{span}\{\psi_{j,k}\}_{j,\,k\in\mathbf{Z}}} = L^2(R)$

(2) 存在$B \geqslant A > 0$使得$\forall c = \{c_{j,k}\}_{j,\,k\in\mathbf{Z}} \in l^2$，有

$$A\|c\|_{l^2}^2 \leqslant \Big\|\sum_{j,\,k\in\mathbf{Z}}c_{j,k}\psi_{j,k}\Big\|_2^2 \leqslant B\|c\|_{l^2}^2$$

则称ψ是一个$\mathscr{R}$ - 函数。

定义8.5.4 中的条件(1) 保证了$\{\psi_{j,k}\}_{j,\,k\in\mathbf{Z}}$能组合出$L^2(R)$中任意元素，条件 (2) 的左边指出$\{\psi_{j,k}\}_{j,\,k\in\mathbf{Z}}$是线性无关的，所以一个$\mathscr{R}$ - 函数生成的$\{\psi_{j,k}\}_{j,\,k\in\mathbf{Z}}$是$L^2(R)$的基，称为 Risze 基，称$A,B$为$\psi$的 Risze 界。

$\forall f \in L^2(R)$，f在基$\{\psi_{j,k}\}_{j,\,k\in\mathbf{Z}}$下有唯一的坐标$\{c_{j,k}\}_{j,\,k\in\mathbf{Z}} \in l^2$。我们引入相应的算子来表示元素与坐标之间的关系。作l^2 到$L^2(R)$的线性算子

$$S:\{c_{j,k}\}_{j,\,k\in\mathbf{Z}} \longrightarrow \sum_{j,\,k\in\mathbf{Z}}c_{j,k}\psi_{j,k} \tag{8.5.19}$$

$\mathscr{R}$ - 函数的条件(2) 的右边保证了 S 是有界算子,条件(2) 的左边保证了 S 是单映射,R - 函数的条件(1) 保证了 S 是满映射,所以 S 是 l^2 到 $L^2(R)$ 上的可逆算子。$L^2(R)$ 是 Hilbet 空间,Banach 逆定理保证了逆算子 S^{-1} 也是有界的。逆算子 S^{-1} 的定义是

$$S^{-1}: \sum_{j,k\in\mathbf{Z}} c_{j,k}\psi_{j,k} \longrightarrow \{c_{j,k}\}_{j,k\in\mathbf{Z}} \tag{8.5.20}$$

即 S^{-1} 的作用是提取 f 在基 $\{\psi_{j,k}\}_{j,k\in\mathbf{Z}}$ 下的坐标。例如

$$S^{-1}(\psi_{j_0,k_0}) = \begin{cases} 1, & j = j_0, k = k_0 \\ 0, & \text{否则} \end{cases}$$
$$\triangleq e(j_0,k_0)$$

再考察 S 的共轭算子 $S^*: L^2(R) \to l^2$. $\forall f \in L^2(R), c \in l^2$,由关系式

$$\langle c, S^* f\rangle_{l^2} = \langle S(c), f\rangle_{L^2}$$

可知,S^* 的定义是

$$S^*: f \longrightarrow \{\langle f, \psi_{j,k}\rangle\}_{j,k\in\mathbf{Z}} \tag{8.5.21}$$

因为 S 可逆,所以 S^* 也可逆且 $(S^*)^{-1} = (S^{-1})^*$.

下面将作出与 $\{\psi_{j,k}\}_{j,k\in\mathbf{Z}}$ 密切相关的另一个基 $\{\psi^*_{j,k}\}_{j,k\in\mathbf{Z}}$. 记

$$\psi^*_{j,k} = (SS^*)^{-1}\psi_{j,k},\ j,\ k \in \mathbf{Z} \tag{8.5.22}$$

很容易验证 $\{\psi^*_{j,k}\}_{j,k\in\mathbf{Z}}$ 也是 $L^2(R)$ 的基。特别是注意到

$$\begin{aligned}\langle \psi^*_{j,k}, \psi_{l,m}\rangle &= \langle (S^{-1})^* S^{-1}\psi_{j,k}, \psi_{l,m}\rangle \\ &= \langle S^{-1}\psi_{j,k}, S^{-1}\psi_{l,m}\rangle \\ &= \langle e(j,k), e(l,m)\rangle \\ &= \delta_{j,l}\cdot\delta_{k,m}\end{aligned}$$

反之,如果 $L^2(R)$ 中的一簇元素 $\{\psi^*_{j,k}\}_{j,k\in\mathbf{Z}}$ 满足

$$\langle \psi^*_{j,k}, \psi_{l,m}\rangle = \delta_{j,l}\cdot\delta_{k,m},\quad \forall j,\ k \in \mathbf{Z} \tag{8.5.23}$$

那么

$$SS^*\psi^*_{j,k} = S\{\langle \psi^*_{j,k}, \psi_{l,m}\rangle\}_{l,m\in\mathbf{Z}} = S(e(j,k)) = \psi_{j,k}$$

可见式(8.5.22) 与式(8.5.23) 是等价的。或者说满足式(8.5.23) 的 $\{\psi^*_{j,k}\}_{j,k\in\mathbf{Z}}$ 是唯一的。称 $\{\psi^*_{j,k}\}_{j,k\in\mathbf{Z}}$ 为 $\{\psi_{j,k}\}_{j,k\in\mathbf{Z}}$ 的对偶基。

在基 $\{\psi_{j,k}\}_{j,k\in\mathbf{Z}}$ 下的三个算子 S, S^{-1}, S^* 有各自的作用,那么在基 $\{\psi^*_{j,k}\}_{j,k\in\mathbf{Z}}$ 下,对应着什么算子呢?因为

$$S(c) = \sum_{j,k\in\mathbf{Z}} c_{j,k}\psi_{j,k} = \sum_{j,k\in\mathbf{Z}} c_{j,k}(SS^*)\psi^*_{j,k} = (SS^*)\sum_{j,k\in\mathbf{Z}} c_{j,k}\psi^*_{j,k}$$

所以

$$S^*: \sum_{j,k\in\mathbf{Z}} c_{j,k}\psi^*_{j,k} \longrightarrow \{c_{j,k}\}_{j,k} \tag{8.5.24}$$

比较式(8.5.20) 和式(8.5.24),S^* 与 S^{-1} 在不同的基下起同样的作用。将式(8.5.24) 反过来就有

$$(S^*)^{-1}: \{c_{j,k}\}_{j,k} \longrightarrow \sum_{j,k\in\mathbf{Z}} c_{j,k}\psi^*_{j,k} \tag{8.5.25}$$

比较式(8.5.19)和式(8.5.25),$(S^*)^{-1}$ 与 S 在不同的基下起同样的作用。又设 $f=\sum_{j,k\in\mathbf{Z}}c_{j,k}\psi_{j,k}$,那么

$$\{\langle f,\psi_{j,k}^*\rangle\}_{j,k\in\mathbf{Z}}=\{\langle\sum_{l,m\in\mathbf{Z}}c_{l,m}\psi_{l,m},\psi_{j,k}^*\rangle\}_{j,k\in\mathbf{Z}}=\{c_{j,k}\}_{j,k\in\mathbf{Z}}=S^{-1}(f)$$

所以

$$S^{-1}:f\longrightarrow\{\langle f,\psi_{j,k}^*\rangle\}_{j,k\in\mathbf{Z}}\tag{8.5.26}$$

比较式(8.5.21)和式(8.5.26),S^{-1} 与 S^* 在不同的基下起同样的作用。

再考虑两个基下的坐标关系。$\forall f\in L^2(R)$,设 f 在基 $\{\psi_{j,k}\}_{j,k\in\mathbf{Z}}$ 和 $\{\psi_{j,k}^*\}_{j,k\in\mathbf{Z}}$ 下的坐标分别为 c 和 c^*,即

$$\sum_{j,k\in\mathbf{Z}}c_{j,k}\psi_{j,k}=f=\sum_{j,k\in\mathbf{Z}}c_{j,k}^*\psi_{j,k}^*$$

由式(8.5.19)和式(8.5.24),上式也就是 $S(c)=(S^*)^{-1}(c^*)$,所以

$$c^*=S^*S(c)\tag{8.5.27}$$

下面的问题是,对偶基 $\{\psi_{j,k}^*\}_{j,k\in\mathbf{Z}}$ 是否为 Risez 基?相应的 Risez 界是什么?注意算子

$$S^*S:\quad l^2\to l^2$$

它显然是自共轭算子。又因为

$$\left\|\sum_{j,k\in\mathbf{Z}}c_{j,k}\psi_{j,k}\right\|^2=\|Sc\|^2=\langle Sc,Sc\rangle=\langle c,S^*Sc\rangle$$

定义 8.5.4 的条件(2)说明

$$A\|c\|^2\leqslant\langle c,S^*Sc\rangle\leqslant B\|c\|^2$$

所以 S^*S 是正定算子。由算子分解定理,存在自共轭正定算子 $H:l^2\to l^2$,使得 $S^*S=HH$,所以

$$A\|c\|^2\leqslant\langle Hc,Hc\rangle\leqslant B\|c\|^2$$

$\forall c\in l^2$,用 $H^{-1}c$ 代替上式中的 c,得到

$$A\|H^{-1}c\|^2\leqslant\|c\|^2\leqslant B\|H^{-1}c\|^2\tag{8.5.28}$$

而

$$\begin{aligned}\|H^{-1}c\|^2&=\langle H^{-1}c,H^{-1}c\rangle=\langle c,H^{-1}H^{-1}c\rangle=\langle c,(HH)^{-1}c\rangle=\langle c,(S^*S)^{-1}c\rangle\\&=\langle c,S^{-1}(S^*)^{-1}c\rangle=\langle(S^*)^{-1}c,(S^*)^{-1}c\rangle\\&=\|(S^*)^{-1}c\|^2=\left\|\sum_{j,k}c_{j,k}\psi_{j,k}^*\right\|^2\end{aligned}$$

上面最后一步用到式(8.5.25),将上式替换进式(8.5.28),得到

$$\frac{1}{B}\|c\|^2\leqslant\left\|\sum_{j,k}c_{j,k}\psi_{j,k}^*\right\|^2\leqslant\frac{1}{A}\|c\|^2$$

可见 $\{\psi_{j,k}^*\}_{j,k\in\mathbf{Z}}$ 也是 Risez 基,相应的 Risez 界是 $B^{-1}<A^{-1}$. 综合上述,我们有如下结论。

定理 8.5.12 设 $\psi\in L^2(R)$ 是 $\mathscr{R}$ - 函数,生成 $L^2(R)$ 的 Risez 基 $\{\psi_{j,k}\}_{j,k\in\mathbf{Z}}$ 并有 Risez 界 $A\leqslant B$,作算子

$$S:\ \{c_{j,k}\}_{j,k\in\mathbf{Z}}\longrightarrow\sum_{j,k\in\mathbf{Z}}c_{j,k}\psi_{j,k}$$

并取

$$\psi_{j,k}^{*} = (SS^{*})^{-1}\psi_{j,k},\ j,\ k \in \mathbf{Z}$$

那么$\{\psi_{j,k}^{*}\}_{j,\ k\in\mathbf{Z}}$有如下性质：

(1) $\{\psi_{j,k}^{*}\}_{j,\ k\in\mathbf{Z}}$是$L^2(R)$的Risez基，有Risez界$B^{-1}\leqslant A^{-1}$，称为$\{\psi_{j,k}\}_{j,\ k\in\mathbf{Z}}$的对偶基。

(2) $\langle\psi_{j,k}^{*},\psi_{l,m}\rangle = \delta_{j,l}\cdot\delta_{k,m}$，从而 $\forall f\in L^2(R)$

$$f = \sum_{j,\ k\in\mathbf{Z}}\langle f,\psi_{j,k}^{*}\rangle\psi_{j,k} = \sum_{j,\ k\in\mathbf{Z}}\langle f,\psi_{j,k}\rangle\psi_{j,k}^{*}$$

(3) 设f在基$\{\psi_{j,k}\}_{j,\ k\in\mathbf{Z}}$和$\{\psi_{j,k}^{*}\}_{j,\ k\in\mathbf{Z}}$下的坐标分别为$c$和$c^{*}$，则$c^{*} = S^{*}S(c)$.

下面的定理说明"ψ是$\mathscr{R}$－函数"比"ψ能生成框架"要求更高，即提升了ψ的性质。

定理 8.5.13　设$\psi\in L^2(R)$生成Risze基$\{\psi_{j,k}\}_{j,\ k\in\mathbf{Z}}$，有Risze界$B\geqslant A>0$，那么$\{\psi_{j,k}\}_{j,\ k\in\mathbf{Z}}$是框架，有框架界$B\geqslant A>0$.

【证明】　$\forall f\in L^2(R)$，由定理8.5.12，可以将f写成

$$f = \sum_{j,\ k\in\mathbf{Z}} c_{j,k}^{*}\psi_{j,k}^{*}$$

其中$c_{j,k}^{*} = \langle f,\psi_{j,k}\rangle$，而$\{\psi_{j,k}^{*}\}_{j,\ k\in\mathbf{Z}}$是$L^2(R)$的Risez基，有Risez界$B^{-1}\leqslant A^{-1}$，即

$$B^{-1}\|c^{*}\|^2 \leqslant \Big\|\sum_{j,\ k\in\mathbf{Z}} c_{j,k}^{*}\psi_{j,k}^{*}\Big\|^2 \leqslant A^{-1}\|c^{*}\|^2$$

也即

$$B^{-1}\sum_{j,\ k\in\mathbf{Z}}|\langle f,\psi_{j,k}\rangle|^2 \leqslant \|f\|^2 \leqslant A^{-1}\sum_{j,\ k\in\mathbf{Z}}|\langle f,\psi_{j,k}\rangle|^2$$

所以

$$A\|f\|^2 \leqslant \sum_{j,\ k\in\mathbf{Z}}|\langle f,\psi_{j,k}\rangle|^2 \leqslant B\|f\|^2$$

【证毕】

既然$\{\psi_{j,k}\}_{j,\ k\in\mathbf{Z}}$是一个框架，在节8.5.2中曾按如下方式定义了对偶框架$\{\psi_{j,k}^{*}\}_{j,\ k\in\mathbf{Z}}$：

$$\begin{cases} Tf = \sum\limits_{j,\ k\in\mathbf{Z}}\langle f,\psi_{j,k}\rangle\psi_{j,k} \\ \psi_{j,k}^{*} = T^{-1}\psi_{j,k} \end{cases} \tag{8.5.29}$$

那么对偶框架与式(8.5.10)定义的对偶基$\psi_{j,k}^{*} = (SS^{*})^{-1}\psi_{j,k}$是否同一个概念呢?回答是肯定的。组合式(8.5.19)和式(8.5.21)的定义可知

$$SS^{*}(f) = \sum_{j,\ k\in\mathbf{Z}}\langle f,\psi_{j,k}\rangle\psi_{j,k} \tag{8.5.30}$$

再比较式(8.5.29)中T的定义，即知$SS^{*} = T$.

- **半正交小波和正交小波**

尽管提升ψ为$\mathscr{R}$－函数使得$\{\psi_{j,k}\}_{j,\ k\in\mathbf{Z}}$成为$L^2(R)$的基，但是它的对偶基$\{\psi_{j,k}^{*}\}_{j,\ k\in\mathbf{Z}}$仍然难以获得。我们再进一步提升$\psi$的性质使得$\{\psi_{j,k}\}_{j,\ k\in\mathbf{Z}}$为"半正交"或正交，则很容易获得其对偶。

定义 8.5.5　设$\psi\in L^2(R)$是一个$\mathscr{R}$－函数，

(1) 如果生成的Risez基$\{\psi_{j,k}\}_{j,\ k\in\mathbf{Z}}$满足

$$\langle\psi_{j,k},\psi_{l,m}\rangle = 0,\quad j\neq l,\ j,k,l,m\in\mathbf{Z}$$

则称 ψ 是半正交小波。

(2) 如果生成的 Risez 基$\{\psi_{j,k}\}_{j,k\in\mathbf{Z}}$ 满足

$$\langle\psi_{j,k},\psi_{l,m}\rangle = \delta_{j,l}\cdot\delta_{k,m},\quad j,k,l,m\in\mathbf{Z}$$

则称 ψ 是正交小波。

当 ψ 是正交小波，$\forall f\in L^2(R)$ 我们可立即写出

$$f=\sum_{j,k\in\mathbf{Z}}\langle f,\psi_{j,k}\rangle\psi_{j,k}$$

比较式(8.5.30)知，SS^* 为恒等算子，所以 $\psi_{j,k}^*=\psi_{j,k}$，即正交小波的对偶为其本身。为得到半正交小波的对偶，先需要一个预备结论。

定理 8.5.14　$\forall\varphi\in L^2(R)$ 和常数 $B\geqslant A>0$，下面两个结论等价：

(1) $\{\varphi(t-k)\}_{k\in\mathbf{Z}}$ 满足性质：$\forall c=\{c_k\}_{k\in\mathbf{Z}}\in l^2$，

$$A\|c\|_{l^2}^2\leqslant\Big\|\sum_{k\in\mathbf{Z}}c_k\varphi(\cdot-k)\Big\|_{L^2}^2\leqslant B\|c\|_{l^2}^2$$

(2)φ 的傅里叶变换 $\hat{\varphi}$ 满足：对 $\omega\in R$ 几乎处处成立

$$A\leqslant\sum_{k\in\mathbf{Z}}|\hat{\varphi}(\omega+2k\pi)|^2\leqslant B$$

【证明】　对 $c\in l^2$ 和 $\varphi\in L^2(R)$，

$$C(\omega)=\sum_{k\in\mathbf{Z}}c_k\mathrm{e}^{-\mathrm{i}k\omega}\in L^2[0,2\pi]$$

$$\Phi(\omega)=\sum_{k\in\mathbf{Z}}|\hat{\varphi}(\omega+2k\pi)|^2\in L^2[0,2\pi]$$

且有$\|C(\omega)\|_{L^2}^2=\|c\|_{l^2}^2$. 再由 Parseval 等式，我们有

$$\begin{aligned}\Big\|\sum_{k\in\mathbf{Z}}c_k\varphi(\cdot-k)\Big\|_{L^2}^2&=\frac{1}{2\pi}\Big\|\sum_{k\in\mathbf{Z}}c_k\mathrm{e}^{-\mathrm{i}k\omega}\hat{\varphi}(\omega)\Big\|_{L^2}^2\\&=\frac{1}{2\pi}\|C(\omega)\hat{\varphi}(\omega)\|_{L^2}^2\\&=\frac{1}{2\pi}\int_R|C(\omega)\hat{\varphi}(\omega)|^2\mathrm{d}\omega\\&=\frac{1}{2\pi}\sum_{k\in\mathbf{Z}}\int_{2k\pi}^{2(k+1)\pi}|C(\omega)\hat{\varphi}(\omega)|^2\mathrm{d}\omega\\&=\frac{1}{2\pi}\sum_{k\in\mathbf{Z}}\int_0^{2\pi}|C(\omega)\hat{\varphi}(\omega+2k\pi)|^2\mathrm{d}x\\&=\frac{1}{2\pi}\int_0^{2\pi}|C(\omega)|^2\sum_{k\in\mathbf{Z}}|\hat{\varphi}(\omega+2k\pi)|^2\mathrm{d}x\\&=\frac{1}{2\pi}\int_0^{2\pi}|C(\omega)|^2\Phi(\omega)\mathrm{d}x\end{aligned}\tag{8.5.31}$$

证明(2)⇒(1)：因为 $A\leqslant\Phi(\omega)\leqslant B$，由式(8.5.31)，知

$$\Big\|\sum_{k\in\mathbf{Z}}c_k\varphi(\cdot-k)\Big\|_{L^2}^2\leqslant B\frac{1}{2\pi}\int_0^{2\pi}|C(x)|^2\mathrm{d}x=B\|c\|_{l^2}^2$$

$$\Big\|\sum_{k\in\mathbf{Z}}c_k\varphi(\cdot-k)\Big\|_{L^2}^2\geqslant A\frac{1}{2\pi}\int_0^{2\pi}|C(x)|^2\mathrm{d}x=A\|c\|_{l^2}^2$$

证明(1)⇒(2):反证法。假若(2)不是处处成立,因为$\Phi(\omega)$是2π周期函数,那么有非零测集$\mu\subseteq[0,2\pi]$使得$\Phi(\omega)$在μ上小于A或者大于B. 不妨设

$$\Phi(\omega) > B,\quad \forall \omega\in\mu$$

作2π周期函数$C(\omega)$,它在μ上非零而在$[0,2\pi]\backslash\mu$上为零。取$c=\{c_k\}_{k\in\mathbf{Z}}\in l^2$为$C(\omega)$的傅里叶系数,那么由式(8.5.31),

$$\begin{aligned}\Big\|\sum_{k\in\mathbf{Z}}c_k\varphi(\cdot-k)\Big\|_{L^2}^2 &= \frac{1}{2\pi}\int_0^{2\pi}|C(\omega)|^2\Phi(\omega)\mathrm{d}x\\ &= \frac{1}{2\pi}\int_\mu|C(\omega)|^2\Phi(\omega)\mathrm{d}x\\ &> B\frac{1}{2\pi}\int_\mu|C(\omega)|^2\mathrm{d}x\\ &= B\frac{1}{2\pi}\int_0^{2\pi}|C(\omega)|^2\mathrm{d}x\\ &= B\|C(\omega)\|_{L^2}^2 = B\|c\|_{l^2}^2\end{aligned}$$

这与条件(1)矛盾。　　　　【证毕】.

有了定理8.5.14,半正交小波的对偶可以通过下面的方式构造出来。

定理 8.5.15　设$\psi\in L^2(R)$是半正交小波,作

$$\hat{\psi}^*(\omega) = \frac{\hat{\psi}(\omega)}{\sum_{k\in\mathbf{Z}}|\hat{\psi}(\omega+2k\pi)|^2}\tag{8.5.32}$$

取$\psi^*(t)=F^{-1}\{\hat{\psi}^*(\omega)\}$是$\hat{\psi}^*(\omega)$的傅里叶逆变换。那么$\{\psi_{j,k}^*\}_{j,k\in\mathbf{Z}}$是$\{\psi_{j,k}\}_{j,k\in\mathbf{Z}}$的对偶。

【证明】　先说明$\hat{\psi}^*(\omega)$有意义且属于$L^2(R)$. 因为$\{\psi_{j,k}\}_{j,k\in\mathbf{Z}}$是$L^2(R)$的Risez基,存在两个常数$B\geqslant A>0$使得$\forall\{c_{j,k}\}_{j,k\in\mathbf{Z}}\in l^2$有

$$A\|c\|_{l^2}^2\leqslant\Big\|\sum_{j,k\in\mathbf{Z}}c_{j,k}\psi_{j,k}\Big\|_{L^2}^2\leqslant B\|c\|_{l^2}^2$$

现在$\forall c=\{c_k\}_{k\in\mathbf{Z}}\in l^2$,取$\{c_{j,k}\}_{j,k\in\mathbf{Z}}$使得

$$c_{j,k}=\begin{cases}c_k, & j=0\\ 0, & j\neq 0\end{cases}$$

那么就有

$$A\|c\|_{l^2}^2\leqslant\Big\|\sum_{k\in\mathbf{Z}}c_k\psi(\cdot-k)\Big\|_{L^2}^2\leqslant B\|c\|_{l^2}^2$$

由定理8.5.14,对$\omega\in R$几乎处处成立

$$A\leqslant\sum_{k\in\mathbf{Z}}|\hat{\psi}(\omega+2k\pi)|^2\leqslant B$$

所以$\hat{\psi}^*(\omega)$有意义且属于$L^2(R)$.

为证明$\{\psi_{j,k}^*\}_{j,k\in\mathbf{Z}}$是$\{\psi_{j,k}\}_{j,k\in\mathbf{Z}}$的对偶,只要证明$\forall j,k\in\mathbf{Z},\langle\psi_{j,k}^*,\psi_{l,m}\rangle=\delta_{j,l}\cdot\delta_{k,m}$. 注意到

$$\rho(\omega)=\Big[\sum_{k\in\mathbf{Z}}|\hat{\psi}(\omega+2k\pi)|^2\Big]^{-1}\in L^2[0,2\pi]$$

可以写成傅里叶级数展开

$$\rho(\omega) = \sum_{n \in \mathbf{Z}} a_n e^{in\omega}$$

于是

$$\hat{\psi}^*(\omega) = \rho(\omega)\hat{\psi}(\omega) = \sum_{n \in \mathbf{Z}} a_n e^{in\omega}\hat{\psi}(\omega) = \sum_{n \in \mathbf{Z}} a_{-n} e^{-in\omega}\hat{\psi}(\omega)$$

所以

$$\psi^*(t) = \mathscr{F}^{-1}\{\hat{\psi}^*(\omega)\} = \sum_{n \in \mathbf{Z}} a_{-n}\mathscr{F}^{-1}\{e^{-in\omega}\hat{\psi}(\omega)\} = \sum_{n \in \mathbf{Z}} a_{-n}\psi(t-n)$$

所以

$$\begin{aligned}
\psi_{l,m}^*(t) &= 2^{-\frac{l}{2}}\psi^*(2^l t - m) = 2^{-\frac{l}{2}}\sum_{n \in \mathbf{Z}} a_{m-n}\psi(2^l t - n) \\
&= 2^{-\frac{l}{2}}\sum_{n \in \mathbf{Z}} a_{m-n}\psi(2^l t - n) \\
&= \sum_{n \in \mathbf{Z}} a_{m-n}\psi_{l,n}(t)
\end{aligned}$$

当 $l \neq j$ 时,

$$\langle \psi_{l,m}^*, \psi_{j,k} \rangle = \langle \sum_{n \in \mathbf{Z}} a_{m-n}\psi_{l,n}, \psi_{j,k} \rangle = \sum_{n \in \mathbf{Z}} a_{m-n}\langle \psi_{l,n}, \psi_{j,k} \rangle = 0$$

最后的等式是因为 $\{\psi_{j,k}\}_{j,\, k \in \mathbf{Z}}$ 为半正交的。

当 $l = j$ 时,

$$\begin{aligned}
\langle \psi_{j,k}, \psi_{j,m}^* \rangle &= 2^j \int_R \psi(2^j t - k)\overline{\psi^*(2^j t - m)}dt = \int_R \psi(t-k)\overline{\psi^*(t-m)}dt \\
&= \frac{1}{2\pi}\int_R e^{-ik\omega}\hat{\psi}(\omega)\overline{e^{-im\omega}\hat{\psi}^*(\omega)}d\omega \\
&= \frac{1}{2\pi}\int_R e^{-i(k-m)\omega}\hat{\psi}(\omega)\rho(\omega)\overline{\hat{\psi}(\omega)}d\omega \\
&= \frac{1}{2\pi}\int_R e^{-i(k-m)\omega}\rho(\omega)|\hat{\psi}(\omega)|^2 d\omega \\
&= \frac{1}{2\pi}\sum_{n \in \mathbf{Z}}\int_{2n\pi}^{2(n+1)\pi} e^{-i(k-m)\omega}\rho(\omega)|\hat{\psi}(\omega)|^2 d\omega \\
&= \frac{1}{2\pi}\sum_{n \in \mathbf{Z}}\int_0^{2\pi} e^{-i(k-m)\omega}\rho(\omega)|\hat{\psi}(\omega + 2n\pi)|^2 d\omega \\
&= \frac{1}{2\pi}\int_0^{2\pi} e^{-i(k-m)\omega}\rho(\omega)\Big[\sum_{n \in \mathbf{Z}}|\hat{\psi}(\omega + 2n\pi)|^2\Big]d\omega \\
&= \frac{1}{2\pi}\int_0^{2\pi} e^{-i(k-m)\omega}d\omega = \delta_{k,m}
\end{aligned}$$

所以,$\{\psi_{j,k}^*\}_{j,\, k \in \mathbf{Z}}$是$\{\psi_{j,k}\}_{j,\, k \in \mathbf{Z}}$ 的对偶。 【证毕】

注意,一般的 $\mathscr{R}$ - 函数 ψ 产生的 Risez 基 $\{\psi_{j,k}\}_{j,\, k \in \mathbf{Z}}$,它的对偶基是 $\{\psi_{j,k}\}_{j,\, k \in \mathbf{Z}}$ 在算子 $(SS^*)^{-1}$ 作用下的象集合。当 ψ 是半正交小波时,定理 8.5.15 告诉我们,这个象集合可以由式(8.5.32)确定的函数通过扩缩平移得到。并非所有的 $\mathscr{R}$ - 函数都具备这样的特性。

确实有这样的$\mathscr{R}$－函数,它的对偶基不是任何函数的扩缩平移。为此,下述定义在$\mathscr{R}$－函数类中再划出特殊的一类。

定义 8.5.6　设ψ是一个$\mathscr{R}$－函数,如果存在一个对偶$\psi^* \in L^2(R)$,使得两簇函数

$$\{\psi_{j,k}(t)\}_{j,\,k\in\mathbf{Z}} = \{2^{\frac{j}{2}}\psi(2^j t-k)\}_{j,\,k\in\mathbf{Z}}$$

$$\{\psi^*_{j,k}(t)\}_{j,\,k\in\mathbf{Z}} = \{2^{\frac{j}{2}}\psi^*(2^j t-k)\}_{j,\,k\in\mathbf{Z}}$$

满足

$$\langle \psi_{j,k},\psi^*_{l,m}\rangle = \delta_{j,l}\cdot\delta_{k,m}$$

那么称ψ是一个$\mathscr{R}$－小波。

半正交小波和正交小波都是$\mathscr{R}$－小波,特别是正交小波的对偶就是其自身。事实上,半正交小波可以改造成正交小波。设ψ是半正交小波,作函数$\psi^\perp(t)$,其傅里叶变换

$$\hat{\psi}^\perp(\omega) = \frac{\hat{\psi}(\omega)}{\left[\sum_{k\in\mathbf{Z}}|\hat{\psi}(\omega+2k\pi)|^2\right]^{\frac{1}{2}}} \triangleq \rho(\omega)\,\hat{\psi}(\omega) \tag{8.5.33}$$

注意$\hat{\psi}^\perp(\omega)$与式(8.5.32)定义的$\hat{\psi}^*(\omega)$稍有区别。我们将说明$\psi^\perp(t)$是正交小波。为此先说明$\psi^\perp(t)$是半正交小波。完全类似于定理8.5.15中的证明,仍然有$\rho(\omega)\in L^2[0,2\pi]$. 先将$\rho(\omega)$展开成傅里叶级数$\rho(\omega)=\sum_{n\in\mathbf{Z}}a_n \mathrm{e}^{in\omega}$,再对式(8.5.33)两边作傅里叶逆变换,可得

$$\psi^\perp_{l,m}(t) = \sum_{n\in\mathbf{Z}} a_{m-n}\psi_{l,n}(t)$$

因为ψ是半正交小波,所以当$l\neq j$时

$$\langle\psi^\perp_{l,m},\psi^\perp_{j,k}\rangle = \left\langle \sum_{n\in\mathbf{Z}}a_{m-n}\psi_{l,n}(t),\sum_{n\in\mathbf{Z}}a_{k-n}\psi_{j,n}(t)\right\rangle = 0,\quad \forall m,\quad k\in\mathbf{Z}$$

这就说明$\psi^\perp(t)$也是半正交小波。为了说明$\psi^\perp(t)$是正交小波,只要说明$\psi^\perp(t)$的对偶是其自身。按照半正交小波的对偶规则,$\psi^\perp(t)$的对偶$\psi^{\perp *}(t)$通过它的傅里叶变换定义

$$\hat{\psi}^{\perp *}(\omega) = \frac{\hat{\psi}^\perp(\omega)}{\sum_{k\in\mathbf{Z}}|\hat{\psi}^\perp(\omega+2k\pi)|^2}$$

注意到式(8.5.33),有

$$\hat{\psi}^\perp(\omega+2k\pi) = \rho(\omega+2k\pi)\,\hat{\psi}(\omega+2k\pi) = \rho(\omega)\,\hat{\psi}(\omega+2k\pi)$$

所以

$$\sum_{k\in\mathbf{Z}}|\hat{\psi}^\perp(\omega+2k\pi)|^2 = |\rho(\omega)|^2\sum_{k\in\mathbf{Z}}|\hat{\psi}(\omega+2k\pi)|^2 = 1$$

所以,$\hat{\psi}^{\perp *}(\omega)=\hat{\psi}^\perp(\omega)$,所以$\psi^{\perp *}(t)=\psi^\perp(t)$,即$\psi^\perp(t)$的对偶是其自身。

最后,我们对ψ的性质的逐步提升作一小结,如图8－17所示。

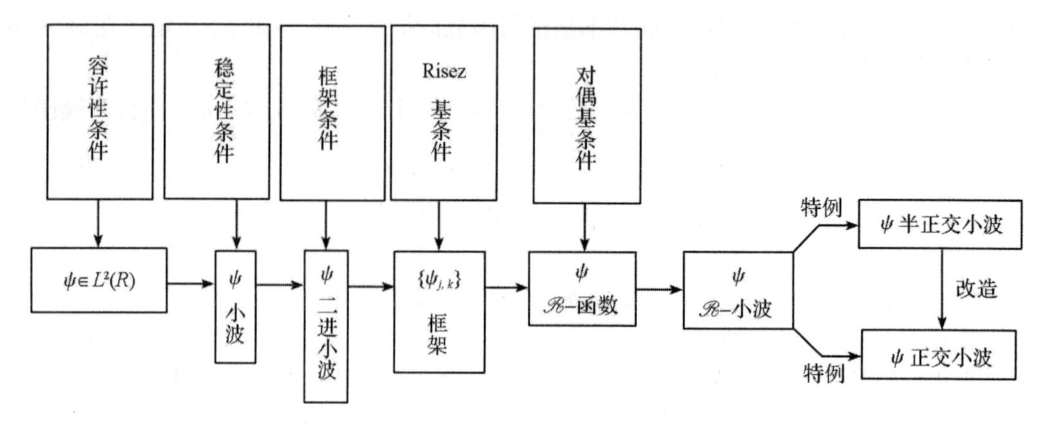

图 8 - 17

附:为什么需要二进小波

只要适当选择基小波函数 ψ,全离散的小波变换能够分解并重构信号,这说明半离散(二进)小波变换肯定是冗余的。之所以需要它,是因为二进小波能保持信号的平移不变性,而全离散小波则不能。

在模式识别中,要求模式平移后的信号表示与模式平移前的信号表示,两者之间的关系只是平移,而不能改变。具体地说,设信号为 $f(t)$,平移后为 $f_\tau(t)=f(t-\tau)$,它的连续小波变换为(不妨 ψ 为实函数)

$$\langle f_\tau,\psi_{a,b}\rangle=\frac{1}{\sqrt{a}}\int_R f(t-\tau)\psi(\frac{t-b}{a})\mathrm{d}t=\frac{1}{\sqrt{a}}\int_R f(t)\psi(\frac{t-(b-\tau)}{a})\mathrm{d}t=\langle f,\psi_{a,b-\tau}\rangle$$

即信号平移后作小波变换等价于用平移的小波对原信号作变换,这就是所谓平移不变性。连续小波具有平移不变性,同理,因为 b 的连续取值,二进小波变换也有平移不变性。

考察一般的框架小波

$$\psi_{j,k}(t)=a_0^{-\frac{j}{2}}\psi(a_0^{-j}t-kb_0)$$

平移信号 $f_\tau(t)=f(t-\tau)$ 的小波变换

$$\begin{aligned}\langle f_\tau,\psi_{j,k}\rangle&=a_0^{-\frac{j}{2}}\int_R f(t-\tau)\psi(a_0^{-j}t-kb_0)\mathrm{d}t\\&=a_0^{-\frac{j}{2}}\int_R f(t)\psi(a_0^{-j}t-(kb_0-a_0^{-j}\tau)\mathrm{d}t\end{aligned}$$

对给定的尺度指标 j,如果平移量 τ 恰好是 $a_0^jb_0$ 的整数倍,即 $\tau=na_0^jb_0$,那么

$$\langle f_\tau,\psi_{j,k}\rangle=a_0^{-\frac{j}{2}}\int_R f(t)\psi(a_0^{-j}t-(k-n)b_0)\mathrm{d}t=\langle f,\psi_{j,k-n}\rangle$$

就是说在尺度指标 j 下,变换具有平移不变性。如果平移量 τ 不是 $a_0^jb_0$ 的整数倍,但取 b_0 使得 $a_0^jb_0$ 很小,如图 8 - 18 所示。那么 $\langle f_\tau,\psi_{j,k}\rangle$ 与 $\langle f,\psi_{j,k-n}\rangle$ 也可能相差较小,即有近似的平移不变性。但如果 $a_0^jb_0$ 较大,则完全没有平移不变性了。

为使框架小波变换尽量保持平移不变性,方法是采用自适应的采样间隔,使得 b 在落

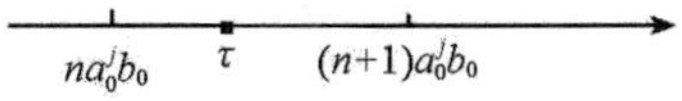

$na_0^jb_0$　τ　$(n+1)a_0^jb_0$

图 8 - 18

在 $|\langle f,\psi_{j,b}\rangle|$ 的极大位置上采样。

8.6　二维正交 MRA 及小波滤波器构造

先明确几个概念。二元能量有限函数空间 $L^2(R^2)$ 和二元可积函数空间 $L^1(R^2)$ 是指

$$L^2(R^2) = \{f(x,y) \mid \iint_{R^2} |f(x,y)|^2 \mathrm{d}x\mathrm{d}y < +\infty\}$$

$$L^1(R^2) = \{f(x,y) \mid \iint_{R^2} |f(x,y)| \mathrm{d}x\mathrm{d}y < +\infty\}$$

称二元函数 $H(\xi,\eta)$ 是 2π 周期函数，如果

$$H(\xi,\eta) = H(\xi+2\pi,\eta) = H(\xi,\eta+2\pi) = H(\xi+2\pi,\eta+2\pi)$$

二元函数 $g(x,y)$ 的二维傅里叶变换定义为

$$F[g](\xi,\eta) = \hat{g}(\xi,\eta) = \iint_{R^2} g(x,y)\mathrm{e}^{-\mathrm{i}(\xi x+\eta y)}\mathrm{d}x\mathrm{d}y$$

$$F^{-1}[\hat{g}](x,y) = g(x,y) = \frac{1}{(2\pi)^2}\iint_{R^2}\hat{g}(\xi,\eta)\mathrm{e}^{\mathrm{i}(x\xi+y\eta)}\mathrm{d}\xi\mathrm{d}\eta$$

8.6.1　二维正交 MRA 定义

二维情形与一维情形基本上是平行的，这里只列出相应的概念和结论。

- **基本的结构**

定义 8.6.1　$L^2(R^2)$ 的子空间簇 $\{V_j\}_{j\in\mathbf{Z}}$ 和二元函数 φ 构成正交 MRA$(\{V_j\}_{j\in\mathbf{Z}},\varphi)$，如果

(1) $V_j \subseteq V_{j+1}$，　$j\in\mathbf{Z}$

(2) $\overline{\bigcup_{j\in\mathbf{Z}} V_j} = L^2(R^2)$，$\bigcap_{j\in\mathbf{Z}} V_j = \{0\}$

(3) $f(x,y)\in V_j \Leftrightarrow f(2x,2y)\in V_{j+1}$

(4) $\varphi(x,y)\in V_0$，使得 $\{\varphi(x-k,y-n)\}_{k,n\in\mathbf{Z}}$ 构成 V_0 的标准正交基。称 $\varphi(x,y)$ 为尺度函数。

附注：

(1) V_j 由 V_0 中所有函数的 2^j 膨胀构成，即 $V_j = \{f(2^jx,2^jy) \mid f(x,y)\in V_0\}$

(2) 若 $f(x,y)\in V_j$ 则 $f(x-2^jk,y-2^jn)\in V_j$，$\forall k,n\in\mathbb{Z}$

(3) 记 $\varphi_{j,k,n}(x,y) = 2^j\varphi(2^jx-k,2^jy-n)$，则 $\{\varphi_{j,k,n}\}_{k,n\in\mathbf{Z}}$ 构成 V_j 的标准正交基

(4) $\forall f(x,y)\in L^2(R^2)$，$f(x,y)$ 在 V_j 上的投影为

$$(P_jf)(x,y) = \sum_{k\in\mathbf{Z}}\sum_{n\in\mathbf{Z}}\langle f,\varphi_{j,k,n}\rangle\varphi_{j,k,n}$$

其中

$$\langle f,\varphi_{j,k,n}\rangle = \iint_{R^2} f(x,y)\,\overline{\varphi_{j,k,n}(x,y)}\,\mathrm{d}x\mathrm{d}y$$

我们有

$$\lim_{j\to+\infty}\|f-P_jf\|_{L^2}=0,\quad \lim_{j\to-\infty}\|P_jf\|_{L^2}=0$$

(5) 记 $W_j=V_j^{\perp}\cap V_{j+1}$,则

$$V_{j+1}=W_j\oplus V_j,\quad L^2(R^2)=\bigoplus_{j=-\infty}^{+\infty}W_j$$

(6) 称正交多分辨分析($\{V_j\}_{j\in\mathbf{Z}},\varphi$)是 r - 正则的,如果 φ 具有性质:$\forall(x,y)\in R^2$,$\forall m\in\mathbf{Z}_+$,总有

$$\left|\frac{\partial^{p+q}}{\partial^p x\partial^q y}\varphi(x,y)\right|\leqslant C_m(1+\sqrt{x^2+y^2})^{-m}$$

其中 $p+q\leqslant r,C_m\geqslant 0$ 为常数。

(7) 尺度函数 φ 的平移系可以不构成正交基,但要构成 Risez 基:

① $\forall f(x,y)\in V_0$,存在$\{c_{k,n}\}\in l^2\times l^2$,使得 f 能表示成

$$f(x,y)=\sum_{k\in\mathbf{Z}}\sum_{n\in\mathbf{Z}}c_{k,n}\varphi(x-k,y-n)$$

② 存在 $A\geqslant B>0$,使得 $\forall\{c_{k,n}\}\in l^2\times l^2$ 成立

$$B\|c\|\leqslant\left\|\sum_{k\in\mathbf{Z}}\sum_{n\in\mathbf{Z}}c_{k,n}\varphi(x-k,y-n)\right\|_{L^2}\leqslant A\|c\|$$

此时称($\{V_j\}_{j\in\mathbf{Z}},\varphi$)为(一般的)多分辨分析。

(8) Risez 基尺度函数 $g(x,y)$ 可以改造成正交尺度函数。记

$$G(\xi,\eta)=\left[\sum_{k\in\mathbf{Z}}\sum_{n\in\mathbf{Z}}|\hat{g}(\xi+2\pi,\eta+2\pi)|^2\right]^{1/2}$$

只要取

$$\hat{\varphi}(\xi,\eta)=\hat{g}(\xi,\eta)/G(\xi,\eta)$$

则 $\varphi(x,y)=F^{-1}[\hat{\varphi}](x,y)$ 是正交尺度函数。而且如果 $g(x,y)$ 是 r - 正则的,则 $\varphi(x,y)$ 也是 r - 正则的。

- **滤波函数 $H(\xi,\eta)$**

设($\{V_j\}_{j\in\mathbf{Z}},\varphi$)是正交多分辨分析,则 V_1 有正交基

$$\{\varphi_{1,k,n}(x,y)=2\varphi(2x-k,2y-n)\,|\,k,n\in\mathbf{Z}\}$$

又因为 $\varphi(x,y)\in V_0\subset V_1$,故 $\varphi(x,y)$ 能表示成

$$\varphi(x,y)=\sum_{k\in\mathbf{Z}}\sum_{n\in\mathbf{Z}}h_{k,n}2\varphi(2x-k,2y-n)$$

两边作傅里叶变换可得

$$\hat{\varphi}(\xi,\eta)=\left[\frac{1}{2}\sum_{k\in\mathbf{Z}}\sum_{n\in\mathbf{Z}}h_{k,n}e^{-i(k\xi/2+n\eta/2)}\right]\cdot\hat{\varphi}(\xi/2,\eta/2)$$

记

$$H(\xi,\eta)=\frac{1}{2}\sum_{k\in\mathbf{Z}}\sum_{n\in\mathbf{Z}}h_{k,n}e^{-i(k\xi+n\eta)}$$

则

$$\hat{\varphi}(\xi,\eta)=H(\xi/2,\eta/2)\cdot\hat{\varphi}(\xi/2,\eta/2)$$

进而有

$$\hat{\varphi}(\xi,\eta) = \prod_{j=1}^{+\infty} H(\xi/2^j,\eta/2^j)\cdot\hat{\varphi}(0,0)$$

可见除开单点值 $\hat{\varphi}(0,0)$,φ 完全由 H 决定。

定理 8.6.1　设($\{V_j\}_{j\in\mathbf{Z}},\varphi$) 是正交多分辨分析,则

(1) $\Phi(\xi,\eta) \triangleq \sum_{k\in\mathbf{Z}}\sum_{n\in\mathbf{Z}} |\hat{\varphi}(\xi+2k\pi,\eta+2n\pi)|^2 \equiv 1$

(2) $|H(\xi,\eta)|^2 + |H(\xi+\pi,\eta)|^2 + |H(\xi,\eta+\pi)|^2 + |H(\xi+\pi,\eta+\pi)|^2 \equiv 1$

(3) $|\hat{\varphi}(0,0)| = 1$, $\hat{\varphi}(2k\pi,2n\pi) = 0(|k|+|n|\neq 0)$, $H(0,0) = 1$

(4) 当 $\varphi(x,y)\in L^1(R^2)$,则

$$\sum_{k\in\mathbf{Z}}\sum_{n\in\mathbf{Z}}\varphi(x-k,y-n) \equiv \hat{\varphi}(0,0)$$

(5) $\sum_{k\in\mathbf{Z}}\sum_{n\in\mathbf{Z}} h_{k,n} = 2$, $\sum_{k\in\mathbf{Z}}\sum_{n\in\mathbf{Z}} h_{k,n}h_{k+2p,n+2q} = \delta_{p,q}$

- **正交小波基的构造**

选取连续可微的 2π 周期函数

$$H(\xi,\eta) = \frac{1}{2}\sum_{k\in\mathbf{Z}}\sum_{n\in\mathbf{Z}} h_{k,n}\mathrm{e}^{-\mathrm{i}(k\xi+n\eta)}$$

满足

$$|H(\xi,\eta)|^2 + |H(\xi+\pi,\eta)|^2 + |H(\xi,\eta+\pi)|^2 + |H(\xi+\pi,\eta+\pi)|^2 \equiv 1$$

$H(0,0) = 1$, $\inf_{(\xi,\eta)\in S}|H(\xi,\eta)| \geqslant \kappa > 0$, 其中 $S = [-\pi/2,\pi/2]\times[-\pi/2,\pi/2]$

作

$$\hat{\varphi}(\xi,\eta) = \prod_{j=1}^{+\infty} H(\xi/2^j,\eta/2^j)$$

在 H 的前述条件下它收敛于 $L^2(R^2)$. 显然有关系

$$\hat{\varphi}(\xi,\eta) = H(\xi/2,\eta/2)\cdot\hat{\varphi}(\xi/2,\eta/2)$$

及双尺度方程

$$\varphi(x,y) = 2\sum_{k\in\mathbf{Z}}\sum_{n\in\mathbf{Z}} h_{k,n}\varphi(2x-k,2y-n)$$

H 的前述条件保证了 $\{\varphi(x-k,y-n)\}_{k,n\in\mathbf{Z}}$ 是标准正交系,即

$$\langle\varphi(x-k,y-n),\ \varphi(x-k',y-n')\rangle = \delta_{k,k'}\delta_{n,n'}$$

再作

$$V_j = \overline{\mathrm{span}\{2^j\varphi(2^jx-k,2^jy-n)\,|\,k,n\in\mathbf{Z}\}}$$

则($\{V_j\}_{j\in\mathbf{Z}},\varphi$) 构成二维正交多分辨分析。

下面将把 $L^2(R^2)$ 分解为一系列子空间 W_j 的正交和,且得到 W_j 的标准正交基。为此先考虑分解子空间 V_1 为 $V_1 = V_0 \dotplus W_0$. $\forall f(x,y)\in V_1$,

$$f(x,y) = \sum_{k\in\mathbf{Z}}\sum_{n\in\mathbf{Z}} c_{k,n}2\varphi(2x-k,2y-n) \tag{8.6.1}$$

引入记号

$$\begin{cases}\varphi^{(0,0)}(x,y) = 2\varphi(2x,2y)\\ \varphi^{(1,0)}(x,y) = 2\varphi(2x-1,2y)\\ \varphi^{(0,1)}(x,y) = 2\varphi(2x,2y-1)\\ \varphi^{(1,1)}(x,y) = 2\varphi(2x-1,2y-1)\end{cases} \tag{8.6.2}$$

再记$E_2 = \{(0,0),(1,0),(0,1),(1,1)\}$. 显然,四个整数平移系$\{\varphi^{\nu}(x-k,y-n)\}_{k,n\in\mathbf{Z}}$, $\nu\in E_2$都是标准正交系,且每两个平移系之间又是正交的。

将式(8.6.1)右边的求和按k,n的奇偶性分为四类,即

$$\begin{aligned} f(x,y) &= \sum_{k\in\mathbf{Z}}\sum_{n\in\mathbf{Z}} c_{2k,2n}2\varphi(2x-2k,2y-2n)\\ &\quad+\sum_{k\in\mathbf{Z}}\sum_{n\in\mathbf{Z}} c_{2k,2n+1}2\varphi(2x-2k,2y-(2n+1))\\ &\quad+\sum_{k\in\mathbf{Z}}\sum_{n\in\mathbf{Z}} c_{2k+1,2n}2\varphi(2x-(2k+1),2y-2n)\\ &\quad+\sum_{k\in\mathbf{Z}}\sum_{n\in\mathbf{Z}} c_{2k+1,2n+1}2\varphi(2x-(2k+1),2y-(2n+1))\\ &= \sum_{\nu\in E_2}\sum_{k\in\mathbf{Z}}\sum_{n\in\mathbf{Z}} c_{k,n}^{\nu}\varphi^{\nu}(x-k,y-n)\end{aligned} \tag{8.6.3}$$

由此可见V_1是四个子空间的正交和。这四个子空间分别是式(8.6.2)中四个函数的整数平移张成的子空间。

下面,我们对函数簇$\{\varphi^{\nu}(x-k,y-n)\mid k,n\in\mathbf{Z},\nu\in E_2\}$作出四种线性组合产生四个函数$\{\psi^{\mu}(x,y)\mid \mu\in E_2\}$,要求它们满足

(1) $\{\psi^{\mu}(x,y)\mid \mu\in E_2\}$的整数平移系生成$V_1$;

(2) $\langle\psi^{\nu}(x-k,\ y-n),\ \psi^{\nu}(x-k',y-n')\rangle = \delta_{k,k'}\delta_{n,n'},\ (\nu\in E_2)$

$\langle\psi^{\nu}(x-k,\ y-n),\ \psi^{\mu}(x-k',y-n')\rangle = 0,(\nu,\mu\in E_2;\ \nu\neq\mu)$

(3) $\psi^{(0,0)}=\varphi$

于是$\psi^{(0,0)}$的整数平移系生成子空间V_0,而$\{\varphi^{\nu}\mid \nu\in E_2\backslash(0,0)\}$的整数平移系生成$W_0$,它是三个子空间的正交和。

设待求的四个$\psi^{\mu}(x,y)$是

$$\psi^{\mu}(x,y) = \sum_{\nu\in E_2}\sum_{k,n\in\mathbf{Z}} b_{\nu,k,n}^{\mu}\varphi^{\nu}(x-k,y-n),\quad \mu\in E_2 \tag{8.6.4}$$

算出它们的傅里叶变换为($\forall\mu\in E_2$)

$$\hat{\psi}^{\mu}(\xi,\eta) = \sum_{\nu\in E_2}\sum_{k,n\in\mathbf{Z}} b_{\nu,k,n}^{\mu}\hat{\varphi}^{\nu}(\xi,\eta)\mathrm{e}^{-\mathrm{i}(k\xi+n\eta)} = \sum_{\nu\in E_2}P_{\nu}^{\mu}(\xi,\eta)\hat{\varphi}^{\nu}(\xi,\eta) \tag{8.6.5}$$

其中

$$P_{\nu}^{\mu}(\xi,\eta) = \sum_{k,n\in\mathbf{Z}} b_{\nu,k,n}^{\mu}\mathrm{e}^{-\mathrm{i}(k\xi+n\eta)} \tag{8.6.6}$$

是2π周期函数,它也恰好是$\{b_{\nu,k,n}^{\mu}\}_{k,n\in\mathbf{Z}}$的离散傅里叶变换。

为了满足(2),如何选择$P_{\nu}^{\mu}(\xi,\eta)$呢?记

$$\sum_{k\in\mathbf{Z}}\hat{f}(\xi+2k\pi,\eta+2n\pi)\,\overline{\hat{g}}(\xi+2k\pi,\eta+2n\pi) \triangleq [\hat{f},\hat{g}](\xi,\eta)$$

回顾定理8.1.1和定理8.1.2的(2),实际上这些结论对二维情形也成立,即

$$(2)\Leftrightarrow[\hat{\psi}^{\mu_1},\hat{\psi}^{\mu_2}](\xi,\eta)=\begin{cases}1, & \mu_1=\mu_2\\ 0, & \mu_1\neq\mu_2\end{cases}$$

可以算得

$$\begin{aligned}[\hat{\psi}^{\mu_1},\hat{\psi}^{\mu_2}](\xi,\eta) &= \sum_{k,n\in\mathbf{Z}}\hat{\psi}^{\mu_1}(\xi+2k\pi,\eta+2n\pi)\cdot\overline{\hat{\psi}^{\mu_2}}(\xi+2k\pi,\eta+2n\pi)\\ &= \sum_{k,n\in\mathbf{Z}}\Big[\sum_{\nu\in E_2}P_\nu^{\mu_1}(\xi,\eta)\hat{\varphi}^\nu(\xi+2k\pi,\eta+2n\pi)\Big]\\ &\quad\cdot\overline{\Big[\sum_{\nu\in E_2}P_\nu^{\mu_2}(\xi,\eta)\hat{\varphi}^\nu(\xi+2k\pi,\eta+2n\pi)\Big]}\\ &= \sum_{k,n\in\mathbf{Z}}\sum_{v_1,v_2\in E_2}P_{\nu_1}^{\mu_1}(\xi,\eta)\overline{P_{\nu_2}^{\mu_2}(\xi,\eta)}\cdot\\ &\quad\hat{\varphi}^{\nu_1}(\xi+2k\pi,\eta+2n\pi)\overline{\hat{\varphi}^{\nu_2}(\xi+2k\pi,\eta+2n\pi)}\\ &= \sum_{v_1,v_2\in E_2}P_{\nu_1}^{\mu_1}(\xi,\eta)\overline{P_{\nu_2}^{\mu_2}(\xi,\eta)}\cdot[\hat{\varphi}^{\nu_1},\hat{\varphi}^{\nu_2}](\xi,\eta)\end{aligned}$$

由 φ^ν 的性质知道

$$[\hat{\varphi}^{\nu_1},\hat{\varphi}^{\nu_2}](\xi,\eta)=\begin{cases}1, & \nu_1=\nu_2\\ 0, & \nu_1\neq\nu_2\end{cases}$$

所以

$$[\hat{\psi}^{\mu_1},\hat{\psi}^{\mu_2}](\xi,\eta)=\sum_{v\in E_2}P_\nu^{\mu_1}(\xi,\eta)\overline{P_\nu^{\mu_2}(\xi,\eta)}$$

从而为使得(2) 成立,只要

$$\sum_{v\in E_2}P_\nu^{\mu_1}(\xi,\eta)\overline{P_\nu^{\mu_2}(\xi,\eta)}=\begin{cases}1, & \mu_1=\mu_2\\ 0, & \mu_1\neq\mu_2\end{cases}\tag{8.6.7}$$

为书写方便,将指标 $\mu\in E_2$ 转换对应为

$$(0,0)\leftrightarrow(0),(0,1)\leftrightarrow(1),(1,0)\leftrightarrow(2),(1,1)\leftrightarrow(3)$$

作矩阵

$$M(\xi,\eta)=\begin{pmatrix}P_0^{(0)} & P_1^{(0)} & P_2^{(0)} & P_3^{(0)}\\ P_0^{(1)} & P_1^{(1)} & P_2^{(1)} & P_3^{(1)}\\ P_0^{(2)} & P_1^{(2)} & P_2^{(2)} & P_3^{(2)}\\ P_0^{(3)} & P_1^{(3)} & P_2^{(3)} & P_3^{(3)}\end{pmatrix}(\xi,\eta)\tag{8.6.8}$$

那么式(8.6.7)相当于 $M(\xi,\eta)$ 是 U-矩阵。式(8.6.5)则表示为

$$\begin{pmatrix}\hat{\psi}^{(0)}\\ \hat{\psi}^{(1)}\\ \hat{\psi}^{(2)}\\ \hat{\psi}^{(3)}\end{pmatrix}(\xi,\mu)=M(\xi,\mu)\cdot\begin{pmatrix}\hat{\varphi}^{(0)}\\ \hat{\varphi}^{(1)}\\ \hat{\varphi}^{(2)}\\ \hat{\varphi}^{(3)}\end{pmatrix}(\xi,\mu)\tag{8.6.9}$$

因为 $\{\hat{\varphi}^{(\mu)}\mid\mu=0,1,2,3\}$ 对应的整数平移系能生成 V_1,上面的关系表明 $\{\hat{\psi}^{(\mu)}\mid\mu=0,1,2,3\}$ 是 $\{\hat{\varphi}^{(\mu)}\mid\mu=0,1,2,3\}$ 的旋转,故 $\{\hat{\psi}^{(\mu)}\mid\mu=0,1,2,3\}$ 对应的整数平移系也能生成

V_1,即条件(1) 成立。再考虑如何使得条件(3) 成立,这只要使得$\hat{\psi}^{(0)}=\hat{\varphi}^{(0)}$.

因为$\varphi \in V_0 \subset V_1$,按照式(8.6.1)$\varphi$可表示为

$$\varphi(x,y) = \sum_{\nu\in E_2}\sum_{k\in\mathbf{Z}}\sum_{n\in\mathbf{Z}} c_{k,n}^{\nu}\varphi^{\nu}(x-k,y-n) \tag{8.6.10}$$

其中

$$c_{k,n}^{\nu} = \iint_{R^2}\varphi(x,y)\bar{\varphi}^{\nu}(x-k,y-n)\mathrm{d}x\mathrm{d}y \tag{8.6.11}$$

将式(8.6.10) 两边作傅里叶变换:

$$\begin{aligned}\hat{\varphi}(\xi,\eta) &= \sum_{\nu\in E_2}\sum_{k\in\mathbf{Z}}\sum_{n\in\mathbf{Z}} c_{k,n}^{(\nu)}\hat{\varphi}^{(\nu)}(\xi,\eta)\mathrm{e}^{-\mathrm{i}(k\xi+n\eta)}\\ &= \sum_{\nu\in E_2}\Big[\sum_{k\in\mathbf{Z}}\sum_{n\in\mathbf{Z}} c_{k,n}^{(\nu)}\mathrm{e}^{-\mathrm{i}(k\xi+n\eta)}\Big]\cdot\hat{\varphi}^{(\nu)}(\xi,\eta)\end{aligned} \tag{8.6.12}$$

比较式(8.6.5)(当$\mu=0$) 可知应该使得

$$P_{\nu}^{(0)}(\xi,\eta) = \sum_{k\in\mathbf{Z}}\sum_{n\in\mathbf{Z}} c_{k,n}^{(\nu)}\mathrm{e}^{-\mathrm{i}(k\xi+n\eta)},v=0,1,2,3 \tag{8.6.13}$$

那么这里的$P_{\nu}^{(0)}(\xi,\eta)$,($\nu=0,1,2,3$) 是否满足下式:

$$\sum_{\nu=0}^{3}|P_{\nu}^{(0)}(\xi,\eta)|^2=1$$

回答式肯定的。因为根据式(8.6.12) 和式(8.6.13),有

$$\hat{\varphi}(\xi,\eta)=\sum_{\nu\in E_2}P_{\nu}^{(0)}(\xi,\eta)\cdot\hat{\varphi}^{(\nu)}(\xi,\eta)$$

所以

$$\begin{aligned}1 &= \sum_{k,n\in\mathbf{Z}}|\hat{\varphi}(\xi+2k\pi,\eta+2n\pi)|^2\\ &= \sum_{k,n\in\mathbf{Z}}\Big[\sum_{\nu\in E_2}P_{\nu}^{(0)}(\xi,\eta)\cdot\hat{\varphi}^{(\nu)}(\xi+2k\pi,\eta+2n\pi)\Big]\\ &\quad\cdot\overline{\Big[\sum_{\nu\in E_2}P_{\nu}^{(0)}(\xi,\eta)\cdot\hat{\varphi}^{(\nu)}(\xi+2k\pi\pi,\eta+2n\pi)\Big]}\\ &= \sum_{k,n\in\mathbf{Z}}\sum_{v_1,v_2\in E_2}P_{\nu_1}^{(0)}(\xi,\eta)\overline{P_{\nu_2}^{(0)}(\xi,\eta)}\\ &\quad\cdot\hat{\varphi}^{\nu_1}(\xi+2k\pi,\eta+2n\pi)\overline{\hat{\varphi}^{\nu_2}(\xi+2k\pi,\eta+2n\pi)}\\ &= \sum_{v_1,v_2\in E_2}P_{\nu_1}^{(0)}(\xi,\eta)\overline{P_{\nu_2}^{(0)}(\xi,\eta)}\cdot[\hat{\varphi}^{\nu_1},\hat{\varphi}^{\nu_2}](\xi,\eta)\\ &= \sum_{v=0}^{3}|P_{\nu}^{(0)}(\xi,\eta)|^2\end{aligned}$$

所以只要按式(8.6.13) 确定$M(\xi,\eta)$ 的第一列,再扩充为4 阶U - 矩阵,再按式(8.6.9) 确定$\psi^{(\mu)}$, $\mu=0,1,2,3$.

最后我们把本节的主要结论总结如下:

step1　构造2π 周期函数

$$H(\xi,\eta)=\frac{1}{2}\sum_{k\in\mathbf{Z}}\sum_{n\in\mathbf{Z}}h_{k,n}\mathrm{e}^{-\mathrm{i}(k\xi+n\eta)}$$

使之满足

$$|H(\xi,\eta)|^2+|H(\xi+\pi,\eta)|^2+|H(\xi,\eta+\pi)|^2+|H(\xi+\pi,\eta+\pi)|^2\equiv 1$$

$$H(0,0)=1,\inf_{(\xi,\eta)\in S}|H(\xi,\eta)|\geqslant\kappa>0,\text{其中 }S=[-\pi/2,\pi/2]\times[-\pi/2,\pi/2]$$

step2　作

$$\hat{\varphi}(\xi,\eta)=\prod_{j=1}^{+\infty}H(\xi/2^j,\eta/2^j)$$

由此得到正交尺度函数 $\varphi(x,y)$. 取

$$\varphi_{j,k,n}=2^j\varphi(2^jx-k,2^jy-n)$$

$$V_j=\overline{\mathrm{span}\{\varphi_{j,k,n}\mid k,n\in\mathbf{Z}\}}$$

则$(\{V_j\}_{j\in\mathbf{Z}},\varphi)$是 $L^2(R^2)$ 的正交多分辨分析。

step3　按式(8.6.2)确定四个函数 $\varphi^{(\mu)}(x,y)$, $\mu=0,1,2,3$,并按式(8.6.11)计算

$$c_{k,n}^{(\mu)},\quad k,n\in\mathbf{Z},\quad \mu=0,1,2,3$$

step4　按式(8.6.13)形成一个4维列向量

$$(P_0^{(0)}\quad P_1^{(0)}\quad P_2^{(0)}\quad P_3^{(0)})^{\mathrm{T}}$$

在此基础上扩充为4阶 U – 矩阵得到式(8.6.8)中的 $M(\xi,\eta)$.

step5　按式(8.6.9)得到 $\hat{\psi}^{(\mu)}(\xi,\eta)$, $\mu=0,1,2,3$,从而得到

$$\psi^{(\mu)}(x,y),\quad \mu=0,1,2,3$$

step6　取

$$\psi_{j,k,n}^{(\mu)}=2^j\psi^{(\mu)}(2^jx-k,2^jy-n),\quad j,k,n\in\mathbf{Z},\quad \mu=1,2,3$$

则$\{\psi_{j,k,n}^{(1)},\psi_{j,k,n}^{(2)},\psi_{j,k,n}^{(3)}\}_{k,n\in\mathbf{Z}}$ 构成 W_j 的标准正交基,而

$$L^2(R^2)=\bigoplus_{j\in\mathbf{Z}}W_j$$

8.6.2　二维正交小波滤波器递推构造算法

二维小波滤波器的理论相对于一维滤波器薄弱一些,尤其是如何按实际问题的技术要求构造出适合的二维小波滤波器,是一个难点。简单的方法是利用两个一维小波滤波器作乘积,但这种可分滤波器有令人遗憾的缺点,例如,方向的选择性比较差,对水平方向和竖直方向比较好,对其他方向就不敏感。很多学者研究了非乘积型的二维小波构造,例如用双变量样条盒(它是 B 样条的自然推广)构造小波,但这些小波是无限支撑的。构造非乘积二维小波滤波器涉及到矩阵扩展,这种方法对特定的问题依赖于特定的技巧,构造的滤波器数量品种有限,构造的复杂度比较高。另一条途径是利用栅格结构的非乘积正交紧支撑小波滤波器,给定一组参数,就能得到一个二维小波滤波器,然后适当选择参数,还能使它具有线性相位。本节给出了一个可操作性的二维小波滤波器递推算法,构造的滤波器具有线性相位。

- **二维参数化正交小波滤波器理论**

记平面单位圆上的复变量 $z_1=\mathrm{e}^{\mathrm{i}\xi_1}$, $z_2=\mathrm{e}^{\mathrm{i}\xi_2}$,考虑 $N=2s+1$ 次实系数二元多项式

$$m(z_1,z_2)=\sum_{j,k=0}^{N}h_{jk}z_1^jz_2^k$$

定义 8.6.2　如果 $m(z_1,z_2)$ 满足性质

$$\begin{cases}|m(z_1,z_2)|^2+|m(-z_1,z_2)|^2+|m(z_1,-z_2)|^2+|m(-z_1,-z_2)|^2=1\\ m(1,1)=1\end{cases}$$

则称 $m(z_1,z_2)$ 为 N 阶二维正交紧支撑小波滤波器。

称下述表达方式为 $m(z_1,z_2)$ 的多相表达:

$$\begin{aligned}m(z_1,z_2)&=\sum_{j,k=0}^{s}h_{2j2k}z_1^{2j}z_2^{2k}+z_1\sum_{j,k=0}^{s}h_{2j+12k}z_1^{2j}z_2^{2k}\\&\quad+z_2\sum_{j,k=0}^{s}h_{2j2k+1}z_1^{2j}z_2^{2k}+z_1z_2\sum_{j,k=0}^{s}h_{2j+12k+1}z_1^{2j}z_2^{2k}\end{aligned}\tag{8.6.14}$$

还可以把 $m(z_1,z_2)$ 简记为

$$m(Z_1,Z_2)=Z_1^{\mathrm{T}}HZ_2$$

其中

$$Z_1^{\mathrm{T}}=(1\quad\cdots\quad z_1^N),\ Z_2^{\mathrm{T}}=(1\quad\cdots\quad z_2^N),\ H=(h_{jk})_{j=0,\cdots,N}^{k=0,\cdots,N}$$

称 H 为滤波器系数矩阵。

定义 8.6.3　设 $m(z_1,z_2)$ 是二维正交紧支撑小波滤波器,如果存在正整数 p,q,使得

$$\overline{m(z_1,z_2)}=\pm z_1^pz_2^q\cdot m(z_1,z_2)$$

则称 $m(z_1,z_2)$ 具有线性相位。

定义所谓反单位矩阵为

$$J=\begin{pmatrix}&&1\\&\begin{smallmatrix}\cdot^{\cdot^{\cdot}}\end{smallmatrix}&\\1&&\end{pmatrix}$$

对方阵 A 定义变换 $A^S=JHJ$,容易证明此变换具有性质

$$\begin{cases}(A^S)^S=A,\ (A^S)^{\mathrm{T}}=(A^{\mathrm{T}})^S,\quad (AB)^S=A^SB^S,\quad (A+B)^S=A^S+B^S\\ \begin{pmatrix}A&C\\B&D\end{pmatrix}^S=\begin{pmatrix}D^S&B^S\\C^S&A^S\end{pmatrix},\quad \text{其中 }A,B,C,D\text{ 为同阶方阵}\end{cases}\tag{8.6.15}$$

定义 8.6.4　如果方阵 A 具有性质 $A^S=A$,则称 A 为中心对称矩阵。

一个 $N+1$ 阶矩阵 $H=(h_{jk})_{j=0,\cdots,N}^{k=0,\cdots,N}$ 为中心对称矩阵,本质上就是 $h_{N-j\,N-k}=h_{jk}$.

类似于定理 5.2.6(一维参数化)的证明过程,我们有

定理 8.6.2　给定正整数 s,记

$$D(z_1^2,z_2^2)=\mathrm{diag}(1\quad z_1^2\quad z_2^2\quad z_1^2z_2^2),\ \rho=(1\quad 1\quad 1\quad 1)^{\mathrm{T}}$$

对任意的 4 阶标准正交阵 U_k, $k=1,\cdots,s$,作二元多项式

$$m(z_1,z_2)=\frac{1}{4}(1\quad z_1\quad z_2\quad z_1z_2)\Big(\prod_{k=s}^{1}(U_kD(z_1^2,z_2^2))\Big)\Big(\prod_{k=1}^{s}U_k^{\mathrm{T}}\Big)\rho$$

则 $m(z_1,z_2)$ 是 $N=2s+1$ 阶的二维正交紧支撑小波滤波器。进一步,如果 U_k, $k=1,\cdots,s$ 是中心对称矩阵,则 $m(z_1,z_2)$ 具有线性相位。

定理 8.6.2 中的 $m(z_1,z_2)$ 是低通滤波器,下面的定理 8.6.3 给出了相应于 $m(z_1,z_2)$ 的三个高通滤波器的构造方法。

定理 8.6.3　取 $m(z_1,z_2)$ 中相同的 $D(z_1^2,z_2^2)$ 和 U_k，$k=1,\cdots,s$，取

$$\rho_0=\begin{pmatrix}\frac{1}{2} & \frac{1}{2} & \frac{1}{2} & \frac{1}{2}\end{pmatrix}^{\mathrm{T}}$$

将 ρ_0 扩充为 4 阶标准正交阵 $(\rho_0\quad \rho_1\quad \rho_2\quad \rho_3)$，那么

$$g_\mu(z_1,z_2)=\frac{1}{2}(1\quad z_1\quad z_2\quad z_1z_2)\Big(\prod_{k=s}^{1}(U_kD(z_1^2,z_2^2))\Big)\Big(\prod_{k=1}^{s}U_k^{\mathrm{T}}\Big)\rho_\mu,\quad \mu=1,2,3$$

就是相应于 $m(z_1,z_2)$ 的三个高通滤波器。从而 $\{m,g_1,g_2,g_3\}$ 构成滤波器组。

定理8.6.2中的参数化公式有 s 个可选的标准正交阵，我们可以构造出一大类二维正交紧支撑小波滤波器。实际应用时我们通常需要选择满足某些条件的小波滤波器，或者用小波滤波器去逼近某个给定的滤波器，并最终得到 $m(z_1,z_2)$ 中的系数 $\{h_{jk}\}_{j=0,\cdots,N}^{k=0,\cdots,N}$. 这就需要解决两个问题，其一，如何选择 U_k，$k=1,\cdots,s$ 能遍历定理8.6.2中所有的 $m(z_1,z_2)$？其二，如何从选定的这些 U_k，$k=1,\cdots,s$ 计算出 $\{h_{jk}\}_{j=0,\cdots,N}^{k=0,\cdots,N}$？

考虑到很多实际问题中都要求 $m(z_1,z_2)$ 具有线性相位，所以本节就 U_k，$k=1,\cdots,s$ 为标准正交且中心对称的情形解决上述两个问题。

- **四阶标准正交且中心对称矩阵的刻画**

根据中心对称矩阵的理论，可以用 2 个参数刻画一个 4 阶标准正交且中心对称的矩阵，从而总共只需 $2s$ 个参数。4 阶中心对称矩阵必有如下形式：

$$U=\begin{pmatrix}a & b & c & d\\ e & f & g & h\\ h & g & f & e\\ d & c & b & a\end{pmatrix}\tag{8.6.16}$$

它有 8 个可选参数。再要求 U 为标准正交，故必须满足

$$\begin{cases}a^2+b^2+c^2+d^2=1\\ e^2+f^2+g^2+h^2=1\\ ad+bc=0\\ eh+fg=0\\ ae+bf+cg+dh=0\\ ah+bg+cf+de=0\end{cases}\tag{8.6.17}$$

8 个自由变量 6 个约束方程，应该只有 2 个变量是独立的。下面的探讨证明了这一点。

考察 4 维空间单位球面上的坐标变换

$$\begin{cases}x_1=\cos\alpha\cos\beta\\ x_2=\cos\alpha\sin\beta\\ x_3=\sin\alpha\cos\gamma\\ x_4=\sin\alpha\sin\gamma\end{cases}\tag{8.6.18}$$

其中，$0\leqslant\alpha\leqslant\frac{\pi}{2}$，$0\leqslant\beta,\ \gamma<2\pi$. 可以验证，上述变换是长方体 $[0,\frac{\pi}{2}]\times[0,2\pi)\times[0,2\pi)$ 到 4 维空间单位球面的一对一映射。令

$$\begin{cases} a = \cos\alpha_1\cos\beta_1 \\ b = \cos\alpha_1\sin\beta_1 \\ c = \sin\alpha_1\cos\gamma_1 \\ d = \sin\alpha_1\sin\gamma_1 \end{cases} \quad \begin{cases} e = \cos\alpha_2\cos\beta_2 \\ f = \cos\alpha_2\sin\beta_2 \\ g = \sin\alpha_2\cos\gamma_2 \\ h = \sin\alpha_2\sin\gamma_2 \end{cases} \tag{8.6.19}$$

那么式(8.6.17)等价于

$$\begin{cases} \sin2\alpha_1\sin(\beta_1+\gamma_1)=0 \\ \sin2\alpha_2\sin(\beta_2+\gamma_2)=0 \\ \cos\alpha_1\cos\alpha_2\cos(\beta_1-\beta_2)+\sin\alpha_1\sin\alpha_2\cos(\gamma_1-\gamma_2)=0 \\ \cos\alpha_1\sin\alpha_2\sin(\beta_1+\gamma_2)+\sin\alpha_1\cos\alpha_2\sin(\gamma_1+\beta_2)=0 \end{cases} \tag{8.6.20}$$

当 $\alpha_i\in[0,\frac{\pi}{2}]$, $\beta_i,\gamma_i\in[0,2\pi)$, $(i=1,2)$ 时并在此域中遍历且使得式(8.6.20)满足，那么由式(8.6.19)产生 a,b,c,d,e,f,g,h 并按式(8.6.16)构成的矩阵 U 就遍历了所有4阶标准正交且中心对称的矩阵。通过分别讨论 (α_1,α_2) 定义域 $[0,\frac{\pi}{2}]\times[0,\frac{\pi}{2}]$ 的内点部分和四条边界，可得式(8.6.20)的通解。

定理 8.6.4　构造二维非直积滤波器的四阶标准正交中心对称矩阵的可用形式有四类矩阵

$$U=\begin{pmatrix} \cos\alpha\cos\beta & \cos\alpha\sin\beta & \pm\sin\alpha\cos\beta & \mp\sin\alpha\sin\beta \\ \sin\alpha\cos\beta & \sin\alpha\sin\beta & \mp\cos\alpha\cos\beta & \pm\cos\alpha\sin\beta \\ \pm\cos\alpha\sin\beta & \mp\cos\alpha\cos\beta & \sin\alpha\sin\beta & \sin\alpha\cos\beta \\ \mp\sin\alpha\sin\beta & \pm\sin\alpha\cos\beta & \cos\alpha\sin\beta & \cos\alpha\cos\beta \end{pmatrix} \tag{8.6.21}$$

$$U=\begin{pmatrix} \cos\alpha\cos\beta & \cos\alpha\sin\beta & \pm\sin\alpha\cos\beta & \mp\sin\alpha\sin\beta \\ -\sin\alpha\cos\beta & -\sin\alpha\sin\beta & \pm\cos\alpha\cos\beta & \mp\cos\alpha\sin\beta \\ \mp\cos\alpha\sin\beta & \pm\cos\alpha\cos\beta & -\sin\alpha\sin\beta & -\sin\alpha\cos\beta \\ \mp\sin\alpha\sin\beta & \pm\sin\alpha\cos\beta & \cos\alpha\sin\beta & \cos\alpha\cos\beta \end{pmatrix} \tag{8.6.22}$$

$$U=\begin{pmatrix} \cos\alpha\cos\beta & \cos\alpha\sin\beta & \pm\sin\alpha\cos\beta & \mp\sin\alpha\sin\beta \\ \pm\cos\alpha\sin\beta & \mp\cos\alpha\cos\beta & \sin\alpha\sin\beta & \sin\alpha\cos\beta \\ \sin\alpha\cos\beta & \sin\alpha\sin\beta & \mp\cos\alpha\cos\beta & \pm\cos\alpha\sin\beta \\ \mp\sin\alpha\sin\beta & \pm\sin\alpha\cos\beta & \cos\alpha\sin\beta & \cos\alpha\cos\beta \end{pmatrix} \tag{8.6.23}$$

$$U=\begin{pmatrix} \cos\alpha\cos\beta & \cos\alpha\sin\beta & \pm\sin\alpha\cos\beta & \mp\sin\alpha\sin\beta \\ \mp\cos\alpha\sin\beta & \pm\cos\alpha\cos\beta & -\sin\alpha\sin\beta & -\sin\alpha\cos\beta \\ -\sin\alpha\cos\beta & -\sin\alpha\sin\beta & \pm\cos\alpha\cos\beta & \mp\cos\alpha\sin\beta \\ \mp\sin\alpha\sin\beta & \pm\sin\alpha\cos\beta & \cos\alpha\sin\beta & \cos\alpha\cos\beta \end{pmatrix} \tag{8.6.24}$$

- **二维紧支撑正交小波滤波器的递推算法**

对给定的正整数 s 和4阶标准正交矩阵 U_k, $k=1,\cdots,s$，下面考虑如何按照定理8.6.3中 $m(z_1,z_2)$ 表达式计算出滤波器 $m(z_1,z_2)$ 的系数 $H=\{h_{jk}\}_{j=0,\cdots,N}^{k=0,\cdots,N}$，由此形成递推算法。

引入记号

$$\begin{cases}\lambda = \frac{1}{4}(\prod_{k=1}^{s} U_k^{\mathrm{T}})\rho, \quad \text{其中}\ \rho = (1\quad 1\quad 1\quad 1)^{\mathrm{T}} \\ A_0(z_1,z_2) = \lambda = (\lambda_1\quad \lambda_2\quad \lambda_3\quad \lambda_4)^{\mathrm{T}} \\ A_r(z_1,z_2) = (\prod_{k=r}^{1} U_k D(z_1^2,z_2^2))\lambda \quad ,r = 1,\cdots,s\end{cases} \tag{8.6.25}$$

那么

$$m(z_1,z_2) = (1\quad z_1\quad z_2\quad z_1z_2)A_s(z_1,z_2)$$

再记

$$\begin{cases}Z_1^{(r)} = (1\quad z_1^2\quad \cdots\quad z_1^{2r})^{\mathrm{T}},\ Z_2^{(r)} = (1\quad z_2^2\quad \cdots\quad z_2^{2r})^{\mathrm{T}},\ r = 0,\ \cdots,\ s \\ H^{(0,1)} = (\lambda_1),\quad H^{(0,2)} = (\lambda_2),\ H^{(0,3)} = (\lambda_3),\ H^{(0,4)} = (\lambda_4)\end{cases} \tag{8.6.26}$$

引理 8.6.1　对于 $r = 0,\cdots,s$, 存在 $r+1$ 阶矩阵 $H^{(r,\nu)}$,$\nu = 1,2,3,4$, 使得

$$A_r(z_1,z_2) = \begin{pmatrix} Z_1^{(r)\mathrm{T}} H^{(r,1)} Z_2^{(r)} \\ Z_1^{(r)\mathrm{T}} H^{(r,2)} Z_2^{(r)} \\ Z_1^{(r)\mathrm{T}} H^{(r,3)} Z_2^{(r)} \\ Z_1^{(r)\mathrm{T}} H^{(r,4)} Z_2^{(r)} \end{pmatrix} \tag{8.6.27}$$

【证明】　当 $r = 0$ 时,由式(8.6.25)和式(8.6.26)知,式(8.6.27)显然成立。假设 r 时式(8.6.27)成立，下证 $r+1$ 时成立。由式(8.6.25)中 $A_{r+1}(z_1,z_2)$ 的意义和归纳法假设,

$$A_{r+1}(z_1,z_2) = U_{r+1}D(z_1^2,z_2^2)A_r(z_1,z_2)$$
$$= U_{r+1}(Z_1^{(r)\mathrm{T}}H^{(r,1)}Z_2^{(r)}\quad z_1^2\cdot Z_1^{(r)\mathrm{T}}H^{(r,2)}Z_2^{(r)}\quad z_2^2\cdot Z_1^{(r)\mathrm{T}}H^{(r,3)}Z_2^{(r)}\quad z_1^2z_2^2\cdot Z_1^{(r)\mathrm{T}}H^{(r,41)}Z_2^{(r)})^{\mathrm{T}}$$

作4个 $r+2$ 阶矩阵

$$\begin{aligned}\tilde{H}^{(r+1,1)} &= \begin{pmatrix} H^{(r,1)} & 0 \\ 0 & 0 \end{pmatrix}, & \tilde{H}^{(r+1,3)} &= \begin{pmatrix} 0 & H^{(r,3)} \\ 0 & 0 \end{pmatrix} \\ \tilde{H}^{(r+1,2)} &= \begin{pmatrix} 0 & 0 \\ H^{(r,2)} & 0 \end{pmatrix}, & \tilde{H}^{(r+1,4)} &= \begin{pmatrix} 0 & 0 \\ 0 & H^{(r,4)} \end{pmatrix}\end{aligned} \tag{8.6.28}$$

则有

$$Z_1^{(r)\mathrm{T}}H^{(r,1)}Z_2^{(r)} = (Z_1^{(r)\mathrm{T}}\quad z_1^{2(r+1)})\begin{pmatrix} H^{(r,1)} & 0 \\ 0 & 0 \end{pmatrix}\begin{pmatrix} Z_2^{(r)} \\ z_2^{2(r+!)} \end{pmatrix} = Z_1^{(r+1)\mathrm{T}}\ \tilde{H}^{(r+1,1)}Z_2^{(r+1)}$$

$$z_1^2Z_1^{(r)\mathrm{T}}H^{(r,2)}Z_2^{(r)} = (1\quad z_1^2Z_1^{(r)\mathrm{T}})\begin{pmatrix} 0 & 0 \\ H^{(r,2)} & 0 \end{pmatrix}\begin{pmatrix} Z_2^{(r)} \\ z_2^{2(r+!)} \end{pmatrix} = Z_1^{(r+1)\mathrm{T}}\ \tilde{H}^{(r+1,2)}Z_2^{(r+1)}$$

$$z_2^2Z_1^{(r)\mathrm{T}}H^{(r,3)}Z_2^{(r)} = (Z_1^{(r)\mathrm{T}}\quad z_1^{2(r+1)})\begin{pmatrix} 0 & H^{(r,3)} \\ 0 & 0 \end{pmatrix}\begin{pmatrix} 1 \\ z_2^2Z_2^{(r)} \end{pmatrix} = Z_1^{(r+1)\mathrm{T}}\ \tilde{H}^{(r+1,3)}Z_2^{(r+1)}$$

$$z_1^2z_2^2Z_1^{(r)\mathrm{T}}H^{(r,4)}Z_2^{(r)} = (1\quad z_1^2Z_1^{(r)\mathrm{T}})\begin{pmatrix} 0 & 0 \\ 0 & H^{(r,4)} \end{pmatrix}\begin{pmatrix} 1 \\ z_2^2Z_2^{(r)} \end{pmatrix} = Z_1^{(r+1)\mathrm{T}}\ \tilde{H}^{(r+1,4)}Z_2^{(r+1)}$$

再记 $U_{r+1} = (u_{\nu t}^{(r+1)})_{\nu,t=1,2,3,4}$,则 $A_{r+1}(z_1,z_2)$ 的第 ν 个分量($\nu = 1,2,3,4$)为

$$Z_1^{(r+1)\mathrm{T}}(\sum_{t=1}^{4} u_{\nu t}^{(r+1)}\ \tilde{H}^{(r+1,t)})Z_2^{(r+1)}$$

取 $r+2$ 阶矩阵

$$H^{(r+1,\nu)} = \sum_{t=1}^{4} u_{\nu t}^{(r+1)} \widetilde{H}^{(r+1,t)}, \quad \nu = 1,2,3,4 \tag{8.6.29}$$

则有

$$A_{r+1}(z_1,z_2) = \begin{pmatrix} Z_1^{(r+1)\mathrm{T}} H^{(r+1,1)} Z_2^{(r+!)} \\ Z_1^{(r+1)\mathrm{T}} H^{(r+1,2)} Z_2^{(r+1)} \\ Z_1^{(r+1)\mathrm{T}} H^{(r+1,3)} Z_2^{(r+1)} \\ Z_1^{(r+1)\mathrm{T}} H^{(r+1,4)} Z_2^{(r+1)} \end{pmatrix}$$

【证毕】

由引理 8.6.1 可知,为计算 $m(z_1,z_2)$,重要的是先得到四个矩阵 $H^{(s,v)}$,$v=1,2,3,4$. 而这可以按照式(8.6.25)和式(8.6.26)的第二式以及式(8.6.28)和式(8.6.29)递推得到。为明确起见,总结如下。

算法 8.6.1

step0　给定正整数 s 及标准正交阵 U_k,$k=1,\cdots,s$. 置

$$\rho = (1 \quad 1 \quad 1 \quad 1)^{\mathrm{T}},\ \lambda = \frac{1}{4}\left(\prod_{k=1}^{s} U_k^{\mathrm{T}}\right)\rho$$

$$H^{(0,1)} = (\lambda_1),\ H^{(0,2)} = (\lambda_2),\ H^{(0,3)} = (\lambda_3),\ H^{(0,4)} = (\lambda_4)$$

step1　对 $r=0,1,\cdots,s-1$,递推计算

step1.1

$$\widetilde{H}^{(r+1,1)} = \begin{pmatrix} H^{(r,1)} & 0 \\ 0 & 0 \end{pmatrix},\ \widetilde{H}^{(r+1,3)} = \begin{pmatrix} 0 & H^{(r,3)} \\ 0 & 0 \end{pmatrix}$$

$$\widetilde{H}^{(r+1,2)} = \begin{pmatrix} 0 & 0 \\ H^{(r,2)} & 0 \end{pmatrix},\ \widetilde{H}^{(r+1,4)} = \begin{pmatrix} 0 & 0 \\ 0 & H^{(r,4)} \end{pmatrix}$$

step1.2　记 $U_{r+1} = (u_{vt}^{(r+1)})_{v,t=1,2,3,4}$,计算

$$H^{(r+1,\nu)} = \sum_{t=1}^{4} u_{\nu t}^{(r+1)} \widetilde{H}^{(r+1,t)},\ \nu = 1,2,3,4$$

递推完成后得到 $H^{(s,v)}$,$v=1,2,3,4$,它们是 $s+1$ 阶方阵。

定理 8.6.5　给定正整数 s 及标准正交阵 U_k,$k=1,\cdots,s$,按照算法 8.6.1 到 $H^{(s,v)}$,$v=1,2,3,4$ 后,那么二维正交小波滤波器

$$m(z_1,z_2) = \sum_{j,k=0}^{2s+1} h_{jk} z_1^j z_2^k$$

的系数为

$$h_{jk} = \begin{cases} h_{pq}^{(s,1)}, & 当\ j=2p,\quad k=2q \\ h_{pq}^{(s,2)}, & 当\ j=2p+1,\quad k=2q \\ h_{pq}^{(s,3)}, & 当\ j=2p,\quad k=2q+1 \\ h_{pq}^{(s,4)}, & 当\ j=2p+1,\quad k=2q+1 \end{cases} \qquad j,\ k = 0,1\cdots 2s+1$$

【证明】由引理 8.6.1,我们有

$$\begin{aligned}m(z_1,z_2) &= (1 \quad z_1 \quad z_2 \quad z_1z_2)A_s(z_1,z_2)\\ &= Z_1^{(s)\mathrm{T}}H^{(s,1)}Z_2^{(s)} + z_1\cdot Z_1^{(s)\mathrm{T}}H^{(s,2)}Z_2^{(s)}\\ &\quad + z_2\cdot Z_1^{(s)\mathrm{T}}H^{(s,3)}Z_2^{(s)} + z_1z_2\cdot Z_1^{(s)\mathrm{T}}H^{(s,4)}Z_2^{(s)}\\ &= \sum_{j,k=0}^{s}h_{jk}^{(s,1)}z_1^{2j}z_2^{2k} + z_1\sum_{j,k=0}^{s}h_{jk}^{(s,2)}z_1^{2j}z_2^{2k}\\ &\quad + z_2\sum_{j,k=0}^{s}h_{jk}^{(s,3)}z_1^{2j}z_2^{2k} + z_1z_2\sum_{j,k=0}^{s}h_{jk}^{(s,4)}z_1^{2j}z_2^{2k}\end{aligned}$$

比较 $m(z_1,z_2)$ 的多相表达(8.6.14) 即知结论成立。【证毕】

容易看出,滤波器系数矩阵$(h_{jk})_{2s+2}$ 的等价表达方式是

$$H=\begin{pmatrix}H_{00} & H_{01} & \cdots & H_{0s}\\ H_{10} & H_{11} & \cdots & H_{1s}\\ \vdots & \vdots & \ddots & \vdots\\ H_{s0} & H_{s1} & \cdots & H_{ss}\end{pmatrix}$$

其中

$$H_{jk}=\begin{pmatrix}h_{jk}^{(s,1)} & h_{jk}^{(s,3)}\\ h_{jk}^{(s,2)} & h_{jk}^{(s,4)}\end{pmatrix},\quad j,k=0,1,\cdots,s$$

因为我们已经刻画了 4 阶标准正交中心对称矩阵,所以我们能给出可操作性的线性相位滤波器递推算法。U 的参数化形式可取式(8.6.21)(8.6.22)(8.6.23)(8.6.24) 中的任何一种。下面的算法,以式(8.6.23) 的形式为例。

算法 8.6.2　线性相位正交小波滤波器递推算法

step0　给定整数 $s\geqslant 1$,给定 $\alpha=(\alpha_1 \quad \cdots \quad \alpha_s)^{\mathrm{T}}$, $\beta=(\beta_1 \quad \cdots \quad \beta_s)^{\mathrm{T}}$,满足

$$0\leqslant \alpha_i\leqslant \frac{\pi}{2},\quad 0\leqslant \beta_i<2\pi,\quad i=1,\cdots,s$$

step1　对 $k=1,\cdots,s$ 计算

$$a_k=\cos\alpha_k\cos\beta_k,\ b_k=\cos\alpha_k\sin\beta_k$$
$$c_k=\sin\alpha_k\cos\beta_k,\ d_k=-\sin\alpha_k\sin\beta_k$$

得到 s 个标准正交中心对称矩阵

$$U_k=\begin{pmatrix}a_k & b_k & c_k & d_k\\ b_k & -a_k & -d_k & c_k\\ c_k & -d_k & -a_k & b_k\\ d_k & c_k & b_k & a_k\end{pmatrix},\quad k=1,\cdots,s$$

step2　取 $\rho=(1 \quad 1 \quad 1 \quad 1)^{\mathrm{T}}$,计算

$$\lambda=\frac{1}{4}\Big(\prod_{k=1}^{s}U_k\Big)\rho$$

step3　取 4 个初始一阶矩阵

$$H^{(0,1)}=(\lambda_1),\quad H^{(0,2)}=(\lambda_2),\quad H^{(0,3)}=(\lambda_3),\quad H^{(0,4)}=(\lambda_4)$$

对 $r=0,\cdots,s-1$,循环 step3.1 和 step3.2:

step3.1　给 $H^{(r,v)}$,$(v=1,2,3,4)$ 分别加上“零边”得 $\widetilde{H}^{(r+1,v)}$,$(v=1,2,3,4)$

$$\widetilde{H}^{(r+1,1)}=\begin{pmatrix}H^{(r,1)} & 0\\ 0 & 0\end{pmatrix},\quad \widetilde{H}^{(r+1,3)}=\begin{pmatrix}0 & H^{(r,3)}\\ 0 & 0\end{pmatrix}$$

$$\widetilde{H}^{(r+1,2)}=\begin{pmatrix}0 & 0\\ H^{(r,2)} & 0\end{pmatrix},\quad \widetilde{H}^{(r+1,4)}=\begin{pmatrix}0 & 0\\ 0 & H^{(r,4)}\end{pmatrix}$$

step3.2　对 $\widetilde{H}^{(r+1,v)}$,$(v=1,2,3,4)$ 作四种线性组合,得 $H^{(r+1,v)}$,$(v=1,2,3,4)$

$$H^{(r+1,1)}=a_{r+1}\widetilde{H}^{(r+1,1)}+b_{r+1}\widetilde{H}^{(r+1,2)}+c_{r+1}\widetilde{H}^{(r+1,3)}+d_{r+1}\widetilde{H}^{(r+1,4)}$$

$$H^{(r+1,2)}=b_{r+1}\widetilde{H}^{(r+1,1)}-a_{r+1}\widetilde{H}^{(r+1,2)}-d_{r+1}\widetilde{H}^{(r+1,3)}+c_{r+1}\widetilde{H}^{(r+1,4)}$$

$$H^{(r+1,3)}=c_{r+1}\widetilde{H}^{(r+1,1)}-d_{r+1}\widetilde{H}^{(r+1,2)}-a_{r+1}\widetilde{H}^{(r+1,3)}+b_{r+1}\widetilde{H}^{(r+1,4)}$$

$$H^{(r+1,4)}=d_{r+1}\widetilde{H}^{(r+1,1)}+c_{r+1}\widetilde{H}^{(r+1,2)}+b_{r+1}\widetilde{H}^{(r+1,3)}+a_{r+1}\widetilde{H}^{(r+1,4)}$$

递推完成后得到 $H^{(s,\nu)}$, $\nu=1,2,3,4$.

step4　形成 $N=2s+2$ 阶的二维正交线性相位滤波器矩阵 $H=(h_{jk})_{j,k=0}^{2s+1}$

$$h_{jk}=\begin{cases}h_{pq}^{(s,1)}, & \text{当} j=2p,\quad k=2q\\ h_{pq}^{(s,2)}, & \text{当} j=2p+1,\quad k=2q\\ h_{pq}^{(s,3)}, & \text{当} j=2p,\quad k=2q+1\\ h_{pq}^{(s,4)}, & \text{当} j=2p+1,\quad k=2q+1\end{cases}$$

最后我们将证明,由算法 8.6.2 产生的滤波器系数矩阵 H 是中心对称矩阵。

引理 8.6.2　由算法 8.6.2 的 step2 产生的 λ 满足 $\lambda_1=\lambda_4,\lambda_2=\lambda_3$(与 U_k 取哪种形式无关)。

【证明】因为 U_k 是中心对称矩阵,可以记成

$$U_k=\begin{pmatrix}a_k & b_k & c_k & d_k\\ e_k & f_k & g_k & h_k\\ h_k & g_k & f_k & e_k\\ d_k & c_k & b_k & a_k\end{pmatrix},\quad k=1,\cdots,s$$

记 $\sigma^{(r)}=(\prod_{k=r}^{s}U_k)\rho,\quad r=s,\cdots,1.$ 其中 $\rho=(1\quad 1\quad 1\quad 1)^{\mathrm T}$,则 $\lambda=\sigma^{(1)}$. 我们将证明

$$\sigma_1^{(r)}=\sigma_4^{(r)},\sigma_2^{(r)}=\sigma_3^{(r)},\ r=s,\cdots,1$$

从而证明本引理。用归纳法,当 $r=s$ 时, $\sigma^{(s)}=U_s\rho$,从而

$$\sigma_1^{(s)}=\sigma_4^{(s)}=a_k+b_k+c_k+d_k$$

$$\sigma_2^{(s)}=\sigma_3^{(s)}=e_k+f_k+g_k+h_k$$

假设结论当 r 时成立,再证 $r-1$ 时成立。

因为 $\sigma^{(r-1)}=U_{r-1}\sigma^{(r)}$,由归纳法假设,$\sigma_1^{(r)}=\sigma_4^{(r)}$,$\sigma_2^{(r)}=\sigma_3^{(r)}$,故不妨设

$$\sigma^{(r)}=(\varepsilon\quad\delta\quad\delta\quad\varepsilon)^{\mathrm T}$$

于是

$$\sigma_1^{(r-1)}=(a_{r-1}+d_{r-1})\varepsilon+(b_{r-1}+c_{r-1})\delta$$
$$\sigma_2^{(r-1)}=(e_{r-1}+h_{r-1})\varepsilon+(f_{r-1}+g_{r-1})\delta$$
$$\sigma_3^{(r-1)}=(h_{r-1}+e_{r-1})\varepsilon+(g_{r-1}+f_{r-1})\delta$$
$$\sigma_4^{(r-1)}=(d_{r-1}+a_{r-1})\varepsilon+(c_{r-1}+b_{r-1})\delta$$

可见,有 $\sigma_1^{(r-1)}=\sigma_4^{(r-1)},\sigma_2^{(r-1)}=\sigma_3^{(r-1)}$.　　【证毕】

引理 8.6.3　算法 8.6.2 中 step3 最后得到的 $H^{(s,\nu)}$, $\nu=1,2,3,4$ 满足

$$(H^{(s,4)})^S=H^{(s,1)}\quad (H^{(s,1)})^S=H^{(s,4)}$$
$$(H^{(s,3)})^S=H^{(s,2)},\ (H^{(s,2)})^S=H^{(s,3)}$$

从而有

$$h_{s-ps-q}^{(s,4)}=h_{pq}^{(s,1)},\quad h_{s-ps-q}^{(s,1)}=h_{pq}^{(s,4)}$$
$$h_{s-ps-q}^{(s,3)}=h_{pq}^{(s,2)},\quad h_{s-ps-q}^{(s,2)}=h_{pq}^{(s,3)} \tag{8.6.30}$$

【证明】 由中心对称矩阵的基本性质(8.6.15),只须证明

$$(H^{(s,4)})^S=H^{(s,1)},\ (H^{(s,3)})^S=H^{(s,2)}$$

对 $H^{(r,\nu)}$ 中的 r 用归纳法。当 $r=0$ 时,

$$H^{(0,1)}=(\lambda_1),\quad H^{(0,2)}=(\lambda_2),\quad H^{(0,3)}=(\lambda_3),\quad H^{(0,4)}=(\lambda_4)$$

由引理 8.6.2 的结果, 显见成立。假设命题当 $r-1$ 时成立, 即

$$(H^{(r-1,4)})^S=H^{(r-1,1)},\ (H^{(r-1,3)})^S=H^{(r-1,2)} \tag{8.6.31}$$

从而有

$$(H^{(r-1,1)})^S=H^{(r-1,4)},\ (H^{(r-1,2)})^S=H^{(r-1,3)} \tag{8.6.32}$$

下证命题当 r 时也成立。按照算法 8.6.2 的 step3 和归纳法假设(8.6.31)(8.6.32)以及中心对称矩阵的基本性质(8.6.15),我们有

$$\begin{aligned}(H^{(r,4)})^S&=d_r(\tilde{H}^{(r,1)})^S+c_r(\tilde{H}^{(r,2)})^S+b_r(\tilde{H}^{(r,3)})^S+a_r(\tilde{H}^{(r,4)})^S\\
&=d_r\begin{pmatrix}0&0\\0&(H^{(r-1,1)})^S\end{pmatrix}+c_r\begin{pmatrix}0&(H^{(r-1,2)})^S\\0&0\end{pmatrix}\\
&\quad+b_r\begin{pmatrix}0&0\\(H^{(r-1,3)})^S&0\end{pmatrix}+a_r\begin{pmatrix}(H^{(r-1,4)})^S&0\\0&0\end{pmatrix}\\
&=d_r\begin{pmatrix}0&0\\0&H^{(r-1,4)}\end{pmatrix}+c_r\begin{pmatrix}0&H^{(r-1,3)}\\0&0\end{pmatrix}\\
&\quad+b_r\begin{pmatrix}0&0\\H^{(r-1,2)}&0\end{pmatrix}+a_r\begin{pmatrix}H^{(r-1,1)}&0\\0&0\end{pmatrix}\\
&=H^{(r,1)}\end{aligned}$$

类似地可以证明 $(H^{(r,3)})^S=H^{(r,2)}$.　　【证毕】

定理 8.6.6　算法 8.6.2 得到的滤波器系数矩阵 H 是中心对称矩阵。

【证明】 注意到 $N=2s+1$,再根据定理 8.6.5 和引理 8.6.3 的结论(8.6.30)即知, $\forall 0\leqslant j,\ k\leqslant N$,

(1) 当 $j=2p,k=2q$ 时

$$h_{N-j\,N-k}=h_{2(s-p)+12(s-q)+1}=h_{s-ps-q}^{(s,4)}=h_{pq}^{(s,1)}=h_{jk}$$

(2) 当 $j=2p+1, k=2q$ 时

$$h_{N-jN-k}=h_{2(s-p)2(s-q)+1}=h_{s-ps-q}^{(s,3)}=h_{pq}^{(s,2)}=h_{jk}$$

(3) 当 $j=2p, k=2q+1$ 时

$$h_{N-jN-k}=h_{2(s-p)+12(s-q)}=h_{s-ps-q}^{(s,2)}=h_{pq}^{(s,3)}=h_{jk}$$

(4) 当 $j=2p+1, k=2q+1$ 时

$$h_{N-jN-k}=h_{2(s-p)2(s-q)}=h_{s-ps-q}^{(s,1)}=h_{pq}^{(s,4)}=h_{jk}$$

所以, H 是中心对称矩阵。【证毕】

第九章　信号多分辨分析(Ⅱ)

在第八章中生成的 MRA 的滤波器理论上是无限长的。当滤波器有限长,尺度函数和小波函数在时域中是紧支撑的,节9.1讨论了相关的特性。节9.2是节9.1的“对称”,构造了在频域中紧支撑的小波函数及相应的滤波器。在第八章,主要涉及正交 MRA,而节 9.3 讨论一般的 MRA,这使得利用线性相位滤波器也能对信号作多分辨分析。在节 9.4,可以把小波子空间 W_j 进一步分解为更小的子空间之和,并得到这些子空间的基。节 9.5 给出了 $L^2(R)$ 的另一种分割方式,使得每个子空间 W_j 中的函数都是紧支撑的。在 MRA 中无论小波函数是时域紧支撑或频域紧支撑,都不能做到这一点。

9.1　有限长正交滤波器的小波特性

小波函数来自于尺度函数,尺度函数来自于滤波器。回顾节 7.2,能生成尺度函数的滤波器 $H(\omega)$ 必须满足的基本条件是 $H(\pi) = 0$. 如果进一步有

$$H(\pi) = H'(\pi) = \cdots = H^{(p-1)}(\pi) = 0$$

则称 $H(\omega)$ 在 π 处 p 阶贴近(定义 7.2.3),p 越大 $H(\omega)$ 在 π 的邻域中越贴近横轴。p 阶贴近等价于滤波器系数满足(式(7.2.2)′)

$$\sum_{k=0}^{N} (-1)^k k^n h(k) = 0, \quad n = 0,\cdots,p-1$$

也等价于(定理 7.3.2)矩阵 $\mathscr{M}_0$ 有特征值 $1,\frac{1}{2},\cdots,(\frac{1}{2})^{p-1}$. 指标 p 使得我们利用尺度函数的平移能组合出任意阶数不超过 $p-1$ 的多项式(推论 7.2.3)。指标 p 决定了尺度函数的正则性(定理 7.2.2),而小波函数由尺度函数平移组合,所以小波函数的正则性与尺度函数相同。由此可见,p 是滤波器最重要的指标。在给定长度的正交滤波器中,Daubechies 正交滤波器具有最高的 p(节 5.3.2),这就是 Daubechies 滤波器闻名遐迩的原因。本小节对于有限长正交滤波器,考察指标 p 对小波函数的影响。

9.1.1　小波的支集与消失矩

有限长正交滤波器(低通)

$$H(\omega) = \sum_{k=0}^{N} h^{(0)}(k) \mathrm{e}^{-\mathrm{i}k\omega} \tag{9.1.1}$$

对应的尺度方程为

$$\varphi(t)=\sqrt{2}\sum_{k=0}^{N}h^{(0)}(k)\varphi(2t-k)$$

根据推论6.3.5,尺度函数 $\varphi(t)$ 支撑在$[0,N]$上,下面的结论表明,小波函数也是紧支撑的。

定理 9.1.1　对于式(9.1.1)的正交滤波器,小波函数 $\psi(t)$ 的支集为

$$\left[\frac{1}{2}(1-N),\ \frac{1}{2}(N+1)\right]$$

【证明】低通滤波器(9.1.1)对应的高通滤波器

$$h^{(1)}(k)=(-1)^{1-k}h^{(0)}(1-k),\quad k\in\mathbf{Z}$$

小波函数

$$\begin{aligned}\psi(t)&=\sqrt{2}\sum_{k\in\mathbf{Z}}h^{(1)}(k)\varphi(2t-k)\\&=\sqrt{2}\sum_{k\in\mathbf{Z}}(-1)^{1-k}h^{(0)}(1-k)\varphi(2t-k)\\&=\sqrt{2}\sum_{k=1-N}^{1}(-1)^{1-k}h^{(0)}(1-k)\varphi(2t-k)\end{aligned}$$

因为 φ 的支集为$[0,N]$,则 $\varphi(2t-k)$ 的支集为

$$\left[\frac{k}{2},\frac{N+k}{2}\right],\quad k=1-N,\cdots,1$$

上面区间系列的最左点是$\frac{1}{2}(1-N)$,最右点是$\frac{1}{2}(1+N)$,所以 ψ 的支集为

$$\left[\frac{1}{2}(1-N),\ \frac{1}{2}(N+1)\right]$$ 【证毕】

定义 9.1.1　称小波 $\psi(t)$ 具有 p 阶消失矩,如果

$$\int_R t^k\psi(t)\mathrm{d}t=0,\quad k=0,1,\cdots,p-1$$

注意到式(8.3.6),$\psi(t)$ 至少有1阶消失矩,具有 p 阶消失矩的小波与多项式子空间 $\mathrm{span}\{1,t,\cdots,t^{p-1}\}$ 正交。

定理 9.1.2　小波 $\psi(t)$ 具有 p 阶消失矩 $\Leftrightarrow$ 滤波器 $H(\omega)$ 在 π 处 p 阶贴近。

【证明】

$$\hat{\psi}^{(k)}(\omega)=\frac{d}{\mathrm{d}\omega}\int_R\psi(t)\mathrm{e}^{-\mathrm{i}\omega t}\mathrm{d}t=\int_R(-\mathrm{i}t)^k\psi(t)\mathrm{e}^{-\mathrm{i}\omega t}\mathrm{d}t$$

$$\hat{\psi}^{(k)}(0)=(-\mathrm{i})^k\int_R t^k\psi(t)\mathrm{d}t$$

所以 $\psi(t)$ 具有 p 阶消失矩等价于

$$\hat{\psi}^{(k)}(0)=0,\quad k=0,1,\cdots,p-1 \tag{9.1.2}$$

再根据

$$\hat{\psi}(\omega)=\frac{1}{\sqrt{2}}H_1\left(\frac{\omega}{2}\right)\hat{\varphi}\left(\frac{\omega}{2}\right)=\frac{1}{\sqrt{2}}\mathrm{e}^{-\mathrm{i}\omega/2}\overline{H_0(\omega/2+\pi)}\hat{\varphi}\left(\frac{\omega}{2}\right)$$

或者

$$\hat{\psi}(2\omega) = \frac{1}{\sqrt{2}} e^{-i\omega} \overline{H_0(\omega + \pi)} \hat{\varphi}(\omega)$$

两边求 k 次导数,得

$$2^k \hat{\psi}^{(k)}(2\omega) = \frac{1}{\sqrt{2}} \sum_{r=0}^{k} C_k^r \overline{H_0^{(r)}(\omega + \pi)} [e^{-i\omega} \hat{\varphi}(\omega)]^{(k-r)}, \quad k = 0, \cdots, p-1$$

令 $\omega = 0$ 得

$$2^k \hat{\psi}^{(k)}(0) = \frac{1}{\sqrt{2}} \sum_{r=0}^{k} C_k^r \overline{H_0^{(r)}(\pi)} \cdot [e^{-i\omega} \hat{\varphi}(\omega)]^{(k-r)} \big|_{\omega=0}, \quad k = 0, \cdots, p-1 \tag{9.1.3}$$

当滤波器 $H(\omega)$ 在 π 处 p 阶贴近即 $H^{(0)}(\pi) = \cdots = H^{(p-1)}(\pi) = 0$ 时,由式(9.1.3)即得(9.1.2)。反之,当式(9.1.2)成立,下面用归纳法证明 $H(\omega)$ 在 π 处 p 贴近。$H(\pi) = 0$ 是熟知的,假设 $H^{(0)}(\pi) = \cdots = H^{(k-1)}(\pi) = 0$,由式(9.1.3)得知 $H^{(k)}(\pi)\hat{\varphi}(0) = 0$,而 $\hat{\varphi}(0) = 1$,故 $H^{(k)}(\pi) = 0$,从而 $H(\omega)$ 在 π 处 p 阶贴近。　　【证毕】

9.1.2　信号的小波系数估计

信号在正交小波基上展开是无限求和:

$$f(t) = \sum_{j\in\mathbf{Z}} \sum_{k\in\mathbf{Z}} \langle f, \psi_{j,k} \rangle \psi_{j,k}(t) = \sum_{j\in\mathbf{Z}} \sum_{k\in\mathbf{Z}} \langle f, \psi_{j,k} \rangle \psi(2^j t - k)$$

而实际上我们只能利用有限项。对于紧支撑小波,固定 j 时关于 k 的求和是有限的。固定 k 时,我们希望 $< f, \psi_{j,k} >$ 随着 $|j|$ 增大而尽快趋于零,或者说 f 的高频系数尽量小。如此一来,对 j 的有限截断是对原信号一个好的近似。下面的定理 9.1.3 表明,信号越光滑、小波的消失矩越高,则信号的小波系数随着 $|j|$ 越大而趋于零越快。

引理 9.1.1　设 $\psi(t)$ 在 $[a,b]$ 上紧支撑,有 p 阶消失矩。作函数序列

$$I_0(t) = \psi(t), \qquad I_k(t) = \int_{-\infty}^{t} I_{k-1}(\tau) d\tau, \quad k = 1, \cdots, p$$

那么 $I_k(t)(k = 1, \cdots, p)$ 也在 $[a,b]$ 上紧支撑。

【证明】用归纳法,当 $k = 0$ 时显然成立,假设对 $k = 0, \cdots, s(< p)$,$I_k(t)$ 在 $[a,b]$ 上紧支撑,下证 $I_{s+1}(t)$ 在 $[a,b]$ 上紧支撑。由分部积分

$$I_{s+1}(t) = \int_{-\infty}^{t} I_s(\tau) d\tau = I_s(t) \cdot t - \int_{-\infty}^{t} \tau I_{s-1}(\tau) d\tau$$

对第二项再分部积分

$$\int_{-\infty}^{t} \tau I_{s-1}(\tau) d\tau = \frac{1}{2} \int_{-\infty}^{t} I_{s-1}(\tau) d\tau^2 = \frac{1}{2} I_{s-1}(t) t^2 - \frac{1}{2} \int_{-\infty}^{t} \tau^2 I_{s-2}(\tau) d\tau$$

即

$$I_{s+1}(t) = I_s(t) \cdot t - \frac{1}{2} I_{s-1}(t) t^2 + \frac{1}{2} \int_{-\infty}^{t} \tau^2 I_{s-2}(\tau) d\tau$$

对第三项再分部积分 …,如此类推可得

$$I_{s+1}(t) = c_1 I_s(t) \cdot t + c_2 I_{s-1}(t) \cdot t^2 + \cdots + c_s I_1(t) \cdot t^s + c_{s+1} \int_{-\infty}^{t} \tau^s \psi(\tau) d\tau$$

由归纳法假设,前 s 项在 $[a,b]$ 上紧支撑;考察最后一项,注意到 $\psi(t)$ 在 $[a,b]$ 上紧支撑。

当 $t < a$ 时,显然

$$\int_{-\infty}^{t} \tau^s \psi(\tau)\mathrm{d}\tau = 0$$

当 $t > b$ 时,注意到 $\psi(t)$ 的消失矩条件

$$\int_{-\infty}^{t} \tau^s \psi(\tau)\mathrm{d}\tau = \int_{-\infty}^{+\infty} \tau^s \psi(\tau)\mathrm{d}\tau = 0,(s < p)$$

所以最后一项也在[a,b]上紧支撑。 【证毕】

定理 9.1.3 设 $\psi(t)$ 在[a,b]上紧支撑,有 p 阶消失矩。$f \in L^2(R)$ 有 p 阶导数,那么

$$|d_{j,k}| = \left|\int_{-\infty}^{+\infty} f(t)\psi_{j,k}(t)\mathrm{d}t\right| \leqslant C2^{-jp}\|f^{(p)}(t)\|_{L^2}$$

【证明】注意引理 9.1.1 中的记号 $I_k(t)$,我们有

$$\int_{-\infty}^{t} \psi_{j,k}(\tau)\mathrm{d}\tau = \int_{-\infty}^{t} 2^{j/2}\psi(2^j\tau - k)\mathrm{d}\tau = 2^{-j/2}\int_{-\infty}^{2^jt-k} \psi(\tau)\mathrm{d}\tau = 2^{-j/2}I_1(2^jt - k)$$

即

$$\psi_{j,k}(t)\mathrm{d}t = 2^{-j/2} \cdot \mathrm{d}I_1(2^jt - k)$$

再注意引理 9.1.1 中 $I_k(t)$ 的紧支撑性质和递推关系

$$\mathrm{d}I_k(t) = I_{k-1}(t)\mathrm{d}t$$

分部积分可得

$$\begin{aligned}|d_{j,k}| &= \left|\int_{-\infty}^{+\infty} f(t)\psi_{j,k}(t)\mathrm{d}t\right| = 2^{-j/2}\left|\int_{-\infty}^{+\infty} f(t) \cdot \mathrm{d}I_1(2^jt - k)\right| \\ &= 2^{-j/2} \cdot \left|\int_{-\infty}^{+\infty} f'(t) \cdot I_1(2^jt - k)\mathrm{d}t\right| \\ &= 2^{-j/2} \cdot 2^{-j}\left|\int_{-\infty}^{+\infty} f'(t) \cdot \mathrm{d}I_2(2^jt - k)\right|\end{aligned}$$

继续分部积分可得

$$|d_{j,k}| = 2^{-j/2} \cdot 2^{-2j}\left|\int_{-\infty}^{+\infty} f^{(2)}(t) \cdot \mathrm{d}I_3(2^jt - k)\right|$$

如此类推 ⋯ 可得

$$|d_{j,k}| = 2^{-j/2} \cdot 2^{-pj}\left|\int_{-\infty}^{+\infty} f^{(p)}(t) \cdot \mathrm{d}I_{p+1}(2^jt - k)\right|$$

到此不能继续分部积分了,因为 $\psi(t)$ 的 p 阶消失矩限制,$I_{p+1}(t)$ 不再是紧支撑函数。只能写成

$$|d_{j,k}| = 2^{-jp}\left|\int_{-\infty}^{+\infty} f^{(p)}(t) \cdot 2^{j/2}I_p(2^jt - k)\ \mathrm{d}t\right|$$

从而

$$\begin{aligned}|d_{j,k}| &\leqslant 2^{-jp}\|f^{(p)}(t)\|_{L^2(R)} \cdot \|2^{j/2}I_p(2^jt - k)\|_{L^2} \\ &= 2^{-jp}\|f^{(p)}(t)\|_{L^2} \cdot \|I_p(t)\|_{L^2} \\ &= C2^{-jp}\|f^{(p)}(t)\|_{L^2}\end{aligned}$$

其中 $C = \|I_p(t)\|_{L^2}$. 【证毕】

此定理表明,$|d_{j,k}|$的幅值受限于信号的光滑度和滤波器(小波)。能否说无论信号如何,高消失矩的小波总是"有益无害"呢?未必。p 阶消失矩的小波其滤波器长度至少是 $2p$(Daubechies 滤波器达到了这个下限),此时小波的支撑区间是$[-p+1,p]$,可见小波的消失矩越高,其支撑区间越长。一般地说,如果信号 f 的孤立奇点很少(这使得 $\psi_{j,k}$ 的支集包含奇点的机会就少),而且 f 在奇点之间很光滑,那么应该选择高阶消失矩(刚好超过 f 的光滑度为佳),以产生大量幅值小的小波系数;反之,如果 f 的奇点密集,则牺牲消失矩减少支集的长度可能更合适一些,因为包含奇点的小波会产生大幅值的小波系数。

9.2　Meyer 频域紧支撑正交小波

当正交滤波器 $H(\omega)$ 有限长,其小波 $\psi(t)$ 是紧支撑的,经典的傅里叶分析(Paley-Wiener 定理)告诉我们 $\hat{\psi}(\omega)$ 必定不是紧支撑的,反之亦然。在某些应用领域中(如电力系统信号分析),在频域中紧支撑的小波比时域紧支撑小波具有更好的分频效果。Meyer 从尺度函数出发构造了频域紧支撑正交小波,彭思龙对 Meyer 的结果作了推广,可以构造频域支集比 Meyer 更短的小波。

本节的构造途径不是从滤波器而是从尺度函数出发。定理 8.2.1 的证明过程告诉我们,如果函数 φ 在时域中满足平移正交性,满足关于$\{h^{(0)}(k)\}_{k\in\mathbf{Z}}$ 的双尺度方程

$$\varphi(t)=\sqrt{2}\sum_{k\in\mathbf{Z}}h^{(0)}(k)\varphi(2t-k)$$

且$|\hat{\varphi}(0)|=1$,再令

$$\varphi_{j,k}(t)=2^{j/2}\varphi(2^j t-k),\quad j,\ k\in\mathbf{Z}$$

$$V_j=\overline{\operatorname{span}\{\varphi_{j,k}\}_{k\in\mathbf{Z}}},\quad j\in\mathbf{Z}$$

则$(\{V_j\}_{j\in\mathbf{Z}},\varphi)$ 就是正交多分辨分析,然后可以进一步得到对应的滤波器和小波函数。

由定理 8.1.1,φ 在时域中的平移正交性等价于 $\hat{\varphi}(\omega)$ 在频域中满足

$$\sum_{k\in\mathbf{Z}}|\hat{\varphi}(\omega+2k\pi)|^2=1,\quad\forall\omega\in R\tag{9.2.1}$$

φ 满足双尺度方程等价于存在 2π 周期函数 $H_0(\omega)$ 使得

$$\hat{\varphi}(\omega)=H_0(\omega/2)\hat{\varphi}(\omega/2)\tag{9.2.2}$$

本节将设计紧支撑的 $\hat{\varphi}(\omega)$ 满足上面两个条件。我们将会看到在紧支撑情况下,式(9.2.1) 和(9.2.2) 将蕴含$|\hat{\varphi}(0)|=1$. 本节的主要结论是彭思龙对 Meyer 定理的推广。

9.2.1　频域紧支尺度函数的刻画

定理 9.2.1　设实函数 $\hat{\varphi}(\omega)$ 连续,支撑在$[a,b]$上(这里是指当且仅当 $\omega\in(a,b)$ 时 $\hat{\varphi}(\omega)\neq 0$),那么 $\hat{\varphi}(\omega)$ 满足式(9.2.1)(9.2.2) 的充分必要条件是下面四条同时成立:

(1) $a<0,\ b>0$

(2) $2\pi<b-a<8\pi/3,\quad a+2\pi\geqslant b/2,\quad b-2\pi\leqslant a/2$

(3) $|\hat{\varphi}(\omega)|\equiv 1,\ \omega\in[b-2\pi,a+2\pi]$

(4) $|\hat{\varphi}(\omega)|^2 + |\hat{\varphi}(\omega+2\pi)|^2 \equiv 1,\ \omega \in [a, b-2\pi]$

【证明】(必要性)先证明一个预备结论:$a \leqslant 0,\ b \geqslant 0$. 用反证法,假若 $a > 0$,取 $\omega_0 \in (a,b)$,则必然有 $\hat{\varphi}(\omega_0) \neq 0$. 另一方面

$$\hat{\varphi}(\omega_0) = H_0(\omega_0/2)\hat{\varphi}(\omega_0/2) = \cdots = \prod_{j=1}^{N} H_0(2^{-j}\omega_0) \cdot \hat{\varphi}(2^{-N}\omega_0)$$

取 N 足够大使 $2^{-N}\omega_0 < a$,则 $\hat{\varphi}(2^{-N}\omega_0) = 0$,导致 $\hat{\varphi}(\omega_0) = 0$,矛盾。同理可证 $b \geqslant 0$.

(2) 的证明。因为 $\hat{\varphi}(\omega)$ 支撑在$[a,b]$上且连续,故 $\hat{\varphi}(a) = \hat{\varphi}(b) = 0$. 假若 $b - a \leqslant 2\pi$,则 $\hat{\varphi}(a+2k\pi) = 0, k \geqslant 1$. 又显然 $\hat{\varphi}(a+2k\pi) = 0, k \leqslant -1$,从而有

$$\sum_{k \in \mathbf{Z}} |\hat{\varphi}(a+2k\pi)|^2 = 0$$

这与(9.2.1)矛盾!,这就证明了(2)的第一式的左边。

因为 $a \leqslant 0,\ b \geqslant 0$,所以 $a \leqslant a/2 \leqslant b/2 \leqslant b$。注意到 $\hat{\varphi}(2\omega) = H_0(\omega)\hat{\varphi}(\omega)$,所以

$$\begin{aligned}\omega \in (a, a/2) \cup (b/2, b) &\Rightarrow 2\omega < a \text{ 或 } 2\omega > b\\ &\Rightarrow \hat{\varphi}(\omega) \neq 0 \text{ 和 } \hat{\varphi}(2\omega) = 0\\ &\Rightarrow H_0(\omega) = 0\end{aligned}$$

$$\omega \in (a/2, b/2) \Rightarrow 2\omega \in (a,b) \Rightarrow \hat{\varphi}(2\omega) \neq 0 \Rightarrow H_0(\omega) \neq 0$$

又因为 $H_0(\omega)$ 是 2π 周期函数,

$$\omega \in (a+2\pi, a/2+2\pi) \Rightarrow H_0(\omega) = 0$$

$$\omega \in (b/2-2\pi, b-2\pi) \Rightarrow H_0(\omega) = 0$$

故必须

$$a + 2\pi \geqslant b/2,\ b - 2\pi \leqslant a/2$$

两式相减得到 $b - a \leqslant 8\pi/3$.

(1) 的证明。只要证 $a \neq 0, b \neq 0$. 假若 $a = 0$,由(2)的结论及证明可知

$$2\pi < b \leqslant 8\pi/3,$$

$$H_0(\omega) \neq 0, \omega \in (0, b/2)$$

$$H_0(\omega) = 0, \omega \in (b/2, b)$$

取 $\omega_0 = b/2 - \pi \in (0, b/2)$,则 $H_0(\omega_0) \neq 0$. 又 $\omega_0 + 2\pi \in (b/2, b)$,故

$$H(\omega_0 + 2\pi) = 0$$

这与 $H_0(\omega_0) = H_0(\omega_0 + 2\pi)$ 矛盾,所以 $a \neq 0$. 同理可证 $b \neq 0$.

(3) 的证明。在(2)中已证明了 $b - 2\pi \leqslant a/2 < b/2 \leqslant a + 2\pi$,即$[b-2\pi, a+2\pi]$是区间。任取 $\omega_0 \in [b-2\pi, a+2\pi]$,则 $\omega_0 \pm 2n\pi \notin (a,b), n = 1,2,\cdots$,所以

$$\hat{\varphi}(\omega_0 \pm 2n\pi) = 0, n = 1,2,\cdots$$

由条件(9.2.1)即知 $|\hat{\varphi}(\omega_0)| = 1$.

(4) 的证明。当 $\omega \in [a, b-2\pi]$。对于 $n = 2,3,\cdots$,注意(1)中的 $b - a < 8\pi/3$,故

$$\omega + 2n\pi \geqslant a + 4\pi > b - 8\pi/3 + 4\pi > b$$

所以 $\hat{\varphi}(\omega + 2n\pi) = 0,\ n = 2,3,\cdots$。又因为对于 $n = -1, -2, \cdots$

$$\omega + 2n\pi \leqslant b - 2\pi - 2\pi < a + 8\pi/3 - 4\pi < a$$

所以 $\hat{\varphi}(\omega + 2n\pi) = 0,\ n = -1, -2, \cdots$。由条件(9.2.1)即知

$$|\hat{\varphi}(\omega)|^2 + |\hat{\varphi}(\omega+2\pi)|^2 = 1$$

必要性证明完毕。

(充分性)先证明式(9.2.1)。因为 $2\pi < b - a \leqslant 8\pi/3 < 4\pi$,所以 $\forall \omega \in R$, $\{\omega + 2k\pi \mid k \in \mathbf{Z}\}$ 有一个或者两个点落在 (a,b) 中,即式(9.2.1)左边含有一项或者两项。

① 如果一项非零,记该项为 $\omega + 2k_0\pi$,则必然有 $\omega + 2k_0\pi \in [b-2\pi, a+2\pi]$,这是因为

若 $\omega + 2k_0\pi < b - 2\pi \Rightarrow \omega + 2(k_0+1)\pi < b \Rightarrow$ 有两项非零,矛盾;

若 $\omega + 2k_0\pi > a + 2\pi \Rightarrow \omega + 2(k_0-1)\pi > a \Rightarrow$ 有两项非零,矛盾!

再由条件(3)即知

$$\sum_{k\in\mathbf{Z}} |\hat{\varphi}(\omega+2k\pi)|^2 = |\hat{\varphi}(\omega+2k_0\pi)|^2 = 1$$

② 如果两项非零,记它们为 $\omega + 2k_0\pi, \omega + 2(k_0+1)\pi$,则必有 $\omega + 2k_0\pi \in (a, b-2\pi)$,这是因为

$$\omega + 2k_0\pi \geqslant b - 2\pi \Rightarrow \omega + 2(k_0+1)\pi \geqslant b \Rightarrow \hat{\varphi}(\omega + 2(k_0+1)\pi) = 0,\text{矛盾!}$$

由条件(4)即知

$$\sum_{k\in\mathbf{Z}} |\hat{\varphi}(\omega+2k\pi)|^2 = |\hat{\varphi}(\omega+2k_0\pi)|^2 + |\hat{\varphi}(\omega+2k_0\pi+2\pi)|^2 = 1$$

再证式(9.2.2),即存在 2π 周期函数 $H_0(\omega)$ 使得 $\hat{\varphi}(\omega) = H_0(\omega/2)\hat{\varphi}(\omega/2)$。办法是先在长度为 2π 的区间上确定 $H_0(\omega)$,再将它 2π 周期延拓即可。

根据必要性条件可知,$\hat{\varphi}(\omega)$ 的图像形如图 9-1 所示。

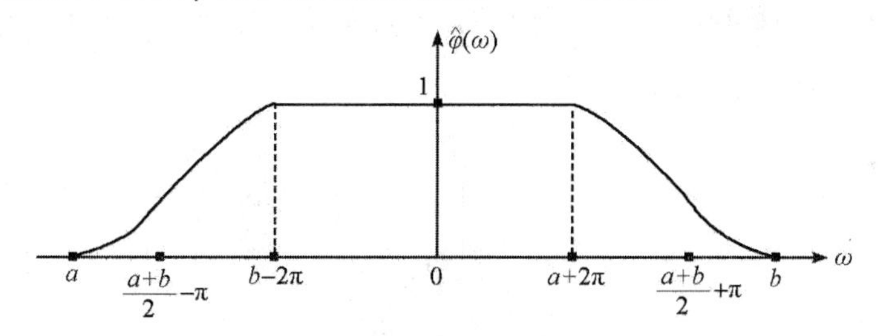

图 9-1

注意到 $\hat{\varphi}(\omega) = 1, \omega \in [b-2\pi, a+2\pi]$,要构造的 $H_0(\omega)$ 满足 $\hat{\varphi}(2\omega) = H_0(\omega)\hat{\varphi}(\omega)$,所以在 $[b-2\pi, a+2\pi]$ 上应该 $H_0(\omega) = \hat{\varphi}(2\omega)$. 此区间的长度为 $4\pi - (b-a) < 2\pi$,故还得补充定义。在 $[b-2\pi, a+2\pi]$ 的两端分别延长一段,每段的长度为 $(b-a)/2 - \pi$,于是右端点延伸到 $(a+b)/2 + \pi (< b)$,左端点延伸到 $(a+b)/2 - \pi (> a)$. 因为当 $\omega < b - 2\pi$ 时有 $2\omega < 2b - 4\pi \leqslant a$,此时 $\hat{\varphi}(2\omega) = 0$,从而在 $[(a+b)/2 - \pi, b - 2\pi]$ 上必须 $H_0(\omega) = 0$;同理在 $[a+2\pi, (a+b)/2+\pi]$ 上必须 $H_0(\omega) = 0$. 所以在长度为 2π 的区间 $\Delta = [(a+b)/2 - \pi, (a+b)/2 - \pi]$ 上我们定义(如图 9-2 所示)

$$H_0(\omega) = \begin{cases} 0, & \omega \in [(a+b)/2 - \pi,\ b - 2\pi] \\ \hat{\varphi}(2\omega), & \omega \in [b-2\pi, a+2\pi] \\ 0, & \omega \in [a+2\pi,\ (a+b)/2 + \pi] \end{cases} \tag{9.2.3}$$

再将它 2π 周期延拓得到 R 上的 $H_0(\omega)$. 在 Δ 区间上当然符合 $\hat{\varphi}(2\omega) = H_0(\omega)\hat{\varphi}(\omega)$,即

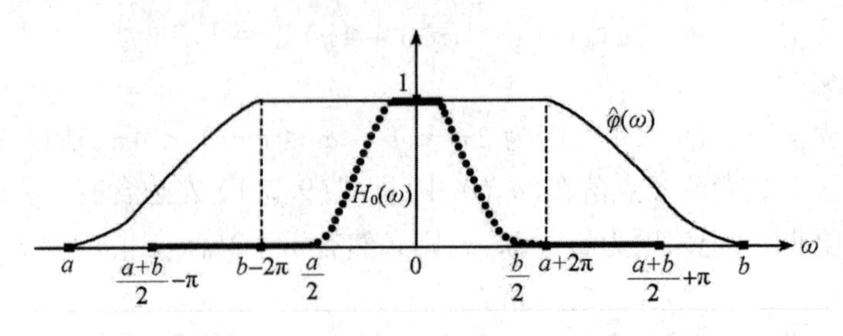

图 9 - 2

式(9.2.2)成立。当 $\omega < a$ 或者 $\omega > b$ 时，$\varphi(\omega) = \varphi(2\omega) = 0$，式(9.2.2)也成立；当 $\omega \in [a,(a+b)/2-\pi]$，由 $H_0(\omega)$ 的周期性得 $H_0(\omega) = 0$；而 $2\omega \leqslant a+b-2\pi \leqslant a$，所以 $\varphi(2\omega) = 0$，即式(9.2.2)成立；同理当 $\omega \in [(a+b)/2+\pi, b]$ 时式(9.2.2)成立。总之 $\forall \omega \in R$，式(9.2.2)成立。【证毕】

9.2.2 频域紧支尺度函数的构造

从图 9 - 1 可知，为了构造 $\hat{\varphi}(\omega)$，关键是选定符合定理 9.2.1 条件(1)(2)的区间 $[a,b]$，并确定 $[a,b-2\pi]$ 上的过渡带使之符合定理 9.2.1 条件(4)，因为只要确定了 $[a,b-2\pi]$ 上的 $\hat{\varphi}(\omega)$ 也就确定了 $[a+2\pi,b]$ 上的 $\hat{\varphi}(\omega)$.

为了方便起见，这里让 $[a,b]$ 关于 0 点对称，不妨设为 $[-a,a]$。此时定理 9.2.1 的条件(1)(2)简化成 $\pi < a \leqslant 4\pi/3$. 为了确定 $[-a,a-2\pi]$ 上的过渡带，作支撑在 $[\pi-a, a-\pi]$ 上的"钟型"函数 $h(t)$，它满足：$h(t) \geqslant 0$，$h(-t) = h(t)$，$\int_R h(t)\mathrm{d}t = \pi/2$. 并使其越光滑越好，如图 9 - 3 所示。

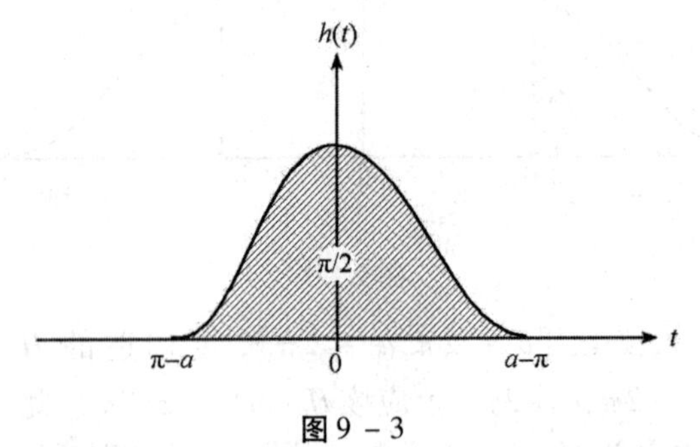

图 9 - 3

事实上，这样的"钟型"函数可以由另一个适当的奇函数 $h_0(t)$ 的积分产生，如图 9 - 4 所示。

$$h(t) = \int_{-\infty}^{t} h_0(\tau)\mathrm{d}\tau$$

有了 $h(t)$ 后，令 $\rho(t) = \int_{-\infty}^{t} h(\tau)\mathrm{d}\tau$，如图 9 - 5 所示。注意到

$$\rho(t) + \rho(-t) = \int_{-\infty}^{t} h(\tau)\mathrm{d}\tau + \int_{-\infty}^{-t} h(\tau)\mathrm{d}\tau = \int_{-\infty}^{+\infty} h(\tau)\mathrm{d}\tau = \pi/2$$

作 $s(t) = \sin(\rho(t))$，$c(t) = \cos(\rho(t))$，如图 9 - 6 所示。

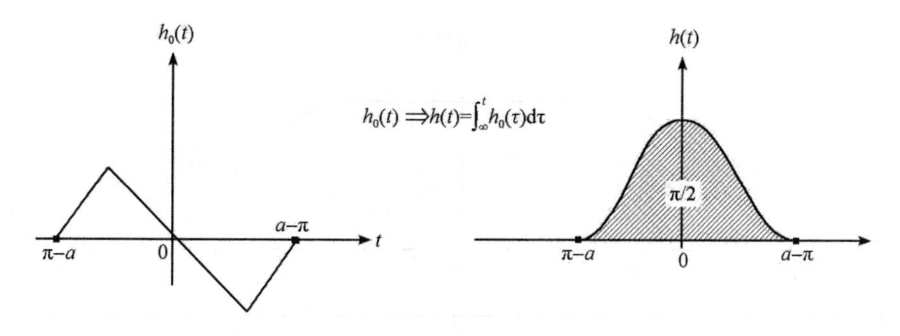

图 9 - 4

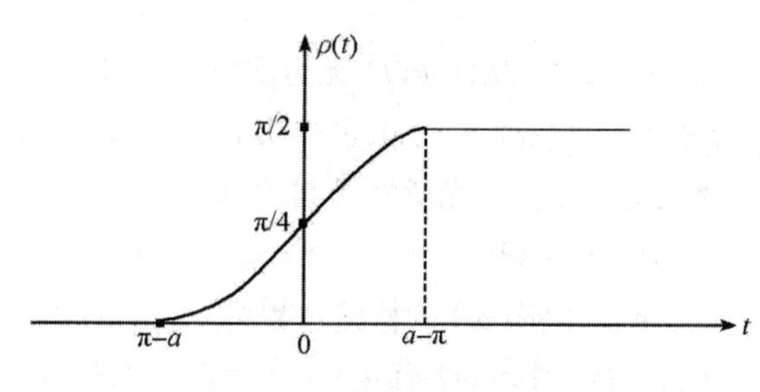

图 9 - 5

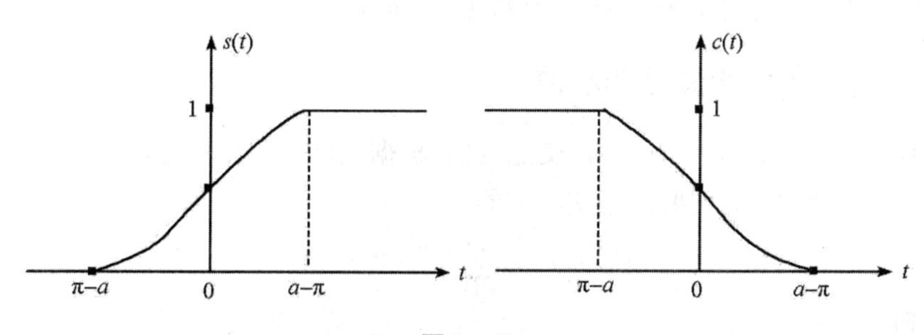

图 9 - 6

如此得到 $s(\omega+\pi)$, $c(\omega-\pi)$ 的图像如图 9 - 7 所示。

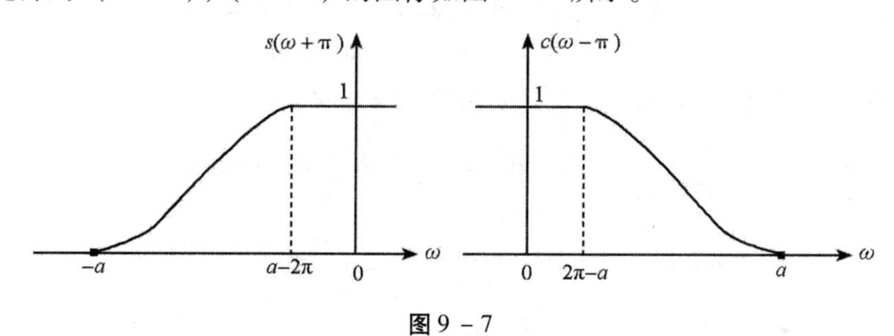

图 9 - 7

最后令 $\hat{\varphi}(\omega)=s(\omega+\pi)\cdot c(\omega-\pi)$,如图 9 - 8 所示。

在 $\pi<a\leqslant 4\pi/3$ 的假设下,如此得到的 $\hat{\varphi}(\omega)$ 显然符合定理 9.2.1 的条件(1)(2)(3),只要验证条件(4)。$\forall\omega\in[-a,a-2\pi]$,

$$
\begin{aligned}
|\hat{\varphi}(\omega)|^2+|\hat{\varphi}(\omega+2\pi)|^2&=s^2(\omega+\pi)+c^2(\omega+\pi)\\
&=\sin^2(\rho(\omega+\pi))+\cos^2(\rho(\omega+\pi))
\end{aligned}
$$

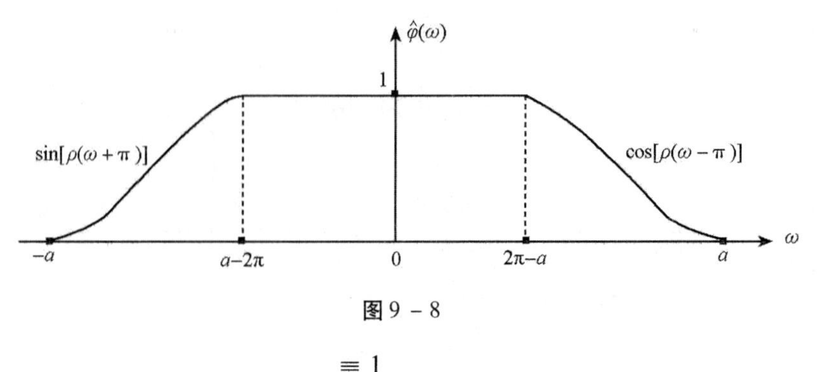

图 9 - 8

$$\equiv 1$$

因为 $\hat{\varphi}(\omega)$ 是紧支的，所以 $\varphi(t)$ 从而 $\psi(t)$ 无穷次可微。又显然 $H_0(\omega)$ 在 $\omega=\pi$ 的邻域中恒为零，从而任意阶导数 $H_0^{(n)}(\pi)=0$. 由定理 9.1.2，小波 $\psi(t)$ 有无穷阶消失矩。

$\varphi(t)$ 和 $\psi(t)$ 的速降性受到 $\hat{\varphi}(\omega)$ 光滑性的制约。事实上

$$\varphi(t)=O((1+|t|^{n+\varepsilon})),\ \varepsilon>0$$

的必要条件是 $\hat{\varphi}(\omega)$ 有 n 次导数。由 $\hat{\varphi}(\omega)$ 的构造过程可知，$\hat{\varphi}(\omega)$ 的光滑程度取决于 $h(t)$ 的光滑程度，若 $h(t)$ 有 n 次导数，则 $\hat{\varphi}(\omega)$ 有 $n+1$ 次导数。我们可以构造支集在 $[-a,a]$ 上无穷次可微的 $h(t)$，例如 $h(t)=\exp(t^2/(t^2-a^2))$.

9.2.3 频域紧支撑滤波器和小波

最后我们来计算 $\hat{\varphi}(\omega)$ 对应的正交滤波器。根据式(9.2.3)和图 9-2 所示，在对称区间 $[-a,\ a]$ 的情形下，我们要的正交滤波器

$$H_0(\omega)=\sum_{k\in\mathbf{Z}}h^{(0)}(k)\mathrm{e}^{-\mathrm{i}k\omega}$$

可如下得到：

$$H_0(\omega)=\begin{cases}0, & \omega\in[-\pi,\ -a/2)\\ \hat{\varphi}(2\omega), & \omega\in[-a/2,a/2]\\ 0, & \omega\in(a/2,\ \pi)\end{cases}\tag{9.2.4}$$

因为 $\hat{\varphi}(\omega)$ 是偶函数，所以 $H_0(\omega)$ 也是偶函数。$\forall k\in\mathbf{Z}$，有

$$\begin{aligned}h^{(0)}(k)&=\frac{1}{2\pi}\int_{-\pi}^{\pi}H_0(\omega)\mathrm{e}^{\mathrm{i}k\omega}\mathrm{d}\omega=\frac{1}{2\pi}\int_{-\pi}^{\pi}H_0(\omega)\cos k\omega\mathrm{d}\omega\\&=\frac{1}{2\pi}\int_{-a/2}^{a/2}\hat{\varphi}(2\omega)\cos k\omega\mathrm{d}\omega=\frac{1}{\pi}\int_{0}^{a/2}\hat{\varphi}(2\omega)\cos k\omega\mathrm{d}\omega\\&=\frac{1}{2\pi}\int_{0}^{a}\hat{\varphi}(\omega)\cos\frac{k}{2}\omega\mathrm{d}\omega\\&=\frac{1}{2\pi}\int_{0}^{2\pi-a}\cos\frac{k}{2}\omega\mathrm{d}\omega+\frac{1}{2\pi}\int_{2\pi-a}^{a}\cos[\rho(\omega-\pi)]\cos\frac{k}{2}\omega\mathrm{d}\omega\\&\triangleq\sigma_k+\frac{1}{2\pi}\int_{\pi-a}^{a-\pi}\cos[\rho(\omega)]\cos\frac{k}{2}(\omega+\pi)\mathrm{d}\omega\end{aligned}$$

其中

$$\sigma_k = \begin{cases} 1 - \dfrac{a}{2\pi}, & k = 0 \\ \dfrac{(-1)^{k+1}}{k\pi}\sin(ka/2), & k \neq 0 \end{cases}$$

再取

$$h^{(1)}(k) = (-1)^{1-k}h^{(0)}(1-k), \quad k \in \mathbf{Z}$$

$$H_1(\omega) = \sum_{k\in\mathbf{Z}} h^{(1)}(k)\mathrm{e}^{-\mathrm{i}k\omega}$$

就得到小波

$$\hat{\psi}(\omega) = \frac{1}{\sqrt{2}}H_1\left(\frac{\omega}{2}\right)\hat{\varphi}\left(\frac{\omega}{2}\right)$$

因为 $\hat{\varphi}(\omega)$ 紧支撑,所以$\hat{\psi}(\omega)$ 也是紧支撑的。

9.3　双正交 MRA

在第八章,主要讨论了由正交滤波器生成的正交多分辨分析。在正交滤波器组中,分析组的高通滤波器是低通滤波器的折叠交错;合成组是分析组的共轭转置,所以只需设计分析组的低通滤波器即可。这体现在正交 MRA 中,只需由分析组低通滤波器对应的尺度函数就可生成 MRA 并产生小波函数,实现信号的多分辨分解。

我们使用的滤波器并不总是正交的,例如,有限长线性相位滤波器,它必定不正交(除开 Haar 滤波器),此时的完美重构滤波器组是双正交的(参见6.2.2节),本质上说,就是可逆但不正交。虽然两个高通滤波器由两个低通滤波器决定,但两个低通滤波器是“独立”的,不能由此得彼。本节讨论这种情况下的多分辨分析,我们将看到,利用两个低通滤波器构建两个 MRA(称它们互为对偶),一个用于信号分解,另一个用于重构。

9.3.1　对偶 MRA

下面不加证明地给出双正交滤波器组生成 MRA 的条件,它只对两个低通滤波器提出了要求,因为高通滤波器由低通滤波器决定。

定理 9.3.1　设(H_0,H_1,F_0,F_1)是双正交滤波器组,如果

(1) 存在唯一的严格正三角多项式 $P(\mathrm{e}^{\mathrm{i}\omega})$ 和 $\tilde{P}(\mathrm{e}^{\mathrm{i}\omega})$,使得

$$|H_0(\omega)|^2P(\mathrm{e}^{\mathrm{i}\omega}) + |H_0(\omega+\pi)|^2P(\mathrm{e}^{\mathrm{i}(\omega+\pi)}) = 2P(\mathrm{e}^{\mathrm{i}2\omega})$$

$$|F_0(\omega)|^2\tilde{P}(\mathrm{e}^{\mathrm{i}\omega}) + |F_0(\omega+\pi)|^2\tilde{P}(\mathrm{e}^{\mathrm{i}(\omega+\pi)}) = 2\tilde{P}(\mathrm{e}^{\mathrm{i}2\omega})$$

(2) $\inf\limits_{\omega\in[-\pi/2,\pi/2]}|H_0(\omega)| > 0, \quad \inf\limits_{\omega\in[-\pi/2,\pi/2]}|F_0(\omega)| > 0$

那么

(1) 两个无穷级数收敛

$$\prod_{k=1}^{+\infty}\frac{1}{\sqrt{2}}H_0(2^{-k}\omega) \triangleq \hat{\varphi}(\omega) \in L^2(R)$$

$$\prod_{k=1}^{+\infty}\frac{1}{\sqrt{2}}F_0(2^{-k}\omega)\triangleq\hat{\tilde{\varphi}}(\omega)\in L^2(R) \tag{9.3.1}$$

(2) $\varphi(t)$ 和 $\tilde{\varphi}(t)$ 满足双正交关系,即 $\forall k,l\in\mathbf{Z}$

$$\langle\varphi(\cdot-k),\tilde{\varphi}(\cdot-l)\rangle=\delta_{k,l} \tag{9.3.2}$$

(3) 作两个序列子空间

$$V_j=\overline{\operatorname{span}\{\varphi(2^jt-k)\}_{k\in\mathbf{Z}}},\quad j\in\mathbf{Z}$$

$$\tilde{V}_j=\overline{\operatorname{span}\{\tilde{\varphi}(2^jt-k)\}_{k\in\mathbf{Z}}},\quad j\in\mathbf{Z}$$

则 $(\{V_j\}_{j\in\mathbf{Z}},\varphi)$ 和 $(\{\tilde{V}_j\}_{j\in\mathbf{Z}},\tilde{\varphi})$ 是多分辨分析。

不同于正交 MRA,现在 φ 和 $\tilde{\varphi}$ 的整数平移只是 V_0 和 $\tilde{V}_0$ 的 Risez 基而非标准正交基。

式(5.3.12)给出了双通道线性相位滤波器组的构造方式,可以证明,$H_0(\omega)$ 和 $F_0(\omega)$ 都满足定理 9.3.1 的条件。另外,线性相位滤波器的系数是对称的,这也导致尺度函数的对称性。

定理 9.3.2　式(5.3.12)线性相位滤波器对应的尺度函数分别以 K_1 和 K_2 为对称点。

【证明】以 $H_0(\omega)$ 为例证明。

$$H_0(\omega)=\sqrt{2}\mathrm{e}^{-\mathrm{i}K_1\omega}\cdot\left(\cos\frac{\omega}{2}\right)^{2p}$$

根据定理 9.3.1,对应的尺度函数

$$\hat{\varphi}(\omega)=\prod_{k=1}^{+\infty}\frac{1}{\sqrt{2}}H_0(2^{-k}\omega)=\mathrm{e}^{-\mathrm{i}K_1\omega}\prod_{k=1}^{+\infty}\left(\cos\frac{\omega}{2^{k+1}}\right)^{2p}\triangleq\mathrm{e}^{-\mathrm{i}K_1\omega}\cdot h(\omega)$$

其中 $h(\omega)$ 是实值偶函数。于是

$$\varphi(t)=\frac{1}{2\pi}\int_R\mathrm{e}^{-\mathrm{i}K_1\omega}\cdot h(\omega)\mathrm{e}^{\mathrm{i}t\omega}\mathrm{d}\omega=\frac{1}{2\pi}\int_R\cos(t-K_1)\omega\cdot h(\omega)\mathrm{d}\omega$$

注意到

$$\varphi(K_1-t)=\frac{1}{2\pi}\int_R\cos(t\omega)\cdot h(\omega)\mathrm{d}\omega=\varphi(K_1+t)$$

即 $\varphi(t)$ 关于 $t=K_1$ 对称。【证毕】

在定理 9.3.1 中,φ 和 $\tilde{\varphi}$ 的双正交关系(9.3.2)意味着(根据定理 8.1.2)

$$\sum_{n\in\mathbf{Z}}\hat{\varphi}(\omega+2n\pi)\cdot\overline{\hat{\tilde{\varphi}}(\omega+2n\pi)}\equiv1 \tag{9.3.3}$$

$\{\varphi(.-k)\}_{k\in\mathbf{Z}}$ 和 $\{\tilde{\varphi}(.-l)\}_{l\in\mathbf{Z}}$ 作为 V_0 和 $\tilde{V}_0$ 的基,我们也说 V_0 和 $\tilde{V}_0$ 是双正交的。下面利用高通滤波器 $H_1(\omega)$ 和 $F_1(\omega)$ 构造小波子空间 W_0 和 $\tilde{W}_0$,使得

$$V_1=V_0\dotplus W_0$$

$$\tilde{V}_1=\tilde{V}_0\dotplus\tilde{W}_0$$

这里 $\dotplus$ 表示直和,即两个子空间只交于零点,但未必正交。

定理 9.3.3　设(H_0,H_1,F_0,F_1)是双正交滤波器组,其中

$$H_0(\omega) = \sum_{k\in\mathbf{Z}} h^{(0)}(k)\mathrm{e}^{-\mathrm{i}k\omega},\quad F_0(\omega) = \sum_{k\in\mathbf{Z}} f^{(0)}(k)\mathrm{e}^{-\mathrm{i}k\omega}$$

$$H_1(\omega) = \sum_{k\in\mathbf{Z}} h^{(1)}(k)\mathrm{e}^{-\mathrm{i}k\omega},\quad F_1(\omega) = \sum_{k\in\mathbf{Z}} f^{(1)}(k)\mathrm{e}^{-\mathrm{i}k\omega}$$

滤波器组满足定理 9.3.1 的条件并生成两个多分辨分析$(\{V_j\}_{j\in\mathbf{Z}},\varphi)$和$(\{\tilde{V}_j\}_{j\in\mathbf{Z}},\tilde{\varphi})$.作函数

$$\begin{cases}\psi(t) = \sqrt{2}\sum_{k\in\mathbf{Z}} h^{(1)}(k)\varphi(2t-k)\\ \tilde{\psi}(t) = \sqrt{2}\sum_{k\in\mathbf{Z}} f^{(1)}(k)\tilde{\varphi}(2t-k)\end{cases}$$

或者(频域表达)

$$\begin{cases}\hat{\psi}(\omega) = \dfrac{1}{\sqrt{2}}H_1(\omega/2)\hat{\varphi}(\omega/2)\\ \hat{\tilde{\psi}}(\omega) = \dfrac{1}{\sqrt{2}}F_1(\omega/2)\hat{\tilde{\varphi}}(\omega/2)\end{cases}\tag{9.3.4}$$

再作子空间

$$W_0 = \overline{\mathrm{span}\{\psi(\cdot-k)\}_{k\in\mathbf{Z}}}$$

$$\tilde{W}_0 = \mathrm{span}\{\tilde{\psi}(\cdot-k)\}_{k\in\mathbf{Z}}$$

那么

(1) $W_0\perp\tilde{V}_0,\tilde{W}_0\perp V_0$

(2) W_0与$\tilde{W}_0$双正交

(3) $V_1 = V_0\dotplus W_0,\tilde{V}_1 = \tilde{V}_0\dotplus\tilde{W}_0$

这些子空间的关系可用图 9-9 来描述。

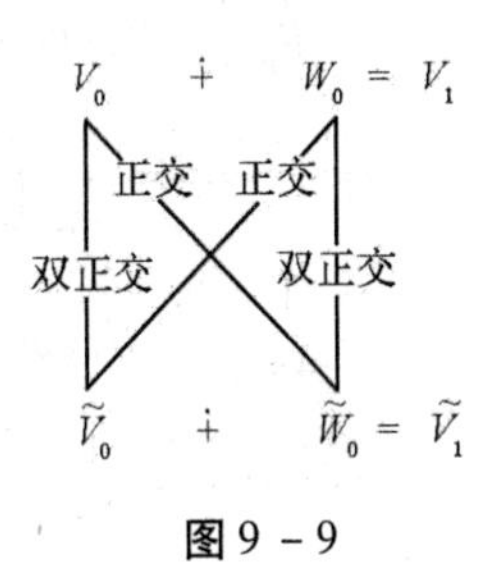

图 9-9

【证明】(1) 的证明。为了证明$W_0\perp\tilde{V}_0$,只要证

$$\int_R\overline{\psi(t-k)}\,\tilde{\varphi}(t-l)\mathrm{d}t = 0,\forall k,l\in\mathbf{Z}$$

或即

$$\int_R\overline{\hat{\psi}(\omega)}\,\hat{\tilde{\varphi}}(\omega)\mathrm{e}^{-\mathrm{i}(l-k)\omega}\mathrm{d}\omega = 0,\forall k,l\in\mathbf{Z}$$

由式(9.3.1) 中的第二式可知

$$\hat{\tilde{\varphi}}(\omega) = \frac{1}{\sqrt{2}}F_0(\omega/2)\,\hat{\tilde{\varphi}}(\omega/2)$$

再利用式(9.3.4) 中的第一式,可得

$$\int_R\overline{\hat{\psi}(\omega)}\,\hat{\tilde{\varphi}}(\omega)\mathrm{e}^{-\mathrm{i}(l-k)\omega}\mathrm{d}\omega$$

$$= \frac{1}{2}\int_R\overline{H_1(\omega/2)\hat{\varphi}(\omega/2)}\,F_0(\omega/2)\,\hat{\tilde{\varphi}}(\omega/2)\mathrm{e}^{-\mathrm{i}(l-k)\omega}\mathrm{d}\omega$$

$$= \frac{1}{2}\sum_{n\in\mathbf{Z}}\int_{4n\pi}^{4(n+1)\pi} \overline{H_1(\omega/2)\hat{\varphi}(\omega/2)}\, F_0(\omega/2)\, \hat{\tilde{\varphi}}(\omega/2)\mathrm{e}^{-\mathrm{i}(l-k)\omega}\mathrm{d}\omega$$

$$= \frac{1}{2}\sum_{n\in\mathbf{Z}}\int_{0}^{4\pi} \overline{H_1(\omega/2)\hat{\varphi}(\omega/2+2n\pi)}\, F_0(\omega/2)\, \hat{\tilde{\varphi}}(\omega/2+2n\pi)\mathrm{e}^{-\mathrm{i}(l-k)\omega}\mathrm{d}\omega$$

$$= \frac{1}{2}\int_{0}^{4\pi} \overline{H_1(\omega/2)}\, F_0(\omega/2)\cdot\{\sum_{n\in\mathbf{Z}} \overline{\hat{\varphi}(\omega/2+2n\pi)}\, \hat{\tilde{\varphi}}(\omega/2+2n\pi)\}\mathrm{e}^{-\mathrm{i}(l-k)\omega}\mathrm{d}\omega$$

$$\xlongequal{(9.3.3)\text{式}} \frac{1}{2}\int_{0}^{4\pi} \overline{H_1(\omega/2)}\, F_0(\omega/2)\cdot \mathrm{e}^{-\mathrm{i}(l-k)\omega}\mathrm{d}\omega$$

$$= \frac{1}{2}\int_{0}^{2\pi} [\overline{H_1(\omega/2)}\, F_0(\omega/2) + \overline{H_1(\omega/2+\pi)}\, F_0(\omega/2+\pi)]\cdot \mathrm{e}^{-\mathrm{i}(l-k)\omega}\mathrm{d}\omega$$

$$\xlongequal{\text{定理}6.2.2} 0$$

同理可证 $\widetilde{W}_0 \perp V_0$.

（2）的证明。只要证明

$$\int_R \overline{\psi(.-k)}\,\tilde{\psi}(.-l)\mathrm{d}t = \delta_{k,l}, \forall k,l\in\mathbf{Z}$$

注意式(9.3.4)，可以算出

$$\int_R \overline{\psi(.-k)}\,\tilde{\psi}(.-l)\mathrm{d}t = \frac{1}{2\pi}\int_R \overline{\hat{\psi}(\omega)}\hat{\tilde{\psi}}(\omega)\mathrm{e}^{-\mathrm{i}(l-k)\omega}\mathrm{d}\omega$$

$$= \frac{1}{4\pi}\int_R \overline{H_1(\omega/2)\hat{\varphi}(\omega/2)}\, F_1(\omega/2)\, \hat{\tilde{\varphi}}(\omega/2)\mathrm{e}^{-\mathrm{i}(l-k)\omega}\mathrm{d}\omega$$

$$= \frac{1}{4\pi}\sum_{n\in\mathbf{Z}}\int_{4n\pi}^{4(n+1)\pi} \overline{H_1(\omega/2)\hat{\varphi}(\omega/2)}\, F_1(\omega/2)\, \hat{\tilde{\varphi}}(\omega/2)\mathrm{e}^{-\mathrm{i}(l-k)\omega}\mathrm{d}\omega$$

$$= \frac{1}{4\pi}\sum_{n\in\mathbf{Z}}\int_{0}^{4\pi} \overline{H_1(\omega/2)\hat{\varphi}(\omega/2+2n\pi)}\, F_1(\omega/2)\, \hat{\tilde{\varphi}}(\omega/2+2n\pi)\mathrm{e}^{-\mathrm{i}(l-k)\omega}\mathrm{d}\omega$$

$$= \frac{1}{4\pi}\int_{0}^{4\pi} \overline{H_1(\omega/2)}\, F_1(\omega/2)\cdot\{\sum_{n\in\mathbf{Z}} \overline{\hat{\varphi}(\omega/2+2n\pi)}\, \hat{\tilde{\varphi}}(\omega/2+2n\pi)\}\mathrm{e}^{-\mathrm{i}(l-k)\omega}\mathrm{d}\omega$$

$$\xlongequal{(9.3.3)\text{式}} \frac{1}{4\pi}\int_{0}^{4\pi} \overline{H_1(\omega/2)}\, F_1(\omega/2)\cdot \mathrm{e}^{-\mathrm{i}(l-k)\omega}\mathrm{d}\omega$$

$$= \frac{1}{4\pi}\int_{0}^{2\pi} [\overline{H_1(\omega/2)}\, F_1(\omega/2) + \overline{H_1(\omega/2+\pi)}\, F_1(\omega/2+\pi)]\cdot \mathrm{e}^{-\mathrm{i}(l-k)\omega}\mathrm{d}\omega$$

$$\xlongequal{\text{定理}6.2.2} \frac{1}{2\pi}\int_{0}^{2\pi} \mathrm{e}^{-\mathrm{i}(l-k)\omega}\mathrm{d}\omega = \delta_{k,l}$$

（3）的证明。先证明 $W_0 \cap V_0 = \{0\}$. 假设

$$f = \sum_{k\in\mathbf{Z}} c(k)\varphi(\cdot-k) \in V_0 \cap W_0$$

因为 $W_0 \perp \widetilde{V}_0$，故

$$\langle f, \tilde{\varphi}(\cdot-l)\rangle = 0, (\forall l\in\mathbf{Z})$$

即

$$\sum_{k\in\mathbf{Z}} c(k) < \varphi(\cdot-k), \tilde{\varphi}(\cdot-l) > = 0$$

因为 φ 与 $\tilde{\varphi}$ 的双正交关系,得到 $c(l)=0$, $(\forall l\in\mathbf{Z})$,所以 $f=0$.

因为 $\psi\in V_1$ 及 V_1 的整数平移不变性,所以 $W_0\subseteq V_1$,最后只要证 $V_1\subseteq V_0\dotplus W_0$,这只要证明当 $\alpha\in V_1$ 且 $\alpha\perp(W_0\dotplus V_0)$ 则必有 $\alpha=0$. 任取

$$\alpha(t)=\sqrt{2}\sum_{k\in\mathbf{Z}}a(k)\varphi(2t-k)\in V_1$$

两边取傅里叶变换得

$$\hat{\alpha}(\omega)=\frac{1}{\sqrt{2}}A(\omega/2)\hat{\varphi}(\omega/2),\quad \text{其中}\ A(\omega)=\sum_{k\in\mathbf{Z}}a(k)\mathrm{e}^{-\mathrm{i}k\omega}$$

$\alpha\perp(W_0\dotplus V_0)$ 意味着

$$\begin{cases}\int_R\alpha(t)\overline{\varphi(t-k)}\mathrm{d}t=0\\ \int_R\alpha(t)\overline{\psi(t-k)}\mathrm{d}t=0\end{cases}\quad\forall k\in\mathbf{Z}$$

即

$$\begin{cases}\int_R\hat{\alpha}(\omega)\overline{\hat{\varphi}(\omega)}\mathrm{e}^{\mathrm{i}k\omega}\mathrm{d}\omega=0\\ \int_R\hat{\alpha}(\omega)\overline{\hat{\psi}(\omega)}\mathrm{e}^{\mathrm{i}k\omega}\mathrm{d}\omega=0\end{cases}\quad\forall k\in\mathbf{Z}$$

类似于前面(1)(2)证明中计算,可得

$$\begin{cases}A(\omega)\overline{H_0(\omega)}+A(\omega+\pi)\overline{H_0(\omega+\pi)}\equiv0\\ A(\omega)\overline{H_1(\omega)}+A(\omega+\pi)\overline{H_1(\omega+\pi)}\equiv0\end{cases}$$

或者写成矩阵表示

$$[A(\omega)\quad A(\omega+\pi)]\overline{M_{h_0,h_1}(\omega)}\equiv[0\quad 0]$$

其中

$$M_{h_0,h_1}(\omega)=\begin{pmatrix}H_0(\omega)&H_1(\omega)\\H_0(\omega+\pi)&H_1(\omega+\pi)\end{pmatrix}$$

根据定理6.2.2,$M_{h_0,h_1}(\omega)$ 非奇异,所以 $A(\omega)\equiv0$,即 $\alpha(t)\equiv0$.

同理可证 $\tilde{V}_1=\tilde{V}_0\dotplus\tilde{W}_0$.　　【证毕】

总而言之,双正交滤波器组(H_0,H_1,F_0,F_1)生成两套并行的多分辨分析$(\{V_j\}_{j\in\mathbf{Z}},\varphi)$和$(\{\tilde{V}_j\}_{j\in\mathbf{Z}},\tilde{\varphi})$,$\varphi$ 是 $H_0(\omega)$ 生成的尺度函数,$\tilde{\varphi}$ 是 $F_0(\omega)$ 生成的尺度函数;ψ 和 $\tilde{\psi}$ 是按照式(9.3.4)生成的小波函数。它们产生 $L^2(R)$ 的两套直交(未必正交)子空间序列:

$$0\leftarrow\cdots\subset V_{-1}\subset V_0\subset V_1\subset\cdots\rightarrow L^2(R)$$

$$0\leftarrow\cdots\subset\tilde{V}_{-1}\subset\tilde{V}_0\subset\tilde{V}_1\subset\cdots\rightarrow L^2(R)$$

$$L^2(R)=\cdots\dotplus W_{-1}\dotplus W_0\dotplus W_1\dotplus\cdots$$

$$L^2(R)=\cdots\dotplus\tilde{W}_{-1}\dotplus\tilde{W}_0\dotplus\tilde{W}_1\dotplus\cdots$$

其中

$$
\left.\begin{aligned}
V_j &= \overline{\operatorname{span}\{\varphi(2^j t-k)\}_{k\in\mathbf{Z}}},\\
\widetilde{V}_j &= \overline{\operatorname{span}\{\widetilde{\varphi}(2^j t-k)\}_{k\in\mathbf{Z}}},\\
W_j &= \overline{\operatorname{span}\{\psi(2^j t-k)\}_{k\in\mathbf{Z}}}\\
\widetilde{W}_j &= \overline{\operatorname{span}\{\widetilde{\psi}(2^j t-k)\}_{k\in\mathbf{Z}}}
\end{aligned}\right.\quad j\in\mathbf{Z}
$$

四个空间的关系如图 9 - 9 所示。

9.3.2 信号分解与重构

利用两套多分辨分析$(\{V_j\}_{j\in\mathbf{Z}},\varphi)$和$(\{\widetilde{V}_j\}_{j\in\mathbf{Z}},\widetilde{\varphi})$，可以完成信号的分解与重构。可以在$(\{V_j\}_{j\in\mathbf{Z}},\varphi)$分解、在$(\{\widetilde{V}_j\}_{j\in\mathbf{Z}},\widetilde{\varphi})$重构，或者反之。至于采用用哪种情形，通常的依据是，如果$H_0(\omega)$在π处的贴近度比$F_0(\omega)$低，则$(\{V_j\}_{j\in\mathbf{Z}},\varphi)$用于分解、$(\{\widetilde{V}_j\}_{j\in\mathbf{Z}},\widetilde{\varphi})$用于重构，否则反之。下面以此情形讨论。

设$f\in\widetilde{V}_{J+1}$，根据关系

$$\widetilde{V}_{J+1}=\widetilde{V}_J\dot{+}\widetilde{W}_J$$

f有两种展式

$$
\begin{aligned}
f &= \sum_{k\in\mathbf{Z}} c_{J,k}\,\widetilde{\varphi}_{J,k}+\sum_{k\in\mathbf{Z}} \mathrm{d}_{J,k}\,\widetilde{\psi}_{J,k}\\
f &= \sum_{k\in\mathbf{Z}} c_{J+1,k}\,\widetilde{\varphi}_{J+1,k}
\end{aligned}
\tag{9.3.5}
$$

由$\{c_{J+1,k}\}_{k\in\mathbf{Z}}\triangleq c_{J+1}$得到$\{c_{J,k}\}_{k\in\mathbf{Z}}\triangleq c_J$，$\{\mathrm{d}_{J,k}\}_{k\in\mathbf{Z}}\triangleq d_J$称为一步分解；反之称为一步重构。

注意到$V_J\perp\widetilde{W}_J$，$W_J\perp\widetilde{V}_J$以及V_J双正交$\widetilde{V}_J$和W_J双正交$\widetilde{W}_J$，即$\forall k,\ l\in\mathbf{Z}$，

$$\langle\varphi_{J,k},\widetilde{\psi}_{J,l}\rangle=0=\langle\psi_{J,k},\widetilde{\varphi}_{J,l}\rangle$$

$$\langle\varphi_{J,k},\widetilde{\varphi}_{J,l}\rangle=\delta_{k,l}=\langle\psi_{J,k},\widetilde{\psi}_{J,l}\rangle$$

- **一步分解**

在(9.3.5)第一式中，两边分别与$\varphi_{J,k}$，$\psi_{J,k}$作内积，得到

$$
\begin{aligned}
c_{J,k} &= \langle f,\varphi_{J,k}\rangle\\
d_{J,k} &= \langle f,\psi_{j,k}\rangle
\end{aligned}
\tag{9.3.6}
$$

将(9.3.5)第二式代入(9.3.6)第一式，

$$c_{J,k}=\left\langle\sum_{n\in\mathbf{Z}}c_{J+1,n}\,\widetilde{\varphi}_{J+1,n},\varphi_{J,k}\right\rangle=\sum_{n\in\mathbf{Z}}c_{J+1,n}\langle\widetilde{\varphi}_{J+1,n},\varphi_{J,k}\rangle$$

计算

$$
\begin{aligned}
\langle\widetilde{\varphi}_{J+1,n},\varphi_{J,k}\rangle &= \int_R 2^{(J+1)/2}\,\widetilde{\varphi}(2^{J+1}t-n)\cdot 2^{J/2}\varphi(2^J t-k)\,\mathrm{d}t\\
&= \int_R \sqrt{2}\,\widetilde{\varphi}(2t-n)\cdot\varphi(t-k)\,\mathrm{d}t
\end{aligned}
$$

$$
\begin{aligned}
&= \int_R \sqrt{2}\, \tilde{\varphi}(2t - (n - 2k)) \cdot \varphi(t) \mathrm{d}t \\
&= \langle \tilde{\varphi}_{1,n-2k}, \varphi \rangle \\
&= \langle \tilde{\varphi}_{1,n-2k}, \sqrt{2} \sum_{r \in \mathbf{Z}} h^{(0)}(r) \varphi(2t - r) \rangle \\
&= \langle \tilde{\varphi}_{1,n-2k}, \sum_{r \in \mathbf{Z}} h^{(0)}(r) \varphi_{1,r} \rangle \\
&= h^{(0)}(n - 2k)
\end{aligned}
$$

所以

$$
c_{J,k} = \sum_{n \in \mathbf{Z}} c_{J+1,n} h^{(0)}(n - 2k) = \sum_{n \in \mathbf{Z}} c_{J+1,n} h^{(0)-}(2k - n) \tag{9.3.7}
$$

其中 $h^{(0)-}$ 表示滤波器 $h^{(0)}$ 的反叠。式(9.3.7)表明,信号序列 $c_{J+1} = \{c_{J+1,k}\}_{k \in \mathbf{Z}}$ 经过滤波器 $h^{(0)-}$ 并抽2,就得到输出 $c_J = \{c_{J,k}\}_{k \in \mathbf{Z}}$,即

$$
c_J = (\downarrow 2)(h^{(0)-} * c_{J+1}) \tag{9.3.8}
$$

再将(9.3.5)第二式代入(9.3.6)第二式,类似地计算可得

$$
d_J = (\downarrow 2)(h^{(1)-} * c_{J+1}) \tag{9.3.9}
$$

分解过程如图9－10所示。

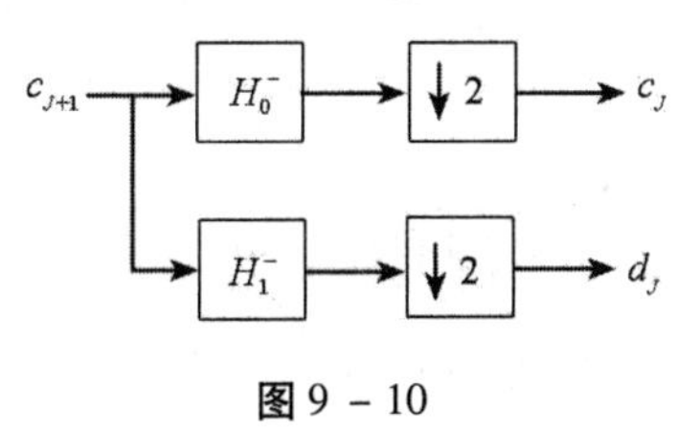

图9－10

- **一步重构**

(9.3.5)第二式两边与 $\varphi_{J+1,k}$ 作内积,得到

$$
c_{J+1,k} = \langle f, \varphi_{J+1,k} \rangle \tag{9.3.10}
$$

将(9.3.5)第一式代入式(9.3.10)得到

$$
\begin{aligned}
c_{J+1,k} &= \langle \sum_{n \in \mathbf{Z}} c_{J,n} \tilde{\varphi}_{J,n} + \sum_{n \in \mathbf{Z}} d_{J,n} \tilde{\psi}_{J,n}, \varphi_{J+1,k} \rangle \\
&= \sum_{n \in \mathbf{Z}} c_{J,n} \langle \tilde{\varphi}_{J,n}, \varphi_{J+1,k} \rangle + \sum_{n \in \mathbf{Z}} d_{J,n} \langle \tilde{\psi}_{J,n}, \varphi_{J+1,k} \rangle
\end{aligned}
$$

计算

$$
\begin{aligned}
\langle \tilde{\varphi}_{J,n}, \varphi_{J+1,k} \rangle &= \int_R 2^{J/2}\, \tilde{\varphi}(2^J t - n) \cdot 2^{(J+1)/2} \varphi(2^{J+1} t - k) \mathrm{d}t \\
&= \int_R \tilde{\varphi}(t - n) \cdot \sqrt{2} \varphi(2t - k) \mathrm{d}t \\
&= \int_R \tilde{\varphi}(t) \cdot \sqrt{2} \varphi(2t - (k - 2n)) \mathrm{d}t \\
&= \langle \tilde{\varphi}, \varphi_{1,k-2n} \rangle \\
&= \langle \sqrt{2} \sum_{r \in \mathbf{Z}} f^{(0)}(r)\, \tilde{\varphi}(2t - r), \varphi_{1,k-2n} \rangle
\end{aligned}
$$

$$= \langle \sum_{r\in\mathbf{Z}} f^{(0)}(r)\ \tilde{\varphi}_{1,r}, \varphi_{1,k-2n} \rangle$$
$$= f^{(0)}(k-2n)$$

同理可算得

$$\langle \tilde{\psi}_{J,n}, \varphi_{J+1,k} \rangle = f^{(1)}(k-2n)$$

所以

$$c_{J+1,k} = \sum_{n\in\mathbf{Z}} c_{J,n} f^{(0)}(k-2n) + \sum_{n\in\mathbf{Z}} d_{J,n} f^{(1)}(k-2n) \tag{9.3.11}$$

上式第一项是对 c_J 插零再通过滤波器 $f^{(0)}$，第二项对 d_J 插零再通过滤波器 $f^{(1)}$，即

$$c_{J+1} = [(\uparrow 2)c_J] * f^{(0)} + [(\uparrow 2)d_J] * f^{(1)} \tag{9.3.12}$$

重构过程如图 9 – 11 所示。

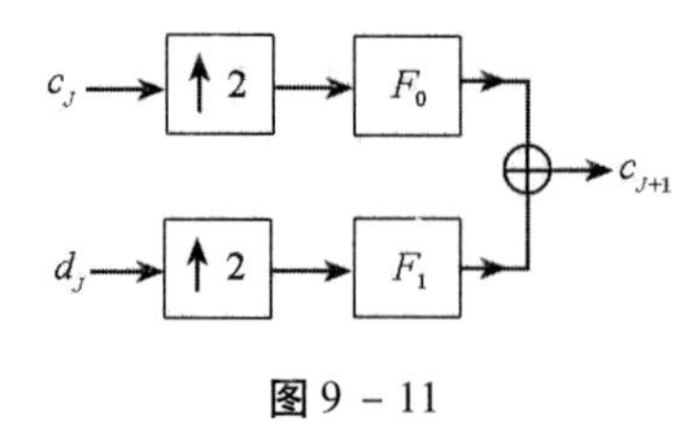

图 9 – 11

- **级联分解与重构**

把 V_{J+1} 向下分解 M 次：

$$V_{J+1} = W_J \dotplus V_J$$
$$= W_J \dotplus W_{J-1} \dotplus V_{J-1}$$
$$\vdots$$
$$= W_J \dotplus W_{J-1} \dotplus \cdots \dotplus W_{J-M} \dotplus V_{J-M}$$

将图 9 – 10 分解公式用到每一级上，得到 M 次级联分解，如图 9 – 12 所示。

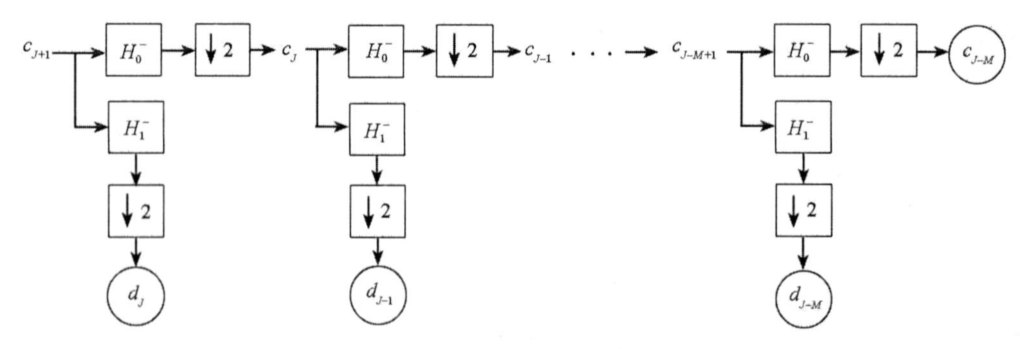

图 9 – 12

从而信号 $f(t) = \sum_{k\in\mathbf{Z}} c_{J+1,k}\varphi_{J+1,k}(t) \in V_{J+1}$ 被分解成

$$f(t) = \sum_{k\in\mathbf{Z}} d_{J,k}\psi_{J.k}(t) + \sum_{k\in\mathbf{Z}} d_{J-1,k}\psi_{J-1.k}(t) + \cdots$$
$$+ \sum_{k\in\mathbf{Z}} d_{J-M,k}\psi_{J-M.k}(t) + \sum_{k\in\mathbf{Z}} c_{J-M,k}\varphi_{J-M.k}(t)$$

将图 9 - 11 重构过程从第 $J-M$ 级开始,逐级向上做 M 次,得到 M 次级联重构,如图9 - 13 所示。

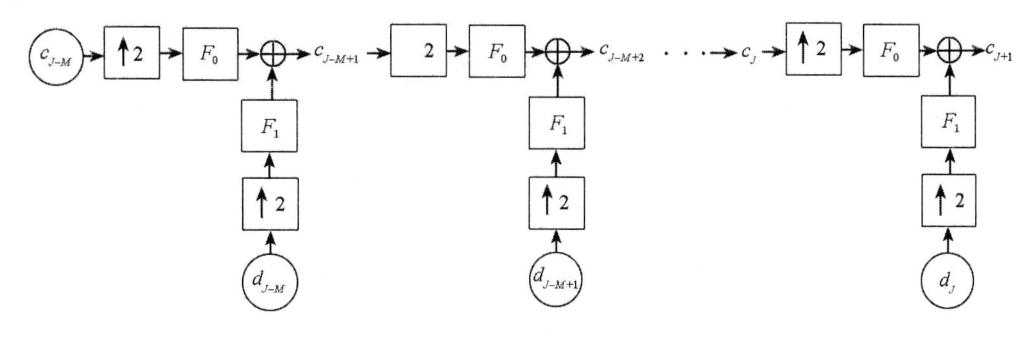

图 9 - 13

初始启动数据问题与正交 MRA 一样(定理 8.4.1),只要被采样信号 f 满足 $\delta(\delta>0)$ 阶的 Lipschitz 条件,滤波器为有限长,对于大的 J,$c_{J,k}\approx 2^{-J/2}f(2^{-J}k)$.

9.4　小波包

小波包是对 MRA 的"再分割"。MRA 把 $L^2(R)$ 分割为 W_j 的和,小波包可以进一步把 W_j 分割成更小的子空间之和,并得到这些子空间的基。在 $\hat{\varphi}(\omega)$ 紧支撑情形,这样的再分割有鲜明的意义。假设 $\hat{\varphi}(\omega)$ 支撑在$[-a,a]$上,那么 V_0 函数的频谱也支撑在$[-a,a]$上,即

$$V_0=\{f\in L^2(R)\,|\,\hat{f}(\omega)=0,\ |\omega|>a\}$$

从而 V_j 函数的频谱支撑在$[-2^ja,\ 2^ja]$上,

$$V_j=\{f\in L^2(R)\,|\,\hat{f}(\omega)=0,|\omega|>2^ja\}$$

在正交 MRA 情形下,

$$W_j=V_j^{\perp}\cap V_{j+1}=\{f\in L^2(R)\,|\,\hat{f}(\omega)=0,\ |\omega|>2^{j+1}a\ \text{或者}\ |\omega|<2^ja\}$$

即 W_j 函数的频谱支撑在$\{\omega\,|\,2^j<|\omega|<2^{j+1}\}$上,称为$[2^ja,2^{j+1}a]$带限函数。当 j 为大的正数时,频带$[2^ja,2^{j+1}a]$很宽,我们希望进一步对此频带细分,得到$[2^ja,2^{j+1}a]$每个子区间对应的子空间的标准正交基。一般地说,我们希望将 W_j 进一步分解为若干子空间的直和,并得到每个子空间的基。下面对正交 MRA 和双正交 MRA,分别予以讨论。

9.4.1　正交小波包

设正交低通滤波器 $H_0(\omega)$ 产生了正交 MRA,对应尺度函数为,

$$\varphi(t)=\sqrt{2}\sum_{k\in\mathbf{Z}}h^{(0)}(k)\varphi(2t-k)$$

高通滤波器 $H_1(\omega)$ 产生小波函数

$$\psi(t)=\sqrt{2}\sum_{k\in\mathbf{Z}}h^{(1)}(k)\varphi(2t-k)$$

回顾节 6.3 函数的卷积 - 抽取概念,定义两个卷积 - 抽取算子(注意算子符号用斜体)

$$H_0 u = \sqrt{2} \sum_{k \in \mathbf{Z}} h^{(0)}(k)\varphi(2t - k)$$

$$H_1 u = \sqrt{2} \sum_{k \in \mathbf{Z}} h^{(1)}(k)\varphi(2t - k)$$

那么 $\varphi = H_0\varphi, \psi = H_1\varphi$,如图 9 - 14 所示。

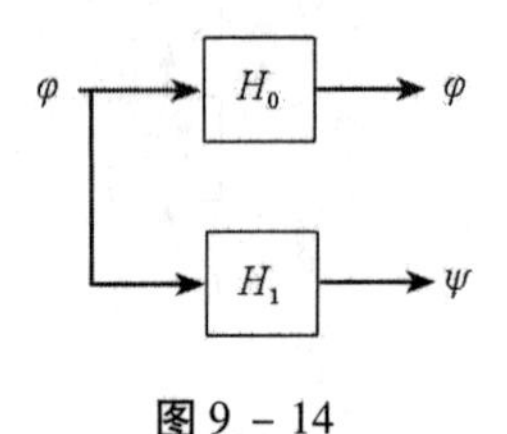

图 9 - 14

即 φ 是 H_0 的不动点,而 H_1 作用于尺度函数 φ 就得到小波函数 ψ. 这两个动作把 V_1 分割成 $V_1 = V_0 \oplus W_0$.

如果对 ψ 继续实施这两个动作并持续进行下去,我们会得到什么呢?为表达方便,记 $\mu_0 = \varphi, \mu_1 = \psi$,如图 9 - 15 所示。

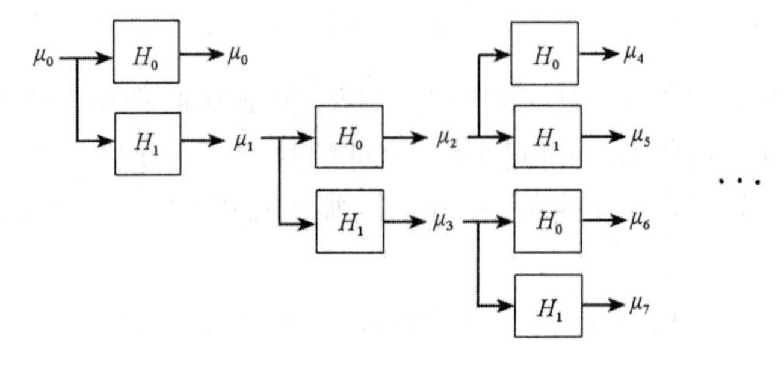

图 9 - 15

- **小波子空间的再分解**

按图 9 - 15 的设想,定义一个函数列,称为小波包函数列,就是依靠它们实现对小波子空间的进一步分解。作函数序列

$$\begin{cases} \mu_{2n} = H_0\mu_n \\ \mu_{2n+1} = H_1\mu_n \end{cases} \quad n = 0, 1, 2, \cdots$$

即

$$\begin{cases} \mu_{2n}(t) = \sqrt{2} \sum_{k \in \mathbf{Z}} h^{(0)}(k)\mu_n(2t - k) \\ \mu_{2n+1}(t) = \sqrt{2} \sum_{k \in \mathbf{Z}} h^{(1)}(k)\mu_n(2t - k) \end{cases} \quad n = 0,1,2,\cdots \tag{9.4.1}$$

我们将证明,函数列 $\{\mu_n\}_{n=0}^{+\infty}$ 具有整数平移正交性,即同一个函数的整数平移相互正交,两个不同函数的整数平移也相互正交。

定理 9.4.1 函数列 $\{\mu_n\}_{n=0}^{+\infty}$ 的整数平移系 $\{\mu_n(\cdot + i) \mid n \geqslant 0, i \in \mathbf{Z}\}$ 有如下的标准正交性:

$$\langle \mu_n(\cdot + i), \mu_m(\cdot + j) \rangle = \delta(n - m) \cdot \delta(i - j)$$

【证明】注意到式(9.4.1)函数列是递推生成，下标生成规则是

$$\{0\} \to \{0,1\} \to \{0,1,2,3\} \to \{0,1,2,3,4,5,6,7\} \to \cdots$$

每个集合都是前趋集合的元素"乘 2"和"乘 2 + 1"，我们用归纳法证明本定理。当 $n, m \in \{0,1\}$ 时，由正交尺度函数和小波函数的特性，结论成立。假设结论对于 n,m 时成立，只要证明对于 $2n,2n+1$ 和 $2m,2m+1$ 结论成立即可。

$$\begin{aligned}
&\langle \mu_{2n}(\cdot+i),\ \mu_{2m}(\cdot+j)\rangle \\
&= \langle \sqrt{2}\sum_{k\in\mathbf{Z}} h^{(0)}(k)\mu_n(2t+2i-k),\sqrt{2}\sum_{r\in\mathbf{Z}} h^{(0)}(r)\mu_m(2t+2j-r)\rangle \\
&= \langle \sqrt{2}\sum_{k\in\mathbf{Z}} h^{(0)}(2i-k)\mu_n(2t+k),\sqrt{2}\sum_{r\in\mathbf{Z}} h^{(0)}(2j-r)\mu_m(2t+r)\rangle \\
&= \sum_{k,r\in\mathbf{Z}} h^{(0)}(2i-k)h^{(0)}(2j-r)\int_R 2\mu_n(2t+k)\mu_m(2t+r)\,\mathrm{d}t \\
&= \sum_{k,r\in\mathbf{Z}} h^{(0)}(2i-k)h^{(0)}(2j-r)\langle \mu_n(\cdot+k),\mu_m(\cdot+r)\rangle \\
&= \sum_{k,r\in\mathbf{Z}} h^{(0)}(2i-k)h^{(0)}(2j-r)\delta(n-m)\delta(k-r) \\
&= \delta(n-m)\sum_{k\in\mathbf{Z}} h^{(0)}(2i-k)h^{(0)}(2j-k) \\
&= \delta(n-m)\sum_{k\in\mathbf{Z}} h^{(0)}(k)h^{(0)}(k+2(j-i)) \\
&= \delta(n-m)\delta(j-i)
\end{aligned}$$

最后的等式是因为 $h^{(0)}$ 的双平移对偶正交性。同理可得

$$\begin{aligned}
\langle \mu_{2n+1}(\cdot+i),\ \mu_{2m+1}(\cdot+j)\rangle &= \delta(n-m)\sum_{k\in\mathbf{Z}} h^{(1)}(k)h^{(1)}(k+2(j-i)) \\
&= \delta(n-m)\delta(j-i)
\end{aligned}$$

$$\langle \mu_{2n+1}(\cdot+i),\mu_{2m}(\cdot+j)\rangle_{L^2(R)} = \delta(n-m)\sum_{k\in\mathbf{Z}} h^{(1)}(k)h^{(0)}(k+2(j-i)) = 0$$

$$\langle \mu_{2n}(\cdot+i),\ \mu_{2m+1}(\cdot+j)\rangle_{L^2(R)} = \delta(n-m)\sum_{k\in\mathbf{Z}} h^{(0)}(k)h^{(1)}(k+2(j-i)) = 0$$

【证毕】

对 $n \geqslant 0$，记 $L^2(R)$ 子空间

$$U_0^{(n)} = \overline{\mathrm{span}\{\mu_n(t-k)\mid k\in\mathbf{Z}\}} \tag{9.4.2}$$

其中 $U_0^{(0)}$ 就是尺度空间 V_0，$U_0^{(1)}$ 就是小波空间 W_0. $U_0^{(n)}$ 有标准正交基 $\{\mu_n(\cdot-k)\}_{k\in\mathbf{Z}}$，且

$$U_0^{(n)} \perp U_0^{(m)},\quad n\neq m$$

按式(9.4.1)定义，还有

$$U_0^{(2n)} = H_0(U_0^{(n)}),\ U_0^{(2n+1)} = H_1(U_0^{(n)})$$

这说明 $U_0^{(2n)}$ 和 $U_0^{(2n+1)}$ 的元素可以通过 $U_0^{(n)}$ 的元素产生，下面将说明，$U_0^{(n)}$ 的元素也可以用 $U_0^{(2n)}$ 和 $U_0^{(2n+1)}$ 的元素来表达。

固定 n 和 t，考察两个信号序列 $\{\mu_{2n}(t+i)\}_{i\in\mathbf{Z}}$ 和 $\{\mu_{2n+1}(t+i)\}_{i\in\mathbf{Z}}$：

$$\begin{aligned}
\mu_{2n}(t+i) &= \sqrt{2}\sum_{k\in\mathbf{Z}} h^{(0)}(k)\mu_n(2t+2i-k) \\
&= \sqrt{2}\sum_{k\in\mathbf{Z}} h^{(0)}(2i-k)\mu_n(2t+k) \\
&= (H_0\{\sqrt{2}\mu_n(2t+k)\})(i)
\end{aligned}$$

$$\begin{aligned}\mu_{2n+1}(t+i) &= \sqrt{2}\sum_{k\in\mathbf{Z}} h^{(1)}(k)\mu_n(2t+2i-k)\\ &= \sqrt{2}\sum_{k\in\mathbf{Z}} h^{(1)}(2i-k)\mu_n(2t+k)\\ &= (H_1\{\sqrt{2}\mu_n(2t+k)\})(i)\end{aligned}$$

换言之(固定 n 和 t)

$$\begin{aligned}\{\mu_{2n}(t+i)\}_{i\in\mathbf{Z}} &= H_0\{\sqrt{2}\mu_n(2t+i)\}\\ \{\mu_{2n+1}(t+i)\}_{i\in\mathbf{Z}} &= H_1\{\sqrt{2}\mu_n(2t+i)\}\end{aligned} \tag{9.4.3}$$

用伴随算子 H_0^*,H_1^*(见 6.1.1 节,式(6.1.2))分别乘式(9.4.3)两式

$$\begin{aligned}H_0^*\{\mu_{2n}(t+i)\}_{i\in\mathbf{Z}} &= H_0^* H_0\{\sqrt{2}\mu_n(2t+i)\}\\ H_1^*\{\mu_{2n+1}(t+i)\}_{i\in\mathbf{Z}} &= H_1^* H_1\{\sqrt{2}\mu_n(2t+i)\}\end{aligned}$$

再两式相加,并注意到完美重构关系 $H_0^* H_0 + H_1^* H_1 = I$(定理 6.2.8),得到

$$\{\sqrt{2}\mu_n(2t+i)\}_{i\in\mathbf{Z}} = H_0^*\{\mu_{2n}(t+i)\}_{i\in\mathbf{Z}} + H_1^*\{\mu_{2n+1}(t+i)\}_{i\in\mathbf{Z}}$$

等式两边的第 i 个分量相等,即

$$\sqrt{2}\mu_n(2t+i) = \sum_{k\in\mathbf{Z}} h^{(0)}(2k-i)\mu_{2n}(t+k) + \sum_{k\in\mathbf{Z}} h^{(1)}(2k-i)\mu_{2n+1}(t+k)$$

或即

$$\mu_n(t+i) = \frac{1}{\sqrt{2}}\sum_{k\in\mathbf{Z}} h^{(0)}(2k-i)\mu_{2n}\left(\frac{t}{2}+k\right) + \frac{1}{\sqrt{2}}\sum_{k\in\mathbf{Z}} h^{(1)}(2k-i)\mu_{2n+1}\left(\frac{t}{2}+k\right)$$

因此,对于 $U_0^{(n)}$ 中的元素 $x(t) = \sum_{i\in\mathbf{Z}} c(i)\mu_n(t+i)$,我们有

$$\begin{aligned}x(t) &= \frac{1}{\sqrt{2}}\sum_{i\in\mathbf{Z}} c(i)\left[\sum_{k\in\mathbf{Z}} h^{(0)}(2k-i)\mu_{2n}\left(\frac{t}{2}+k\right)\right]\\ &\quad + \frac{1}{\sqrt{2}}\sum_{i\in\mathbf{Z}} c(i)\left[\sum_{k\in\mathbf{Z}} h^{(1)}(2k-i)\mu_{2n+1}\left(\frac{t}{2}+k\right)\right]\\ &= \sum_{k\in\mathbf{Z}}\left\{\sum_{i\in\mathbf{Z}} h^{(0)}(2k-i)c(i)\right\}\frac{1}{\sqrt{2}}\mu_{2n}\left(\frac{t}{2}+k\right)\\ &\quad + \sum_{k\in\mathbf{Z}}\left\{\sum_{i\in\mathbf{Z}} h^{(1)}(2k-i)c(i)\right\}\frac{1}{\sqrt{2}}\mu_{2n+1}\left(\frac{t}{2}+k\right)\\ &= \sum_{k\in\mathbf{Z}}(H_0 c)(k)\,\frac{1}{\sqrt{2}}\mu_{2n}\left(\frac{t}{2}+k\right)\\ &\quad + \sum_{k\in\mathbf{Z}}(H_1 c)(k)\,\frac{1}{\sqrt{2}}\mu_{2n+1}\left(\frac{t}{2}+k\right)\end{aligned}$$

使用膨胀算子 σ

$$(\sigma x)(t) = \frac{1}{\sqrt{2}}x\left(\frac{t}{2}\right)$$

则有

$$x(t) = \sum_{k\in\mathbf{Z}}(H_0 c)(k)\cdot(\sigma\mu_{2n})(t+k) + \sum_{k\in\mathbf{Z}}(H_1 c)(k)\cdot(\sigma\mu_{2n+1})(t+k)$$

等式右边的第一项是空间 $\sigma U_0^{(2n)}$ 的元素,第二项是 $\sigma U_0^{(2n+1)}$ 的元素,再注意到$(\sigma\mu_{2n})$

$(t+k)$ 与$(\sigma\mu_{2n+1})(t+k)$ 正交,所以

$$U_0^{(n)} = \sigma U_0^{(2n)} \oplus \sigma U_0^{(2n+1)} \tag{9.4.4}$$

如此,$U_0^{(n)}$ 的元素被 $U_0^{(2n)}$ 和 $U_0^{(2n+1)}$ 的元素表达。

现在可以对 W_j 作进一步的正交分解了。为此,扩展记号(9.4.2) 的定义

$$U_j^{(n)} = \overline{\operatorname{span}\{2^{j/2}\mu_n(2^j t-k) \mid k\in\mathbf{Z}\}} \tag{9.4.5}$$

那么小波子空间 $W_j = U_j^{(1)}$. 利用膨胀算子 σ 的逆算子

$$\sigma^{-1}x(t) = \sqrt{2}x(2t)$$

则式(9.4.5) 表达为

$$U_j^{(n)} = \sigma^{-j}U_0^{(n)}$$

用 σ^{-j} 作用式(9.4.4) 两边,得到

$$U_j^{(n)} = \sigma^{-(j-1)}U_0^{(2n)} \oplus \sigma^{-(j-1)}U_0^{(2n+1)} = U_{j-1}^{(2n)} \oplus U_{j-1}^{(2n+1)}$$

从而 W_j 可任意地逐级分解(如图9 - 16 所示):

$$W_j = U_j^{(1)} = U_{j-1}^{(2)} \oplus U_{j-1}^{(3)} = U_{j-2}^{(4)} \oplus U_{j-2}^{(5)} \oplus U_{j-2}^{(6)} \oplus U_{j-2}^{(7)} = \cdots = \bigoplus_{s=2^p}^{2^{p+1}-1} U_{j-p}^{(s)}$$

其中 $U_{j-p}^{(s)}$ 有标准正交基$\{2^{(j-p)/2}\mu_s(2^{j-p}t-k)\}_{k\in\mathbf{Z}}$,这里 p 是 W_j 的分解层数。

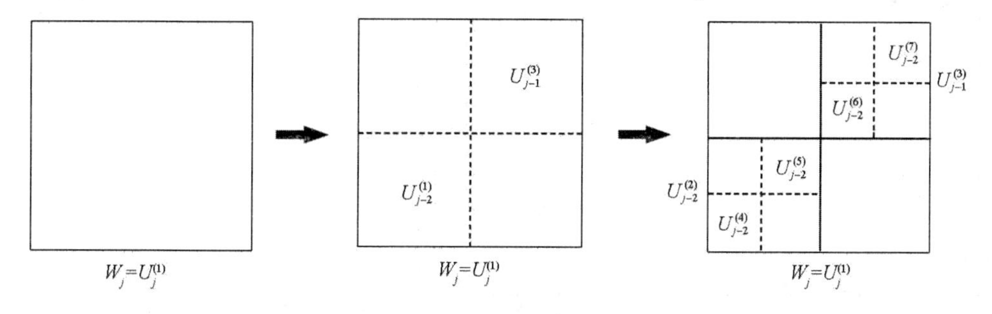

图9 - 16

从而任意给定一组非负整数$\{p_j\}_{j\in\mathbf{Z}}$,p_j 作为 W_j 的分解层数,对应 $L^2(R)$ 的一种分解

$$L^2(R) = \bigoplus_{\substack{s=2^{p_j}\\ j\in\mathbf{Z}}}^{2^{p_j+1}-1} U_{j-p_j}^{(s)}$$

如图9 - 17 所示(为图的清晰,分解层数都用 p)。子空间 $U_{j-p_j}^{(s)}$, $2^{p_j}\leqslant s<2^{p_j+1}$ 有标准正交基

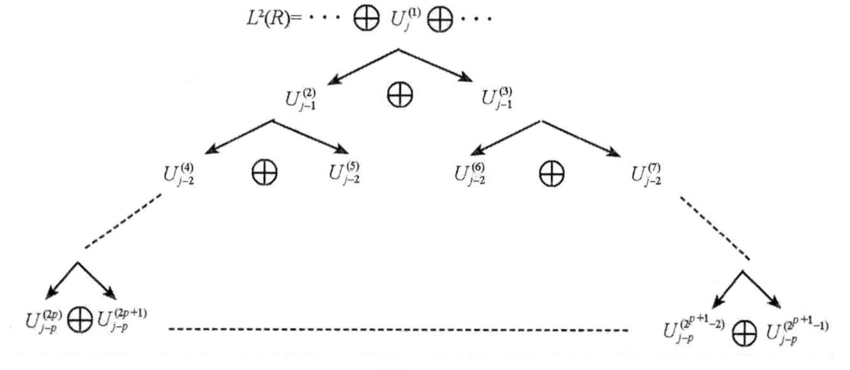

图9 - 17

$$\{2^{(j-p_j)/2}\mu_s(2^{j-p_j}t-k)\}_{k\in\mathbf{Z}}$$

当所有的 $p_j=0$,对应一般的正交多分辨分析 $L^2(R)=\bigoplus_{j=-\infty}^{+\infty}W_j$.

- **小波包的 Mallat 算法**

设 $f\in V_J$,假设对固定的某个 $j<J$,由正交多分辨分析的 Mallat 算法得到了 f 在 $W_j=U_j^{(1)}$ 中的投影坐标 $\{d_k^{0,1}\}_{k\in\mathbf{Z}}$:

$$d_k^{0,1}=\int_R f(t)\cdot 2^{j/2}\psi(2^jt-k)\,\mathrm{d}t=\int_R f(t)\cdot 2^{j/2}\mu_1(2^jt-k)\,\mathrm{d}t$$

其中 $d_k^{0,1}$ 的第一个上标 0 代表分解的层次,目前还没开始分解,所以为 0;$d_k^{0,1}$ 的第二个上标 1 相应于小波包函数列中的 μ_1. 对任意给定的正整数 $\bar{p}$(分解到第 $\bar{p}$ 层),W_j 可以分解为系列子空间 $U_{j-\bar{p}}^{(s)}$, $s=2^{\bar{p}},2^{\bar{p}}+1,\cdots,2^{\bar{p}+1}-1$ 的正交和。小波包 Mallat 分解算法就是由 $\{d_k^{0,1}\}_{k\in\mathbf{Z}}$ 得到 f 在每个子空间 $U_{j-\bar{p}}^{(s)}$ 中的投影系数 $\{d_k^{\bar{p},s}\}_{k\in\mathbf{Z}}$. 小波包 Mallat 重构算法就是由 $\{d_k^{\bar{p},s}\}_{k\in\mathbf{Z}}$, $s=2^{\bar{p}},2^{\bar{p}}+1,\cdots,2^{\bar{p}+1}-1$ 重构出 $\{d_k^{0,1}\}_{k\in\mathbf{Z}}$. 无论是分解或是重构,都是递推进行的。为此我们考察第 p 层($0\leqslant p<\bar{p}$) 和第 $p+1$ 层之间一个分叉中三个节点之间的关系,如图 9 - 18 所示。图中 s 满足 $2^p\leqslant s\leqslant 2^{p+1}-1$.

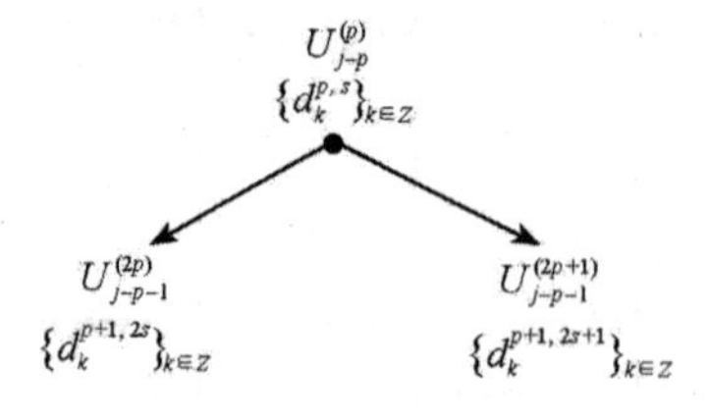

图 9 - 18

三组坐标之间明显有如下关系:

$$\sum_{k\in\mathbf{Z}}d_k^{p,s}2^{\frac{j-p}{2}}\mu_s(2^{j-p}t-k)=\sum_{n\in\mathbf{Z}}d_n^{p+1,2s}2^{\frac{j-p-1}{2}}\mu_{2s}(2^{j-p-1}t-n)+\sum_{n\in\mathbf{Z}}d_n^{p+1,2s+1}2^{\frac{j-p-1}{2}}\mu_{2s+1}(2^{j-p-1}t-n)\tag{9.4.6}$$

在上式两边乘以 $2^{\frac{j-p-1}{2}}\mu_{2s}(2^{j-p-1}t-n)$ 再两边在 R 上积分,注意到小波包函数列的正交性,可得

$$\begin{aligned}d_n^{p+1,2s}&=\sum_{k\in\mathbf{Z}}d_k^{p,s}\int_R 2^{\frac{j-p-1}{2}}\mu_{2s}(2^{j-p-1}t-n)\cdot 2^{\frac{j-p}{2}}\mu_s(2^{j-p}t-k)\,\mathrm{d}t\\&=\sum_{k\in\mathbf{Z}}d_k^{p,s}\int_R 2^{\frac{j-p-1}{2}}\sqrt{2}\sum_{r\in\mathbf{Z}}h^{(0)}(r)\mu_s(2^{j-p}t-2n-r)\cdot 2^{\frac{j-p}{2}}\mu_s(2^{j-p}t-k)\,\mathrm{d}t\\&=\sum_{k\in\mathbf{Z}}d_k^{p,s}\sum_{r\in\mathbf{Z}}h^{(0)}(r)\int_R 2^{\frac{j-p}{2}}\mu_s(2^{j-p}t-2n-r)\cdot 2^{\frac{j-p}{2}}\mu_s(2^{j-p}t-k)\,\mathrm{d}t\\&=\sum_{k\in\mathbf{Z}}d_k^{p,s}h^{(0)}(k-2n)\end{aligned}$$

同理可得到 $d_n^{p+1,2s+1}$ 的计算公式。总之我们得到

$$\begin{cases} d_n^{p+1,2s} = \sum_{k\in\mathbf{Z}} d_k^{p,s} h^{(0)}(k-2n) \\ d_n^{p+1,2s+1} = \sum_{k\in\mathbf{Z}} d_k^{p,s} h^{(1)}(k-2n) \end{cases} \tag{9.4.7}$$

在式(9.4.7)中当s在$[2^p,2^{p+1}-1]$中遍历,则得到$d_n^{p+1,s}$, $2^{p+1}\leqslant s\leqslant 2^{p+2}-1$,这就是从第$p$层到第$p+1$层的分解公式,可以用滤波器运算示意为图9-19(a),其中$h^{(0)-}$,$h^{(1)-}$表示$h^{(0)}$,$h^{(1)}$的折叠。在图9-19(a)中,让p从0变到$\bar{p}-1$,则分解出f在子空间$U_{j-\bar{p}}^{(s)}$中的投影系数$\{d_k^{\bar{p},s}\}_{k\in\mathbf{Z}}$,$s=2^{\bar{p}},2^{\bar{p}}+1,\cdots,2^{\bar{p}+1}-1$.

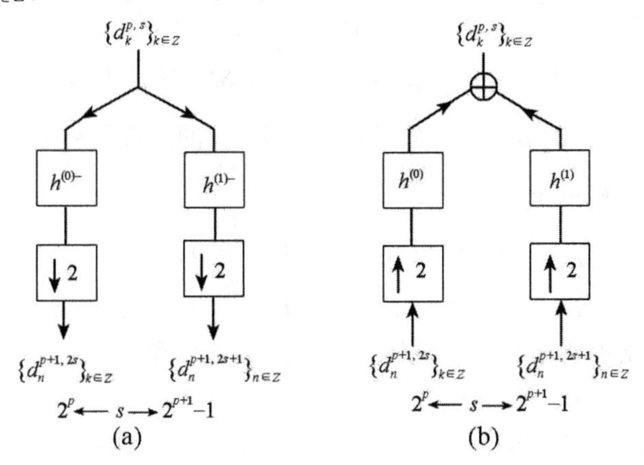

图9-19

至于由$\{d_n^{p+1,2s}\}_{n\in\mathbf{Z}}$和$\{d_n^{p+1,2s+1}\}_{n\in\mathbf{Z}}$到$\{d_k^{p,s}\}_{k\in\mathbf{Z}}$的重构,这是我们早已熟知的运算,无须赘述,就是图9-19(b)所示,让s在$[2^p,2^{p+1}-1]$中遍历,就完成了第$p+1$层到第p层的重构。再让p从$\bar{p}-1$变到0,则重构出f在子空间$W_j=U_j^{(1)}$中的投影系数。

9.4.2　双正交小波包

回顾节9.3,给出双正交滤波器组(H_0,H_1,F_0,F_1),如果H_0,F_0满足定理9.3.1,则生成两个多分辨分析$(\{V_j\}_{j\in\mathbf{Z}},\varphi)$和$(\{\tilde{V}_j\}_{j\in\mathbf{Z}},\tilde{\varphi})$,并产生$L^2(R)$的两套直交分解

$$L^2(R)=\cdots\dot{+}W_{-1}\dot{+}W_0\dot{+}W_1\dot{+}\cdots$$

$$L^2(R)=\cdots\dot{+}\tilde{W}_{-1}\dot{+}\tilde{W}_0\dot{+}\tilde{W}_1\dot{+}\cdots$$

其中一套用于信号分解,一套用于信号重构。所谓双正交小波包,就是将W_j和$\tilde{W}_j$进一步分解为更小的子空间的直和,得到这些子空间的基,使得W_j和$\tilde{W}_j$中的信号能进一步分解并重构。

本小节只给出对应于正交小波包的相关结论,不再证明它们。然后给出双正交小波包的分解、重构算法。

- **小波子空间的再分解**

记$\mu_0=\varphi$, $\mu_1=\psi$; $\tilde{\mu}_0=\tilde{\varphi}$, $\tilde{\mu}_1=\tilde{\psi}$,由此递推产生两个函数序列

$$\begin{cases}\mu_{2m}(t)=\sqrt{2}\sum\limits_{k\in\mathbf{Z}}h^{(0)}(k)\mu_m(2t-k)\\ \mu_{2m+1}(t)=\sqrt{2}\sum\limits_{k\in\mathbf{Z}}h^{(1)}(k)\mu_m(2t-k)\end{cases}\quad m=0,1,2,\cdots$$

$$\begin{cases}\tilde{\mu}_{2m}(t)=\sqrt{2}\sum\limits_{k\in\mathbf{Z}}\tilde{h}^{(0)}(k)\tilde{\mu}_m(2t-k)\\ \tilde{\mu}_{2m+1}(t)=\sqrt{2}\sum\limits_{k\in\mathbf{Z}}\tilde{h}^{(1)}(k)\tilde{\mu}_m(2t-k)\end{cases}\quad m=0,1,2,\cdots$$

定理 9.4.2　$\forall m\geqslant 0$，μ_m 的整数平移系与 $\tilde{\mu}_m$ 的整数平移系双正交，即

$$\langle\mu_m(\cdot-k),\ \tilde{\mu}_m(\cdot-l)\rangle=\delta_{k,l},\forall k,\ l\in\mathbf{Z}$$

定理 9.4.3　$\forall m\geqslant 0$，μ_{2m} 的整数平移系与 $\tilde{\mu}_{2m+1}$ 的整数平移系正交，μ_{2m+1} 的整数平移系与 $\tilde{\mu}_{2m}$ 的整数平移系正交，即

$$\langle\mu_{2m}(\cdot-k),\ \tilde{\mu}_{2m+1}(\cdot-l)\rangle=0,\forall k,\ l\in\mathbf{Z}$$

$$\langle\mu_{2m+1}(\cdot-k),\ \tilde{\mu}_{2m}(\cdot-l)\rangle=0,\forall k,\ l\in\mathbf{Z}$$

这两个定理的结论所述的平移系的关系如图 9－20 所示。

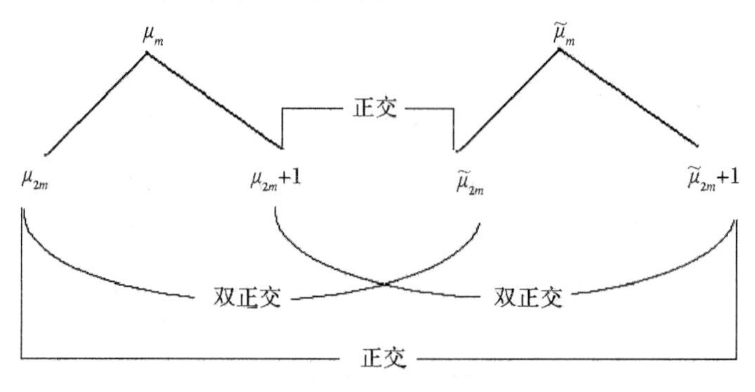

图 9－20

记

$$\left.\begin{aligned}U_j^{(m)}&\triangleq\overline{\operatorname{span}\{2^{j/2}\mu_m(2^jt-k)\mid k\in\mathbf{Z}\}}\\ \tilde{U}_j^{(m)}&\triangleq\overline{\operatorname{span}\{2^{j/2}\tilde{\mu}_m(2^jt-k)\mid k\in\mathbf{Z}\}}\end{aligned}\right\}\quad j\in\mathbf{Z},\ m\geqslant 0$$

显然 $U_j^{(0)}=V_j,U_j^{(1)}=W_j,\tilde{U}_j^{(0)}=\tilde{V}_j,\tilde{U}_j^{(1)}=\tilde{W}_j$.

定理 9.4.4　$U_{j+1}^{(m)}=U_j^{(2m)}\dot{+}U_j^{(2m+1)},\tilde{U}_{j+1}^{(m)}=\tilde{U}_j^{(2m)}\dot{+}\tilde{U}_j^{(2m+1)}$.

根据定理 9.4.4，对任意非负整数 p，W_j 和 $\tilde{W}_j$ 可以分解为

$$W_j=U_j^{(1)}=\dot{\sum_{s=2^p}^{2^{p+1}-1}}U_{j-p}^{(s)},\quad \tilde{W}_j=\tilde{U}_j^{(1)}=\dot{\sum_{s=2^p}^{2^{p+1}-1}}\tilde{U}_{j-p}^{(s)}$$

从而 $L^2(R)$ 有了两套分解（分别对应图 9－21(a) 和图 9－21(b)）。

其中子空间 $U_{j-p}^{(m)}$ 和 $\tilde{U}_{j-p}^{(m)}$ 的基分别为

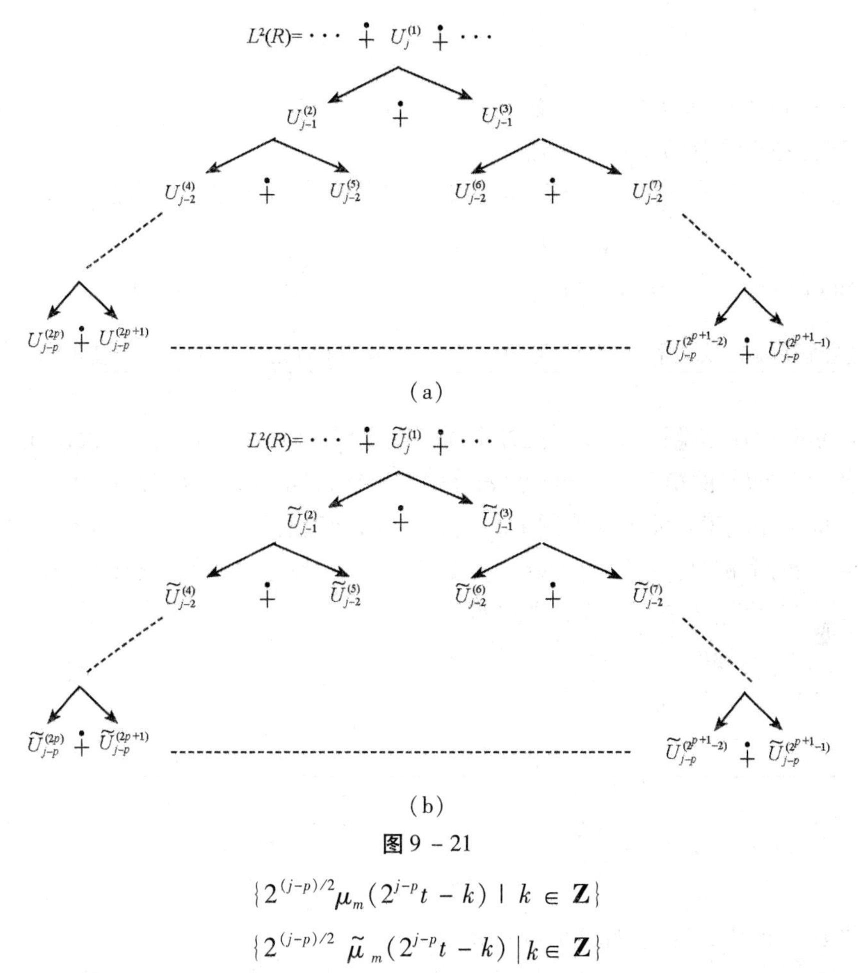

(a)

(b)

图 9 － 21

$$\{2^{(j-p)/2}\mu_m(2^{j-p}t-k)\mid k\in\mathbf{Z}\}$$

$$\{2^{(j-p)/2}\ \tilde{\mu}_m(2^{j-p}t-k)\mid k\in\mathbf{Z}\}$$

从子空间的角度来看图 9 － 20，可得到它们如图 9 － 22 所示的关系。事实上还有更一般的结论。

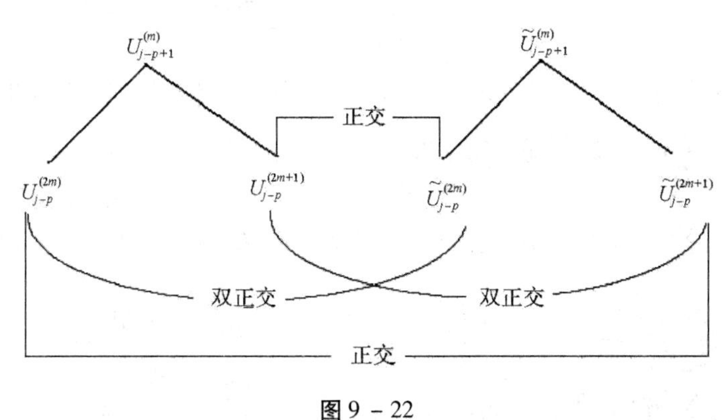

图 9 － 22

定理 9.4.5　对分别位于图 9 － 21(a) 和图 9 － 21(b) 两棵树上且处在同一分解层次上的两个子空间

$$U_{j-p}^{(m)}, \ \widetilde{U}_{j-p}^{(n)}$$

如果 $m = n$,则 $U_{j-p}^{(m)}$ 与 $\widetilde{U}_{j-p}^{(n)}$ 双正交,否则 $U_{j-p}^{(m)} \perp \widetilde{U}_{j-p}^{(n)}$.

- **双正交小波包的 Mallat 算法**

固定 $j \in \mathbf{Z}$,考察 W_j 的双正交小波包的分解重构计算。任意给定非负整数 $\bar{p}$,有

$$W_j = U_j^{(1)} = U_{j-\bar{p}}^{(2^{\bar{p}})} \dot{+} \cdots \dot{+} U_{j-\bar{p}}^{(2^{\bar{p}+1}-1)}$$

如果已知 f 在 $W_j = U_j^{(1)}$ 中的分解系数,如何得到 f 在子空间 $U_{j-\bar{p}}^{(2^{\bar{p}})}, \cdots, U_{j-\bar{p}}^{(2^{\bar{p}+1}-1)}$ 中的分解系数,这是分解问题;反之称为重构问题。对 $\widetilde{W}_j$ 有同样的说法,我们只考虑 W_j 的分解和重构。

不论是分解还是重构,都需要通过中间层次递推进行。用 $\{d_k^{0,1}\}_{k \in \mathbf{Z}}$ 表示 f 在 $U_j^{(1)}$ 中的分解系数,其中 $d_k^{0,1}$ 的第一个上标 0 代表分解的层次,目前还没开始分解,所以为 0;$d_k^{0,1}$ 的第二个上标 1 相应于小波包函数列中的 $\mu_1 (= \psi)$;同理对于第 p 层($0 \leqslant p \leqslant \bar{p}$),$f$ 在 $U_{j-p}^{(s)}$ 中的分解系数用 $\{d_k^{p,s}\}_{k \in \mathbf{Z}}$ 表示($2^p \leqslant s \leqslant 2^{p+1} - 1$)。关键是考察第 p 层($0 \leqslant p < \bar{p}$) 和第 $p + 1$ 层之间一个分叉中三个节点之间的关系。

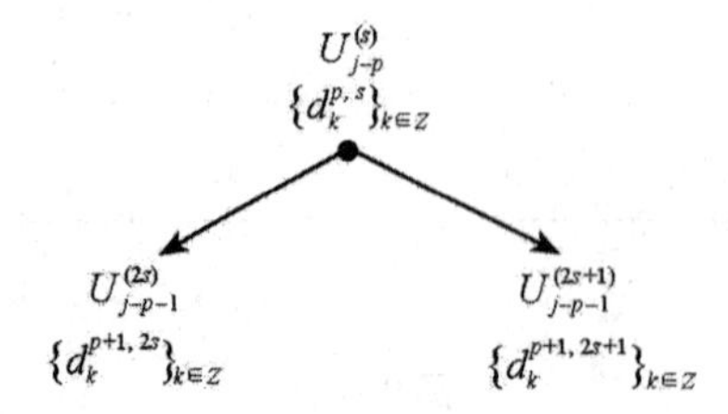

图 9 - 23

在图 9 - 23 中,三组坐标之间有关系

$$\sum_{k \in \mathbf{Z}} d_k^{p,s} 2^{\frac{j-p}{2}} \mu_s (2^{j-p} t - k) = \sum_{n \in \mathbf{Z}} d_n^{p+1,2s} 2^{\frac{j-p-1}{2}} \mu_{2s} (2^{j-p-1} t - n) + \sum_{n \in \mathbf{Z}} d_n^{p+1,2s+1} 2^{\frac{j-p-1}{2}} \mu_{2s+1} (2^{j-p-1} t - n) \tag{9.4.8}$$

将式(9.4.8) 两边与 $2^{(j-p-1)/2} \ \widetilde{\mu}_{2s} (2^{j-p-1} t - n)$ 作内积,可得(定理 9.4.2 和定理 9.4.3)

$$\begin{aligned} d_n^{p+1,2s} &= \sum_{k \in \mathbf{Z}} d_k^{p,s} \int_R 2^{\frac{j-p-1}{2}} \ \widetilde{\mu}_{2s} (2^{j-p-1} t - n) \cdot 2^{\frac{j-p}{2}} \mu_s (2^{j-p} t - k) \mathrm{d}t \\ &= \sum_{k \in \mathbf{Z}} d_k^{p,s} \int_R 2^{\frac{j-p-1}{2}} \sqrt{2} \sum_{r \in \mathbf{Z}} \ \widetilde{h}^{(0)}(r) \ \widetilde{\mu}_s (2^{j-p} t - 2n - r) \cdot 2^{\frac{j-p}{2}} \mu_s (2^{j-p} t - k) \mathrm{d}t \\ &= \sum_{k \in \mathbf{Z}} d_k^{p,s} \sum_{r \in \mathbf{Z}} \ \widetilde{h}^{(0)}(r) \int_R \widetilde{\mu}_s (t - 2n - r) \cdot \mu_s (t - k) \mathrm{d}t \\ &= \sum_{k \in \mathbf{Z}} d_k^{p,s} \ \widetilde{h}^{(0)}(k - 2n) \end{aligned}$$

类似地,将式(9.4.8) 两边与 $2^{(j-p-1)/2} \ \widetilde{\mu}_{2s+1} (2^{j-p-1} t - n)$ 作内积就可得到 $d_n^{p+1,2s+1}$ 的计算公式,总之我们得到

$$\begin{cases} d_n^{p+1,2s} = \sum_{k\in\mathbf{Z}} d_k^{p,s}\ \tilde{h}^{(0)}(k-2n) \\ d_n^{p+1,2s+1} = \sum_{k\in\mathbf{Z}} d_k^{p,s}\ \tilde{h}^{(1)}(k-2n) \end{cases} \tag{9.4.9}$$

在上式中当 s 在$[2^p, 2^{p+1}-1]$中遍历,则得到 $d_n^{p+1,s}$, $2^{p+1} \leqslant s \leqslant 2^{p+2}-1$,这就是从第 p 层到第 $p+1$ 层的分解公式。记

$$\begin{aligned} \tilde{h}^{(0)} &= \{\cdots, \tilde{h}^{(0)}(-1), \tilde{h}^{(0)}(0), \tilde{h}^{(0)}(1)\cdots\} \\ \tilde{h}^{(1)} &= \{\cdots, \tilde{h}^{(1)}(-1), \tilde{h}^{(1)}(0), \tilde{h}^{(1)}(1)\cdots\} \end{aligned} \tag{9.4.10}$$

用 $\tilde{h}^{(0)-}$ 表示 $\tilde{h}^{(0)}$ 的折叠, $\tilde{h}^{(1)-}$ 表示 $\tilde{h}^{(1)}$ 的折叠,式(9.4.9)可用滤波器示意为图 9－24(a)。

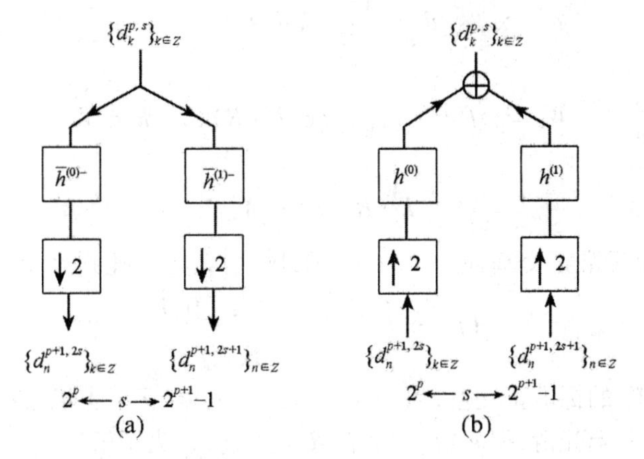

图 9－24

在图 9－24(a)中,让 p 从 0 变到 $\bar{p}-1$,则分解出 f 在子空间 $U_{j-\bar{p}}^{(s)}$ 中的投影系数

$$\{d_k^{\bar{p},s}\}_{k\in\mathbf{Z}},\ s = 2^{\bar{p}}, 2^{\bar{p}}+1, \cdots, 2^{\bar{p}+1}-1$$

再考虑从 $U_{j-\bar{p}}^{(2^{\bar{p}})}, \cdots, U_{j-\bar{p}}^{(2^{\bar{p}+1}-1)}$ 到 $U_j^{(1)}$ 的重构。将式(9.4.8)两边与 $2^{(j-p)/2}\ \tilde{\mu}_s(2^{j-p}t-n)$ 作内积(定理 5.2.1 和定理 5.2.2),可得

$$d_k^{p,s} = \sum_{n\in\mathbf{Z}} d_n^{p+1,2s} h^{(0)}(k-2n) + \sum_{n\in\mathbf{Z}} d_n^{p+1,2s+1} h^{(1)}(k-2n) \tag{9.4.11}$$

让 s 在$[2^p, 2^{p+1}-1]$中遍历,就得到第 $p+1$ 层到第 p 层的重构公式。记

$$\begin{aligned} h^{(0)} &= \{\cdots, h^{(0)}(-1), h^{(0)}(0), h^{(0)}(1)\cdots\} \\ h^{(1)} &= \{\cdots, h^{(1)}(-1), h^{(1)}(0), h^{(1)}(1)\cdots\} \end{aligned}$$

则式(9.4.11)可以用滤波器运算示意为图 9－24(b)。在图 9－24(b)中,让 p 从 $\bar{p}-1$ 变到 0,则重构出 f 在子空间 $W_j = U_j^{(1)}$ 中的投影系数。

9.5 局部余弦基

如果尺度函数在频域中紧支撑,小波包使得我们能够按二进方式任意切割频域轴,得到每个小区间上的频限函数子空间的标准正交基。然而,即使尺度函数(从而小波函数)在时域中紧支撑,W_j 空间中的函数并不在时域中紧支撑,因为紧支撑尺度函数的平移组合覆盖了整个 R. 本节的目标是将 $L^2(R)$ 分解为

$$L^2(R) = \bigoplus_{k=-\infty}^{+\infty} W_k$$

其中每个 W_k 中的函数都是紧支撑的,W_k 函数的支撑区间可以由我们预先指定,并得到 W_k 的光滑标准正交基。这个问题初想似乎不难,例如,将 R 按整数隔点分割

$$R = \bigcup_{k=-\infty}^{+\infty} [k,k+1]$$

再记

$$W_k = \{f(t)1_{[k,k+1]} \mid f \in L^2(R)\}, \quad k \in \mathbf{Z}$$

则有

$$L^2(R) = \bigoplus_{k\in\mathbf{Z}} W_k$$

取 $L^2[0,1]$ 的某个标准正交基 $\{e_n(t),\ t\in[0,1]\}_{n\in\mathbf{Z}}$,零延托到 R 上,

$$\bar{e}_n(t) = \begin{cases} e_n(t), & t \in [0,1] \\ 0, & \text{其它} \end{cases}$$

则 $\{\bar{e}_n(t)\}_{n\in\mathbf{Z}}$ 是 W_0 的标准正交基,而 $\{\bar{e}_n(t-k),\quad n,k\in\mathbf{Z}\}$ 是 W_k 的标准正交基。然而,即使 $e_n(t)$ 在 $[0,1]$ 上光滑,但 $\bar{e}_n(t-k)$ 在 R 上不连续。为了解决 $\bar{e}_n(t-k)$ 在 $[k,k+1]$ 端点处的间断问题,在两端引入过渡区

$$\Omega(k,\varepsilon_k) = (k-\varepsilon_k, k+\varepsilon_k)$$
$$\Omega(k+1,\varepsilon_{k+1}) = (k+1-\varepsilon_{k+1}, k+1+\varepsilon_{k+1})$$

修正 $\bar{e}_n(t-k)$ 在过渡区中的值,使得陡坡缓降至零,如图 9-25(a) 所示。

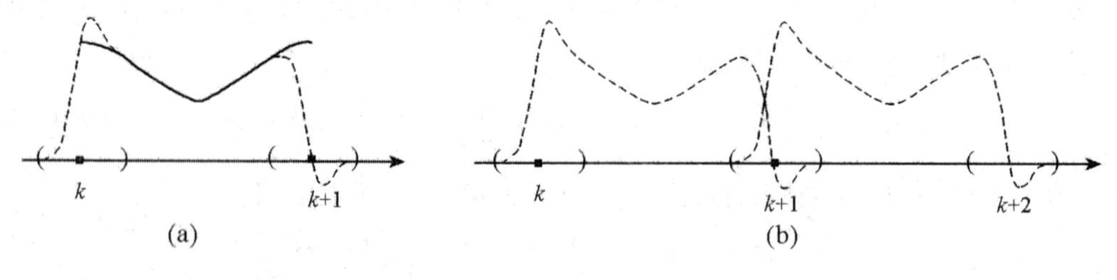

图 9-25

但这样一来,相邻两个区间在公共过渡域会搭接,如图 9-25(b) 所示。如何保证两者正交呢?通过下面的截断函数、折叠算子、光滑正交投影等一系列方法,能解决上述问题。

9.5.1　截断函数

定义 9.5.1　如果连续可微函数 $r(t)$ 满足条件

$$r(t)=\begin{cases}0, & t\leqslant -1\\ 1, & t\geqslant 1\end{cases} \tag{9.5.1}$$
$$r^2(t)+r^2(-t)=1$$

则称 $r(t)$ 为截断函数,如图 9－26 所示。

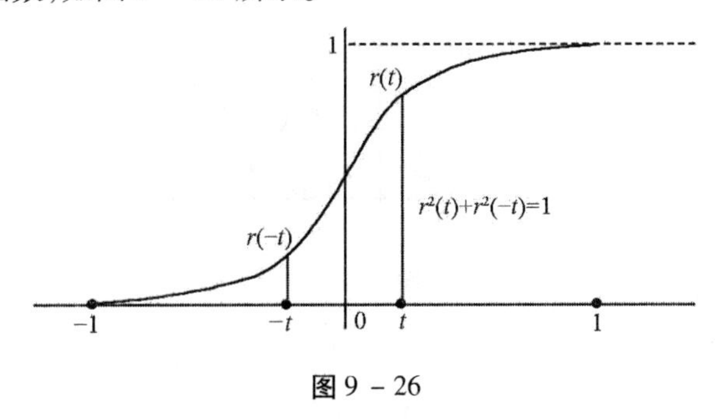

图 9－26

显然 $r(0)=\sqrt{2}/2$.

如何构造截断函数呢?显然,截断函数 $r(t)$ 在$[-1,1]$中可表示成

$$r(t)=\sin[\theta(t)],\quad r(-t)=\cos[\theta(t)]$$

所以

$$\sin[\theta(-t)]=r(-t)=\cos[\theta(t)]$$

这说明 $\theta(-t)=\pi/2-\theta(t)$. 为了满足 $\theta(t)$ 在$[-1,1]$端点上的要求,取 $\theta(1)=\pi/2$, 这自然导致 $\theta(-1)=0$. 于是截断函数具有形式

$$r(t)=\sin[\theta(t)]$$
$$\theta(t)=\begin{cases}0, & t\leqslant -1\\ \pi/2, & t\geqslant 1\end{cases} \tag{9.5.2}$$
$$\theta(t)+\theta(-t)=\pi/2$$

函数 $\theta(t)$ 的图像如图 9－27 所示。

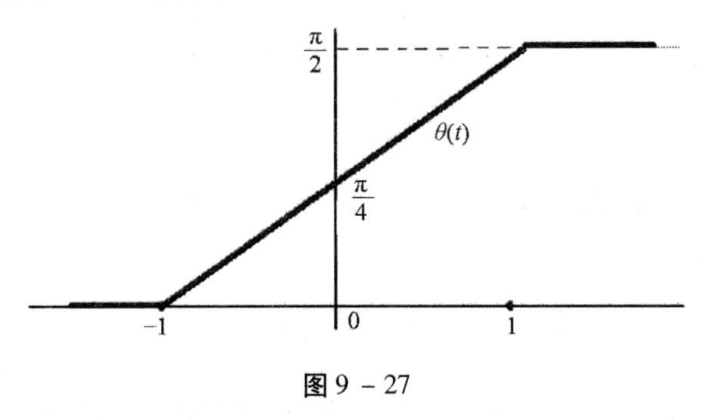

图 9－27

构造 $\theta(t)$ 的一般方法是先构造 $\varphi(t)$ 满足

$$\begin{aligned}&\varphi(t)=0,\quad |t|>1;\\&\varphi(t)=\varphi(-t);\\&\int_{-\infty}^{+\infty}\varphi(t)\,\mathrm{d}t=\pi/2\end{aligned}\tag{9.5.3}$$

$\varphi(t)$ 的图像如图 9－28 所示。

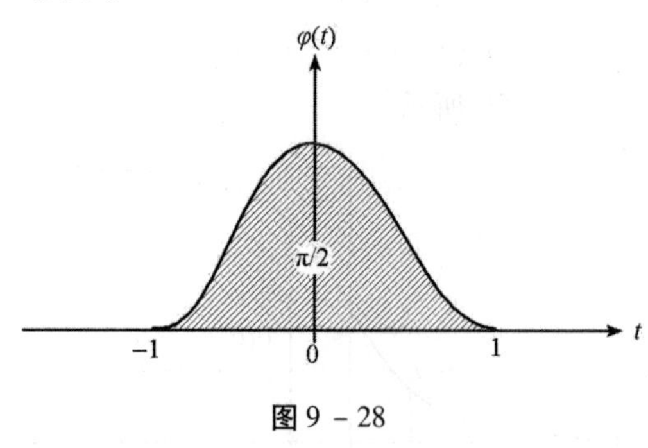

图 9－28

再取

$$\theta(t)=\int_{-\infty}^{t}\varphi(\tau)\,\mathrm{d}\tau$$

则 $\theta(t)$ 满足式(9.5.2)。如果 $\varphi(t)$ 有 k 阶光滑度，则 $\theta(t)$ 从而 $r(t)$ 有 $k+1$ 阶光滑度。利用基数 B 样条可以得到任意阶光滑度的 $\varphi(t)$. 所谓基数 B 样条是按下述递推方式产生的函数：

$$N_1(t)=1_{[0,1]}(t),\quad ([0,1]\text{ 上的示性函数})$$

$$N_m(t)=N_{m-1}*N_1=\int_R N_{m-1}(t-\tau)N_1(\tau)\,\mathrm{d}\tau=\int_{t-1}^{t}N_{m-1}(\tau)\,\mathrm{d}\tau,\quad (m\geqslant 2)$$

$N_m(t)$ 的图像($m=1,2,3$) 如图 9－29 所示。

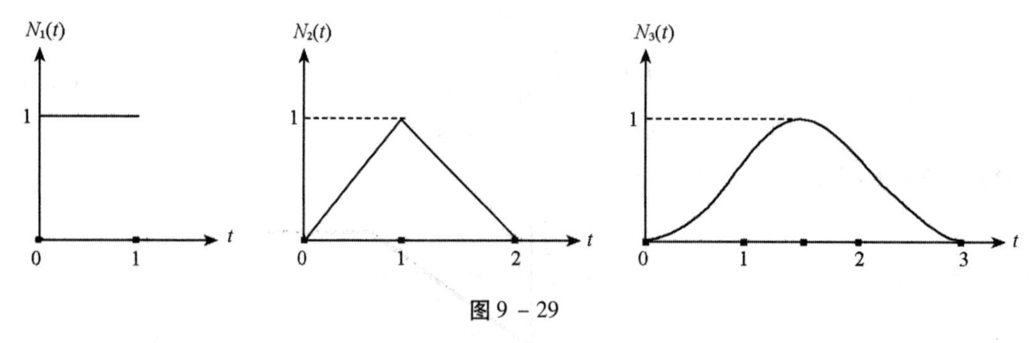

图 9－29

$0\leqslant N_m(t)\leqslant 1$ 支撑在$[0,m]$上，关于 $m/2$ 对称。实际上可得到 $N_m(t)$ 更明晰的表达式，它是分段多项式：

$$N_m(t)=\frac{1}{(m-1)!}\sum_{k=0}^{s-1}(-1)^k\mathrm{C}_m^k(t-k)^{m-1},\quad t\in[s-1,s),\ s=1,2,\cdots,m$$

它有 $m-2$ 阶光滑度，且满足$\int_R N_m(t)\,\mathrm{d}t\equiv 1$. 对 $N_m(t)$ 作平移、伸缩：

$$\frac{m\pi}{4}N_m\left(\frac{m}{2}t+\frac{m}{2}\right)\triangleq\varphi_m(t)$$

则 $\varphi_m(t)$ 支撑在$[-1,1]$上,符合式(5.1.3)。

另一个产生高阶光滑度 $r(t)$ 更直接的方法是,作

$$u_0(t) = \sin\frac{\pi}{2}t$$

$$u_{k+1}(t) = u_k(\sin\frac{\pi}{2}t), \quad k = 0,1,\cdots,n$$

再取截断函数

$$r_{n+1}(t) = \begin{cases} 0, & t \leqslant -1 \\ \sin[\frac{\pi}{4}(1 + u_{n+1}(t))], & t \in (-1,1) \\ 1, & t \geqslant 1 \end{cases}$$

则 $r_{n+1}(t)$ 有 $2^n - 1$ 阶光滑度。

9.5.2　折叠算子

- **$[-1,1]$ 作用域上的折叠**

定义 9.5.2　给定一个截断函数 $r(t)$,定义 $L^2(R)$ 上的算子 U 如下:

$$(Uf)(t) = \begin{cases} r(t)f(t) + r(-t)f(-t), & t > 0 \\ r(-t)f(t) - r(t)f(-t), & t < 0 \end{cases} \tag{9.5.4}$$

当 $|t| > 1$ 时,$(Uf)(t) = f(t)$,U 只修改了 f 在$[-1,1]$中的值,称 U 为$[-1,1]$上的折叠算子。由于 U 依赖于截断函数 r,必要时记作 $U(r)$.

例 9.5.1　取截断函数 $r(t)$ 和 f 如下

$$r(t) = \begin{cases} 0, & t \leqslant -1 \\ \sin[\frac{\pi}{4}(1 + \sin\frac{\pi}{2}t)], & t \in (-1,1) \\ 1, & t \geqslant 1 \end{cases}$$

$$f(t) = \frac{1}{1 + t^2}$$

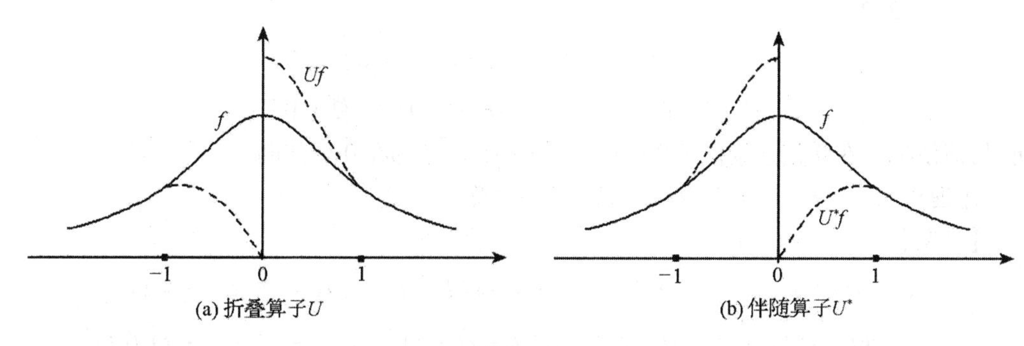

图 9 - 30

图 9 - 30(a) 绘出了$(Uf)(t)$的图像。其中实线表示 f 的曲线,虚线表示 Uf 的曲线,从图中可以看出,在$[-1,1]$之外 Uf 与 f 重合。

U 是 $L^2(R)$ 上线性有界算子,可以求得它的伴随算子 U^*。

定理 9.5.1　U 的伴随算子 U^* 是

$$(U^*f)(t) = \begin{cases} r(t)f(t) - r(-t)f(-t), & t > 0 \\ r(-t)f(t) + r(t)f(-t), & t < 0 \end{cases} \tag{9.5.5}$$

【证明】$\forall f,\ g \in L^2(R)$,

$$\begin{aligned}
\langle Uf, g\rangle &= \int_{-\infty}^{+\infty}(Uf)(t)\cdot g(t)\mathrm{d}t \\
&= \int_{-\infty}^{0}[r(-t)f(t) - r(t)f(-t)]\cdot g(t)\mathrm{d}t \\
&\quad + \int_{0}^{+\infty}[r(t)f(t) + r(-t)f(-t)]\cdot g(t)\mathrm{d}t \\
&= \int_{-\infty}^{0}[r(-t)g(t)]f(t)\mathrm{d}t - \int_{0}^{+\infty}[r(-t)g(-t)]f(t)\mathrm{d}t \\
&\quad + \int_{0}^{+\infty}[r(t)g(t)]f(t)\mathrm{d}t + \int_{-\infty}^{0}[r(t)g(-t)]f(t)\mathrm{d}t \\
&= \int_{-\infty}^{0}[r(-t)g(t) + r(t)g(-t)]f(t)\mathrm{d}t \\
&\quad + \int_{0}^{+\infty}[r(t)g(t) - r(-t)g(-t)]f(t)\mathrm{d}t
\end{aligned}$$

如果按式(9.5.5)决定 U^*f,则有

$$\langle Uf, g\rangle = \int_{-\infty}^{+\infty}(U^*g)(t)\cdot f(t)\mathrm{d}t = \langle f, U^*g\rangle$$

所以 U^* 就是 U 的伴随算子。　　　　【证毕】

伴随算子 U^* 同样具有性质:当 $|t| > 1$ 时,$(U^*f)(t) = f(t)$. 图9-30(b)绘出了 U^*f 的曲线。

另外,还注意到 Uf 和 U^*f 都没给出 $t = 0$ 处的定义。当 $f(t)$ 在 $t = 0$ 处连续,可知(注意 $r(0) = \sqrt{2}/2$)

$$(Uf)(+0) = \sqrt{2}f(0),\ (Uf)(-0) = 0$$

$$(U^*f)(+0) = 0,\ (U^*f)(-0) = \sqrt{2}f(0)$$

所以,即使 $f(t)$ 在0处连续但 $f(0) \neq 0$ 时,Uf 和 U^*f 都在0处间断。

定理 9.5.2　$UU^* = U^*U = I$,即 U 是酉算子。

【证明】　当 $t > 0$ 时,

$$\begin{aligned}
(U^*U)f(t) &= [U^*(Uf)](t) = r(t)(Uf)(t) - r(-t)(Uf)(-t) \\
&= r(t)[r(t)f(t) + r(-t)f(-t)] - r(-t)[r(t)f(-t) - r(-t)f(t)] \\
&= [r^2(t) + r^2(-t)]f(t) = f(t)
\end{aligned}$$

当 $t < 0$ 时,

$$(U^*U)f(t) = [U^*(Uf)](t) = r(-t)(Uf)(t) + r(t)(Uf)(-t)$$

$$= r(-t)[r(-t)f(t) - r(t)f(-t)] + r(t)[r(-t)f(-t) + r(t)f(t)]$$
$$= [r^2(t) + r^2(-t)]f(t) = f(t)$$ 【证毕】

• $[a-\varepsilon, a+\varepsilon]$ 作用域上的折叠

U 和 U^* 的作用域是 $[-1,1]$，下面推广到作用域 $\Omega(a,\varepsilon)=(a-\varepsilon,a+\varepsilon)$. 先将 $f(t)$ 伸缩平移，使得 $\Omega(a,\varepsilon)$ 对应到 $[-1,1]$，再用 U(或者 U^*)作用于它，然后再伸缩平移使 $[-1,1]$ 回归到 $\Omega(a,\varepsilon)$. 为此，引入平移算子 τ_a 和伸缩算子 σ_ε：

$$\begin{aligned}(\tau_a f)(t) &= f(t-a)\\ (\sigma_\varepsilon f)(t) &= \varepsilon^{-1/2}f(t/\varepsilon)\end{aligned}\tag{9.5.6}$$

因子 $\varepsilon^{-1/2}$ 的作用是保持范数不变。它们都是 $L^2(R)$ 上的线性有界算子，容易求出它们对应的伴随算子 τ_a^* 和 σ_ε^* 为

$$\begin{aligned}(\tau_a^* f)(t) &= f(t+a)\\ (\sigma_\varepsilon^* f)(t) &= \varepsilon^{1/2}f(\varepsilon t)\end{aligned}\tag{9.5.7}$$

τ_a 和 σ_ε 都是酉算子，即

$$\tau_a\tau_a^* = \tau_a^*\tau_a = I,\quad \sigma_\varepsilon^*\sigma_\varepsilon = \sigma_\varepsilon\sigma_\varepsilon^* = I$$

于是，上面三个动作分别表示为

(1) 把 $\Omega(a,\varepsilon)$ 平移、伸缩成 $[-1,1]$：　$(\sigma_\varepsilon^*\tau_a^*)f(t) = \varepsilon^{1/2}f(\varepsilon t+a)$

(2) 用算子 U(或者 U^*)作用之：$[U\sigma_\varepsilon^*\tau_a^*]f(t)$

(3) 把 $[-1,1]$ 回复到 $\Omega(a,\varepsilon)$：$[\tau_a\sigma_\varepsilon U\sigma_\varepsilon^*\tau_a^*]f(t)$

上述三个步骤如图 9－31 所示。

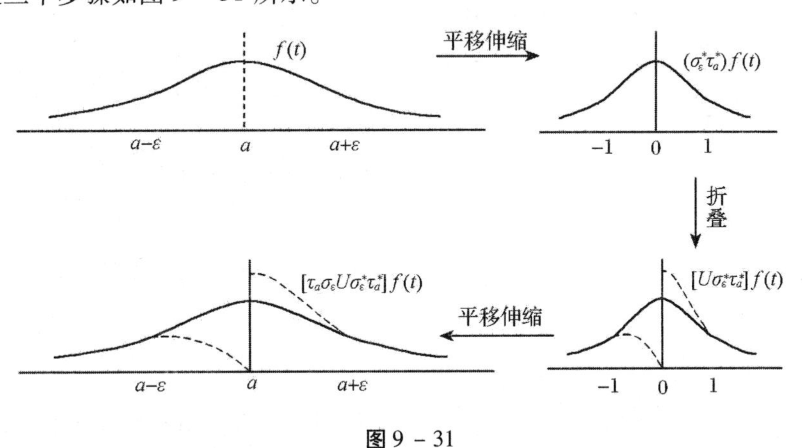

图 9－31

定义 9.5.3　给定邻域 $\Omega(a,\varepsilon)$，称

$$U_{\Omega(a,\varepsilon)} = \tau_a\sigma_\varepsilon U\sigma_\varepsilon^*\tau_a^*\tag{9.5.8}$$

为 $\Omega(a,\varepsilon)$ 上的折叠算子。其中 U 是 $[-1,1]$ 上的折叠算子(默认截断函数为 r)。

定理 9.5.3　$U_{\Omega(a,\varepsilon)}$ 的伴随算子是

$$U_{\Omega(a,\varepsilon)}^* = \tau_a\sigma_\varepsilon U^*\sigma_\varepsilon^*\tau_a^*$$

且 $U_{\Omega(a,\varepsilon)}$ 也是酉算子。

【证明】根据伴随算子的复合运算性质，

$$U^*_{\Omega(a,\varepsilon)} = (\tau_a\sigma_\varepsilon U\sigma^*_\varepsilon\tau^*_a)^* = (\tau^*_a)^*(\sigma^*_\varepsilon)^*U^*\sigma^*_\varepsilon\tau^*_a = \tau_a\sigma_\varepsilon U^*\sigma^*_\varepsilon\tau^*_a$$

再因为 τ_a 和 σ_ε 以及 U 都是酉算子,所以

$$U_{\Omega(a,\varepsilon)}U^*_{\Omega(a,\varepsilon)} = \tau_a\sigma_\varepsilon U\sigma^*_\varepsilon\tau^*_a\cdot\tau_a\sigma_\varepsilon U^*\sigma^*_\varepsilon\tau^*_a = \tau_a\sigma_\varepsilon UU^*\sigma^*_\varepsilon\tau^*_a = I$$

即 $U_{\Omega(a,\varepsilon)}$ 也是酉算子。【证毕】

不难得到 $U_{\Omega(a,\varepsilon)}$ 和 $U^*_{\Omega(a,\varepsilon)}$ 的具体计算公式:

$$U_{\Omega(a,\varepsilon)}f(t) = \begin{cases} r(\dfrac{t-a}{\varepsilon})f(t) + r(\dfrac{a-t}{\varepsilon})f(2a-t), t > a \\ r(\dfrac{a-t}{\varepsilon})f(t) - r(\dfrac{t-a}{\varepsilon})f(2a-t), t < a \end{cases}$$

$$U^*_{\Omega(a,\varepsilon)}f(t) = \begin{cases} r(\dfrac{t-a}{\varepsilon})f(t) - r(\dfrac{a-t}{\varepsilon})f(2a-t), t > a \\ r(\dfrac{a-t}{\varepsilon})f(t) + r(\dfrac{t-a}{\varepsilon})f(2a-t), t < a \end{cases} \quad (9.5.9)$$

9.5.3 局部余弦块

半整数频率余弦函数

$$C_n(t) = \sqrt{2}\cos[\pi(n+\frac{1}{2})t]$$

关于 $t=0$ 偶对称,关于 $t=1$ 奇对称。给定区间 $[a_k,a_{k+1}]$ 及两个不相交的作用域

$$\Omega(a_k,\varepsilon_k) = (a_k-\varepsilon_k, a_k+\varepsilon_k)$$

$$\Omega(a_{k+1},\varepsilon_{k+1}) = (a_{k+1}-\varepsilon_{k+1}, a_{k+1}+\varepsilon_{k+1})$$

将 $C_n(t)$ 伸缩、平移为

$$C_{n,k}(t) = \sqrt{\frac{2}{a_{k+1}-a_k}}\cos\frac{\pi(n+\frac{1}{2})(t-a_k)}{a_{k+1}-a_k}$$

它关于 $t=a_k$ 偶对称,关于 $t=a_{k+1}$ 奇对称。先用示性算子 $1_{[a_k,a_{k+1}]}$ 将 $C_{n,k}(t)$ 在 (a_k,a_{k+1}) 外截断为零,

$$1_{[a_k,a_{k+1}]}C_{n,k}(t) = \begin{cases} 0, & t \geqslant a_{k+1} \\ C_{n,k}(t), & t \in (a_k,a_{k+1}) \\ 0, & t \leqslant a_k \end{cases}$$

再用 $U^*_{\Omega(a_k,\varepsilon_k)}$, $U^*_{\Omega(a_{k+1},\varepsilon_{k+1})}$ 作用之。因为两个作用域不交,所以算子的作用与次序无关。

$$U^*_{\Omega(a_k,\varepsilon_k)}U^*_{\Omega(a_{k+1},\varepsilon_{k+1})}1_{[a_k,a_{k+1}]}C_{n,k}(t) \triangleq \psi_{n,k}(t) \quad (9.5.10)$$

称 $\psi_{n,k}(t)$ 为局部余弦块。按式(9.5.9)可以得到 $\psi_{n,k}(t)$ 的计算表达式

$$\psi_{n,k}(t)=\begin{cases}0, & t\geqslant a_{k+1}+\varepsilon_{k+1}\\ -r(\frac{a_{k+1}-t}{\varepsilon_{k+1}})C_{n,k}(2a_{k+1}-t), & t\in(a_{k+1},a_{k+1}+\varepsilon_{k+1})\\ r(\frac{a_{k+1}-t}{\varepsilon_{k+1}})C_{n,k}(t), & t\in(a_{k+1}-\varepsilon_{k+1},a_{k+1})\\ C_{n,k}(t), & t\in(a_k+\varepsilon_k,a_{k+1}-\varepsilon_{k+1})\\ r(\frac{t-a_k}{\varepsilon_k})C_{n,k}(t), & t\in(a_k,a_k+\varepsilon_k)\\ r(\frac{t-a_k}{\varepsilon_k})C_{n,k}(2a_k-t), & t\in(a_k-\varepsilon_k,a_k)\\ 0, & t\leqslant a_k-\varepsilon_k\end{cases}$$

再注意到 $C_{n,k}(t)$ 关于 $t=a_k$ 偶对称,关于 $t=a_{k+1}$ 奇对称,即

$$C_{n,k}(2a_{k+1}-t)=-C_{n,k}(t),\quad t\in(a_{k+1}-\varepsilon_{k+1},a_{k+1}+\varepsilon_{k+1})$$
$$C_{n,k}(2a_k-t)=C_{n,k}(t),\quad t\in(a_k-\varepsilon_k,a_k+\varepsilon_k)$$

所以

$$\psi_{n,k}(t)=\begin{cases}0, & t\geqslant a_{k+1}+\varepsilon_{k+1}\\ r(\frac{a_{k+1}-t}{\varepsilon_{k+1}})C_{n,k}(t), & t\in(a_{k+1}-\varepsilon_{k+1},a_{k+1}+\varepsilon_{k+1})\\ C_{n,k}(t), & t\in(a_k+\varepsilon_k,a_{k+1}-\varepsilon_{k+1})\\ r(\frac{t-a_k}{\varepsilon_k})C_{n,k}(t), & t\in(a_k-\varepsilon_k,a_k+\varepsilon_k)\\ 0, & t\leqslant a_k-\varepsilon_k\end{cases}$$

或者

$$\psi_{n,k}(t)=r(\frac{t-a_k}{\varepsilon_k})r(\frac{a_{k+1}-t}{\varepsilon_{k+1}})C_{n,k}(t)$$

作窗口函数

$$w_{a_k,\varepsilon_k}^{a_{k+1},\varepsilon_{k+1}}(t)=\begin{cases}0, & t\geqslant a_{k+1}+\varepsilon_{k+1}\\ r(\frac{a_{k+1}-t}{\varepsilon_{k+1}}), & t\in(a_{k+1}-\varepsilon_{k+1},a_{k+1}+\varepsilon_{k+1})\\ 1, & t\in(a_k+\varepsilon_k,a_{k+1}-\varepsilon_{k+1})\\ r(\frac{t-a_k}{\varepsilon_k}), & t\in(a_k-\varepsilon_k,a_k+\varepsilon_k)\\ 0, & t\leqslant a_k-\varepsilon_k\end{cases}$$

或者

$$w_{a_k,\varepsilon_k}^{a_{k+1},\varepsilon_{k+1}}(t)=r(\frac{t-a_k}{\varepsilon_k})r(\frac{a_{k+1}-t}{\varepsilon_{k+1}}) \tag{9.5.11}$$

那么局部余弦块也可表达成

$$\psi_{n,k}(t) = w_{a_k,\varepsilon_k}^{a_{k+1},\varepsilon_{k+1}}(t)C_{n,k}(t) \tag{9.5.12}$$

例 9.5.2　取 $a_k = 1, a_{k+1} = 4, \varepsilon_k = \varepsilon_{k+1} = 1, n = 4$（截断函数 r 同例 9.5.1），绘出余弦函数 $C_{n,k}(t)$，窗口函数 $w_{a_k,\varepsilon_k}^{a_{k+1},\varepsilon_{k+1}}(t)$ 和局部余弦块 $\psi_{n,k}(t)$，它们的图像如图 9－32 所示。

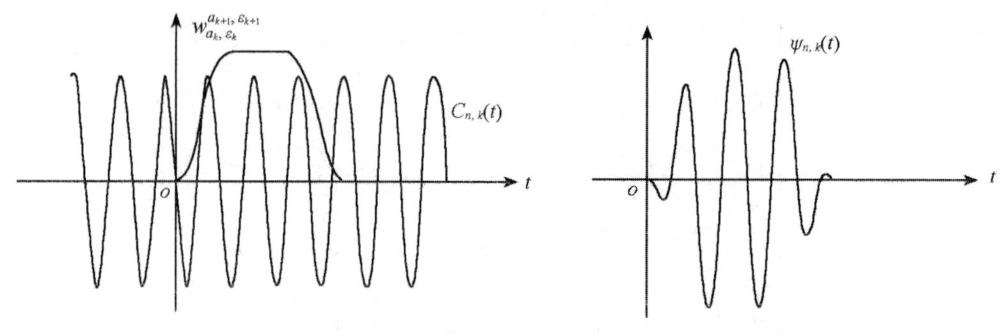

图 9－32

9.5.4　光滑正交投影

● **[－1,1] 过渡区的光滑截断**

定义 9.5.4　给定截断函数 $r(t)$，作 $L^2(R)$ 上两个算子 P_+ 和 P_-：

$$(P_+ f)(t) = r^2(t)f(t) + r(t)r(-t)f(-t)$$

$$(P_- f)(t) = r^2(-t)f(t) - r(t)r(-t)f(-t)$$

称它们为[－1,1]过渡光滑截断算子。由于 P_+ 和 P_- 的定义依赖于 r，必要时记着 $P_+(r)$ 和 $P_-(r)$.

由 $r(t)$ 的特性知

$$(P_+ f)(t) = \begin{cases} f(t), & t \geqslant 1 \\ 0, & t \leqslant -1 \end{cases}$$

$$(P_- f)(t) = \begin{cases} 0, & t \geqslant 1 \\ f(t), & t \leqslant -1 \end{cases}$$

P_+ 在 $(-\infty, -1]$ 上将 f 置零，在 $[1, +\infty)$ 上保持 f 不变，以 $(-1,1)$ 为过渡区，使得从 $f(1)$ 到 0 的过度是光滑的，适当选择 r，可以保证 $P_+ f$ 与 f 有同样的光滑度。P_- 相反，在 $(-\infty, -1]$ 上保持 f 不变，在 $[1, +\infty)$ 将 f 置零，以 $(-1,1)$ 为过渡区，使得从 $f(-1)$ 到 0 光滑过度。

例 9.5.3　截断函数 $r(t)$ 和 f 定义如下：

$$r(t) = \begin{cases} 0, & t \leqslant -1 \\ \sin\left[\frac{\pi}{4}\left(1 + \sin\frac{\pi}{2}t\right)\right], & t \in (-1,1) \\ 1, & t \geqslant 1 \end{cases}$$

$$f(t) = \frac{1}{1 + t^2}$$

图 9－33 绘出了 $P_+ f$ 和 $P_- f$ 的图像。

为了进一步考察 P_+ 与 P_- 的性质，我们需要把 P_+，P_- 与折叠算子 U, U^* 联系起来。

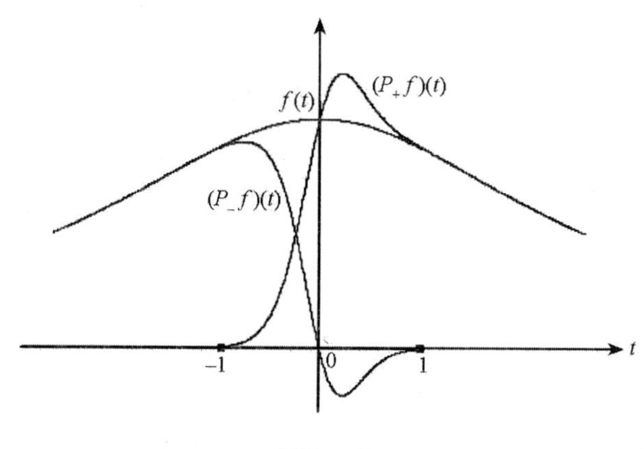

图 9 - 33

定理 9.5.4　用 1_{R^+}, 1_{R^-} 表示正半轴和负半轴上的示性函数,则

$$P_+ = U^* 1_{R^+} U$$

$$P_- = U^* 1_{R^-} U$$

【证明】按定义 9.5.2 和定理 9.5.1,

$$\begin{aligned} U^* 1_{R^+} U f(t) &= U^* 1_{R^+} \begin{cases} r(t) f(t) + r(-t) f(-t), & t > 0 \\ r(-t) f(t) - r(t) f(-t), & t < 0 \end{cases} \\ &= U^* \begin{cases} r(t) f(t) + r(-t) f(-t), & t > 0 \\ 0, & t < 0 \end{cases} \\ &= \begin{cases} r(t)[r(t) f(t) + r(-t) f(-t)], & t > 0 \\ r(t)[r(-t) f(-t) + r(t) f(t)], & t < 0 \end{cases} \\ &= r^2(t) f(t) + r(t) r(-t) f(-t) \\ &= (P_+ f)(t) \end{aligned}$$

另一式同理可证。　　【证毕】

定理 9.5.5　算子 P_+ 与 P_- 具有性质

(1) 互补性:$P_+ + P_- = I$

(2) 幂等性:$P_+ P_+ = P_+$, $P_- P_- = P_-$

(3) 正交性:$P_+ P_- = P_- P_+ = 0$

(4) 自共轭:$P_+^* = P_+$,$P_-^* = P_-$

【证明】(1) 由定理 9.5.4

$$P_+ + P_- = U^* 1_{R^+} U + U^* 1_{R^-} U = U^* (1_{R^+} + 1_{R^-}) U = U^* U = I$$

也可以按照 $P_+ f$ 与 $P_- f$ 的定义直接验证。

(2) 根据定理 9.5.4 和 U 为酉算子,

$$P_+ P_+ = U^* 1_{R^+} U \cdot U^* 1_{R^+} U = U^* 1_{R^+} U = P_+$$

$$P_- P_- = U^* 1_{R^-} U \cdot U^* 1_{R^-} U = U^* 1_{R^-} U = P_-$$

(3) 因为 $P_+ + P_- = I$,两边乘以 P_+ 得到 $P_+ + P_+ P_- = P_+$,从而 $P_+ P_- = 0$.

(4) 根据共轭运算的基本性质,

$$P_+^* = (U^* 1_{R^+} U)^* = U^* (1_{R^+})^* (U^*)^* = U^* 1_{R^+} U = P_+$$

其中 $1_{R^+}=(1_{R^+})^*$ 是因为

$$\langle 1_{R^+}f,g\rangle=\int_0^{+\infty}f(t)g(t)\,\mathrm{d}t=\langle f,1_{R^+}g\rangle$$

同理可得 $(P_-)^*=P_-$. 【证毕】

$L^2(R)$ 中的每个 f 都可以分解成 $f=P_+f+P_-f$,如果记

$$V_+=\{P_+f\mid f\in L^2(R)\},\ V_-=\{P_-f\mid f\in L^2(R)\}$$

则有 $L^2(R)=V_++V_-$,而且是正交分解:

$$\langle P_+f,P_-g\rangle=\langle f,P_+^*P_-g\rangle=\langle f,P_+P_-g\rangle=\langle f,0\rangle=0$$

- **$[a-\varepsilon,a+\varepsilon]$ 过渡区的光滑截断**

给定截断函数 $r(t)$ 及区间 $[a-\varepsilon,a+\varepsilon]$,考虑如何使得 f 以 $[a-\varepsilon,a+\varepsilon]$ 为过渡区光滑截断。类似于节 9.5.2 从 U 到 $U_{\Omega(a,\varepsilon)}$ 的处理办法:

(1) 把 $[a-\varepsilon,a+\varepsilon]$ 平移、伸缩成 $[-1,1]$:$\sigma_\varepsilon^*\tau_a^*f$

(2) 用算子 P_+(或者 P_-)作用之:$P_+\sigma_\varepsilon^*\tau_a^*f$

(3) 把 $[-1,1]$ 回复到 $[a-\varepsilon,a+\varepsilon]$:$\tau_a\sigma_\varepsilon P_+\sigma_\varepsilon^*\tau_a^*f$

上述三个步骤如图 9-34 所示。

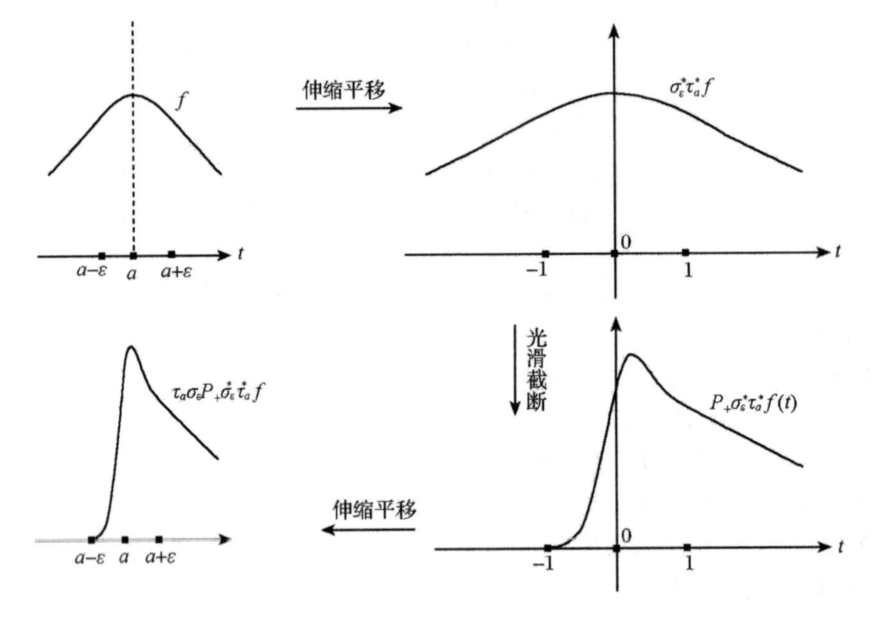

图 9-34

定义 9.5.5 给定截断函数 r 及过渡区域 $\Omega(a,\varepsilon)$,作

$$P_{+\Omega(a,\varepsilon)}=\tau_a\sigma_\varepsilon P_+\sigma_\varepsilon^*\tau_a^*$$
$$P_{-\Omega(a,\varepsilon)}=\tau_a\sigma_\varepsilon P_-\sigma_\varepsilon^*\tau_a^*$$

称它们为 $\Omega(a,\varepsilon)$ 过渡光滑截断算子。

容易得到 $P_{+\Omega(a,\varepsilon)}$ 和 $P_{-\Omega(a,\varepsilon)}$ 的具体计算公式:

$$P_{+\Omega(a,\varepsilon)}f(t) = r^2\left(\frac{t-a}{\varepsilon}\right)f(t) + r\left(\frac{t-a}{\varepsilon}\right)r\left(\frac{a-t}{\varepsilon}\right)f(2a-t)$$
$$P_{-\Omega(a,\varepsilon)}f(t) = r^2\left(\frac{a-t}{\varepsilon}\right)f(t) - r\left(\frac{t-a}{\varepsilon}\right)r\left(\frac{a-t}{\varepsilon}\right)f(2a-t) \tag{9.5.13}$$

定理 9.5.6　用 $1_{[a,+\infty)}$ 和 $1_{(-\infty,a]}$ 表示 $[a,+\infty)$ 和 $(-\infty,a]$ 上的示性函数,则

$$P_{+\Omega(a,\varepsilon)} = U^*_{\Omega(a,\varepsilon)}1_{[a,+\infty)}U_{\Omega(a,\varepsilon)}$$
$$P_{-\Omega(a,\varepsilon)} = U^*_{\Omega(a,\varepsilon)}1_{(-\infty,a]}U_{\Omega(a,\varepsilon)}$$

【证明】先说明 $\sigma_\varepsilon^*\tau_a^*1_{[a,+\infty)}\tau_a\sigma_\varepsilon = 1_{R^+}$:

$$(\sigma_\varepsilon^*\tau_a^*1_{[a,+\infty)}\tau_a\sigma_\varepsilon)f(t) = \sigma_\varepsilon^*\tau_a^*1_{[a,+\infty)}\varepsilon^{-1/2}f\left(\frac{t-a}{\varepsilon}\right)$$
$$= \sigma_\varepsilon^*\tau_a^*\begin{cases}\varepsilon^{-1/2}f\left(\frac{t-a}{\varepsilon}\right), & t\geqslant a\\ 0, & t<a\end{cases}$$
$$= \sigma_\varepsilon^*\begin{cases}\varepsilon^{-1/2}f\left(\frac{t}{\varepsilon}\right), & t\geqslant 0\\ 0, & t<0\end{cases}$$
$$= \begin{cases}f(t), & t\geqslant 0\\ 0, & t<0\end{cases} = 1_{R^+}f(t)$$

于是

$$U^*_{\Omega(a,\varepsilon)}1_{[a,+\infty)}U_{\Omega(a,\varepsilon)} = \tau_a\sigma_\varepsilon U^*\sigma_\varepsilon^*\tau_a^*1_{[a,+\infty)}\tau_a\sigma_\varepsilon U\sigma_\varepsilon^*\tau_a^*$$
$$= \tau_a\sigma_\varepsilon U^*1_{R^+}U\sigma_\varepsilon^*\tau_a^* = \tau_a\sigma_\varepsilon P_+\sigma_\varepsilon^*\tau_a^* = P_{+\Omega(a,\varepsilon)}$$

另一式同理可证。　【证毕】

完全平行于 P_+ 和 P_- 的讨论,可验证 $P_{+\Omega(a,\varepsilon)}$ 和 $P_{-\Omega(a,\varepsilon)}$ 有与 P_+ 和 P_- 同样的性质。

定理 9.5.7　算子 $P_{+\Omega(a,\varepsilon)}$ 与 $P_{-\Omega(a,\varepsilon)}$ 具有性质

(1) 互补性: $P_{+\Omega(a,\varepsilon)} + P_{-\Omega(a,\varepsilon)} = I$

(2) 幂等性: $P_{+\Omega(a,\varepsilon)}P_{+\Omega(a,\varepsilon)} = P_{+\Omega(a,\varepsilon)}$, $P_{-\Omega(a,\varepsilon)}P_{-\Omega(a,\varepsilon)} = P_{-\Omega(a,\varepsilon)}$

(3) 正交性: $P_{+\Omega(a,\varepsilon)}P_{-\Omega(a,\varepsilon)} = P_{-\Omega(a,\varepsilon)}P_{+\Omega(a,\varepsilon)} = 0$

(4) 自共轭: $P^*_{+\Omega(a,\varepsilon)} = P_{+\Omega(a,\varepsilon)}$, $P^*_{-\Omega(a,\varepsilon)} = P_{-\Omega(a,\varepsilon)}$

- **区间上的光滑正交投影**

考虑把 f 在区间之外光滑截断。给定区间 $[a_0,a_1]$ 及不相交的两个过渡区域

$$\Omega(a_0,\varepsilon_0) = (a_0-\varepsilon_0, a_0+\varepsilon_0)$$
$$\Omega(a_1,\varepsilon_1) = (a_1-\varepsilon_1, a_1+\varepsilon_1)$$

其中 $a_0+\varepsilon_0\leqslant a_1-\varepsilon_1$. 我们知道,算子 $P_{+\Omega(a_0,\varepsilon_0)}$ 将 $a_0-\varepsilon_0$ 左边置零,修改 $\Omega(a_0,\varepsilon_0)$ 上的值而保持 $a_0+\varepsilon_0$ 右边的值不变;算子 $P_{-\Omega(a_1,\varepsilon_1)}$ 将 $a_1+\varepsilon_1$ 右边置零,修改 $\Omega(a_1,\varepsilon_1)$ 上的值而保持 $a_1-\varepsilon_1$ 左边的值不变,把这两个操作结合起来即有下面的定义。

定义 9.5.6　给定区间 $[a_0,a_1]$ 及不相交的两个过渡域 $\Omega(a_0,\varepsilon_0)$ 和 $\Omega(a_1,\varepsilon_1)$,称

$$P_{[a_0,a_1]} = P_{+\Omega(a_0,\varepsilon_0)}P_{-\Omega(a_1,\varepsilon_1)}$$

为 $[a_0,a_1]$ 上的光滑投影算子。

记号 $P_{[a_0,a_1]}$ 只标出了两个过渡域的中心 a_0, a_1,没标出过渡域的半径 ε_0, ε_1,以后用到这个记号时都默认两个过渡域不相交。因为过渡域不交,算子 $P_{+\Omega(a_0,\varepsilon_0)}$ 与 $P_{-\Omega(a_1,\varepsilon_1)}$ 作用于 f 时才能互不干涉,所以两者次序可交换,即

$$P_{+\Omega(a_0,\varepsilon_0)}P_{-\Omega(a_1,\varepsilon_1)} = P_{-\Omega(a_1,\varepsilon_1)}P_{+\Omega(a_0,\varepsilon_0)}$$

按式(9.5.13)可直接得到计算公式

$$P_{[a_0,a_1]}f(t) = \begin{cases} 0, & t \geqslant a_1 + \varepsilon_1 \\ r^2\left(\dfrac{a_1 - t}{\varepsilon_1}\right)f(t) - r\left(\dfrac{t - a_1}{\varepsilon_1}\right)r\left(\dfrac{a_1 - t}{\varepsilon_1}\right)f(2a_1 - t), & t \in \Omega(a_1,\varepsilon_1) \\ f(t), & a_0 + \varepsilon_0 \leqslant t \leqslant a_1 - \varepsilon_1 \\ r^2\left(\dfrac{t - a_0}{\varepsilon_0}\right)f(t) + r\left(\dfrac{t - a_0}{\varepsilon_0}\right)r\left(\dfrac{a_0 - t}{\varepsilon_0}\right)f(2a_0 - t), & t \in \Omega(a_0,\varepsilon_0) \\ 0, & t \leqslant a_0 - \varepsilon_0 \end{cases} \tag{9.5.14}$$

借用式(9.5.11)定义的窗口函数,上式也可表示成

$$P_{[a_0,a_1]}f(t) = w_{a_0,\varepsilon_0}^{a_1,\varepsilon_1}(t)\cdot h(t) \tag{9.5.15}$$

其中

$$h(t) = \begin{cases} 0, & t \geqslant a_1 + \varepsilon_1 \\ r\left(\dfrac{a_1 - t}{\varepsilon_1}\right)f(t) - r\left(\dfrac{t - a_1}{\varepsilon_1}\right)f(2a_1 - t), & t \in \Omega(a_1,\varepsilon_1) \\ f(t), & a_0 + \varepsilon_0 < t < a_1 - \varepsilon_1 \\ r\left(\dfrac{t - a_0}{\varepsilon_0}\right)f(t) + r\left(\dfrac{a_0 - t}{\varepsilon_0}\right)f(2a_0 - t), & t \in \Omega(a_0,\varepsilon_0) \\ 0, & t < a_0 - \varepsilon_0 \end{cases}$$

特别是 $h(t)$ 在 $(a_0 - \varepsilon_0, a_0 + \varepsilon_0)$ 中关于 a_0 偶对称,在 $(a_1 - \varepsilon_1, a_1 + \varepsilon_1)$ 中关于 a_1 奇对称。

例 9.5.4　取截断函数 $r(t)$ 和 f 如下:

$$r(t) = \begin{cases} 0, & t \leqslant -1 \\ \sin\left[\dfrac{\pi}{4}\left(1 + \sin\dfrac{\pi}{2}t\right)\right], & t \in (-1,1) \\ 1, & t \geqslant 1 \end{cases}$$

$$f(t) = \frac{1}{1 + t^2}$$

再取 $[a_0,a_1] = [-1,1]$, $\varepsilon_0 = \varepsilon_1 = 0.8$. 绘出 $P_{[a_0,a_1]}f(t)$ 的图像如图 9－35 所示。在图 9－35 中绘图有显示误差,实际上 $P_{[a_0,a_1]}f(t)$ 与 $f(t)$ 只在 $[-0.2,0.2]$ 上重合。

定理 9.5.8　$P_{[a_0,a_1]}$ 是幂等、自共轭算子。

【证明】注意到 $P_{[a_0,a_1]}$ 定义中 $P_{+\Omega(a_0,\varepsilon_0)}$ 与 $P_{-\Omega(a_1,\varepsilon_1)}$ 可交换秩序,以及 $P_{+\Omega(a_0,\varepsilon_0)}$ 与 $P_{-\Omega(a_1,\varepsilon_1)}$ 的幂等性质,

$$P_{[a_0,a_1]}P_{[a_0,a_1]} = P_{+\Omega(a_0,\varepsilon_0)}P_{-\Omega(a_1,\varepsilon_1)}P_{-\Omega(a_1,\varepsilon_1)}P_{+\Omega(a_0,\varepsilon_0)}$$

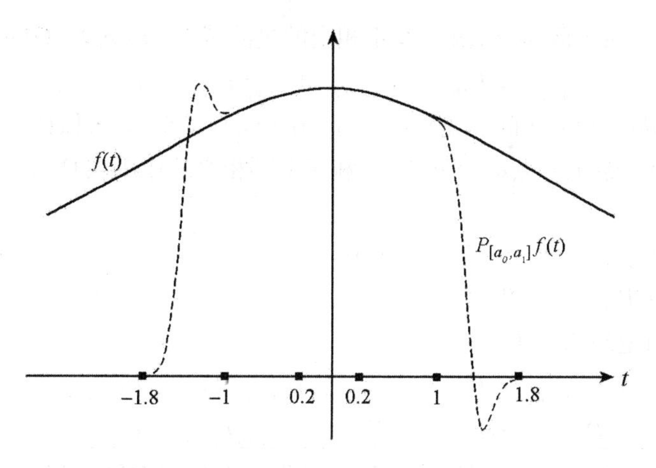

图 9 - 35

$$= P_{+\Omega(a_0,\varepsilon_0)}P_{-\Omega(a_1,\varepsilon_1)}P_{+\Omega(a_0,\varepsilon_0)}$$
$$= P_{+\Omega(a_0,\varepsilon_0)}P_{+\Omega(a_0,\varepsilon_0)}P_{-\Omega(a_1,\varepsilon_1)}$$
$$= P_{+\Omega(a_0,\varepsilon_0)}P_{-\Omega(a_1,\varepsilon_1)} = P_{[a_0,a_1]}$$

又因为 $P_{+\Omega(a_0,\varepsilon_0)}$ 与 $P_{-\Omega(a_1,\varepsilon_1)}$ 是自共轭的,所以

$$(P_{[a_0,a_1]})^* = (P_{+\Omega(a_0,\varepsilon_0)}P_{-\Omega(a_1,\varepsilon_1)})^*$$
$$= (P_{-\Omega(a_1,\varepsilon_1)})^*(P_{+\Omega(a_0,\varepsilon_0)})^*$$
$$= P_{-\Omega(a_1,\varepsilon_1)}P_{+\Omega(a_0,\varepsilon_0)} = P_{[a_0,a_1]}$$

【证毕】

再考察 $P_{[a_0,a_1]}$ 另一个有用的表达方式,下面的定理需要用到。根据定理 9.5.6,

$$P_{[a_0,a_1]} = P_{+\Omega(a_0,\varepsilon_0)}P_{-\Omega(a_1,\varepsilon_1)}$$
$$= U^*_{\Omega(a_0,\varepsilon_0)}1_{[a_0,+\infty)}U_{\Omega(a_0,\varepsilon_0)}U^*_{\Omega(a_1,\varepsilon_1)}1_{(-\infty,a_1]}U_{\Omega(a_1,\varepsilon_1)}$$

第二等式中的前三个算子不改变 $a_0+\varepsilon_0$ 右边的值,后三个算子不改变 $a_1-\varepsilon_1$ 左边的值,如图 9 - 36 所示。

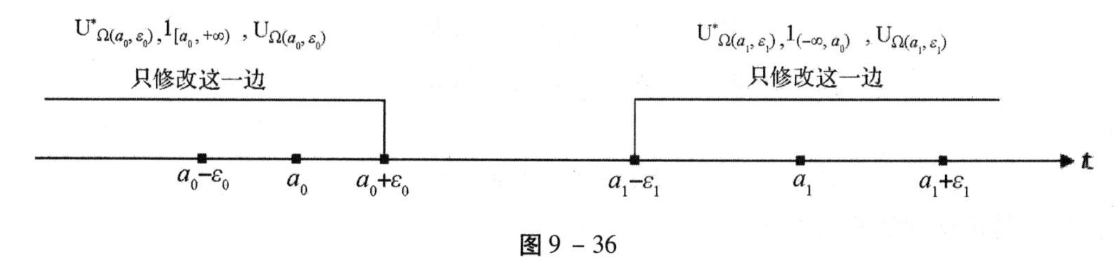

图 9 - 36

所以,在保持前三个相对次序不变、后三个相对次序不变的情况下,可以交换次序。

$$U^*_{\Omega(a_0,\varepsilon_0)}1_{[a_0,+\infty)}U_{\Omega(a_0,\varepsilon_0)}U^*_{\Omega(a_1,\varepsilon_1)}1_{(-\infty,a_1]}U_{\Omega(a_1,\varepsilon_1)}$$
$$= U^*_{\Omega(a_0,\varepsilon_0)}1_{[a_0,+\infty)}U^*_{\Omega(a_1,\varepsilon_1)}1_{(-\infty,a_1]}U_{\Omega(a_1,\varepsilon_1)}U_{\Omega(a_0,\varepsilon_0)}$$
$$= U^*_{\Omega(a_0,\varepsilon_0)}U^*_{\Omega(a_1,\varepsilon_1)}1_{[a_0,+\infty)}1_{(-\infty,a_1]}U_{\Omega(a_1,\varepsilon_1)}U_{\Omega(a_0,\varepsilon_0)}$$
$$= U^*_{\Omega(a_0,\varepsilon_0)}U^*_{\Omega(a_1,\varepsilon_1)}1_{[a_0,a_1]}U_{\Omega(a_1,\varepsilon_1)}U_{\Omega(a_0,\varepsilon_0)}$$

于是我们有如下结论。

定理 9.5.9　给定区间$[a_0,a_1]$及不相交的过渡域$\Omega(a_0,\varepsilon_0)$，$\Omega(a_1,\varepsilon_1)$，那么

$$P_{[a_0,a_1]} = U^*_{\Omega(a_0,\varepsilon_0)}U^*_{\Omega(a_1,\varepsilon_1)}1_{[a_0,a_1]}U_{\Omega(a_1,\varepsilon_1)}U_{\Omega(a_0,\varepsilon_0)}$$

现在来考虑两个相邻区间的光滑投影。因为区间有重叠，能否保证相互正交呢？

定理 9.5.10　给定三点$a_0 < a_1 < a_2$和三个不相交的作用域$\Omega(a_0,\varepsilon_0)$，$\Omega(a_1,\varepsilon_1)$，$\Omega(a_2,\varepsilon_2)$，则

(1)$P_{[a_0,a_1]}P_{[a_1,a_2]} = P_{[a_1,a_2]}P_{[a_0,a_1]} = 0$

(2)$P_{[a_0,a_1]} + P_{[a_1,a_2]} = P_{[a_0,a_2]}$

【证明】　由定理 9.5.9

$$P_{[a_0,a_1]} = U^*_{\Omega(a_0,\varepsilon_0)}U^*_{\Omega(a_1,\varepsilon_1)}1_{[a_0,a_1]}U_{\Omega(a_1,\varepsilon_1)}U_{\Omega(a_0,\varepsilon_0)}$$

$$P_{[a_1,a_2]} = U^*_{\Omega(a_1,\varepsilon_1)}U^*_{\Omega(a_2,\varepsilon_2)}1_{[a_1,a_2]}U_{\Omega(a_2,\varepsilon_2)}U_{\Omega(a_1,\varepsilon_1)}$$

因为三个作用域不相交，在不同域上的折叠操作可以相互交换，另外，$U_{\Omega(a_2,\varepsilon_2)}$，$U^*_{\Omega(a_2,\varepsilon_2)}$与$1_{[a_0,a_1]}$可交换，$U_{\Omega(a_0,\varepsilon_0)}$，$U^*_{\Omega(a_0,\varepsilon_0)}$与$1_{[a_1,a_2]}$可交换，$U_{\Omega(a_1,\varepsilon_1)}$，$U^*_{\Omega(a_1,\varepsilon_1)}$与$1_{[a_0,a_2]}$可交换，再注意到折叠算子是酉算子，所以

$$\begin{aligned}
&P_{[a_0,a_1]}P_{[a_1,a_2]}\\
&= U^*_{\Omega(a_0,\varepsilon_0)}U^*_{\Omega(a_1,\varepsilon_1)}1_{[a_0,a_1]}U_{\Omega(a_1,\varepsilon_1)}U_{\Omega(a_0,\varepsilon_0)}U^*_{\Omega(a_1,\varepsilon_1)}U^*_{\Omega(a_2,\varepsilon_2)}1_{[a_1,a_2]}U_{\Omega(a_2,\varepsilon_2)}U_{\Omega(a_1,\varepsilon_1)}\\
&= U^*_{\Omega(a_0,\varepsilon_0)}U^*_{\Omega(a_1,\varepsilon_1)}U^*_{\Omega(a_2,\varepsilon_2)}1_{[a_0,a_1]}1_{[a_1,a_2]}U_{\Omega(a_0,\varepsilon_0)}U_{\Omega(a_2,\varepsilon_2)}U_{\Omega(a_1,\varepsilon_1)}\\
&= U^*_{\Omega(a_0,\varepsilon_0)}U^*_{\Omega(a_1,\varepsilon_1)}U^*_{\Omega(a_2,\varepsilon_2)}\cdot 0\cdot U_{\Omega(a_0,\varepsilon_0)}U_{\Omega(a_2,\varepsilon_2)}U_{\Omega(a_1,\varepsilon_1)} = 0
\end{aligned}$$

$$\begin{aligned}
P_{[a_0,a_1]}+P_{[a_1,a_2]} &= U^*_{\Omega(a_0,\varepsilon_0)}U^*_{\Omega(a_1,\varepsilon_1)}1_{[a_0,a_1]}U_{\Omega(a_1,\varepsilon_1)}U_{\Omega(a_0,\varepsilon_0)}\\
&\quad + U^*_{\Omega(a_1,\varepsilon_1)}U^*_{\Omega(a_2,\varepsilon_2)}1_{[a_1,a_2]}U_{\Omega(a_2,\varepsilon_2)}U_{\Omega(a_1,\varepsilon_1)}\\
&= U^*_{\Omega(a_0,\varepsilon_0)}U^*_{\Omega(a_2,\varepsilon_2)}U^*_{\Omega(a_1,\varepsilon_1)}[1_{[a_0,a_1]}+1_{[a_1,a_2]}]U_{\Omega(a_1,\varepsilon_1)}U_{\Omega(a_0,\varepsilon_0)}U_{\Omega(a_2,\varepsilon_2)}\\
&= U^*_{\Omega(a_0,\varepsilon_0)}U^*_{\Omega(a_2,\varepsilon_2)}U^*_{\Omega(a_1,\varepsilon_1)}1_{[a_0,a_2]}U_{\Omega(a_1,\varepsilon_1)}U_{\Omega(a_0,\varepsilon_0)}U_{\Omega(a_2,\varepsilon_2)}\\
&= U^*_{\Omega(a_0,\varepsilon_0)}U^*_{\Omega(a_2,\varepsilon_2)}1_{[a_0,a_2]}U_{\Omega(a_2,\varepsilon_2)}U_{\Omega(a_0,\varepsilon_0)}\\
&= P_{[a_0,a_2]}
\end{aligned}$$

【证毕】

该定理表明了这样的事实，若记

$$W_0 = \{P_{[a_0,a_2]}f \mid f\in L^2(R)\}$$

$$W_1 = \{P_{[a_0,a_1]}f \mid f\in L^2(R)\}$$

$$W_2 = \{P_{[a_1,a_2]}f \mid f\in L^2(R)\}$$

则有

$$W_0 = W_1 \oplus W_2$$

其中W_0是正交和的原因来自下式：

$$\langle P_{[a_0,a_1]}f,\ P_{[a_1,a_2]}g\rangle = \langle f,P^*_{[a_0,a_1]}P_{[a_1,a_2]}g\rangle = \langle f,P_{[a_0,a_1]}P_{[a_1,a_2]}g\rangle = 0$$

定理 9.5.11　在R中插入分点：

$$-\infty < \cdots < a_{-k} < \cdots < a_0 < \cdots < a_k < \cdots < +\infty$$

使得当$k\to+\infty$时，$a_k\to+\infty$，$a_{-k}\to-\infty$. 对每个a_k，取作用域$\Omega(a_k,\varepsilon_k)$，它们互不相交，且$\{\varepsilon_k\}$有界。那么

$$\sum_{k=-\infty}^{+\infty}P_{[a_k,a_{k+1}]} = I$$

若记 $W_k = \{P_{[a_k,a_{k+1}]}f | f \in L^2(R)\}$,则

$$L^2(R) = \bigoplus_{k=-\infty}^{+\infty} W_k$$

【证明】 $\forall K > 0$,由定理 9.5.10 知

$$\sum_{k=-K}^{K-1} P_{[a_k,a_{k+1}]} = P_{[a_{-K},a_K]} \tag{9.5.16}$$

再根据式(9.5.14) 知

$$P_{[a_{-K},a_K]}f(t)\begin{cases} = 0, & t \leqslant a_{-K} - \varepsilon_{-K} \\ \leqslant |f(t)| + |f(2a_{-K} - t)|, & t \in \Omega(a_{-K},\varepsilon_{-K}) \\ = f(t), & t \in [a_{-K} + \varepsilon_{-K}, a_K - \varepsilon_K] \\ \leqslant |f(t)| + |f(2a_K - t)|, & t \in \Omega(a_K,\varepsilon_K) \\ = 0, & t \geqslant a_K + \varepsilon_K \end{cases}$$

所以

$$\begin{aligned} \|P_{[a_{-K},a_K]}f - f\|^2 &= \left(\int_{-\infty}^{a_{-K}+\varepsilon_{-K}} + \int_{a_K-\varepsilon_K}^{+\infty}\right) |(P_{[a_{-K},a_K]}f)(t) - f(t)|^2 \mathrm{d}t \\ &\leqslant \int_{-\infty}^{a_{-K}-\varepsilon_{-K}} |f(t)|^2 \mathrm{d}t + \int_{a_{-K}-\varepsilon_{-K}}^{a_{-K}+\varepsilon_{-K}} (2|f(t)| + |f(2a_{-K} - t)|)^2 \mathrm{d}t \\ &\quad + \int_{a_K-\varepsilon_K}^{a_K+\varepsilon_K} (2|f(t)| + |f(2a_K - t)|)^2 \mathrm{d}t \\ &\quad + \int_{a_K+\varepsilon_K}^{+\infty} |f(t)|^2 \mathrm{d}t \end{aligned}$$

注意到 $f \in L^2(R)$ 及 ε_k 的有界性,即知

$$\lim_{K \to +\infty} \|P_{[a_{-K},a_K]}f - f\| = 0$$

在式(9.5.16) 中令 $K \to +\infty$,得到

$$\sum_{k=-\infty}^{\infty} P_{[a_k,a_{k+1}]} = I$$

从而

$$\forall f \in L^2(R),\ f = \sum_{k=-\infty}^{\infty} P_{[a_k,a_{k+1}]} f$$

$$L^2(R) = \cdots + W_{-k} + \cdots + W_0 + \cdots W_k + \cdots$$

$\forall p,q \in \mathbf{Z}$,当 $|q - p| = 1$,由定理 9.5.13 知 $W_p \perp W_q$;当 $|q - p| > 1$ 时,$P_{[a_p,a_{p+1}]}f$ 与 $P_{[a_q,a_{q+1}]}f$ 的支撑集不交,也有 $W_p \perp W_q$,所以

$$L^2(R) = \bigoplus_{k=-\infty}^{+\infty} W_k$$

【证毕】

这个定理说明,利用正交光滑投影算子,f 可分解为一系列紧支撑分量之和,这些分量相互正交,当 f 是光滑的,适当选取截断函数,可以保证这些分量也是光滑的。

9.5.5 标准正交基

定理 9.5.11 告诉我们,只要取定一个截断函数 r,指定 R 的分割 $\{a_k\}_{k=-\infty}^{+\infty}$ 和不相交的过渡域 $\{\Omega(a_k,\varepsilon_k)\}_{k=-\infty}^{+\infty}$,则 $L^2(R)$ 可以分解成 W_k 的正交和。其中

$$W_k = \{P_{[a_k,a_{k+1}]}f | f \in L^2(R)\}$$

W_k 中的函数是紧支撑的,支撑区间是$[a_k - \varepsilon_k, a_{k+1} + \varepsilon_{k+1}]$。现在寻找 W_k 的光滑标准正交基,从而得到 $L^2(R)$ 的紧支撑光滑标准正交基。

把半整数频率余弦函数族限制在[0,1]上,有

$$C_n(t) = \sqrt{2}\cos[\pi(n + \frac{1}{2})t], \quad t \in [0,1], n = 0,1,\cdots$$

容易验证,它构成 $L^2[0,1]$ 的标准正交系

$$\int_0^1 C_n(t)C_m(t)\mathrm{d}t = \delta_{n,m}$$

用 Sturm-Liuouville 算子理论可以进一步证明$\{C_n(t)\}_{n=0}^{+\infty}$ 构成 $L^2[0,1]$ 的标准正交基(略)。

按照形成 W_k 时指定的分割点$\{a_k\}_{k=-\infty}^{+\infty}$ 和过渡域$\{\Omega(a_k,\varepsilon_k)\}_{k=-\infty}^{+\infty}$, $\forall k \in \mathbf{Z}$,将 $C_n(t)$ 平移伸缩

$$C_{n,k}(t) = \sqrt{\frac{2}{a_{k+1} - a_k}}\cos\frac{\pi(n + \frac{1}{2})(t - a_k)}{a_{k+1} - a_k}$$

则$\{C_{n,k}(t) \mid t \in [a_k,a_{k+1}]\}_{n=0}^{+\infty}$ 构成 $L^2[a_k,a_{k+1}]$ 的标准正交基。按照式(9.5.10)或者式(9.5.12)取局部余弦块:

$$\psi_{n,k}(t) = U^*_{\Omega(a_k,\varepsilon_k)}U^*_{\Omega(a_{k+1},\varepsilon_{k+1})}1_{[a_k,a_{k+1}]}C_{n,k}(t)$$

$$\psi_{n,k}(t) = w^{a_{k+1},\varepsilon_{k+1}}_{a_k,\varepsilon_k}(t)C_{n,k}(t)$$

定理 9.5.12 $\{\psi_{n,k}(t)\}_{n=0}^{+\infty}$ 是 W_k 的标准正交基,$\{\psi_{n,k} \mid n \geqslant 0,\ k \in \mathbf{Z}\}$ 是 $L^2(R)$ 的标准正交基,且有

$$\langle f,\psi_{n,k}\rangle = \int_{a_k}^{a_{k+1}} U_{\Omega(a_{k+1},\varepsilon_{k+1})}U_{\Omega(a_k,\varepsilon_k)}f(t) \cdot C_{n,k}(t)\mathrm{d}t \tag{9.5.17}$$

【证明】 固定 k,先说明 $\forall n \geqslant 0, \psi_{n,k}(t) \in W_k$. 注意到 $U_{\Omega(a_{k+1},\varepsilon_{k+1})}$, $U_{\Omega(a_k,\varepsilon_k)}$ 是酉算子,则

$$\begin{aligned}P_{[a_k,a_{k+1}]}\psi_{n,k}(t) &= U^*_{\Omega(a_k,\varepsilon_k)}U^*_{\Omega(a_{k+1},\varepsilon_{k+1})}1_{[a_k,a_{k+1}]}U_{\Omega(a_{k+1},\varepsilon_{k+1})}U_{\Omega(a_k,\varepsilon_k)}\psi_{n,k}(t)\\ &= U^*_{\Omega(a_k,\varepsilon_k)}U^*_{\Omega(a_{k+1},\varepsilon_{k+1})}1_{[a_k,a_{k+1}]}C_{n,k}(t)\\ &= \psi_{n,k}(t)\end{aligned}$$

所以 $\psi_{n,k}(t) \in W_k$. 再说明$\{\psi_{n,k}(t)\}_{n=0}^{+\infty}$ 是标准正交系:

$$\begin{aligned}\langle\psi_{n,k}(t),\psi_{m,k}(t)\rangle_{L^2(R)} &= \langle U^*_{\Omega(a_k,\varepsilon_k)}U^*_{\Omega(a_{k+1},\varepsilon_{k+1})}1_{[a_k,a_{k+1}]}C_{n,k}(t),\\ &\qquad U^*_{\Omega(a_k,\varepsilon_k)}U^*_{\Omega(a_{k+1},\varepsilon_{k+1})}1_{[a_k,a_{k+1}]}C_{m,k}(t)\rangle_{L^2(R)}\\ &= \langle 1_{[a_k,a_{k+1}]}C_{n,k}(t),\ 1_{[a_k,a_{k+1}]}C_{m,k}(t)\rangle_{L^2(R)}\\ &= \langle C_{n,k}(t),C_{m,k}(t)\rangle_{L^2[a_k,a_{k+1}]} = \delta_{n,m}\end{aligned}$$

再证$\{\psi_{n,k}(t)\}_{n=0}^{+\infty}$ 能线性组合出 W_k 的任意元素。按式(9.5.15) W_k 中的元素 $P_{a_k,a_{k+1}}f$ 能表示为

$$P_{[a_k,a_{k+1}]}f(t) = w^{a_{k+1},\varepsilon_{k+1}}_{a_k,\varepsilon_k}(t) \cdot h(t)$$

其中 $h(t)$ 在$(a_k - \varepsilon_k, a_k + \varepsilon_k)$ 中关于 a_k 偶对称,在$(a_{k+1} - \varepsilon_{k+1}, a_{k+1} + \varepsilon_{k+1})$ 中关于 a_{k+1}

奇对称。现在限制 $t\in[a_k,a_{k+1}]$,注意到$\{C_{n,k}(t)\}_{n=0}^{+\infty}$ 构成 $L^2[a_k,a_{k+1}]$ 中的标准正交基,则

$$h(t)=\sum_{n=0}^{+\infty}\sigma_nC_{n,k}(t),\quad t\in[a_k,a_{k+1}]$$

而且,上式对 $t\in[a_k-\varepsilon_k,a_{k+1}+\varepsilon_{k+1}]$ 也是成立的!因为 $h(t)$ 和 $C_{n,k}(t)$ 都在$(a_k-\varepsilon_k,a_k+\varepsilon_k)$ 中关于 a_k 偶对称,对 $t\in[a_k-\varepsilon_k,a_k)$,

$$h(t)=h(2a_k-t)=\sum_{n=0}^{+\infty}\sigma_nC_{n,k}(2a_k-t)=\sum_{n=0}^{+\infty}\sigma_nC_{n,k}(t)$$

当 $t\in(a_{k+1},a_{k+1}+\varepsilon_{k+1}]$ 同理可证。所以

$$h(t)=\sum_{n=0}^{+\infty}\sigma_nC_{n,k}(t),\quad t\in[a_k-\varepsilon_k,a_{k+1}+\varepsilon_{k+1}]$$

于是

$$\begin{aligned}P_{[a_k,a_{k+1}]}f(t)&=w_{a_k,\varepsilon_k}^{a_{k+1},\varepsilon_{k+1}}(t)\cdot h(t)=w_{a_k,\varepsilon_k}^{a_{k+1},\varepsilon_{k+1}}(t)\cdot\sum_{n=0}^{+\infty}\sigma_nC_{n,k}(t)\\&=\sum_{n=0}^{+\infty}\sigma_nw_{a_k,\varepsilon_k}^{a_{k+1},\varepsilon_{k+1}}(t)\cdot C_{n,k}(t)=\sum_{n=0}^{+\infty}\sigma_n\psi_{n,k}(t)\end{aligned}$$

这就证明了$\{\psi_{n,k}(t)\}_{n=0}^{+\infty}$ 是 $W_k=\{P_{a_k,a_{k+1}}f\mid f\in L^2(R)\}$ 的标准正交基。

$$\begin{aligned}\langle f,\psi_{n,k}\rangle&=\langle f,U^*_{\Omega(a_k,\varepsilon_k)}U^*_{\Omega(a_{k+1},\varepsilon_{k+1})}1_{[a_k,a_{k+1}]}C_{n,k}(t)\rangle\\&=\langle U_{\Omega(a_k,\varepsilon_k)}U_{\Omega(a_{k+1},\varepsilon_{k+1})}f,1_{[a_k,a_{k+1}]}C_{n,k}(t)\rangle\\&=\int_{a_k}^{a_{k+1}}U_{\Omega(a_{k+1},\varepsilon_{k+1})}U_{\Omega(a_k,\varepsilon_k)}f(t)\cdot C_{n,k}(t)\mathrm{d}t\end{aligned}$$

【证毕】

定理9.5.12 成立的关键在于 $C_n(t)$ 的两个特点,一是$\{C_n(t)\}_{n=0}^{+\infty}$ 构成 $L^2[0,1]$ 的标准正交基,二是 $C_n(t)$ 天然具有性质:在0处偶对称,在1处奇对称。一般的 $L^2[0,1]$ 标准正交基$\{e_n\}_{n\in\mathbf{Z}}$ 未必具有这样的性质,通过奇偶延拓得到 $\bar{e}_n(t)$:

$$\bar{e}_n(t)=\begin{cases}e_n(t), & t\in[0,1]\\e_n(-t), & t\in(-1,0)\\-e_n(2-t), & t\in(1,2)\\-e_n(2+t), & t\in(-2,-1]\end{cases}$$

它是4周期函数,在0处偶对称,在1处奇对称。同样可以证明,$\{w_{a_k,\varepsilon_k}^{a_{k+1},\varepsilon_{k+1}}(t)\cdot\bar{e}_{n,k}(t)\}_{n,k\in\mathbf{Z}}$ 构成 $L^2(R)$ 的标准正交基。但是 $\bar{e}_{n,k}(t)$ 可能不连续,所以选 $C_n(t)$ 的优势就很显然了。

9.5.6　离散版及快速算法

以间隔 Δ 对$f(t)$ 抽样得到$f(n\Delta)\triangleq x(n)$,信号序列$\{x(n)\}_{n\in\mathbf{Z}}\in l^2$. 我们希望分解

$$l^2=\bigoplus_{k\in\mathbf{Z}}W_k$$

其中 W_k 是紧支撑序列子空间,并得到 W_k 的标准正交基。于是$\{x(n)\}_{n\in\mathbf{Z}}$ 就能表成紧支撑序列之和。本小节只叙述与前面相对应的几个概念和结论,证明是平行的。两者的差别只

是连续变量 t 换成整型变量 n.

预先指定分割点：

$$-\infty < \cdots < a_{-k} < \cdots < a_0 < \cdots < a_k < \cdots < +\infty$$

使得当 $k \to +\infty$ 时，$a_k \to +\infty$，$a_{-k} \to -\infty$. 对每个 a_k，取作用域 $\Omega(a_k, \varepsilon_k)$ 互不相交，且 $\{\varepsilon_k\}$ 有界。不同的是，a_k，ε_k 都取为半整数，这使得 $a_k - \varepsilon_k$，$a_k + \varepsilon_k$ 及 $2a_k - n$ 都是整数。

- **离散正交投影算子**

取定某个截断函数 r，类似于式(9.5.15)，作 l^2 上离散正交投影算子 $P_{[a_k, a_{k+1}]}$：$\forall x \in l^2$，

$$(P_{[a_k, a_{k+1}]} x)(n) = w_{a_k, \varepsilon_k}^{a_{k+1}, \varepsilon_{k+1}}(n) \cdot h_k(n)$$

其中离散窗口函数

$$w_{a_k, \varepsilon_k}^{a_{k+1}, \varepsilon_{k+1}}(n) = r\left(\frac{n - a_k}{\varepsilon_k}\right) \cdot r\left(\frac{a_{k+1} - n}{\varepsilon_{k+1}}\right)$$

$$h_k(n) = \begin{cases} 0, & n \geqslant a_{k+1} + \varepsilon_{k+1} \\ r\left(\dfrac{a_{k+1} - n}{\varepsilon_{k+1}}\right) x(n) - r\left(\dfrac{n - a_{k+1}}{\varepsilon_{k+1}}\right) x(2a_{k+1} - n), & a_{k+1} - \varepsilon_{k+1} < n < a_{k+1} + \varepsilon_{k+1} \\ x(n), & a_k + \varepsilon_k \leqslant n \leqslant a_{k+1} - \varepsilon_{k+1} \\ r\left(\dfrac{n - a_k}{\varepsilon_k}\right) x(n) + r\left(\dfrac{a_k - n}{\varepsilon_k}\right) x(2a_k - n), & a_k - \varepsilon_k < n < a_k + \varepsilon_k \\ 0, & n \leqslant a_k - \varepsilon_k \end{cases} \tag{9.5.18}$$

特别注意的是 $h_k(n)$ 在 $(a_k - \varepsilon_k, a_k + \varepsilon_k)$ 中关于 a_k 偶对称，在 $(a_{k+1} - \varepsilon_{k+1}, a_{k+1} + \varepsilon_{k+1})$ 中关于 a_{k+1} 奇对称，即(s 为整数)

$$\begin{aligned} h_k\left(a_k + \frac{1}{2} + s\right) &= h_k\left(a_k - \frac{1}{2} - s\right), & 0 \leqslant s \leqslant \varepsilon_k - \frac{1}{2} \\ h_k\left(a_{k+1} + \frac{1}{2} + s\right) &= -h_k\left(a_{k+1} - \frac{1}{2} - s\right), & 0 \leqslant s \leqslant \varepsilon_{k+1} - \frac{1}{2} \end{aligned} \tag{9.5.19}$$

上述概念用图 9－37 示意，其中方黑点是整数点，圆黑点是半整数点。半整数点 $\{a_k\}$ 将 x 分段，其中第 k 段为

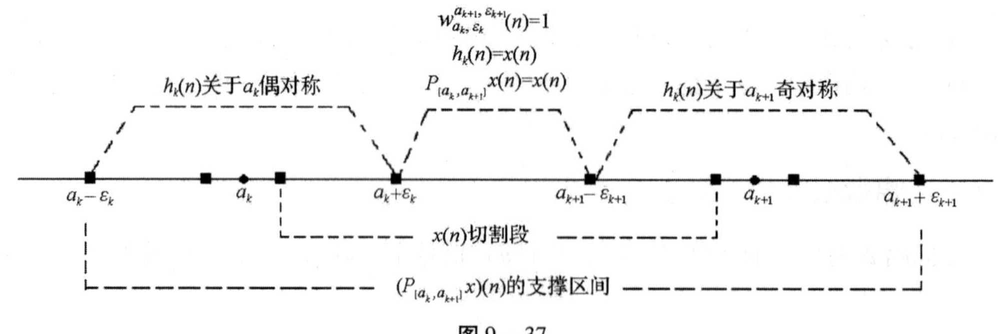

图 9－37

$$x(n),\quad n=a_k+\frac{1}{2},\cdots,a_{k+1}-\frac{1}{2}$$

利用第 k 段和第 $k-1$ 段右边若干点以及第 $k+1$ 段左边若干点:

$$x(n),\quad n=a_k-\varepsilon_k,\cdots,a_k-\frac{1}{2},a_k+\frac{1}{2},\cdots,a_{k+1}-\frac{1}{2},a_{k+1}+\frac{1}{2},\cdots,a_{k+1}+\varepsilon_{k+1}$$

得到正交投影紧支撑段

$$P_{[a_k,a_{k+1}]}x(n),\quad n=a_k-\varepsilon_k,\cdots,a_{k+1}+\varepsilon_{k+1}$$

定理 9.5.13　若记

$$W_k=\{P_{[a_k,a_{k+1}]}x\mid x\in l^2\}$$

则有

$$l^2=\bigoplus_{k=-\infty}^{+\infty}W_k$$

- **W_k 的标准正交基**

现在固定 k,表述 W_k 的标准正交基。记 $N=a_{k+1}-a_k$,为简便 N 不带下标 k. $\forall m\in\mathbf{Z}$,序列

$$e_m(n)=\sqrt{\frac{2}{N}}\cos\left[\frac{\pi}{N}\left(m+\frac{1}{2}\right)\left(n+\frac{1}{2}\right)\right],\quad n\in\mathbf{Z}$$

关于 $-1/2$ 偶对称,关于 $N-1/2$ 奇对称。将 $e_m(n)$ 平移 $a_k+\dfrac{1}{2}$ 得到序列

$$\bar{e}_m(n)=\sqrt{\frac{2}{N}}\cos\left[\frac{\pi}{N}\left(m+\frac{1}{2}\right)(n-a_k)\right]\tag{9.5.20}$$

它关于 a_k 偶对称,关于 a_{k+1} 奇对称,即(s 为整数)

$$\begin{aligned}\bar{e}_m\left(a_k-\frac{1}{2}-s\right)&=\bar{e}_m\left(a_k+\frac{1}{2}+s\right)\\ \bar{e}_m\left(a_{k+1}-\frac{1}{2}-s\right)&=-\bar{e}_m\left(a_{k+1}+\frac{1}{2}+s\right)\end{aligned}\tag{9.5.21}$$

定理9.5.14　窗口函数 $w_{a_k,\varepsilon_k}^{a_{k+1},\varepsilon_{k+1}}(n)$ 如式(9.5.18),$\bar{e}_m(n)$ 如式(9.5.20),那么 W_k 的 N 个标准正交基元是

$$\{g_m(n)=w_{a_k,\varepsilon_k}^{a_{k+1},\varepsilon_{k+1}}(n)\cdot\bar{e}_m(n)\}_{n\in\mathbf{Z}},\quad m=0,\cdots,N-1$$

综合定理 9.5.13 和定理 9.5.14, $\forall x\in l^2$,

$$x=\sum_{k\in\mathbf{Z}}P_{[a_k,a_{k+1}]}x$$

$$P_{[a_k,a_{k+1}]}x=\sum_{m=0}^{N-1}\langle P_{[a_k,a_{k+1}]}x,\ g_m\rangle g_m$$

即

$$x=\sum_{k\in\mathbf{Z}}\sum_{m=0}^{N-1}\langle P_{[a_k,a_{k+1}]}x,\ g_m\rangle g_m$$

- **分解算法**

下面来计算分解系数

$$\langle P_{[a_k,a_{k+1}]}x,\ g_m\rangle,\quad m=0,\cdots,N-1$$

$$\langle P_{[a_k,a_{k+1}]}x,\ g_m\rangle=\langle w_{a_k,\varepsilon_k}^{a_{k+1},\varepsilon_{k+1}}(n)\cdot h_k(n),\ w_{a_k,\varepsilon_k}^{a_{k+1},\varepsilon_{k+1}}(n)\cdot\bar{e}_m(n)\rangle$$

$$= \sum_{n=a_k-\varepsilon_k}^{a_{k+1}+\varepsilon_{k+1}} h_k(n)\bar{e}_m(n)[w_{a_k,\varepsilon_k}^{a_{k+1},\varepsilon_{k+1}}(n)]^2$$

$$= (\sum_{n=a_k-\varepsilon_k}^{a_k+\varepsilon_k} + \sum_{n=a_k+\varepsilon_k+1}^{a_{k+1}-\varepsilon_{k+1}-1} + \sum_{n=a_{k+1}-\varepsilon_{k+1}}^{a_{k+1}+\varepsilon_{k+1}})h_k(n)\bar{e}_m(n)[w_{a_k,\varepsilon_k}^{a_{k+1},\varepsilon_{k+1}}(n)]^2 \tag{9.5.22}$$

考察上式最后的第一个和式

$$\sum_{n=a_k-\varepsilon_k}^{a_k+\varepsilon_k} h_k(n)\bar{e}_m(n)[w_{a_k,\varepsilon_k}^{a_{k+1},\varepsilon_{k+1}}(n)]^2 = \sum_{n=a_k-\varepsilon_k}^{a_k-1/2} h_k(n)\bar{e}_m(n)[w_{a_k,\varepsilon_k}^{a_{k+1},\varepsilon_{k+1}}(n)]^2 + \sum_{n=a_k+1/2}^{a_k+\varepsilon_k} h_k(n)\bar{e}_m(n)[w_{a_k,\varepsilon_k}^{a_{k+1},\varepsilon_{k+1}}(n)]^2$$

注意到式 (9.5.19)(9.5.21),$h_k(n)$ 和 $\bar{e}_m(n)$ 都是关于 a_k 偶对称,所以

$$\sum_{n=a_k-\varepsilon_k}^{a_k-1/2} h_k(n)\bar{e}_m(n)[w_{a_k,\varepsilon_k}^{a_{k+1},\varepsilon_{k+1}}(n)]^2$$

$$= \sum_{s=0}^{\varepsilon_k-1/2} h_k(a_k-\frac{1}{2}-s)\bar{e}_m(a_k-\frac{1}{2}-s)[w_{a_k,\varepsilon_k}^{a_{k+1},\varepsilon_{k+1}}(a_k-\frac{1}{2}-s)]^2$$

$$= \sum_{s=0}^{\varepsilon_k-1/2} h_k(a_k+\frac{1}{2}+s)\bar{e}_m(a_k+\frac{1}{2}+s)[w_{a_k,\varepsilon_k}^{a_{k+1},\varepsilon_{k+1}}(a_k-\frac{1}{2}-s)]^2$$

$$= \sum_{n=a_k+1/2}^{a_k+\varepsilon_k} h_k(n)\bar{e}_m(n)[w_{a_k,\varepsilon_k}^{a_{k+1},\varepsilon_{k+1}}(2a_k-n)]^2$$

于是

$$\sum_{n=a_k-\varepsilon_k}^{a_k+\varepsilon_k} h_k(n)\bar{e}_m(n)[w_{a_k,\varepsilon_k}^{a_{k+1},\varepsilon_{k+1}}(n)]^2$$

$$= \sum_{n=a_k+1/2}^{a_k+\varepsilon_k} h_k(n)\bar{e}_m(n)\left\{[w_{a_k,\varepsilon_k}^{a_{k+1},\varepsilon_{k+1}}(2a_k-n)]^2 + [w_{a_k,\varepsilon_k}^{a_{k+1},\varepsilon_{k+1}}(n)]^2\right\}$$

再按照式(9.5.18),当 $a_k+1/2 \leqslant n \leqslant a_k+\varepsilon_k$ 时,有

$$[w_{a_k,\varepsilon_k}^{a_{k+1},\varepsilon_{k+1}}(2a_k-n)]^2 + [w_{a_k,\varepsilon_k}^{a_{k+1},\varepsilon_{k+1}}(n)]^2 = r^2(\frac{a_k-n}{\varepsilon_k}) + r^2(\frac{n-a_k}{\varepsilon_k}) = 1$$

所以

$$\sum_{n=a_k-\varepsilon_k}^{a_k+\varepsilon_k} h_k(n)\bar{e}_m(n)[w_{a_k,\varepsilon_k}^{a_{k+1},\varepsilon_{k+1}}(n)]^2 = \sum_{n=a_k+1/2}^{a_k+\varepsilon_k} h_k(n)\bar{e}_m(n) \tag{9.5.23}$$

同理式(9.5.22) 最后的第三和式为

$$\sum_{n=a_{k+1}-\varepsilon_{k+1}}^{a_{k+1}+\varepsilon_{k+1}} h_k(n)\bar{e}_m(n)[w_{a_k,\varepsilon_k}^{a_{k+1},\varepsilon_{k+1}}(n)]^2 = \sum_{n=a_{k+1}-\varepsilon_{k+1}}^{a_{k+1}-1/2} h_k(n)\bar{e}_m(n) \tag{9.5.24}$$

至于式(9.5.22) 最后的第二和式,当 $a_k+\varepsilon_k+1 \leqslant n \leqslant a_{k+1}-\varepsilon_{k+1}-1$ 时 $w_{a_k,\varepsilon_k}^{a_{k+1},\varepsilon_{k+1}}(n)=1$, 所以

$$\sum_{n=a_k+\varepsilon_k+1}^{a_{k+1}-\varepsilon_{k+1}-1} h_k(n)\bar{e}_m(n)[w_{a_k,\varepsilon_k}^{a_{k+1},\varepsilon_{k+1}}(n)]^2 = \sum_{n=a_k+\varepsilon_k+1}^{a_{k+1}-\varepsilon_{k+1}-1} h_k(n)\bar{e}_m(n) \tag{9.5.25}$$

综合式(9.5.23)(9.5.24)(9.5.25) 得到

$$\langle P_{[a_k,a_{k+1}]}x,\ g_m\rangle = \sum_{n=a_k+1/2}^{a_{k+1}-1/2} h_k(n)\bar{e}_m(n),\quad m=0,\cdots,N-1$$

或即

$$\langle P_{[a_k,a_{k+1}]}x,\ g_m\rangle = \sum_{n=a_k+1/2}^{a_{k+1}-1/2} h_k(n)\sqrt{\frac{2}{N}}\cos\left[\frac{\pi}{N}\left(m+\frac{1}{2}\right)(n-a_k)\right],\quad m=0,\cdots,N-1$$

假设 $a_k = p-1/2, a_{k+1} = q-1/2$,那么

$$\begin{aligned}\langle P_{[a_k,a_{k+1}]}x,\ g_m\rangle &= \sum_{n=p}^{q-1} h_k(n)\sqrt{\frac{2}{N}}\cos\left[\frac{\pi}{N}\left(m+\frac{1}{2}\right)\left(n-p+\frac{1}{2}\right)\right] \\ &= \sum_{n=0}^{q-p-1} h_k(n+p)\sqrt{\frac{2}{N}}\cos\left[\frac{\pi}{N}\left(m+\frac{1}{2}\right)\left(n+\frac{1}{2}\right)\right] \\ &= \sum_{n=0}^{N-1} h_k\left(n+a_k+\frac{1}{2}\right)\sqrt{\frac{2}{N}}\cos\left[\frac{\pi}{N}\left(m+\frac{1}{2}\right)\left(n+\frac{1}{2}\right)\right],\quad m=0,\cdots,N-1\end{aligned}\tag{9.5.26}$$

回顾节3.2,这恰好是Ⅳ型离散余弦变换,其中 $h_k\left(n+a_k+\frac{1}{2}\right)$ 按式(9.5.18)计算。用矩阵向量形式表达式(9.5.26):

$$\begin{pmatrix}\langle P_{[a_k,a_{k+1}]}x,\ g_0\rangle \\ \langle P_{[a_k,a_{k+1}]}x,\ g_1\rangle \\ \vdots \\ \langle P_{[a_k,a_{k+1}]}x,\ g_{N-1}\rangle\end{pmatrix} = C_N^{\mathrm{IV}}\begin{pmatrix}h_k(a_k+1/2) \\ \vdots \\ \vdots \\ h_k(a_{k+1}-1/2)\end{pmatrix}\tag{9.5.27}$$

其中

$$C_N^{\mathrm{IV}} = \left(\sqrt{\frac{2}{N}}\cos\left[\frac{\pi}{N}\left(m+\frac{1}{2}\right)\left(n+\frac{1}{2}\right)\right]\right)_{m,\ n=0,\cdots,N-1}$$

为对称的标准正交矩阵。节3.2给出了式(9.5.27)的快速算法。

- **重构算法**

利用 x 在 W_k 中的分解系数重构 x. 因为

$$x(n) = \sum_{k\in\mathbf{Z}} P_{[a_k,a_{k+1}]}x(n) = \sum_{k\in\mathbf{Z}} w_{a_k,\varepsilon_k}^{a_{k+1},\varepsilon_{k+1}}(n)\cdot h_k(n)$$

固定 k 考虑重构第 k 段

$$x(n),\quad n = a_k+\frac{1}{2},\cdots,a_{k+1}-\frac{1}{2}$$

在 $a_k+1/2 \leqslant n \leqslant a_{k+1}-1/2$ 范围内,涉及到 $(P_{[a_{k-1},a_k]}x)(n)$, $(P_{[a_k,a_{k+1}]}x)(n)$, $(P_{[a_{k+1},a_{k+2}]}x)(n)$ 三项,如图9-38所示。

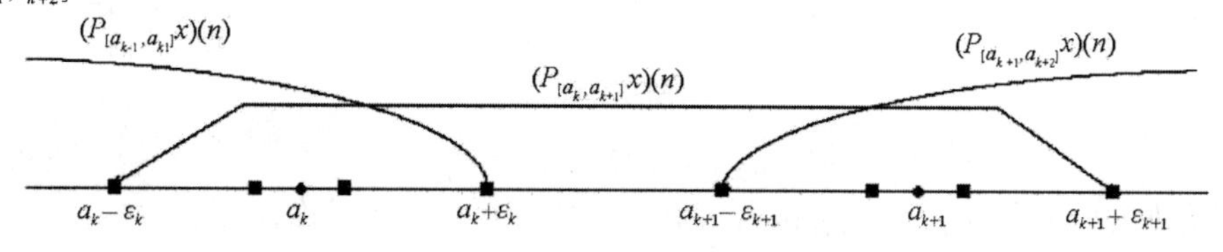

图9-38

所以

$$x(n)=\begin{cases}w_{a_{k-1},\varepsilon_{k-1}}^{a_k,\varepsilon_k}(n)\cdot h_{k-1}(n)+w_{a_k,\varepsilon_k}^{a_{k+1},\varepsilon_{k+1}}(n)\cdot h_k(n), & a_k+\dfrac{1}{2}\leqslant n<a_k+\varepsilon_k\\ h_k(n), & a_k+\varepsilon_k\leqslant n\leqslant a_{k+1}-\varepsilon_{k+1}\\ w_{a_k,\varepsilon_k}^{a_{k+1},\varepsilon_{k+1}}(n)\cdot h_k(n)+w_{a_{k+1},\varepsilon_{k+1}}^{a_{k+2},\varepsilon_{k+2}}(n)\cdot h_{k+1}(n), & a_{k+1}-\varepsilon_{k+1}<n\leqslant a_{k+1}-\dfrac{1}{2}\end{cases}\tag{9.5.28}$$

为了得到

$$h_k(n),\quad a_k+1/2\leqslant n\leqslant a_{k+1}-1/2$$

只要对式(9.5.27)进行逆变换(注意 C_N^{IV} 是对称、标准正交的矩阵):

$$\begin{pmatrix}h_k(a_k+1/2)\\ \vdots\\ \vdots\\ h_k(a_{k+1}-1/2)\end{pmatrix}=C_N^{\mathrm{IV}}\begin{pmatrix}\langle P_{[a_k,a_{k+1}]}x,\ g_0\rangle\\ \langle P_{[a_k,a_{k+1}]}x,\ g_1\rangle\\ \vdots\\ \langle P_{[a_k,a_{k+1}]}x,\ g_{N-1}\rangle\end{pmatrix}$$

这已经有快速算法。

在式(9.5.28)中还需要

$$h_{k-1}(n),\quad a_k+1/2\leqslant n\leqslant a_k+\varepsilon_k\tag{9.5.29}$$

这只要在式(9.5.27)中将 k 换成 $k-1$,然后逆变换就可以得到(只需要这些就够,如图 9 - 39 所示)

$$h_{k-1}(n),\ a_k-\varepsilon_k\leqslant n\leqslant a_k-1/2\tag{9.5.30}$$

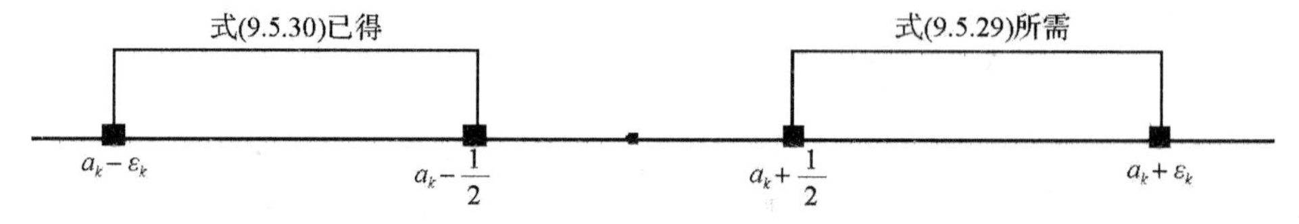

图 9 - 39

这是因为 $h_{k-1}(n)$ 在$(a_k-\varepsilon_k,a_k+\varepsilon_k)$中关于 a_k 奇对称,所以

$$h_{k-1}(n)=-h_{k-1}(2a_k-n),\quad a_k+1/2\leqslant n\leqslant a_k+\varepsilon_k$$

在式(9.5.28)中还需要

$$h_{k+1}(n),\quad a_{k+1}-\varepsilon_{k+1}\leqslant n\leqslant a_{k+1}-1/2\tag{9.5.31}$$

这只要在式(9.5.27)中将 k 换成 $k+1$,然后逆变换就可以得到(只需要这些就够,如图 9 - 40 所示)

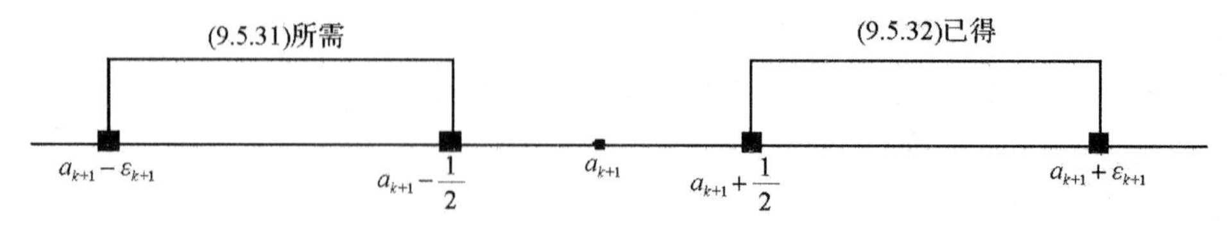

图 9 - 40

$$h_{k+1}(n),\ a_{k+1}+1/2\leqslant n\leqslant a_{k+1}+\varepsilon_{k+1}\tag{9.5.32}$$

这是因为 $h_{k+1}(n)$ 在$(a_{k+1}-\varepsilon_{k+1},a_{k+1}+\varepsilon_{k+1})$中关于 a_{k+1} 偶对称,所以

$$h_{k+1}(n)=h_{k+1}(2a_{k+1}-n),\quad a_{k+1}-\varepsilon_{k+1}\leqslant n\leqslant a_{k+1}-1/2$$

附录：C ++ 信号实习工具箱使用说明

在计算机上处理的信号当然只能是紧支撑的（有限长）。本工具箱模拟双无限序列，即紧支撑信号可以任意左右移位，从而信号中包含了相位的信息。工具箱有如下功能：

- 生成信号
- 读取、存储信号
- 信号的基本运算、数字特征
- 信号的基本操作（移位、翻转、抽取、插零、交错）
- 信号的绘制（时域曲线、频幅曲线、频相曲线、频谱曲线）
- 信号的线性卷积
- Daubechies 正交小波滤波器（最大长度 30），任意偶数长正交滤波器
- 双通道完美重构正交滤波器组
- 三个常用工具（FFT，DCT_Ⅱ，DCT_Ⅳ）
- 读者能进一步扩展自己所需功能

为了使用该工具箱，读者做如下准备：

将光盘上的 signalDll. dll 和 Plot. exe 文件拷贝到 C:/Windows 目录下；

将光盘上的 signalDll. LIB 和 signal. h 文件拷贝到你的项目下，并将 signalDll. LIB 插入项目中。

在 *. cpp 文件中包含头文件 signal. h。

示例　提取信号的低频部分

```
#include  "signal.h"// 必须包含此头文件
void  main(void)
{
    signal  x(-500,500); // 定义左支撑在 -500,右支撑在 500 的信号 x
    x.RandomGauss( ); //x 的紧支撑段为高斯随机数
    x.Save("D:\\mysignal.dat"); // 保存这一段随机数据,便于以后可以读取
    x.PlotFA( ); // 绘制 x 的频幅

    signal  h, f; // 定义 2 个信号用作滤波器
    h.DWavelet(30);    //h 是长度 30 的 Daubechies 小波滤波器
                       // 作为分析组的低通滤波器
    f = h;
```

```
    f. Flip( ); // 翻转f
    f >>29; //f右移29位,现在f是合成组低通滤波器

    signal   y,z; // 定义两个信号y,z
    y. LC(x,h); //x与h线性卷积,得到y
    y. DownSample( ); // 对y抽取
    y. UpSample( ); // 对y插零
    z. LC(y, f); //y与f线性卷积,得低通道输出z
    z. PlotFA( );   // 绘制z的频幅,它去掉了x的高频部分,保留了x的低频部分
}
```

输出如图0所示。

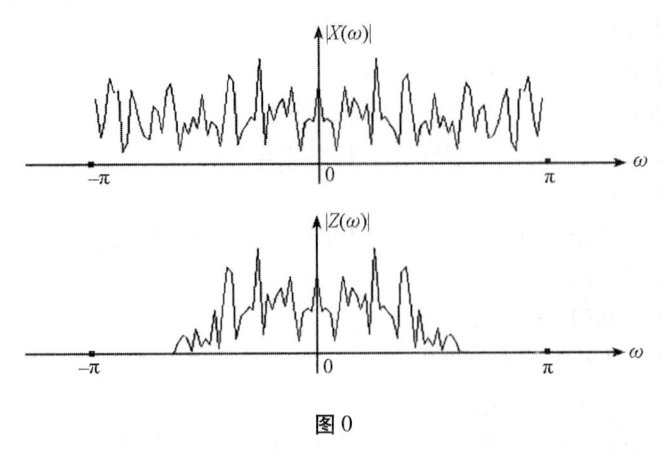

图0

工具箱功能详解

一、生成一个信号

分两步,第一步先定义信号并指定左、右支撑位置,第二步给支撑段内信号赋值。

1. 定义信号

```
signal   x(left,right);
```

定义信号x,指定左支撑位置left、右支撑位置right。也可以暂时不指定左、右支撑:

```
signal   x;
```

某些调用函数会自动确定这两个参数。

2. 元素赋值

有6种赋值方式,使用这些方式前(除开第6种),必须已经指定了信号的左、右支撑。

(1) 单个元素赋值:

```
x. Set(k,a);
```

对$x(k)$赋值a,即$x(k) = a$.

示例

```
signal  x(-2,7); // 信号 x 的左支撑位置是 -2,右支撑位置是 7
for(int  k = -2;k <= 7;k ++)
    x.Set(k,exp(-0.1 * k) * sin(k)); //x(k) = e^{-0.1k}sin(k)
```

尔后还可以用 Set 函数任意修改信号值:

```
x.Set(3,0.111); //x(3) = 0.111
x.Set(-10,0.999); // 现在 x 的左支撑是 -10,x(-10) = 0.999
```

(2) 成批数据输入:

```
signal  x(left,right);
x.Init(first,…);
```

first,… 是信号数据,数据的个数应该是支撑区间的长度 right - left + 1. 特别注意,**输入数据时必须用实数格式**,例如 1 应该输入 1.0.

示例

```
signal  x(4,10)
x.Init(1.0,2.0,3.0,4.0,5.0,6.0,7.0);
```

该语句生成下面的信号:

$$\begin{array}{cccccccccc} & & x(4) & x(5) & x(6) & x(7) & x(8) & x(9) & x(10) & \\ L, & 0, & 1, & 2, & 3, & 4, & 5, & 6, & 7, & 0, & L \end{array}$$

(3) **从C++ 数组导入/导出数据**。假设 x 是已经定义了左、右支撑的信号,p 是 double 数组的首地址(double 指针),语句

```
x <<p;
```

将数组 p 的元素导入 x 的紧支撑段,p 的维数应该恰好是 x 的支撑长度。如果 p 的维数大于 x 的支撑长度,p 中剩余的数据被忽略;如果 p 的维数小于 x 的支撑长度,x 的“剩余空间”是垃圾值。

示例

```
signal  x(5,10);
double  p[ ] = {1, 2, 3, 4, 5, 6};
x <<p;
```

生成信号

$$\begin{array}{ccccccccc} & & x(5) & x(6) & \cdots & \cdots & & x(10) & \\ L & 0, & 1, & 2, & 3, & 4, & 5, & 6, & 0 & L \end{array}$$

还可以将 x 的紧支撑段数据导出至C++ 数组 p:

```
x >>p;
```

如果 x 的支撑长度小于 p 的维数,p 的剩余空间保留原数据。但是如果 x 的支撑长度大于 p 的维数,则运行出错。

示例

```
signal  x(3,7);
```

```
x. Init(1.0,2.0,3.0,4.0,5.0);
double  p[5].
x >>p;
```

此时 p 数组的元素是 1,2,3,4,5.

(4) 随机数发生器给信号赋值。提供了 4 种分布的随机数:区间内均匀分布、指定参数的高斯分布、伽玛分布、贝塔分布。

① 区间内均匀分布

```
x. Random(a, b);
```

x 的支撑区间内信号值服从[a,b]上的均匀分布。当 $a=0$,$b=1$ 时,这两个参数可以缺省。

示例

```
signal  x(-50,50);
x. Random(2,4);
```

支撑区间[-50,50]内的信号值服从[2,4]均匀分布。

② 高斯分布

```
x. RandomGauss(mu, sigma);
```

当 mu = 0,sigma = 1 时,这两个参数可以缺省。高斯分布的密度函数

$$f(x)=\frac{1}{\sqrt{2\pi}\sigma}\exp\left(-\frac{1}{2}\frac{(x-\mu)^2}{\sigma^2}\right)$$

③ 伽玛分布

```
x. RandomGamma(aphe, landa);
```

伽玛分布的密度函数

$$f(x)=\frac{\lambda^\alpha}{\Gamma(\alpha)}x^{\alpha-1}\exp(-\lambda x)$$

④ 贝塔分布

```
x. RandomBeta(a, b);
```

贝塔分布的密度函数

$$f(x)=\frac{\Gamma(a+b)}{\Gamma(a)\cdot\Gamma(b)}x^{a-1}(1-x)^{b-1}$$

(5) 从键盘读入:

```
signal  x(5,127);
x. KeybdIn( );
```

出现控制台输入界面后,每输入一个数按回车键。

(6) 从另一个信号拷贝:

```
signal  x(-50,50);
x. Random(2,4);
signal  y = x; //y 与 x 完全相同
```

二、查看、读取、存储信号,扫除垃圾

生成信号以后,可以查看支撑区间内所有信号值或者单个信号值,了解左、右支撑

位置。

1. 查看所有信号值

```
x.Print( );
```

将支撑区间内的所有 $x(k)$ 显示在记事本上,缺省显示 6 位精度。也可以指定显示精度:

```
x.Print(n);
```

显示 n 位精度($n \leqslant 16$)。

示例

```
signal  x(-10,10);
x.RandomGauss( );
x.Print( );
```

输出如图 1 所示。

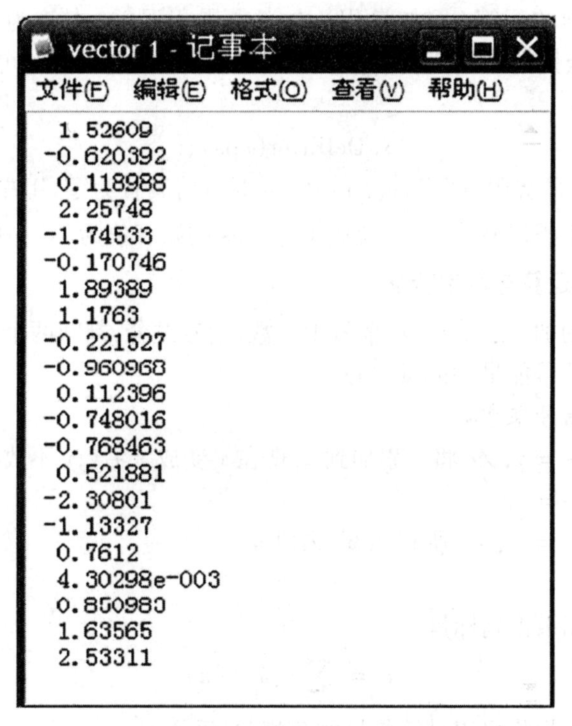

图 1

2. 读取单个信号值

```
double  a = x[k];
```

获取 $x(k)$ 值存放在变量 a 中。注意 $x[k]$ 用方括号。

3. 获取左、右支撑位置、支撑长度

```
intp = x.Left( );
intq = x.Right( );
intl = x.Length( );
```

得到左支撑位置 p 和右支撑位置 q、信号支撑长度 l.

4. 保存信号

将信号紧支撑段保存为磁盘文件(左支撑位置不保留)。尔后可以读取磁盘文件并生成信号。

```
⋮// 前面已生成信号 x
x.Save("D:\\mysignal.dat"); //x 的紧支撑段保存为 D 盘 mysignal.dat 文件
⋮
signal   y;
y.Read("D:\\mysignal.dat",4); // 生成信号 y,文件数据构成 y 的紧支撑段
                               //y 的左支撑位置是 4,
```

读取文件时要重新指定左支撑位置,如果不指定它,缺省为 0。用户特别注意两点:(1) 文件扩展名必须是 dat;(2) 路径名中的双斜杠 \\.

5. 扫除垃圾

信号经过一系列的运算(例如卷积)会产生累积误差,本该为零的信号值呈现为 10^{-16}、10^{-15} 或更大级别的垃圾值,执行 Print 时容易发生误会。为此可用下述函数将这些垃圾置为零:

```
x.DelError(eps);
```

其中 eps 是用户指定的界限,即当 $|x(k)| < eps$ 时就将其置为零。用户选取 eps 需慎重,以免把虽很小但并非累积误差的 $x(k)$ 置成了零。eps 的缺省值为 1E - 12.

三、信号的基本运算与数字特征

包括两个信号的加、减、乘运算,信号乘常数,信号差分,判断两个信号相等,信号的最大振幅、信号均值、信号能量和能量中心。

1. 信号加、减、信号乘常数

```
x += y; // 将 y 累加到 x,现在 x 变成 x + y,y 不改变
y -= z;
x *= a; // 所有 x(k) 乘以 a
```

2. 信号相乘

两个信号 x,y 相乘得到标量

$$a = \sum_{k \in \mathbf{Z}} x(k)y(k)$$

配合信号的移位操作可以计算信号的互相关。语句

```
double   a = x * y;
```

获得 x,y 的乘积 a.

3. 信号差分

信号 x 的差分产生另一个信号 y:

$$y(n) = x(n+1) - x(n), n \in \mathbf{Z}$$

语句

```
y.Diff(x);
```

计算信号 x 的差分 y.

4. 判断两个信号相等

理论上说两个信号 x,y 相等是指 $x(k)=y(k),\forall k\in\mathbf{Z}$. 考虑到不可避免的数值误差，工具箱认为当

$$\max_{k\in\mathbf{Z}}|x(k)-y(k)|<10^{-6}$$

就认为 $x=y$. 判断两者相等的逻辑表达式是

```
x == y
```

如果相等它返回 bool 值 1，否则返回 0. 也可以由用户指定误差标准，函数

```
y.Equ(x,eps)
```

也返回 bool 值。eps 是用户指定的容许误差，当

$$\max_{k\in\mathbf{Z}}|x(k)-y(k)|<\text{eps}$$

Equ 返回 1，否则返回 0.

示例

```
signal x(-10,10);
x.Random(); //[0,1] 均匀随机数
signal y = x; //x 与 y 相同
y.Set(0,y[0] + 1E-7); //y(0) 增加 10^-7
cout <<(x == y) <<endl; // 输出 1
cout <<y.Equ(x,1E-7) <<endl; // 输出 0
```

5. 信号的最大振幅、信号均值、能量、能量中心

信号 x 的最大振幅（amplitude）是指

$$\max_{k\in\mathbf{Z}}|x(k)|$$

可同时得到最大振幅的位置。信号 x 的均值（mean）是指

$$\frac{1}{l}\sum_{k=left}^{right}x(k)$$

其中 l 是支撑长度。信号 x 的能量是指

$$E(x)=\sum_{k\in\mathbf{Z}}|x(k)|^2$$

信号 x 的能量中心是

$$EC(x)=\frac{1}{E(x)}\sum_{k\in\mathbf{Z}}k|x(k)|^2$$

对于紧支撑信号它总是有意义的，且 $left\leqslant EC(x)\leqslant right$.

```
int k;
double a = x.MaxA(k); // 获得 x 的最大振幅 a 和所在位置 k
                      // 如果不需要位置 k，去掉参数 k 即可
double m = x.Mean(); // 获得 x 的均值 m
double e = x.Energy(); // 获得 x 的能量 e
double c = x.ECentre(); // 获得 x 的能量中心 c
```

四、信号的基本操作

对信号的常用操作包括:移位、翻转、抽取、插零、交错。除了移位,其余的操作都提供两个版本,版本 1 不改变信号本身而是产生另一个信号,版本 2 改变信号本身。

1. 移位

x >>n; //x 右移 n 位,$x(k) = x(k-n)$

x << m; //x 左移 m 位,$x(k) = x(k+m)$

实际上在 x >>n 中如果 n < 0 就是左移|n|位,x << m 同理。

2. 翻转(以 $k=0$ 为对称点,交换两边)

⋮// 前面已产生信号 x

signal y;

y. Flip(x); //$y(k) = x(-k)$,x 不改变

x. Flip( ); //x 本身翻转

3. 抽取(抽去奇下标项,保留偶下标项)

⋮// 前面已产生信号 x

signal y;

y. DownSample(x); // 去掉 x 的奇下标项,$y(k) = x(2k)$,x 不改变

x. DownSample( ); //x 改变

4. 插零(每两项之间插入一个零)

⋮// 前面已产生信号 x

signal y;

y. UpSample(x); //$y(k) = \begin{cases} x(m),当 k=2m \\ 0,当 k=2m+1 \end{cases}$, x 不改变

x. UpSample( ); //x 改变

5. 交错(奇下标项反号 odd opposite 或者偶下标项反号 even opposite)

⋮// 前面已产生信号 x

signal y;

y. OddOpp(x); //$y(k) = \begin{cases} -x(k),当 k 为奇数 \\ x(k),当 k 为偶数 \end{cases}$, x 不改变

x. OddOpp( ); //x 改变

y. EvenOpp(x); //$y(k) = \begin{cases} -x(k),当 k 为偶数 \\ x(k),当 k 为奇数 \end{cases}$, x 不改变

x. EvenOpp( ); //x 改变

五、绘制信号

1. 在时域中绘制 x

x. Plot( );

绘制 x 紧支撑段上的信号值,把信号值点

$$(x(k),k), left \leqslant k \leqslant right$$

连接起来。当支撑区间含有 0 点,能看到坐标系的垂直轴,否则用虚线画出支撑区间中点的对称轴。坐标系的横、纵轴采用了不同的比例。

示例 8

```
signal  x(-20,20);
x.RandomGauss( ); //41 个高斯随机数
x.Plot( );
```

输出如图 2 所示。

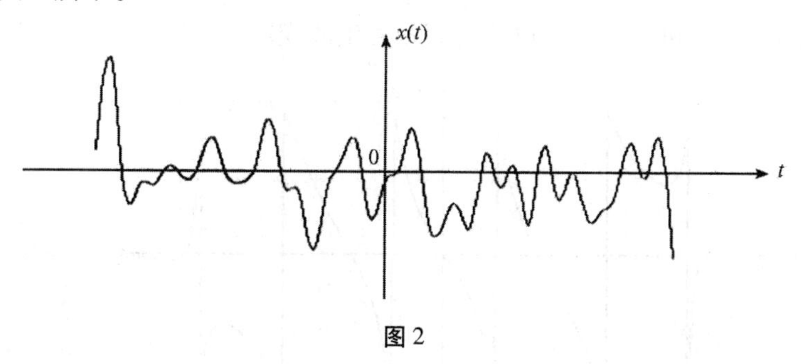

图 2

2. 在频域中绘制 x

信号 x 的傅里叶变换

$$X(\omega) = \sum_{k=\text{left}}^{\text{right}} x(k)\mathrm{e}^{-\mathrm{i}k\omega} = |X(\omega)|\mathrm{e}^{-\mathrm{i}\theta(\omega)}$$

称为信号 x 的频谱(frequency-spectrum),它是 2π 周期复函数;$|X(\omega)|$称为信号的频幅(frequency-amplitude),它是 2π 周期实函数,且关于 0 点偶对称;$\theta(\omega)$ 称为信号的频相(frequency-phase),它是 2π 周期实函数,且关于 0 点奇对称。工具箱在$[-\pi,\pi]$上绘制这三个函数

```
x.PlotFA( ); // 绘制 x 的频幅
x.PlotFS( ); // 绘制 x 的频谱
x.PlotFP( ); // 绘制 x 的频相
```

示例 绘制频幅。

```
signal  x(0,20);
x.RandomGauss( );
x.PlotFA( );
```

输出如图 3 所示。

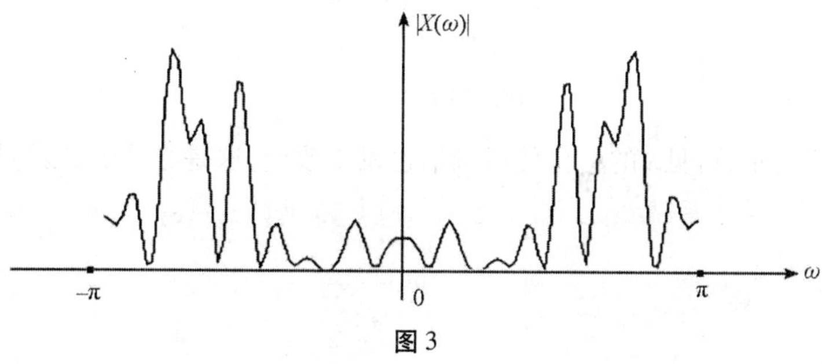

图 3

示例　绘制频相(为绘图清晰,用短支撑长度信号)。

```
signal  x(-3,3);
x.RandomGauss( );
x.PlotFP( );
x >>1;
x.PlotFP( );
```

输出如图 4 所示,可见 x 的移位使得频相发生改变。

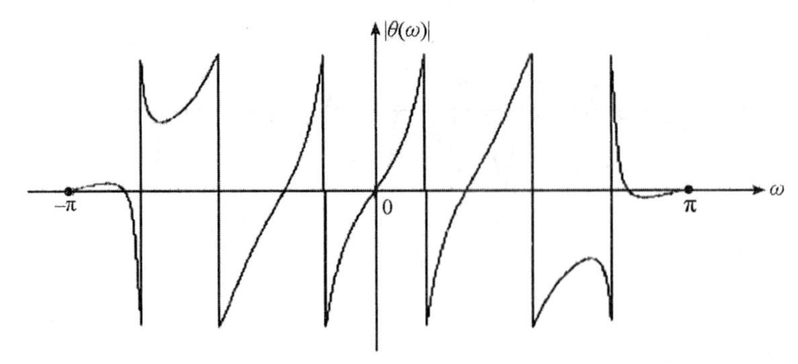

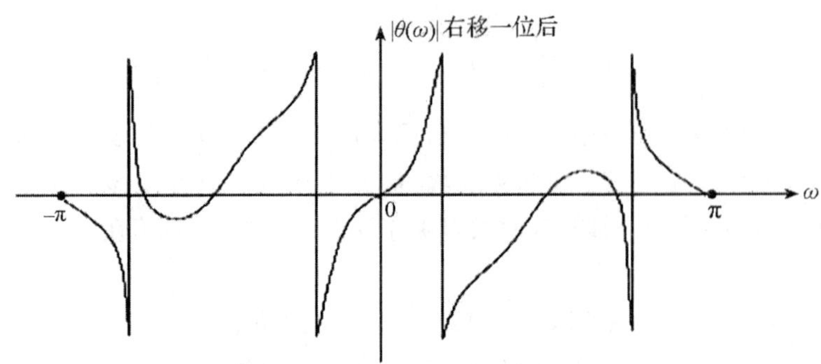

图 4

示例　绘制频谱(为绘图清晰,用短支撑长度信号)。

```
signal  x(-3,3);
x.RandomGauss( );
x.PlotFS( );
x >>1;
x.PlotFS( );
```

输出如图 5 所示,可见 x 的移位使得频谱也发生改变。这是必然的,因为相位发生了改变。

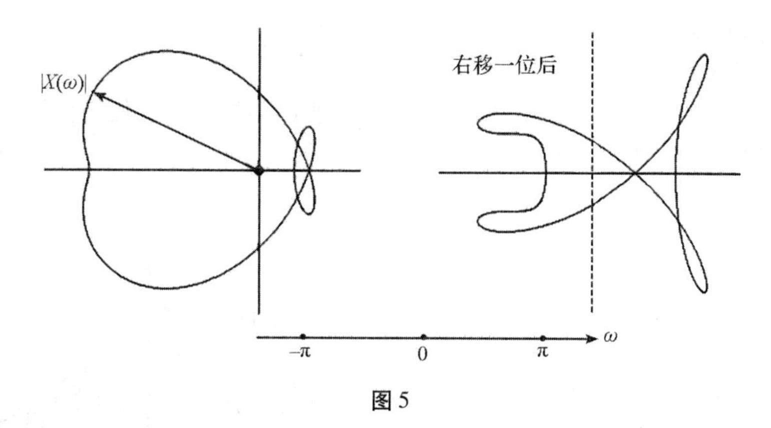

图 5

六、信号的线性卷积

信号 $x(k)$ 与 $y(k)$ 的线性卷积(Linear Convolution) 产生另一个信号 z:

$$z(n) = \sum_{k\in\mathbf{Z}} x(k)y(n-k), n\in\mathbf{Z}$$

它是滤波器组的核心操作。

```
⋮// 已经产生信号 x,y
signal  z;
z. LC(x,y); // 得到 x,y 的卷积 z
```

卷积后的左支撑和支撑长度

z 的左支撑 = x 的左支撑 + y 的左支撑

z 支撑长度 = x 支撑长度 + y 支撑长度 − 1

示例　卷积去噪。

```
signal  x( - 40,40);
for(int  k = - 40;k < = 40;k ++)
x. Set(k,5/(1 + 0.01 * k * k)); //x 取自光滑函数 5/(1 + 0.01 * k * k)
                                // 能量主要聚集在低频区
x. Plot( ); // 绘出 x

signal  e( - 40,40);
e. RandomGauss(0,0.5); //e 是高斯噪声,高频区有较多的能量
x + = e; // 将 e 加入 x
x. Plot( ); // 绘出污染后的 x

signal  h(0,10);
h. RandomGamma(50,3); // 当作滤波器
h. PlotFA( ); // 绘出 h 的频幅,能量聚集在低频区,
          // 它有低通滤波器的作用
```

```
signal  y;
y.LC(x,h); //x 经过滤波器 h,输出 y
y <<(y.Left( ) + y.Right( ))/2; // 把 y 摆放到中间,便于比较 x
y.Plot( ); // 绘出 y
```

输出如图 6 所示。

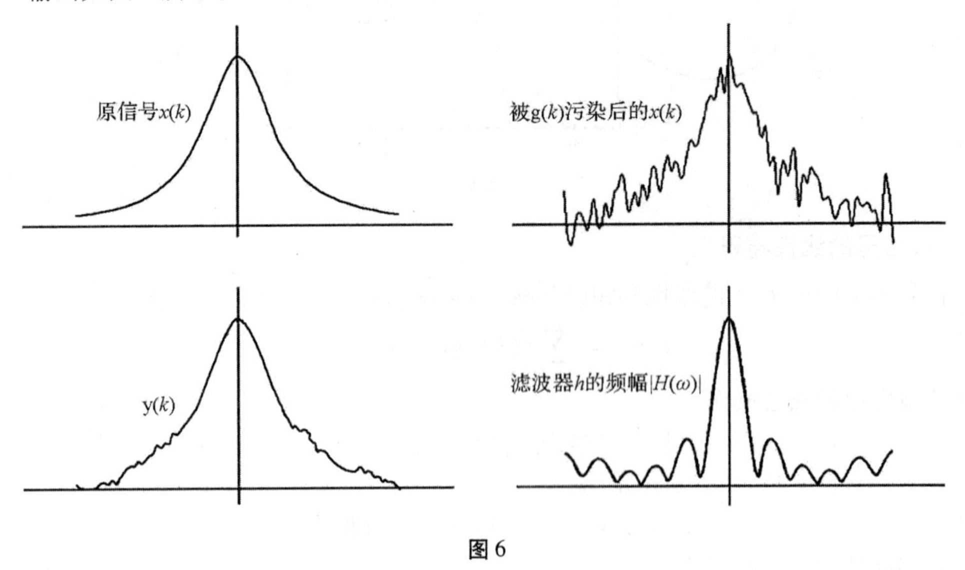

图 6

七、正交低通滤波器

1. Daubechies 正交低通小波滤波器

工具箱提供了长度为 4,6,8,…,28,30 的 Daubechies 正交低通小波滤波器。语句

```
signal  h;
h.DWavelet(n);
```

产生长度为 n 的低通滤波器(n 为上述指定的值),而且左支撑位置是 0(因果滤波器)。利用翻转、移位、交错可以产生对应的高通滤波器。

示例

```
signal  h;
h.DWavelet(30); // 低通滤波器
signal  g = h;
g.Flip( );
g >>29;
g.EvenOpp( ); // 高通滤波器
h.PlotFA( );
g.PlotFA( );
```

输出如图 7 所示。

2. 任意偶数长的正交低通滤波器

工具箱可以随机产生任意偶数长(≥ 4) 的正交滤波器 H_0,也称为共轭镜像滤波器

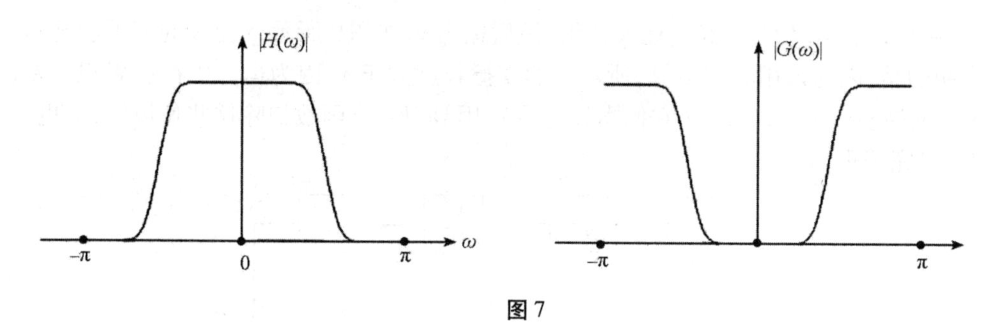

图7

(Conjugate Mirror Filter)。

$$|H_0(\omega)|^2 + |H_0(\omega+\pi)|^2 = 2$$

$$H_0(0) = \sqrt{2}$$

因为它满足 $H_0(\pi) = 0$,故称为低通滤波器(有些勉强)。对任意的整数 $p \geqslant 1$,语句

```
signal  h;
h.CMF(p);
```

随机产生长度为 $2p+2$ 的共轭镜像滤波器,左支撑在0位置。Daubechies 低通滤波器是特殊的 CMF,在同长度的情况下对高频的抑制最佳。Daubechies 滤波器能生成正交 MRA,一般的 CMF 不然。

示例

```
int  p = 5;
signal  h;
h.CMF(p);
h.PlotFA( );
```

随机生成长度为12的正交滤波器,输出如图8所示。

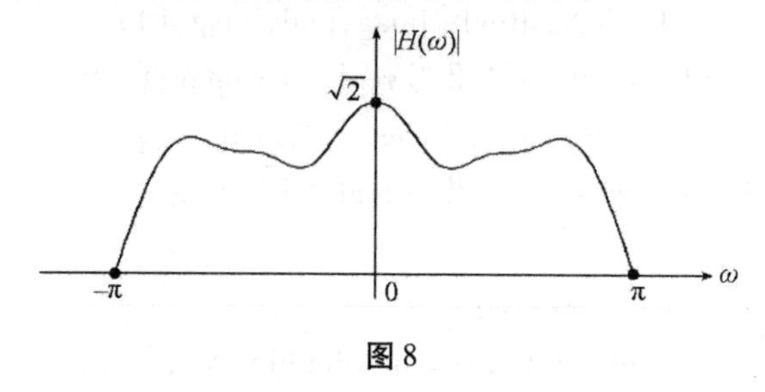

图8

八、双通道正交完美重构滤波器组

由正交低通滤波器 H_0 及其产生对应的高通滤波器 H_1 以及合成组对应的正交低、高通滤波器 F_0 和 F_1,使得 $(H_0, H_1; F_0, F_1)$ 是完美重构正交滤波器组。用户必须保证 H_0 的左支撑位置是零。由此产生的 H_1, F_0, F_1 左支撑位置也是零,长度与 H_0 相同。语句

```
⋮ // 已产生正交低通滤波器 h0,左支撑位置是 0
signal  h1, f0, f1;
h0.FBank(h1, f0, f1);
```

由 h_0 得到 h_1, f_0, f_1. 信号 x 经过滤波器组，最后输出 y，如图9所示，y 是 x 的若干步延迟。需要说明的是，因为采用卷积运算，所示 y 的支撑长度大于 x. 因为运算中存在累积误差，所以 y 的两端会有一些垃圾值（它们本该是零）。用 DelError 函数扫除这些垃圾值，会更清楚地看到“完美重构”。

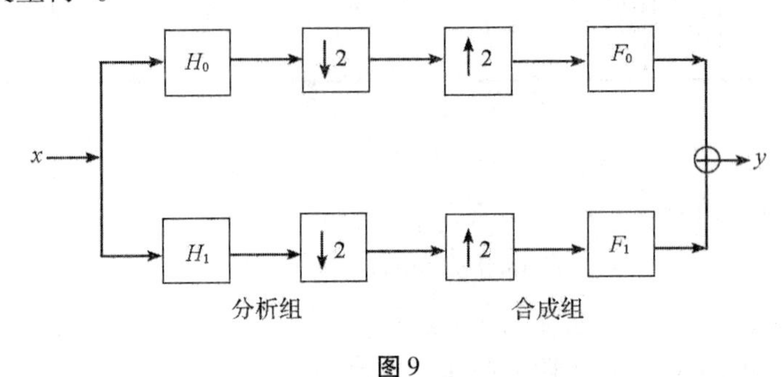

图9

九、常用的三个变换

工具箱提供了快速离散傅里叶变换（FFT）、快速 Ⅱ 型离散余弦变换、快速 Ⅳ 型离散余弦变换。要说明的是，数据长度 N 必须是2的幂次，即 $N = 2^p$. 另外，FFT 采用对称形式：

$$\hat{x}(n) = \frac{1}{\sqrt{N}}\sum_{k=0}^{N-1} x(k)\mathrm{e}^{-\mathrm{i}\frac{2\pi}{N}kn}, n = 0, \cdots, N-1$$

$$x(k) = \frac{1}{\sqrt{N}}\sum_{n=0}^{N-1} \hat{x}(n)\mathrm{e}^{\mathrm{i}\frac{2\pi}{N}kn}, k = 0, \cdots, N-1$$

1. FFT

长度为 $N = 2^p$ 待变换复向量的实部和虚部分别存放在两个 double 数组 Real 和 Imag，变换结果实部和虚部存放在两个 double 数组 real 和 imag，语句

```
FFT(N, Real, Imag,real,imag,1);
```

对 Real + i · Imag 实施 FFT 正变换；结果为 real + i · imag；语句

```
FFT(N, Real, Imag,real,imag, -1);
```

对 Real + i · Imag 实施 FFT 逆变换，结果为 real + i · imag.

示例

```
int N = 128;
double * Real = newdouble[N];
double * Imag = newdouble[N];
for(int k = 0;k < N;k ++)
  {
    Real[k] = k * sin(k);
    Imag[k] = k * cos(k);
  }
double * real = newdouble[N];
double * imag = newdouble[N];
```

```
FFT(N,Real,Imag,real,imag,1); // 正变换
delete[ ]Real;
delete[ ]Imag;
delete[ ]real;
delete[ ]imag;
```

如果待变换的数据为实数向量 x 且作 FFT 正变换,语句可以简化为

```
FFT(N, x, real,imag);
```

2. Ⅱ 型 DCT

长度为 $N=2^p$ 待变换实向量存放在 double 数组 x,变换结果存放在 double 数组 y,语句

```
DCT_Ⅱ(N, x,y,1);
```

对 x 作 Ⅱ 型离散余弦正变换,结果为 y;语句

```
DCT_Ⅱ(N, x,y, -1);
```

对 x 作 Ⅱ 型离散余弦逆变换,结果为 y。

示例

```
int N = 128;
double * x = new double[N];
for(int k = 0;k < N;k ++)
  x[k] = exp( - 0.1 * k) * sin(k);
double * y = new double[N];
DCT_Ⅱ(N,x,y,1); // 正变换
delete[ ]x;
delete[ ]y;
```

3. Ⅳ 型 DCT

长度为 $N=2^p$ 待变换实向量存放在 double 数组 x,变换结果存放在 double 数组 y,语句

```
DCT_Ⅳ(N, x,y);
```

对 x 作 Ⅳ 型离散余弦正(逆) 变换,结果为 y;注意,正变换、逆变换相同,换言之 x 经过两次变换数据还原。

示例

```
int N = 128;
double * x = new double[N];
for(int k = 0;k < N;k ++)
  x[k] = exp( - 0.1 * k) * sin(k);
double * y = new double[N];
DCT_Ⅳ(N,x,y);
double * z = new double[N];
DCT_Ⅳ(N,y,z); // 此时 z = x
delete[ ]x;
delete[ ]y;
delete[ ]z;
```

参考书目

[1] Strang G, Nguyen T. Waveletss and Filter Banks. Cambridge, MA: WellesleyCambridge, 1996

[2] S Louis Missouri. Adapted Wavelet Analysis from Theory to Software. Washington University, 1997

[3] Lokenath Debnath. Wavelet Transforms and Their Applications. Birkhauser press, 2002

[4] Edwards R E. Fourier Series: A Modern Introduction. Springer-Verlag, 1981

[5] Stephane Mallat. 信号处理的小波导引. 北京:机械工业出版社,2002

[6] Ingrid Daubechies. 小波十讲. 北京:国防工业出版社,2004

[7] Vaidyanathan P P. Theory of optimal orthonormal subband coders. IEEE Trans. Signal Proc., 1998(46):1528 ~ 1543

[8] Long S R. Use of the Empirical Mode Decomposition and Hilbert-Huang Transform in Image Analysis, World Multi-conference on Systemics, Cybernetics And Informatics: Concepts And Applications (Part), 2001

[9] Nunes J C, Bouaoune Y, Delechelle E, Guyot S, Ph Bunel. Texture analysis based on the bidimensional empirical mode decomposition. Machine Vision and Application, 2003

[10] Kirac A, Vaidyanathan P P. Theory and desing of optimum FIR compaction filters. IEEE Transaction on Signal Processing, 1998(46):903 ~ 919

[11] Moulin P, Mihcak M. Theory and Design of Signal adapted FIR Parauitary Filter Banks. IEEE Transactions on Signal Processing, 1998, 46(4)

[12] 粟塔山,吴翊. 一维参数化正交小波滤波器的解析性质与优化逼近. 计算数学, 2006(4)

[13] 粟塔山,吴翊. 参数化滤波器逼近问题的全局最优算法. 国防科技大学学报, 2006(6)

[14] 粟塔山,吴翊. 构造二维正交紧支撑线性相位小波滤波器的递推算法. 国防科技大学学报, 2007(1)

[15] 粟塔山等编著. 最优化计算原理与算法的程序设计. 长沙:国防科技大学出版社, 2001

[16] 粟塔山编著. VC ++ 和 BC ++ 数值分析类库. 北京:清华大学出版社, 2005